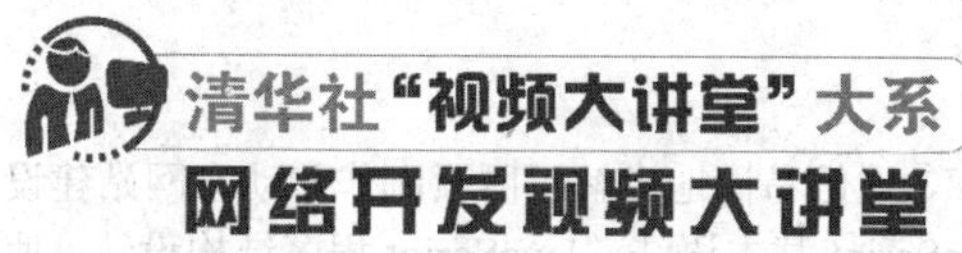

JavaScript网页编程从入门到精通（微课精编版）

前端科技　编著

清华大学出版社

北　京

内 容 简 介

《JavaScript 网页编程从入门到精通（微课精编版）》由浅入深、通俗易懂地讲解了网页制作和动态网站建设的相关技术及实际应用。全书共 19 章，包括 JavaScript 基础、JavaScript 基本语法、JavaScript 程序结构设计、使用数组、使用字符串、使用正则表达式、使用函数、函数式编程、使用对象、面向对象编程、BOM 操作、DOM 操作、事件操作、CSS 操作、JavaScript 通信、JavaScript 数据存储、JavaScript 图形设计、JavaScript 文件操作等内容。本书在编写过程中，注意理论与实践相结合，通过大量的实例配合讲解各知识要点。各章节注重实例间的联系和各功能间的难易层次，内容讲解以文字描述和图例并重，力求生动易懂，并对软件应用过程中的难点、重点和可能出现的问题给予详细讲解和提示。

除纸质内容外，本书还配备了多样化、全方位的学习资源，主要内容如下。

- ☑ 361 节同步教学微视频
- ☑ 15000 项设计素材资源
- ☑ 320 个拓展知识微阅读
- ☑ 4800 个前端开发案例
- ☑ 623 个实例案例分析
- ☑ 48 本权威参考学习手册
- ☑ 434 项源代码资源
- ☑ 1036 道企业面试真题

本书内容翔实、结构清晰、循序渐进，基础知识与案例实战紧密结合，既可作为 JavaScript 初学者的入门用书，也可作为高等院校网页设计、网页制作、网站建设、Web 前端开发等专业的教学用书或相关机构的培训教材。

图书在版编目（CIP）数据

JavaScript 网页编程从入门到精通：微课精编版/前端科技编著. —北京：清华大学出版社，2019
（清华社“视频大讲堂”大系　网络开发视频大讲堂）
ISBN 978-7-302-52042-9

Ⅰ. ①J…　Ⅱ. ①前…　Ⅲ. ①JAVA 语言－程序设计　Ⅳ. ①TP312.8

中国版本图书馆 CIP 数据核字(2019)第 009036 号

责任编辑： 贾小红
封面设计： 李志伟
版式设计： 文森时代
责任校对： 马军令
责任印制： 沈　露

出版发行： 清华大学出版社
网　　址：http://www.tup.com.cn，http://www.wqbook.com
地　　址：北京清华大学学研大厦 A 座　　邮　　编：100084
社 总 机：010-62770175　　邮　　购：010-62786544
投稿与读者服务：010-62776969，c-service@tup.tsinghua.edu.cn
质量反馈：010-62772015，zhiliang@tup.tsinghua.edu.cn
印 装 者：三河市铭诚印务有限公司
经　　销：全国新华书店
开　　本：203mm×260mm　　印　　张：33.75　　字　　数：1036 千字
版　　次：2019 年 5 月第 1 版　　印　　次：2019 年 5 月第 1 次印刷
定　　价：89.80 元

产品编号：079148-01

如何使用本书 

本书提供了多样化、全方位的学习资源，帮助读者轻松掌握 JavaScript 网页编程技术，从小白快速成长为前端开发高手。

纸质书

视频讲解

拓展学习

电子书

手机端+PC 端，线上线下同步学习

1．获取学习权限

学习本书前，请先刮开图书封底的二维码涂层，使用手机扫描，即可获取本书资源的学习权限。再扫描正文章节对应的二维码，可以观看视频讲解，阅读线上资源，全程易懂、好学、速查、高效、实用。

2．观看视频讲解

对于初学者来说，精彩的知识讲解和透彻的实例解析能够引导其快速入门，轻松理解和掌握知识要点。本书中几乎所有案例都录制了视频，可以使用手机在线观看，也可以离线观看，还可以推送到计算机上大屏幕观看。

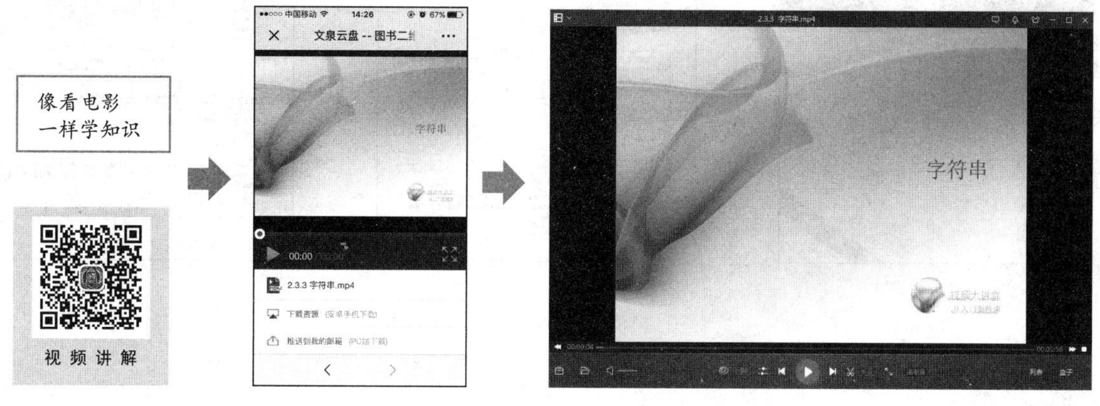

Note

3．拓展线上阅读

一本书的厚度有限，但掌握一门技术却需要大量的知识积累。本书选择了那些与学习、就业关系紧密的核心知识点印在书中，而将大量的拓展性知识放在云盘上，读者扫描“线上阅读”二维码，即可免费阅读数百页的前端开发学习资料，获取大量的额外知识。

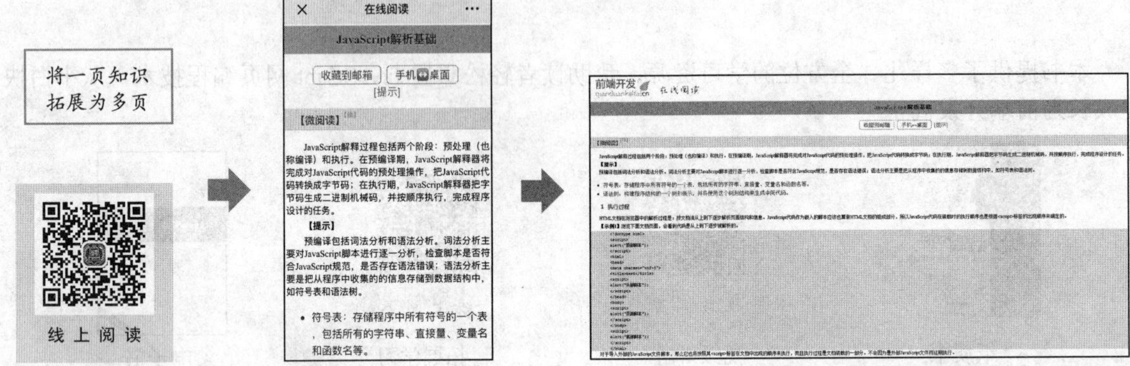

4．其他 PC 端资源下载方式

除了前面介绍过的可以直接将视频、拓展阅读等资源推送到邮箱之外，还提供了如下几种 PC 端资源获取方式。

☑ 登录清华大学出版社官方网站（www.tup.com.cn），在对应图书页面下查找资源的下载方式。

☑ 申请加入 QQ 群、微信群，获得资源的下载方式。

☑ 扫描图书封底“文泉云盘”二维码，获得资源的下载方式。

小白学习电子书

为方便读者全面提升，本书赠送了小白学习“JavaScript 基础”电子书。内容精挑细选，希望成为您学习路上的好帮手，关键时刻解您所需。

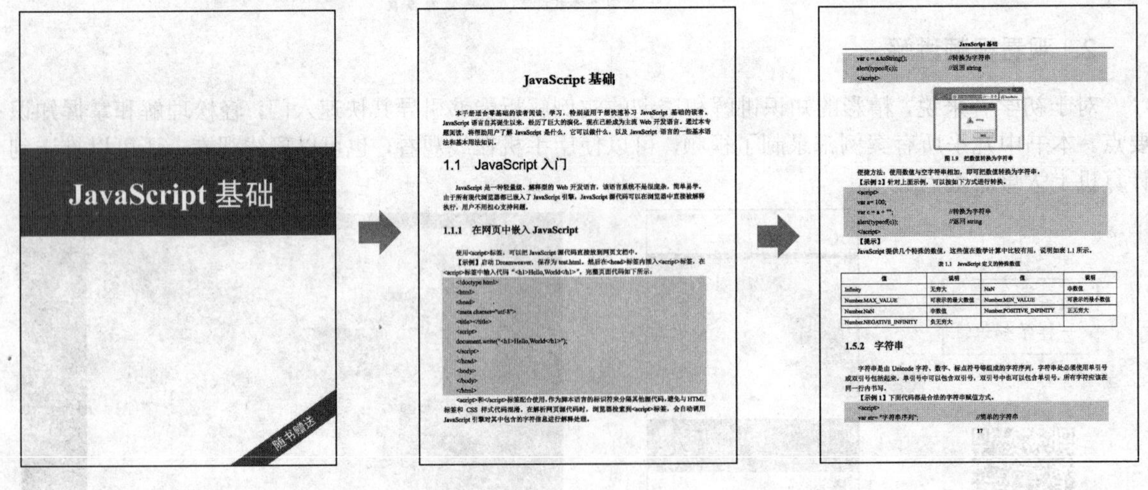

从小白到高手的蜕变

谷歌的创始人拉里·佩奇说过，如果你刻意练习某件事超过 10000 个小时，那么你就可以达到世界级。

因此，不管您现在是怎样的前端开发小白，只要您按着下面的步骤来学习，假以时日，您会成为令自己惊讶的技术大咖。

（1）扎实的基础知识+大量的中小实例训练+有针对性地做一些综合案例。

（2）大量的项目案例观摩、学习、操练，塑造一定的项目思维。

（3）善于借用他山之石，对一些成熟的开源代码、设计素材拿来就用，学会站在巨人的肩膀上。

（4）有工夫多参阅一些官方权威指南，拓展自己对技术的理解和应用能力。

（5）最为重要的是，多与同行交流，在切磋中不断进步。

书本厚度有限，学习空间无限。纸张价格有限，知识价值无限。希望本书能帮您真正收获学习的乐趣和知识。最后，祝您阅读快乐！

前 言

"网络开发视频大讲堂"系列丛书于 2013 年 5 月出版，因其编写细腻、讲解透彻、实用易学、配备全程视频等，备受读者欢迎。丛书累计销售近 20 万册，其中，《HTML5+CSS3 从入门到精通》累计销售 10 万册。同时，系列书被上百所高校选为教学参考用书。

本次改版，在继承前版优点的基础上，进一步对图书内容进行了优化，选择面试、就业最急需的内容，重新录制了视频，同时增加了许多当前流行的前端技术，提供了"入门学习→实例应用→项目开发→能力测试→面试"等各个阶段的海量开发资源库，实战容量更大，以帮助读者快速掌握前端开发所需要的核心精髓内容。

JavaScript 是目前最流行的编程语言之一，在 2018 年 12 月 Tiobe 编程语言排行榜中位居第 7 位，IEEE 发布 2018 年度编程语言排行榜位居第 8 位。作为一种轻型的、解释型的程序设计语言，JavaScript 主要应用于 Web 应用开发，它以脚本的形式嵌入网页文档内，由客户端浏览器负责解析和执行。

JavaScript 语言最近几年发展速度比较快，也非常受网页设计人员欢迎。它的优势在于灵活和轻巧，同时也是少数几种能够兼顾函数式编程和面向对象编程的语言。本书将系统讲解 JavaScript 的语言特性，帮助读者完全掌握 JavaScript 编程技巧。

本书内容

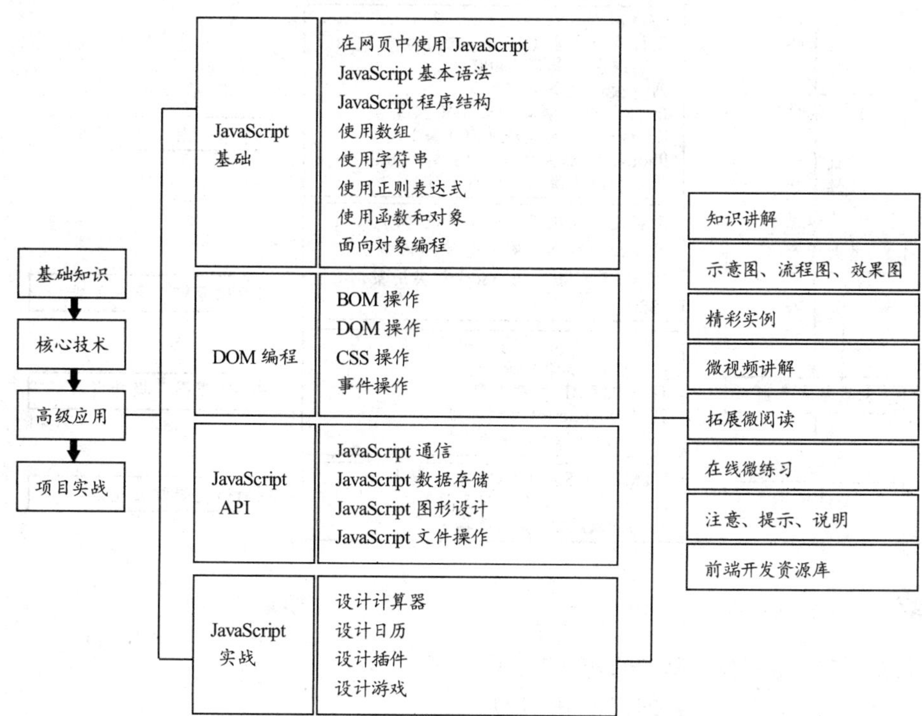

Note

本书特点

1．由浅入深，编排合理，实用易学

本书系统地讲解了JavaScript网页编程技术各个方面的知识，循序渐进，配合大量实例，帮助读者奠定坚实的理论基础，做到知其所以然。

2．跟着案例和视频学，入门更容易

跟着例子学习，通过训练提升，是初学者最好的学习方式。本书案例丰富详尽，共600多个，且都附有详尽的代码注释及清晰的视频讲解。跟着这些案例边做边学，可以避免学到的知识流于表面、限于理论，尽情感受编程带来的快乐和成就感。

3．丰富的线上资源，多元化学习体验

为了传递更多知识，本书力求突破传统纸质书的厚度限制。本书提供了丰富的线上微资源，通过手机扫码，读者可随时观看讲解视频，拓展阅读相关知识，全程便捷、高效，感受不一样的学习体验。

4．精彩栏目，易错点、重点、难点贴心提醒

本书根据初学者特点，在一些易错点、重点、难点位置精心设置了“注意”“提示”等小栏目。通过这些小栏目，读者会更留心相关的知识点和概念，绕过陷阱，掌握很多应用技巧。

本书资源

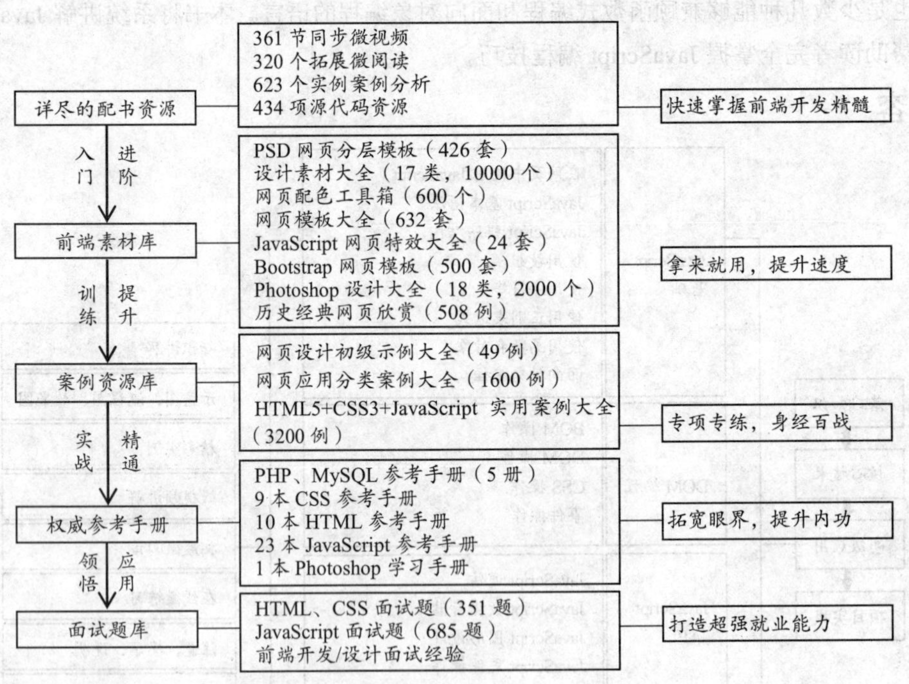

读者对象

☑ 具备一定计算机操作基础的初学者。

☑ 具有一定网站开发经验的初、中级用户。

☑ 立志从事网站开发工作的从业人员。

☑ 网页设计或网站开发的大中专学生。
☑ 各类网站站长。
☑ 本书也可以作为各大中专院校相关专业的教学辅导和参考用书，或作为相关培训机构的培训教材。

Note

读前须知

本书提供了大量示例，需要用到 IE、Firefox、Chrome 等主流浏览器进行测试或预览，同时后面部分章节还要用到 PHP 测试环境。因此，为了测试示例或代码，读者需要安装 IE、Firefox、Chrome 等浏览器，并根据书中详细介绍安装 PHP 测试环境。

限于篇幅，本书示例没有提供完整的代码，读者根据学习需要补充完整的 HTML 结构，在网页中输入<script>标签，再把书中列举的 JavaScript 示例代码写在<script>标签内，最后在 Web 浏览器中浏览该示例页面，以验证代码运行效果。或者直接参考本书提供的示例源代码，边学边练。

读者服务

学习本书时，请先扫描封底的权限二维码（需要刮开涂层）获取学习权限，然后即可免费学习书中的所有线上线下资源。

本书所附赠的超值资源库内容，读者可登录清华大学出版社网站（www.tup.com.cn），在对应图书页面下获取其下载方式。也可扫描图书封底的“文泉云盘”二维码，获取其下载方式。

本书提供 QQ 群（668118468、697651657）、微信公众号（qianduankaifa_cn）、服务网站（www.qianduankaifa.cn）等互动渠道，提供在线技术交流、学习答疑、技术资讯、视频课堂、在线勘误等功能。在这里，您可以结识大量志同道合的朋友，在交流和切磋中不断成长。

读者对本书有什么好的意见和建议，也可以通过邮箱（qianduanjiaoshi@163.com）发邮件给我们。

关于作者

前端科技是由一群热爱网页开发的青年骨干教师和一线资深开发人员组成的一个团队，主要从事 Web 开发、教学和培训。参与本书编写的人员包括咸建勋、奚晶、文菁、李静、钟世礼、袁江、甘桂萍、刘燕、杨凡、朱砚、余乐、邹仲、余洪平、谭贞军、谢党华、何子夜、赵美青、牛金鑫、孙玉静、左超红、蒋学军、邓才兵、陈文广、李东博、林友赛、苏震巍、崔鹏飞、李斌、郑伟、邓艳超、胡晓霞、朱印宏、刘望、杨艳、顾克明、郭靖、朱育贵、刘金、吴云、赵德志、张卫其、李德光、刘坤、彭方强、雷海兰、王鑫铭、马林、班琦、蔡霞英、曾德剑等。

尽管已竭尽全力，但由于水平有限，书中疏漏和不足之处在所难免，欢迎各位读者朋友批评、指正。

编 者

2019 年 1 月

目录

Contents

Note

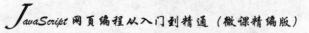

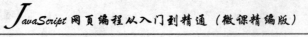

Note

Note

Note

Note

Note

Note

JavaScript基础

JavaScript 是基于对象的编程语言，并获得了所有现代浏览器的支持，是目前应用最广泛的语言之一，也是网页设计和 Web 开发必须掌握的基本工具。本章将简单介绍 JavaScript 的基本概念、发展历史以及相关概念和知识。

【学习重点】

- 了解 JavaScript 发展历史。
- 了解 ECMAScript。
- 了解如何编写 JavaScript 脚本。

1.1 JavaScript 概述

Note

本节简单介绍一下什么是 JavaScript，以及学习 JavaScript 的重要性。

1.1.1 什么是 JavaScript

JavaScript 是一种轻量级的脚本语言。所谓“脚本语言”，就是它不具备开发操作系统的能力，只用来编写控制其他大型应用程序的“脚本”。

JavaScript 是一种嵌入式语言。提供的核心语法不算很多，只能用来做一些数学和逻辑运算。JavaScript 本身不提供任何与 I/O（输入/输出）相关的 API，需要依靠宿主环境（host）提供，所以 JavaScript 只适合嵌入更大型的应用程序环境，去调用宿主环境提供的底层 API。

目前，已经嵌入 JavaScript 的宿主环境有多种，最常见的环境就是浏览器，另外还有服务器环境，即 Node 项目。

从语法角度看，JavaScript 语言是一种“对象模型”语言。各种宿主环境通过这个模型，描述自己的功能和操作接口，从而通过 JavaScript 控制这些功能。但是，JavaScript 并不是纯粹的“面向对象语言”，还支持其他编程范式，如函数式编程。这导致对于同一个问题，JavaScript 会有多种解决方法，JavaScript 的用法非常灵活。

JavaScript 的核心语法相当精简，只包括两个部分：一部分是基本的语法构造，如操作符、控制结构、语句；另一部分是标准库，就是一系列具有各种功能的对象，如 Array、Date、Math 等。除此之外，各种宿主环境提供额外的 API，即只能在该环境使用的接口，以便 JavaScript 调用。例如，在浏览器环境中，它提供的额外 API 可以分成三大类。

☑ 浏览器控制类：操作浏览器。

☑ DOM 类：操作网页元素和内容。

☑ Web 应用类：实现互联网的各种拓展应用功能。

如果宿主环境是服务器，则会提供各种操作系统的 API，如文件操作 API、网络通信 API 等。这些都可以在 Node 环境中找到。

> 注意：本书主要介绍 JavaScript 核心语法和浏览器网页开发的基本知识，不涉及服务器端 Node 开发。

1.1.2 为什么学习 JavaScript

JavaScript 是一门后起之秀的高级语言，混搭了各种低级语言的优秀特性，非常值得学习。它既适合作为学习编程的入门语言，也适合作为日常开发的工作语言。它是目前最有希望、前途最光明的计算机语言之一。

1. 操控浏览器的能力

JavaScript 的诞生，就是作为浏览器的内置脚本语言，为网页开发者提供操控浏览器的能力。它是目前唯一通用的浏览器脚本语言，所有浏览器都支持。它可以让网页呈现各种特殊效果，为用户提供良好的互动体验。

目前，全世界几乎所有网页都使用 JavaScript。如果不用，网站的易用性和使用效率将大打折扣，无法成为操作便利、对用户友好的网站。

对于一个互联网开发者来说，如果想提供漂亮的网页、令用户满意的上网体验、各种基于浏览器的便捷功能、前后端之间紧密高效的联系，JavaScript 是必不可少的工具。

2. 广泛的使用领域

近年来，JavaScript 的使用范围，慢慢超越了浏览器，正在向通用的系统语言发展。

（1）浏览器的平台化。

随着 HTML5 的出现，浏览器本身的功能越来越强，不再仅仅能浏览网页，而是越来越像一个平台，JavaScript 因此得以调用许多系统功能，如操作本地文件、操作图片、调用摄像头和麦克风等。这使得 JavaScript 可以完成许多以前无法想象的事情。

（2）Node。

Node 项目使得 JavaScript 可以用于开发服务器端的大型项目，网站的前后端都用 JavaScript 开发已经成为现实。有些嵌入式平台（Raspberry Pi）能够安装 Node，于是 JavaScript 就能为这些平台开发应用程序。

（3）数据库操作。

JavaScript 甚至也可以用来操作数据库。NoSQL 数据库这个概念，本身就是在 JSON（JavaScript Object Notation，JavaScript 对象表示法）格式的基础上诞生的，大部分 NoSQL 数据库允许 JavaScript 直接操作。基于 SQL 语言的开源数据库 PostgreSQL 支持 JavaScript 作为操作语言，可以部分取代 SQL 查询语言。

（4）跨移动平台。

JavaScript 也正在成为手机应用的开发语言。一般来说，安卓平台使用 Java 语言开发，iOS 平台使用 Objective-C 或 Swift 语言开发。许多人正在努力，让 JavaScript 成为各个平台的通用开发语言。

PhoneGap 项目就是将 JavaScript 和 HTML5 打包在一个容器之中，使得它能同时在 iOS 和安卓上运行。Facebook 公司的 React Native 项目则是将 JavaScript 写的组件，编译成原生组件，从而使它们具备优秀的性能。

Mozilla 基金会的手机操作系统 Firefox OS，更是直接将 JavaScript 作为操作系统的平台语言。

（5）内嵌脚本语言。

越来越多的应用程序，将 JavaScript 作为内嵌的脚本语言，如 Adobe 公司的著名 PDF 阅读器 Acrobat、Linux 桌面环境 GNOME 3。

（6）跨平台的桌面应用程序。

Chromium OS、Windows 8 等操作系统直接支持 JavaScript 编写应用程序。Mozilla 的 Open Web Apps 项目、Google 的 Chrome App 项目、Github 的 Electron 项目以及 TideSDK 项目，都可以用来编写运行于 Windows、Mac OS 和 Android 等多个桌面平台的程序，不依赖浏览器。

可以预期，JavaScript 最终将能让你只用一种语言，就开发出适应不同平台（包括桌面端、服务器端、手机端）的程序。早在 2013 年 9 月的统计之中，JavaScript 就是当年 Github 上使用量排名第一的语言。著名程序员 Jeff Atwood 甚至提出：“所有可以用 JavaScript 编写的程序，最终都会出现 JavaScript 的版本。”

3. 易学性

相比学习其他语言，学习 JavaScript 有一些有利条件。

（1）学习环境无处不在。

只要有浏览器，就能运行 JavaScript 程序；只要有文本编辑器，就能编写 JavaScript 程序。这意味着，几乎所有电脑都原生提供 JavaScript 学习环境，不用另行安装复杂的 IDE（集成开发环境）和编译器。

（2）简单性。

相比其他脚本语言（如 Python 或 Ruby），JavaScript 的语法相对简单一些，本身的语法特性并不是特别多。而且，那些语法中的复杂部分，也不是必须要学会。你完全可以只用简单命令，完成大部分的操作。

（3）与主流语言的相似性。

JavaScript 的语法很类似 C/C++ 和 Java，如果学过这些语言，JavaScript 的入门会非常容易。必须说明的是，虽然核心语法不难，但是 JavaScript 的复杂性体现在另外两个方面。

首先，它涉及大量的外部 API。JavaScript 要发挥作用，必须与其他组件配合，这些外部组件五花八门，数量极其庞大，几乎涉及网络应用的各个方面，掌握它们绝非易事。

其次，JavaScript 语言有一些设计缺陷。某些地方相当不合理，另一些地方则会出现怪异的运行结果。学习 JavaScript 很大一部分时间是用来搞清楚哪些地方有陷阱。

Douglas Crockford 写过一本有名的书：《JavaScript: The Good Parts》，言下之意就是这门语言不好的地方很多，必须写一本书才能讲清楚。另外一些程序员则感到，为了更合理地编写 JavaScript 程序，就不能用 JavaScript 来写，而必须发明新的语言，如 CoffeeScript、TypeScript、Dart 这些新语言的发明目的，多多少少都有这个因素。

尽管如此，目前看来，JavaScript 的地位还是无法动摇的。加之，语言标准的快速进化，使得 JavaScript 功能日益增强，而语法缺陷和怪异之处得到了弥补。所以，JavaScript 还是值得学习，况且它的入门真的不难。

4. 强大的性能

JavaScript 的性能优势体现在以下方面。

（1）灵活的语法，表达力强。

JavaScript 既支持类似 C 语言清晰的过程式编程，也支持灵活的函数式编程。可以用来写并发处理。这些语法特性已经被证明非常强大，可以用于许多场合，尤其适用异步编程。

JavaScript 的所有值都是对象，这为程序员提供了灵活性和便利性。因为可以很方便地、按照需要随时创造数据结构，不用进行麻烦的预定义。

JavaScript 的标准还在快速进化中，并不断合理化以及添加更适用的语法特性。

（2）支持编译运行。

JavaScript 语言本身，虽然是一种解释型语言，但是在现代浏览器中，JavaScript 都是编译后运行。程序会被高度优化，运行效率接近二进制程序。而且，JavaScript 引擎正在快速发展，性能将越来越好。

（3）事件驱动和非阻塞式设计。

JavaScript 程序可以采用事件驱动和非阻塞式设计，在服务器端适合高并发环境，普通的硬件就可以承受很大的访问量。

☑ 开放性。

JavaScript 是一种开放的语言。它的标准 ECMA-262 是 ISO 国际标准，写得非常详尽明确；该标准的主要实现（如 V8 和 SpiderMonkey 引擎）都是开放的，而且质量很高。这保证了这门语言

不属于任何公司或个人，不存在版权和专利的问题。

语言标准由 TC39 委员会负责制定，该委员会的运作是透明的，所有讨论都是开放的，会议记录都会对外公布。

不同公司的 JavaScript 运行环境，兼容性很好，程序不做调整或只做很小的调整，就能在所有浏览器上运行。

☑ 社区支持和就业机会。

全世界程序员都在使用 JavaScript，它有着极大的社区、广泛的文献和图书、丰富的代码资源。绝大部分需要用到的功能，都有多个开源函数库可供选用。

作为项目负责人，不难招聘到数量众多的 JavaScript 程序员；作为开发者，也不难找到一份 JavaScript 的工作。

1.2 JavaScript 历史和版本

JavaScript 因为互联网而生，紧随着浏览器的出现而问世。回顾它的历史，就要从浏览器的历史讲起。

1.2.1 JavaScript 早期历史

1995 年 2 月 Netscape 公司发布 Netscape Navigator 2 浏览器，并开发了一种名为 LiveScript 的脚本语言，为了搭上媒体热炒 Java 的顺风车，临时把 LiveScript 改名为 JavaScript，这也是最初的 JavaScript 1.0 版本。

由于 JavaScript 1.0 获得了巨大成功，Netscape 随即在 Netscape Navigator 3 中又发布了 JavaScript 1.1 版本。

在 Netscape Navigator 3 发布后不久，微软在 Internet Explorer 3 中加入 JavaScript 脚本语言，为了避开与 Netscape 的 JavaScript 纠纷，命名为 JScript。

1997 年，欧洲计算机制造商协会（ECMA）以 JavaScript 1.1 为蓝本制订了 ECMA-262 的新脚本语言的标准，并命名为 ECMAScript。

1998 年，国标标准化组织和国际电工委员会（ISO/IEC）也采用了 ECMAScript 作为标准（即 ISO/IEC-16262）。自此以后，浏览器开发商就开始致力于将 ECMAScript 作为各自 JavaScript 实现的参考标准。

【拓展】

在微软推出 JavaScript 实现之后，市场上存在着 3 个不同的 JavaScript 版本，感兴趣的读者，可以扫码了解 JavaScript 初期不同实现的版本演绎。

线上阅读

1.2.2 ECMAScript 与 JavaScript 的关系

1997 年，ECMA 发布 262 号标准文件（ECMA-262）的第一版，规定了浏览器脚本语言的标准，并将这种语言命名为 ECMAScript，这个版本就是 ECMAScript 1.0 版。之所以不叫 JavaScript，有两个原因：

一是商标，Java 是 Sun 公司的商标，根据授权协议，只有 Netscape 公司可以合法地使用 JavaScript 这个名字，且 JavaScript 本身也已经被 Netscape 公司注册为商标。

二是体现这门语言的制定者是 ECMA，而不是 Netscape，这样有利于保证这门语言的开放性和中立性。

因此，ECMAScript 和 JavaScript 的关系是：ECMAScript 是 JavaScript 语言的国际标准，JavaScript 是 ECMAScript 的一种实现。

但是在一般场合中，这两个词可以互换。

1.2.3 ECMAScript 历史

1998 年 6 月，ECMAScript 2.0 版发布。

1999 年 12 月，ECMAScript 3.0 版发布，成为 JavaScript 的通行标准，得到了广泛支持。

2007 年 10 月，ECMAScript 4.0 版草案发布，对 3.0 版做了大幅升级。由于 4.0 版的目标过于激进，各方对于是否通过这个标准，发生了严重分歧。

2008 年 7 月，ECMA 中止 ECMAScript 4.0 的开发，将其中涉及现有功能改善的一小部分，发布为 ECMAScript 3.1。不久，ECMAScript 3.1 改名为 ECMAScript 5。

2009 年 12 月，ECMAScript 5.0 版正式发布。

2011 年 6 月，ECMAScript 5.1 版发布，并且成为 ISO 国际标准（ISO/IEC 16262:2011）。

2013 年 12 月，ECMAScript 6 草案发布。

2015 年 6 月，ECMAScript 6 发布正式版本，并更名为 ECMAScript 2015。Mozilla 将在这个标准的基础上，推出 JavaScript 2.0。从此以后，JavaScript 将以年份命名，新版本将按照“ECMAScript+年份”的形式发布，以便更频繁地发布包含小规模增量更新的新版本。

1.2.4 ECMAScript 与浏览器的兼容

ECMAScript 5.1（或 ECMAScript 5）是 ECMAScript 标准最新修正。与 HTML5 规范进程本质类似，ECMAScript 5 通过对现有 JavaScript 方法添加语句和原生 ECMAScript 对象做合并实现标准化。ECMAScript 5 还引入了一个语法的严格变种，被称为严格模式（Strict Mode）。

ECMAScript 5 完整列表可以参考：官方 ECMAScript 语言规范附录 D 和 E，还可以以 HTML 形式查看 Michael[tm] Smith 非官方的 HTML 版本说明（http://es5.github.io/）。

随着 Opera 11.60 的发布，所有 5 大主流浏览器都支持 ECMAScript 5，具体信息如下。

☑ Opera 11.60+。

☑ Internet Explorer 9+。

☑ Firefox 4+。

☑ Safari 5.1+。

☑ Chrome 13+。

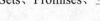

提示： IE 9 不支持严格模式，从 IE 10 开始添加支持严格模式；Safari 5.1 仍不支持 Function. prototype. bind，尽管 Function.prototype.bind 已经被 Webkit 所支持。

对于旧版浏览器的支持信息，可以查看 Juriy Zaytsev 的 ECMAScript 5 兼容性表（http://kangax.github.io/compat-table/es5/ ）。

ECMAScript 6 是继 ECMAScript 5 之后的一次主要改进，语言规范由 ECMAScript 5.1 时代的 245 页扩充至 600 页。ECMAScript 6 增添了许多必要的特性，如模块和类，以及一些实用特性，如 Maps、Sets、Promises、生成器（Generators）等。尽管 ECMAScript 6 做了大量的更新，但是它依旧完全向

后兼容以前的版本，标准化委员会决定避免由不兼容版本语言导致的 Web 体验破碎。因此所有老代码都可以正常运行，整个过渡也显得更为平滑，但随之而来的问题是，开发者们抱怨了多年的老问题依然存在。

由于 ECMAScript 6 还没有定案，有些语法规则还会变动，目前支持 ECMAScript 6 的软件和开发环境还不多。各大浏览器的最新版本，对 ECMAScript 6 的支持可以查看 http://kangax.github.io/compat-table/es6/。

JavaScript 语言有多个版本。本书的内容基于 ECMAScript 5.1 版本，这是最普遍支持的版本，也是学习 JavaScript 的基础。

【拓展】

关于 JavaScript 的历史，有说不完的话题，讲不完的故事，但是作为一本权威、标准化教材，我们要考虑版面的限制，也要顾虑读者们的实际情况。为此，本节在线再提供一节有关 JavaScript 更详尽的演化历史，部分叙述可能与本节内容重合，感兴趣的读者可以扫码阅读。

线 上 阅 读

1.3 JavaScript 构成

一个完整的 JavaScript 实现由以下 3 个部分构成。

☑ JavaScript 核心（ECMAScript）。

☑ 文档对象模型（DOM）。

☑ 浏览器对象模型（BOM）。

1.3.1 JavaScript 核心

Web 浏览器只是 ECMAScript 实现的宿主环境之一。宿主环境不仅提供基本的 ECMAScript 实现，同时也会提供各种功能扩展。JavaScript 核心规定了这门语言的下列组成部分：

☑ 语法。

☑ 类型。

☑ 语句。

☑ 关键字。

☑ 保留字。

☑ 操作符。

☑ 对象。

1.3.2 文档对象模型

文档对象模型（DOM，Document Object Model），是 W3C 组织推荐的处理 HTML 或 XML 的标准编程接口，是一种与平台和语言无关的应用程序接口（API）。可以动态地访问程序和脚本，更新其内容、结构和样式。文档可以进一步被处理，处理的结果可以加入到当前的页面。DOM 是一种基于树的 API 文档，它要求在处理过程中整个文档都表示在存储器中。

【示例】针对下面的网页文档结构如下。

Note

```
<html>
    <head>
        <title>Sample Page</title>
    </head>
    <body>
        <p>hello world!</p>
    </body>
</html>
```

这段代码可以用 DOM 绘制成一个节点层次图，如图 1.1 所示。

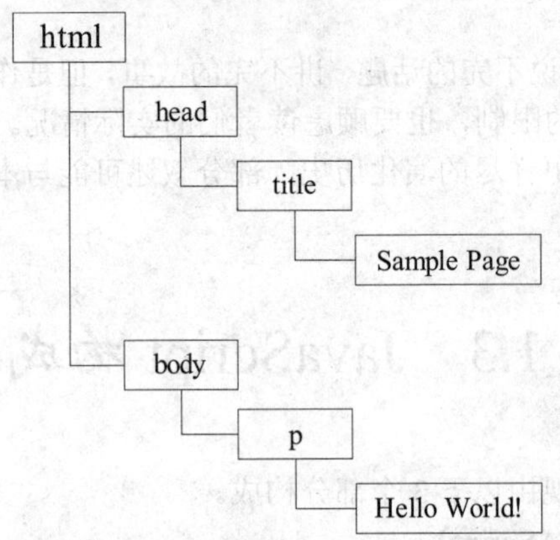

图 1.1　DOM 文档节点树

通过 DOM 创建的文档节点树形图，开发人员获得了控制页面内容和结构的主动权。借助 DOM 提供的 API，开发人员可以轻松自如地删除、添加、替换或修改任何节点。

DOM 1 级（DOM Level 1）于 1998 年 10 月成为 W3C 的推荐标准。DOM 1 级由以下两个模块组成。

☑　DOM 核心（DOM Core）。

☑　DOM HTML。

DOM 2 级引入了下列新模块，也给出了众多新类型和新接口的定义。

☑　DOM 视图（DOM Mews）。

☑　DOM 事件（DOM Events）。

☑　DOM 样式（DOM Style）。

☑　DOM 遍历和范围（DOM Traversal and Range）。

DOM 3 级则进一步扩展了 DOM，引入了以统一方式加载和保存文档的方法，新增了验证文档的方法。DOM 3 级也对 DOM 核心进行了扩展，开始支持 XML 1.0 规范，涉及 XML Infoset、XPath 和 XML Base。

提示：有时候读者会听到 DOM 0 级标准。实际上，DOM 0 级标准不存在。所谓 DOM 0 级只是对 DOM 标准前的一种说法，具体表示 IE 4.0 和 Netscape Navigator 4.0 最初支持的 DHTML。

在 DOM 标准出现了一段时间之后，Web 浏览器才开始实现它。微软在 IE 5 中首次尝试实现 DOM，但直到 IE 5.5 才算是真正支持 DOM 1 级。在随后的 IE 6 和 IE 7 中，微软都没有引入新的 DOM 功能，而到了 IE 8 才对以前 DOM 实现中的 bug 进行了修复。

Firefox 3 完全支持 DOM 1 级，几乎完全支持 DOM 2 级，甚至还支持 DOM 3 级的一部分。目前，支持 DOM 已经成为浏览器开发商的首要目标，主流浏览器每次发布新版本都会改进对 DOM 的支持。

【拓展】

除了 DOM 核心和 DOM HTML 接口之外，另外几种语言还发布了只针对自己的 DOM 标准。下面列出的语言都是基于 XML 的，每种语言的 DOM 标准都添加了与特定语言相关的新方法和新接口。

- ☑ SVG（Scalable Vector Graphic，可伸缩矢量图）1.0
- ☑ MathML（Mathematical Markup Language，数学标记语言）1.0
- ☑ SMIL（Synchronized Multimedia Integration Language，同步多媒体集成语言）

还有一些语言也开发了自己的 DOM 实现，例如，Mozilla 的 XUL（XML User Interface Language，XML 用户界面语言）。但是，只有上面列出的几种语言是 W3C 的推荐标准。

1.3.3 浏览器对象模型

IE 3.0 和 Netscape Navigator 3.0 提供了一种特性：BOM（浏览器对象模型），可以对浏览器窗口进行访问和操作。使用 BOM，开发者可以移动窗口、改变状态栏中的文本以及执行其他与页面内容不直接相关的动作。与 DOM 不同，BOM 只是 JavaScript 的一个部分，没有任何相关的标准。

BOM 主要处理浏览器窗口和框架，不过通常浏览器特定的 JavaScript 扩展都被看作 BOM 的一部分。常用功能包括：

- ☑ 弹出浏览器窗口。
- ☑ 移动、关闭浏览器窗口以及调整窗口大小。
- ☑ 提供 Web 浏览器详细信息的定位对象。
- ☑ 提供用户屏幕分辨率详细信息的屏幕对象。
- ☑ 对 cookie 的支持。
- ☑ IE 扩展了 BOM，加入了 ActiveXObject 类，可以通过 JavaScript 实例化 ActiveX 对象。

由于没有相关的 BOM 标准，每种浏览器都有自己的 BOM 实现。有一些事实上的标准，如具有一个窗口对象和一个导航对象，不过每种浏览器可以为这些对象或其他对象定义自己的属性和方法。

1.4 初次使用 JavaScript

JavaScript 代码只有嵌入网页，才能在用户浏览网页时运行。在网页中嵌入 JavaScript 代码主要有以下 4 种方法。

- ☑ <script>标签：代码嵌入网页。
- ☑ <script>标签：加载外部脚本。
- ☑ 事件属性：代码写入 HTML 标签的事件处理属性中，如 onclick 等。
- ☑ URL 协议：URL 支持以 javascript:协议的方式，执行 JavaScript 代码。

最后两种方法用得很少，常用的是前两种方法。由于内容（HTML 代码）和行为（JavaScript 代码）应该分离，所以第一种方法应当谨慎使用。

1.4.1 编写脚本

下面通过示例演示如何使用<script>标签的两种方式：直接在页面中嵌入 JavaScript 代码和包含外部 JavaScript 文件。

【示例 1】直接在页面中嵌入 JavaScript 代码。操作步骤如下。

（1）新建 HTML 文档，保存为 test.html。然后在<head>标签内插入一个<script>标签。

Note

（2）为<script>标签指定 type 属性值为"text/javascript"。现代浏览器默认<script>标签的类型为 JavaScript 脚本，因此省略 type 属性，依然能够被正确执行，但是考虑到代码的兼容性，建议定义该属性。

（3）直接在<script>标签内部输入 JavaScript 代码如下。

```
<!doctype html>
<html>
<head>
<meta charset="utf-8">
<title>test</title>
<script type="text/javascript">
function hi() {
    document.write("<h1>Hello,World!</h1>");
}
hi();
</script>
</head>
<body>
</body>
</html>
```

上面 JavaScript 脚本先定义了一个 hi()函数，该函数被调用后会在页面中显示字符"Hello,World! "。document 表示 DOM 网页文档对象，document.write()表示调用 Document 对象的 write()方法，在当前网页源代码中写入 HTML 字符串"<h1>Hello,World!</h1>"。

调用 hi()函数，浏览器将在页面中显示一级标题字符"Hello,World! "。

（4）保存网页文档，在浏览器中预览，则显示效果如图 1.2 所示。

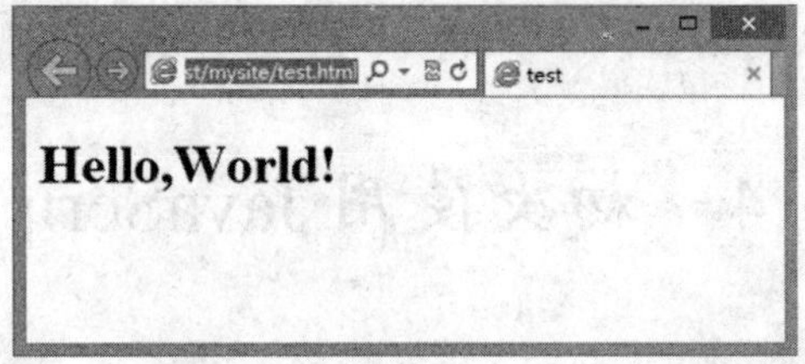

图 1.2　第一个 JavaScript 程序

【示例 2】包含外部 JavaScript 文件。操作步骤如下。

（1）新建文本文件，保存为 test.js。注意，扩展名为.js，它表示该文本文件是 JavaScript 类型的文件。

（2）打开 test.js 文本文件，在其中编写下面代码，定义简单的输出函数。

```
function hi() {
    alert("Hello,World!");
}
```

在上面代码中，alert()表示 Window 对象的方法，调用该方法将弹出一个提示对话框，显示参数字符串"Hello,World!"。

（3）保存 JavaScript 文件，注意与网页文件的位置关系。这里保存 JavaScript 文件位置与调用该文件的网页文件位于相同目录下。

（4）新建 HTML 文档，保存为 test1.html。然后在<head>标签内插入一个<script>标签。定义 src

属性，设置属性值为指向外部 JavaScript 文件的 URL 字符串，代码如下所示。

```
<script type="text/javascript" src="test.js"></script>
```

（5）在上面<script>标签下一行继续插入一个<script>标签，直接在<script>标签内部输入 JavaScript 代码，调用外部 JavaScript 文件中的 hi()函数。

Note

```
<!doctype html>
<html>
<head>
<meta charset="utf-8">
<title>test</title>
<script type="text/javascript" src="test.js"></script>
<script type="text/javascript">
hi();                    // 调用外部 JavaScript 文件中的 hi()函数
</script>
</head>
<body>
</body>
</html>
```

（6）保存网页文档，在浏览器中预览，则显示效果如图 1.3 所示。

图 1.3 调用外部函数弹出提示对话框

提示：定义 src 属性的<script>标签不应再包含 JavaScript 代码。如果嵌入了代码，则只会下载并执行外部 JavaScript 文件，嵌入代码会被忽略。

<script>标签的 src 属性可以包含来自外部域的 JavaScript 文件。例如：

```
<script type="text/javascript" src="http://www.sothersite.com/test. js"></script>
```

这些位于外部域中的代码也会被加载和解析。因此在访问自己不能控制的服务器上的 JavaScript 文件时要小心，防止恶意代码，或者防止恶意人员随时可能替换 JavaScript 文件中的代码。

【补充】

HTML 为<script>共定义了 6 个属性，简单说明请扫码了解。

【拓展】

下面再简单介绍另外两种把 JavaScript 代码嵌入网页的方法。

☑ 事件属性。

☑ URL 协议。

详细说明请扫码了解。

线上阅读 1

线上阅读 2

视频讲解

Note

1.4.2　脚本位置

JavaScript 脚本随 HTML 代码一起会被浏览器加载，并按照它们在 HTML 中出现的先后顺序依次被解析。如果没有设置脚本异步加载或延迟执行，则当<script>标签中的代码加载完成之后，会被理解解析。

【示例 1】在默认情况下，所有<script>标签都应该放在页面头部的<head>标签中。

```
<!doctype html>
<html>
<head>
<meta charset="utf-8">
<title>test</title>
<script type="text/javascript" src="test.js"></script>
<script type="text/javascript">
hi();
</script>
</head>
<body>
<!-- 网页内容 -->
</body>
</html>
```

【示例 2】如果 JavaScript 外部文件比较大，则可以考虑把 JavaScript 引用放在<body>标签中页面的内容后面。

```
<!doctype html>
<html>
<head>
<meta charset="utf-8">
</head>
<body>
<!-- 网页内容 -->
<<title>test</title>
<script type="text/javascript" src="test.js"></script>
<script type="text/javascript">
hi();
</script>
/body>
</html>
</html>
```

这样 JavaScript 代码不会影响浏览器对 HTML 文档结构的解析。

线上阅读 1　　线上阅读 2

【拓展】

下面简单了解一下 JavaScript 脚本的工作原理，感兴趣的读者可以扫码阅读。

关于加载外部脚本文件所使用的协议，需要读者注意这一点，具体说明请扫码阅读。

视频讲解

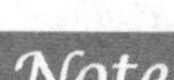

Note

1.4.3 设置延迟执行

<script>标签的 defer 属性能够迫使脚本被延迟到整个页面都解析完毕后再运行，即浏览器可以立即下载 JavaScript 代码，但延迟执行。

【示例】在下面示例中，虽然把<script>标签放在文档的<head>标签中，但其中包含的脚本将延迟到浏览器遇到</html>标签后再执行。

```
<!doctype html>
<html>
<head>
<script type="text/javascript" defer src="test1.js"></script>
<script type="text/javascript" defer src="test2.js"></script>
</head>
<body>
<!-- 网页内容 -->
</body>
</html>
```

注意：defer 属性只适用于外部脚本文件。

1.4.4 设置异步响应

视频讲解

与 defer 类似，<script>标签的 async 属性也可以让浏览器立即下载外部脚本文件，但是不保证它理解执行，允许浏览器在恰当的时间异步执行代码，同时也不保证按照先后顺序执行。

【示例】在下面代码中，第二个脚本文件 test2.js 可能会在第一个脚本文件 test1.js 之前执行。因此，用户要确保两个文件之间没有逻辑顺序的关联，互不依赖则非常重要。

```
<!doctype html>
<html>
<head>
<script type="text/javascript" async src="test1.js"></script>
<script type="text/javascript" async src="test2.js"></script>
</head>
<body>
<!-- 网页内容 -->
</body>
</html>
```

【拓展】

defer 属性和 async 属性的功能比较相似，很多情况下可以相互换用，但是二者的作用和运行流程是不同的，具体比较请扫码了解。

线上阅读

1.4.5 在 XHTML 中使用 JavaScript 脚本

XHTML（EXtensible HyperText Markup Language）表示可扩展超文本标记语言，是将 HTML 作为 XML 的应用而重新定义的一个标准。编写 XHTML 代码的规则要比编写 HTML 严格得多，而且直

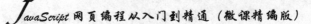

线上阅读

Note

接影响能否在嵌入 JavaScript 代码时使用<script/>标签。

考虑到 HTML5 的流行，本节内容以选修内容呈现，感兴趣的读者请扫码了解。

1.4.6 兼容不支持 JavaScript 的浏览器

最早引入<script>标签时，与传统 HTML 的解析规则存在冲突。由于要对这个标签应用特殊的解析规则，因此在那些不支持 JavaScript 的浏览器中就会导致问题，即会把<script>标签的内容直接输出到页面中，因而会破坏页面的布局和外观。

线上阅读

Netscape 与 Mosaic 协商并提出了一个解决方案，让不支持<script>标签的浏览器能够隐藏嵌入的 JavaScript 代码。这个方案就是把 JavaScript 代码包含在一个 HTML 注释中。

考虑到目前所有浏览器都支持 JavaScript，本节内容以外围知识呈现，供怀旧的读者了解。

1.4.7 比较嵌入代码与链接脚本

线上阅读

在 HTML 中嵌入 JavaScript 代码虽然没有问题，但一般认为最好的做法还是尽可能使用外部文件来包含 JavaScript 代码。不过，并不存在必须使用外部文件的硬性规定，但是还是建议大家多使用外部脚本，具体优点请扫码了解。

1.4.8 使用<noscript>标签

线上阅读

早期浏览器不支持 JavaScript，为了确保页面平稳兼容，创造了一个<noscript>标签，用以在不支持 JavaScript 的浏览器中显示替代的内容。

考虑到目前所有浏览器都支持 JavaScript，本节内容以选修内容呈现，感兴趣的读者可以扫码阅读。

1.4.9 脚本的动态加载

线上阅读

除了静态的<script>标签，还可以动态生成<script>标签，然后加入页面，从而实现脚本的动态加载。由于本节内容对于初学者来说，需要一定的知识门槛，故把它作为选学内容在线呈现，感兴趣的读者可以扫码阅读。

1.5 JavaScript 解析基础

JavaScript 解析过程包括两个阶段：预处理（也称编译）和执行。在预编译期，JavaScript 解释器将完成对 JavaScript 代码的预处理操作，把 JavaScript 代码转换成字节码；在执行期，JavaScript 解释器把字节码生成二进制机械码，并按顺序执行，完成程序设计的任务。

线上阅读

由于这些知识对于初学者来说，比较艰涩，本节内容仅作为选学内容供有兴趣、有余力的读者可扩展阅读。阅读时请不要钻牛角尖，了解即可，因为这个话题实在很烧脑，详细内容请扫码。

Note

1.6 浏览器与 JavaScript

JavaScript 主要寄生于 Web 浏览器中，学习 JavaScript 语言之前，应该先了解浏览器。目前主流浏览器包括 IE、FireFox、Opera、Safari 和 Chrome。浏览器的核心包括两部分：渲染引擎和 JavaScript 解释器（又称 JavaScript 引擎）。

本节为拓展部分，方便感兴趣的读者课余涉猎，不作为必学内容。但是，还是极力推荐每位初学者了解一下，详细内容请扫码阅读。

线上阅读

1.7 JavaScript 开发工具

开发 JavaScript 程序可以使用任何一种文本编辑器，当然使用集成的开发环境能够提高编码效率。本节简单介绍了一些 JavaScript 开发工具，以及 JavaScript 测试和调试的基本方法和操作技巧，建议每位初学者了解一下，详细内容请扫码阅读。

线上阅读

1.8 JavaScript 发展趋势

JavaScript 伴随着互联网的发展一起发展。互联网周边技术的快速发展，刺激和推动了 JavaScript 语言的发展。

下面以时间轴简单罗列近 20 年互联网新技术的更迭，以及对 JavaScript 的影响，感兴趣的读者可以扫码阅读。

线上阅读

第2章 JavaScript基本语法

JavaScript 遵循 ECMA-262 标准规范，并大量借鉴 C 语系语法特征。目前，最新版是 ECMA-262 第 8 版（ECMAScript 2017），应用比较广泛的是 ECMAScript 第 5 版本。本章将根据 ECMAScript 规范简单介绍 JavaScript 的基本语法。

【学习重点】

- 熟悉 JavaScript 基本编码规范。
- 正确使用变量。
- 能够正确检测数据类型。
- 能够灵活转换数据类型。
- 正确使用常用运算符。

2.1 编写第一行代码

JavaScript 程序的执行以行（Line）为单位，即一行一行地执行。一般情况下，每一行就是一句话（语句），表示一条指令。

语句（Statement）是为了完成某种任务而进行的操作，例如，下面就是一行赋值语句。

```
var a = 1 + 3;
```

这条语句先用 var 命令，声明了变量 a，然后将 1 + 3 的运算结果赋值给变量 a。

1+3 叫作表达式（Expression），指一个为了得到返回值的计算式。语句和表达式的区别在于，前者主要为了进行某种操作，一般情况下不需要返回值；后者则是为了得到返回值，一定会返回一个值。

凡是 JavaScript 语言中预期为值的地方，都可以使用表达式。例如，赋值语句的等号右边，预期是一个值，因此可以放置各种表达式。一条语句可以包含多个表达式。

语句以分号结尾，一个分号就表示一个语句结束，多个语句可以写在一行内。例如：

```
var a = 1 + 3; var b = 'abc';
```

分号前面可以没有任何内容，JavaScript 引擎将其视为空语句。

```
;;;
```

上面的代码就表示 3 个空语句。

表达式不需要分号结尾。一旦在表达式后面添加分号，则 JavaScript 引擎就将表达式视为语句，这样会产生一些没有任何意义的语句。

```
1 + 3;
'abc';
```

上面两行语句有返回值，但是没有任何意义，因为只返回一个单纯的值，没有其他任何操作。

那么什么是 JavaScript 语法，它又包含哪些内容呢？

JavaScript 语法就是指构成合法的 JavaScript 程序的所有规则和特征的集合，它包括词法和句法两部分。

☑ 词法定义了基本编码规则，包括字符编码规范、命名规则、标识符规范、关键字规范、注释规则、特殊字符规范等。

☑ 句法定义了 JavaScript 的逻辑范式，包括词语用法、句式用法和逻辑结构的基本规则和特性等。

基本语法是一系列强制性或约束性的规定，凡是学习和使用 JavaScript 语言的用户都应该熟悉。词法规则不多，初学时建议先了解以下 4 点。

（1）编写代码时要区分大小写。

（2）对于空格等分隔符，JavaScript 引擎不会解析，可以忽略，因此可以使用分隔符格式化代码。

（3）要正确使用“//注释信息”或“/*注释信息*/”语法注释代码。

（4）了解标识符命名基本约定，了解关键字、保留字、转义字符等概念。

关于词法的详细说明，仅作为选学内容在线呈现，推荐扫码阅读。

有关语法规则将在后面各章节中按主题分类逐步展开讲解。如果想简单了解语法的基本情况，可以扫码阅读。

线上阅读 1

线上阅读 2

2.2 变　量

Note

视频讲解

变量与值是两个不同的概念，变量是对“值”的引用，使用变量等同于引用一个值。每一个变量都有一个变量名。

2.2.1 声明变量

在 JavaScript 中，声明变量使用 var 语句。

```
var a;                              // 声明一个变量
var a, b, c;                        // 声明多个变量
```

一个语句中，可以同时声明多个变量，这时应该使用逗号运算符分隔多个变量名。

【示例 1】可以在声明中为变量赋值。未赋值的变量，则初始值为 undefined（未定义）值。

```
var a;                              // 声明但没有赋值
var b = 1;                          // 声明并赋值
alert(a);                           // 返回 undefined
alert(b);                           // 返回 1
```

【示例 2】在 JavaScript 中，可以重复声明同一个变量，也可以反复初始化变量的值。

```
var a = 1;
var a = 2;
var a = 3;
alert(a);                           // 返回 3
```

JavaScript 允许用户不声明变量，而直接为变量赋值，这是因为 JavaScript 解释器能够自动隐式声明变量。但是隐式声明的变量总是作为全局变量。

【示例 3】当在函数中不声明就直接为变量赋值时，JavaScript 会把它视为全局变量进行处理。由于是全局变量，函数外代码可以访问该变量的值。

```
function f() {
    a = 1;                          // 未声明直接赋值
    var b = 2;                      // 声明并赋值
}
f();                                // 调用函数，实现变量初始化
alert(a);                           // 返回 1
alert(b);                           // 提示语法错误，找不到该变量
```

注意：如果尝试读取一个未声明的变量的值，JavaScript 会提示语法错误。为变量赋值的过程，实际上 JavaScript 也会隐式进行声明。在使用变量时，应该养成良好习惯：先声明，后读写；先赋值，后运算。

var 语句声明的变量是 JavaScript 标准声明变量的方法，同时使用 var 语句声明的变量是永久的，不能够使用 delete 运算符删除。

【示例 4】var 语句的使用范围有限，不能在循环或条件语句的条件表达式中使用。例如，下面

两种用法都是错误的。

```
while(var i = 0, (i++) < 10) {
    alert(i);
}
if(var i = false) {
    alert(i);
}
```

但是，可以在 for 或 for-in 语句的条件表达式中使用。例如：

```
for(var i = 0; i<10; i++) {
    alert(i);
}
for(var i in document) {
    alert(i);
}
```

2.2.2　赋值变量

使用等号（=）运算符可以为变量赋值，等号左侧为变量名，右侧为值或可以转化为值的表达式。

JavaScript 引擎的工作方式是，在预编译期先解析代码，获取所有被声明的变量，然后在执行期再一行一行地运行。这造成的结果，就是所有的变量的声明语句，都会被提升到代码的头部，这就叫作变量提升（Hoisting）。

【示例】编写如下 2 行代码。

```
console.log(a);
var a = 1;
```

上面代码首先使用 console.log()方法，在控制台（Console）显示变量 a 的值。这时变量 a 还没有声明和赋值，所以这是一种错误的做法，但是实际上浏览器不会报错。因为存在变量提升，真正运行的是下面的代码。

```
var a;
console.log(a);
a = 1;
```

最后显示结果是 undefined，表示变量 a 已声明，但还未赋值。

注意：变量提升只对 var 命令声明的变量有效，如果一个变量不是用 var 命令声明的，就不会发生变量提升。例如：

```
console.log(b);
b = 1;
```

上面的语句将会报错，提示 ReferenceError: b is not defined，即变量 b 未声明，这是因为 b 不是用 var 命令声明的，JavaScript 引擎不会将其提升，而只是视为对顶层对象的 b 属性的赋值。

2.2.3　变量的作用域

变量的作用域（Scope）也称为可见性，是指变量在程序中可访问的有效范围。在 JavaScript 中，

变量作用域可以分为全局作用域和函数作用域。

全局作用域是指变量在整个页面脚本中都可见，对应变量为全局变量。

函数作用域是指变量仅能在声明的函数内部可见，函数外是不允许访问的。有时也称之为局部作用域，对应变量为局部变量。

Note

【示例】下面示例演示了如果不显式声明局部变量所带来的后果。

```
var jQuery = 1;
(function() {
    jQuery = window.jQuery = window.$ = function() {};
})()
alert(jQuery);                          // 结果读取了函数内部封装的代码
```

因此，在函数体内使用全局变量是一种很危险的行为，应该养成在函数体内使用 var 语句声明局部变量的习惯。

视频讲解

2.2.4 全局变量

定义全局变量有以下 3 种方式。

☑ 在任何函数外面直接使用 var 语句声明。

```
var f = 'value';
```

☑ 直接添加一个属性到全局对象上。在 Web 浏览器中，全局对象为 window。

```
window.f = 'value';
```

☑ 直接使用未经声明的变量，以这种方式定义的全局变量被称为隐式的全局变量。

```
f = 'value';
```

注意：由于在所有作用域中都可见，使用全局变量会降低程序的可靠性。应该避免使用全局变量，努力减少使用全局变量的方法。

【示例 1】在脚本中可以创建唯一一个接口，用来管理应用程序的所有变量，这样可以有效降低应用程序的变量污染问题。

```
var MyApp = {};
MyApp.name = "AppName";
MyApp.work = {
    id : 123,
    do : function() {
        // 执行任务
    }
};
```

【示例 2】使用函数体来保护变量，这是另一种有效减少“全局污染”的方法，也是最有效、最安全的方法，是应用最广泛的一种编程模式。

```
var MyApp = function() {
    this.name = "AppName";
    this.work = {
        id: 123,
```

```
        do: function() {
            // 执行任务
        }
    };
};
```

Note

定义在函数体内的参数和变量在函数体外不可见，但在函数体内可见。

2.3　数 据 类 型

我们常说的变量类型，实际上就是变量存储值的类型。JavaScript 是弱类型语言，对于数据类型的规范不是很严格。但是正确使用变量类型，可以避免各种异常。

2.3.1　检测类型

视频讲解

JavaScript 定义了 6 种基本数据类型，说明如表 2.1 所示。

表 2.1　JavaScript 基本数据类型

数 据 类 型	说　明
null	空值。表示无值，即此处的值就是“无”的状态
undefined	未定义。表示不存在，由于目前没有定义，所以此处暂时没有任何值
number	数值。整数和小数，如 1 和 3.14
string	字符串。字符组成的文本，如"Hello World"
boolean	布尔值。true（真）和 false（假）两个特定值
object	对象。各种值组成的集合

提示：ECMAScript 6 新增第 7 种 Symbol 类型的值，由于浏览器的兼容性，本书暂不涉及。

使用 typeof 运算符可以检测数据类型，它以字符串的形式返回上述 6 种基本类型之一。

【示例 1】下面使用 typeof 运算符分别检测常用特殊值的数据类型。

```
alert(typeof 1);                // 返回字符串"number"
alert(typeof "1");              // 返回字符串"string"
alert(typeof true);             // 返回字符串"boolean"
alert(typeof {});               // 返回字符串"object"
alert(typeof []);               // 返回字符串"object"
alert(typeof function(){});     // 返回字符串"function"
alert(typeof null);             // 返回字符串"object"
alert(typeof undefined);        // 返回字符串"undefined"
```

注意：typeof 运算符有两个特殊的返回值：把 null 标识为 Object 类型，把 function(){}标识为 Function 类型。

也就是说，使用 typeof 运算符可以识别函数，但是函数不是一种基本数据类型，可以把它作为 Object 类型的一种特殊子类型来理解。

Note

【示例 2】由于 typeof null 返回字符串为"object"，要有效检测 JavaScript 基本数据类型，可以自定义一个 type 方法，解决基本类型的区分问题。

```
function type(o) { // 返回值类型数据的类型字符串
    return (o === null) ? "null": (typeof o);
// 如果是 null 值，则返回字符串"null"，否则返回(typeof o)表达式的值
}
```

上面代码可以有效避开因为 null 值影响基本数据的类型检测。

【拓展】

通常，将数值、字符串、布尔值称为原始类型（Primitive Type）的值，即不能再细分。而将对象称为合成类型（Complex Type）的值，因为一个对象往往是多个原始类型的值的合成，可以看作是一个存放各种值的容器。至于 undefined 和 null，一般将它们看成两个特殊值。

对象又可以分成以下 3 个子类型。

☑ 狭义的对象（Object）。

☑ 数组（Array）。

☑ 函数（Function）。

狭义的对象和数组是两种不同的数据组合方式，而函数是处理数据的方法。JavaScript 把函数当成一种数据类型，可以像其他类型的数据一样，进行赋值和传递，这为编程带来了很大的灵活性，体现了 JavaScript 作为“函数式语言”的本质。

提示：关于合成型对象，将在后面章节中专门讲解，本节先不涉及。

注意：JavaScript 的所有数据，都可以视为广义的对象。不仅数组和函数属于对象，就连原始类型的数据（数值、字符串、布尔值）也可以用对象方式调用。为了避免混淆，此后除非特别声明，本书提及的“对象”都特指狭义的对象。

视频讲解

2.3.2 数值

数值（Number）也称数字。JavaScript 不细分整型、浮点型，所有数值都属于浮点数。

1. 数值直接量

当数值直接出现在程序中时，被称为数值直接量。在 JavaScript 程序中，直接输入的任何数字都被视为数值直接量。

【示例 1】数值直接量可以细分为整型直接量和浮点型直接量。浮点数是带有小数点的数值，而整数是不带小数点的数值。

```
var int = 1;                    // 整型数值
var float = 1.0;                // 浮点型数值
```

整数一般都是 32 位数值，而浮点数一般都是 64 位数值。

【示例 2】浮点数可以使用科学计数法来表示。

```
var float = 1.2e3;
```

等价于

```
var float = 1.2*10*10*10;
```

或

```
var float = 1200;
```

其中 e（或 E）表示底数，其值为 10，而 e 后面跟随的是 10 的指数。指数是一个整型数值，可以取正负值。

2．八进制和十六进制数值

JavaScript 支持八进制和十六进制数值直接量。

【示例 3】十六进制数值直接量以“0X”或“0x”作为前缀，后面跟随十六进制的数值。十六进制的数值是从 0～9 和 a～f 的数字或字母任意组合，用来表示 0～15 之间的某个数字，超过这个范围则以进制表示。

```
var num = 0x1F4;                    // 十六进制数值
alert(num);                         // 返回十进制值为 500
```

【示例 4】八进制数值直接量以数字 0 为前缀，其后跟随一个八进制的数值。

```
var num = 0764;                     // 八进制数值
alert(num);                         // 返回 500
```

八进制或十六进制的数值在参与数学运算之后，返回的都是十进制数值。

注意：考虑到安全性，不建议使用八进制数值直接量，因为 JavaScript 可能会误解析为十进制数值。

3．数值运算

使用算术运算符，可以参与各种计算，如加、减、乘、除等。

同时，JavaScript 内置 Math 对象，该对象提供大量数学方法，直接调用这些方法可以解决专业数学计算问题，详细说明请参考 JavaScript 参考手册。

4．特殊数值

JavaScript 预定义多个特殊数值常量，说明如表 2.2 所示。

表 2.2　特殊数值列表

特　殊　值	说　　明
Infinity	无穷大。当数值超过浮点型所能够表示的范围。反之，负无穷大为-Infinity
NaN	非数值。不等于任何数值，包括自己。如 0 除以 0 的返回值
Number.MAX_VALUE	最大值
Number.MIN_VALUE	最小值，一个接近 0 的数值
Number.NaN	非数值，与 NaN 相同
Number.POSITIVE_INFINITY	正无穷大
Number.NEGATIVE_INFINITY	负无穷大

提示：NaN（Not a Number，非数字值）表示一个特殊的数值。在试图将非数字形式的字符串转换为数字时都会返回 NaN。例如：

```
+ '0'       // 0
+ 'oops'    // NaN
```

如果 NaN 参与数学运算，返回结果都是 NaN。

为了有效检测 NaN 值，JavaScript 提供 isNaN()方法。例如：

Note

```
isNaN(NaN)       // true
isNaN(0)         // false
isNaN('oops')    // true
isNaN('0')       // false
```

isFinite()方法可以有效检测一个值是否可用作数字，使用它可以过滤 NaN 和 Infinity 值。

如果检测一个值是否为数值，使用 isFinite 函数进行检测，不是很周全，这时可以自定义 isNumber 函数，修补检测漏洞。

```
var isNumber = function isNumber(value) {
    return typeof value === 'number' && isFinite(value);
}
```

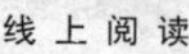
线上阅读

【拓展】

限于篇幅，本节仅重点讲解了有关数值类型的基本知识和用法，读者也可以扫码深度阅读。

视频讲解

2.3.3　字符串

字符串（String）也称文本，JavaScript 不细分字符串和字符。

1．字符串直接量

字符串由 Unicode 字符、数字和各种符号组合而成，在 JavaScript 1.3 版本以前仅支持 ASCII 字符集和 Latin-1 字符集。字符串必须包含在单引号或双引号之中。

☑ 如果字符串包含在双引号中，则字符串内可以包含单引号。反之，可以在单引号中包含双引号。

☑ 字符串应在一行内显示，换行显示是不允许的。例如，下面写法是错误的。

```
alert("字符串
直接量");                              // 提示错误
```

如果需要字符串换行显示，可以在字符串中添加换行符（\n）。例如：

```
alert("字符串\n 直接量");               // 在字符串中添加换行符
```

☑ 在字符串中添加特殊字符，需要转义字符表示，如单引号、双引号等。

☑ 字符串中每个字符都有固定的位置。首字符的下标位置为 0，第 2 个字符的下标位置为 1，依此类推。这与数组元素的位置一样，最后一个字符的下标位置是字符串长度减 1。

2．转义序列

转义序列，是字符的一种间接表示方式。在特殊语境中，无法直接使用字符自身。例如，在字符串中包含说话内容。

```
"子曰:"学而不思则罔，思而不学则殆。""
```

由于 JavaScript 已经赋予了双引号为字符串直接量的声明符号，如果在字符串中包含双引号，就会破坏字符串直接量。解决方法必须使用转义表示。

```
"子曰:\"学而不思则罔，思而不学则殆。\""
```

JavaScript 定义反斜杠加上字符可以表示字符自身。但是一些字符加上反斜杠后会表示特殊含义，这些特殊转义字符被称为转义序列，如表 2.3 所示。

表 2.3　JavaScript 转义序列

序　列	序列所代表的字符
\0	Null 字符（\u0000）
\b	退格符（\u0008）
\t	水平制表符（\u0009）
\n	换行符（\u000A）
\v	垂直制表符（\u000B）
\f	换页符（\u000C）
\r	回车符（\u000D）
\"	双引号（\u0022）
\'	单引号（\u0027）
\\	反斜线（\u005C）
\xXX	由两位十六进制数值 XX 指定的 Latin-1 字符
\uXXXX	由 4 位十六进制数值 XXXX 指定的 Unicode 字符
\XXX	由 1～3 位八进制数值指定的 Latin-1 字符。ECMAScript 3.0 版本不支持，一般不建议使用

由于反斜杠具有转义功能，但它仅对特殊字符有转义功能，因此当在一个正常字符前添加反斜杠时，JavaScript 会忽略该反斜杠。例如：

```
alert("子曰:\"学\而\不\思\则\罔\，\思\而\不\学\则\殆\。\"")
```

等价于：

```
alert("子曰:\"学而不思则罔，思而不学则殆。\"")
```

3．字符串操作

使用加号（+）运算符可以连接两个字符串。

【示例 1】下面代码将返回“学而不思则罔思而不学则殆”合并后的字符串。

```
alert("学而不思则罔" + "思而不学则殆");
```

【示例 2】使用 length 属性可以返回字符串的字符长度，下面代码将返回 13。

```
alert("学而不思则罔，思而不学则殆".length);        // 返回 13
```

调用 String 对象的方法，可以做复杂的字符串操作，如果配合正则表达式，还可以实现字符串的智能操作，有关内容将在后面章节集中讲解。

2.3.4　布尔值

视频讲解

布尔型（Boolean）仅包含两个值：true 和 false，其中 true 表示“真”，false 表示“假”。

注意： 在 JavaScript 中，undefined、null、""、0、NaN 和 false 这 6 个特殊值转换为逻辑值时都为 false，被俗称为假值。除了假值之外，其他任何类型的值转换为逻辑值时都是 true，如空数组（[]）和空对象（{}）对应的布尔值，都是 true。

【示例 1】下面使用 Boolean 构造函数强制转换各种特殊值为布尔值。

```
alert(Boolean(0));                  // 返回 false
alert(Boolean(NaN));                // 返回 false
alert(Boolean(null));               // 返回 false
alert(Boolean(""));                 // 返回 false
alert(Boolean(undefined));          // 返回 false
```

【示例 2】下面代码利用假值的特殊性，判断变量 a 是否为空，如果为空，则重新赋值。

```
if(!a) {
    a = "yes";
}
// 或者
a = a?a:"yes";                      // 如果变量 a 为空则重新赋值，否则采用原值
```

视频讲解

2.3.5 Null 和 Undefined

null 是 Null 型的直接量，表示空值。

undefined 是 Undefined 类型的直接量，表示未定义的值。当声明变量未赋值时，或者属性未设置值时，默认值均为 undefined。

提示：null 和 undefined 的行为非常相似，含义和用法也差不多，它们是早期 JavaScript 语言不成熟的产物，并一直沿用到现在。

【示例 1】null 和 undefined 都表示缺少值，也都是假值，可以相等。

```
alert(null == undefined);           // 返回 true
```

但是，null 和 undefined 属于不同类型，使用全等运算符（===）或 typeof 运算符可以区分。

```
alert(null === undefined);          // 返回 false
```

【示例 2】检测一个变量是否被初始化，可以借助 undefined 进行快速检测。

```
(a == undefined) && (a = 0);        // 检测变量是否初始化，否则为其赋值
                                    // 也可以使用 typeof 运算符
(typeof a == "undefined") && (a = 0);
```

【示例 3】在下面代码中，声明了变量 a，而没有声明变量 b，然后使用 typeof 运算符检测它们的类型，返回的值都是字符串"undefined"。说明不管是声明，还是未声明的变量，都可以通过 typeof 运算符检测变量是否初始化。

```
var a;
alert(typeof a);                    // 返回"undefined"
alert(typeof b);                    // 返回"undefined"
```

对于未声明的变量，如果直接使用，会引发异常。

```
alert(b == undefined);              // 提示未定义的错误信息
```

【示例 4】对于函数来说，如果没有明确的返回值，则默认返回值为 undefined。

```
function f() {}
alert(f());                         // 返回"undefined"
```

> 提示：与 null 还不同，undefined 不是 JavaScript 保留字，在 ECMAScript v3 标准中才预定义 undefined 为全局变量，初始值为 undefined。

线上阅读

【拓展】

null 和 undefined 的行为非常相似，含义与用法都差不多，为什么 JavaScript 要同时设置这样两个特殊类型的值，详细原因请扫码阅读。

2.4 运算符

线上阅读

运算符是执行各种运算操作的符号，大部分 JavaScript 运算符用标点符号表示，如“+”和“=”，也有几个运算符由关键字表示，如 delete 和 instanceof。

JavaScript 定义了 51 个运算符，详细说明请扫码阅读。

一般情况下，运算符与运算数配合才能使用。其中运算符指定执行运算的方式，运算数明确运算符要操作的值。

例如，1 加 1 等于 2，用符号表示就是“1+1=2”，其中 1 是被操作的数，简称为操作数（或运算数），符号“+”表示加运算的操作，符号“=”表示赋值运算的操作，“1+1=2”就表示一个表达式。

根据操作运算数的数量，运算符可以分为下面 3 类。

☑ 一元运算符：一个运算符仅对一个运算数执行某种运算，如值取反、位移、获取值类型、删除属性定义等。

☑ 二元运算符：一个运算符必须包含两个运算数。例如，两个数相加，两个值比较。大部分运算符都是对两个运算数执行运算。

☑ 三元运算符：一个运算符必须包含三个运算数。JavaScript 仅有的一个三元运算符（?:运算符），该运算符就是条件运算符，它是 if 语句的简化版。

运算符的优先级控制运算操作的顺序。例如，1+2*3 结果是 7，而不是 9，因为乘法优先级高，虽然加号在左侧。

小括号运算符的优先级最高，使用小括号可以改变运算符的优先顺序。例如，(1+2)*3 结果是 9，而不再是 7。

【示例 1】 看看下面这 3 行代码：

```
alert(n=5-2*2);                         // 返回 1
alert(n=(5-2)*2);                       // 返回 6
alert((n=5-2)*2);                       // 返回 6
```

在上面代码中，虽然第 2 行与第 3 行返回结果相同，但是它们运算顺序不同。第 2 行先计算 5 减 2，再乘以 2，最后赋值给变量 n，并显示变量 n 的值；而第 3 行先计算 5 减 2，再把结果赋值给变量 n，最后变量 n 乘以 2，并显示二者所乘结果。

下面代码就会抛出异常。

```
alert((1+n=5-2)*2);                     // 抛出异常
```

因为，加号运算符优先级高，先执行运算，但是此时的变量 n 还是一个未知数，所以就报错。

一元运算符、三元运算符和赋值运算符都遵循从右到左的顺序执行运算。其他运算符按默认的从左到右顺序执行运算。

Note

【示例 2】根据运算符的运算顺序，下面代码是按先右后左的顺序执行运算的。typeof 5 运算结果是 number，而返回结果“number”又是一个字符串，所以 typeof typeof 5 最终返回 string。

```
alert(typeof typeof 5);                    // 返回 string
```

对于上面代码，可以使用小括号标识它们的先后运算顺序如下。

```
alert(typeof (typeof 5));                  // 返回 string
```

而对于下面表达式：

```
1+2+3+4
```

就等于如下。

```
((1+2)+3)+4
```

运算符只能操作特定类型的数据，运算返回值也是特定类型的数据。例如，加减乘除等算术运算符所返回的结果永远都是数值，而比较运算符所返回的结果也都是布尔值。

【示例 3】下面代码中，两个运算数都是字符串，但是 JavaScript 会自动把两个操作数转换为数字，并执行减法运算，返回数字结果。

```
alert("10"-"20");                          // 返回-10
```

下面代码中，数字 0 本是数值类型，JavaScript 会把它转换为布尔值 false，然后再执行条件运算。

```
alert(0?1:2);                              // 返回-2
```

下面代码中，字符串 5 和 2 分别被转换为数字，然后参与比较运算，并返回布尔值。

```
alert(3>"5");                              // 返回 false
alert(3>"2");                              // 返回 true
```

下面的数字 5 被转换为字符编码，参与字符串比较运算。

```
alert("string">5);                         // 返回 false
```

下面代码中，加号运算符能够根据数据类型执行相加或是相连的操作。

```
alert(10+20);                              // 返回 30
alert("10"+"20");                          // 返回"1020"
```

下面代码中，布尔值 true 被转换为数字 1 参与乘法运算，并返回值为 5。

```
alert(true*"5");                           // 返回 5
```

注意：运算符一般不会对运算数本身产生影响，如算术运算符、比较运算符、条件运算符、取逆、位与等。例如，a = b + c，其中的运算数 b 和 c 不会因为加法运算而导致自身的值发生变化。

但是，在 JavaScript 中有一些运算符能够改变运算数自身的值，如赋值、递增、递减运算等。由于这类运算符自身的值会发生变化，具有一定的副作用，使用时应该保持警惕，特别是在复杂表达式中，这种副作用就非常明显。

【示例 4】在下面代码中，变量 a 经过赋值运算和递加运算之后，变量的值发生了两次变化。

```
var a;
a = 0;
```

```
a++;
alert(a);                                   // 返回 1
```

修改上述表达式：

```
var a;
a = 1;
a = (a++)+(++a)-(a++)-(++a);
alert(a);                                   // 返回-4
```

如果直观判断，会误认为返回值为 0，实际上变量 a 在参与运算的过程中，它自身的值是不断变化的。为了方便理解，下面拆解(a++)+(++a)−(a++)−(++a)表达式。

```
var a;
a = 1;                    // 变量初始化
b = a++;                  // b 等于 1，变量 a 先把值 1 赋值给变量 b，然后再递加为 2
c = ++a;                  // c 等于 3，变量 a 先递加为 3 后，再把值 3 赋值给变量 c
d = a++;                  // d 等于 3，变量 a 先把值 3 赋值给变量 d，然后再递加为 4
e = ++a;                  // e 等于 5，变量 a 先递加为 5 后，再把值 5 赋值给变量 e
alert(b+c-d-e);           // 返回-4
```

从代码可读性考虑：一个表达式中不能够对于相同操作数执行两次或多次引起自身值变化的运算，除非表达式必须这样执行，否则就应该避免制造歧义。

下面代码行虽然看起来比较复杂，但是由于每个运算数仅执行了一次引起自身值变化的运算，所以不会制造歧义，也不会扰乱思维。

```
a = (b++)+(++c)-(d++)-(++e);
```

2.5　使用算术运算符

算术运算符包括：加（+）、减（−）、乘（*）、除（/）、余数运算符（%）、数值取反运算符（−）。

2.5.1　加法运算

视频讲解

【示例 1】特殊运算数的运算结果比较特殊，需要牢记。

```
var n = 5;                       // 定义并初始化任意一个数值
alert(NaN + n);                  // 返回 NaN。NaN 与任意运算数相加，结果都是 NaN
alert(Infinity + n);
                  // 返回 Infinity。Infinity 与任意运算数相加，结果都是 Infinity
alert(Infinity + Infinity);
                  // 返回 Infinity。Infinity 与 Infinity 相加，结果是 Infinity
alert(( - Infinity) + ( - Infinity));
                  // 返回-Infinity。负 Infinity 相加，结果是 - Infinity
alert(( - Infinity) + Infinity);
                  // 返回 NaN。正负 Infinity 相加，结果是 NaN
```

【示例 2】加运算符能够根据运算数的数据类型，尽可能地把数字转换成可以执行相加或相连接运算的数值或字符串。

```
alert(1 + 1);                          // 返回 2。如果运算数都是数值，则进行相加运算
alert(1 + "1");
     // 返回"11"。如果运算数中有一个是字符串，则把数值转换为字符串，然后进行相连运算
alert("1" + "1");                      // 返回"11"。如果运算数都是字符串，则进行相连运算
```

Note

【示例 3】下面两个表达式，由于空字符串的位置不同，运算结果也是不同。在第一行代码中，3.0 和 4.3 都是数值类型，因此加号运算符就执行相加运算，由于第 3 个运算数是字符串，则把第一个加号运算结果转换为字符串并与空字符串进行相连操作。而第二行代码中则不同，第一个加号运算符首先把数值 3.0 转换为字符串，然后执行相连运算，所以结果也就不同。

```
alert(3.0 + 4.3 + "");                 // 返回"7.3"
alert(3.0 + "" + 4.3);                 // 返回"34.3"
```

提示：为了避免误解，使用加法运算符时，应先检查运算数的数据类型是否符合需要。

视频讲解

2.5.2 减法运算

【示例 1】特殊运算数的运算结果比较特殊，需要牢记。

```
var n = 5;                             // 定义并初始化任意一个数值
alert(NaN - n);                        // 返回 NaN。NaN 与任意运算数相减，结果都是 NaN
alert(Infinity - n);
          // 返回 Infinity。Infinity 与任意运算数相减，结果都是 Infinity
alert(Infinity - Infinity);
          // 返回 NaN。Infinity 与 Infinity 相减，结果是 NaN
alert(( - Infinity) - ( - Infinity));
          // 返回 NaN。负 Infinity 相减，结果是 NaN
alert(( - Infinity) - Infinity);
          // 返回-Infinity。正负 Infinity 相减，结果是-Infinity
```

【示例 2】在减法运算中，如果有一个运算数不是数字，则返回值为 NaN；如果数字为字符串，则会把它转换为数值之后，再进行运算。

```
alert(2 - "1");                        // 返回 1
alert(2 - "a");                        // 返回 NaN
```

利用减法运算可快速把一个值转换为数字。例如，由于 HTTP 请求值一般都是字符串数字，可以让这些字符串减去 0 快速转换为数值。这与调用 parseFloat()方法结果相同，但减法运输符更高效、更快捷。减法运算符的隐性转换如果失败，则返回 NaN，这与使用 parseFloat()方法执行转换时返回值是不同的。

对于字符串来说，减法运算符能够完全匹配进行转换，如果字符串是非数字的值，则返回 NaN；而 parseFloat()方法则通过逐字符解析并努力转换为数值。

【示例 3】对于字符串"100aaa"而言，parseFloat()方法能够解析出前面几个数字，而对于减法运算符来说，则必须是完整的数字时，可以进行完全匹配转换。

```
alert(parseFloat("100aaa"));           // 返回 100
alert(parseFloat("aaa100"));           // 返回 NaN
alert("100aaa" - 0);                   // 返回 NaN
alert("100" - 0);                      // 返回 100
```

对于布尔值来说，parseFloat()方法能够把 true 转换为 1，把 false 转换为 0，而减法运算符视其为 NaN。

对于对象来说，parseFloat()方法直接尝试调用对象的 toString()方法进行转换，而减法运算符先尝试调用对象的 valueOf()方法进行转换，失败之后再调用 toString()进行转换。

视频讲解

2.5.3 乘法运算

两个正数相乘，则为正数；两个负数相乘，则为正数；一正一负相乘，则为负数。

【示例】特殊运算数的运算结果比较特殊，需要特别留意。

```
var n = 5;                  // 定义并初始化任意一个数值
alert(NaN * n);             // 返回 NaN。NaN 与任意运算数相乘，结果都是 NaN
alert(Infinity * n);
                            // 返回 Infinity。Infinity 与任意非 0 正数相乘，结果都是 Infinity
alert(Infinity * ( - n));
                            // 返回 Infinity。Infinity 与任意非 0 负数相乘，结果都是-Infinity，
                            // 换句话说结果的符号由第二个运算数的符号决定
alert(Infinity * 0);
                            // 返回 NaN。Infinity 与 0 相乘，结果是 NaN
alert(Infinity * Infinity);
                            // 返回 Infinity。Infinity 与 Infinity 相乘，结果是 Infinity
```

2.5.4 除法运算

两个正数相除，则为正数；两个负数相除，则为正数；一正一负相除，则为负数。

【示例】特殊运算数的运算结果比较特殊，需要特别留意。

```
var n = 5;                  // 定义并初始化任意一个数值
alert(NaN / n);             // 返回 NaN。如果某个运算数是 NaN，结果都是 NaN
alert(Infinity / n);
                            // 返回 Infinity。Infinity 被任意数字除，结果都是 Infinity 或-Infinity，
                            // 符号由第二个运算数的符号决定
alert(Infinity / Infinity); // 返回 NaN
alert(n / 0);
                            // 返回 Infinity。0 除一个非无穷大的数字，结果是 Infinity 或-Infinity，
                            // 符号由第二个运算数的符号决定
alert(n / -0);              // 返回-Infinity。参考上一行注释说明
```

2.5.5 余数运算

余数运算也称模运算，通俗说就是求余数。例如：

```
alert(3 % 2);               // 返回余数 1
```

模运算主要针对整数执行操作，但是它也适用浮点数。例如：

```
alert(3.1 % 2.3);           // 返回余数 0.8000000000000003
```

【示例】特殊运算数的运算结果比较特殊，需要特别留意。

```
var n = 5;                         // 定义并初始化任意一个数值
alert(Infinity % n);               // 返回 NaN
alert(Infinity % Infinity);        // 返回 NaN
alert(n % Infinity);               // 返回 5
alert(0 % n);                      // 返回 0
alert(0 % Infinity);               // 返回 0
alert(n % 0);                      // 返回 NaN
alert(Infinity % 0);               // 返回 NaN
```

Note

视频讲解

2.5.6 取反运算

取反运算符是一元运算符，或称一元减法运算符。

【示例】下面列举特殊运算数的取反运算结果。

```
alert(-5);                         // 返回-5。正常数值取负数
alert(-"5");                       // 返回-5。先转换字符串数字为数值类型
alert(-"a");                       // 返回 NaN。无法完全匹配运算，返回 NaN
alert(-Infinity);                  // 返回-Infinity
alert(-(-Infinity));               // 返回 Infinity
alert(-NaN);                       // 返回 NaN
```

提示：与一元减法运算符相对应的还有一个一元加法运算符，在实际开发中，一元加法运算符很少使用，不过可以利用它把非数值型的数字快速地转换为数值型数值。

2.5.7 递增和递减运算

递增（++）和递减（--）运算就是通过不断加 1 或减 1 以实现改变自身值的一种快捷运算方法。递增运算符和递减运算符是一元运算符，只能够作用于变量、数组元素或对象属性，这是因为在运算过程中会执行赋值运算，赋值运算左侧必须是一个变量、数组元素或对象属性，只有这样赋值才得以实现。

【示例 1】下面代码是错误用法。

```
alert(4++);                        // 返回错误
```

下面代码是正确的用法。

```
var n = 4;
alert(n++);                        // 返回 4
```

递增运算符和递减运算符有位置讲究，位置不同所得运算结果也不同。

【示例 2】下面递增运算符是先执行赋值运算，然后再执行递加运算。即先计算表达式的返回值，最后才把自身值递加。

```
var n = 4;
alert(n++);                        // 返回 4
```

而下面的递增运算符是先执行递加运算，再返回表达式的值。

```
var n = 4;
alert(++n);                        // 返回 5
```

【示例 3】下面代码可以直观演示每个表达式与变量 n 的值并非都同步。

```
var n = 4;
alert(n++);                    // 返回 4
alert(++n);                    // 返回 6。在递加之前，变量 n 的值是 5，而不是 4
```

递增运算符和递减运算符是相反操作的一对。它们在运算之前都会试图转换值为数值类型，如果失败则返回 NaN。

2.6　使用逻辑运算符

逻辑运算与布尔值紧密联系，也称布尔代数。所谓布尔代数就是布尔值（true 和 false）的“算术”运算。逻辑运算常与比较运算结合使用，在条件表达式中经常使用。

逻辑运算符包括与（&&）、或（||）和非（!）3 种类型。

2.6.1　与运算

视频讲解

与运算符（&&）实际上就是两个运算数的 AND 布尔操作，只有当两个条件都为 true 时，它才返回 true，否则返回 false，详细描述如表 2.4 所示。

表 2.4　逻辑与运算符

第一个运算数的布尔值	第二个运算数的布尔值	逻辑与运算结果
true	true	true
true	false	false
false	true	false
false	false	false

与运算符（&&）的逻辑解析：

首先，计算第一个运算数，即左侧表达式。如果左侧表达式的计算值可以被转换为 false（如 null、0、underfined 等），那么就会结束计算，直接返回第一个运算数的值。

然后，当第一个运算数的值为 true 时，则将计算第二个运算数的值，即位于右侧的表达式，并返回这个表达式的值。

【示例 1】下面代码利用逻辑与运算检测变量初始值。

```
var user;                              // 定义变量
(!user && alert("没有赋值"));          // 返回提示信息“没有赋值”
```

如果变量 user 为 null，则!user 就会返回 true，如果与运算符左侧返回值为 true，则会执行右侧的表达式，否则就会忽略。

即与运算符右侧的表达式可以被执行，也可以不被执行。对于上面表达式，使用条件语句可以进行如下表示。

```
var user;                                    // 定义变量
if(!user) {                                  // 条件判断
        alert("变量没有赋值呀");
}
```

Note

【示例 2】由于与运算符右侧的表达式将根据左侧表达式的值来决定是否执行，在程序中常利用它来设计结构简洁的条件结构。

```
var n = 3;
(n == 1) && alert(1);
(n == 2) && alert(2);
(n == 3) && alert(3);
(!n) && alert("null");
```

上面代码等价于下面的多条件结构。

```
var n = 3;                          // 定义变量
switch (n) {                        // 指定判断的变量
    case 1:                         // 条件 1
        alert(1);
        break;                      // 结束结构
    case 2:                         // 条件 2
        alert(2);
        break;                      // 结束结构
    case 3:                         // 条件 3
        alert(3);
        break;                      // 结束结构
    default:                        // 默认条件
        alert("null");
}
```

为了安全起见，用户在设计时必须确保逻辑与左侧的表达式返回值是可以预期的，同时右侧表达式不应该包含赋值、递增、递减和函数调用等有效运算。

逻辑与运算的运算数可以是任意类型数据，如果运算数不是布尔值，则与运算并非要求必须返回布尔值，而是根据表达式的结果实事求是地进行返回。

【示例 3】下面介绍几种特殊运算数应用技巧。

对象被转换为布尔值时为 true。例如，一个空对象与一个布尔值进行逻辑与运算。

```
alert(typeof({} && true));          // 返回第二个运算数 true 的类型，即返回 boolean
alert(typeof({} && false));         // 返回第二个运算数 false 的类型，即返回 boolean
alert(typeof(true && {}));          // 返回第二个运算数{}的类型，即返回 object
alert(typeof(false && {}));         // 返回第一个运算数 false 的类型，即返回 boolean
```

如果运算数中包含 null，则返回值总是 null。例如，字符串"null"与 null 类型值进行逻辑与运算，不管位置如何，始终都返回 null。

```
alert(typeof("null" && null));      // 返回 null 的类型，即返回 object
alert(typeof(null && "null"));      // 返回 null 的类型，即返回 object
```

如果运算数中包含 NaN，则返回值总是 NaN。例如，字符串"NaN"与 NaN 类型值进行逻辑与运算，不管位置如何，始终都返回 NaN。

```
alert(typeof("NaN" && NaN));        // 返回 NaN 的类型，即返回 number
alert(typeof(NaN && "NaN"));        // 返回 NaN 的类型，即返回 number
```

☑ 对于 Infinity 特殊值来说，将被转换为 true，与普通数值一样参与逻辑与运算。

```
alert(typeof("Infinity" && Infinity));
// 返回第二个运算数 Infinity 的类型，即返回 number
alert(typeof(Infinity && "Infinity"));
// 返回第二个运算数"Infinity"的类型，即返回 string
```

☑ 如果运算数中包含 undefined，则返回错误。例如，字符串"undefined"与 undefined 类型值进行逻辑与运算，不管位置如何，始终都返回 undefined 的类型 undefined。

Note

```
alert(typeof("undefined" && undefined));
alert(typeof(undefined && "undefined"));
```

2.6.2 或运算符

视频讲解

当或运算符（||）左右两侧运算数的值都是布尔值时，则它将执行布尔 OR 操作。如果两个运算数的值为 true，或者其中一个为 true，那么它就返回 true，否则就会返回 false。详细描述如表 2.5 所示。

表 2.5 逻辑或运算符

第一个运算数的布尔值	第二个运算数的布尔值	逻辑或运算结果
true	true	true
true	false	true
false	true	true
false	false	false

或运算符（||）的逻辑解析如下。

首先，计算第一个运算数。如果左侧表达式的计算值可以被转换为 true，那么就直接返回第一个运算数的值，忽略第二个运算数（即不执行）。

然后，当第一个运算数的值为 false 时，则将计算第二个运算数的值，即位于右侧的表达式，并返回这个表达式的值。

【示例】针对下面 4 个表达式。

```
var n = 3;
(n == 1) && alert(1);
(n == 2) && alert(2);
(n == 3) && alert(3);
(!n) && alert("null");
```

可以使用逻辑或对其进行合并。

```
var n = 2;
(n == 1) && alert(1)||(n == 2) && alert(2)||(n == 3) && alert(3) || (!n) && alert("null");
```

由于与运算符（&&）的优先级高于或运算符（||）的优先级，所以不用使用小括号。不过使用小括号运算符更方便阅读。

```
var n = 2;
((n == 1) && alert(1) ) || ((n == 2) && alert(2)) || ((n == 3) && alert(3)) || ((!n) && alert("null"));
```

或者分行书写。

```
var n = 2;
    ((n == 1) && alert(1))                  // 为 true 时，结束并返回值
    || ((n == 2) && alert(2))               // 为 true 时，结束并返回值
    || ((n == 3) && alert(3))               // 为 true 时，结束并返回值
    || (( ! n) && alert("null"));           // 为 true 时，结束并返回值
```

Note

如果或运算符的运算数不是布尔值，但是仍然可以将它看作布尔 OR 的操作，也不管运算数的值是什么类型，都可以被转换为布尔值。

视频讲解

2.6.3 非运算符

非运算符（!）是一元运算符，直接放在运算数之前，将对运算数执行布尔取反操作（NOT），并返回布尔值。

【示例 1】如果对于运算数执行两个逻辑非运算操作，实际上它相当于把运算数转换为布尔值数据类型。

```
alert(!5);              // 返回 false。把数值 5 转换为布尔值，并取反
alert(!!5);             // 返回 true。把数值 5 转换为布尔值
alert(!0);              // 返回 true。把数值 0 转换为布尔值，并取反
alert(!!0);             // 返回 false。把数值 5 转换为布尔值
```

提示：逻辑与和逻辑或运算符所执行的操作返回的未必都是布尔值，但是对于逻辑非运算符，它的返回值一定是布尔值。

【示例 2】下面列举一些特殊的运算数的逻辑非运算返回值。

```
alert( ! {});           // 返回 false。如果运算数是对象，则返回 false
alert( ! 0);            // 返回 true。如果运算数是 0，则返回 true
alert( ! (n = 5));      // 返回 false。如果运算数是非 0 的任何数字，则返回 false
alert( ! null);         // 返回 true。如果运算数是 null，则返回 true
alert( ! NaN);          // 返回 true。如果运算数是 NaN，则返回 false
alert( ! Infinity);     // 返回 false。如果运算数是 Infinity，则返回 true
alert( ! ( - Infinity));
// 返回 false。如果运算数是-Infinity，则返回 false
alert( ! undefined);
// 返回 true。如果运算数是 undefined，则返回 true，在早期浏览器中或发生错误
```

视频讲解

2.6.4 逻辑运算

对于与（&&）和或（||）运算符来说，它们不会改变运算数的数据类型，同时也不会强制逻辑运算的结果是什么数据类型，它们具有如下特性。

☑ 在逻辑运算时，与和或运算都会把运算数视为布尔值，即使不是布尔值，也将对其进行转换，然后根据布尔值执行下一步的操作。

☑ 逻辑与（&&）和逻辑或（||）运算并非完整地执行所有运算数，它们可能仅执行第一个运算数，从而忽略第二个运算数。

【示例 1】 在下面条件结构中，由于字符串变量 a 的逻辑值可以转换为 true，则逻辑或运算符在执行左侧的 a = "string"赋值表达式之后，就不再执行逻辑或运算符右侧的定义对象结构体。所以，最后在执行条件结构内的 alert(b.a);语句时，就会返回对象 b 没有定义的错误提示。

```
if(a = "string" || (b =                    // 执行逻辑或操作
    {                                       // 定义对象结构体
        a: "string"                         // 定义对象的属性 a
    })
) alert(b.a);                               // 调用对象 b 的属性 a
```

如果把其中的逻辑或运算符替换为逻辑与运算符，则当第一个运算数值可以转换为 true 时，将继续执行右侧的运算数，该运算数是一个复杂的结构体，定义了一个对象并赋值给变量 b。这样在条件结构中执行对象调用时，会显示字符串"string"。

```
if(a = "string" && (b =                    // 执行逻辑与操作
    {                                       // 定义对象结构体
        a: "string"                         // 定义对象的属性 a
    })
) alert(b.a);                               // 调用对象 b 的属性 a，返回字符串"string"
```

在下面结构中，由于 if 条件最终返回 false，所以不管对象 b 是否被定义，最后并没有执行调用 b 对象的属性 a 这个语句。

```
if(a = 0 && (b =                           // 执行逻辑或操作
    {                                       // 定义对象结构体
        a: "string"                         // 定义对象的属性 a
    })
) alert(b.a);                               // 调用对象 b 的属性 a，没有被执行
```

通过上面演示示例，可以看到逻辑与和逻辑或运算时，并没有改变运算数的数据类型，也没有改变这些表达式的值，返回值依然保持表达式的运算值，而不是被转换的布尔值。

【示例 2】 逻辑与和逻辑或是两个相互补充的逻辑操作，结合它们可以设计出很多结构复杂而又巧妙的逻辑运算表达式。例如，下面结构是一个复杂的嵌套结构，它根据变量 a 的布尔值来判断是否执行一个循环体。

```
var a = b = 2;                              // 定义并连续初始化
if(a) {                                     // 条件结构
    while (b++ < 10) {                      // 循环结构
        alert(b++);                         // 循环执行语句
    }
}
```

对于这样一个复杂的循环结构，可以使用逻辑与和逻辑或运算符进行简化。

```
var a = b = 2;                              // 定义并连续初始化
while (a && b++ < 10) alert(b++ );          // 循环体。逻辑与运算符合并的多条件表达式
```

如果把上面的逻辑运算表达式转换为如下嵌套结构即不正确。

```
while (b++ < 10) {                          // 先执行循环
    if(a) {                                 // 再判断条件
        alert(b++);
    }
}
```

因为在 a && b++ < 10 这个逻辑与表达式中可能会存在这样一种情况：如果逻辑与运算符左侧的运算数返回值为 false，那么就不再继续执行逻辑与运算符右侧的运算数。

Note

2.7 使用关系运算符

关系运算符也称为比较运算符，它反映了运算数之间关系的一类运算，因此这类运算符一般都是二元运算符，关系运算返回的值总是布尔值。

视频讲解

2.7.1 大小比较

大小关系的比较运算以及对应运算符说明如表 2.6 所示。

表 2.6　基本比较运算

比较运算符	说　明
<	如果第一个运算数小于第二个运算数，则比较运算的返回值为 true。否则比较运算的返回值为 false
<=	如果第一个运算数小于等于第二个运算数，则比较运算的返回值为 true。否则比较运算的返回值为 false
>=	如果第一个运算数大于等于第二个运算数，则比较运算的返回值为 true。否则比较运算的返回值为 false
>	如果第一个运算数大于第二个运算数，则比较运算的返回值为 true。否则比较运算的返回值为 false

比较运算中的运算数不局限于数值，可以是任意类型的数据。但是在执行运算时，它主要根据数值的大小，以及字符串中字符在字符编码表中的位置值来比较大小。所以对于其他类型的值，将会被转换为数字或字符串，然后再进行比较。

【示例】在比较运算中，运算数的转换操作规则说明如下。

如果运算数都是数字，或者都可以被转换成数字，则将根据数字大小进行比较。

```
alert(4 > 3);                    // 返回 true，直接利用数值大小进行比较
alert("4" > Infinity);           // 返回 false，无穷大比任何数字都大
```

但是对于下面代码，就比较特殊。两个运算数虽然都可以被转换为数字，但是由于它们都是字符串，则不再执行数据类型转换，而是直接根据字符串进行比较。

```
alert("4" > "3");                // 返回 true，以字符串进行比较，而不是数字大小进行比较
```

如果运算数都是字符串，或者都被转换为字符串，那么将根据字符在字符编码表中的位置大小进行比较。同时字符串是区分大小写的，因为大小写字符在表中的位置不同。一般小写字符大于大写字符。如果比较中不区分大小写，则建议使用 toLowerCase()或 toUpperCase()方法把字符串统一为小写或大写形式。

```
alert("a" > "b");                // 返回 false，字符 a 编码为 61，字符 b 编码为 62
alert("ab" > "cb");              // 返回 false，c 的编码为 63。从左到右对字符串中对应字符逐个进行比较
alert("abd" > "abc");            // 返回 true，d 的编码为 64。前面字符相同，则比较下一个字符
```

如果一个运算数是数字，或者被转换为数字，另一个是字符串，或者被转换为字符串，则比较运算符调用 parseInt()将字符串强制转换为数字，不过对于非数字字符串来说，将被转换为 NaN 值，最后以数字方式进行比较。运算数是 NaN，则比较结果为 false。

```
alert("a" > "3");          // 返回 true，字符 a 编码为 61，字符 3 编码为 33
alert("a" > 3);            // 返回 false，字符 a 被强制转换为 NaN
```

☑ 如果运算数都无法转换为数字或字符串，则比较结果为 false。

☑ 如果一个运算数为 NaN，或者被转换为 NaN，则始终返回 false。

☑ 如果对象可以被转换为数字或字符串，则执行数字或字符串比较。

Note

视频讲解

2.7.2 包含检测

in 运算符能够判断左侧运算数是否为右侧运算数的成员。其中左侧运算数应该是一个字符串，或者可以转换为字符串的表达式；右侧运算数则应该是一个对象或数组。

考虑到当前学习阶段，读者还不熟悉什么是对象和数组，因此本节内容以选学方式在线呈现，感兴趣的读者可以扫码阅读，后面章节还会深入讲解。

线上阅读

2.7.3 等值检测

JavaScript 提供了 4 个等值检测运算符：全等（===）和不全等（!==）、相等（==）和不相等（!=），详细说明如表 2.7 所示。

表 2.7　等值运算

比较运算符	说　明
==（相等）	比较两个运算数的返回值，看是否相等
!= （不相等）	比较两个运算数的返回值，看是否不相等
===（全等）	比较两个运算数的返回值，看是否相等，同时检测它们的数据类型是否相等
!== （不全等）	比较两个运算数的返回值，看是否不相等，同时检测它们的数据类型是否不相等

在相等运算中，一般遵照以下基本规则进行比较。

☑ 如果运算数是布尔值，在比较之前先转换为数值。其中 false 转为 0，true 转换为 1。

☑ 如果一个运算数是字符串，另一个运算数是数字，在比较之前先尝试把字符串转换为数字。

☑ 如果一个运算数是字符串，另一个运算数是对象，在比较之前先尝试把对象转换为字符串。

☑ 如果一个运算数是数字，另一个运算数是对象，在比较之前先尝试把对象转换为数字。

☑ 如果两个运算数都是对象，那么比较它们的引用值（引用地址）。如果指向同一个引用对象，则相等，否则不等。

【示例 1】下面是一些特殊运算数的比较。

```
alert("1" == 1);                  // 返回 true。字符串被转换为数字
alert(true == 1);                 // 返回 true。true 被转换为 1
alert(false == 0);                // 返回 true。false 被转换为 0
alert(null == 0);                 // 返回 false
alert(undefined == 0);            // 返回 false
alert(undefined == null);         // 返回 true
alert(NaN == "NaN");              // 返回 false
alert(NaN == 1);                  // 返回 false
```

```
alert(NaN == NaN);                // 返回 false
alert(NaN != NaN);                // 返回 true
```

NaN 与任何值都不相等，包括它自己。null 和 undefined 值相等，但是它们是不同类型的数据。在相等比较中，null 和 undefined 是不允许被转换为其他类型的值。

Note

【示例 2】下面两个变量的值虽然是通过计算得到，但是它们的值相等。

```
var a = "abc" + "d";
var b = "a" + "bcd";
alert(a == b);                    // 返回 true
```

对于值类型的数据而言，数值和布尔值的相等比较运算效果比较高，但是字符串需要消耗大量资源，因为字符串需要逐个字符进行比较，才能够确定它们是否相等。

在全等运算中，一般遵照如下基本规则进行比较。

☑ 如果运算数都是值类型，则只有数据类型相同，且数值相等时才能够相同。

☑ 如果一个运算数是数字、字符串或布尔值（值类型），另一个运算数是对象等引用类型，则它们肯定不相同。

☑ 如果两个对象（引用类型）比较，则比较它们的引用地址。

【示例 3】下面是特殊运算数的全等比较。

```
alert(null === undefined) ;       // 返回 false
alert(0 === "0");                 // 返回 false
alert(0 === false);               // 返回 false
```

下面是两个对象的比较，由于它们都引用相同的地址，所以返回 true。

```
var a = {};
var b = a;
alert(a === b) ;                  // 返回 true
```

但是对于下面两个对象，虽然它们的结构相同，由于地址不同，所以也不全等。

```
var a = {};
var b = {};
alert(a === b) ;                  // 返回 false
```

【示例 4】对于引用类型的值进行比较，主要比较引用的地址是否相同，而不是比较它们的值。

```
var a = new String("abcd");       // 定义字符串"abcd"对象
var b = new String("abcd");       // 定义字符串"abcd"对象
alert(a === b);                   // 返回 false
alert(a == b);                    // 返回 false
```

在上面示例中，两个对象的值相等，但是它们的引用地址不同，所以它们既不相等，也不全等。事实上，对于引用类型的值来说，相等（==）和全等（===）运算符操作的结果相同，没有本质区别。

【示例 5】对于值类型而言，只要类型相同，值相等，它们就应该完全全等，这里不需要考虑比较运算数的表达式数据类型变化，也不用考虑变量的引用地址。

```
var a = "1" + 1;
var b = "11" ;
alert(a === b);                   // 返回 true
```

Note

表达式(a > b || a == b)与表达式(a >= b)并不完全相等。

```
var a = 1;
var b = 2;
alert((a > b || a == b) == (a >= b));  // 返回 true，此时似乎相等
```

如果为变量 a 和 b 分别赋值为 null 和 undefined，则返回值为 false，说明这两个表达式并非完全等价。

```
var a = null;
var b = undefined;
alert((a > b || a == b) == (a >= b));  // 返回 false，表达式的值并非相等
```

因为 null==undefined 等于 true，所以(a > b || a == b)表达式返回值就为 true。但是表达式 null>= undefined 返回值为 false。

2.8 使用赋值运算符

视频讲解

赋值是一种运算，习惯上称之为赋值语句。

```
var a,b;                    // 定义变量
a = null;                   // 给变量赋值
b = undefined;              // 给变量赋值
```

赋值运算符的左侧运算数必须是变量、对象属性或数组元素。

【示例 1】下面的写法是不对的，因为左侧的值是一个直接量，是不允许操作的。

```
1 = 100;                    // 返回错误
```

JavaScript 提供了两种类型的赋值运算符：简单赋值运算符（=）和附加操作的赋值运算符。

简单的赋值运算符，就是把右侧的运算数的值直接复制给左侧变量。

附加操作的赋值运算符，就是赋值之前还要对右侧运算数执行某种操作，然后再复制，详细说明如表 2.8 所示。

表 2.8　附加操作赋值运算符

赋值运算符	说　　明	示　　例	转　　化
+=	加法运算或连接操作并赋值	a += b	a = a + b
-=	减法运算并赋值	a -= b	a = a - b
*=	乘法运算并赋值	a *= b	a = a * b
/=	除法运算并赋值	a /= b	a = a / b
%=	取模运算并赋值	a %= b	a = a % b
<<=	左移位运算并赋值	a <<= b	a = a << b
>>=	右移位运算并赋值	a >>= b	a = a >> b
>>>=	无符号右移位运算并赋值	a >>>= b	a = a >>> b
&=	位与运算并赋值	a &= b	a = a & b
|=	位或运算并赋值	a |= b	a = a | b
^=	位异或运算并赋值	a ^= b	a = a ^ b

Note

【示例 2】由于赋值运算符可以参与表达式运算，用户可以设计很多复杂的赋值操作，如连续赋值表达式。

```
var a = b = c = d = e = f= 100;                    // 连续赋值
```

由于赋值运算符是从右向左进行计算，所以连续赋值运算并不会发生错误。

在条件表达式中进行赋值：

```
for (var a = 1, b = 10; a < b; a++ ) {             // 在条件表达式中进行赋值操作
    alert(a);
}
```

【示例 3】在下面这个复杂的表达式中，逻辑与左侧的运算数是一个赋值表达式，右侧的运算数也是一个赋值表达式。但是左侧仅是一个简单的数值赋值，而右侧的是把一个函数对象赋值给了变量 b。在逻辑与运算中，左侧的赋值并没有真正的复制给变量 a，当逻辑与运算执行右侧的表达式时，该表达式是把一个函数赋值给变量 b，然后利用小括号运算符调用这个函数，返回变量 a 的值，结果并没有返回变量 a 的值为 6，而是 undefined。

```
var a;                                             // 定义变量 a
alert(a = 6 && (b = function() {                   // 逻辑与运算表达式
    return a;                                      // 返回变量 a 的值
})()
);                                                 // 结果返回 undefined
```

由于赋值运算作为表达式使用具有副作用，即它能够改变变量的值。因此在使用时要慎重，确保不要引发潜在的危险。经过上面示例代码，可以看到赋值运算符参与表达式运算时给变量 a 带来了不可预测的返回值。因此，对于上面表达式，更安全的写法如下所示。

```
var a = 6;                                         // 定义并初始化变量 a
b = function() {                                   // 定义函数对象 b
    return a;
}
alert(a && b());                                   // 利用逻辑与运算，根据 a 的逻辑值，决定是否调用函数 b
```

2.9 使用对象操作运算符

线上阅读

对象操作运算符主要是指对对象、数组、函数执行特定任务操作的一组运算符，主要包括 in、instanceof、new、delete、.（点号）、[]（中括号）和()（小括号）运算符。

考虑到在当前学习阶段，读者还不熟悉什么是对象和数组，因此本节以选学方式在线呈现，感兴趣的读者可以扫码阅读，后面章节还会深入讲解。

2.10 使用位运算符

JavaScript 定义了 7 个位运算符，可以分为以下两类。

☑ 逻辑位运算符：位与（&）、位或（|）、位异或（^）和位非（~）。

☑ 移位运算符：左移（<<）、右移（>>）和无符号右移（>>>）。

2.10.1 认识位运算

位运算就是对二进制数进行的计算。

位运算是整数的逐位运算。例如，1+1=2，这在十进制计算中是正确的；但是在二进制计算中，1+1= 10；而对于二进制数 100 去反，则就等于 001，而不是-100。

线上阅读

在 JavaScript 中，位运算要求运算数必须是 32 位的整数，如果位运算数是非整型，或者大于 32 位的整数，则将返回 NaN。

考虑到位运算的使用频率比较低，且对于初学者来说不容易理解。过早学习，容易挫伤学习热情，因此本节被列为选学内容在线呈现，感兴趣的读者可以扫码阅读。

2.10.2 逻辑位运算

逻辑位运算符与逻辑运算符的运算方式相同，但是针对的对象不同。逻辑位运算符针对的是二进制的整数值，而逻辑运算符针对的是非二进制的其他类型数据。

线上阅读

&运算符（位与）表示布尔 AND 操作。它对二进制值逐位进行比较，并返回一个二进制值的结果。

考虑到逻辑位运算的使用频率比较低，且对于初学者来说比较艰涩，因此把本节列为选学内容在线呈现，感兴趣的读者可以扫码阅读。

2.10.3 移位运算

线上阅读

移位运算就是对二进制值进行有规律移位，移位运算可以设计很多奇妙的效果，这在图形图像编程中应用比较广泛。

考虑到移位运算的使用频率比较低，且对于初学者来说比较艰涩，因此把本节列为选学内容在线呈现，感兴趣的读者可以扫码阅读。

2.11 使用其他运算符

下面介绍其他没有分类的运算符。这些运算符在程序中经常使用，也是非常重要。没有介绍到的运算符，将在本书其他章节涉及，读者也可以参考 JavaScript 参考手册系统了解。

2.11.1 条件运算符

视频讲解

条件运算符与条件语句在逻辑上相同。但条件运算符侧重于连续运算，它自身可以作为表达式，也可以作为子表达式使用；而条件语句侧重于逻辑结构，在结构中执行不同的运算。条件运算符拥有函数式特性，而条件语句具有面向对象的编程结构。

条件运算符是 JavaScript 唯一的三元运算符，语法形式如下。

```
a ? x : y
```

其中 a、x、y 是它的 3 个运算数。a 运算数必须是一个布尔型的表达式，即返回值必须是一个布尔值，一般使用比较表达式来表示。x 和 y 是任意类型的值。如果运算数 a 返回值为 true 时，将执行

x 运算数，并返回该表达式的值。如果运算数 a 返回值为 false 时，将执行 y 运算数，并返回该表达式的值。

Note

【示例】定义变量 a，然后检测 a 是否被赋值，如果赋值则使用该值，否则使用默认值给它赋值。

```
var a;                                          // 定义变量 a
a ? (a = a) : (a = "Default Value");            // 检测变量 a 是否赋值
alert(a);                                       // 显示变量 a 的值
```

条件运算符可以转换为条件语句：

```
var a;
if(a)                                           // 赋值
    a=a;
else                                            // 没有赋值
    a = "default value";
alert(a);
```

条件运算符也可以转换为逻辑表达式如下。

```
var a;
a && (a=a) || (a = "default value");            // 逻辑表达式
alert(a);
```

在上面表达式中，如果 a 为 true，则执行(a=a)表达式，执行完毕就不再执行逻辑或运算符后面的(a = "default value")表达式；如果 a 为 false，则不再执行逻辑与运算符后面的(a=a)表达式，同时将不再继续执行逻辑或运算符前面的表达式 a && (a=a)，转而执行逻辑或运算符后面的表达式(a = "default value")。

提示：上面代码仅是演示，在实战中用户需要考虑假值的影响。因为，当变量赋值 0、null、undefined、NaN 等假值时，它们被转换为逻辑值也是 false。

视频讲解

2.11.2 逗号运算符

逗号运算符是二元运算符，它能够先执行运算符左侧的运算数，然后再执行右侧的运算数，最后仅把右侧运算数的值作为结果返回。

【示例 1】逗号运算符可以实现连续声明多个变量并赋值。

```
var a = 1, b = 2, c = 3, d = 4;
```

它等于：

```
var a = 1;
var b = 2;
var c = 3;
var d = 4;
```

多个逗号运算符可以联排使用，从而设计一种多重计算的功效。

```
var a =    b = 2, c =    d = 4;
```

与条件运算符或逻辑运算符根据条件来决定是否执行所有或特定运算数不同，逗号运算符会执行所有的运算数，但并非返回所有运算数的结果，它只返回最后一个运算数的值。

【示例 2】在下面代码中，变量 a 的值是逗号运算之后，通过第二个运算数 c=2 的执行结果赋值得到。第一个运算数的执行结果没有返回，但是这个表达式被执行了。

```
a = (b=1,c=2);                    // 连续执行和赋值
alert(a);                         // 返回 2
alert(b);                         // 返回 1
alert(c);                         // 返回 2
```

逗号运算符可以作为仅需执行表达式的工具，这些表达式不需要返回值，但必须要运算。在特定环境中，可以在一个表达式中包含多个子表达式，通过逗号运算符仅让它们全部执行，而不用返回全部结果。

【示例 3】在下面代码中，for 语句的条件表达式中仅能够包含 3 个表达式，第一个表达式是初始化循环值，第二个表达式是布尔值，第三个表达式是循环变量的递增值。为了能够在 3 个表达式中完成各种计算任务，这里把逗号运算符发挥到极致。但是，要确保在第二个循环条件的第二个表达式以及最后一个表达式返回一个逻辑值，否则会导出循环出现错误。

```
for (a = 1, b = 10, c = 100; ++c, a < b; a++, c-- ) {
    alert(a * c);
}
```

【示例 4】逗号运算符的优先级是最低的。在下面代码中，赋值运算符优先于逗号运算符，也就是说数值 1 被赋值给变量 b 之后，继续赋值给变量 a，最后才执行逗号运算符。

```
a = b = 1, c = 2;                 // 连续执行和赋值
alert(a);                         // 返回 1
alert(b);                         // 返回 1
alert(c);                         // 返回 2
```

2.11.3 void 运算符

void 是一元运算符，它可以出现在任意类型的运算数之前，执行运算数，却忽略运算数的返回值，结果总返回一个 undefined。void 多用于 URL 中执行 JavaScript 表达式，但不需要表达式的计算结果。

【示例 1】在下面代码中，使用 void 运算符让表达式返回 undefined。

```
var a = b = c = 2;                // 定义并初始化变量的值
d = void(a -= (b *= (c += 5)));   // 执行 void 运算符，并把返回值赋予变量 d
alert(a);                         // 返回-12
alert(b);                         // 返回 14
alert(c);                         // 返回 7
alert(d);                         // 返回 undefined
```

由于 void 运算符的优先级比较高（14），高于普通运算符的优先级，所以在使用时应该使用小括号明确 void 运算符操作的运算数，避免发生错误。

【示例 2】在下面两行代码中，由于第一行代码没有使用小括号运算符，则 void 运算符优先执行，返回值 undefined 再与 1 执行减法运算，所以返回值为 NaN。在第二行代码中由于使用小括号运算符明确 void 的运算数，减法运算符先被执行，然后再执行 void 运算，最后返回值是 undefined。

```
alert(void2 - 1);                 // 返回 NaN
alert(void(2 - 1));               // 返回 undefined
```

Note

【示例 3】在下面代码中，undefined 是一个变量，由于 void 运算符返回值是 undefined，所以该变量的值就等于 undefined。由于早期 IE 浏览器对 undefined 数据类型支持不是很好，如果直接调用 undefined 就会出错，但是如果使用变量 undefined 来代替直接量 undefined 就能够避开这个 Bug。

```
var undefined = void null;
```

也可以调用一个空函数，其返回值为 undefined，来定义变量 undefined。

```
var undefined = function(){}();
```

使用下面代码来定义 undefined 变量。

```
var undefined = void 0;
```

【示例 4】void 运算符也能像函数一样使用，如 void(0)也是合法的。在特殊环境下一些复杂的语句可能不方便使用 void 关键字形式，而必须要使用 void 的函数形式。

```
void(i=0);                    // 返回 undefined
void(i=0, i++);               // 返回 undefined
```

视频讲解

2.12 表 达 式

表达式由一个或多个运算符或运算数组成。它可以计算，并且需返回一个值。

【示例 1】简单的表达式就是一个直接量、常量或变量。

```
1                             // 数值直接量，计算之后返回值为数值 1
"string"                      // 字符串直接量，计算之后返回值为字符串"string"
false                         // 布尔直接量，计算之后返回值为布尔值 false
null                          // null 直接量，计算之后返回值为直接量 null
/regexp/                      // 正则表达式直接量，计算之后返回值为正则表达式自身
{a:1,b:"1"}                   // 对象直接量，计算之后返回值为对象自身
[1,"1"]                       // 数组直接量，计算之后返回值为数组自身
function(a,b) {return a+b}    // 函数直接量，计算之后返回值为函数自身
a                             // 变量，计算之后返回值为变量存储的值
```

上述原始的表达式很少单独使用。一般情况下，表达式由运算符与运算数组合而成，运算数可以包括直接量、变量、函数返回值、对象属性值、对象方法的运行值、数组元素等。

表达式可以嵌套，组成复杂的表达式。JavaScript 在解析时，先计算最小单元的表达式，然后把计算的值参与到外围或次级的表达式运算。以此类推，从而实现复杂表达式的运算操作。

表达式一般遵循从左到右的运算顺序来执行计算，但是也受到运算符的优先级影响。同时为了主动控制表达式的运算顺序，用户可以通过小括号运算符提升子表达式的优先级。

例如，表达式 1+2*3 可以是子表达式 2*3 运算之后，再参与与 1 的加法运算。而表达式(1+2)*3 却借助小括号运算符提升了加号运算符的优先级，从而改变了逻辑的执行顺序，即子表达式 1+2 运算之后，再参与与 3 的乘法运算。

提示：表达式的形式多样，除了上述原始表达式外，常用表达式还有：对象和数组初始化表达式、函数定义表达式、属性访问表达式、调用表达式、创建对象表达式等。

同一个表达式如果稍加改动就会改变表达式的运算顺序，用户可以借助这个技巧来优化表达式的结构，但不改变表达式的运算顺序和结果，以提高代码的可读性。

【示例 2】对于下面这个复杂表达式，可能会让人迷惑。

```
(a + b > c && a - b < c || a > b > c)
```

如果进行如下优化，则逻辑运算的顺序就非常清楚。

```
((a + b > c) && ((a - b < c) || (a > b > c)))
```

虽然增加这些小括号并没有影响到表达式的实际运算，但更方便阅读。使用小括号运算符来优化表达式内部的逻辑层次，是一种好的设计习惯。

但是在复杂表达式中，一些不良的逻辑结构与人的思维结构相悖，也会影响人对代码的阅读和思考，这时就应该根据人的思维习惯来优化表达式的逻辑结构。

【示例 3】设计一个表达式，筛选学龄人群。如果使用表达式来描述就是年龄大于等于 6 岁，且小于 18 岁的人。

```
if(age >= 6 && age < 18) {
    // 学龄期人群行为
}
```

直观阅读，表达式 age>=6 && age<18 可以很容易被每一个人所理解。但是继续复杂化表达式：筛选所有弱势年龄人群，以便在购票时实施半价优惠。如果使用表达式来描述就是年龄大于等于 6 岁，且小于 18 岁，或者年龄大于等于 65 岁的人。

```
if(age >= 6 && age < 18 || age >= 65) {
    // 所有弱势年龄人群行为
}
```

从逻辑上分析，上面表达式没有错误。但是在结构上分析就感觉比较模糊，为此用户可以使用小括号来分隔逻辑结构层次，以方便阅读。

```
if((age >= 6 && age < 18) || age >= 65){
    // 所有弱势年龄人群行为
}
```

但是，此时如果使用人的思维来思考条件表达式的逻辑顺序时，会发现它很紊乱，与人的一般思维发生了错位。人的思维是一种线性的、有联系的、有参照的一种思维品质，如图 2.1 所示。

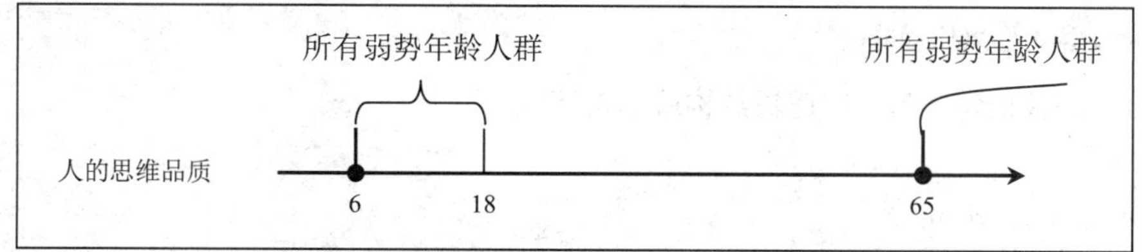

图 2.1　人的思维模型图

而对于表达式(age >= 6 && age < 18) || age >= 65 来说，它的思维品质如果使用模型图来描述，则如图 2.2 所示。通过模型图的直观分析，会发现该表达式的逻辑是非线性的，呈现多线思维的交叉型，

这种思维结构对于机器计算来说基本上没有任何影响。但是对于人脑思维来说，就需要停顿下来认真思考之后，才能够把这个表达式中的表达式逻辑单元串联在一起，形成一个完整的逻辑线。

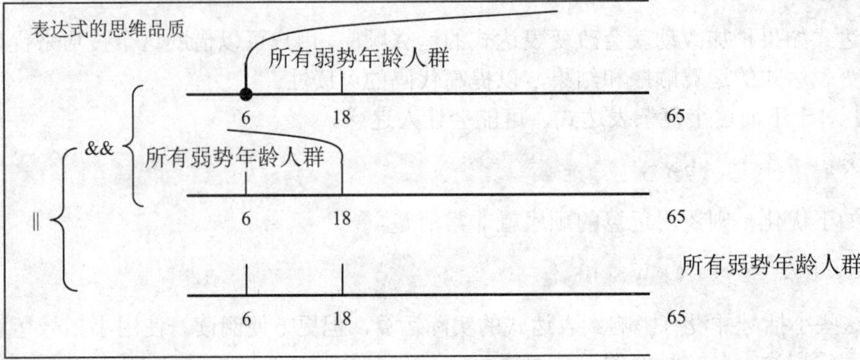

图 2.2　该表达式的思维模型图

直观分析，这个逻辑结构的错乱是因为随意混用大于号、小于号等运算符造成的。如果调整一下表达式的结构顺序，则阅读起来就会非常清晰。

```
if((6 <= age && age < 18) || 65 <= age) {
    // 所有弱势年龄人群行为
}
```

这里采用了统一的大于小于号方式，即所有参与比较的项都按着从左到右、从小到大的思维顺序进行排列。而不再恪守变量始终居左，比较值始终居右的编写习惯。

【示例 4】表达式的另一个难点就是布尔型表达式的重叠所带来的理解障碍。

例如，对于下面这个条件表达式，该如何进行思维。

```
if !(!isA || !isB) {
    // 真真假假迷惑人
}
```

对上述表达式进行优化，以方便阅读。

```
( ! isA || ! isB) = ! (isA && isB)
( ! isA && ! isB) = ! (isA || isB)
```

【示例 5】?:运算符在函数式编程中使用频率比较高。但是这种连续思维不容易阅读。这时可以使用 if 语句对?:运算符表达式进行分解。

例如，下面这个复杂表达式，如果不仔细进行分析，很难理清它的逻辑顺序。

```
var a.b = new c(a.d ? a.e(1) : a.f(1))
```

但是使用 if 条件语句之后，则逻辑结构就非常清晰。

```
if(a.d) {
    var a.b = new c(a.e(1));
}else {
    var a.b = new c(a.f(0));
}
```

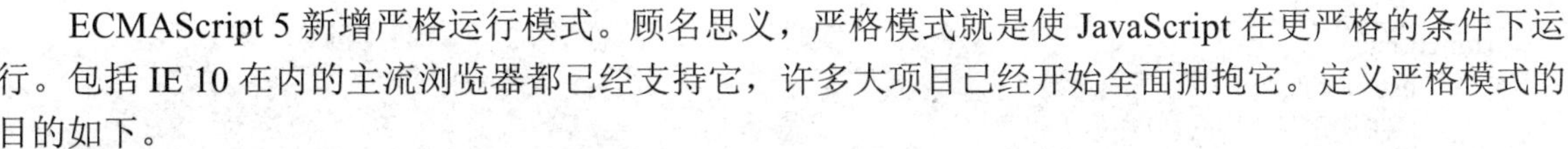

2.13 严格模式

ECMAScript 5 新增严格运行模式。顾名思义，严格模式就是使 JavaScript 在更严格的条件下运行。包括 IE 10 在内的主流浏览器都已经支持它，许多大项目已经开始全面拥抱它。定义严格模式的目的如下。

☑ 消除 JavaScript 语法的一些不合理、不严谨之处，减少一些怪异行为。
☑ 消除代码运行的一些不安全之处，保证代码运行的安全。
☑ 提高编译器效率，增加运行速度。
☑ 为未来新版本的 JavaScript 做好铺垫。

注意： 使同样的代码，在严格模式中，可能会有不一样的运行结果。一些在正常模式下可以运行的语句，在严格模式下将不能运行。掌握这些内容，有助于更细致深入地理解 JavaScript。

启用严格模式很简单，只要在代码首部加入如下注释字符串即可。

```
"use strict"
```

不支持该模式的浏览器会把它当作一行普通字符串，加以忽略。

严格模式有两种应用场景：一种是全局模式；另一种是局部模式。

1. 全局模式

将"use strict"放在脚本文件的第一行，则整个脚本都将以严格模式运行。如果这行语句不在第一行，则无效，整个脚本将以正常模式运行。如果不同模式的代码文件合并成一个文件，这一点需要特别注意。

严格地说，只要前面不是产生实际运行结果的语句，"use strict"可以不在第一行。

【示例 1】 下面代码表示，一个网页中依次有两段 JavaScript 代码。前一个<script>标签是严格模式，后一个不是。

```
<script>
    "use strict";
    console.log("这是严格模式。");
</script>
<script>
    console.log("这是正常模式。");
</script>
```

2. 局部模式

【示例 2】 将"use strict"放到函数内的第一行，则整个函数将以严格模式运行。

```
function strict() {
    "use strict";
    return "这是严格模式。";
}
function notStrict() {
    return "这是正常模式。";
}
```

3. 模块模式

因为全局模式不利于文件合并，所以更好的做法是，借用局部模式的方法，将整个脚本文件放在一个立即执行的匿名函数中。

Note

【示例 3】如果定义一个模块或者一个库，可以采用一个匿名函数自执行的方式进行设计。

```
(function() {
    "use strict";
    // 在这里编写 JavaScript 代码
})();
```

提示："use strict"的位置比较讲究，它必须在首部。首部是指其前面没有任何有效 JavaScript 代码。以下都是无效的，将不会触发严格模式。

☑ "use strict"前有代码。

```
var width = 10;
'use strict';
globalVar = 100 ;
```

☑ "use strict"前有空语句。

```
;
'use strict';
globalVar = 100;
```

或

```
function func() {
    ;
    'use strict';
    localVar = 200;
}
```

或

```
function func() {
    ;'use strict'
    localVar = 200;
}
```

当然，"use strict"前加注释是可以的。

```
// 严格模式
'use strict';
globalVar = 100;
```

或

```
function func() {
    // 严格模式
    'use strict';
    localVar = 200;
}
```

线 上 阅 读

【拓展】

严格模式是限制性更强的 JavaScript 精编版，旨在改善 JavaScript 的性能和纠错功能，与常规的 JavaScript 语义不同，其解析机制更为严谨，有关严格模式对 JavaScript 语法和行为限制性规定，请扫码阅读。

Note

2.14　案例实战

本节将以案例的形式，帮助读者集中突破在学习 JavaScript 基本语法过程中可能遇到的难点和重点知识点。

2.14.1　完善类型检测接口

视 频 讲 解

使用 typeof 运算符可以检测简单的值，但在复杂运算环境中，typeof 运算符是无法胜任的。本节将自定义 toString()方法，完善类型检测接口。

> 注意：在学习之前，读者需要掌握 Object、object.toString()和 Function 的一些基本知识和使用技巧，否则建议跳过本节示例，等学习完对象和函数章节之后，再回退补学。

使用 toString()方法可以设计一种更安全的检测 JavaScript 数据类型的方法，用户还可以根据开发需要进一步补充检测类型的范围。

【设计思路】

首先，仔细分析不同类型对象的 toString()方法返回值，会发现由 Object 对象定义的 toString()方法返回的字符串形式总是如下所示。

```
[object class]
```

其中，object 表示对象的通用类型，class 表示对象的内部类型，内部类型的名称与该对象的构造函数名对应。例如，Array 对象的 class 为 Array，Function 对象的 class 为 Function，Date 对象的 class 为 Date，内部 Math 对象的 class 为 Math，所有 Error 对象（包括各种 Error 子类的实例）的 class 为 Error。

客户端 JavaScript 的对象和由 JavaScript 实现定义的其他所有对象都具有预定义的特定 class 值，如 Window、Document 和 Form 等。用户自定义对象的 class 为 Object。

class 值提供的信息与对象的 constructor 属性值相似，但是 class 值是以字符串的形式提供这些信息的，这在特定的环境中是非常有用的。如果使用 typeof 运算符来检测，则所有对象的 class 值都为 Object 或 Function，所以不能够提供有效信息。

但是，要获取对象的 class 值的唯一方法是必须调用 Object 的原型方法 toString()，因为很多类型对象都会重置 Object 的 toString()方法，所以不能直接调用对象的 toString()方法。

例如，下面对象的 toString()方法返回的就是当前 UTC 时间字符串，而不是字符串[object Date]。

```
var d = new Date();
alert(d.toString());                    // 返回当前 UTC 时间字符串
```

调用 Object 的 toString()原型方法，可以通过调用 Object.prototype.toString 对象的默认 toString()函数，再调用该函数的 apply()方法在想要检测的对象上执行即可。例如，结合上面的对象 d，具体实

现代码如下。

```
var d = new Date();
var m = Object.prototype.toString;
alert(m.apply(d));                          // 返回字符串"[object Date]"
```

Note

【实现代码】

明白了上面的技术细节，下面就是一个比较完整的数据类型安全检测方法源代码。

```
// 安全检测 JavaScript 基本数据类型和内置对象
// 参数：o 表示检测的值
// 返回值：返回字符串"undefined"、"number"、"boolean"、"string"、"function"、
"regexp"、"array"、"date"、"error"、"object"或"null"
function typeOf(o){
    var _toString = Object.prototype.toString;
    // 获取对象的 toString()方法引用
    // 列举基本数据类型和内置对象类型，还可以进一步补充该数组的检测数据类型范围
    var _type = {
        "undefined": "undefined",
        "number": "number",
        "boolean": "boolean",
        "string": "string",
        "[object Function]": "function",
        "[object RegExp]": "regexp",
        "[object Array]": "array",
        "[object Date]": "date",
        "[object Error]": "error"
    }
    return _type[typeof o] || _type[_toString.call(o)] || (o ? "object" : "null");
    // 通过把值转换为字符串，然后匹配返回字符串中是否包含特定字符进行检测
}
```

【应用示例】

```
var a = Math.abs;
alert(typeOf(a));                           // 返回字符串"function"
```

上述方法适用于 JavaScript 基本数据类型和内置对象，但是对于自定义对象无效。因为自定义对象被转换为字符串后，返回的值没有规律，且不同浏览器返回值也不同。因此，如果要检测非内置对象，只能够使用 constructor 属性和 instaceof 运算符来实现。

线上阅读

【拓展】

对于对象、数组等复杂数据，可以使用 Object 对象的 constructor 属性进行检测。constructor 表示构造器，该属性值引用的是构造当前对象的函数。由于涉及后面章节知识点，我们把它列为选学内容，供读者参考，感兴趣的读者请扫码阅读。

视频讲解

2.14.2 转换为字符串

把值转换为字符串是编程中常见行为。具体转换的方法如下。

Note

1. 使用加号运算符

当值与空字符串相加运算时，JavaScript 会自动把值转换为字符串。

☑ 把数字转换为字符串。

```
var a = 123456;
a = a + "";
alert(typeof a);            // 返回类型为 string
```

☑ 把布尔值转换为字符串，返回字符串"true"或"false"。

```
var a = true;
a = a + "";
alert(a);                   // 返回字符串"true"
```

☑ 把数组转换为字符串，返回数组元素列表，以逗号分隔。

```
var a = [1,2,3];
a = a + "";
alert(a);                   // 返回字符串"1,2,3"
```

☑ 把函数转换为字符串，返回函数结构的代码字符串。

```
var a = function() {
    return 1;
};
a = a + "";
alert(a);                   // 返回字符串"var a = function(){ return 1;}"
```

如果把 JavaScript 内置对象转换为字符串，则只返回构造函数的基本结构代码，而自定义的构造函数，则与普通函数一样，返回函数结构的代码字符串。

```
a = Date + "";
alert(a);                   // 返回字符串" function Date () { [ native code ]}"
```

如果内置对象为静态函数，则返回字符串不同。例如：

```
a = Math + "";
alert(a);                   // 返回字符串"[object Math ]"
```

如果把对象实例转换为字符串，则返回的字符串会根据不同类型或定义对象的方法和参数而不同，具体说明如下。

☑ 对象直接量，则返回字符串为"[object object]"。

```
var a = {
    x: 1
}
a = a + "";
alert(a);                   // 返回字符串"[object object]"
```

☑ 如果是自定义类的对象实例，则返回字符串为"[object object]"。

```
var a =new function() {}();
a = a + "";
alert(a);                   // 返回字符串"[object object]"
```

☑ 如果是内置对象实例，具体返回字符串必须根据传递的参数而定。

【示例】正则表达式对象会返回匹配模式字符串，时间对象会返回当前 GMT 格式的时间字符串，数值对象会返回传递的参数值字符串或者 0 等。

Note

```
a = new RegExp(/^\w$/) + "";
alert(a);                                    // 返回字符串"/^\w$/"
```

【拓展】

加号运算符有两个计算功能：数值求和、字符串连接。但是字符串连接操作的优先级要大于求和运算。因此，在可能的情况下，即运算元的数据类型不一致时，加号运算符会尝试把数值运算元转换为字符串，再执行连接操作。

但是当多个加号运算符位于同一行时，这个问题就比较复杂。例如：

```
var a = 1 + 1 + "a";
var b = "a" + 1 + 1 ;
alert(a);                                    // 返回字符串"2a"
alert(b);                                    // 返回字符串"a11"
```

通过上面示例可以看到，加号运算符不仅仅优先于连接操作，同时还会考虑运算的顺序。对于变量 a 来说，按从左到右的运算顺序，加号运算符会执行求和运算，然后再执行连接操作。但是对于变量 b 来说，由于"a" + 1 表达式运算将根据连接操作来执行，所以返回字符串"a1"，然后再用这个字符串与数值 1 进行运算，再次执行连接操作，最后返回字符串"a11"，而不是字符串"a2"。

如果要避免此类现象的发生，可以考虑使用小括号运算符来改变一行内表达式的运算顺序。例如：

```
var b = "a" + (1 + 1) ;                      // 返回字符串"a2"
```

2．使用 toString()方法

当为原始值调用 toString()方法时，JavaScript 会自动把它们装箱为对象。然后再调用 toString()方法，把它们转换为字符串。例如：

```
var a = 123456;
a.toString();
alert(a);                                    // 返回字符串"123456"
```

使用加号运算符转换字符串，实际上也是调用 toString()方法来完成。只不过是 JavaScript 自动调用 toString()方法实现的。

> 注意：JavaScript 能够自动转换变量的类型。在自动转换中，JavaScript 一般遵循：根据运算的类型环境，按需要进行转换。例如，如果在执行字符串连接操作时，则会把数字转换为字符串；如果在执行基本数学运算时，则会尝试把字符串转换为数值；如果在逻辑运算环境中，则会尝试把值转换为布尔值等。

视频讲解

2.14.3 转换为数字

JavaScript 提供了两种静态函数把非数字的原始值转换为数字：parseInt()和 parseFloat()。其中 parseInt()可以把值转换为整数，而 parseFloat()可以把值转换为浮点数。

parseInt()和 parseFloat()函数对字符串类型的值有效，其他类型的值调用这两个函数都会返回 NaN。

在转换字符串为数字之前，它们都会对字符串进行分析，以验证转换是否继续，具体分析如下。

1. 使用 parseInt()

在开始转换时，parseInt()函数会先查看位置 0 处的字符，如果该位置不是有效数字，则将返回 NaN，不再深入分析；如果位置 0 处的字符是数字，则将查看位置 1 处的字符，并进行同样的测试，依此类推，在整个验证过程中，直到发现非数字字符为止，此时 parseInt()函数将把前面分析合法的数字字符转换为数值，并返回。例如：

```
alert(parseInt("123abc"));              // 返回数字 123
alert(parseInt("1.73"));                // 返回数字 1
alert(parseInt(".123"));                // 返回值 NaN
```

浮点数中的点号对于 parseInt()函数来说是属于非法字符的，因此不会转换它，并返回。

如果以 0 为开头的数字，则 parseInt()函数会把它作为八进制数字处理，先把它转换为数值，然后再转换为十进制的数字返回；如果以 0x 为开头的数字字符串，则 parseInt()函数会把它作为十六进制数字处理，先把它转换为数值，然后再转换为十进制的数字返回。

```
var d = 010;                            // 八进制数字字符串
var e = "0x10";                         // 十六进制数字字符串
alert(parseInt(d));                     // 返回十进制数字 8
alert(parseInt(e));                     // 返回十进制数字 16
```

parseInt()也支持基模式，可以把二进制、八进制、十六进制等不同进制的数字字符串转换为整数。基模式由 parseInt()函数的第二个参数指定。

【示例 1】下面代码把十六进制数字字符串"123abc"转换为十进制整数。

```
var a = "123abc";
alert(parseInt(a,16));                  // 返回值十进制整数 1194684
```

下面代码把二进制、八进制和十进制数字字符串转换为整数。

```
alert(parseInt("10",2));                // 把二进制数字 10 转换为十进制整数为 2
alert(parseInt("10",8));                // 把八进制数字 10 转换为十进制整数为 8
alert(parseInt("10",10));               // 把十进制数字 10 转换为十进制整数为 10
```

如果第一个参数是十进制的值，包含 0 前缀，为了避免被误解为八进制的数字，则应该指定第二个参数值为 10，即显式定义基，而不是采用默认基。例如：

```
alert(parseInt("010"));                 // 把默认基数字 010 转换为十进制整数为 10
alert(parseInt("010",8));               // 把八进制数字 010 转换为十进制整数为 8
alert(parseInt("010",10));              // 把十进制数字 010 转换为十进制整数为 10
```

2. 使用 parseFloat()函数

parseFloat()函数与 parseInt()函数用法基本相同。但是它能够识别第一个出现的小数点号，而第二个小数点号被视为非法的。

```
alert(parseFloat("1.232.5"));           // 返回数值 1.234
```

【示例 2】 数字必须是十进制形式的字符串，不能够使用八进制或十六进制的数字字符串。同时对于数字前面的 0（八进制数字标识）会忽略，对于十六进制形式的数字，则返回 0 值。

```
alert(parseFloat("123"));               // 返回数值 123
```

```
alert(parseFloat("123abc"));          // 返回数值 123
alert(parseFloat("010"));             // 返回数值 10
alert(parseFloat("0x10"));            // 返回数值 0
alert(parseFloat("x10"));             // 返回数值 NaN
```

Note

3．使用乘号运算符

加号运算符不仅能够执行数值求和运算，还可以把字符串连接起来。由于 JavaScript 处理字符串连接操作的优先级要高于数字求和运算。因此，当数字字符串与数值使用加号连接时，将优先执行连接操作，而不是求和运算。例如：

```
var a = 1;                            // 数值
var b = "1";                          // 数字字符串
alert(a+b);                           // 返回字符串"11"
```

在执行表达式 a+b 的运算时，变量 a 先被转换为字符串，然后以求和进行计算，所以计算结果为字符串"11"，而不是数值 2。因此，我们常常使用加号运算符把一个值转换为字符串。

不过，如果让变量 b 乘以 1，则加号运算符就以求和进行计算。例如：

```
var a = 1;                            // 数值
var b = "1";                          // 数字字符串
alert(a + (b * 1));                   // 返回数值 2
```

如果让一个数字字符串变量乘以 1，则 JavaScript 解释器能够自动把数字字符串转换为数值，然后再继续求和运算，而不是进行字符串连接操作。

视频讲解

2.14.4 转换为数字形式字符串

Number 扩展了 toString()方法，允许传递一个整数参数，该参数可以设置数字的显示模式。数字默认为十进制显示模式，通过设置参数可以改变数字模式。

（1）如果采用默认模式，则 toString()方法会直接把数值转换为数字字符串。例如：

```
var a = 1.000;
var b = 0.0001;
var c = 1e-4;
alert(a.toString());                  // 返回字符串"1"
alert(b.toString());                  // 返回字符串"0.0001"
alert(c.toString());                  // 返回字符串"0.0001"
```

toString()方法能够直接输出整数和浮点数，保留小数位。小数位末尾的零会被清除。但是对于科学记数法，则在条件许可的情况下把它转换为浮点数，否则就使用科学记数法方式输出字符串。例如：

```
var a = 1e-14;
alert(a.toString());                  // 返回字符串"1e-14"
```

在默认模式下，无论数值采用什么模式，toString()方法返回的都是十进制的数字。因此，对于八进制、二进制或十六进制数值，toString()方法都会先把它们转换为十进制数值之后再输出。例如：

```
var a = 010;                          // 八进制数值 10
var b = 0x10;                         // 十六进制数值 10
alert(a.toString());                  // 返回字符串"8"
alert(b.toString());                  // 返回字符串"16"
```

（2）如果设置参数，则 toString()方法会根据参数把数值转换为对应进制的值之后再输出。例如：

```
var a = 10;                        // 十进制数值 10
alert(a.toString(2));              // 返回二进制数字字符串"1010"
alert(a.toString(8));              // 返回八进制数字字符串"12"
alert(a.toString(16));             // 返回二进制数字字符串"a"
```

【拓展】

使用 toString()方法把数值转换为字符串时，无法保留小数位，这在货币格式化、科学记数等专业领域输出显示数字是不方便的。从 1.5 版本开始，JavaScript 定义了 3 个新方法：toFixed()、toExponential()和 toPrecision()。

1．toFixed()

toFixed()方法能够把数值转换为字符串，并显示小数点后的指定位数。例如：

```
var a = 10;
alert(a.toFixed(2));               // 返回字符串"10.00"
alert(a.toFixed(4));               // 返回字符串"10.0000"
```

2．toExponential()

toFixed()方法不采用科学记数法，但是 toExponential()方法专门用来把数字转换为科学记数法形式的字符串。例如：

```
var a = 123456789;
alert(a.toExponential(2));         // 返回字符串"1.23e +8 "
alert(a.toExponential(4));         // 返回字符串"1.2346 e+8 "
```

toExponential()方法的参数指定了保留的小数位数。省略的部分采用四舍五入的方法进行处理。

3．toPrecision()

toPrecision()与 toExponential()方法不同，它是指定有效数字的位数，而不仅仅是指小数位数。例如：

```
var a = 123456789;
alert(a.toPrecision(2));           // 返回字符串"1.2e+ 8"
alert(a.toPrecision(4));           // 返回字符串"1.235 e+8"
```

2.14.5　转换为布尔值

在 JavaScript 中，任何数据都可以被自动转换为布尔值，这种转换往往都自动完成。例如，把值放入条件或循环结构的条件表达式中，或者参与逻辑运算时，JavaScript 解释器都会自动把它们转换为布尔值。可以手动进行转换，具体方法如下。

1．使用双重逻辑非

任何一个值如果在前面加上一个逻辑非运算符，JavaScript 都会把这个表达式看作是逻辑运算。执行运算时，先把值转换为布尔值，然后再执行逻辑非运算。例如：

```
var a = !0;                        // 返回 true
var b = !1;                        // 返回 false
```

```
var c = !NaN;                       // 返回 true
var d = !null;                      // 返回 true
var e = !undefined;                 // 返回 true
var f = ![];                        // 返回 false
var g = !{};                        // 返回 false
```

如果再给这个表达式添加一个逻辑非运算符，所得的布尔值就是该值被转换为布尔型数据的真实值。例如：

```
var a = !!0;                        // 返回 false
var b = !!1;                        // 返回 true
var c = !!NaN;                      // 返回 false
var d = !!null;                     // 返回 false
var e = !!undefined;                // 返回 false
var f = !![];                       // 返回 true
var g = !!{};                       // 返回 true
```

2．使用 Boolean()构造函数转换

使用 Boolean()构造函数转换的方法如下。

```
var a = 0;
var b = 1;
a = new Boolean(a);                 // 返回 false
b = new Boolean(b);                 // 返回 true
```

不过这种方法会把布尔值包装为引用型对象，而不再是原始值。使用 typeof 运算符检测如下。

```
var a = 0;
var b = !!a;
var c = new Boolean(a);
alert(typeof b);                    // 返回 boolean
alert(typeof c);                    // 返回 object
```

2.14.6　转换为对象

线 上 阅 读

JavaScript 内置 String、Number、Function、Boolean 等类型的对象构造器，它们是构造 JavaScript 对象系统的基础。

考虑到需要后面章节的知识做铺垫，因此本节仅作为选学内容在线呈现，感兴趣的读者请扫码阅读。

2.14.7　把对象转换为值

1．对象在逻辑运算环境中的转换

如果把非空对象用在逻辑运算环境中，则对象被转换为 true。这包括所有类型的对象，即使是值为 false 的包装对象也为 true。

2．对象在数值运算环境中的转换

如果对象用在数值运算环境中，则对象会被自动转换为数字，如果转换失败，则返回值 NaN。

3．数组在数值运算环境中的转换

当数组被用在数值运算环境中时，数组将根据包含的元素来决定转换的值。

4．对象在模糊运算环境中的转换

考虑到需要后面章节的知识做铺垫，因此本节仅作为选学内容在线呈现，感兴趣的读者请扫码阅读。

2.14.8　强制类型转换

JavaScript 支持使用下面方法强制类型转换。

☑ Boolean(value)：把参数值转换为 boolean 型。

☑ Number(value)：把参数值转换为 number 型。

☑ String(value)：把参数值转换为 string 型。

考虑到需要后面章节的知识做铺垫，因此本节仅作为选学内容在线呈现，感兴趣的读者请扫码阅读。

线 上 阅 读

2.15　强 化 练 习

扎实的基础是深入学习的关键，为了帮助读者顺利度过 JavaScript 语言学习第一关，本节强化了基本语法的训练，特别是重点知识的历练。但是限于篇幅，本节内容以在线方式呈现，供读者课下练习。

2.15.1　求值

本节列出了 13 道 JavaScript 运算的训练题，感兴趣的读者请扫码练习。

本节求值题的答案以及解析，请扫码查看。

线上阅读 1

线上阅读 2

2.15.2　简单编程

本节列出了 4 道 JavaScript 简单编程题，感兴趣的读者请扫码练习。

具体示例代码以及提示，请扫码查看。

线上阅读 3

线上阅读 4

2.15.3　表达式计算

下面列举 14 个表达式，请快速计算出它们的值。感兴趣的读者请扫码练习。

答案和解析，请扫码查看。

线上阅读 5

线上阅读 6

2.15.4　表达式编程

编写一个求和函数 sum()，具体说明请扫码阅读。

答案和解析，请扫码查看。

线上阅读 7

线上阅读 8

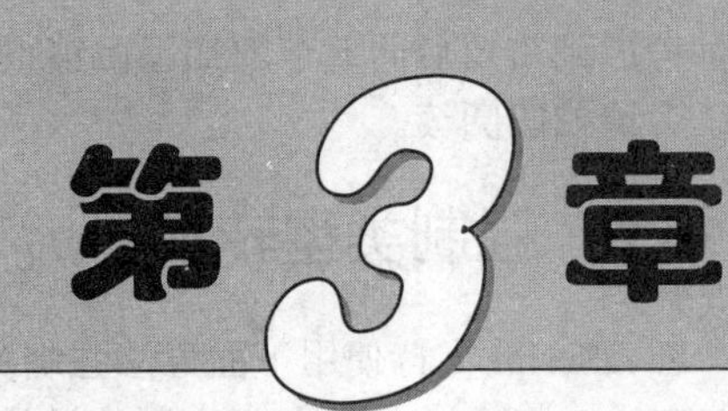

第3章 JavaScript 程序结构设计

结构化程序设计主要分为3种逻辑结构。

☑ 顺序结构：一种线性、有序的结构，它依次执行各语句模块。

☑ 循环结构：重复执行一个或几个模块，直到满足某一条件为止。

☑ 选择结构：根据条件成立与否选择程序执行的通路。

采用结构化程序设计方法，程序结构清晰，易于阅读、测试、排错和修改。JavaScript 提供了 if 条件判断语句、switch 多重选择语句、for 循环语句、for-in 循环语句、while 循环语句、do-while 循环语句、break 语句、continue 语句、return 语句等来实现各种结构化流程设计，本章将分别对这些语句进行详细讲解。

【学习重点】

⏭ 了解 JavaScript 常用语句。

⏭ 灵活设计选择结构。

⏭ 灵活设计循环结构。

⏭ 正确使用跳转语句。

3.1　语　句

程序都是由一个或多个语句组成的集合。语句表示一个可执行的命令，用来完成特定的任务，大部分语句用于流程控制。

从结构上看，JavaScript 语句可以分为单句和复句。

☑　单句一般由一个或多个关键字和表达式构成，用来完成运算、赋值等简单任务。

☑　复句一般由大括号构成，用来设计流程结构，控制程序的执行顺序。

从功能上看，JavaScript 语句可以分为声明语句、表达式语句、选择语句、循环语句、控制语句等，详细说明请扫码了解。

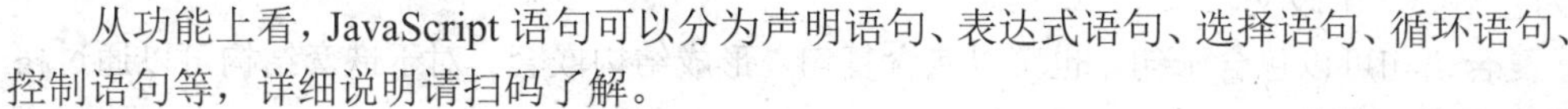

3.1.1　表达式语句

语句之间通过分号分隔，当一个表达式单独一行显示时， JavaScript 会自动补加分号。任何表达式加上分号，就是表达式语句。

【示例 1】下面这个句子仅是一个数值直接量，它是最简单的句子，也是最简单的表达式。

```
1;                                   // 最简单的句子
```

【示例 2】下面这行长代码是一个赋值语句。

```
o =new ((o == "String")?String:(o == "Array")?Array:(o ==
    "Number")?Number:(o == "Math")?Math:(o == "Date")?Date:(o ==
    "Boolean")?Boolean:(o == "RegExp")?RegExp:Object);
```

如果格式化显示等号右侧的代码，它就是一个多重选择结构的连续运算。

```
new ((o == "String")?String              :
(o == "Array")?Array                     :
(o == "Number")?Number                   :
(o == "Math")?Math                       :
(o == "Date")?Date                       :
(o == "Boolean")?Boolean                 :
(o == "RegExp")?RegExp                   :
Object);
```

注意：大部分表达式语句都具有破坏性，完成任务后会改变变量自身的值，如赋值语句、函数调用语句、变量声明语句、定义函数语句等。

3.1.2　复合语句

一个或多个句子被大括号括起来，就成了复合语句，也称为语句块。

【示例 1】下面的条件结构只能控制第一个句子，第二个句子不受条件语句的控制。

```
if(false)
    alert("Hello");
    alert("World");
```

如果使用大括号把它们包裹在一起，形成语句块，就方便控制。

```
if(false)
{
    alert("Hello");
    alert("World");
};
```

Note

注意：大括号不是条件结构的必要部分。

复合语句末尾可以不用添加分号，但是句子之间必须使用分号分隔，大括号内最后一个句子可以省略分号，因为它不会产生歧义。

【示例 2】复合语句可以包含子句，也可以包含复句，形成结构嵌套。对于嵌套结构可以通过格式化排版以增强代码的可读性。

```
{
    // 空复句
}
{
    alert("单复句");
}
{
    alert("Hello，World！");
    {
        alert("复句嵌套");
    }
}
```

视频讲解

3.1.3 声明语句

var 和 function 都是声明语句。var 声明变量，function 声明函数，可以在程序中任意位置使用。

1. var

var 语句用来声明一个或者多个变量，具体用法可以参考第 2 章。

2. function

使用 function 可以声明一个函数。

【示例】下面代码使用 function 语句声明一个名称为 f 的函数。

```
function f() {
    alert("声明并初始化函数变量");
}
```

有关函数的详细讲解，请参考后面章节内容。

3.1.4 空语句

空语句就是包含没有任何代码的句子，它只有一个分号（;），表示该语句的结束。例如：

```
;                                    // 空语句
```

空语句不会执行任何操作，相当于一个占位符。

【示例】在循环结构中使用空语句可以设计空循环。

```
for (var i = 0; i < 10; i++ )
{
    ;
}
```

上面代码可以简写为：

```
for (var i = 0; i < 10; i++ );
```

空语句易引发异常，安全的方法是使用复合语句的形式来表示，或者加上注释，避免遗漏。

```
for (var i = 0; i < 10; i++ )/* 空语句 */;
// 或者
for (var i = 0; i < 10; i++ ) {
    ;
}
```

3.2　选择结构

选择结构在程序中能根据预设的条件，有选择地执行不同的选择命令。JavaScript 选择结构主要使用 if 语句、else if 语句或 switch 语句来设计。

3.2.1　if 语句

视频讲解

if 语句的语法格式如下。

```
if(expression)
    statement
// 或
if(expression)
    statements
```

if 是关键字，表示条件命令；小括号作为运算符，用来分隔并计算条件表达式的值。expression 表示条件表达式，statement 表示单句，statements 表示复句。

条件结构被执行时，先计算条件表达式的值，如果返回值为 true，则执行下面的单句或复句；如果返回值为 false，则跳出条件结构，执行结构后面的代码。如果条件表达式的值不为布尔值，则会强制转换为布尔值。

【示例 1】下面代码会被无条件执行。

```
if(1)
    alert("条件为真！");                    // 单句缩进格式
```

if 语句加上 else 从句，可以设计二选一的程序结构，其语法格式如下。

```
if(expression)
    <statement | statements>
```

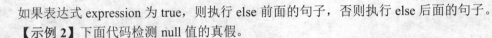

```
else
    <statement | statements>
```

如果表达式 expression 为 true，则执行 else 前面的句子，否则执行 else 后面的句子。

【示例 2】下面代码检测 null 值的真假。

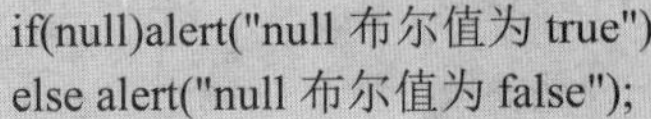

```
if(null)alert("null 布尔值为 true");
else alert("null 布尔值为 false");
```

视频讲解

3.2.2 设计多选择结构

如果 else 从句为一个条件结构，可以设计选择嵌套结构，但是在使用时应避免条件歧义。

【示例 1】下面选择结构是错误的嵌套。

```
if(0)
    if(1)
        alert(1);
else
    alert(0);
```

上面代码如果不借助缩进版式，一般很难读懂其中的逻辑层次。JavaScript 解释器将根据就近原则，按如下逻辑层次进行解释。

```
if(0)
    if(1)
        alert(1);
    else
        alert(0);
```

为了避免条件歧义，建议使用复句设计条件结构，借助大括号分隔结构层次。

```
if(0)
{
    if(1)
        alert(1);
}
else
{
    alert(0);
}
```

【示例 2】在多层嵌套结构中，可以把 else 与 if 关键字结合起来，设计多重条件结构。下面代码是三层条件嵌套结构。

```
var a = 3;
if(a == 1)
    alert(1);
else
    if(a == 2)
        alert(2);
    else
        if(a == 3)
            alert(3);
```

格式化后显示如下。

```
var a = 3;
if(a == 1)
    alert(1);
else if(a == 2)
    alert(2);
else if(a == 3)
    alert(3);
```

把 else 与 if 关键字组合在一行内显示，然后重新缩排每个句子。整个嵌套结构的逻辑思路就变得更清晰：如果变量 a 等于 1，就提示 1；如果变量 a 等于 2，就提示 2；如果变量 a 等于 3，就提示 3，依此类推。

思考一个问题：设计 4 个条件，只有当 4 个条件全部成立时，才允许执行任务。

【示例 3】遵循一般设计思路，可以沿用下面嵌套结构来设计。

```
if(a) {
    if(b) {
        if(c) {
            if(d) {
                alert("所有条件都成立！");
            }
            else {
                alert("条件 d 不成立！");
            }
        }
        else {
            alert("条件 c 不成立！");
        }
    }
    else {
        alert("条件 b 不成立！");
    }
}
else {
    alert("条件 a 不成立！");
}
```

【示例 4】示例 3 的设计思路没有问题，结构嵌套也合理。不过，可以对 if 结构进行优化处理。

```
if(a && b && c && d) {
    alert("所有条件都成立！");
}
```

从设计意图考虑：使用 if 语句逐个检测每个条件的合法性，并对某个条件是否成立进行个性化处理，以方便跟踪。但是使用 if(a && b && c && d)条件表达式，就会出现一种可能：如果 a 条件不成立，则程序会自动退出整个结构，而不管 b、c 和 d 的条件是否成立。

【示例 5】也可以采用排除法，对每个条件逐一进行排除，如果全部成立则再执行任务。这里使用了一个布尔型变量作为钩子把每个 if 条件结构串在一起。

Note

```
var t = true;                                    // 初始化行为变量为 true
if(!a) {
    alert("条件 a 不成立！");
    t = false;                                   // 如果条件 a 不成立，则行为变量为 false
}
if(!b) {
    alert("条件 b 不成立！");
    t = false;                                   // 如果条件 b 不成立，则行为变量为 false
}
if(!c) {
    alert("条件 c 不成立！");
    t = false;                                   // 如果条件 c 不成立，则行为变量为 false
}
if(!d) {
    alert("条件 d 不成立！");
    t = false;                                   // 如果条件 d 不成立，则行为变量为 false
}
if(t) {                                          // 如果行为变量为 true，则执行特定事件
    alert("所有条件都成立！");
}
```

排除法有效避免了条件嵌套的复杂性，当然这种设计也存在一定的局限性，应根据需要慎重使用。

注意：很多初学者在使用 if 语句时，容易犯下面的错误。

```
if(a = 1) {                         // 错误的比较运算
    alert(a);
}
```

把比较运算符（==）错写为赋值运算符（=）。对于这样的 Bug 一般很难发现，由于它是一个合法的表达式，不会触发异常，不容易排查。由于返回值为非 0 数值，则 JavaScript 会自动把它转换为 true，因此对于这样的选择结构，条件永远成立，所以总是弹出提示信息。

为了防止这种很难检查的错误，建议在条件表达式的比较运算中，把常量写在左侧，而把变量写在右侧，这样即使把比较运算符（==）错写为赋值运算符（=），也会导致编译错误，因为常量是不能够被赋值的。从而能够即时发现这个 Bug。

```
if(1 == a){                                      // 预防赋值运算的好方法
    alert(a);
}
```

下面错误也经常发生。

```
var a=2;                                         // 声明变量并赋值
if(1 == a);                                      // 误在条件表达式后附加分号
{
    alert(a);                                    // 但是依然能够被执行的复句
}
```

当在条件表达式之后错误地附加一个分号时，整个条件结构就发生了变化。如果用代码来描述，则上面结构的逻辑应该如下所示。

```
var a=2;                                         // 声明变量并赋值
if(1 == a)
```

```
    ;                                   // 条件成立时将执行空语句
{
    alert(a);                           // 独立于条件结构的复合语句
}
```

JavaScript 解释器会把条件表达式之后的分号视为一个空语句，从而改变了原来设想的逻辑。由于这个误输入的分号并不会导致编译错误，所以要避免这个低级错误，应牢记条件表达式之后是不允许使用分号的，用户可以把大括号与条件表达式并在一行书写来预防上面的误输入。

```
var a=2;                                // 声明变量并赋值
if(1 == a) {                            // 就不会再添加分号表示一行结束
    alert(a);
}
```

3.2.3 switch 语句

视频讲解

if 多重选择结构执行效率比较低，特别是当选择条件相同时，由于重复调用 if 语句来计算条件表达式会浪费时间，此时建议使用 switch 语句设计多重选择结构。

switch 语句的语法格式如下。

```
switch (expression)
{
    statements
}
```

switch 语句的 statements 比较特殊，它包含一个或多个 case 从句，或者包含一个 default 从句。完整结构如下。

```
switch (expression) {
    case label:
        statementList
    case label:
        statementList
    ...
    default:
        statementList
}
```

当执行 switch 语句时，JavaScript 解释器首先计算 expression 表达式的值，然后使用这个值与每个 case 从句中 label 标签表达式的值进行比较，如果相同则执行该标签下的语句。

在执行时如果遇到跳转语句，则会跳出 switch 结构。否则按顺序向下执行，直到 switch 语句末尾。如果没有匹配的标签，则会执行 default 从句下的语句。如果没有 default 从句，则跳出 switch 结构。

【示例 1】下面示例使用 switch 语句来设计多分支选择结构。

```
switch (a = 3){                         // 指定多重条件表达式
    case 1:                             // 从句 1
        alert(1);
        break;                          // 停止执行，跳出 switch 结构
    case 2:                             // 从句 2
        alert(2);
```

```
        break;                          // 停止执行，跳出 switch 结构
    case 3:                             // 从句 3
        alert(3);
}
```

【示例 2】从 ECMAScript 3 版本开始允许 case 从句后面 label 可以是任意的表达式。

```
switch (a = 3){
    case 3-2:                           // 表达式标签
        alert(1);
        break;
    case 1+1:                           // 表达式标签
        alert(2);
        break;
    case b=3:                           // 赋值表达式
        alert(3);
}
```

当 JavaScript 解释 switch 结构时，先计算 switch 关键字后面的条件表达式，然后计算第一个 case 从句中的标签表达式的值，并利用全等（===）运算符来检测二者的值是否相同。由于使用"==="运算符，因此不会自动转换每个标签表达式返回值的类型。

【示例 3】针对示例 2 的代码，如果把第三个 case 后的表达式的值设置为字符串，则最终被解析时，不会弹出提示信息。

```
switch (a = 3) {
    case 3 - 2:                         // 表达式标签
        alert(1);
        break;
    case 1 + 1:                         // 表达式标签
        alert(2);
        break;
    case b = "3":                       // 改变标签值的类型，则无法进行匹配
        alert(3);
}
```

case 从句可以省略子句，这样当匹配到该标签时，会继续执行下面 case 从句包含的子句。

【示例 4】下面示例演示了 case 中如果没有 break 语句，会继续执行，直到 switch 结束。

```
switch (a = 1) {
    case 1:                             // 空匹配
    case 2:
        alert(2);
        break;
    default:
        alert(3);
        break;
}
```

注意： 在 switch 语句中，case 从句只是指明了执行起点，但是没有指明终点，如果没有在 case 从句中添加 break 语句，则会发生连续执行的情况，从而忽略后面 case 从句，这样就会破坏 switch 结构多选择逻辑。

提示：如果在函数中使用 switch 语句，可以使用 return 语句代替 break 语句，终止 switch 语句，防止 case 从句连续执行。

视频讲解

3.2.4　default 从句

default 从句可以位于 switch 结构中任意的位置，但是不会影响多重条件的正常执行。

【示例 1】把 3.2.3 节示例按如下顺序调整。

```
switch (a = 3) {
    default:                        // 默认不匹配所有 case 从句时执行该从句下的句子
        alert(3);
        break;
    case 1:
        alert(1);
        break;
    case 2:
        alert(2);
        break;
}
```

这样当所有 case 标签表达式的值都不匹配时，会跳回并执行 default 从句中的子句。但是，如果 default 从句中的子句没有跳转语句，则会按顺序执行后面 case 从句的子句。

在下面结构中，switch 语句会先检测 case 标签表达式的值，由于 case 从句中标签表达式值都不匹配，则跳转回来执行 default 从句中的子句（弹出提示 3），然后继续执行 case 1 和 case 2 从句中的子句（分别弹出提示 1 和 2）。但是如果存在相匹配的 case 从句，就会执行该从句中的子句，并按顺序执行下面的子句，但是不会再跳转返回执行 default 从句中的子句。

```
switch (a = 3) {
    default:
        alert(3);
    case 1:
        alert(1);
    case 2:
        alert(2);
}
```

【示例 2】default 从句常用于处理所有可能性之外的情况。例如，处理异常，或者处理默认行为、默认值。但是，下面代码就存在滥用 default 从句问题。

```
switch (opr) {
    case "add":                     // 正常枚举
        x = a + b;
        break;
    case "sub":                     // 正常枚举
        x = a - b;
        break;
    case "mul":                     // 正常枚举
        x = a * b;
        break;
```

```
    default:                        // 异常枚举
        x = a / b;
        break;
}
```

Note

上面代码设计 4 种基本算术运算，但是它仅列出了 3 种，最后一种除法使用 default 从句来设计。显然，使用下面结构会更加合理。

```
switch (opr) {
    case "add":                     // 正常枚举
        x = a + b;
        break;
    case "sub":                     // 正常枚举
        x = a - b;
        break;
    case "mul":                     // 正常枚举
        x = a * b;
        break;
    case "div":                     // 正常枚举
        x = a / b;
        break;
}
```

下面使用 default 从句，来处理可能存在的意外情况。

```
switch (opr) {
    case "add":                     // 正常枚举
        x = a + b;
        break;
    case "sub":                     // 正常枚举
        x = a - b;
        break;
    case "mul":                     // 正常枚举
        x = a * b;
        break;
    case "div":                     // 正常枚举
        x = a / b;
        break;
    default:                        // 异常处理
        alert("出现非预期的 opr 值");
}
```

视频讲解

3.2.5 优化选择结构

if 语句和 switch 语句都可以用来设计多重选择结构，switch 结构在特定环境下执行效率高于 if 结构，简单比较如表 3.1 所示。

表 3.1 if 结构和 switch 结构比较

	if 结构	switch 结构
结构	通过嵌套结构实现多重选择	专为多重选择设计

续表

	if 结构	switch 结构
条件	可以测试多个条件表达式	仅能测试一个条件表达式
逻辑关系	可以处理复杂的逻辑关系	仅能够处理多个枚举的逻辑关系
数据类型	可以适用任何数据类型	仅能够应用整数、枚举、字符串等类型数据

通过比较，可以发现，如果能使用 switch 结构，就不要选择 if 结构。

无论是使用 if 结构，还是使用 switch 结构，应确保下面 3 个目标的基本实现。

☑ 准确表现事物的逻辑关系，不能为了结构而破坏事物的逻辑关系。

☑ 优化执行效率。

☑ 简化代码层次，使代码更便于阅读。

相对而言，下面情况更适宜选用 switch 结构。

☑ 枚举表达式的值。这种枚举是可以期望的、平行逻辑关系的。

☑ 表达式的值具有离散性，不具有线性的非连续的区间值。

☑ 表达式的值是固定的，不会动态变化的。

☑ 表达式的值是有限的，而不是无限的，一般应该比较少。

☑ 表达式的值一般为整数、字符串等值类型的数据。

下面情况更适宜选用 if 结构。

☑ 具有复杂的逻辑关系。

☑ 表达式的值具有线性特征，如对连续的区间值进行判断。

☑ 表达式的值是动态的。

☑ 测试任意类型的数据。

【示例 1】设计根据学生分数进行分级评定：如果分数小于 60，则不及格；如果分数在 60 与 75 之间，则评定为合格；如果分数在 75 与 85 之间，则评定为良好；如果分数在 85 到 100 之间，则评定为优秀。针对这样一个条件表达式，它的值是连续的线性判断，显然使用 if 结构会更适合一些。

```
if(score < 60) {                    // 线性区间值判断
    alert("不及格");
}
else if(60 <= score < 75) {          // 线性区间值判断
    alert("合格");
}
else if(75 <= score < 85) {          // 线性区间值判断
    alert("良好");
}
else if(85 <= score <= 100) {        // 线性区间值判断
    alert("优秀");
}
```

如果使用 switch 结构，则需要枚举 100 种可能，如果分数值还包括小数，则这种情况就更加复杂了，此时使用 switch 结构就不是明智之举。

【示例 2】设计根据性别进行分类管理。这个案例属于有限枚举条件，使用 switch 结构会更高效。

```
switch (sex) {                       // 离散值判断
    case "女":
        alert("女士");
```

Note

```
            break;
    case "男":
            alert("先生");
            break;
    default:
            alert("请选择性别");
}
```

在设计中，如果把最可能的条件放在前面，这等于降低了程序的检测次数，自然就提升选择结构的执行效率，这在大批量数据检测中效果非常明显。

【示例 3】在网站登录模块，普通会员的数量要远远大于版主和管理员的数量。大部分登录的用户都是普通会员，如果把普通会员的检测放在选择结构的前面，可大大减少检测的次数。

```
switch (level) {                    // 优化选择顺序
    case 1:
            alert("普通会员");
            break;
    case 2:
            alert("版主");
            break;
    case 3:
            alert("管理员");
            break;
    default:
            alert("请登录");
}
```

【示例 4】设计检测周一到周五值日任务安排的选择结构。可能周五的任务比较重要，或者周一的任务比较轻，但是对于这类有着明显顺序的结构，遵循自然顺序比较好。如果打乱顺序，把周五的任务安排在前面，这对于整个选择结构的执行性能没有太大帮助，打乱的顺序不方便阅读。因此，按自然顺序来安排结构会更富有可读性。

```
switch(day){                        // 遵循自然选择的顺序
    case 1 :
            alert("周一任务安排");
            break;
    case 2 :
            alert("周二任务安排");
            break;
    case 3 :
            alert("周三任务安排");
            break;
    case 4 :
            alert("周四任务安排");
            break;
    case 5 :
            alert("周五任务安排");
            break;
    default :
            alert("异常处理");
}
```

选择之间的顺序应注意优化，当然对于同一个条件表达式内部也应该考虑逻辑顺序问题。

【示例 5】有两个条件 a 和 b，其中条件 a 多为真，而 b 是一个必须执行的表达式，那么下面设计的逻辑顺序就欠妥当。

```
if(a && b) {
    // 执行任务
}
```

如果条件 a 为 false，则 JavaScript 会忽略表达式 b 的计算。如果 b 表达式影响到后面的运算，则不执行表达式 b 自然会对后面的逻辑产生影响。因此，可以采用下面的逻辑结构，在 if 结构前先执行表达式 b，这样即使条件 a 的返回值为 false，也能够保证 b 表达式被计算。

```
var c = b;
if(a && b) {
    // 执行任务
}
```

3.3　循环结构

JavaScript 使用 while 语句、do-while 语句、for 语句和 for/in 语句来设计循环结构。

3.3.1　while 语句

视频讲解

while 语句的基本语法如下。

```
while (expression)
    statement
// 或
while (expression)
    statements
```

在 while 循环结构中，JavaScript 会先计算 expression 表达式的值。如果循环条件返回值为 false，则会跳出循环结构，执行下面的语句；如果循环条件返回值为 true，则执行循环体内的语句 statement 或循环体内的复合语句 statements。

然后，再次返回计算 expression 表达式的值，并根据返回的布尔值决定是否继续执行循环体内语句。周而复始，直到 expression 表达式的值为 false 才会停止执行循环体内语句。

【示例 1】如果设置 expression 表达式的值为 true，则会形成一个死循环。

```
while (true);                        // 死循环空转
```

这种情况很容易发生，它相当于如下循环结构：

```
while (true)                         // 死循环
{
    ;                                // 空转
}
```

在程序设计中，仅希望执行一定次数的重复操作或连续计算。所以，在循环体内通过一个循环变

量来监测循环的次数或条件，循环变量常是一个递增变量。当每次执行循环体内语句时，会自动改变循环变量的值。当改变循环变量的值时，expression 表达式也会不断发生变化，最终导致 expression 表达式为 false，从而停止循环操作。

【示例 2】在循环体设计递增变量，用来控制循环次数。

```
var n = 0;                                    // 声明并初始化循环变量
while (n < 10)                                // 循环条件
{                                             // 可以执行的复合语句
    n++ ;                                     // 递增循环变量
    alert(n);                                 // 执行循环操作
}
```

也可以在循环的条件表达式中自动递增或递减值。针对上面的示例可以进行如下设计。

```
var n = 0;
while (n++ < 10)                              // 在循环条件中递加循环变量的值
{
    alert(n);
}
```

注意：递增运算符的位置对循环的影响，如果在前则将减少一次循环操作。

【示例 3】下面的示例将循环执行 9 次，而上面的示例都将循环执行 10 次，这是因为++n < 10 表达式是先递增变量的值之后再进行比较，而 n ++ < 10 表达式是先比较之后再递增变量的值。

```
var n = 0;
while (++n < 10)                              // 仅循环执行 9 次
{
    alert(n);
}
```

视频讲解

3.3.2 do-while 语句

do-while 语句是 while 循环结构的特殊形式，其语法格式如下。

```
do
    statement
while (expression);
// 或
do
    statements
while (expression);
```

在 do-while 循环结构中，JavaScript 会先执行循环体内语句 statement 或循环体内的复合语句 statements，然后计算 expression 表达式的值。如果循环条件返回值为 false，则会跳出循环结构，执行下面的语句；如果循环条件返回值为 true，则再次返回执行循环体内的语句 statement 或循环体内的复合语句 statements。

然后，再次计算 expression 表达式的值，并根据返回的布尔值决定是否继续执行循环体内语句。周而复始，直到 expression 表达式的值为 false 才会停止执行循环体内语句。

【示例】针对 3.3.1 节的示例使用 do-while 结构来设计，则代码如下所示。

```
var n = 0;                          // 声明并初始化循环变量
do                                  // 执行循环体命令
{                                   // 可以执行的复合语句
    n++ ;                           // 递增循环变量
    alert(n);                       // 执行循环操作
}
while (n < 10);                     // 循环条件
```

Note

【拓展】

简单比较 while 结构和 do-while 结构，则它们之间的区别如表 3.2 所示。

表 3.2　while 结构和 do-while 结构比较

	while 结构	do-while 结构
逻辑结构	先检测条件，再执行循环操作	先执行循环操作，再检测条件。因此不管循环条件如何，都将执行一次循环操作
关键字	仅包含 while 关键字，并以此开头	包含 do 和 while 关键字，并以 do 关键字开头，而 while 关键字位于结构的末尾
语法特征	在 while 关键字后的循环表达式之后不用分号	do-while 结构的末尾必须使用分号来表示结束，这是因为该结构的末尾是一个条件表达式，而不是大括号标识的循环体

3.3.3　for 语句

视频讲解

与 while 相比，for 是优化的循环结构。for 语句的语法格式如下。

```
for (initialization; test; increment )
    statements
```

for 循环结构把初始化变量、检测循环条件和递增变量都集中在 for 关键字后的小括号内，把它们作为循环结构的一部分固定下来，这样就可以防止在循环结构中忘记变量初始化，或者疏忽递增循环变量，同时也简化了操作。

在 for 循环结构开始执行之前，先计算第一个表达式 initialization，在这个表达式中可以声明变量，为变量赋值，或者通过逗号运算符执行其他操作。然后再执行第二个表达式 test，如果该表达式的返回值为 true，则执行循环体内的语句。最后返回计算 increment 表达式，这是一个具有副作用的表达式，与 initialization 表达式一样都可以赋值或改变变量的值，通常在该表达式中利用递增（++）或递减（--）运算符来改变循环变量的值。

【示例 1】 针对 3.3.2 节示例，可以使用 for 循环结构来设计。

```
for (var n = 1; n < 11; n++ )
{
    alert(n);
}
```

在 for 循环结构中，最后才计算递加表达式，所以应该调整检测条件中的比较值，即 n < 11。否则循环结构中执行次数为 9 次，而不是 10 次。

由于 for 结构中的 3 个表达式没有强制性限制，用户可以用逗号运算符来运算其他子表达式。例如，执行其他变量声明或赋值，计算相关条件检测或者附带变量递加等操作。

Note

【示例 2】在下面 for 结构中：第一个表达式中声明并初始化 3 个变量；在第二个表达式中为变量 m 和 l 执行递加运算，而检测变量 n 的值是否小于 11；在第三个表达式中同时为 3 个变量执行递加运算。

```
for (var n = 1, m = 1, l = 1; m++ , l++ , n < 11;    m++ , l++ , n++ )
{
    alert(n);
}
```

在 for 语句中附加了其他表达式运算，不会破坏 for 循环结构。for 语句是根据 test 表达式的最终返回值来决定是否执行循环操作，所以在设置条件时要把限定条件放在最后。

【示例 3】下面的 test 表达式的逻辑顺序将会导致 for 循环结构成为死循环，因为“m ++ , n < 11, l ++”表达式的最后返回值始终是 true。

```
for (var n = 1, m = 1, l = 1; m++ , n < 11, l++ ;    m++ , l++ , n++ )
{
    alert(n);
}
```

提示：对于 while 结构来说，经常需要在循环结构的前面声明并初始化循环变量，然后在循环体内附加递增循环变量。使用 while 结构模拟 for 结构的格式如下。

```
initialization;                    // 声明并初始化循环变量
while (test)                       // 循环条件
{
    statement                      // 可执行的循环语句
    increment;                     // 递增循环变量
}
```

视频讲解

3.3.4 for-in 语句

for-in 语句是 for 语句的一种特殊形式，其语法格式如下。

```
for ([var] variable in <object | array>)
    statement
```

variable 表示一个变量，可以在其前面附加 var 语句，用来直接声明变量名。in 关键字后面是一个对象或数组类型的表达式。

在运行该循环结构时，会声明一个变量，然后计算对象或数组类型的表达式，并遍历该对象或表达式。在遍历过程中，每获取一个对象或数组元素，就会临时把对象或数组中元素存储在 variable 指定的变量中。注意，对于数组来说，该变量存储的是数组元素的下标；而对于对象来说，该变量存储的是对象的属性名或方法名。

然后，执行 statement 包含的语句。执行完毕，返回继续枚举下一个元素，以此周而复始，直到对象或数组中所有元素都被枚举为止。

在循环体内还可以通过中括号（[]）和临时变量 variable 来读取每个对象属性或数组元素的值。

【示例 1】下面示例演示了如何利用 for-in 语句遍历数组，并读取枚举中临时变量和元素的值的方法。

```
var a = [1, true, "abc", 34, false];          // 声明并初始化数组变量
```

```
for (var b in a)                              // 遍历数组
{
    alert(b);                                 // 显示枚举中临时变量值
    alert(a[b]);                              // 显示每个元素的值
}
```

使用 while 或 for 语句通过数组下标和 length 属性可以实现相同的枚举操作，不过 for-in 语句提供了一种更直观、高效的枚举对象属性或数组元素的方法。

【示例 2】针对示例 1，可以使用如下两种结构实现相同的设计目的。

☑ 使用 for 结构转换。

```
var a = [1, true, "abc", 34, false];
for (var b = 0; b < a.length; b++ )
{
    alert(b);
    alert(a[b]);
}
```

☑ 使用 while 结构转换。

```
var a = [1, true, "abc", 34, false];
var b = 0;
while (b < a.length)
{
    alert(b);
    alert(a[b]);
    b++;
}
```

for-in 语句比较灵活，在遍历对象或数组时经常用到，也有很多技巧需要用户掌握。理解 for-in 结构特性将有助于在操作引用型数据时找到一种解决问题的新途径。

在 for-in 语法中，变量 variable 可以是任意类型的变量表达式，只要该表达式的值能够接收赋值即可。

【示例 3】在下面示例中，定义一个对象 o，该对象中包含 3 个属性，同时定义一个空数组、一个临时变量 n。然后定义一个空数组，利用枚举法把对象的所有属性名复制到数组中。

```
var o = {                        // 定义包含 3 个属性的对象
    x: 1,
    y: true,
    z: "true"
};
var a = [];                      // 定义空数组
var n = 0;                       // 定义临时循环变量，并赋值为 0
for (a[n++] in o);               // 遍历对象 o，然后把所有属性都赋值到数组中
```

其中“for (a[n ++] in o);”语句实际上是一个空的循环结构，展开其结构则如下所示。

```
for (a[n++] in o)                // 遍历对象 o
{
    ;                            // 空语句
}
```

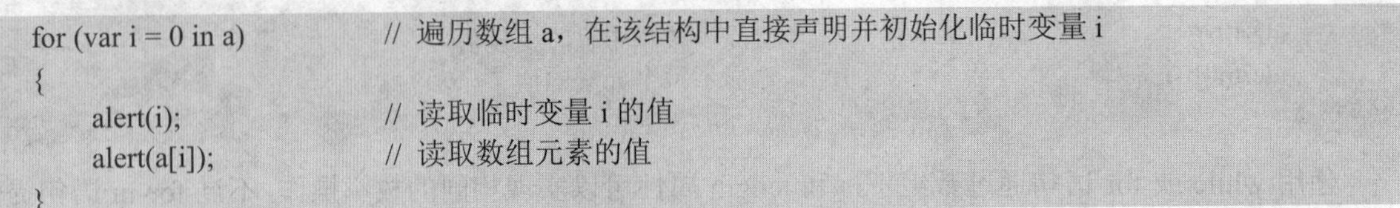

Note

【示例 4】针对上面的示例，可以使用如下结构遍历数组，并读取存储的值。

```
for (var i = 0 in a)              // 遍历数组 a，在该结构中直接声明并初始化临时变量 i
{
    alert(i);                     // 读取临时变量 i 的值
    alert(a[i]);                  // 读取数组元素的值
}
```

for-in 能够枚举对象的所有成员，但是如果对象的成员被设置为只读、存档或不可枚举等属性，那么使用 for-in 语句时是无法枚举的。因此，当使用这种方法遍历内置对象时，可能就无法读取全部属性。

【示例 5】在下面示例中，for-in 无法读取内置对象 Object 所有属性。

```
for (var i = 0 in Object)
{
    alert(i);
    alert(a[i]);
}
```

但是可以读取客户端 Document 对象的所有可读属性。

```
for (var i = 0 in document)
{
    document.write("document." + i + "=" + document[i]);
     document.write("<br />");
}
```

提示：所有内置方法都不允许枚举。对于用户自定义属性，可以枚举。

【示例 6】为 Object 内置对象自定义两个属性，则在 for-in 结构中可以枚举它们。

```
Object.a = 1;                     // 为内部 Object 对象定义属性 a
Object.b =true;                   // 为内部 Object 对象定义属性 b
for (var i = 0 in Object)         // 遍历 Object 对象
{
    alert(i);
    alert(Object[i]);
}
```

由于对象成员没有固定的顺序，所以在使用 for-in 循环时也无法判断遍历的顺序，因此在遍历结果中会看到不同的排列顺序。

注意：如果在循环过程中删除某个没有被枚举的属性，则该属性将不会被枚举。反过来如果在循环体中定义了新属性，那么循环是否被枚举则由引擎来决定。因此，在 for-in 循环体内改变枚举对象的属性有可能会导致意外发生，一般不建议随意在循环体内操作属性。

【示例 7】for-in 结构能够枚举对象内所有可枚举的属性，包括原生属性和继承属性，这也带来一个问题：如果仅希望修改数组原生元素，而该数组还存在继承值或额外属性值，那么将给操作带来麻烦。

```
Array.prototype.x = "x";          // 自定义数组对象的继承属性
var a = [1,2,3];                  // 定义数组对象，并赋值
```

```
a.y = "y";                              // 定义数组对象的额外属性
for (var i in a)                        // 遍历数组对象 a
{
    alert(i + ":" + a[i]);
}
```

在上面示例中，使用 for-in 结构将获取 5 个元素，其中包括 3 个原生元素，一个是继承的属性 x 和一个额外的属性 y。

如果仅想获取数组 a 的原生元素，那么上述操作将会枚举出很多意外的值，这些值并非是用户想要的。为避免此类问题，建议使用 for 循环结构。

```
for (var i = 0; i < a.length ;i ++)
{
    alert(i + ":" + a[i]);
}
```

上面的 for 结构仅会遍历数组对象 a 的原生元素，而将忽略它的继承属性和额外属性。

3.3.5 优化循环结构

视频讲解

简单比较 while 结构和 for 结构，它们之间的区别如表 3.3 所示。

表 3.3 while 结构和 for 结构比较

	while 结构	for 结构
条件	根据条件表达式的值决定循环操作	根据操作次数决定循环操作
结构	比较复杂，结构相对宽松	比较简洁，要求比较严格
效率	存在一定的安全隐患	执行效率比较高
变体	do-while 语句	for-in 语句

循环结构最浪费资源，一点小小的损耗都将会被成倍放大，从而影响程序运行的效率。

1. 优化结构

循环结构常常与选择结构混用在一起。但是如何嵌套就非常讲究。

【示例 1】设计一个循环结构，结构内的循环语句只有在特定条件下才被执行。如果使用一个简单的例子来演示，则正常思维结构如下所示。

```
var a = true;
for (var b = 1; b < 10; b++)                    // 循环结构
{
    if(a == true)                               // 条件判断
    {
        alert(b);
    }
}
```

很明显，在这个循环结构中 if 语句会被反复执行。如果这个 if 语句是一个固定的条件检测表达式，即如果 if 语句的条件不会受循环结构的影响，则不妨采用如下的结构来设计。

```
if(a == true)                                   // 条件判断
{
```

```
        for (var b = 1; b < 10; b++)                    // 循环结构
        {
            alert(b);
        }
}
```

Note

这样 if 语句只被执行一次，如果 if 条件不成立，则直接省略 for 语句的执行，从而使程序的执行效率大大提高；但是如果 if 条件表达式受循环结构的制约，则不能够采用这种结构嵌套。

2．避免不必要的重复操作

在循环体内经常会存在不必要的重复计算问题。

【示例 2】在下面示例中，通过在循环内声明数组，然后读取数组元素的值。

```
for (var b = 0; b < 10; b++)                            // 循环
{
    var a = new Array(1,2,3,4,5,6,7,8,9,10);            // 声明并初始化数组
    alert(a[b]);
}
```

显然，在这个循环结构中，每循环一次都会重新定义数组，这种设计极大地浪费了资源。如果把这个数组放在循环体外会更加高效。

```
var a = new Array(1,2,3,4,5,6,7,8,9,10);                // 声明并初始化数组
for (var b = 0; b < 10; b++)
{
    alert(a[b]);                                        // 循环
}
```

3．妥善定义循环变量

对于 for 结构来说，主要利用循环变量来控制整个结构的运行。当循环变量仅用于结构内部时，不妨在 for 语句中定义，这样能够优化循环结构。

【示例 3】计算 100 之内数字的和。

```
var s = 0;                                              // 声明变量
for (var i = 0; i <= 100; i++)                          // 循环语句
{
    s += i;
}
alert(s);
```

显然下面做法就不妥当，因为单独定义循环变量，实际上增大了系统开销。

```
var i = 0;                                              // 声明变量
var s = 0;                                              // 声明变量
for (i = 0; i <= 100; i++)                              // 循环语句
{
    s += i;
}
alert(s);
```

3.4 跳转结构

视频讲解

跳转语句主要包括标签、break、continue、return，以便在选择结构、循环结构中改变流程。

3.4.1 标签语句

在 JavaScript 中，任何语句都可以添加一个标签，语法格式如下。

```
label: statements
```

label 为任意合法的标识符，但不能使用保留字。由于标签名与变量名属于不同的语法体系，所以不用担心标签名与变量名重叠。然后使用冒号分隔标签名与标签语句。

【示例】在下面代码中，b 就是标签名，而 a 就是对象的属性名，其中标签 b 就是对对象结构进行标记。

```
b: {
    a: true
}
```

由于标签名和属性名都属于标签范畴，不能重名，下面这种写法是错误的。

```
a: {                                    // 标签语句的标记名
    a: true                             // 对象属性的标记名
}
```

对象属性的标识名可以访问属性。

```
var o = {
    a: true
}
alert(o.a);                        // 通过对象成员标识符可以用对象成员
```

但是不能使用标签语句的标记名来引用被标记的语句，下面这种写法是错误的。

```
b: {
    a: true
}
alert(b.a);                        // 不能够使用标签语句的标记名来引用被标记的语句
```

3.4.2 break 语句

视频讲解

break 语句能够终止循环或多重选择结构的执行，只能用在循环结构和 switch 多重选择结构中，用法如下。

```
break;
```

【示例 1】break 语句可以在循环结构中使用，用来退出循环结构。

```
for (var i = 0; ;i++)
{
    if(i >= 10) break;                  // 通过 break 语句来监测 for 循环操作
    alert(i);
```

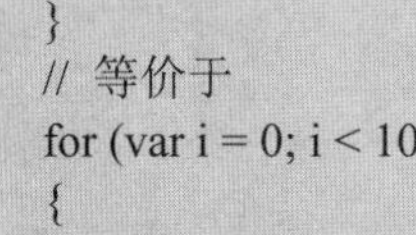

```
}
// 等价于
for (var i = 0; i < 10; i++)
{
    alert(i);
}
```

break 关键字后面可以跟随一个标签名，用来指示程序终止执行之后要跳转的位置，并以该标签语句末尾的位置为起点继续执行。

```
break label;
```

【示例 2】在下面示例中，设计了一个 3 层嵌套的循环结构。分别为每层循环定义一个标签，然后在内部通过条件结构来判断循环变量值的变化，并利用带有标签名的 break 语句进行跳转。

```
a: for (var a = 0; a < 10; a++) {
    b: for (var b = 0; b < 10; b++) {
        c: for (var c = 0; c < 10; c++) {
            if(c == 1) {
                alert("c=" + c);
                break c;
            }
            if(b == 1) {
                alert("b=" + b);
                break b;
            }
            if(a == 1) {
                alert("a=" + a);
                break a;
            }
        }
    }
}
```

break 语句和标签语句结合使用仅限于嵌套结构内。

【示例 3】在下面示例中，设计 3 个并列的循环结构，企图在它们之间通过 break 语句和标签语句来实现相互跳转，这是不允许的。此时会提示编译错误，找不到指定的标签名。因为 JavaScript 在运行 break 语句时，仅限于当前结构或当前嵌套结构中寻找标签名。

```
a: for (var a = 0; a < 10; a++) {
    if(a == 1) {
        alert("a=" + a);
        break b;
    }
}
b: for (var b = 0; b < 10; b++) {
    if(b == 1) {
        alert("b=" + b);
        break c;
    }
}
c: for (var c = 0; c < 10; c++) {
    if(c == 1) {
        alert("c=" + c);
```

```
            break a;
        }
}
```

使用带有标签的 break 语句时应注意以下两点。

☑ 只有使用嵌套的循环或者嵌套的 switch 结构，且需要退出非当前层结构时，才可以使用带有标签的 break 语句。

☑ break 关键字与标签名之间不能够包含换行符，否则 JavaScript 会把它们看作是两个句子，并分别单独执行。

break 语句主要功能是提前结束循环或多重选择判断。这在循环条件复杂，且无法预控制的情况下，可以避免死循环或者不必要的空循环。

【示例 4】在下面示例中，设计在客户端查找 document 对象的 bgColor 属性。如果完全遍历 document 对象，会浪费很多时间。在 for-in 结构中添加一个 if 结构判断所枚举的属性名是否等于 "bgColor"，如果相等，则使用 break 语句跳出循环结构。

```
for (i in document) {
    if(i.toString() == "bgColor") {
        document.write("document." + i + "=" + document[i] + "<br />");
        break;
    }
}
```

在上面代码中，break 语句并非跳出当前的 if 结构体，而是跳出当前最内层的循环结构。

【示例 5】在下面嵌套结构中，break 语句不是退出 for-in 循环体，而是退出 switch 结构体。

```
for (i in document) {
    switch (i.toString()) {
        case "bgColor":
            document.write("document." + i + "=" + document[i] + "<br />");
            break;
        default:
            document.write("没有找到");
    }
}
```

【示例 6】针对上面示例，如果需要退出外层的循环结构，就需要为 for 语句定义一个标签 outloop，然后在 break 语句中指定该标签名，以便从最内层的多重选择结构中跳出最外层的 for-in 循环结构体。

```
outloop: for (i in document) {
    switch (i.toString()) {
        case "bgColor":
            document.write("document." + i + "=" + document[i] + "<br />");
            break outloop;
        default:
            document.write("没有找到");
    }
}
```

3.4.3 continue 语句

视频讲解

continue 与 break 一样都独立成句，但是 break 语句用于停止循环，而 continue 语句用于停止当前

循环，继续执行下一次循环。

与 break 语句语法相同，continue 语句可以跟随一个标签名，用来指定继续执行的循环结构的起始位置。

Note

```
continue label;
```

【示例 1】在下面示例中，当循环变量等于 4 时，会停止循环体内最后一句的执行，返回 for 语句继续执行下一次迭代。

```
for (var i=0; i<10;i++)
{
    alert(i);
    if(i == 4) continue;                    // 继续执行下一次迭代
    alert(i);
}
```

continue 语句只能在循环结构（如 while、do-while、for、for-in）内使用，在其他地方都会引发编译错误。当执行 continue 语句时，会停止当前迭代过程，开始执行下一次的迭代。但是对于不同的结构体，其继续执行的位置也略有不同。

☑ 对于 for 循环结构来说，将会返回执行 for 语句后第三个表达式，然后再执行第二个表达式，如果条件满足，则继续执行下一次迭代，如图 3.1 所示。

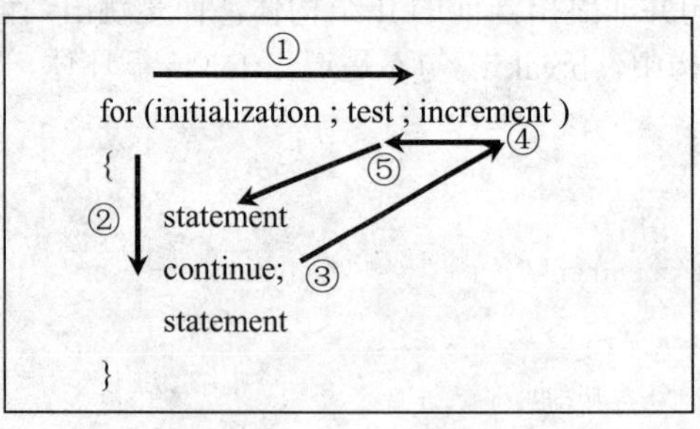

图 3.1　continue 语句在 for 结构中的执行路线图

☑ 对于 for-in 循环结构来说，将会以下一个赋给循环变量的属性名开始再次新的迭代。

☑ 对于 while 循环结构来说，将会返回再次检测 while 语句后的表达式，如果为 true，则重新开头执行循环体内所有语句，如图 3.2 所示。

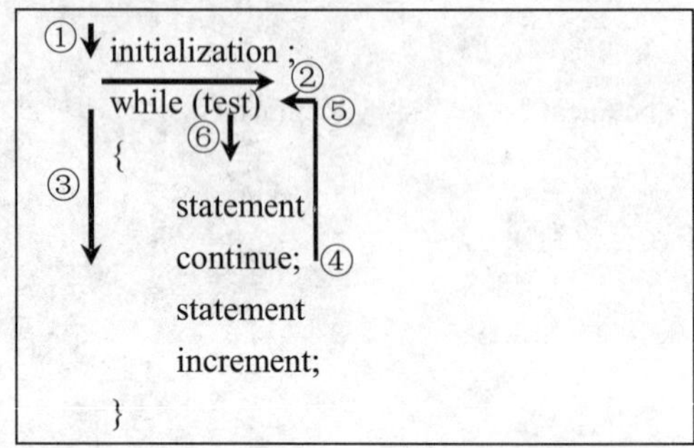

图 3.2　continue 语句在 while 结构中的执行路线图

【示例 2】下面这个循环结构被执行时，将成为死循环。

```
var i=0;
while (i < 10) {
    alert(i);
    if(i == 4) continue;
    i++
}
```

☑ 对于 do-while 循环结构来说，会跳转到底部的 while 语句先检测条件表达式，如果条件为 true，则将从 do 语句后开始下一次的迭代，如图 3.3 所示。

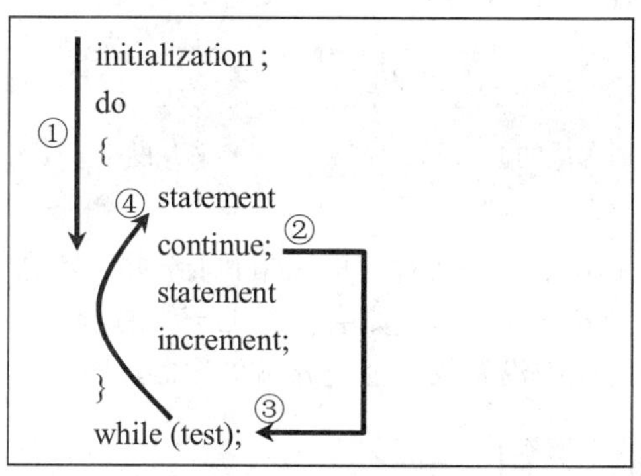

图 3.3　continue 语句在 do-while 结构中的执行路线图

do-while 结构与 while 结构比较相似，其中 continue 语句下面的语句将被忽略。但是在 JavaScript 1.2 版本中存在一个 Bug，它将不检测底部 while 语句后的循环条件，而是直接跳转到顶部 do 语句后面开始下一次迭代。所以，在使用 do-while 结构时应该注意这个安全风险。

【示例 3】在下面示例中，利用 continue 语句辅助过滤掉数组 a 中的字符串元素。

```
var a = [1, "d", 2, "a", "b", "c", 3, 4]                  // 定义并初始化数组 a
var b = [], j = 0;                                        // 定义数组 b 和变量 j
for (var i in a) {                                        // 遍历数组 a
    if(typeof a[i] == "string")
// 如果元素数据类型为字符串，则返回继续下一次迭代
        continue;
    b[j++] = a[i];                                        // 把非字符串类型的元素值赋值给数组 b
}
alert(b);                                                 // 返回 1,2,3,4
```

3.5　异常处理结构

异常处理机制就是一套应对 JavaScript 代码发生错误时的处理方法，这套方法通过 try/catch/finally 结构语句来实现，把代码放在这个结构中执行就可以避免异常发生。

提示：JavaScript 内置了 Error 对象，同时还派生了 6 个子对象，使用它们可以跟踪异常。详细说明请扫码阅读。

线上阅读

视频讲解

Note

3.5.1 throw 语句

throw 语句能够主动抛出一个异常，告诉系统发生了异常状况或错误。throw 语句的语法格式如下：

```
throw expression;
```

expression 可以是任意类型的表达式，一般常用它来声明 Error 对象或者 Error 子类的一个实例。

【示例】在下面循环结构中，定义了一个异常并使用 throw 语句把它抛出来，这样当循环变量大于 5 时，系统会自动弹出一个编译错误，提示“循环变量的值大于 5 了”的错误信息。

```
for(var i = 0;i<10;i++){
    if(i>5)
        throw new Error("循环变量的值大于 5 了");    // 定义并抛出一个异常
}
```

在抛出异常时，JavaScript 解释器会停止程序的正常执行，并跳转到与其最近的异常处理器（catch 结构）中。如果解释器没有找到异常处理器，则会检查上一级的 catch 结构，并以此类推，直到找到一个异常处理器为止。如果在程序中没有找到任何异常处理器，将会视其为错误并显示出来。

3.5.2 try-catch-finally 语句

不管是系统抛出，还是用户有意抛出异常，都需要捕获（catch）异常，以便采取适当的动作把程序从异常状态恢复到正常运行状态。

try-catch-finally 语句是 JavaScript 异常处理器，其中 try 从句负责指明需要处理的代码块。catch 从句负责捕获异常，并决定应对之策。finally 从句负责后期处理工作，如清除代码、释放资源等。不管异常是否发生，finally 从句最后都是要执行的。整个异常处理的结构和从句之间的相互关系如下。

```
try
{
    // 调试代码块
}
catch(e)
{
    // 捕获异常并进行处理
}
finally
{
    // 后期事务处理
}
```

在正常情况下，程序按顺序执行 try 从句中的代码。如果没有异常发生，将会忽略 catch 从句，跳转到 finally 从句中继续执行；如果在 try 从句中运行时发生错误或者使用 throw 语句主动抛出异常，则执行 catch 从句代码块，在该从句中通过参数变量引用抛出的 Error 对象或者其他值，同时定义处理异常的方法，或者忽略不计，或者再次抛出异常等。

注意：在异常处理结构中，大括号不是复合语句的一部分，而是异常处理结构的一部分，任何时候都不能够省略这些大括号。

Note

【示例 1】在下面的代码中，先在 try 从句中制造一个语法错误，即字符串没有加引号，然后在 catch 从句中利用参数变量 b 获取 Error 对象的引用，然后提示错误的详细信息，最后在 finally 从句中弹出正确的信息。

```
try{                                    // 测试代码
    alert(a);                           // 制作语法错误
}
catch(b){                               // 捕获错误
    alert(b.message);                   // 提示错误信息
}
finally{                                // 异常后期处理
   alert("a");                          // 提示正确值
}
```

【示例 2】在异常处理结构中，catch 和 finally 从句是可选项目，可以根据需要省略，但在正常情况下必须包含 try 和 catch 从句。把上面示例可以精简为如下所示。

```
try{
    alert(a);
}
catch(b){}
```

finally 从句比较特殊，不管 try 语句是否完全执行，finally 语句最后都必须要执行，即使使用了跳转语句跳出了异常处理结构，也必须在跳出之前先执行 finally 从句。

如果没有 catch 从句，JavaScript 在执行完 try 从句之后，继续执行 finally 从句，如果发生异常，会继续沿着语法结构链向上查找上一级 catch 从句。

try-catch 语句可以相互嵌套，甚至可以在内层 try-catch 语句中又嵌套另一个内层 try/catch 语句，以及在该内层 try-catch 语句中再嵌套一个 try-catch 语句，嵌套的层数取决于实际代码的意义。

为什么需要使用嵌套的 try-catch 语句呢？因为使用嵌套的 try-catch 语句，可以逐步处理内层的 try-catch 语句抛出的异常。

【示例 3】下面代码就是一个多层嵌套的异常结构，在处理一系列的异常时，内层的 catch 子句通过将异常抛出，就可以将异常抛给外层的 catch 子句来处理。

```
try{                                        // 外层异常处理结构
    try{                                    // 内层异常处理结构
        alret("Hi");                        // 错误引用方法
    }
    catch(exception){
        var e;
        if ( ! exception.description){      // 兼容非 IE 浏览器
            e = exception.name;             // 获取错误名称
        }
        else{                               // 兼容 IE 浏览器
            e = exception.description;      // 获取错误描述信息
        }
        if (e == "Object expected" || e == "ReferenceError"){
                                            // 如果是此类错误信息，则提示这样信息
            alert("内层 try-catch 能够处理这个错误");
        }
```

Note

```
        else{                                    // 否则再一次抛出一个异常
            throw exception;
        }
    }
}
catch(exception){                               // 获取内层异常处理结构中抛出的异常
    alert("内层 try-catch 不能够处理这个错误");
}
```

3.6 案例实战

下面结合具体案例讲解各种语句在开发中的应用技巧。

3.6.1 把结构语句转换为表达式

视频讲解

灵活使用 JavaScript 运算符，可以把复杂的结构语句转换为表达式，以提升代码的灵活性和执行效率。

【示例 1】三元运算符（?:）在连续运算中扮演了重要角色，使用它能够代替选择结构。

```
event ? event : window.event;
```

该表达式相当于下面选择结构。

```
if(event)
    event = event;              // 如果支持 Event 事件对象，则直接使用 event
else
    event = window.event;       // 如果不支持 Event 事件对象，则调用 Window 对象的属性 event
```

三元运算符不仅能够代替简单的选择结构，还能够代替多重选择结构。

```
var a = ((a == 1) ? alert(1):          // 如果 a 等于 1，则提示 1
        (a == 2) ? alert(2):           // 如果 a 等于 2，则提示 2
        (a == 3) ? alert(3):           // 如果 a 等于 3，则提示 3
        (a == 4) ? alert(4):           // 如果 a 等于 4，则提示 4
        alert(undefined)               // 否则提示 undefined
    );                                 // 多个三元运算符连续运算
```

上面是一个多条件的选择结构，利用三元运算符把它转换为一个复杂的表达式，从而实现连续运算。为了便于阅读，可以对表达式进行格式化编排，换行时应注意语义性问题，避免 JavaScript 误解代码。如果使用多选择结构表示，则代码如下所示。

```
switch (a) {
    case 1:
        alert(1);
        break;
    case 2:
        alert(2);
        break;
    case 3:
```

```
            alert(3);
            break;
    case 4:
            alert(4);
            break;
    default:
            alert(undefined);
}
```

从上面代码可以看到，连续运算的代码更简练，连续运算的结果还是可以继续参与到其他表达式中，这对于多重选择结构是无法实现的。

表达式运算本质上是值运算，任何复杂的对象都可以转换为值。由于运算只产生值，因此可以把所有语句都转换为表达式，并进行求值。

【示例2】针对示例1，也可以使用布尔型表达式来转换选择结构。

```
var a = ((a == 1) && alert(1)                // 如果 a 等于 1，则提示 1
        || (a == 2) && alert(2)              // 如果 a 等于 2，则提示 2
        || (a == 3) && alert(3)              // 如果 a 等于 3，则提示 3
        || (a == 4) && alert(4)              // 如果 a 等于 4，则提示 4
        || alert( undefined )                // 否则提示 undefined
   );                                        // 多个逻辑表达式连续运算
```

上面代码主要利用逻辑运算符“&&”和“||”来执行连续的运算。对于逻辑与运算来说，如果运算符左侧的运算元为true，才会执行右侧运算元的计算，否则就会忽略右侧的运算元；而对于逻辑或运算来说，如果运算符左侧的运算元为false，才会执行右侧运算元的计算，否则就会忽略右侧的运算元。逻辑与和逻辑或的配合使用可以实现三元运算符的逻辑功能。

【示例3】对于循环结构也可以通过递归运算实现连续运算的目的。

```
for (var i = 1 ; i < 100; i++) {
    document.write(i);
}
```

上面的循环结构可以使用如下的递归函数来表示。

```
var i = 1;                                          // 声明全局变量 i，并初始化
(function () {                                      // 定义匿名函数
    document.write(i);                              // 可以执行语句
    (++i < 100) && arguments.callee();
    // 如果递增后的变量 i 小于 100，则执行递归运算
})()                                                // 调用函数
```

对于上面代码可以使用如下嵌套函数进行进一步的封装，从而实现一个完整的表达式运算。

```
(function () {
    var i = 1;
    return function () {
        document.write(i);                          // 可以执行语句
        (++i < 100) && arguments.callee();          // 有条件递归运算
    }
})()()                                              // 调用函数的返回函数
```

提示：由于函数递归运算需要为每次函数调用保留信息，因此会浪费系统资源。建议使用尾递归可以避免此类问题。

3.6.2 优化选择运算性能

Note

视频讲解

使用查表法访问数据比使用 if 或 switch 结构查找速度更快，特别是在条件数目非常巨大的环境中，优势尽显。与 if 和 switch 相比，查表法不仅速度快，且当需要测试的离散值数量非常大时，有助于保持代码的可读性。

【示例 1】在下面代码中，使用 switch 检测 value 值。

```
function map(value) {
 switch (value) {
        case 0:
                return "result0";
        case 1:
                return "result1";
        case 2:
                return "result2";
        case 3:
                return "result3";
        case 4:
                return "result4";
        case 5:
                return "result5";
        case 6:
                return "result6";
        case 7:
                return "result7";
        case 8:
                return "result8";
        case 9:
                return "result9";
        default:
                return "result10";
 }
}
```

【示例 2】使用 switch 语句检测 value 值的方法比较笨重，针对上面代码可以使用一个数组查询替代 switch 结构块。下面代码把所有可能值存储到一个数组中，然后通过数组下标快速检测元素的值。

```
function map(value) {
    var results = ["result0", "result1", "result2", "result3", "result4",
        "result5", "result6", "result7", "result8", "result9", "result10"]
    return results[value];
}
```

使用查表法可以消除所有条件判断，由于没有条件判断，当候选值数量增加时，基本上不会增加额外的性能开销。

查表法适用于键与值形成的逻辑映射，而 switch 结构更适合根据键完成特定操作的场合。

【示例 3】如果条件查询中键名不是有序数字，则无法与数组下标映射，这时可以使用对象进行查询。

```
function map(value) {
    var results = {
        "a": "result0", "b": "result1", "c": "result2","d": "result3", "e":
            "result4","f": "result5", "g": "result6", "h": "result7", "i":
            "result 8", "j": "result9", "k": "result10"
    }
    return results[value];
}
```

3.6.3 优化循环运算性能

影响循环性能的两个主要因素如下。

☑ 每次迭代做什么。

☑ 迭代的次数。

通过减少这两个因素中一个或全部的执行时间，可以提高循环的整体性能。

【示例 1】看看下面 3 种循环体结构。

```
// 方法 1
for (var i = 0; i < items.length; i++) {
    process(items[i]);
}
// 方法 2
var j = 0;
while (j < items.length) {
    process(items[j++]);
}
// 方法 3
var k = 0;
do {
    process(items[k++]);
} while (k < items.length);
```

在每个循环中，每次运行循环体都要发生如下操作。

（1）在控制条件中读一次属性（items.length）。

（2）在控制条件中执行一次比较（i < items.length）。

（3）比较操作，观察条件控制体的运算结果是不是 true（i < items.length == true）。

（4）一次自加操作（i++）。

（5）一次数组查找（items[i]）。

（6）一次函数调用（process(items[i])）。

在这些简单的循环中，即使没有太多的代码，每次迭代也都要进行这 6 步操作。代码运行速度很大程度上由 process()对每个项目的操作所决定，即便如此，减少每次迭代中操作的总数也可以大幅度提高循环的整体性能。

优化循环的第一步是减少对象成员和数组项查找的次数。在大多数浏览器上，这些操作比访问局

部变量或直接量需要更长时间。例如，在上面代码中，每次循环都查找 items.length，这是一种浪费，因为该值在循环体执行过程中不会改变，因此产生了不必要的性能损失。

【示例 2】可以简单地将此值存入一个局部变量中，在控制条件中使用这个局部变量，从而提高了循环性能。

Note

```
for (var i = 0, len=items.length; i < len; i++) {
    process(items[i]);
}
var j = 0, count = items.length;
while (j < count) {
    process(items[j++]);
}
var k = 0, num = items.length;
do {
    process(items[k++]);
} while (k < num);
```

这些重写后的循环只在循环执行之前对数组长度进行一次属性查询，使控制条件中只有局部变量参与运算，所以速度更快。

还可以通过改变循环的顺序来提高循环性能。通常，数组元素的处理顺序与任务无关，可以从最后一个开始，直到处理完第一个元素。倒序循环是编程语言中常用的性能优化方法，不过一般不太容易理解。

【示例 3】在 JavaScript 中，倒序循环可以略微提高循环性能。

```
for (var i = items.length; i--; ) {
    process(items[i]);
}
var j = items.length;
while (j--) {
    process(items[j]);
}
var k = items.length-1;
do {
    process(items[k]);
} while (k--);
```

在上面代码中使用了倒序循环，并在控制条件中使用了减法。每个控制条件只是简单地与 0 进行比较。控制条件与 true 值进行比较，任何非零数字自动强制转换为 true，而 0 等同于 false。

实际上，控制条件已经从两次比较减少到一次比较。将每个迭代中两次比较减少到一次可以大幅度提高循环速度。通过倒序循环和最小化属性查询，可以看到执行速度比原始版本提升了 50%～60%。与原始版本相比，每次迭代中只进行如下操作。

（1）在控制条件中进行一次比较（i == true）。

（2）一次减法操作（i--）。

（3）一次数组查询（items[i]）。

（4）一次函数调用（process(items[i])）。

新循环的每次迭代中减少两个操作，随着迭代次数的增长，性能将显著提升。

3.6.4 设计杨辉三角

杨辉三角是一个经典、有趣的编程案例，它揭示了多次方二项式展开后各项系数的分布规律，如图 3.4 所示。

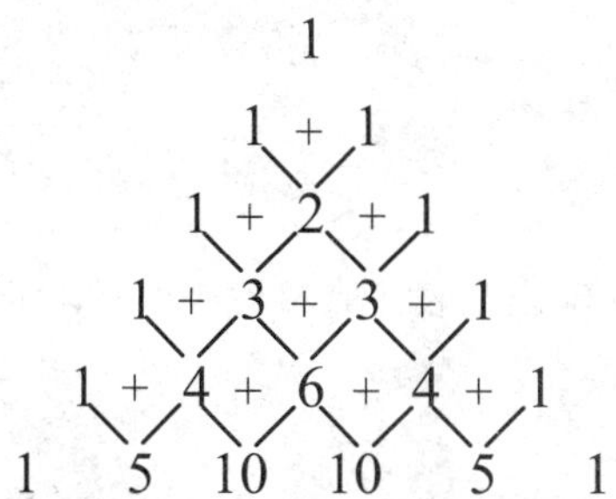

图 3.4 高次方二项式开方之后各项系数的数表分布规律

从杨辉三角形的特点出发，可以总结出下面两点运算规律。

- ☑ 设起始行为第 0 行，第 N 行有 N+1 个值。
- ☑ 设 N>=2，对于第 N 行的第 J 个值：
  - ➢ 当 J=1 或 J=N+1 时，其值为 1。
  - ➢ J!=1 且 J!=N+1 时：其值为第 N−1 行的第 J−1 个值与第 N−1 行第 J 个值之和。

使用递归算法可以求指定行和列交叉点的值，具体设计函数如下。

```
function c(x,y) {                                  // 求指定行和列的数字，参数 x 表示行数，参数 y 表示列数
    if((y==1) || ( y == x + 1)) return 1;          // 如果是第一列或最后一列，则取值为 1
    return c(x−1,y−1) + c(x−1,y);
            // 通过递归算法求指定行和列的值，x−1 表示上一行，返回上一行中第 y−1 列与第 y 列值之和
}
```

然后输出每一行每一列的数字：

```
for (var i = 0; i <= n; i++ ) {                    // 遍历幂数
    for (var j = 1; j < i + 2 ; j++) {             // 遍历每一列
        print(c(i,j));                             // 调用求值函数，输出每一个数字
    }
    print("<br />");                               // 换行
}
```

使用递归算法思路比较清晰，代码简洁，但是它的缺点也很明显：执行效率非常低，特别是幂数很大时，其执行速度异常缓慢，甚至于宕机。所以，我们有必要对其算法做进一步的优化。

定义两个数组，数组 1 为上一行数字列表，为已知数组；数组 2 为下一行数字列表，为待求数组。假设上一行数组为[1,1]，即第二行数字。那么，下一行数组的元素值就等于上一行相邻两个数字的和，即为 2，然后数组两端的值为 1，这样就可以求出下一行数组，即第三行数字列表。求第四行数组的值，可以把已计算出的第三数组作为上一行数组，而第四行数字为待求的下一行数组，依此类推。

实现上述算法，可以使用双层循环嵌套结构，外层循环结构遍历高次方的幂数（即行数），内层循环遍历每次方的项数（即列数），实现的核心代码如下。

```
var a1 = [1, 1];                                   // 上一行数组，初始化为[1, 1]
var a2 = [1, 1];                                   // 下一行数组，初始化为[1, 1]
```

Note

```
for (var i = 2; i <= n; i++) {                  // 从第 3 行开始遍历高次方的幂数，n 为幂数
    a2[0] = 1;                                  // 定义下一行数组的第一个元素为 1
    for (var j = 1; j < i - 1; j++) {           // 遍历上一行数组，并计算下一行数组中间的数字
        a2[j] = a1[j - 1] + a1[j];
    }
    a2[j] = 1;                                  // 定义下一行数组的最后一个元素为 1
    for (var k = 0; k <= j; k++) {              // 把上一行数组的值传递给上一行数组，从而实现交替循环
        a1[k] = a2[k];
    }
}
```

完成算法设计之后，就可以设计输出数表，完整代码如下，演示效果如图 3.5 所示。

```
<!doctype html>
<html>
<head>
<meta charset="utf-8">
<title>输出杨辉三角</title>
<script type="text/javascript">
function print(v) {                         // 输出函数
    // 如果传递值为输出的数字，则包含在一个<span>标签中，以方便 CSS 控制
    if(typeof v == "number") {
        var w = 40;                         //默认<span>标签宽度
        if(n > 30) w = (n - 30) + 40;       // 根据幂数的增大，适当调整<span>标签的宽度
        var s = '<span style="padding:4px 2px;display: inline-block;text-align: center;width:'+ w +'px;">' + v +
'</span>';
        document.write(s);                  // 在页面中输出字符串
    }
    else{                                   //如果参数值为字符串，说明是输出其他字符串
        document.write(v);                  // 则调用 document 对象的 write()方法直接输出
    }
}
//输入接口，用来接收用户设置幂数
var n = prompt("请输入幂数：", 9);          // 默认值为 9
n = n - 0;                                  // 把输入值转换为数值类型
var t1 = new Date();
var a1 = [1,1], a2 = [1,1];                 // 声明并初始化数组
print('<div style="text-align:center;">'); // 输出一个包含框
print(1);                                   // 输出第一行中的数字
print("<br />");
for (var i = 2; i <= n; i++) {              // 从第三行开始，遍历每一行
    print(1);                               // 输出每一行中第一个数字
    for (var j = 1; j < i - 1 ; j++) {      // 从第 2 个数字开始，遍历每一行
        a2[j] = a1[j - 1] + a1[j];
        print(a2[j]);                       // 输出每一行中中间的数字
    }
    a2[j] = 1;                              // 补上最后一个数组元素的值
    for (var k = 0; k <= j; k++) {          // 把上一行数组的值传递给下一行数组
        a1[k] = a2[k];
    }
    print(1);                               // 输出每一行中最后一个数字
```

Note

```
        print("<br />");                          // 输出换行符
    }
    print("</div>");                              // 输出包含框的封闭标签
    var t2 = new Date();
    print("<p style='text-align:center;'>耗时为（毫秒）：" + ( t2 - t1) + "</p>");
</script>
</head>
<body>
</body>
</html>
```

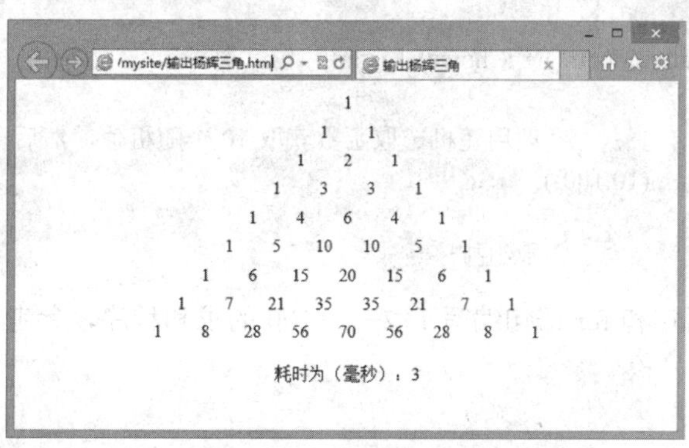

图 3.5　9 次幂杨辉三角数表分布图

3.6.5　编程题

（1）编写函数输出 1~10 000 的所有对称数。

提示：对称数就是把一个数字倒着读和原数字相同的数字，如 121、1331 等。参考如下。

```
function symmetry(num) {
    var arr = [];
        while (--num > 10) {
            // 依次把每个值劈开为多个数字组成的数组，然后颠倒顺序
            // 再重新连接为一个数字字符串
            var reverseNum = num.toString().split('').reverse().join('');
            // 比较颠倒后的值是否与原值相等，如果相等则存储到临时数组中
            (reverseNum == num) && (arr.push(num));
        }
    return arr;
}
var result = symmetry(10000);
console.log(result);
```

（2）实现乱序函数 randomSort(array)，能够将数组元素打乱存储，如[1,2,3,4,5]，输出为[3,2,4,5,1]。要求 N 次以内数组元素顺序不重复，参考如下。

```
function randomSort(array) {
    var n = array.length, t, i;
    while (n){
        i = Math.random() * n-- | 0;    // 获取数组长度内一个随机数
```

Note

```
            t = array[n];                        // 依次取出数组元素的值
            array[n] = array[i];                 // 与数组随机位置的元素值进行互换
            array[i] = t;
        }
        return array;
}
```

（3）实现随机选取 10～100 的 10 个数字，存入一个数组，并排序，参考如下。

```
var iArray = [];
function getRandom(istart, iend) {          // 随机选取函数
        var iChoice = istart - iend +1;
        return Math.floor(Math.random() * iChoice) + istart;
}
for (var i = 0; i < 10; i++) {            // 调用随机选取函数获取 10 个随机值，然后存入一个数组中
        iArray.push(getRandom(10,100));
}
iArray.sort();                             // 数组排序
```

（4）分别用 while 语句和 for 语句编写 1+2+…+100 的求和程序，参考如下。

```
// while
var sum = 0, i = 1;
while (i <= 100) {
        sum += i++;          // 等价于  sum = sum + i; i = i + 1;
}
document.write('1+2+3+…+100=' + sum); // 5050
// for
var sum = 0;
for(i = 1; i <= 100; i++) {
        sum += i;
}
document.write('1+2+3+…+100=' + sum); // 5050
```

第4章 使用数组

数组（Array）是合成类型的数据，属于引用型对象，不可作为简单的值来操作。数组是一组有序排列的数据集合，数组中每个值被称为元素，每个元素的索引位置被称为下标，下标值从0开始，有序递增。元素的值没有类型限制，数组的长度不固定，可以任意修改。

【学习重点】

- 正确定义数组。
- 正确使用数组。
- 灵活应用数组。

4.1 数组基础

本节介绍数组的定义、数组的读写等基本操作。

Note

视频讲解

4.1.1 定义数组

定义数组有两种方法，具体说明如下。

1. 构造数组

使用 new 运算符调用 Array()函数时，可以创建一个新数组。

【示例 1】调用 Array()构造函数时，如果没有传递参数，可以创建一个空数组。

```
var a = new Array();                                        // 空数组
```

当调用 Array()构造函数时，可以指定数组元素的值。

```
var a = new Array(1,true,"string",[1,2],{x: 1,y: 2});       // 实数组
```

在参数列表中，每个参数指定一个元素的值，值的类型不受限制。参数列表的顺序是数组元素的顺序，从数组下标 0 开始，数组的 length 属性值等于参数列表的个数。

注意： 如果没有使用 new 运算符，运行结果也是一样的。

```
var arr = new Array(2);
// 等同于
var arr = Array(2);
```

【示例 2】如果仅传递一个数值参数，可以定义指定长度的数组。

```
var a = new Array(5);                                       // 指定长度的数组
```

在这种形式中，参数值等于数组的 length 属性值，每个元素的值默认为 undefined。

但是，如果传递的数值超出范围，会导致异常。

```
// 非正整数的数值作为参数，会报错
new Array(3.2)    // RangeError: Invalid array length
new Array(-3)     // RangeError: Invalid array length
```

可以看到，Array 作为构造函数，行为很不一致。因此，不建议使用它生成新数组。

2. 数组直接量

数组直接量是指在中括号运算符中包含多个值列表，以逗号进行分隔。

【示例 3】下面使用数组直接量定义一个空数组和一个长度为 5 的数组。

```
var a = [];                                         // 空的数组直接量
var a = [1,true,"string",[1,2],{x: 1,y: 2}];        // 包含具体元素的数组直接量
```

使用数组直接量可以快速定义数组，是一种快捷、高效的方式，推荐读者们使用这种方法定义数组。

Note

4.1.2　定义多维数组

JavaScript 不支持多维数组，但是可以通过数组嵌套的形式定义多维数组。

【示例 1】下面代码定义一个二维数组。

```
var a = [                                         // 定义二维数组
    [1, 2, 3],
    [4, 5, 6],
    [7, 8, 9]
];
```

【示例 2】下面示例演示如何使用嵌套的 for 语句定义一个二维数组，来存储 1~100 的整数值，从而设计一个简单的二维数列。

```
var a = []                                        // 二维数组
for (var i = 0; i < 10; i++) {                    // 行循环
    var b = [];                                   // 辅助数组
    for (var j = 0; j < 10; j++) {                // 列循环
        b[j] = i * 10 + j + 1;                    // 定义数组 b 的元素值
    }
    a[i] = b;                                     // 把数组 b 赋值给数组 a
}
alert(a);                                         // 返回 1～100 的二维数列
```

数列样式如下所示。

```
a = [
        [1, 2, 3, 4, 5, 6, 7, 8, 9, 10],
        [11, 12, 13, 14, 15, 16, 17, 18, 19, 20],
        [21, 22, 23, 24, 25, 26, 27, 28, 29, 30],
        [31, 32, 33, 34, 35, 36, 37, 38, 39, 40],
        [41, 42, 43, 44, 45, 46, 47, 48, 49, 50],
        [51, 52, 53, 54, 55, 56, 57, 58, 59, 60],
        [61, 62, 63, 64, 65, 66, 67, 68, 69, 70],
        [71, 72, 73, 74, 75, 76, 77, 78, 79, 80],
        [81, 82, 83, 84, 85, 86, 87, 88, 89, 90],
        [91, 92, 93, 94, 95, 96, 97, 98, 99, 100]
];
```

4.1.3　读写数组

读写数组中元素的值可以通过中括号运算符（[]）来实现。中括号运算符左侧是数组标识符，中括号内包含数组元素的下标。

【示例 1】下面代码使用中括号运算符存取数组。

```
var a = [];                       // 声明一个空数组
a[0] = 1;                         // 为数组第 1 个元素赋值为 1
a[1] = 2;                         // 为数组第 2 个元素赋值为 2
alert(a[0]);                      // 读取数组第 1 个元素的值，返回值为 1
alert(a[1]);                      // 读取数组第 2 个元素的值，返回值为 2
```

提示：下标可以为非负整数的表达式，只要确保返回值为非负整数即可。

【示例 2】下面示例使用 for 语句批量为数组元素赋值。

Note

```
var a = new Array();                    // 创建一个空数组
for(var i = 0; i < 10; i ++) {          // 循环为数组赋值
    a[i ++ ] = ++ i;                    // 不按顺序为数组元素赋值
}
alert(a);                               // 返回 2,,,5 ,,,8,,, 11
```

在上面示例中，数组下标是一个不断递增的表达式。

提示：数组可以先定义，后赋值；也可以在定义时赋值，如下面示例所示。

【示例 3】读写多维数组，只需连续使用多个中括号运算符即可。

```
var a = [                               // 定义二维数组
    [1,2,3],
    [4,5,6],
    [7,8,9]
];
alert(a[0][0])                          // 返回 1，读取第 1 个元素的值
alert(a[2][2])                          // 返回 9，读取第 9 个元素的值
```

存取多维数组时，左侧中括号内的下标值不能超出数组实际下标，否则就会抛出异常。因为如果第一个中括号下标超出，则读取元素值为 undefined，显然表达式 undefined[2]是错误的。

线上阅读

【拓展】

从本质上分析，数组是属于一种特殊的对象。typeof 运算符返回数组的类型是 Object。如何理解数组的本质，感兴趣的读者可以扫码补充阅读。

视频讲解

4.1.4 数组长度

JavaScript 为 Array 原型预定义 length 属性，length 属性能够动态存储数组包含元素的个数。

【示例 1】length 属性值是根据最大下标值加 1 来确定。对于非连续性的数组，length 属性可能与实际元素个数不一致。

```
var a = [];                 // 声明空数组
a[0] = 0;
a[2] = 2;
alert(a.length);            // 返回 3
```

在上面代码中仅给下标为 0 和 2 的元素赋值，JavaScript 会自动增加下标为 1 的元素，默认值为 undefined。

注意：使下标值必须是大于等于 0，且小于 $2^{32}-1$ 的整数。如果下标值为负数、浮点数、布尔值、对象或者其他值，JavaScript 会自动把它转换为一个字符串，生成类数组。

【示例 2】length 属性存储的是一个动态值，当添加新元素时，它的值会自动更新。结合示例 1，添加如下 2 行代码，可以看到 length 属性值自动更新为新的值，以实时反映数组的长度。

```
a[200] = 200;
alert(a.length);            // 返回 201
```

数组的 length 属性值可读可写：如果设置值比当前 length 值小，则数组将被删节，新长度之外的元素被丢失；如果设置值比当前 length 值大，则数组将会新增元素，确保数组长度一致，新增元素的默认值为 undefined。

```
var a = [1,2,3];              // 声明数组直接量
a.length = 5;                 // 增长数组长度
alert(a[4]);                  // 返回 undefined，说明该元素还没有被赋值
a.length = 2;                 // 缩短数组长度
alert(a[2]);                  // 返回 undefined，说明该元素的值已经丢失
```

提示：将数组清空的一种有效方法，就是设置 length 属性值为 0。例如：

```
var arr = ['a', 'b', 'c'];
arr.length = 0;
arr                    // []
```

如果设置 length 属性值为非负整数或其他类型的值，JavaScript 将会抛出 RangeError 错误。

线上阅读

【拓展】

由于数组本质上是对象的一种，所以可以为数组添加属性（关联数组），但是这不影响 length 属性值，具体说明请扫码阅读。

视频讲解

4.1.5 类数组

如果一个对象的所有键名都是正整数或零，并且有 length 属性，那么这个对象就很像数组，语法上称为“类似数组的对象”（Array-like Object），简称为类数组或伪类数组。

线上阅读

类数组是 JavaScript 语言最具特色的语法特征，它体现了 JavaScript 语言的灵活性。深刻理解和灵活使用类数组，对于 JavaScript 高级编程至关重要。考虑到类数组跨越数组，涉及对象和函数等相关知识点，本节仅作选学内容在线呈现，推荐读者在未来需要时认真阅读。

4.1.6 检测数组

使用运算符 in 可以检测某个键名是否存在于数组中。注意，in 运算符适用于对象，也适用于数组。

【示例 1】下面代码表明，数组存在键名为 2 的键。由于键名都是字符串，所以数值 2 会自动转成字符串。

```
var arr = ['a', 'b', 'c'];
2 in arr      // true
'2' in arr    // true
4 in arr      // false
```

【示例 2】如果数组的某个位置是空位，in 运算符将返回 false。

```
var arr = [];
arr[100] = 'a';
100 in arr    // true
1 in arr      // false
```

在上面代码中，数组 arr 只有一个成员 arr[100]，其他位置的键名都会返回 false。

提示：什么是空位，请参考 4.1.8 节专题讲解。

Note

视频讲解

4.1.7 遍历数组

使用数组的 forEach()方法、for-in 语句结构以及 Object.keys()方法都可以遍历数组元素。

for-in 循环不仅可以遍历对象，也可以遍历数组，毕竟数组只是一种特殊对象。例如：

```
var a = [1,2,3];
for (var i in a) {
    console.log(a[i]);
}
// 1
// 2
// 3
```

【示例 1】for-in 不仅会遍历数组所有数字键，还会遍历非数字键。

```
var a = [1, 2, 3];
a.foo = true;
for (var key in a) {
    console.log(key);
}
// 0
// 1
// 2
// foo
```

上面代码在遍历数组时，也遍历到了非整数键 foo。所以，不推荐使用 for-in 遍历数组。

【示例 2】遍历数组可以考虑使用 for 循环或 while 循环。

```
var a = [1, 2, 3];
// for 循环
for (var i = 0; i < a.length; i++) {
    console.log(a[i]);
}
// while 循环
var i = 0;
while (i < a.length) {
    console.log(a[i]);
    i++;
}
var l = a.length;
while (l--) {
    console.log(a[l]);
}
```

上面代码是 3 种遍历数组的常规用法。最后一种写法是逆向遍历，即从最后一个元素向第一个元素遍历。

数组的 forEach()方法，也可以用来遍历数组，详细说明请参考下面章节内容。

【示例 3】结合 if 条件语句，可以过滤数组，如检索数组中包含字符串类型的元素。

```
var a = [1,2,true,"a","b"];                       // 定义数组
for (var i = 0; i < a.length; i++) {              // 遍历数组
    if (typeof a[i] == "string")
     // 如果数组元素的类型为字符串，则返回该元素的值
        alert(a[i]);
}
```

Note

4.1.8　空位数组

当数组的某个下标位置是空元素，即两个逗号之间没有任何值，称该数组存在空位（Hole）。例如：

```
var a = [1, ,1];
a.length // 3
```

上面代码表明，数组的空位不影响 length 属性。

注意：如果最后一个元素后面有逗号，并不会产生空位。也就是说，有没有这个逗号，结果都一样。例如：

```
var a = [1, 2, 3,];
a.length      // 3
a             // [1, 2, 3]
```

在上面代码中，数组最后一个成员后面有一个逗号，这不影响 length 属性的值，与没有这个逗号时效果一样。

【示例 1】数组的空位是可以读取的，返回 undefined。

```
var a = [, , ,];
a[1]          // undefined
```

使用 delete 运算符删除一个数组成员，会形成空位，但不会影响 length 属性。

```
var a = [1, 2, 3];
delete a[1];
a[1]          // undefined
a.length      // 3
```

上面代码用 delete 命令删除了数组的第 2 个元素，这个位置就形成了空位，但是对 length 属性没有影响。即 length 属性不过滤空位。所以，使用 length 属性进行数组遍历，一定要非常小心。

【示例 2】数组的某个位置是空位，与某个位置是 undefined 不一样。如果是空位，使用数组的 forEach()方法、for-in 结构以及 Object.keys()方法进行遍历，空位都会被跳过。

```
var a = [, , ,];
a.forEach(function(x, i) {
    console.log(i + '. ' + x);
})
// 不产生任何输出
for (var i in a) {
    console.log(i);
}
```

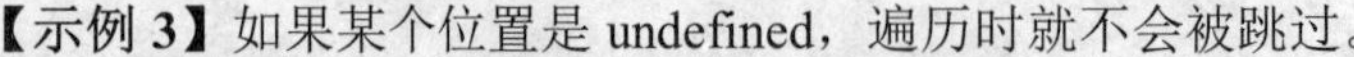

```
// 不产生任何输出
Object.keys(a)
// []
```

Note

【示例 3】如果某个位置是 undefined，遍历时就不会被跳过。

```
var a = [undefined, undefined, undefined];
a.forEach(function(x, i) {
    console.log(i + '. ' + x);
});
// 0. undefined
// 1. undefined
// 2. undefined
for (var i in a) {
    console.log(i);
}
// 0
// 1
// 2
Object.keys(a)
// ['0', '1', '2']
```

这就是说，空位就是数组没有这个元素，所以不会被遍历到，而 undefined 则表示数组有这个元素，值是 undefined，所以遍历不会跳过。

4.2 使用 Array

Array 是 JavaScript 标准库对象，Array 类型预定义了大量原型方法，所有数组对象都继承这些方法，灵活使用这些方法，可以解决很多实际问题。

提示：Array 也是一个构造函数，可以用它定义新数组，详细说明可参考 4.1.1 节内容。

4.2.1 判断数组

Array.isArray 是一个静态方法，直接引用来判断一个值是否为数组。它可以弥补 typeof 运算符的不足。例如：

```
var a = [1, 2, 3];
typeof a            // "object"
Array.isArray(a)  // true
```

在上面代码中，typeof 运算符只能显示数组的类型是 Object，而 Array.isArray 方法可以对数组返回 true。

视频讲解

4.2.2 增删数组

使用 delete 运算符只能删除数组元素的值，但是不能够删除元素；通过修改数组的 length 属性值，可以增删数组，但是使用不灵活。

Note

Array 定义 4 个原型方法，使用它们可以增加或删除数组，具体说明如下。

1. push()

push()方法用于在数组的尾部添加一个或多个元素，并返回添加新元素后的数组长度。注意，该方法会改变原数组。例如：

```
var a = [];
a.push(1)          // 1
a.push('a')        // 2
a.push(true, {})   // 4
a                  // 返回[1, 'a', true, {}]
```

上面代码使用 push()方法，先后往数组中添加了 4 个元素。

【示例 1】使用 push()方法合并两个数组。

```
var a = [1, 2, 3];
var b = [4, 5, 6];
Array.prototype.push.apply(a, b)
```

或者

```
a.push.apply(a, b)
```

上面两种写法等同于：

```
a.push(4, 5, 6)
a // [1, 2, 3, 4, 5, 6]
```

【示例 2】push()方法还可以用于向对象添加元素，添加后的对象变成类似数组的对象，即新加入元素的键对应数组的索引，且对象有一个 length 属性。

```
var a = {a: 1};
[].push.call(a, 2);
a       // {a: 1, 0: 2, length: 1}
[].push.call(a, [3]);
a       // {a: 1, 0: 2, 1: [3], length: 2}
```

2. pop()

pop()方法用于删除数组的最后一个元素，并返回该元素。注意，该方法会改变原数组。例如：

```
var a = ['a', 'b', 'c'];
a.pop();      // 'c'
a             // ['a', 'b']
```

对空数组使用 pop()方法，不会报错，而是返回 undefined。

注意：push()和 pop()方法结合使用，就构成"后进先出"的栈结构（Stack）。

3. shift()

shift()方法用于删除数组的第一个元素，并返回该元素。注意，该方法会改变原数组。例如：

```
var a = ['a', 'b', 'c'];
a.shift();    // 'a'
a             // ['b', 'c']
```

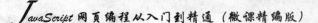

Note

【示例 3】使用 shift()方法可以遍历并清空一个数组。

```
var list = [1, 2, 3, 4, 5, 6], item;
while (item = list.shift()) {
    console.log(item);
}
list            // []
```

注意：push()和 shift()方法结合使用，就构成“先进先出”的队列结构（Queue）。

4. unshift()

unshift()方法用于在数组的第一个位置添加元素，并返回添加新元素后的数组长度。注意，该方法会改变原数组。例如：

```
var a = ['a', 'b', 'c'];
a.unshift('x');       // 4
a                     // ['x', 'a', 'b', 'c']
```

【示例 4】unshift()方法可以在数组头部添加多个元素。

```
var arr = [ 'c', 'd' ];
arr.unshift('a', 'b')  // 4
arr                    // [ 'a', 'b', 'c', 'd' ]
```

视频讲解

4.2.3 合并数组

concat()方法用于多个数组的合并。它将新数组的成员，添加到原数组成员的后部，然后返回一个新数组，原数组不变。例如：

```
['hello'].concat(['world'])        // ["hello", "world"]
['hello'].concat(['world'], ['!']) // ["hello", "world", "!"]
```

除了接受数组作为参数，concat()也可以接受其他类型的值作为参数。它们会作为新的元素，添加数组尾部。例如：

```
[1, 2, 3].concat(4, 5, 6)  // [1, 2, 3, 4, 5, 6]
// 等同于
[1, 2, 3].concat(4, [5, 6])
[1, 2, 3].concat([4], [5, 6])
```

【示例 1】如果不提供参数，concat()方法返回当前数组的一个浅拷贝。所谓“浅拷贝”，指的是如果数组成员包括复合类型的值（如对象），则新数组拷贝的是该值的引用。

```
var obj = {a: 1};
var oldArray = [obj];
var newArray = oldArray.concat();
obj.a = 2;
newArray[0].a                    // 2
```

在上面代码中，原数组包含一个对象，concat()方法生成的新数组包含这个对象的引用。所以，改变原对象以后，新数组跟着改变。事实上，只要原数组的成员中包含对象，concat()方法不管有没

有参数，总是返回该对象的引用。

【示例 2】concat()方法也可以用于将对象合并为数组。

```
[].concat({a: 1}, {b: 2})              // [{a: 1}, {b: 2}]
[].concat({a: 1}, [2])                 // [{a: 1}, 2]
[2].concat({a: 1})                     // [2, {a: 1}]
```

4.2.4　转换为字符串

join()方法能够以参数作为分隔符，将所有数组成员组成一个字符串返回。如果不提供参数，默认用逗号分隔。例如：

```
var a = [1, 2, 3, 4];
a.join(' ')                            // '1 2 3 4'
a.join(' | ')                          // "1 | 2 | 3 | 4"
a.join()                               // "1,2,3,4"
```

【示例 1】如果数组成员是 undefined 或 null 或空位，会被转成空字符串。

```
[undefined, null].join('#')            // '#'
['a',, 'b'].join('-')                  // 'a--b'
```

【示例 2】通过 call()方法，join()方法也可以用于字符串或类似数组的对象。

```
Array.prototype.join.call('hello', '-')     // "h-e-l-l-o"
var obj = {0: 'a', 1: 'b', length: 2};
Array.prototype.join.call(obj, '-')         // 'a-b'
```

【拓展】

toString()方法也能够返回数组的字符串形式，以逗号连接。

```
var a = [1, 2, 3, 4, 5, 6, 7, 8, 9, 0];            // 定义数组
a.toString();                                     // 返回字符串"1, 2, 3, 4, 5, 6, 7, 8, 9, 0"
var a = [[1, [2, 3], [4, 5]], [6, [7, [8, 9], 0]]];  // 定义多维数组
a.toString();                                     // 返回字符串"1, 2, 3, 4, 5, 6, 7, 8, 9, 0"
```

toLocaleString()方法与 toString()方法类似，主要区别在于 toLocaleString()方法能够使用用户所在地区特定的分隔符把生成的字符串连接起来。

```
var a = [1, 2, 3, 4, 5];          // 定义数组
a.toLocaleString();               // 返回字符串"1.00,   2.00 , 3.00 , 4. 00, 5 .00 "
```

在上面代码中，toLocaleString()方法根据中国用户使用习惯，先把数字转换为浮点数之后再执行字符串转换操作。

valueOf()方法能够返回数组本身。例如：

```
var a = [1, 2, 3];
a.valueOf() // [1, 2, 3]
```

使用字符串对象的 split()方法可以把字符串转换为数组，与 join()方法操作正好相反。该方法可以指定两个参数，第一个参数为分隔符，指定从哪儿进行分隔的标记，第二个参数指定要返回数组的长度。

视频讲解

Note

```
var s = "1==2== 3==4 ==5";              // 定义字符串
s.split("==");                          // 返回数组[1, 2, 3, 4, 5]
```

4.2.5 截取数组

1. slice()

slice()方法用于提取原数组的一部分，返回一个新数组，原数组不变。

它的第一个参数为起始位置（从 0 开始），第二个参数为终止位置（但该位置的元素本身不包括在内）。如果省略第二个参数，则一直返回到原数组的最后一个元素。例如：

```
var a = ['a', 'b', 'c'];
a.slice(0)          // ["a", "b", "c"]
a.slice(1)          // ["b", "c"]
a.slice(1, 2)       // ["b"]
a.slice(2, 6)       // ["c"]
a.slice()           // ["a", "b", "c"]
```

在上面代码中，最后一行 slice 没有参数，实际上等于返回一个原数组的拷贝。

【示例 1】如果 slice()方法的参数是负数，则表示倒数计算的位置。

```
var a = ['a', 'b', 'c'];
a.slice(-2)         // ["b", "c"]
a.slice(-2, -1)     // ["b"]
```

上面代码中，-2 表示倒数计算的第二个位置，-1 表示倒数计算的第一个位置。

【示例 2】如果参数值大于数组长度，或者第二个参数小于第一个参数，则返回空数组。

```
var a = ['a', 'b', 'c'];
a.slice(4)                  // []
a.slice(2, 1)               // []
```

【示例 3】slice()方法的一个重要应用，是将类似数组的对象转为真正的数组。

```
Array.prototype.slice.call({ 0: 'a', 1: 'b', length: 2 })// ['a', 'b']
Array.prototype.slice.call(document.querySelectorAll("div"));
Array.prototype.slice.call(arguments);
```

上面代码的参数都不是数组，但是通过 call()方法，在它们上面调用 slice()方法，就可以把它们转为真正的数组。

2. splice()

splice()方法用于删除原数组的一部分元素，并可以在被删除的位置添加新的数组元素，返回值是被删除的元素。注意，该方法会改变原数组。

splice()的第一个参数是删除的起始位置，第二个参数是被删除的元素个数。如果后面还有更多的参数，则表示这些就是要被插入数组的新元素。例如：

```
var a = ['a', 'b', 'c', 'd', 'e', 'f'];
a.splice(4, 2)                          // ["e", "f"]
a                                       // ["a", "b", "c", "d"]
```

上面代码从原数组 4 号位置，删除了两个数组成员。

```
var a = ['a', 'b', 'c', 'd', 'e', 'f'];
a.splice(4, 2, 1, 2)                    // ["e", "f"]
a                                       // ["a", "b", "c", "d", 1, 2]
```

上面代码除了删除成员，还插入了两个新成员。

【示例 4】起始位置如果是负数，就表示从倒数位置开始删除。

```
var a = ['a', 'b', 'c', 'd', 'e', 'f'];
a.splice(-4, 2)                         // ["c", "d"]
```

上面代码表示，从倒数第四个位置 c 开始删除两个成员。

【示例 5】如果只是单纯地插入元素，splice()方法的第二个参数可以设为 0。

```
var a = [1, 1, 1];
a.splice(1, 0, 2)                       // []
a                                       // [1, 2, 1, 1]
```

【示例 6】如果只提供第一个参数，等同于将原数组在指定位置拆分成两个数组。

```
var a = [1, 2, 3, 4];
a.splice(2)                             // [3, 4]
a                                       // [1, 2]
```

4.2.6　排序数组

视频讲解

1. reverse()

reverse()方法用于颠倒数组中元素的顺序，返回改变后的数组。注意，该方法将改变原数组。例如：

```
var a = ['a', 'b', 'c'];
a.reverse()                             // ["c", "b", "a"]
a                                       // ["c", "b", "a"]
```

2. sort()

sort()方法对数组成员进行排序，默认是按照字典顺序排序。排序后，原数组将被改变。例如：

```
['d', 'c', 'b', 'a'].sort()             // ['a', 'b', 'c', 'd']
[4, 3, 2, 1].sort()                     // [1, 2, 3, 4]
[11, 101].sort()                        // [101, 11]
[10111, 1101, 111].sort()               // [10111, 1101, 111]
```

上面代码的最后两个例子，需要特殊注意。sort()方法不是按照大小排序，而是按照对应字符串的字典顺序排序。也就是说，数值会被先转成字符串，再按照字典顺序进行比较，所以 101 排在 11 的前面。

【示例 1】如果想让 sort()方法按照自定义方式排序，可以传入一个函数作为参数，表示按照自定义方法进行排序。该函数本身又接受两个参数，表示进行比较的两个元素。如果返回值大于 0，表示第一个元素排在第二个元素后面；其他情况下，都是第一个元素排在第二个元素前面。

```
[10111, 1101, 111].sort(function(a, b) {
    return a - b;
```

```
})                // [111, 1101, 10111]
[
    { name: "张三", age: 30},
    { name: "李四", age: 24},
    { name: "王五", age: 28}
].sort(function(o1, o2) {
    return o1.age - o2.age;
})
// [
//    {name: "李四", age: 24},
//    {name: "王五", age: 28},
//    {name: "张三", age: 30}
// ]
```

Note

【示例 2】如果根据奇偶数顺序排列数组，只需要判断排序函数中两个参数是否为奇偶数，并决定排列顺序。

```
function f (a, b) {                        // 排序函数
    var a = a % 2;                         // 获取参数 a 的奇偶性
    var b = b % 2;                         // 获取参数 b 的奇偶性
    if (a == 0) return 1;                  // 如果参数 a 为偶数，则排在左边
    if (b == 0) return -1;                 // 如果参数 b 为偶数，则排在右边
}
var a = [3, 1, 2, 4, 5, 7, 6, 8, 0, 9];    // 定义数组
a.sort(f);                                 // 根据数字大小由大到小进行排序
alert(a);                                  // 返回数组[3,1,5,7,9,0,8,6,4,2]
```

sort()方法在调用排序函数时，把每个元素值传递给排序函数，如果元素值为偶数，则保留其位置不动；如果元素值为奇数，则调换参数 a 和 b 的显示顺序，从而实现对数组中所有元素执行奇偶排序。如果希望偶数排在前面，奇数排在后面，则只需修改排序函数返回值。

```
function f(a, b) {
    var a = a % 2;
    var b = b % 2;
    if (a == 0) return -1;
    if (b == 0) return 1;
}
```

【示例 3】对字符串进行排序是区分大小写的，这是因为每个大写和小写字母在字符编码表中的顺序是不同的，大写字母大于小写字母。

```
var a = ["aB", "Ab", "Ba", "bA"];          // 定义数组
a.sort();                                  // 默认方法排序
alert(a);                                  // 返回数组["Ab","Ba","aB","bA"]
```

如果不希望区分字母大小，大写字母和小写字母按相同顺序排列，设计代码如下。

```
function f(a, b) {                         // 排序函数
    var a = a.toLowerCase;                 // 转换为小写形式
    var b = b.toLowerCase;                 // 转换为小写形式
    if (a < b) {                           // 如果 a 的编码小于 b，则换位操作
        return 1;
```

```
        }
        else{                                   // 否则，保持原位不动
            return -1;
        }
}
var a = ["aB", "Ab", "Ba", "bA"];               // 定义数组
a.sort(f);                                      // 执行排序
alert(a);                                       // 返回数组["aB", "Ab", "Ba", "bA"]
```

如果调整排序顺序，可以为设置返回值取反即可。

【示例 4】 把浮点数和整数分开排列经常会遇到。如果借助 sort()方法，设计起来并不是很难：

```
function f (a, b) {                             // 排序函数
    if (a > Math.floor(a)) return   1;          // 如果 a 是浮点数，则调换位置
    if (b > Math.floor(b)) return  - 1;         // 如果 b 是浮点数，则调换位置
}
var a = [3.55555, 1.23456, 3, 2.11111, 5, 7, 3];    // 定义数组
a.sort(f);                                          // 进行筛选
alert(a);                                           // 返回数组[3,5,7,3,2.11111,1.23456,3.55555]
```

4.2.7　定位元素

视频讲解

1. indexOf()

indexOf()方法返回给定元素在数组中第一次出现的位置，如果没有出现则返回-1。例如：

```
var a = ['a', 'b', 'c'];
a.indexOf('b') // 1
a.indexOf('y') // -1
```

indexOf()方法还可以接受第二个参数，表示搜索的开始位置。

```
['a', 'b', 'c'].indexOf('a', 1) // -1
```

上面代码从 1 号位置开始搜索字符 a，结果为-1，表示没有搜索到。

2. lastIndexOf()

lastIndexOf()方法返回给定元素在数组中最后一次出现的位置，如果没有出现则返回-1。例如：

```
var a = [2, 5, 9, 2];
a.lastIndexOf(2) // 3
a.lastIndexOf(7) // -1
```

注意：如果数组中包含 NaN，这两种方法不适用，即无法确定数组成员是否包含 NaN。

```
[NaN].indexOf(NaN) // -1
[NaN].lastIndexOf(NaN) // -1
```

这是因为这两种方法内部，使用严格相等运算符（===）进行比较，而 NaN 是唯一一个不等于自身的值。

视频讲解

Note

4.2.8 迭代数组

1. map()

map()方法对数组的所有元素依次调用一个函数，根据函数结果返回一个新数组。例如：

```
var numbers = [1, 2, 3];
numbers.map(function(n) {
    return n + 1;
});                    // [2, 3, 4]
numbers              // [1, 2, 3]
```

在上面代码中，numbers 数组的所有元素都加 1，组成一个新数组返回，原数组没有变化。

【示例 1】map()方法接受一个函数作为参数。该函数调用时，map()方法会将其传入 3 个参数，分别是当前元素、当前位置和数组本身。

```
[1, 2, 3].map(function(elem, index, arr) {
    return elem * index;
});              // [0, 2, 6]
```

在上面代码中，map()方法的回调函数的 3 个参数中，elem 为当前元素的值，index 为当前元素的位置，arr 为原数组（[1, 2, 3]）。

【示例 2】map()方法不仅可以用于数组，还可以用于字符串，用来遍历字符串的每个字符。但是，不能直接使用，而要通过函数的 call()方法间接使用，或者先将字符串转为数组，然后使用。

```
var upper = function(x) {
    return x.toUpperCase();
};
[].map.call('abc', upper)         // ['A', 'B', 'C']
// 或者
'abc'.split('').map(upper)         // ['A', 'B', 'C']
```

其他类似数组的对象，如 document.querySelectorAll 方法返回 DOM 节点集合，也可以用上面的方法遍历。

【示例 3】map()方法还可以接受第二个参数，表示回调函数执行时 this 所指向的对象。

```
var arr = ['a', 'b', 'c'];
[1, 2].map(function(e) {
    return this[e];
}, arr)          // ['b', 'c']
```

在上面代码中通过 map()方法的第二个参数，将回调函数内部的 this 对象，指向 arr 数组。

【示例 4】如果数组有空位，map()方法的回调函数在这个位置不会执行，会跳过数组的空位。

```
var f = function(n) {return n + 1};
[1, undefined, 2].map(f) // [2, NaN, 3]
[1, null, 2].map(f) // [2, 1, 3]
[1, , 2].map(f) // [2, , 3]
```

在上面代码中，map()方法不会跳过 undefined 和 null，但是会跳过空位。

下面示例会更清楚地说明这一点。

```
Array(2).map(function() {
    console.log('enter...');
    return 1;
})              // [, ,]
```

Note

在上面代码中，map()方法根本没有执行，直接返回 Array(2)生成的空数组。

2. forEach()

forEach()方法与 map()方法很相似，也是遍历数组的所有成员，执行某种操作，但是 forEach()方法一般不返回值，只用来操作数据。如果需要有返回值，一般使用 map()方法。

forEach()方法的参数与 map()方法一致，也是一个函数，数组的所有元素会依次执行该函数。它接受 3 个参数，分别是当前位置的值、当前位置的编号和整个数组。例如：

```
function log(element, index, array) {
    console.log('[' + index + '] = ' + element);
}
[2, 5, 9].forEach(log);
// [0] = 2
// [1] = 5
// [2] = 9
```

在上面代码中，forEach()遍历数组不是为了得到返回值，而是为了在屏幕输出内容，所以应该使用 forEach()方法，而不是 map()方法，虽然后者也可以实现同样目的。

【示例 5】 forEach()方法也可以接受第二个参数，用来绑定回调函数的 this 关键字。

```
var out = [];
[1, 2, 3].forEach(function(elem) {
    this.push(elem * elem);
}, out);
out             // [1, 4, 9]
```

在上面代码中，空数组 out 是 forEach()方法的第二个参数，结果，回调函数内部的 this 关键字就指向 out。这个参数对于多层 this 非常有用，因为多层 this 通常指向是不一致的。

```
var obj = {
    name: '张三',
    times: [1, 2, 3] ,
    print: function() {
        this.times.forEach(function(n) {
            console.log(this.name);
        });
    }
};
obj.print()         // 没有任何输出
```

在上面代码中，obj.print()方法有两层 this，它们的指向不一致。外层的 this.times 指向 obj 对象，内层的 this.name 指向顶层对象 window。这显然是违背原意的，解决方法就是使用 forEach()方法的第二个参数固定 this。

```
var obj = {
    name: '张三',
```

```
        times: [1, 2, 3],
        print: function() {
            this.times.forEach(function(n) {
                console.log(this.name);
            }, this);
        }
    };
    obj.print()
    // 张三
    // 张三
    // 张三
```

Note

注意：forEach()方法无法中断执行，总是会将所有成员遍历完。如果希望符合某种条件时，就中断遍历，要使用 for 循环。

```
var arr = [1, 2, 3];
for (var i = 0; i < arr.length; i++) {
    if (arr[i] === 2) break;
        console.log(arr[i]);
}       // 2
```

在上面代码中，执行到数组的第二个成员时，就会中断执行。forEach()方法做不到这一点。

【示例 6】forEach()方法会跳过数组的空位。

```
var log = function(n) {
    console.log(n + 1);
};
 [1, , 2].forEach(log)
// 2
// 3
```

在上面代码中，forEach()方法会跳过空位，但不会跳过 undefined 和 null 值。

【示例 7】forEach()方法也可以用于类似数组的对象和字符串。

```
var obj = {
    0: 1,
    a: 'hello',
    length: 1
}
Array.prototype.forEach.call(obj, function(elem, i) {
    console.log(i + ':' + elem);
});
// 0: 1
var str = 'hello';
Array.prototype.forEach.call(str, function(elem, i) {
    console.log(i + ':' + elem);
});
```

上面代码中，obj 是一个类似数组的对象，forEach()方法可以遍历它的数字键。forEach()方法也可以遍历字符串。

【拓展】

在 ECMAScript 5 之前，要迭代数组，一般需要使用循环语句实现，也可以自定义一个迭代器，通过自定义迭代器能够锻炼 JavaScript 编码能力。这里为读者提供一个数组迭代器的实现过程，感兴趣的读者可以扫码参考。

线 上 阅 读

Note

4.2.9　过滤数组

视 频 讲 解

使用 filter()方法可以过滤数组。filter()方法的参数是一个函数，所有数组成员依次执行该函数，返回结果为 true 的成员组成一个新数组返回。该方法不会改变原数组。例如：

```
[1, 2, 3, 4, 5].filter(function(elem) {
    return (elem > 3);
})
// [4, 5]
```

在上面代码中将大于 3 的原数组成员，作为一个新数组返回。

【示例 1】再看一个例子。

```
var arr = [0, 1, 'a', false];
arr.filter(Boolean)// [1, "a"]
```

在上面例子中，通过 filter()方法，返回数组 arr 中所有布尔值为 true 的成员。

【示例 2】filter()方法的参数函数可以接受 3 个参数，第一个参数是当前数组元素的值，这是必需的，后两个参数是可选的，分别是当前数组元素的位置和整个数组。

```
[1, 2, 3, 4, 5].filter(function(elem, index, arr) {
    return index % 2 === 0;
});
// [1, 3, 5]
```

上面代码返回偶数位置的元素组成的新数组。

【示例 3】filter()方法还可以接受第二个参数，指定测试函数所在的上下文对象（即 this 对象）。

```
var Obj = function() {
    this.MAX = 3;
};
var myFilter = function(item) {
    if (item > this.MAX) {
        return true;
    }
};
var arr = [2, 8, 3, 4, 1, 3, 2, 9];
arr.filter(myFilter, new Obj())
// [8, 4, 9]
```

在上面代码中，测试函数 myFilter 内部有 this 对象，它可以被 filter()方法的第二个参数绑定。上例中，myFilter 的 this 绑定了 Obj 对象的实例，返回大于 3 的元素。

4.2.10　验证数组

视 频 讲 解

some()和 every()方法用来判断数组元素是否符合某种条件。它们接受一个函数作为参数，所有数组元素依次执行该函数，返回一个布尔值。该函数接受 3 个参数，依次是当前位置的元素、当前位置的序号和整个数组。

Note

1. some()

some()方法是只要有一个数组元素的返回值是 true，则整个 some()方法的返回值就是 true，否则为 false。例如：

```
var arr = [1, 2, 3, 4, 5];
arr.some(function(elem, index, arr) {
    return elem >= 3;
});            // 返回 true
```

上面代码表示，如果存在大于等于 3 的数组元素，就返回 true。

2. every()

every()方法则是所有数组元素的返回值都是 true，才返回 true，否则返回 false。例如：

```
var arr = [1, 2, 3, 4, 5];
arr.every(function(elem, index, arr) {
    return elem >= 3;
});            // 返回 false
```

上面代码表示，只有所有数组元素大于等于 3，才返回 true。

注意：对于空数组，some()方法返回 false，every()方法返回 true，回调函数都不会执行。

```
function isEven(x) {return x % 2 === 0}
[].some(isEven) // 返回 false
[].every(isEven) // 返回 true
```

some()和 every()方法还可以接受第二个参数，用来绑定函数中的 this 关键字。

视频讲解

4.2.11 汇总数组

reduce()和 reduceRight()方法能够依次处理数组的每个成员，最终累计为一个值。

它们的差别是，reduce()是从左到右处理（从第一个成员到最后一个成员），reduceRight()则是从右到左（从最后一个成员到第一个成员），其他完全一样。

这两个方法的第一个参数都是一个函数。该函数接受以下 4 个参数。

（1）累积变量，默认为数组的第一个成员。

（2）当前变量，默认为数组的第二个成。

（3）当前位置（从 0 开始）。

（4）原数组。

这 4 个参数之中，只有前两个是必需的，后两个则是可选的。

【示例 1】下面示例求数组成员之和。

```
[1, 2, 3, 4, 5].reduce(function(x, y) {
    console.log(x, y)
    return x + y;
});
// 1 2
```

```
// 3 3
// 6 4
// 10 5
// 最后结果：15
```

在上面代码中，第一轮执行，x 是数组的第一个成员，y 是数组的第二个成员。从第二轮开始，x 为上一轮的返回值，y 为当前数组成员，直到遍历完所有成员，返回最后一轮计算后的 x。

【示例 2】利用 reduce()方法，可以写一个数组求和的 sum()方法。

```
Array.prototype.sum = function() {
    return this.reduce(function(partial, value) {
        return partial + value;
    })
};
[3, 4, 5, 6, 10].sum()          // 28
```

【示例 3】如果要对累积变量指定初值，可以把它放在 reduce()和 reduceRight()方法的第二个参数。

```
[1, 2, 3, 4, 5].reduce(function(x, y) {
    return x + y;
}, 10);          // 25
```

在上面代码中，指定参数 x 的初值为 10，所以数组从 10 开始累加，最终结果为 25。注意，这时 y 是从数组的第一个成员开始遍历。

第二个参数相当于设定了默认值，处理空数组时尤其有用。

```
function add(prev, cur) {
    return prev + cur;
}
[].reduce(add)          // TypeError: Reduce of empty array with no initial value
[].reduce(add, 1)       // 1
```

在上面代码中，由于空数组取不到初始值，reduce()方法会报错。这时，加上第二个参数，就能保证总是会返回一个值。

【示例 4】下面是一个 reduceRight()方法的例子。

```
function substract(prev, cur) {
    return prev - cur;
}
[3, 2, 1].reduce(substract)          // 0
[3, 2, 1].reduceRight(substract)     // -4
```

在上面代码中，reduce()方法相当于 3 减去 2 再减去 1，reduceRight()方法相当于 1 减去 2 再减去 3。

【示例 5】由于 reduce()方法依次处理每个元素，所以实际上还可以用它来搜索某个元素。下面代码是找出长度最长的数组元素。

```
function findLongest(entries) {
    return entries.reduce(function(longest, entry) {
        return entry.length > longest.length ? entry: longest;
    }, '');
}
findLongest(['aaa', 'bb', 'c']) // "aaa"
```

【拓展】

ECMAScript 5 为 Array 新增的 9 个原型方法中，有不少返回的还是数组，如 map()、forEach()、filter()等，所以可以链式使用。

```
var users = [
    {name: 'tom', email: 'tom@example.com'},
    {name: 'peter', email: 'peter@example.com'}
];
users
.map(function(user) {
    return user.email;
})
.filter(function(email) {
    return /^t/.test(email);
})
.forEach(alert);            // 弹出 tom@example.com
```

在上面代码中，先产生一个所有 Email 地址组成的数组，然后再过滤出以 t 开头的 Email 地址。

4.3 案例实战

本节通过多个示例练习数组的应用。

视频讲解

4.3.1 交换变量值

设计交换两个变量的值，简单的方法如下。

```
var a = 10, b = 20;                    // 变量初始化
var temp = a;                          // 定义临时变量存储 a
a = b;                                 // 把 b 的值赋值给 a
b = temp;                              // 把临时变量的值赋值给 b
```

利用数组可以更灵巧，方法如下。

```
a = [b, b = a    ][0];                 // 通过数组快速交换数据
```

上面代码定义一个匿名数组，把变量 b 的值传递给第一个元素，然后在第二个元素中以赋值表达式运算的方式把变量 a 的值传递给变量 b，同时通过数组下标方式获取第一个元素的值并赋值给变量 a。这样变量 a 和 b 就在一个数组表达式中被快速置换。

4.3.2 使用关联数组

关联数组是一种具有特殊索引方式的数组，它的键名可以使用字符串或者其他类型的值（除 null），或者是表达式，因此与键名关联的值没有固定的顺序。

在 JavaScript 中，对象本质就是一个关联数组，数组是对象的子类型。

【示例 1】为数组下标指定负值。

```
var a = [];                                // 定义空数组
a[-1] = 1;                                 // 下标为-1 的元素赋值
```

length 属性值为 0，说明数组没有元素。可以使用下面方法读取键名对应的值。

```
alert(a.length);                           // 返回值为 0，说明数组长度没有增加
alert(a[-1]);                              // 返回 1，说明这个元素还是存在的
alert(a["-1"]);                            // 返回 1，说明这个值以对象属性的形式被存储
```

还可以为数组指定字符串下标，或者布尔值下标。

```
var a = [];
a[true] = 1;
a[false] = 0;
alert(a.length);                           // 返回值为 0，说明数组长度没有增加
alert(a[true]);                            // 返回值为 1
alert(a[false]);                           // 返回值为 0
alert(a[0]);                               // 返回 undefined
alert(a[1]);                               // 返回 undefined
```

虽然 true 和 false 可以被转换为 1 和 0，但是 JavaScript 并没有执行转换，而是把它们视为对象属性来看待。如果文本是数字，可以直接使用数字下标来访问，这时 JavaScript 就能够自动转换它们的类型。

```
a["1"] = 1;
alert(a[1]);                                     // 返回值为 1
```

【示例 2】通过关联数组，数据检索速度要优于数组迭代检索。

```
var a = [["张三",1],["李四",2],["王五",3]];      // 二维数组
for (var i in a) {                               // 遍历二维数组
    if (a[i][0] == "李四") alert(a[i][1]);       // 检索指定元素
}
```

使用关联数组访问：

```
var a = [];                                      // 定义空数组
a["张三"] = 1;                                   // 以文本下标来存储元素的值
a["李四"] = 2;
a["王五"] = 3;
alert(a["李四"]);                                // 快速定位检索
```

【示例 3】可以使用表达式设计下标。

```
var a = [];
a[0,0] = 1;
a[0,1] = 2;
a[1,0] = 3;
a[1,1] = 4;
```

length 属性值为 2，说明数组包含两个元素。

```
alert(a.length);                                 // 返回 2，说明仅有两个元素有效
alert(a[0]);                                     // 返回 3
alert(a[1]);                                     // 返回 3
```

逗号表达式的返回值是最后一个值。前面两行代码赋值就被后面两行代码赋值覆盖。

【示例 4】对于关联数组，JavaScript 会试图把关联的键名表达式转换为数值，如果转换成功，则视为数组元素，如果转换失败，则把它转换为字符串，作为键名形式进行操作。

Note

```
var a = [];                              // 数组直接量
var b = function() {                     // 函数直接量
    return 2;
}
a[b] = 1;                                // 把对象作为数组下标
alert(a.length);                         // 返回长度为 0
alert(a[b]);                             // 返回 1
```

视频讲解

4.3.3 扩展数组

扩展数组一般通过为 Array 对象定义原型方法来实现，这些原型方法能被所有数组继承。

```
Array.prototype.hello = function() {     // 定义 Array 对象的原型方法
    alert("Hello,world");
}
```

其中 Array 是数组构造函数，prototype 是构造函数的属性，由于该属性指向一个原型对象，然后通过点运算符为其定义属性或方法，这些属性和方法将被构造函数的所有实例对象继承。

上面 3 行代码为数组对象定义了一个原型方法 hello()，这样就可以在任意数组中调用该方法。

```
var a = [1,2,3];                         // 定义数组直接量
a.hello();                               // 调用数组的原型方法，提示"Hello,world"
```

下面设计一种安全的、可兼容的数组扩展方法模式。

```
Array.prototype._m = Array.prototype.m ||
(Array.prototype.m = function() {
    // 扩展方法的具体代码
});
Object.prototype.m = Array.prototype._m
```

上面代码是数组扩展方法的通用模式。

首先，判断数组中是否存在名称为 m 的原型方法，如果存在则直接引用该原型方法即可，不再定义，否则定义原型方法 m()。

然后，把定义的原型方法 m()引用给原型方法_m()，这样做的目的是，防止当原型方法 m()引用给 Object 对象的原型时发生死循环调用，可以兼容 Firefox 浏览器。

最后，把数组的临时原型方法_m()引用给 Object 对象的原型，这样能够确保所有对象都可以调用这个扩展方法。经过临时原型方法_m()的中转，就可以防止数组（Array）和对象（Object）都定义了同名方法，如果把该方法传递给 Object，而 Object 的原型方法又引用了 Array 的同名原型方法，就会发生循环引用现象。

【示例】为数组扩展一个求所有元素和的方法，实现代码如下。

```
Array.prototype._sum = Array.prototype.sum    ||    // 检测是否存在同名方法
(Array.prototype.sum = function() {                 // 定义该方法
    var _n = 0;                                     // 临时汇总变量
    for (var i in this) {                           // 遍历当前数组对象
```

```
            if (this[i] = parseFloat(this[i])) _n +=    this[i];
                    // 如果数组元素是数字，则进行累加
        };
        return _n;    // 返回累加的和
});
Object.prototype.sum = Array.prototype._sum
// 把数组临时原型方法_sum()赋值给对象的原型方法 sum()
```

该原型方法 sum()能够计算当前数组中元素为数字的和。在该方法的循环结构体中，首先试图把每个元素转换为浮点数，如果转换成功，则把它们相加，转换失败将会返回 NaN，会忽略该元素的值。

下面调用该方法。

```
var a = [1, 2, 3, 4, 5, 6, 7, 8, "9"];                    // 定义数组直接量
alert(a.sum());                                            // 返回 45
```

其中第 9 个元素是一个字符串类型的数字，汇总时也被转换为数值进行相加。

4.3.4　初始化数组

视频讲解

JavaScript 数组在默认状态下不会初始化。如果使用[]运算符创建一个新数组，那么此数组将是空的。如果访问的是数组中不存在的元素，返回值是 undefined。因此，在 JavaScript 程序设计中应该时刻考虑这个问题：在尝试读取每个元素之前，都应该预先设置它的值。但是，如果在设计中假设每个元素都从一个已知的值开始（如 0），那么就必须预定义这个数组。也可以为 JavaScript 自定义一个静态函数如下。

```
Array.dim = function(dimension, initial) {
    var a = [], i;
    for (i = 0; i < dimension; i += 1) {
        a[i] = initial;
    }
    return a;
};
```

借助这个工具函数，可以很轻松地创建一个初始化数组。例如，创建一个包含 100 个 0 的数组如下。

```
var myArray = Array.dim(100, 0);
```

JavaScript 没有多维数组，但是它支持元素为数组的数组。

```
var matrix = [
    [0, 1, 2],
    [3, 4, 5],
    [6, 7, 8]
];
matrix[2][1]        // 7
```

为了自动化创建一个二维数组或一个元素为数组的数组，不妨如下所示做。

```
for (i = 0; i < n; i += 1) {
    my_array[i] = [];
}
```

注意：Array.dim(n, [])在这里不能工作，如果使用它，每个元素都指向同一个数组的引用，那是非常糟糕的。

Note

一个空矩阵的每个单元将拥有一个初始值 undefined。如果希望它们有不同的初始值，必须明确地设置它们的值。因此，可以单独为 Array 定义一个矩阵数组定义函数。

```
Array.matrix = function(m, n, initial) {
    var a, i, j, mat = [];
    for (i = 0; i < m; i += 1) {
        a = [];
        for (j = 0; j < n; j += 1) {
            a[j] = initial;
        }
        mat[i] = a;
    }
    return mat;
};
```

下面就利用这个矩阵数组定义函数构建一个 5*5 的矩阵数组，且每个元素的初始值为 0。

```
var myMatrix = Array.matrix(5, 5, 0);
document.writeln(myMatrix[2][4]); // 0
```

4.3.5 数组去重

为数组去除重复项是开发中经常遇到的问题，解决方法也有多种，本节介绍几种常用方法。

【示例 1】第一种方法最简单，使用 for 语句遍历数组，逐一检测每个元素是否重复存在。

```
Array.prototype.unique = function() {
    var n = []; // 新建临时数组
    for (var i = 0; i < this.length; i++) {         // 遍历当前数组
        // 如果当前数组的第 i 项已经保存进了临时数组，那么跳过，
        // 否则把当前项 push 到临时数组中
        if (n.indexOf(this[i]) == -1) n.push(this[i]);
    }
    return n;
}
```

或者通过验证每个元素第一次出现位置是否相同来过滤元素，代码如下。

```
Array.prototype.unique3 = function() {
    var n = [this[0]]; // 结果数组
    for (var i = 1; i < this.length; i++) { // 从第二项开始遍历
        // 如果当前数组的第 i 项在当前数组中第一次出现的位置不是 i,
        // 那么表示第 i 项是重复的，忽略掉。否则存入结果数组
        if (this.indexOf(this[i]) == i) n.push(this[i]);
    }
    return n;
}
```

【示例 2】第二种方法借助哈希表（hash table）来快速过滤。在遍历原始数组时，使用一个对象

n 的属性来保存原始数组中元素的值，以降低 indexOf()方法遍历时间。

```
Array.prototype.unique = function() {
    var n = {}, r = []; // n 为 hash 表，r 为临时数组
    for (var i = 0; i < this.length; i++) { // 遍历当前数组
        if (!n[this[i]]) {// 如果 hash 表中没有当前项
            n[this[i]] = true; // 存入 hash 表
            r.push(this[i]); // 把当前数组的当前项 push 到临时数组中
        }
    }
    return r;
}
```

上面方法会误解相同的字符串型和数值型元素值，如 1 与"1"被视为重复项。因此，下面对上面方法进行改进，增加类型的检测。

```
// 类 hash 方法的改进版
Array.prototype.unique = function() {
    var n = {}, r = [];
    for (var i = 0; i < this.length; i++) {
        if (!n[typeof (this[i]) + this[i]]) {
            n[typeof (this[i]) + this[i]] = true;
            r.push(this[i])
        }
    }
    return r
};
var arr = ["222", 222, 2, 2, 3];
var newarry = arr.unique();
console.log(newarry[newarry.length - 1]);            // 3
```

示例 1 中两种方法都用到数组的 indexOf()方法。此方法的目的是寻找存入元素在数组中第一次出现的位置。很显然，JavaScript 引擎在实现这个方法时会遍历数组直到找到目标为止。这样会浪费掉很多时间。而示例 2 的两个方法用的是 hash 表。把已经出现过的通过下标的形式存入一个对象内，下标的引用要比用 indexOf()搜索数组快得多。

测试结果表明示例 2 的方法远远快于示例 1 的两种方法，但是内存占用比较多，因为多了一个 hash 表，这就是所谓的空间换时间。

【示例 3】本方法的设计思路：先使用 JavaScript 原生的 sort()方法把数组排序，然后比较相邻的两个值，去除重复项。最终测试结果显示该方法运行时间比前面方法都要快。

```
Array.prototype.unique = function() {
    this.sort();
    var re = [this[0]];
    for (var i = 1; i < this.length; i++) {
        if (this[i] !== re[re.length - 1]) {
            re.push(this[i]);
        }
    }
    return re;
}
```

Note

4.4 强化练习

算法设计是JavaScript编程的基本功，也是培养敏捷思维能力很好的手段。本节以数组排序为例简单介绍常用排序算法，帮助读者们强化JavaScript语言的思维训练，巩固JavaScript基础。

4.4.1 插入排序

线上阅读

插入排序（Insertion-Sort）的算法是一种简单直观的排序算法。详细说明与实现代码请扫码阅读。

4.4.2 二分插入排序

线上阅读

二分插入（Binary-insert-sort）排序是一种在直接插入排序算法上进行小改动的排序算法。其与直接插入排序算法最大的区别在于查找插入位置时使用的是二分查找的方式，在速度上有一定提升。详细说明与实现代码请扫码阅读。

4.4.3 选择排序

线上阅读

选择排序（Selection-sort）是一种简单直观的排序算法。详细说明与实现代码请扫码阅读。

4.4.4 冒泡排序

线上阅读

冒泡排序是一种简单的排序算法。它重复地走访过要排序的数列，一次比较两个元素，如果它们的顺序错误就把它们交换过来。走访数列的工作是重复地进行直到没有再需要交换，即该数列已经排序完成。这个算法的名字由来是因为越小的元素会经由交换慢慢“浮”到数列的顶端。详细说明与实现代码请扫码阅读。

4.4.5 快速排序

线上阅读

通过一趟排序将待排记录分隔成独立的两部分，其中一部分记录的关键字均比另一部分的关键字小，则可分别对这两部分记录继续进行排序，以达到整个序列有序。详细说明与实现代码请扫码阅读。

4.4.6 计数排序

线上阅读

计数排序（Counting Sort）是一种稳定的排序算法。计数排序使用一个额外的数组C，其中第i个元素是待排序数组A中值等于i的元素的个数。然后根据数组C来将A中的元素排到正确的位置。它只能对整数进行排序。详细说明与实现代码请扫码阅读。

第5章 使用字符串

字符串就是零个或多个排在一起的字符，放在单引号或双引号之中。字符串处理在表单开发、HTML 文本解析、异步响应等领域广泛使用，包括字符匹配、查找、替换、截取、编码/解码、连接等。本章将详细讲解字符串的各种基本操作。

【学习重点】

- 定义字符串。
- 字符串查找、连接和截取。
- 字符串检测、替换和编辑。
- 字符串编码和解码。

5.1 字符串基础

Note

第 2 章曾经介绍了字符串类型，了解了字符串表示和简单操作，本节将在此基础上进一步补充与字符串相关的基础知识。

视频讲解

5.1.1 定义字符串

在 JavaScript 中定义字符串有多种方式，具体说明如下。

1. 字符串直接量

使用双引号或单引号包含任意长度的字符文本。例如：

```
'abc'
"abc"
```

由于 HTML 标签属性值使用双引号，所以很多项目约定 JavaScript 语言的字符串只使用单引号，当然只使用双引号也完全可以。重要的是，坚持使用一种风格，不要两种风格混合。

【示例 1】 如果长字符串必须分行显示，可以在每一行的尾部使用反斜杠。

```
var longString = "Long \
long \
long \
string";
```

上面代码表示，加了反斜杠以后，原来写在一行的字符串，可以分成多行书写。但是，输出时还是单行，效果与写在同一行完全一样。注意，反斜杠的后面必须是换行符，而不能有其他字符（如空格），否则会报错。

【示例 2】 连接运算符（+）可以连接多个单行字符串，将长字符串拆成多行书写，输出时也是单行。

```
var longString = 'Long '
   + 'long '
   + 'long '
   + 'string';
```

【示例 3】 如果想输出多行字符串，有一种利用多行注释的变通方法。

```
(function() { /*
line 1
line 2
line 3
*/}).toString().split('\n').slice(1, -1).join('\n')
```

上面示例 3 输出的字符串就是多行。

2. 构造字符串

使用 String()构造函数可以构造字符串，该函数可以接收一个参数，并把它作为初始值来初始化字符串。

【示例 4】下面代码使用 new 运算符调用 String()构造函数，将创建一个字符串型对象。

```
var s = new String();                    // 创建一个空字符串对象，并赋值给变量 s
var s = new String("我是构造字符串");    // 创建字符串对象，初始化之后赋值给变量 s
```

注意：通过 String 构造函数构造的字符串与字符串直接量的类型不同。前者为引用型对象，后者为值类型的字符串。

【示例 5】下面代码比较了构造字符串和字符串直接量的数据类型不同。

```
var s1 = new String(1);     // 构造字符串
var s2 = "1";               // 定义字符串直接量
alert(typeof s1);           // 返回 object，说明是引用型对象
alert(typeof s2);           // 返回 string，说明是值类型字符串
```

从上面示例可以看到，String 构造函数实际上是字符串的包装类，利用它可以把值类型字符串包装为引用型对象，以实现特殊操作。

【示例 6】String()也可以作为普通函数使用，把参数转换为字符串类型的值返回。

```
var s = String(123456);     // 包装字符串
alert(s);                   // 返回字符串"123456"
alert(typeof s);            // 返回 string，说明该方法不再是构造函数
```

【示例 7】String()可以带有多个参数，但是它仅处理第一个参数，并把它转换为字符串返回。

```
var s = String(1, 2, 3, 4, 5, 6);   // 带有多个参数
alert(s);                           // 返回字符串"1"
alert(typeof s);                    // 返回 string，数值被转换为字符串
```

String 构造函数也可以附带多个参数，它仅负责构造第一个参数，并返回它的字符串。但是，所附带的多个参数会被 JavaScript 执行计算。

【示例 8】下面的变量 n 在构造函数内经过多次计算之后，最后值递增为 5。

```
var n = 1;                              // 初始化变量
var s = new String(++n, ++n,++n, ++n);  // 字符串构造处理
alert(s);                               // 返回 2
alert(n);                               // 返回 5
alert(typeof s);                        // 返回 object，说明是引用类型对象
alert(typeof n);                        // 返回 number，说明是数值类型
```

3. 使用字符编码

String 类型提供的静态方法（即定义在对象本身，而不是定义在对象实例的方法），主要是 fromCharCode()。该方法的参数是一系列 Unicode 编码，返回对应的字符串。

【示例 9】下面代码演示了如何把一组字符串编码转换为字符串。

```
var a = [35835, 32773, 24744, 22909], b = [];   // 声明一个字符编码的数组
for(var i in a) {                               // 遍历数组
    b.push(String.fromCharCode(a[i]));          // 把每个字符编码都转换为字符串
}
alert(b.join(""));                              // 返回字符串"读者您好"
```

可以把所有字符串按顺序传递给 fromCharCode()方法。

```
var b = String.fromCharCode(35835, 32773, 24744, 22909) ; // 传递多个参数，返回字符串"读者您好"
```

可以使用 apply()方法动态调用。

```
var a = [35835, 32773, 24744, 22909], b = [];
var b = String.fromCharCode.apply(null, a);
// 使用 apply()方法调用 fromCharCode()方法，并传递数组参数
alert(b);    // 返回字符串"读者您好"
```

提示：String 的 fromCharCode()方法可以与字符串的 charCodeAt()方法配合使用，执行相反操作。charCodeAt()可以把字符串转换为编码，而 fromCharCode()方法能够把编码转换为字符串。

5.1.2 字符串与数组

字符串被视为字符数组，可以使用数组的中括号运算符来返回某个位置的字符（位置编号从 0 开始）。例如：

```
var s = 'hello';
s[0]          // 返回"h"
s[1]          // 返回"e"
s[4]          // 返回"o"
// 直接对字符串使用中括号运算符
'hello'[1]    // "e"
```

【示例 1】如果中括号中的数字超过字符串的长度，或者中括号中根本不是数字，则返回 undefined。

```
'abc'[3]      // 返回 undefined
'abc'[-1]     // 返回 undefined
'abc'['x']    // 返回 undefined
```

【示例 2】字符串与数组只是相似，但是无法改变字符串中的单个字符。

```
var s = 'hello';
delete s[0];
s             // "hello"
s[1] = 'a';
s             // "hello"
s[5] = '!';
s             // "hello"
```

上面代码表示，字符串内部的单个字符无法改变和增删，这些操作会默默地失败。

【示例 3】字符串也无法直接使用数组的方法，必须通过 call()方法间接使用。

```
var s = 'hello';
s.join(' ')     // TypeError: s.join is not a function
Array.prototype.join.call(s, ' ')                // "h e l l o"
```

在上面代码中，如果直接对字符串使用数组的 join()方法，会报错不存在该方法。但是，可以通过 call()方法，间接对字符串使用 join()方法。

不过，由于字符串是只读的，那些会改变原数组的方法，如 push()、sort()、reverse()、splice()都对字符串无效，只有将字符串显式转为数组后才能使用。

5.1.3 字符串长度

length 属性返回字符串的长度，该属性为只读，无法修改。例如：

```
var s = 'hello';
s.length      // 5
s.length = 3;
s.length      // 5
s.length = 7;
s.length      // 5
```

上面代码表示字符串的 length 属性无法改变，但是不会报错。

【拓展】

获取字符串的长度，使用 length 属性在特定情况下是不精确的，因为字符包括单字节、双字节两种类型。如果要获取字符串的字节长度，可以按下面方法来实现。

【示例 1】下面代码为字符串扩展一个原型方法 lengthB()。在这个原型方法中，枚举每个字符，并根据字符的字符编码，判断当前字符是单字节还是双字节，然后递加字符串的字节数。

```
String.prototype.lengthB = function() {          //返回指定字符串的字节数，扩展 String 类型方法
    var b = 0, l = this.length;                   // 初始化字节数递加变量，并获取字符串参数的字符个数
    if (l) {                                      // 如果存在字符串，则执行计算
        for (var i = 0; i < l; i ++) {            // 遍历字符串，枚举每个字符
            if (this.charCodeAt(i) > 255) {       // 字符编码大于 255，为双字节字符
                b += 2;                           // 则递加 2
            }else{
                b++;                              // 否则递加 1
            }
        }
        return b;                                 // 返回字节数
    }
    else {
        return 0;                                 // 如果参数为空，则返回 0 个
    }
}
```

在页面中应用原型方法。

```
var s = "String 类型长度";    // 定义字符串直接量
alert(s.lengthB())           // 返回 14
```

【示例 2】在检测字符是否为双字节或单字节时，方法也是有多种的，这里再提供两种思路。

```
for (var i = 0; i < l; i++) {
    var c = this.charAt(i);              // 获取当前字符
    if (escape(c).length > 4) {          // 如果字符的转义序列大于 4 位，说明是双字节
        b += 2;
    }else if (c != "\r") {
        b++;
    }
}
```

或者使用正则表达式进行字符编码验证。

Note

```
for (var i = 0; i < l; i++) {
    var c = this.charAt(i);
    if (/^[\u0000-\u00ff]$/.test(c)) { // /^[\u0000-\u00ff]$/正则表达式，匹配单字节字符
        b++;
    }
    else {
        b += 2;
    }
}
```

5.1.4 字符集

JavaScript 使用 Unicode 字符集，允许在程序中直接使用 Unicode 编码表示字符，即将字符写成\uxxxx 的形式，其中 xxxx 代表该字符的 Unicode 编码。例如，\u00A9 代表版权符号。

```
var s = '\u00A9';
s // "©"
```

解析代码时，JavaScript 会自动识别一个字符是字面形式表示，还是 Unicode 形式表示。输出给用户时，所有字符都会转成字面形式。

```
var f\u006F\u006F = 'abc';
foo // "abc"
```

上面代码中，第一行的变量名 foo 是 Unicode 形式表示，第二行是字面形式表示。JavaScript 会自动识别。

每个字符在 JavaScript 内部都是以 16 位（即 2 个字节）的 UTF-16 格式储存。也就是说，JavaScript 的单位字符长度固定为 16 位长度，即 2 个字节。

但是，UTF-16 有两种长度：对于 U+0000 到 U+FFFF 之间的字符，长度为 16 位（即 2 个字节）；对于 U+10000 到 U+10FFFF 之间的字符，长度为 32 位（即 4 个字节），而且前两个字节在 0xD800 到 0xDBFF 之间，后两个字节在 0xDC00 到 0xDFFF 之间。

【示例 1】 U+1D306 对应的字符为𝌆，它写成 UTF-16 就是 0xD834 0xDF06。浏览器会正确地将这 4 个字节识别为一个字符，但是 JavaScript 内部的字符长度总是固定为 16 位，会把这 4 个字节视为两个字符。

```
var s = '\uD834\uDF06';
s // "𝌆"
s.length // 2
/^.$/.test(s) // false
s.charAt(0) // ""
s.charAt(1) // ""
s.charCodeAt(0) // 55348
s.charCodeAt(1) // 57094
```

上面代码说明，对于 U+10000 到 U+10FFFF 之间的字符，JavaScript 总是视为两个字符（字符的 length 属性为 2），用来匹配单个字符的正则表达式会失败（JavaScript 认为这里不止一个字符），charAt()方法无法返回单个字符，charCodeAt()方法返回每个字节对应的十进制值。

所以处理时，必须把这一点考虑在内。对于 4 个字节的 Unicode 字符，假定 C 是字符的 Unicode

编号，H 是前两个字节，L 是后两个字节，则它们之间的换算关系如下。

```
// 将大于 U+FFFF 的字符，从 Unicode 转为 UTF-16
H = Math.floor((C - 0x10000) / 0x400) + 0xD800
L = (C - 0x10000) % 0x400 + 0xDC00
// 将大于 U+FFFF 的字符，从 UTF-16 转为 Unicode
C = (H - 0xD800) * 0x400 + L - 0xDC00 + 0x10000
```

下面的正则表达式可以识别所有 UTF-16 字符。

```
([\0-\uD7FF\uE000-\uFFFF]|[\uD800-\uDBFF][\uDC00-\uDFFF])
```

由于 JavaScript 引擎不能自动识别辅助平面（编号大于 0xFFFF）的 Unicode 字符，导致所有字符串处理函数遇到这类字符，都会产生错误的结果。如果要完成字符串相关操作，就必须判断字符是否落在 0xD800～0xDFFF。

【示例 2】下面是能够正确处理字符串遍历的函数。

```
function getSymbols(string) {
    var length = string.length;
    var index = -1;
    var output = [];
    var character;
    var charCode;
    while (++index < length) {
        character = string.charAt(index);
        charCode = character.charCodeAt(0);
        if (charCode >= 0xD800 && charCode <= 0xDBFF) {
            output.push(character + string.charAt(++index));
        }
        else {
            output.push(character);
        }
    }
    return output;
}
var symbols = getSymbols('☰');
symbols.forEach(function(symbol) {
    // ...
});
```

替换（String.prototype.replace）、截取子字符串（String.prototype.substring, String.prototype.slice）等其他字符串操作，都必须做类似的处理。

5.1.5　Base64 转码

Base64 是一种编码方法，可以将任意字符转成可打印字符。使用这种编码方法，主要不是为了加密，而是为了不出现特殊字符，简化程序的处理。

JavaScript 原生提供两个 Base64 相关方法。

☑　btoa()：字符串或二进制值转为 Base64 编码。

☑　atob()：Base64 编码转为原来的编码。

Note

例如：

```
var string = 'Hello World!';
btoa(string) // "SGVsbG8gV29ybGQh"
atob('SGVsbG8gV29ybGQh') // "Hello World!"
```

这两个方法不适合非 ASCII 码的字符，会报错。

```
btoa('你好')
```

【示例】要将非 ASCII 码字符转为 Base64 编码，必须中间插入一个转码环节，再使用这两个方法。

```
function b64Encode(str) {
    return btoa(encodeURIComponent(str));
}
function b64Decode(str) {
    return decodeURIComponent(atob(str));
}
b64Encode('你好') // "JUU0JUJEJUEwJUU1JUE1JUJE"
b64Decode('JUU0JUJEJUEwJUU1JUE1JUJE') // "你好"
```

5.2 使用 String

String 是 JavaScript 标准库对象，预定义了很多原型方法，使用这些原型方法，可以方便用户灵活处理字符串。使用 String()构造函数可以定义新字符串，详细说明可参考 5.1.1 节内容。

视频讲解

5.2.1 字符串的表示和值

1. toString()

使用 toString()方法可以返回字符串的表示。例如：

```
var s = "javascript";
var a = s.toString();      // 返回字符串"javascript"
```

由于该方法的返回值与字符串本身相同，所以一般不会调用这个方法。

2. valueOf()

使用 valueOf()方法可以返回字符串的值。例如：

```
var s = "javascript";
var a = s.valueOf();      // 返回字符串"javascript"
```

【示例】可以重写这两个方法，自定义返回值。下面代码重写 toString()方法，实现 HTML 格式化显示。

```
var s = "abcdef";
document.writeln(s);                    // 显示字符串"abcdef"
document.writeln(s.toString());         // 调用字符串的 toString()，把字符串对象转换为字符串显示
// 重写 String 类型的原型方法 toString()
```

```
// 参数 color 表示显示字符串的颜色
String.prototype.toString = function(color) {
    var color = color || "red";            // 如果省略参数，则显示为红色
    return '<font color="' + color + '">' + this.valueOf() + '</font>';
// 返回格式化显示带有颜色的字符串
}
document.writeln(s.toString());            // 显示红色字符串"abcdef"
document.writeln(s.toString("blue"));      // 显示蓝色字符串"abcdef"
```

上面示例重写 toString()方法，可以以 HTML 格式化方式显示字符串的值。

5.2.2　连接字符串

把多个字符串连接在一起的最简单方法是使用加号运算符。

使用 concat()方法也可以连接两个字符串，返回一个新字符串，不改变原字符串。例如：

```
var s1 = 'abc';
var s2 = 'def';
s1.concat(s2) // "abcdef"
s1 // "abc"
```

【示例】该方法可以接受多个参数。

```
'a'.concat('b', 'c') // "abc"
```

如果参数不是字符串，concat()方法会将其先转为字符串，然后再连接。

```
var one = 1;
var two = 2;
var three = '3';
''.concat(one, two, three) // "123"
one + two + three // "33"
```

在上面代码中，concat()方法将参数先转成字符串再连接，所以返回的是一个 3 个字符的字符串。作为对比，加号运算符在两个运算数都是数值时，不会转换类型，所以返回的是一个两个字符的字符串。

5.2.3　获取指定位置字符

1. charAt()

charAt()方法返回指定位置的字符，参数是从 0 开始编号的位置。例如：

```
var s = new String('abc');
s.charAt(1) // "b"
s.charAt(s.length - 1) // "c"
```

【示例 1】这个方法完全可以用数组下标替代。

```
'abc'.charAt(1) // "b"
'abc'[1] // "b"
```

如果参数为负数，或大于等于字符串的长度，charAt()返回空字符串。

```
'abc'.charAt(-1) // ""
'abc'.charAt(3) // ""
```

Note

【示例 2】使用 charAt()把字符串中每个字符都装入一个数组中，从而可以为 String 类型扩展一个原型方法，用来把字符串转换为数组。

```
String.prototype.toArray = function() {   // 把字符串转换为数组
    var l = this.length, a = [];           // 获取当前字符串长度，并定义空数组
    if (l) {                               // 如果存在则执行循环操作
        for(var i = 0; i < l; i++) {       // 遍历字符串，间接枚举每个字符
            a.push(this.charAt(i));        // 把每个字符按顺序装入数组
        }
    }
    return a;                              // 返回数组
}
```

然后对字符串的所有字符进行遍历。

```
var s = "abcdefghijklmn".toArray();        // 把字符串转换为数组
for (var i in s) {                         // 遍历被转换的字符串，并枚举每个字符
    alert(s[i]);
}
```

2．charCodeAt()

charCodeAt()方法返回给定位置字符的 Unicode 编码（十进制表示），相当于 String.from CharCode()的逆操作。例如：

```
'abc'.charCodeAt(1) // 98
```

上面代码中，abc 的 1 号位置的字符是 b，它的 Unicode 编码是 98。

如果没有任何参数，charCodeAt()返回首字符的 Unicode 编码。

```
'abc'.charCodeAt() // 97
```

上面代码中，首字符 a 的 Unicode 编号是 97。

如果参数为负数，或大于等于字符串的长度，charCodeAt()返回 NaN。

注意：charCodeAt()方法返回的 Unicode 编码不大于 65536（0xFFFF），即只返回两个字节的字符的编码。如果遇到 Unicode 编码大于 65536 的字符，必需连续使用两次 charCodeAt()，不仅读入 charCodeAt(i)，还要读入 charCodeAt(i+1)，将两个 16 字节放在一起，才能得到准确的字符。

视频讲解

5.2.4 获取字符的位置

indexOf()和 lastIndexOf()方法用于确定一个字符串在另一个字符串中的位置，都返回一个整数，表示匹配开始的位置。如果返回-1，就表示不匹配。

二者的区别在于，indexOf()方法从字符串头部开始匹配，lastIndexOf()方法从尾部开始匹配。例如：

```
'hello world'.indexOf('o') // 4
'JavaScript'.indexOf('script') // -1
'hello world'.lastIndexOf('o') // 7
```

它们还可以接受第二个参数，对于 indexOf()方法，第二个参数表示从该位置开始向后匹配；对于 lastIndexOf()，第二个参数表示从该位置起向前匹配。例如：

```
'hello world'.indexOf('o', 6) // 7
'hello world'.lastIndexOf('o', 6) // 4
```

提示：对于 indexOf()方法的第二个参数：

☑ 如果值为负数，则视为 0，就相当于从第一个字符开始查找。

☑ 如果省略了这个参数，也将从字符串的第一个字符开始查找。

☑ 如果值大于等于 length 属性值，则视为当前字符串中没有指定的子字符串，即返回-1。

注意：indexOf()方法是按着从左到右的顺序查找；而 lastIndexOf()方法是从右到左进行查找。

5.2.5 查找字符串

视频讲解

1. search()

search()方法查找参数字符串在调用字符串中第一次出现的位置。

【示例 1】下面代码使用 search()方法匹配斜杠字符在 URL 字符串的下标位置。

```
var s = "http:// www.mysite.cn/index.html";
var n = s.search("// ");  // 返回值为 5
```

提示：☑ search()方法的参数为正则表达式（RegExp 对象）。如果参数不是 RegExp 对象，则 JavaScript 会使用 RegExp()构造函数把它转换成 RegExp 对象。

☑ search()方法遵循从左到右的查找顺序，并返回第一个匹配的子字符串的起始下标位置。如果没有找到，则返回-1。

☑ search()方法无法查找指定的范围，始终返回第一个匹配子字符串的下标位置。

2. match()

match()方法能够找出所有匹配的子字符串，并存储在一个数组中返回。例如：

```
var s = "http:// www.mysite.cn/index.html";
var a = s.match(/h/g);  // 全局匹配所有字符 h
alert(a);               // 返回数组[h,h]
```

提示：☑ match()方法返回的是一个数组，如果不是全局匹配，那么 match()方法只能执行一次匹配。例如，下面匹配模式没有 g 修饰符，只能够执行一次匹配，返回仅有一个元素 h 的数组。

```
var a = s.match(/h/);                        // 返回数组[h]
```

☑ 如果没有找到匹配字符，则返回 null，而不是空数组。

☑ 当不执行全局匹配时，如果匹配模式包含子表达式，则返回的数组中包含子表达式匹配的信息。

【示例 2】下面代码使用 match()方法匹配 URL 字符串中所有点号字符。

Note

```
var s = "http:// www.mysite.cn/index.html";      // 匹配字符串
var a = s.match(/(\.).*(\.).*(\.)/);              // 执行一次匹配检索
alert(a.length); // 返回 4，说明返回的是一个包含 4 个元素的数组
alert(a[0]); // 返回字符串".mysite.cn/index."
alert(a[1]); // 返回第一个字符.（点号），由第一个子表达式匹配
alert(a[2]); // 返回第二个字符.（点号），由第二个子表达式匹配
alert(a[3]); // 返回第三个字符.（点号），由第三个子表达式匹配
```

在这个正则表达式“/(\.).*(\.).*(\.)/”中，左右两个斜杠是匹配模式分隔符，JavaScript 引擎能够根据这两个分隔符来识别正则表达式。在正则表达式中小括号表示子表达式，每个子表达式匹配的文本信息都会被独立存储，以备调用。反斜杠表示转义序列，因为点号在正则表达式中表示匹配任意字符，星号表示前面的匹配字符可以匹配任意多次。

在上面示例中，数组 a 并非仅有一个元素，而是包含 4 个元素，且每个元素存储着不同的信息。其中第一个元素存放的是匹配文本，其余的元素存放的是与正则表达式的子表达式匹配的文本。

另外，这个数组还包含两个对象属性，其中 index 属性存储匹配文本的起始字符在字符串中的位置，input 属性存储的是匹配字符串的引用。

```
alert(a.index); // 返回值 10，说明第一个点号字符的起始下标位置
alert(a.input); // 返回被匹配字符串"http:// www.mysite.cn/index.html"
```

☑ 在全局匹配模式下，即附带有 g 修饰符。match()将执行全局匹配。此时返回的数组元素存放的是字符串中所有匹配文本，该数组没有 index 属性和 input 属性。同时不再提供子表达式匹配的文本信息，也不声明每个匹配子串的位置。如果需要这些全局检索的信息，可以使用 RegExp.exec()方法。

视频讲解

5.2.6 截取字符串

1. slice()

slice()方法用于从原字符串取出子字符串并返回，不改变原字符串。它的第一个参数是子字符串的开始位置，第二个参数是子字符串的结束位置（不含该位置）。例如：

```
'JavaScript'.slice(0, 4) // "Java"
```

如果省略第二个参数，则表示子字符串一直到原字符串结束。

```
'JavaScript'.slice(4) // "Script"
```

如果参数是负值，表示从结尾开始倒数计算的位置，即该负值加上字符串长度。

```
'JavaScript'.slice(-6) // "Script"
'JavaScript'.slice(0, -6) // "Java"
'JavaScript'.slice(-2, -1) // "p"
```

如果第一个参数大于第二个参数，slice()方法返回一个空字符串。

```
'JavaScript'.slice(2, 1) // ""
```

2. substring()

substring()方法用于从原字符串取出子字符串并返回，不改变原字符串。它与 slice()作用相同，但

有一些奇怪的规则，因此不建议使用这个方法，优先使用 slice()。

substring()方法的第一个参数表示子字符串的开始位置，第二个位置表示结束位置。例如：

```
'JavaScript'.substring(0, 4) // "Java"
```

如果省略第二个参数，则表示子字符串一直到原字符串结束。

```
'JavaScript'.substring(4) // "Script"
```

如果第二个参数大于第一个参数，substring()方法会自动更换两个参数的位置。

```
'JavaScript'.substring(10, 4) // "Script"
// 等同于
'JavaScript'.substring(4, 10) // "Script"
```

在上面代码中，调换 substring()方法的两个参数，得到同样的结果。

如果参数是负数，substring()方法会自动将负数转为 0。

```
'Javascript'.substring(-3) // "JavaScript"
'JavaScript'.substring(4, -3) // "Java"
```

上面第二行代码，参数-3 会自动变成 0，等同于'JavaScript'.substring(4, 0)。由于第二个参数小于第一个参数，会自动互换位置，所以返回 Java。

3．substr()

substr()方法用于从原字符串取出子字符串并返回，不改变原字符串。

substr()方法的第一个参数是子字符串的开始位置，第二个参数是子字符串的长度。例如：

```
'JavaScript'.substr(4, 6) // "Script"
```

如果省略第二个参数，则表示子字符串一直到原字符串结束。

```
'JavaScript'.substr(4) // "Script"
```

如果第一个参数是负数，表示倒数计算的字符位置。如果第二个参数是负数，将被自动转为 0，因此会返回空字符串。

```
'JavaScript'.substr(-6) // "Script"
'JavaScript'.substr(4, -1) // ""
```

上面第二行代码，由于参数-1 自动转为 0，表示子字符串长度为 0，所以返回空字符串。

【示例 1】在下面示例中使用 lastIndexOf()获取字符串的最后一个点号的下标位置，然后从其后的位置开始截取 4 个字符。

```
var s = "http:// www.mysite.cn/index.html";
var b = s.substr(s.lastIndexOf(".")+1, 4); // 截取最后一个点号后 4 个字符
alert(b);                                  // 返回子字符串"html"
```

【示例 2】下面代码使用 substring()方法截取 URL 字符串中网站主机名信息。

```
var s = "http:// www.mysite.cn/index.html";
var a = s.indexOf("www"); // 获取起始点下标
var b = s.indexOf("/", a); // 获取结束点下标
var c = s.substring(a, b); // 返回字符串 www.mysite.cn，使用 substring()方法
var d = s.slice(a, b); // 返回字符串"www.mysite.cn"，使用 slice()方法
```

视频讲解

Note

5.2.7 替换字符串

replace()方法能够实现字符串替换，该方法包含两个参数，第一个参数表示执行匹配的正则表达式，第二个参数表示准备代替匹配的子字符串。

【示例 1】下面代码使用 replace()方法修改字符串中 html 为 htm。

```
var s = "http:// www.mysite.cn/index.html";
var b = s.replace(/html/, "htm");     // 把字符串 html 替换为 htm
alert(b);                             // 返回字符串"http:// www.mysite.cn/index.htm"
```

该方法第一个参数是一个正则表达式对象，也可以传递字符串，如下所示。

```
var b = s.replace("html", "htm");     // 把字符串 html 替换为 htm
```

不过 replace()方法不会把字符串转换为正则表达式对象，这与查找字符串中 search()和 match()等几个方法不同，而是以字符串直接量的文本模式进行匹配。第二个参数可以是替换的文本，或者是生成替换文本的函数，把函数返回值作为替换文本来替换匹配文本。

【示例 2】下面代码在使用 replace()方法时，灵活使用替换函数修改匹配字符串。

```
var s = "http:// www.mysite.cn/index.html";
function f(x) {                              // 替换文本函数
    return x.substring(x.lastIndexOf(".") + 1, x.length - 1) // 获取扩展名部分字符串
}
var b = s.replace(/(html)/, f(s));           // 调用函数指定替换文本操作
alert(b);                                    // 返回字符串"http:// www.mysite.cn/index.htm"
```

replace()方法实际上执行的是同时查找和替换两个操作。它将在字符串中查找与正则表达式相匹配的子字符串，然后调用第二个参数值或替换函数替换这些子字符串。如果正则表达式具有全局性质 g，那么将替换所有的匹配子字符串，否则，它只替换第一个匹配子字符串。

【示例 3】在 replace()方法中约定了一个特殊的字符（$），这个美元符号如果附加一个序号就表示对正则表达式中匹配的子表达式存储的字符串引用。

```
var s = "javascript";
var b = s.replace(/(java)(script)/, "$2-$1");     // 交换位置
alert(b);                                         // 返回字符串"script-java"
```

在上面示例中，正则表达式/(java)(script)/中包含两对小括号，按顺序排列，其中第一对小括号表示第一个子表达式，第二对小括号表示第二个子表达式，在 replace()方法的参数中可以分别使用字符串"$1"和"$2"来表示对它们匹配文本的引用，当然它们不是标识符，仅是一个标记，所以不可以作为变量参与计算。除了上面约定之后，美元符号与其他特殊字符组合还可以包含更多的语义，详细说明如表 5.1 所示。

表 5.1　replace()方法第二个参数中特殊字符

约定字符串	说　明
$1、$2、…、$99	与正则表达式中的第 1～99 个子表达式相匹配的文本
$&（美元符号+连字符）	与正则表达式相匹配的子字符串
$`（美元符号+切换技能键）	位于匹配子字符串左侧的文本
$'（美元符号+单引号）	位于匹配子字符串右侧的文本
$$	表示$符号

【示例 4】重复字符串。

```
var s = "javascript";
var b = s.replace(/.*/, "$&$&");                // 返回字符串" javascriptjavascript "
```

由于字符串“$&”在 replace()方法中被约定为正则表达式所匹配的文本，所以利用它可以重复引用匹配的文本，从而实现字符串重复显示效果。其中正则表达式“/.*/”表示完全匹配字符串。

【示例 5】对匹配文本左侧的文本完全引用。

```
var s = "javascript";
var b = s.replace(/script/, "$& != $`");       // 返回字符串"javascript != java"
```

其中字符“$&”代表匹配子字符串"script"，字符"$`"代表匹配文本左侧文本“java”。

【示例 6】对匹配文本右侧的文本完全引用。

```
var s = "javascript";
var b = s.replace(/java/, "$&$' is ");         // 返回字符串"javascript is script"
```

其中字符“$&”代表匹配子字符串"java"，字符"$'"代表匹配文本右侧文本"script"。然后把"$&$' is "所代表的字符串"javascript is "替换原字符串中的"java"子字符串，即组成一个新的字符串"javascript is script"。切换技能键与单引号键比较相似，使用时很容易混淆。

5.2.8 大小写转换

视频讲解

String 对象预定义 4 个原型方法实现字符串大小写转换操作，说明如表 5.2 所示。

表 5.2 String 字符串大小写转换方法

字符串方法	说 明
toLocaleLowerCase()	将字符串转换成小写
toLocaleUpperCase()	将字符串转换成大写
toLowerCase()	将字符串转换成小写
toUpperCase()	将字符串转换成大写

【示例】下面代码把字符串全部转换为大写形式。

```
var s = "javascript";
alert(s.toUpperCase());                         // 返回字符串" JAVASCRIPT "
```

String 类型定义了 toLocaleLowerCase()和 toLocaleUpperCase()两个本地化方法。它们能够按照本地方式转换大小写字母，由于只有几种语言（如土耳其语）具有地方特有的大小写映射，所以通常与 toLowerCase()和 toUpperCase()方法的返回值一样。

5.2.9 比较字符串

视频讲解

JavaScript 在比较字符串大小时，根据字符的 Unicode 编码大小，逐位进行比较。

例如，小写字母 a 的编码为 97，大写字母 A 的编码为 65，则比较时字符串"a"就大于"A"。

```
alert("a" > "A");                               // 返回 true
```

用户也可以根据本地的一些约定来进行排序。例如，在西班牙语中根据本地排序约定，"ch"将作为一个字符排在"c"和"d"之间。

使用 localeCompare()方法可以根据本地特定的顺序来比较两个字符串。

【示例】下面代码把字符串"javascript"转换为数组，然后按本地字符顺序进行排序。

Note

```
var s = "javascript";                       // 定义字符串直接量
var a = s.split("");                        // 把字符串转换为数组
var s1 = a.sort(function(a, b) {            // 对数组进行排序
    return a.localeCompare(b)               // 将根据前后字符在本地的约定进行排序
});
a = s1.join("");                            // 然后再把数组还原为字符串
alert(a);                                   // 返回字符串"aacijprstv"
```

如果为 localeCompare()方法指定的字符小于参数字符，则 localeCompare()返回小于 0 的数；如果为该方法指定的字符大于参数字符，则返回大于 0 的数；如果两个字符串相等，或根据本地排序规约没有区别，该方法返回 0。对于一般计算机系统来说，默认排序约定都是按着字符编码来执行。

视频讲解

5.2.10 转换为数组

使用 split()方法可以根据指定的分隔符把字符串分解为数组，数组中不包含分隔符。

【示例 1】如果参数为空字符串，则 split()方法能够按单个字符进行分切，然后返回与字符串等长的数组。

```
var s = "javascript";
var a = s.split("");                        // 按字符空隙分割
alert(s.length);                            // 返回值为 10
alert(a.length);                            // 返回值为 10
```

【示例 2】如果参数为空，则 split()方法能够把整个字符串作为一个元素的数组返回，它相当于把字符串转换为数组。

```
var s = "javascript";
var a = s.split();                          // 空分割
alert(a.constructor == Array);              // 返回 true，说明是 Array 实例
alert(a.length);                            // 返回值为 1，说明没有对字符串进行分割
```

【示例 3】如果参数为正则表达式，则 split()方法能够以匹配文本作为分隔符进行切分。

```
var s = "a2b3c4d5e678f12g";
var a = s.split(/\d+/);                     // 把匹配的数字作为分隔符来切分字符串
alert(a);                                   // 返回数组[a,b,c ,d,e, f,g]
alert(a.length);                            // 返回数组长度为 7
```

【示例 4】如果正则表达式匹配的文本位于字符串的边沿，则 split()方法也执行分切操作，且为数组添加一个空元素。但是在 IE 浏览器中会忽略边沿空的字符串，而不是把它作为一个空元素来看待。

```
var s = "122a2b3c4d5e678f12g";              // 虽然字符串左侧也有匹配的数字
var a = s.split(/\d+/);                     // 把匹配的数字作为分隔符来切分字符串
alert(a);                                   // 返回数组[,a,b,c ,d,e, f,g]
alert(a.length);                            // 返回数组长度为 8
```

如果在字符串中指定的分隔符没有找到，则返回一个包含整个字符串的数组。

【示例 5】split()方法支持第二个参数，该参数是一个可选的整数，用来指定返回数组的最大长

度。如果设置了该参数，返回的数组长度不会多于这个参数指定的值。如果没有设置该参数，整个字符串都被分割，不考虑数组长度。

```
var s = "javascript";
var a = s.split("",4);                    // 按顺序从左到右，仅分切 4 个元素的数组
alert(a);                                 // 返回数组[j,a,v ,a]
alert(a.length);                          // 返回值为 4
```

【示例 6】如果想使返回的数组包括分隔符或分隔符的一个或多个部分，可以使用带子表达式的正则表达式来实现。

```
var s = "aa2bb3cc4dd5e678f12g";
var a = s.split(/(\d)/);                  // 使用小括号包含数字分隔符
alert(a);                                 // 返回数组[aa,2,bb,3,cc,4,dd,5,e,6,,7,,8,f,1,,2,g]
```

5.2.11　修剪字符串

trim 方法用于去除字符串两端的空格，返回一个新字符串，不改变原字符串。例如：

```
'   hello world   '.trim()                // "hello world"
```

该方法去除的不仅是空格，还包括制表符（\t、\v）、换行符（\n）和回车符（\r）。例如：

```
'\r\nabc \t'.trim()                       // 'abc'
```

【拓展】

也可以自定义修剪方法，以实现更灵活的操作字符串，下面为 JavaScript 的 String 类型扩展多个字符串修剪方法。由于需要一定的正则表达式基础，我们仅以选学内容在线呈现，感兴趣的读者请扫码阅读。

线上阅读

5.3　案例实战

本节以案例的形式介绍字符串的更多操作。

5.3.1　格式化字符串

视频讲解

JavaScript 定义了一组格式化字符串的方法，如表 5.3 所示。注意，由于这些方法没有获得 ECMAScript 标准的支持，应谨慎使用。

表 5.3　String 类型的格式化字符串方法

方　法	说　明
anchor()	返回 HTML a 标签中 name 属性值为 String 字符串文本的锚
big()	返回 HTML big 标签定义的大字体
blink()	返回使用 HTML blink 标签定义的闪烁字符串
bold()	返回使用 HTML b 标签定义的粗体字符串
fixed()	返回使用 HTML tt 标签定义的单间距字符串
fontcolor()	返回使用 HTML font 标签中 color 属性定义的带有颜色的字符串

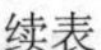
续表

方　法	说　明
fontsize()	返回使用 HTML font 标签中 size 属性定义的指定尺寸的字符串
italics()	返回使用 HTML i 标签定义的斜体字符串
link()	返回使用 HTML a 标签定义的链接
small()	返回使用 HTML small 标签定义的小字体的字符串
strike()	返回使用 HTML strike 标签定义删除线样式的字符串
sub()	返回使用 HTML sub 标签定义的下标字符串
sup()	返回使用 HTML sup 标签定义的上标字符串

【示例】下面示例演示了如何使用上面字符串方法为字符串定义格式化显示属性。

```
var s = "abcdef";
document.write(s.bold());                              // 定义加粗显示字符串"abcdef"
document.write(s.link("http://www.mysite.cn/"));       // 为字符串"abcdef"定义超链接，指向 mysite.cn 域名
document.write(s.italics());                           // 定义斜体显示字符串"abcdef"
document.write(s.fontcolor("red"));                    // 定义字符串"abcdef"红色显示
```

视频讲解

5.3.2　字符编码和解码

JavaScript 在 window 对象中定义了 6 个编码和解码的方法，说明如表 5.4 所示。

表 5.4　JavaScript 编码和解码方法

方　法	说　明
escape()	使用转义序列替换某些字符来对字符串进行编码
unescape()	对使用 escape()编码的字符串进行解码
encodeURI()	通过转义某些字符对 URl 进行编码
decodeURI()	对使用 encodeURI()方法编码的字符串进行解码
encodeURIComponent()	通过转义某些字符对 URI 的组件进行编码
decodeURIComponent()	对使用 encodeURIComponent()方法编码的字符串进行解码

提示：网页 URL 的合法字符分成两类。

☑ URL 元字符：分号（;）、逗号（’,’）、斜杠（/）、问号（?）、冒号（:）、at（@）、&、等号（=）、加号（+）、美元符号（$）、井号（#）。

☑ 语义字符：a-z、A-Z、0-9、连词符（-）、下画线（_）、点（.）、感叹号（!）、波浪线（~）、星号（*）、单引号（'）、圆括号（()`）。

除了以上字符，其他字符出现在 URL 之中都必须转义，规则是根据操作系统的默认编码，将每个字节转为百分号（%）加上两个大写的十六进制字母。例如，UTF-8 的操作系统上，“http://www.example.com/q=春节”这个 URL 中，汉字“春节”不是 URL 的合法字符，所以被浏览器自动转成“http://www.example.com/q=%E6%98%A5%E8%8A%82”。其中，“春”转成%E6%98%A5，“节”转成“%E8%8A%82”。这是因为“春”和“节”的 UTF-8 编码分别是 E6 98 A5 和 E8 8A 82，将每个字节前面加上百分号，就构成 URL 编码。

JavaScript 提供 4 个 URL 的编码/解码方法：encodeURI()、encodeURIComponent()、decodeURI()和 decodeURIComponent()，具体说明如下。

1. escape()和 unescape()方法

escape()是不完全编码的方法，它仅能将字符串中某些字符替换为十六进制的转义序列。具体说，就是除了 ASCII 字母、数字和标点符号（如@、*、_、+、-、.和'）之外，所有字符都被转换为%xx 或%uxxxx（x 表示十六进制的数字）的转义序列。从\u0000 到\u00ff 的 Unicode 字符由转义序列%xx 替代，其他所有 Unicode 字符由%uxxxx 序列替代。

【示例 1】下面代码使用 escape()方法编码字符串。

```
var s = "javascript 中国";
s = escape(s);
alert(s);                                    // 返回字符串"javascript%u4E2D%u56FD"
```

可以使用该方法对 Cookie 字符串进行编码，避免与其他约定字符发生冲突，因为 Cookie 包含的标点符号有限制。

与 escape()方法对应的是 unescape()方法，它能够对 escape()编码的字符串解码。该函数是通过找到形式为%xx 和%uxxxx 的字符序列(这里 x 表示十六进制的数字)，使用 Unicode 字符\uOOxx 和\uxxxx 替换这样的字符序列进行解码。

【示例 2】下面代码使用 unescape()方法解码被 escape()方法编码的字符串。

```
var s = "javascript 中国";
s = escape(s);                               // Unicode 编码
alert(s);                                    // 返回字符串"javascript%u4E2D%u56FD"
s = unescape(s);                             // Unicode 解码
alert(s);                                    // 返回字符串"javascript 中国"
```

【示例 3】这种被解码的代码是不能够直接运行的，读者可以使用 eval()方法来执行它。

```
var s = escape('alert("javascript 中国");');   // 编码脚本
var s = unescape(s);                         // 解码脚本
eval(s);                                     // 执行被解码的脚本
```

2. encodeURI()和 decodeURI()方法

虽然 ECMAScript 1.0 版本标准化了 escape()和 unescape()方法，但是 ECMAScriptv 3.0 版本反对使用它们，提倡使用 encodeURI()和 encodeURIComponent()方法代替 escape()方法，使用 decodeURI()和 decodeURIComponent()方法代替 unescape()方法。

【示例 4】encodeURI()方法能够把 URI 字符串进行转义处理。

```
var s = "javascript 中国";
s = encodeURI(s);
alert(s);                                    // 返回字符串"javascript%E4%B8%AD% E5%9B%BD"
```

通过结果可以看到，encodeURI()方法与 escape()方法编码结果不同。但是，与 encodeURIComponent()方法相同，对于 ASCII 的字母、数字和 ASCII 标点符号（如-、_、.、!、~ 、*、'、(、)）来说，也不会被编码。

相对来说，encodeURI()方法会更加安全。它能够将字符转换为 UTF-8 编码字符，然后用十六进制的转义序列（形式为%xx）对生成的一个、两个或三个字节的字符编码。在这种编码模式中，ASCII 字符由一个%xx 转义字符替换，在\u0080 到\u07ff 之间编码的字符由两个转义序列替换，其他的 16 位 Unicode 字符由 3 个转义序列替换。使用 decodeURI()方法可以对上面结果进行解码操作。

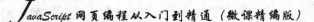

【示例 5】下面代码演示了如何对 URL 字符串进行编码和解码操作。

```
var s = "javascript 中国";
s = encodeURI(s);        // URI 编码
alert(s); // 返回字符串"javascript%E4%B8%AD% E5%9B%BD"
s = decodeURI(s);        // URI 解码
alert(s);                // 返回字符串" javascript 中国"
```

在 ECMAScriptv 3 之前，可以使用 escape()和 unescape()方法执行相似的编码解码操作。

3．encodeURIComponent()和 decodeURIComponent()

encodeURI()仅是一种简单的 URI 字符编码方法，如果使用该方法编码 URI 字符串，必须确保 URI 组件（如查询字符串）中不含有 URI 分隔符。如果组件中含有这些分隔符，则就必须使用 encodeURIComponent()方法分别对各个组件编码。

encodeURIComponent()与 encodeURI()方法不同。它们主要区别就在于，encodeURIComponent()方法假定参数是 URI 的一部分，例如，协议、主机名、路径或查询字符串。因此，它将转义用于分隔 URI 各个部分的标点符号。而 encodeURI()方法仅把它们视为普通的 ASCII 字符，并没有转换。

【示例 6】下面代码是 URL 字符串被 encodeURIComponent()方法编码前后的比较。

```
var s = "http:// www.mysite.cn/navi/search.asp?keyword=URI";
a = encodeURI(s);
document.write(a);
document.write("<br />");
b = encodeURIComponent(s);
document.write(b);
```

输出显示如下。

```
http:// www.mysite.cn/navi/search.asp?keyword=URI
http%3A%2F%2Fwww.mysite.cn%2Fnavi%2Fsearch.asp%3Fkeyword%3DURI
```

第一行字符串是 encodeURI()方法编码的结果，而第二行字符串是 encodeURIComponent()方法编码的结果。同 encodeURI()方法一样，encodeURIComponent()方法对于 ASCII 的字母、数字和部分标点符号（如-、_、.、!、~、*、'、(、)）不编码。而对于其他字符（如 /、:、#）这样用于分隔 URI 各种组件的标点符号，都由一个或多个十六进制的转义序列替换。

【示例 7】对于 encodeURIComponent()方法编码的结果进行解码，可以使用 decodeURIComponent()方法来快速实现。

```
var s = "http:// www.mysite.cn/navi/search.asp?keyword=URI";
b = encodeURIComponent(s);
b = decodeURIComponent(b)
document.write(b);
```

视频讲解

5.3.3 Unicode 编码和解码

所谓 Unicode 编码就是根据字符在 Unicode 字符表中的编号对字符进行简单的编码，从而实现对信息进行加密。例如，字符“中”的 Unicode 编码为 20013，如果在网页中使用 Unicode 编码显示，则可以输入“中”。因此，把文本转换为 Unicode 编码之后在网页中显示，能够实现加密信息的效果。

String 类型提供了预定 charCodeAt()方法，该方法能够把指定的字符串转换为 Unicode 编码。所以，该方法的设计思路是，利用 replace()方法逐个字符进行匹配、编码转换，最后返回以网页显示的编码格式的信息。

【示例 1】下面代码利用字符串的 charCodeAt()方法对字符串进行自定义编码。

```
var toUnicode = String.prototype.toUnicode = function() {// 对字符串进行编码方法
    var _this = arguments[0] || this; // 判断是否存在参数，如果存在则使用静态方法调用参数值，否则作为字
                                      // 符串对象的方法来处理当前字符串对象
    function f() {                    // 定义替换文本函数
        return "&#" + arguments[0].charCodeAt(0) + ";";// 以网页编码格式显示被编码字符串
    }
    return _this.replace(/[^\u00-\uFF]|\w/gmi, f); // 使用 replace()方法执行匹配、替换操作
};
```

简单说明一下，toUnicode()是一个全局静态方法，同时也是一个 String 类型的方法，为此在函数体内首先判断方法的参数值，以决定执行操作的方式。在 replace()字符替换方法中，借助文本替换函数来完成被匹配字符的转码操作，如下所示。

```
var s = "javascript 中国";                // 定义字符串直接量
s = toUnicode(s);                         // 以静态方式调用 toUnicode()方法
alert(s);                                 // 返回 Unicode 编码字符串
                                          // "&#106;&#97;&#118;&#97;&#115;&#99;&#114;
                                          // &#105;&#112;&#116;&#20013;&#22269;"
document.write(s);                        // 在网页中显示字符串为"javascript 中国"
```

以 String 类型方法调用的形式如下。

```
var s = "javascript 中国";
s = s.toUnicode();                        // 以 String 类型的方法调用 toUnicode()方法
alert(s);
document.write(s);
```

与 Unicode 编码操作相对应，可以设计 Unicode 解码方法，设计思路和代码实现基本相同。

【示例 2】下面代码使用字符串的 charCodeAt()方法定义一个字符串解码函数。

```
var fromUnicode = String.prototype.fromUnicode = function() {// 对 Unicode 编码进行解码操作
    var _this = arguments[0] || this; // 判断是否存在参数，如果存在则使用静态方法调用参数值，否则作为字
                                      // 符串对象的方法来处理当前字符串对象
    function f() {                    // 定义替换文本函数
        return String.fromCharCode(arguments[1]);
                                      // 把第一个子表达式值（Unicode 编码）转换为字符
    }
    return _this.replace(/&#(\d*);/gmi, f); // 使用 replace()匹配并替换 Unicode 编码为字符
};
```

关于 Unicode 编码和解码操作，应该注意正则表达式的设计，对于 ASCII 字符来说，其 Unicode 编码在\u00～\uFF（十六进制）；而对于双字节的汉字来说，则应该是大于\uFF 编码的字符集，因此在判断时要考虑到不同的字符集合。

【示例 3】利用上面定义的方法尝试把被 toUnicode()方法编码的字符进行解码。

```
var s = "javascript 中国";                // 定义字符串直接量
s = s.toUnicode();                        // 对字符串进行 Unicode 编码
```

```
alert(s);                        // 返回字符串
                                 // "&#106;&#97;&#118;&#97;&#115;&#99;&#114
                                 // ;&#105;&#112;&#116;&#20013;&#22269;"
s = s.fromUnicode();             // 对被编码的字符串进行解码
alert(s);                        // 返回字符串"javascript 中国"
```

Note

5.3.4 字符串智能替换

视频讲解

ECMAScript 3.0 规定 replace()方法的第二个参数建议使用函数，而不是字符串。当使用 replace()方法执行匹配时，每次匹配时都会调用该函数，函数的返回值将作为替换文本执行匹配操作，同时函数可以接收以$为前缀的特殊字符组合，用来对匹配文本的相关信息进行引用。

【示例 1】下面代码使用替换函数把字符串中每个单词转换为首字母大写形式显示。

```
var s = 'script language = "javascript" type= " text / javascript"';    // 定义字符串
var f = function($1) { // 定义替换文本函数，参数为第一个子表达式匹配文本
    return $1.substring(0, 1).toUpperCase() + $1.substring(1);
                                        // 把匹配文本的首字母转换为大写
}
var a = s.replace(/(\b\w+\b)/g, f);      // 匹配文本并进行替换
alert(a); // 返回字符串 Script Language = "Javascript" Type = " Text /Javascript"
```

上面示例，函数 f()的参数为特殊字符“$1”，它表示正则表达式/(\b\w+\b)/中小括号每次匹配的文本。然后在函数结构内对这个匹配文本进行处理，截取其首字母并转换为大写形式，然后返回新处理的字符串。replace()方法能够在原文本中使用这个返回的新字符串替换掉每次匹配的子字符串。

【示例 2】对于上面示例，还可以进一步延伸，使用小括号以获取更多匹配文本的信息。例如，直接利用小括号传递单词的首字母，然后进行大小写转换处理。

```
var s = 'script language = "javascript" type = " text / javascript"';
var f = function($1,$2,$3) {  // 定义替换文本函数，请注意参数的变化
    return $2.toUpperCase()+$3 ;         // 返回字符串 Script Language = "Javascript" Type =
}
var a = s.replace(/\b(\w)(\w*)\b/g, f);   // " Text /Javascript"
```

在函数 f()中，第一个参数表示每次匹配的文本，第二个参数表示第一个小括号的子表达式所匹配的文本，即单词的首字母，第二个参数表示第二个小括号的子表达式所匹配的文本。

实际上，replace()方法的第二个参数是一个函数，replace()方法依然会给它传递多个实参，这些实参都包含一定的意思，具体说明如下。

☑ 第一个参数表示匹配模式相匹配的文本，如上面示例中每次匹配的单词字符串。

☑ 其后的参数是匹配模式中子表达式相匹配的字符串，参数个数不限，根据子表达式数而定。

☑ 后面的参数是一个整数，表示匹配文本在字符串中的下标位置。

☑ 最后一个参数表示字符串自身。

【示例 3】把上面示例中替换文本函数改为如下形式。

```
var f = function() {
    return arguments[1].toUpperCase()+arguments[2];
}
```

也就是说，如果不为函数传递形参，直接调用函数的 arguments 属性，同样能够读取到正则表达

式中相关匹配文本的信息。其中：

☑ arguments[0]表示每次匹配的单词。

☑ arguments[1]表示第一个子表达式匹配的文本，即单词的首个字母。

☑ arguments[2]表示第二个子表达式匹配的文本，即单词的余下字母。

☑ arguments[3]表示匹配文本的下标位置，如第一个匹配单词 script 的下标位置就是 0，以此类推。

☑ arguments[4]表示要执行匹配的字符串，这里表示“script language = "javascript" type= " text / javascript"”。

【示例 4】下面代码利用函数的 arguments 对象主动获取 replace()方法第一个参数中正则表达式所匹配的详细信息。

```
var s = 'script language = "javascript" type= " text / javascript"';
var f = function() {
    for (var i = 0; i < arguments.length; i++) {
        alert("第" + (i + 1) + "个参数的值：" + arguments[i]);
    }
}
var a = s.replace(/\b(\w)(\w*)\b/g, f);
```

在函数结构体中，使用 for 循环结构遍历 argumnets 属性时，则发现每次匹配单词时，都会弹出 5 次提示信息，分别显示上面所列的匹配文本信息。其中，arguments[1]、arguments[2]会根据每次匹配文本不同，分别显示当前匹配文本中子表达式匹配的信息，arguments[3]显示当前匹配单词的下标位置。而 arguments[0]总是显示每次匹配的单词，arguments[4]总是显示被操作的字符串。

【示例 5】下面代码能够自动提取字符串中的分数，并汇总、算出平均分。然后利用 replace()方法提取每个分值，与平均分进行比较以决定替换文本的具体信息。

```
var s = "张三 56 分，李四 74 分，王五 92 分，赵六 84 分";  // 定义字符串直接量
var a = s.match(/\d+/g), sum = 0;                    // 匹配出所有分值，输出为数组
for (var i = 0 ; i < a.length; i++) {                // 遍历数组，求总分
    sum += parseFloat(a[i]);                         // 把元素值转换为数值后递加
};
var avg = sum / a.length;                            // 求平均分
function f() {
    var n = parseFloat(arguments[1]);
                                                     // 把匹配的分数转换为数值，第一个子表达式
    return n + "分" + " (" + ((n > avg) ? ("超出平均分" + (n - avg)) : ("低于平均分" + (avg - n))) + "分) ";
                                                     // 设计替换文本的内容
}
var s1 = s.replace(/(\d+)分/g, f);                   // 执行匹配、替换操作
alert(s1);
// 返回字符串“张三 56 分（低于平均分 20.5 分），李四 74 分（低于平均分 2.5 分）
// 王五 92 分（超出平均分 15.5 分），赵六 84 分（超出平均分 5.5 分）”
```

在上面的示例中，应注意两个细节。

第一，遍历数组时不能够使用 for-in 结构，因为在这个数组中还存储有其他相关的匹配文本信息。应该使用 for 结构来实现。

第二，由于截取的数字都是字符串类型，应该把它们都转换为数值类型，否则会被误解，如把数字连接在一起，或者按字母顺序进行比较等。

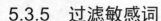

视频讲解

Note

5.3.5 过滤敏感词

特殊字符检测和过滤是字符串操作中的常见任务。可以为 String 类型扩展一个方法 check()，用来检测字符串中是否包含指定的特殊字符。

设计思路：方法 check()的参数为任意长度和个数的特殊字符列表，检测的返回结果为布尔值。如果检测到任意指定的特殊字符，则返回 true，否则返回 false。

【示例】下面为字符串扩展一个原型方法 check()，它能够根据参数检测字符串中是否存在特定字符。

```
String.prototype.check = function() {              // 特殊字符检测，参数为特殊字符列表
                                                   // 返回 true 表示存在，否则不存在
    if (arguments.length < 1) throw new Error("缺少参数");// 如果没有参数，则抛出异常
    var a = [], _this = this; // 定义空数组，并把检测的字符串存储在局部变量中
for (var i = 0; i < arguments.length; i++) {       // 遍历参数，把参数列表转换为数组
        a.push(arguments[i]);                      // 把每个参数值推入数组
    }
    var i = - 1;  // 设置临时变量，初始化为-1
    a.each(function() {       // 调用数组的扩展方法 each()，实现迭代数组
                              // 并为每个元素调用匿名函数，来检测字符串中是否存在指定的特殊字符
        if (i != - 1) return true;                 // 如果临时变量不等于 - 1，则提前返回 true
        i = _this.search(this)                     //否则把检索到的字符串下标位置传递
    });
    if (i == - 1) {                                // 如果 i 等于 - 1，则返回 false，说明没有检测到特殊字符
        return false;
    }else {                                        // 如果 i 不等于 - 1，则返回 true，说明检测到特殊字符
        return true;
    }
}
```

在该特殊字符检测的扩展方法中，使用了 Array 对象扩展的 each()方法，该方法能够迭代数组。下面应用 String 类型的扩展方法 check()，来检测字符串中是否包含特殊字符尖角号，以判断字符串中是否存在 HTML 标签。

```
var s = '<script language="javascript" type="text/javascript">';
                              // 定义字符串直接量
var b = s.check("<", ">");    // 调用 String 类型的扩展方法，检测字符串
alert(b);                     // 返回 true，说明存在特殊的字符"<"或">"，即存在标签
```

由于 Array 对象的扩展方法 each()能够多层迭代数组。所以，还可以以数组的形式传递参数。例如：

```
var s = '<script language="javascript" type="text/javascript">';
var a = ["<", ">","\"","\'","\\","\/","\;","\|"];
var b = s.check(a);
alert(b);
```

把特殊字符存储在数组中，这样更方便管理和引用。

视频讲解

5.3.6 高级加密解密

加密和解密的关键是算法设计，通俗地说就是设计一个函数式，输入字符串之后，经过复杂的函

数处理，返回一组看似杂乱无章的字符串。对于常人来说，输入的字符串是可以阅读的信息，但是被函数打乱或编码之后显示的字符串就变成无意义的垃圾信息。要想把这些垃圾信息变为有意义的信息，还需要使用相反的算法把它们逆转回来。

【示例】假设把字符串“中”进行自定义加密。可以考虑利用 JavaScript 预定义的 charCodeAt() 方法获取该字符的 Unicode 编码。

```
var s = "中";
var b = s.charCodeAt(0);                    // 返回值 20013
```

然后以 36 为倍数不断取余数：

```
b1 = b % 36;                                // 返回值 33，求余数
b = (b - b1) / 36;                          // 返回值 555，求倍数
b2 = b % 36;                                // 返回值 15，求余数
b = (b - b2) / 36;                          // 返回值 15，求倍数
b3 = b % 36;                                // 返回值 15，求余数
```

那么不断求得的余数，可以通过下面公式反算出原编码值。

```
var m = b3 * 36 * 36 + b2 * 36 + b1;        // 返回值 20013，反求字符“中”的编码值
```

有了这种算法，就可以实现字符与加密数值之间的相互转换。如果定义一个密匙如下所示。

```
var key = "0123456789ABCDEFGHIJKLMNOPQRSTUVWXYZ";
```

把余数定位到密匙中某个下标值相等的字符上，这样就实现了加密效果。反过来，如果知道某个字符在密匙中的下标值，然后反算出被加密字符的 Unicode 编码值，最后就可以逆推出被加密字符的原信息。

我们设定密匙是以 36 个不同的数值和字母组成的字符串。不同密匙，加密解密的结果则不同，加密结果以密匙中的字符作为基本元素。

具体加密字符串方法如下。

```
var toCode = function(str) {                // 加密字符串
    // 定义密钥，36 个字母和数字
    var key = "0123456789ABCDEFGHIJKLMNOPQRSTUVWXYZ";
    var l = key.length;                     // 获取密钥的长度
    var a = key.split("");                  // 把密钥字符串转换为字符数组
    var s = "", b, b1, b2, b3;              // 定义临时变量
    for (var i = 0; i < str.length; i++) {  // 遍历字符串
        b = str.charCodeAt(i);              // 逐个提取每个字符，并获取 Unicode 编码值
        b1 = b % l;                         // 求 Unicode 编码值的余数
        b = (b - b1) / l;                   // 求最大倍数
        b2 = b % l;                         // 求最大倍数的余数
        b = (b - b2) / l;                   // 求最大倍数
        b3 = b % l;                         // 求最大倍数的余数
        s += a[b3] + a[b2] + a[b1];         // 根据这些余数值映射到密钥中对应下标值的字符
    }
    return s;                               // 返回这些映射的字符
}
```

解密字符串的方法如下。

Note

```
var fromCode = function(str) {                  // 解密 toCode()方法加密的字符串
    // 定义密钥，36 个字母和数字
    var key = "0123456789ABCDEFGHIJKLMNOPQRSTUVWXYZ";
    var l = key.length;                         // 获取密钥的长度
    var b,b1,b2,b3,d = 0,s;                     // 定义临时变量
    s = new Array(Math.floor(str.length / 3))  // 计算加密字符串包含的字符数，并定义数组
    b = s.length;       // 获取数组的长度
    for (var i = 0; i < b; i++) {               // 以数组的长度为循环次数，遍历加密字符串
        b1 = key.indexOf(str.charAt(d))         // 截取周期内第一个字符，计算在密钥中的下标值
        d++;
        b2 = key.indexOf(str.charAt(d))         // 截取周期内第二个字符，计算在密钥中的下标值
        d++;
        b3 = key.indexOf(str.charAt(d))         // 截取周期内第三个字符，计算在密钥中的下标值
        d++;
        s[i] = b1 * l * l + b2 * l + b3         // 利用下标值，反算加密字符的 Unicode 编码值
    }
    b = eval("String.fromCharCode(" + s.join(',') + ")");  // 计算对应的字符串
    return b;                                   // 返回被解密的字符串
}
```

最后，利用上面自定义的加密和解密方法来进行试验，如下所示。

```
var s = "javascript 中国";                      // 字符串直接量
s = toCode(s);                                  // 加密字符串
alert(s);                                       // 返回字符串"02Y02P03A02P03702R03602X034038FFXH6L"
s = fromCode(s);                                // 解密被加密的字符串
alert(s);                                       // 返回字符串"javascript 中国"
```

第6章 使用正则表达式

正则表达式（Regular Expression）是一种表达文本模式（即字符串结构）的方法，有点像字符串的模板，常常用作按照“给定模式”匹配文本的工具。如正则表达式给出一个Email地址的模式，然后用它来确定一个字符串是否为Email地址。JavaScript的正则表达式体系是参照Perl 5建立的。

【学习重点】

- 定义正则表达式。
- 熟悉正则表达式的匹配规则。
- 使用RegExp对象。
- 灵活使用正则表达式处理字符串。

6.1 新建正则表达式

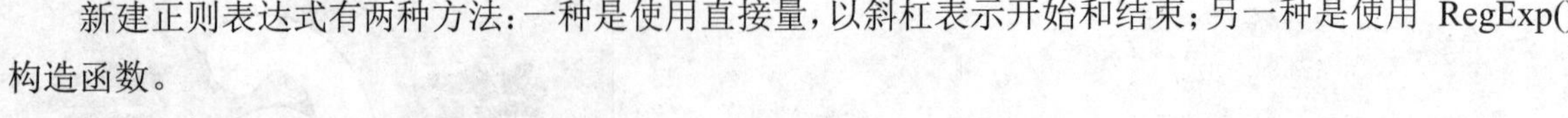

新建正则表达式有两种方法：一种是使用直接量，以斜杠表示开始和结束；另一种是使用 RegExp()构造函数。

6.1.1 构造正则表达式

视频讲解

RegExp()构造函数可以新建正则表达式对象，用法如下。

```
new RegExp(pattern, attributes)
```

参数 pattern 可以是一个字符串，指定正则表达式的匹配模式，也可以是一个正则表达式；参数 attributes 是一个可选的修饰符，包含"g"、"i"和"m"，分别用于指定全局匹配、区分大小写的匹配和多行匹配。如果 pattern 是正则表达式，而不是字符串，则必须省略该参数。

该函数将返回一个新的 RegExp 对象，具有指定的模式和修饰符。

【示例 1】下面示例使用 RegExp()构造函数定义了一个简单的正则表达式，匹配模式为字符"a"，没有设置第二个参数，所以这个正则表达式只能够匹配字符串中第一个小写字母 a，后面的字母 a 将无法被匹配到。

```
var r = new RegExp("a");                 // 构造最简单的正则表达式
var s = "javascript!=JAVA";              // 定义字符串直接量
var a = s.match(r);                      // 调用正则表达式执行匹配操作，返回匹配的数组
alert(a);                                // 返回数组["a"]
alert(a.index);                          // 返回值为 1
```

【示例 2】如果希望匹配字符串中所有的字母 a，且不区分大小写，则可以在第二个参数中增加 g 和 i 修饰词。

```
var r = new RegExp("a","gi");            // 设置匹配模式为全局匹配，且不区分大小写
var s = "javascript!=JAVA";              // 字符串直接量
var a = s.match(r);                      // 匹配查找
alert(a);                                // 返回数组["a","a","A","A"]
```

【示例 3】在正则表达式中可以使用特殊字符。下面示例的正则表达式将匹配字符串"javascript JAVA"中每个单词的首字母。

```
var r = new RegExp("\\b\\w","gi");       // 构造正则表达式对象
var s = "javascript JAVA";               // 字符串直接量
var a = s.match(r);                      // 匹配查找
alert(a);                                // 返回数组["j", "J"]
```

在上面示例中，字符串"\\b\\w"表示一个匹配模式，其中"\b"表示单词的边界，"\w"表示任意 ASCII 字符。反斜杠表示转义序列，为了避免 Regular()构造函数的误解，必须使用“\\”替换所有“\”字符，使用双反斜杠表示斜杠本身的意思。

提示：在脚本中动态创建正则表达式时，使用 RegExp()构造函数会更方便。例如，如果检索的字符串是由用户输入的，那么就必须在运行时使用 RegExp()构造函数来创建正则表达式，而不能使用其他方法。

【示例 4】如果 RegExp()构造函数的第一个参数是一个正则表达式，则第二个参数可以省略。这时 RegExp()构造函数将创建一个参数相同的正则表达式对象。

```
var r = new RegExp("\\b\\w","gi");          // 构造正则表达式对象
var r1 = new RegExp(r);                     // 把正则表达式变量作为参数传递给 RegExp()构造函数
var s = "javascript JAVA";                  // 字符串直接量
var a = s.match(r);                         // 匹配查找
alert(a);                                   // 返回数组["j", "J"]
```

提示：把正则表达式直接量传递给 RegExp()构造函数，可以进行类型封装。

【示例 5】RegExp()也可以作为普通函数使用，这时它与使用 new 运算符调用构造函数功能相同，用来强制转换参数值为正则表达式。不过如果函数的参数是正则表达式，那么它仅返回正则表达式，而不再创建一个新的 RegExp 对象。

```
var a = new RegExp("\\b\\w","gi");          // 构造正则表达式对象
var b = new RegExp(a);                      // 对正则表达式对象进行再封装
var c = RegExp(a);                          // 返回正则表达式直接量
alert(a.constructor == RegExp);             // 返回 true
alert(b.constructor == RegExp);             // 返回 true
alert(c.constructor == RegExp);             // 返回 true
```

6.1.2　正则表达式直接量

视频讲解

正则表达式直接量使用斜杠作为分隔符进行定义，两个斜杠之间包含的字符为正则表达式的字符模式，字符模式不能使用引号，修饰字符放在最后一个斜杠的后面，语法如下。

```
/pattern/attributes
```

【示例 1】下面示例定义一个正则表达式直接量，然后进行调用。

```
var r = /\b\w/gi;
var s = "javascript JAVA";
var a = s.match(r);                         // 直接调用正则表达式直接量
alert(a);                                   // 返回数组["j", "J"]
```

提示：在 RegExp()构造函数与正则表达式直接量语法中，匹配模式的表示是不同的。对于 RegExp()构造函数来说，它接收的是字符串，而不是正则表达式的匹配模式。所以，在上面示例中，RegExp()构造函数中第一个参数中的特殊字符必须使用双反斜杠来表示，以防止字符串中每个字符被 RegExp()构造函数转义。同时对于第二个参数中的修饰词也应该使用引号来包含。而正则表达式直接量中，每个字符都按正则表达式的规则来定义，普通字符与特殊字符都会被正确解释。

【示例 2】在 RegExp()构造函数中可以传递变量，而在正则表达式直接量中是不允许的。

```
var r = new RegExp("a"+ s + "b","g");    // 动态创建正则表达式
var r = /"a"+ s + "b"/g;                 // 错误的用法
```

在上面示例中，对于正则表达式直接量来说，“"”和“+”都将被视为普通字符而进行匹配，而不是作为字符与变量的语法标识符进行连接操作。

Note

6.2 匹配规则基础

正则表达式对字符串的匹配有很复杂的规则，下面一一介绍这些规则。

6.2.1 字面量字符和元字符

大部分字符在正则表达式中，就是字面的含义，例如，/a/匹配 a，/b/匹配 b。如果在正则表达式中，某个字符只表示它字面的含义，那么就叫“字面量字符”。例如：

```
/dog/.test("old dog") // true
```

在上面代码中，正则表达式的 dog，就是字面量字符，所以/dog/匹配“old dog”，因为它就表示 d、o、g 这 3 个字母连在一起。

除了字面量字符以外，还有一部分字符有特殊含义，不代表字面的意思，叫作“元字符”，主要有以下几个。

1. 点字符

点字符（.）匹配除回车（\r）、换行(\n) 、行分隔符（\u2028）和段分隔符（\u2029）以外的所有字符。例如：

```
/c.t/
```

在上面代码中，c.t 匹配 c 和 t 之间包含任意一个字符的情况，只要这 3 个字符在同一行，如 cat、c2t、c-t 等，但是不匹配 coot。

2. 位置符

位置字符用来提示字符所处的位置，主要有两个字符。

☑ ^：表示字符串的开始位置。

☑ $：表示字符串的结束位置。

例如：

```
// test 必须出现在开始位置
/^test/.test('test123') // true
// test 必须出现在结束位置
/test$/.test('new test') // true
// 从开始位置到结束位置只有 test
/^test$/.test('test') // true
/^test$/.test('test test') // false
```

3. 选择符

竖线符号（|）在正则表达式中表示“或”（OR），如 cat|dog 表示匹配 cat 或 dog。

```
/11|22/.test('911') // true
```

在上面代码中，正则表达式指定必须匹配 11 或 22。

【示例】多个选择符可以联合使用。

```
// 匹配 fred、barney、betty 中的一个
/fred|barney|betty/
```

Note

选择符会包括它前后的多个字符，如/ab|cd/指的是匹配 ab 或者 cd，而不是指匹配 b 或者 c。如果想修改这个行为，可以使用小括号。

```
/a( |\t)b/.test('a\tb') // true
```

上面代码指的是，a 和 b 之间有一个空格或者一个制表符。

【示例 1】可以设计多重选择模式，这时只需要在多个子模式之间加入选择操作符即可，执行连续选择匹配操作。

```
var s1 = "abc";
var s2 = "efg";
var s3 = "123";
var s4 = "456";
var r = /(abc)|(efg)|(123)|(456)/;          // 多重选择匹配
var b1 = r.test(s1);                        // 返回 true
var b2 = r.test(s2);                        // 返回 true
var b3 = r.test(s3);                        // 返回 true
var b4 = r.test(s4);                        // 返回 true
```

注意：为了避免歧义，应该为选择操作的多个子模式加上小括号。

【示例 2】针对表单中敏感词过滤，可以设计一个敏感词列表的选择匹配模式，然后使用字符串的 repalce()方法把所有敏感字符替换为字符编码，并转换为网页显示的编码格式。

```
var s = "a'b?c&";                           // 待过滤的表单提交信息
var r = /\'|\"|\?|\&/gi;                    // 过滤敏感字符的正则表达式
function f(){                               // 替换函数，把敏感字符替换为对应的网页显示的编码格式
    return "&#" + arguments[0].charCodeAt(0) + ";";
}
var a = s.replace(r,f);                     // 执行过滤替换
document.write(a);                          // 在网页中显示正常的字符信息
alert(a);                                   // 返回字符串"a&#39;b&#63;c&#38;"
```

更多元字符将在下面详细说明，如\\、*、+、?、()、[]、{}等。

6.2.2　转义字符

在正则表达式中，那些有特殊含义的字符，如果要匹配它们本身，就需要在它们前面加上反斜杠。

【示例】如要匹配加号，就要写成\+。

```
/1+1/.test('1+1')          // false
/1\+1/.test('1+1')         // true
```

在上面代码中，第一个正则表达式直接用加号匹配，结果加号解释成量词，导致不匹配。第二个正则表达式使用反斜杠对加号转义，就能匹配成功。

提示：在正则匹配模式中，需要用斜杠转义的，一共有 12 个字符：^、.、[、$、(、)、|、*、+、?、{和\\。

Note

注意：如果使用 RegExp()构造函数生成正则表达式对象，转义需要使用两个斜杠，因为字符串内部会先转义一次。例如：

```
(new RegExp('1\+1')).test('1+1')            // false
(new RegExp('1\\+1')).test('1+1')           // true
```

在上面代码中，RegExp()作为构造函数，参数是一个字符串。但是，在字符串内部，反斜杠也是转义字符，所以它会先被反斜杠转义一次，然后再被正则表达式转义一次，因此需要两个反斜杠转义。

6.2.3 特殊字符

正则表达式对一些不能打印的特殊字符，提供了表达方法。

- ☑ \cX：表示 Ctrl-[X]，其中的 X 是 A-Z 之中任一个英文字母，用来匹配控制字符。
- ☑ [\b]：匹配退格键（U+0008），不要与\b 混淆。
- ☑ \n：匹配换行键。
- ☑ \r：匹配回车键。
- ☑ \t：匹配制表符 tab（U+0009）。
- ☑ \v：匹配垂直制表符（U+000B）。
- ☑ \f：匹配换页符（U+000C）。
- ☑ \0：匹配 null 字符（U+0000）。
- ☑ \xhh：匹配一个以两位十六进制数（\x00-\xFF）表示的字符。
- ☑ \uhhhh：匹配一个以四位十六进制数（\u0000-\uFFFF）表示的 unicode 字符。

【示例 1】下面使用 ASCII 编码定义正则表达式直接量。

```
var r = /\x61/;                          // 以 ASCII 编码匹配字母 a
```

由于字母 a 的 ASCII 编码为 97，被转换为十六进制数值后为 61，因此如果要匹配字符 a，就应该在前面添加“\x”前缀，以提示它为 ASCII 编码。

```
var s = "javascript";
var a = s.match(r);                      // 匹配第一个字符 a
```

【示例 2】除了十六进制外，还可以直接使用八进制数值表示字符。

```
var r = /\141/;                          // 141 是字母 a 的 ASCII 编码的八进制值
var s = "javascript";
var a = s.match(r);                      // 即匹配第一个字符 a
```

使用十六进制需要添加“\x”前缀，主要是避免语义混淆，但是八进制不需要添加前缀。

ASCII 编码只能够匹配有限的单字节拉丁字符，对于双字节的字符是无法表示的。

【示例 3】下面使用 Unicode 编码定义正则表达式直接量。

```
var r = /\u0061/;                        // 以 Unicode 编码匹配字母 a
var s = "javascript";                    // 字符串直接量
var a = s.match(r);                      // 即匹配第一个字符 a
```

如果使用 Unicode 编码表示，则必须指定一个四位的十六进制值，并在前面增加“\u”前缀。

Note

6.2.4 字符类

字符类（Class）表示有一系列字符可供选择，只要匹配其中一个即可。所有可供选择的字符都放在方括号内，如[xyz] 表示 x、y、z 之中任选一个匹配。

```
/[abc]/.test('hello world') // false
/[abc]/.test('apple') // true
```

上面代码表示，字符串'hello world'不包含 a、b、c 这 3 个字母中的任一个，而字符串'apple'包含字母 a。

有两个字符在字符类中有特殊含义。

1. 脱字符

如果方括号内的第一个字符是脱字符[^]，则表示除了字符类之中的字符，其他字符都可以匹配。如[^xyz]表示除了 x、y、z 之外都可以匹配。

```
/[^abc]/.test('hello world') // true
/[^abc]/.test('bbc') // false
```

上面代码表示，字符串'hello world'不包含字母 a、b、c 中的任一个，所以返回 true；字符串'bbc'不包含 a、b、c 以外的字母，所以返回 false。

如果方括号内没有其他字符，只有[^]，就表示匹配一切字符，其中包括换行符，而点号（.）不包括换行符。

```
var s = 'Please yes\nmake my day!';
s.match(/yes.*day/) // null
s.match(/yes[^]*day/) // [ 'yes\nmake my day']
```

在上面代码中，字符串 s 含有一个换行符，点号不包括换行符，所以第一个正则表达式匹配失败；第二个正则表达式[^]包含一切字符，所以匹配成功。

> 注意：脱字符只有在字符类的第一个位置才有特殊含义，否则就是字面含义。

2. 连字符

某些情况下，对于连续序列的字符，连字符（-）用来提供简写形式，表示字符的连续范围。如[abc]可以写成[a-c]，[0123456789]可以写成[0-9]，同理[A-Z]表示 26 个大写字母。

```
/a-z/.test('b') // false
/[a-z]/.test('b') // true
```

在上面代码中，当连字号（dash）不出现在方括号之中，就不具备简写的作用，只代表字面的含义，所以不匹配字符 b。只有当连字号用在方括号之中，才表示连续的字符序列。

【示例 1】 以下都是合法的字符类简写形式。

```
[0-9.,]
[0-9a-fA-F]
[a-zA-Z0-9-]
[1-31]
```

上面代码中最后一个字符类[1-31]，不代表 1 到 31，只代表 1 到 3。

注意：字符类的连字符必须在头尾两个字符中间，才有特殊含义，否则就是字面含义。如[-9]就表示匹配连字符和9，而不是匹配0~9。

【示例2】连字符还可以用来指定Unicode字符的范围。

```
var str = "\u0130\u0131\u0132";
/[\u0128-\uFFFF]/.test(str)                    // true
```

注意：不要过分使用连字符，设定一个很大的范围，否则很可能选中意料之外的字符。最典型的例子就是[A-z]，表面上它是选中从大写的A到小写的z之间52个字母，但是由于在ASCII编码之中，大写字母与小写字母之间还有其他字符，结果就会出现意料之外的结果。例如：

```
/[A-z]/.test('\\') // true
```

上面代码中，由于反斜杠（\\）的ASCII码在大写字母与小写字母之间，结果会被选中。

【示例3】字符范围遵循字符编码的顺序进行匹配。如果将要匹配的字符恰好在字符编码表中特定区域内，就可以使用这种方式表示。

如果匹配任意ASCII字符，可以设计如下。

```
var r = /[\u0000-\u00ff]/g;
```

如果匹配任意双字节的汉字，可以设计如下。

```
var r = /[^\u0000-\u00ff]/g;
```

对于数字来说，除了直接使用数字表示外，还可以使用Unicode编码设计。

```
var r = /[\u0030-\u0039]/g;
```

使用下面字符模式可以匹配任意大写字母。

```
var r = /[\u0041-\u004A]/g;
```

使用下面字符模式可以匹配任意小写字母。

```
var r = /[\u0061-\u007A]/g;
```

【示例4】在字符范围内可以混用各种字符模式。

```
var s = "abcdez";          // 字符串直接量
var r = /[abce-z]/g;       // 字符类包含字符 a、b、c，以及 e～z 的任意字符
var a = s.match(r);        // 返回数组["a","b","c","e","z"]
```

在字符类内部不要有空格，否则会被认为是一个空格进行匹配。

```
var r = /[0-9 ]/g;
```

上面正则表达式不仅匹配所有数字，还会匹配所有空格。

如果要匹配任意大小写字母和数字，则可以设计如下。

```
var r = /[a-zA-Z0-9]/g;
```

【示例5】字符范围可以组合使用，从而设计更灵活的匹配模式。

```
var s = "abc4 abd6 abe3 abf1 abg7";        // 字符串直接量
var r = /ab[c-g][1-7]/g;
```

```
// 匹配第一、二个字符为 ab，第三个字符为从 c 到 g，第四个字符为 1~7 的任意数字
var a = s.match(r);
// 返回数组["abc4"," abd6"," abe3"," abf1"," abg7"]
```

在匹配过程中，如果需要匹配的字符无法预料，或者难以通过简单字符类一一枚举，那么可以分析该匹配可能不会包含的字符，以反义字符范围实现以少应多的目的。

Note

```
var r = /[^0123456789]/g;
```

在这个正则表达式直接量中，将会匹配除了数字以外任意的字符。反义字符类比简单字符类显得功能更加强大和实用。

6.2.5　预定义模式

视频讲解

预定义模式指的是某些常见模式的简写方式，简单说明如下。

☑　\d：匹配 0-9 的任一数字，相当于[0-9]。

☑　\D：匹配所有 0-9 以外的字符，相当于[^0-9]。

☑　\w：匹配任意的字母、数字和下画线，相当于[A-Za-z0-9_]。

☑　\W：除所有字母、数字和下画线以外的字符，相当于[^A-Za-z0-9_]。

☑　\s：匹配空格（包括制表符、空格符、断行符等），相等于[\t\r\n\v\f]。

☑　\S：匹配非空格的字符，相当于[^\t\r\n\v\f]。

☑　\b：匹配词的边界。

☑　\B：匹配非词边界，即在词的内部。

【示例 1】下面是一些演示代码。

```
// \s 的例子
/\s\w*/.exec('hello world')          // [" world"]
// \b 的例子
/\bworld/.test('hello world')        // true
/\bworld/.test('hello-world')        // true
/\bworld/.test('helloworld')         // false
// \B 的例子
/\Bworld/.test('hello-world')        // false
/\Bworld/.test('helloworld')         // true
```

在上面代码中，\s 表示空格，所以匹配结果会包括空格。\b 表示词的边界，所以“world”的词首必须独立（词尾是否独立未指定），才会匹配。同理，\B 表示非词的边界，只有“world”的词首不独立，才会匹配。

【示例 2】通常，正则表达式遇到换行符（\n）就会停止匹配。

```
va html = "<b>Hello</b>\n<i>world!</i>";
/.*/.exec(html)[0]
// "<b>Hello</b>"
```

上面代码中，字符串 html 包含一个换行符，结果点字符（.）不匹配换行符，导致匹配结果可能不符合原意。这时使用\s 字符类，就能包括换行符。

```
var html = "<b>Hello</b>\n<i>world!</i>";
/[\S\s]*/.exec(html)[0]
// "<b>Hello</b>\n<i>world!</i>"
```

```
// 另一种写法（用到了非捕获组）
/(?:.|\s)*/.exec(html)[0]
// "<b>Hello</b>\n<i>world!</i>"
```

上面代码中，[\S\s]指代一切字符。

Note

视频讲解

6.2.6 重复类

模式的精确匹配次数，使用大括号（{}）表示。{n}表示恰好重复 n 次，{n,}表示至少重复 n 次，{n,m}表示重复不少于 n 次，不多于 m 次。例如：

```
/lo{2}k/.test('look')      // true
/lo{2,5}k/.test('looook') // true
```

上面代码中，第一个模式指定 o 连续出现两次，第二个模式指定 o 连续出现 2～5 次。

6.2.7 量词字符

量词用来设定某个模式出现的次数，具体说明如下。

☑ ?：问号，表示某个模式出现 0 次或 1 次，等同于{0, 1}。

☑ *：星号，表示某个模式出现 0 次或多次，等同于{0,}。

☑ +：加号，表示某个模式出现 1 次或多次，等同于{1,}。

【示例】

```
// t 出现 0 次或 1 次
/t?est/.test('test')          // true
/t?est/.test('est')           // true
// t 出现 1 次或多次
/t+est/.test('test')          // true
/t+est/.test('ttest')         // true
/t+est/.test('est')           // false
// t 出现 0 次或多次
/t*est/.test('test')          // true
/t*est/.test('ttest')         // true
/t*est/.test('tttest')        // true
/t*est/.test('est')           // true
```

6.2.8 贪婪模式

6.2.7 节介绍 3 个量词字符，在默认情况下都是最大可能匹配，即匹配直到下一个字符不满足匹配规则为止，这被称为贪婪模式。例如：

```
var s = 'aaa';
s.match(/a+/)            // ["aaa"]
```

上面代码中，模式是/a+/，表示匹配 1 个 a 或多个 a，那么到底会匹配几个 a 呢？因为默认是贪婪模式，会一直匹配到字符 a 不出现为止，所以匹配结果是 3 个 a。

如果想将贪婪模式改为非贪婪模式，可以在量词符后面加一个问号。

```
var s = 'aaa';
s.match(/a+?/)           // ["a"]
```

在上面代码中，模式结尾添加了一个问号/a+?/，这时就改为非贪婪模式，一旦条件满足，就不再往下匹配。

除了非贪婪模式的加号（+），还有非贪婪模式的星号（*）。

☑　*?：表示某个模式出现 0 次或多次，匹配时采用非贪婪模式。

☑　+?：表示某个模式出现 1 次或多次，匹配时采用非贪婪模式。

【示例 1】下面示例显示当在保证右侧重复类量词最低匹配次数基础上，最左侧的重复类量词将尽可能占有所有字符。

```
var s ="<html><head><title></title></head><body></body></html>";
var r = /(<.*>)(<.*>)/
var a = s.match(r);
alert(a[1]);  // 左侧匹配"<html><head><title></title></head><body></body>"
alert(a[2]);  //右侧子表达式匹配"</html>"
```

【示例 2】下面示例演示了惰性匹配结果。

```
var s ="<html><head><title></title></head><body></body></html>";
var r = /<.*?>/
var a = s.match(r);                    // 返回单元素数组["<html>"]
```

6.2.9　修饰字符

修饰字符（Modifier）表示模式的附加规则，放在正则匹配模式的最尾部。修饰符可以单个使用，也可以多个一起使用。例如：

```
// 单个修饰符
var regex = /test/i;
// 多个修饰符
var regex = /test/ig;
```

1. g 修饰符

在默认情况下，第一次匹配成功后，正则表达式对象就停止了向下匹配。g 修饰符表示全局匹配（Global），加上它以后，正则表达式对象将匹配全部符合条件的结果，主要用于搜索和替换。例如：

```
var regex = /b/;
var str = 'abba';
regex.test(str); // true
regex.test(str); // true
regex.test(str); // true
```

在上面代码中，正则匹配模式不含 g 修饰符，每次都是从字符串头部开始匹配。所以，连续做了 3 次匹配，都返回 true。

```
var regex = /b/g;
var str = 'abba';
regex.test(str); // true
regex.test(str); // true
regex.test(str); // false
```

在上面代码中，正则匹配模式含有 g 修饰符，每次都是从上一次匹配成功处，开始向后匹配。因为字符串'abba'只有两个 b，所以前两次匹配结果为 true，第三次匹配结果为 false。

2. i 修饰符

Note

在默认情况下，正则表达式对象区分字母的大小写，加上 i 修饰符以后表示忽略大小写（ignorecase）。例如：

```
/abc/.test('ABC') // false
/abc/i.test('ABC') // true
```

上面代码表示，加了 i 修饰符以后，不考虑大小写，所以模式 abc 匹配字符串 ABC。

3. m 修饰符

m 修饰符表示多行模式（Multiline），会修改^和$的行为。默认情况下（即不加 m 修饰符时），^和$匹配字符串的开始处和结尾处，加上 m 修饰符以后，^和$还会匹配行首和行尾，即^和$会识别换行符（\n）。例如：

```
/world$/.test('hello world\n') // false
/world$/m.test('hello world\n') // true
```

上面的代码中，字符串结尾处有一个换行符。如果不加 m 修饰符，匹配不成功，因为字符串的结尾不是 world；加上以后，$可以匹配行尾。

```
/^b/m.test('a\nb') // true
```

上面代码要求匹配行首的 b，如果不加 m 修饰符，就相当于 b 只能处在字符串的开始处。

视频讲解

6.2.10 模式分组

使用小括号可以对正则表达式字符串进行任意分组，在小括号内的字符串表示子表达式，或者称为子模式，子表达式具有独立的匹配功能，匹配结果也具有独立性。同时跟随在小括号后的量词将会作用于整个子表达式。

在正则表达式中，表达式分组具有极高的应用价值，下面结合示例进行说明。

【示例 1】把单独的项目进行分组，以便合成子表达式，这样就可以像处理一个独立的字符那样，使用|、+、*或?等元字符来处理它们。

```
var s ="javascript is not java";
var r = /java(script)?/g;
var a = s.match(r);                    // 返回数组["javascript","java"]
```

上面的正则表达式可以匹配字符串"javascript"，也可以匹配字符串"java"，因为在匹配模式中通过分组，使用量词“?”来修饰该子表达式，这样匹配字符串时，其后既可以有"script"，也可以没有。

【示例 2】在正则表达式中，通过分组可以在一个完整的模式中定义子模式。当一个正则表达式成功地与目标字符串相匹配时，也可以从目标字符串中抽出与小括号中的子模式相匹配的部分。

```
var s ="ab=21,bc=45,cd=43";
var r = /(\w+)=(\d*)/;
var a = s.match(r);              // 返回数组["ab=21","ab","21"]
```

在上面的示例中，我们不仅要匹配出每个变量声明，而且希望知道每个变量的名称及其值。这个

时候如果使用小括号进行分组，把需要独立获取的信息作为子表达式，这样就可以不仅仅抽出声明，而且还可以提取更多有用的信息。

【示例 3】在同一个正则表达式的后部可以引用前面的子表达式。通过在字符“\”后加一位或多位数字来实现。数字指定了带括号的子表达式在正则表达式中的位置。如“\1”引用的是第一个带括号的子表达式，“\2”引用的是第二个带小括号的子表达式。

```
var s ="<h1>title<h1><p>text<p>";
var r = /(<\/?\w+>).*\1/g;
var a = s.match(r);                // 返回数组["<h1>title<h1>","<p>text<p>"]
```

在上面的示例中，通过引用前面子表达式匹配的文本，以实现成组匹配字符串。

【示例 4】由于子表达式可以嵌套在别的子表达式中，所以它的位置编号是根据左括号的顺序来定的。在下面的正则表达式中，嵌套的子表达式(<\/?\w+>)被指定为“\2”。

```
var s ="<h1>title<h1><p>text<p>";
var r = /((<\/?\w+>).*\2)/g;
var a = s.match(r);                // 返回数组["<h1>title<h1>","<p>text<p>"]
```

【示例 5】对正则表达式中前面子表达式的引用，所指的并不是那个子表达式的模式，而是与那个模式相匹配的文本。例如，下面这个字符串就无法实现匹配。

```
var s ="<h1>title</h1><p>text</p>";
var r = /((<\/?\w+>).*\2)/g;
var a = s.match(r);                // 返回 null
```

【示例 6】虽然子表达式(<\ /?\w+>)可以匹配“<h1>”，也可以匹配“</h1>”，但是对于“\2”来说，它引用的是前面子表达式匹配的文本，而不是它的匹配模式。如果要引用前面子表达式的匹配模式，则必须使用下面正则表达式。

```
var r = /((<\/?\w+>).*((<\/?\w+>))/g;
var a = s.match(r);                // 返回数组["<h1>title</h1>","<p>text</p>"]
```

6.2.11　分组引用

视频讲解

在正则表达式执行匹配运算时，表达式计算会自动把每个分组（子表达式）匹配的文本临时存储起来以备将来使用。这些存储在分组中的特殊值，被称之为反向引用。反向引用将遵循从左到右的顺序，根据表达式中的左括号字符的顺序进行创建和编号。

【示例 1】下面示例定义匹配模式包含多个子表达式。

```
var s = "abcdefghijklmn";
var r = /(a(b(c)))/;
var a = s.match(r);                // 返回数组["abc","abc","bc","c"]
```

在这个分组匹配模式中，共产生了 3 个反向引用，第一个是“(a(b(c)))”，第二个是“(b(c))”，第三个是“(c)”。它们引用的匹配文本分别是字符串"abc"、"bc"和"c"。

反向引用在应用开发中主要包含以下几种常规用法。

【示例 2】在正则表达式对象的 test()方法，以及字符串对象的 match()和 search()等方法中使用。在这些方法中，反向引用的值可以从 RegExp()构造函数中获得。

```
var s = "abcdefghijklmn";
var r = /(\w)(\w)(\w)/;
```

```
r.test(s);
alert(RegExp.$1);              // 返回第 1 个子表达式匹配的字符 a
alert(RegExp.$2);              // 返回第 2 个子表达式匹配的字符 b
alert(RegExp.$3);              // 返回第 3 个子表达式匹配的字符 c
```

Note

通过上面示例可以看到，正则表达式执行匹配测试后，所有子表达式匹配的文本都被分组存储在RegExp()构造函数的属性内，通过前缀符号$与正则表达式中子表达式的编号来引用这些临时属性。其中属性$1 标识符指向第一个值引用，属性$2 标识符指向第二个值引用，依此类推。

【示例 3】可以直接在定义分组的表达式中包含反向引用。这可以通过使用特殊转义序列（如\1、\2 等）来实现（详细内容可以参阅上 6.2.10 节内容）。

```
var s = "abcbcacba";
var r = /(\w)(\w)(\w)\2\3\1\3\2\1/;
var b = r.test(s);             // 验证正则表达式是否匹配该字符串
alert(b);                      // 返回 true
```

在上面示例的正则表达式中，“\1”表示对第一个反向引用(\w)所匹配的字符 a 引用，“\2”表示对第二个反向引用(\w)所匹配的字符 b 引用，“\3”表示对第二个反向引用(\w)所匹配的字符 c 引用。

【示例 4】可以在字符串对象的 replace()方法中使用。通过使用特殊字符序列$1、$2、$3 等来实现。例如，在下面的示例中将颠倒相邻字母和数字的位置。

```
var s = "aa11bb22c3d4e5f6";
var r = /(\w+?)(\d+)/g;
var b = s.replace(r,"$2$1");
alert(b);                          // 返回字符串"11aa22bb3c 4d5e6f"
```

在上面例子中，正则表达式包括两个分组，第一个分组匹配任意连续的字母，第二个分组匹配任意连续的数字。在 replace()方法的第二个参数中，$1 表示对正则表达式中第一个子表达式匹配文本的引用，而$2 表示对正则表达式中第二个子表达式匹配文本的引用，通过颠倒$1 和$2 标识符的位置，即可实现字符串的颠倒替换原字符串。

视频讲解

6.2.12　非引用组

正则表达式分组会占用一定的系统资源，在较长的正则表达式中，存储反向引用会降低匹配速度。但是很多时候使用分组仅是为了设置操作单元，而不是为了引用，这时建议选用一种非引用型分组，它不会创建反向引用。

创建非引用型分组的方法是，在左括号的后面分别加上一个问号和冒号(?:)，表示不返回该组匹配的内容，即匹配的结果中不计入这个括号。

【示例】通过使用非引用型分组，既可以拥有与匹配字符串序列同样的能力，又不用存储匹配文本的开销。

```
var s1 = "abc";
var s2 = "123";
var r = /(?:\w*?)|(?:\d*?)/;    // 非引用型分组
var a = r.test(s1);            // 返回 true
var b = r.test(s2);            // 返回 true
```

此时如果调用 RegExp 对象的$1 标识符来引用分组匹配的文本信息，结果会返回一个空字符串，因为该分组是非引用型的。

```
alert(RegExp.$1);                        // 返回""
```

正因如此，字符串对象的 replace()方法就不能通过 RegExp.$1 变量来使用任何反向引用，或在正则表达式中使用它。

非引用型分组对于必须使用子表达式，但是又不希望存储无用的匹配信息而浪费系统资源，或者希望提高匹配速度，是非常重用的方法。

Note

视频讲解

6.2.13 声明边界

声明边界包括正向声明和反向声明两种模式。

☑ 正向声明：声明表示条件的意思，是指定匹配模式后面的字符必须被匹配，但不返回匹配结果。正向声明使用“(?=匹配条件)”表示。

【示例 1】下面代码定义一个正向声明的匹配模式。

```
var s = "a:123 b=345";
var r = /\w*(?==)/;              // 使用正向声明，指定执行匹配必须满足的条件
var a = s.match(r);              // 返回数组["b"]
```

在上面示例中，通过使用(?==)锚定条件，指定只有在\w*所能够匹配的字符后面跟随一个等号字符，才能够执行\w*匹配。所以，最后匹配的是字符 b，而不是字符 a。

☑ 反向声明：与正向声明匹配相反，指定接下来的字符都不必匹配。反向声明使用“(?!匹配条件)”来表示。

【示例 2】下面代码定义一个反向声明的匹配模式。

```
var s = "a:123 b=345";
var r = /\w*(?!=)/;              // 使用反向声明，指定执行匹配不必满足的条件
var a = s.match(r);              // 返回数组["a"]
```

在上面示例中，通过使用(?!=)锚定条件，指定只有在“\w*”所能够匹配的字符后面不跟随一个等号字符，才能够执行\w*匹配。所以，最后匹配的是字符 a，而不是字符 b。

提示：声明虽然包含在小括号内，但不是分组。目前，JavaScript 仅支持正向声明，而不支持后向声明。

6.3 使用 RegExp

RegExp 是 JavaScript 标准库对象，JavaScript 通过内置 RegExp 类型支持正则表达式，String 和 RegExp 类型都提供了执行正则表达式匹配操作的方法。

视频讲解

6.3.1 RegExp 对象属性

RegExp 对象包含 5 个原型属性，这些属性可以分为以下两类。

一类是修饰符相关，返回一个布尔值，表示对应的修饰符是否设置，例代码如下。

☑ ignoreCase：返回一个布尔值，表示是否设置了 i 修饰符，该属性只读。

☑ global：返回一个布尔值，表示是否设置了 g 修饰符，该属性只读。

☑ multiline：返回一个布尔值，表示是否设置了 m 修饰符，该属性只读。

```
var r = /abc/igm;
r.ignoreCase // true
r.global // true
r.multiline // true
```

Note

另一类是与修饰符无关的属性，主要有两个，示例代码如下。

☑ lastIndex：返回下一次开始搜索的位置。该属性可读写，但是只在设置了 g 修饰符时有意义。

☑ source：返回正则表达式的字符串形式（不包括反斜杠），该属性只读。

```
var r = /abc/igm;
r.lastIndex // 0
r.source // "abc"
```

【示例 1】lastindex 属性比较有用，对于具有修饰符 g 的匹配模式来说，该属性存储了在字符串中下一次开始检索的位置。下面示例演示了 exec()方法如何配合 lastindex 属性实现全局检索。

```
var s = "javascript is not java";
var r = /a/gi;                          // 正则表达式直接量
r.exec(s);                              // 第一次执行匹配
alert(r.lastIndex);                     // 返回值为 2
r.exec(s);                              // 第二次执行匹配
alert(r.lastIndex);                     // 返回值为 4
r.exec(s);                              // 第三次执行匹配
alert(r.lastIndex);                     // 返回值为 20
r.exec(s);                              // 第四次执行匹配
alert(r.lastIndex);                     // 返回值为 22
r.exec(s);                              // 第五次执行匹配
alert(r.lastIndex);                     // 返回值为 0
```

在上面示例中，正则表达式 r 查找字母 a。当它首次检测时，发现在第二个位置（序号为 1）有一个字母 a，于是 lastIndex 属性就被设置为 2，记录开始下一次匹配时的起始位置。当再次调用 exec()方法时，就会从 lastIndex 属性指定的位置开始匹配，以此类推。

【示例 2】可以手动改变 lastIndex 属性值，强迫正则表达式从指定的位置开始执行检测。

```
var s = "0123456789";
var r = /\d/g;                          // 匹配单个数字
r.lastIndex = 5;                        // 指定匹配起始位置为 5，即从第六个字符开始匹配
var a = r.exec(s);                      // 执行匹配
alert(a);                               // 返回匹配数字为 5
```

视频讲解

6.3.2 test()

正则表达式对象的 test()方法返回一个布尔值，表示当前模式是否能匹配参数字符串。例如：

```
/cat/.test('cats and dogs') // true
```

上面代码验证参数字符串中是否包含 cat，结果返回 true。

【示例 1】如果正则表达式带有 g 修饰符，则每一次 test()方法都从上一次结束的位置开始向后匹配。

```
var r = /x/g;
```

```
var s = '_x_x';
r.lastIndex                    // 0
r.test(s)                      // true
r.lastIndex                    // 2
r.test(s)                      // true
r.lastIndex                    // 4
r.test(s)                      // false
```

上面代码的正则表达式对象使用了 g 修饰符，表示要记录搜索位置。接着，三次使用 test 方法，每一次开始搜索的位置都是上一次匹配的后一个位置。

【示例 2】带有 g 修饰符时，可以通过正则表达式对象的 lastIndex 属性指定开始搜索的位置。

```
var r = /x/g;
var s = '_x_x';
r.lastIndex = 4;
r.test(s)                      // false
```

上面代码指定从字符串的第五个位置开始搜索，这个位置是没有字符的，所以返回 false。

提示：不 lastIndex 属性只对同一个正则表达式有效，所以下面这样写是错误的。

```
var count = 0;
while (/a/g.test('babaa')) count++;
```

上面代码会导致无限循环，因为 while 循环的每次匹配条件都是一个新的正则表达式，导致 lastIndex 属性总是等于 0。

如果正则模式是一个空字符串，则匹配所有字符串。

```
new RegExp('').test('abc')     // true
```

6.3.3 exec()

视频讲解

正则表达式对象的 exec()方法，可以返回匹配结果。如果发现匹配，就返回一个数组，成员是每一个匹配成功的子字符串，否则返回 null。例如：

```
var s = '_x_x';
var r1 = /x/;
var r2 = /y/;
r1.exec(s)                     // ["x"]
r2.exec(s)                     // null
```

上面代码中，正则表达式对象 r1 匹配成功，返回一个数组，成员是匹配结果；正则表达式对象 r2 匹配失败，返回 null。

【示例 1】如果正则表示式包含圆括号（即含有“组匹配”），则返回的数组会包括多个成员。第一个成员是整个匹配成功的结果，后面的成员就是圆括号对应的匹配成功的组。也就是说，第二个成员对应第一个括号，第三个成对应第二个括号，以此类推。整个数组的 length 属性等于组匹配的数量再加 1。

```
var s = '_x_x';
var r = /_(x)/;
r.exec(s)                      // ["_x", "x"]
```

Note

上面代码的 exec()方法，返回一个数组。第一个成员是整个匹配的结果，第二个成员是圆括号匹配的结果。

exec()方法的返回数组还包含以下两个属性。

☑ input：整个原字符串。

☑ index：整个模式匹配成功的开始位置（从 0 开始计数）。

例如：

```
var r = /a(b+)a/;
var arr = r.exec('_abbba_aba_');
arr                              // ["abbba", "bbb"]
arr.index                        // 1
arr.input                        // "_abbba_aba_"
```

上面代码中的 index 属性等于 1，是因为从原字符串的第二个位置开始匹配成功。

【示例 2】如果正则表达式加上 g 修饰符，则可以使用多次 exec()方法，下一次搜索的位置从上一次匹配成功结束的位置开始。

```
var r = /a(b+)a/g;
var a1 = r.exec('_abbba_aba_');
a1                               // ['abbba', 'bbb']
a1.index                         // 1
r.lastIndex                      // 6
var a2 = r.exec('_abbba_aba_');
a2                               // ['aba', 'b']
a2.index                         // 7
r.lastIndex                      // 10
var a3 = r.exec('_abbba_aba_');
a3                               // null
a3.index                         // TypeError: Cannot read property 'index' of null
r.lastIndex                      // 0
var a4 = r.exec('_abbba_aba_');
a4                               // ['abbba', 'bbb']
a4.index                         // 1
r.lastIndex                      // 6
```

上面代码连续用了四次 exec()方法，前三次都是从上一次匹配结束的位置向后匹配。当第三次匹配结束以后，整个字符串已经到达尾部，正则表达式对象的 lastIndex 属性重置为 0，意味着第四次匹配将从头开始。

【示例 3】利用 g 修饰符允许多次匹配的特点，可以用一个循环完成全部匹配。

```
var r = /a(b+)a/g;
var s = '_abbba_aba_';
while (true) {
    var match = r.exec(s);
    if (!match) break;
    console.log(match[1]);
}
// bbb
// b
```

【示例 4】正则表达式对象的 lastIndex 属性不仅可读，还可写。一旦手动设置了 lastIndex 的值，就会从指定位置开始匹配。但是，这只在设置了 g 修饰符的情况下，才会有效。

```
var r = /a/;
r.lastIndex = 7;                    // 无效
var match = r.exec('xaxa');
match.index                         // 1
r.lastIndex                         // 7
```

上面代码设置了 lastIndex 属性，但是因为正则表达式没有 g 修饰符，所以无效。每次匹配都是从字符串的头部开始。

如果有 g 修饰符，lastIndex 属性就会生效。

```
var r = /a/g;
r.lastIndex = 2;
var match = r.exec('xaxa');
match.index                         // 3
r.lastIndex                         // 4
```

上面代码中，lastIndex 属性指定从字符的第三个位置开始匹配。成功后，下一次匹配就是从第五个位置开始。

【示例 5】如果正则表达式对象是一个空字符串，则 exec()方法会匹配成功，但返回的也是空字符串。

```
var r1 = new RegExp('');
var a1 = r1.exec('abc');
a1                                  // ['']
a1.index                            // 0
r1.lastIndex                        // 0
var r2 = new RegExp('()');
var a2 = r2.exec('abc');
a2                                  // ['', '']
a2.index                            // 0
r2.lastIndex                        // 0
```

字符串对象的方法之中，有 4 种与正则对象有关。

☑ match()：返回一个数组，成员是所有匹配的子字符串。

☑ search()：按照给定的正则表达式进行搜索，返回一个整数，表示匹配开始的位置。

☑ replace()：按照给定的正则表达式进行替换，返回替换后的字符串。

☑ split()：按照给定规则进行字符串分割，返回一个数组，包含分割后的各个成员。

6.3.4 RegExp 静态属性

视频讲解

RegExp 类型定义一组静态属性，访问它们可以了解当前页面最新一次模式匹配的详细信息，具体说明如表 6.1 所示。这些静态属性都有两个名字：长名（全称）和短名（简称，以美元符号开头表示）。

表 6.1　RegExp 静态属性

长　名	短　名	说　明
input	$_	返回当前所作用的字符串，初始值为空字符串""

Note

续表

长　名	短　名	说　明
index		当前模式匹配的开始位置，从0开始计数。初始值为-1，每次成功匹配时，index属性值都会随之改变
lastIndex		当前模式匹配的最后一个字符的下一个字符位置，从0开始计数，常被作为继续匹配的起始位置。初始值为-1，表示从起始位置开始搜索，每次成功匹配时，lastIndex属性值都会随之改变
lastMatch	$&	最后模式匹配的字符串，初始值为空字符串""。在每次成功匹配时，lastMatch属性值都会随之改变
lastParen	$+	最后子模式匹配的字符串，如果匹配模式中包含有子模式（包含小括号的子表达式），在最后模式匹配中最后一个子模式所匹配到的子字符串。初始值为空字符串""。每次成功匹配时，lastParen属性值都会随之改变
leftContext	$`	在当前所作用的字符串中，最后模式匹配的字符串左边的所有内容。初始值为空字符串""。每次成功匹配时，其属性值都会随之改变
rightContext	$'	在当前所作用的字符串中，最后模式匹配的字符串右边的所有内容。初始值为空字符串""。每次成功匹配时，其属性值都会随之改变
$1～$9	$1～$9	只读属性，如果匹配模式中有小括号包含的子模式，$1～$9属性值分别是第1个到第9个子模式所匹配到的内容。如果有超过9个以上的子模式，$1～$9属性分别对应最后的9个子模式匹配结果。在一个匹配模式中，可以指定任意多个小括号包含的子模式，但RegExp静态属性只能存储最后9个子模式匹配的结果。在RegExp实例对象的一些方法所返回的结果数组中，可以获得所有圆括号内的子匹配结果

【示例1】下面示例演示了RegExp类型静态属性使用，匹配字符串"JavaScript"，不区分大小写。

```
var s = "JavaScript,not Javascript";
var r = /(Java)Script/gi;
var a = r.exec(s);                    // 执行匹配操作
alert(RegExp.input);                  // 返回字符串"JavaScript,not Javascript"
alert(RegExp.leftContext);
// 返回空字符串，因为第一次匹配操作时，左侧没有内容
alert(RegExp.rightContext);           // 返回字符串",not Javascript"
alert(RegExp.lastMatch);              // 返回字符串"JavaScript "
alert(RegExp.lastParen);              // 返回字符串"Java"
```

执行匹配操作之后，则各个属性的返回值如下。

☑ input属性实际上存储的是被执行匹配的字符串，即整个字符串"JavaScript,not Javascript"。

☑ leftContext属性存储的是执行第一次匹配之前的子字符串，这里为空，因为在第一次匹配的文本"JavaScript"左侧为空。而rightContext属性存储的是执行第一次匹配之后的子字符串，即为",not Javascript"。

☑ lastMatch属性包含的是第一次匹配的子字符串，即为"JavaScript "。

☑ lastParen属性包含的是第一次匹配的分组，即为"Java"。

【示例2】下面示例设计匹配模式中包含多个子模式，然后显示最后一个子模式所匹配的字符。

```
var r = /(Java)(Script)/gi;
var a = r.exec(s);                    // 执行匹配操作
alert(RegExp.lastParen);              // 返回字符串"Script"，而不再是"Java"
```

针对上面示例也可以这样设计。

```
var s = "JavaScript,not Javascript";
var r = /(Java)(Script)/gi;
var a = r.exec(s);
alert(RegExp.$_);                    // 返回字符串"JavaScript,not Javascript"
alert(RegExp["$`"]);                 // 返回空字符串
alert(RegExp["$'"]);                 // 返回字符串",not Javascript"
alert(RegExp["$&"]);                 // 返回字符串"JavaScript "
alert(RegExp["$+"]);                 // 返回字符串"Java"
```

这些属性的值都是动态的，每次执行 exec()或 test()方法时，所有属性值都会被重新设置。

【示例 3】在下面示例中，比较了第 1 次执行匹配和第 2 次执行匹配的静态属性值实时动态变化过程。

```
var s = "JavaScript,not Javascript";
var r = /Scrip(t)/gi;                // 第一次定义的匹配模式
var a = r.exec(s);                   // 执行第一次匹配
alert(RegExp.$_);                    // 返回字符串"JavaScript,not Javascript"
alert(RegExp["$`"]);                 // 返回字符串"Java"
alert(RegExp["$'"]);                 // 返回字符串",not Javascript"
alert(RegExp["$&"]);                 // 返回字符串"Script"
alert(RegExp["$+"]);                 // 返回字符串"t"
var r = /Jav(a)/gi;                  // 第二次定义的匹配模式
var a = r.exec(s);                   // 执行第二次匹配
alert(RegExp.$_);                    // 返回字符串"JavaScript,not Javascript"
alert(RegExp["$`"]);                 // 返回空字符串
alert(RegExp["$'"]);                 // 返回字符串"Script,not Javascript"
alert(RegExp["$&"]);                 // 返回字符串"Java"
alert(RegExp["$+"]);                 // 返回字符串"a"
```

通过上面示例可以看出，RegExp 静态属性是公共的，对于所有正则表达式对象来说都可以共享。

6.4　案例实战

下面结合实战练习编写正则表达式解决实际问题。

6.4.1　匹配十六进制颜色值

十六进制颜色值字符串格式如下。

```
#ffbbad
#Fc01DF
#FFF
#ffE
```

模式分析如下。

☑　表示一个十六进制字符，可以用字符类[0-9a-fA-F]来匹配。

☑　其中字符可以出现 3 或 6 次，需要使用量词和分支结构。

☑ 使用分支结构时，需要注意顺序。

实现代码如下。

```
var regex = /#([0-9a-fA-F]{6}|[0-9a-fA-F]{3})/g;
var string = "#ffbbad #Fc01DF #FFF #ffE";
console.log(string.match(regex));//["#ffbbad", "#Fc01DF", "#FFF", "#ffE"]
```

可视化解析如图 6.1 所示。

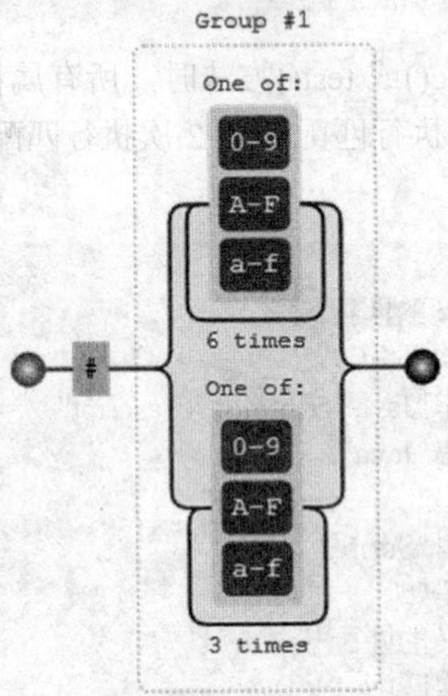

图 6.1 十六进制颜色值匹配模式

6.4.2 匹配时间

以 24 小时制为例，时间字符串格式如下。

```
23:59
02:07
```

模式分析如下。

☑ 共四位数字，第一位数字可以为 [0-2]。

☑ 当第一位为"2"时，第二位可以为 [0-3]，其他情况时，第二位为[0-9]。

☑ 第三位数字为[0-5]，第四位为 [0-9]。

实现代码如下。

```
var regex = /^([01][0-9]|[2][0-3]):[0-5][0-9]$/;
console.log(regex.test("23:59"));    // => true
console.log(regex.test("02:07"));    // => true
```

如果要求匹配"7:9"格式，也就是说时分前面的"0"可以省略，优化后的代码如下。

```
var regex = /^(0?[0-9]|1[0-9]|[2][0-3]):(0?[0-9]|[1-5][0-9])$/;
console.log( regex.test("23:59") );  // => true
console.log(regex.test("02:07"));    // => true
console.log(regex.test("7:9"));      // => true
```

可视化解析如图 6.2 所示。

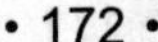

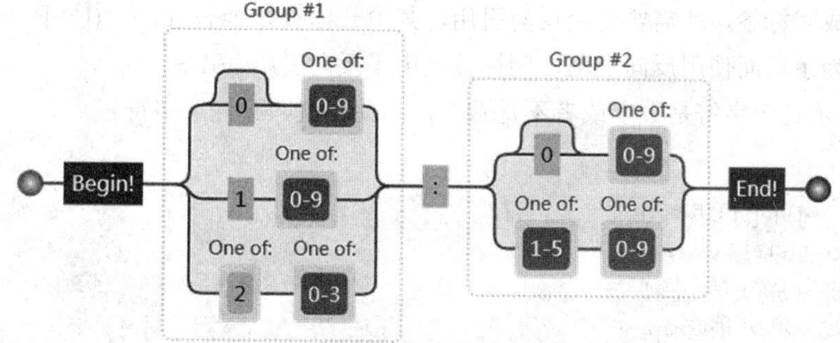

图 6.2　时间匹配模式

6.4.3　匹配日期

常见日期格式为 yyyy-mm-dd，例如 2018-06-10。

模式分析如下。

☑　年，四位数字即可，可用 [0-9]{4}。

☑　月，共 12 个月，分"01"、"02"、…、"09" 和 "10"、"11"、"12"两种情况，可用 (0[1-9]|1[0-2])。

☑　日，最大 31 天，可用 (0[1-9]|[12][0-9]|3[01])。

实现代码如下。

```
var regex = /^[0-9]{4}-(0[1-9]|1[0-2])-(0[1-9]|[12][0-9]|3[01])$/;
console.log( regex.test("2018-06-10") );                    // => true
```

可视化解析如图 6.3 所示。

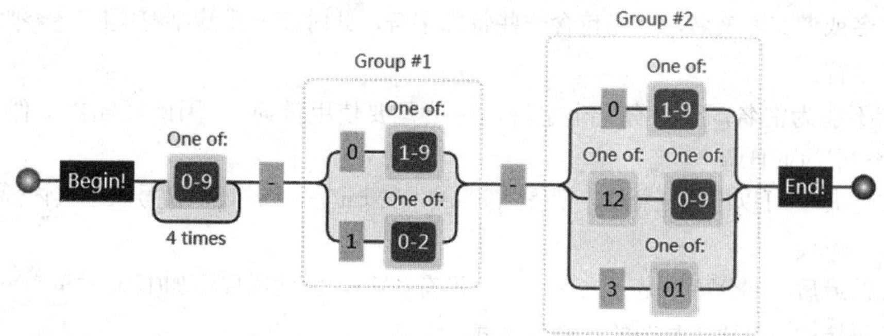

图 6.3　日期匹配模式

6.4.4　匹配成对标签

成对标签的格式如下。

<title>标题文本</title>
<p>段落文本</p>

模式分析如下。

☑　匹配一个开标签，可以使用正则<[^>]+>。

☑ 匹配一个闭标签，可以使用<\/[^>]+>。

☑ 要匹配成对标签，就需要使用反向引用，其中开标签<[\^>]+>改成<([^>]+)>，使用小括号的目的是为了后面使用反向引用，闭标签使用了反向引用<\/\1>。

☑ [\d\D]表示这个字符是数字或者不是数字，因此也就匹配任意字符。

实现代码如下。

```
var regex = /<([^>]+)>[\d\D]*<\/\1>/;
var string1 = "<title>标题文本</title>";
var string2 = "<p>段落文本</p>";
var string3 = "<div>非法嵌套</p>";
console.log(regex.test(string1)); // true
console.log(regex.test(string2)); // true
console.log(regex.test(string3)); // false
```

6.4.5 匹配物理路径

物理路径字符串格式如下。

```
F:\study\javascript\regex\regular expression.pdf
F:\study\javascript\regex\
F:\study\javascript
F:\
```

模式分析如下。

☑ 整体模式是“盘符:\文件夹\文件夹\文件夹\”。

☑ 其中匹配"F:\"，需要使用[a-zA-Z]:\\，盘符不区分大小写。注意，\字符需要转义。

☑ 文件名或者文件夹名，不能包含一些特殊字符，此时需要排除字符类[^\\:*<>|"?\r\n/]来表示合法字符。

☑ 名字不能为空名，至少有一个字符，也就是要使用量词+。因此匹配“文件夹\”，可用[^\\:*<>|"?\r\n/]+\\。

☑ “文件夹\”可以出现任意次，就是([^\\:*<>|"?\r\n/]+\\)*。其中括号表示其内部正则是一个整体。

☑ 路径的最后一部分可以是“文件夹”，没有“\”，因此需要添加([^\\:*<>|"?\r\n/]+)?。

☑ 最后拼接成一个比较复杂的正则表达式。

实现代码如下。

```
var regex = /^[a-zA-Z]:\\([^\\:*<>|"?\r\n/]+\\)*([^\\:*<>|"?\r\n/]+)?$/;
console.log(regex.test("F:\\javascript\\regex\\index.html"));// => true
console.log( regex.test("F:\\javascript\\regex\\") );     // => true
console.log( regex.test("F:\\javascript") );               // => true
console.log( regex.test("F:\\") );                         // => true
```

可视化解析如图 6.4 所示。

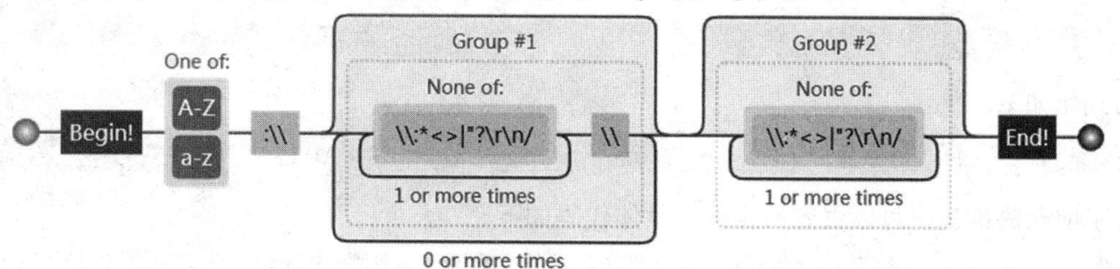

图 6.4 物理路径匹配模式

6.4.6 货币数字的千位分隔符表示

货币数字的千位分隔符格式，如"12345678"表示为"12,345,678"。

【操作步骤】

（1）根据千位把相应的位置替换成","，以最后一个逗号为例，解决方法：(?=\d{3}$)。

```
var result = "12345678".replace(/(?=\d{3}$)/g, ',')
console.log(result);                    // => "12345,678"
```

其中(?=\d{3}$)匹配“\d{3}$”前面的位置，而“\d{3}$”匹配的是目标字符串最后 3 位数字。

（2）确定所有的逗号。因为逗号出现的位置，要求后面 3 个数字一组，也就是“\d{3}”至少出现一次。此时可以使用量词+：

```
var result = "12345678".replace(/(?=(\d{3})+$)/g, ',')
console.log(result);                    // => "12,345,678"
```

（3）匹配其余数字，会发现问题如下。

```
var result = "123456789".replace(/(?=(\d{3})+$)/g, ',')
console.log(result);                    // => ",123,456,789"
```

因为上面正则表达式，从结尾向前数，只要是 3 的倍数，就把其前面的位置替换成逗号。如何解决匹配的位置不能是开头。

（4）匹配开头可以使用^，但要求该位置不是开头，可以考虑使用 (?!^)，实现代码如下。

```
var regex = /(?!^)(?=(\d{3})+$)/g;
var result = "12345678".replace(regex, ',')
console.log(result);                    // => "12,345,678"
result = "123456789".replace(regex, ',');
console.log(result);                    // => "123,456,789"
```

（5）如果要把"12345678 123456789"替换成"12,345,678 123,456,789"。此时需要修改正则表达式，需要把里面的开头^和结尾$修改成\b。实现代码如下。

```
var string = "12345678 123456789",
regex = /(?!\b)(?=(\d{3})+\b)/g;
var result = string.replace(regex, ',')
console.log(result);                    // => "12,345,678 123,456,789"
```

其中 (?!\b)要求当前是一个位置，但不是\b 前面的位置，其实 (?!\b) 说的就是\B。因此最终正则表达式变成了“/\B(?=(\d{3})+\b)/g”。

（6）进一步格式化。千分符表示法一个常见的应用就是货币格式化。例如：

```
1888
```

格式化如下。

```
$ 1888.00
```

有了前面的铺垫，可以很容易实现，具体代码如下。

```
function format (num) {
    return num.toFixed(2).replace(/\B(?=(\d{3})+\b)/g, ",").replace(/^/, "$$");
};
console.log(format(1888));                    // => "$ 1,888.00"
```

6.4.7 验证密码

密码长度一般为6～12位，由数字、小写字符和大写字母组成，但必须至少包括两种字符。如果写成多个正则表达式来判断，比较容易，但要写成一个正则表达式就比较麻烦。

【操作步骤】

（1）简化思路。不考虑“但必须至少包括两种字符”条件，可以如下所示来实现。

```
var regex = /^[0-9A-Za-z]{6,12}$/;
```

（2）判断是否包含有某一种字符。

假设，要求必须包含数字，此时可以使用(?=.*[0-9])。因此正则表达式变成如下。

```
var regex = /(?=.*[0-9])^[0-9A-Za-z]{6,12}$/;
```

（3）同时包含具体两种字符。

假设，同时包含数字和小写字母，可以用 (?=.*[0-9])(?=.*[a-z])。因此正则表达式变成如下。

```
var regex = /(?=.*[0-9])(?=.*[a-z])^[0-9A-Za-z]{6,12}$/;
```

（4）把原题变成下列几种情况之一。

☑ 同时包含数字和小写字母。

☑ 同时包含数字和大写字母。

☑ 同时包含小写字母和大写字母。

☑ 同时包含数字、小写字母和大写字母。

以上 4 种情况是或的关系，实际上可以不用第4条，最终实现代码如下。

```
var regex = /((?=.*[0-9])(?=.*[a-z])|(?=.*[0-9])(?=.*[A-Z])|(?=.*[a-z])(?=.*[AZ]))^[
0-9A-Za-z]{6,12}$/;
console.log( regex.test("1234567") );         // false 全是数字
console.log( regex.test("abcdef") );          // false 全是小写字母
console.log( regex.test("ABCDEFGH") );        // false 全是大写字母
console.log( regex.test("ab23C") );           // false 不足6位
console.log( regex.test("ABCDEF234") );       // true 大写字母和数字
console.log( regex.test("abcdEF234") );       // true 三者都有
```

可视化解析如图6.5所示。

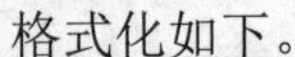

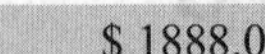

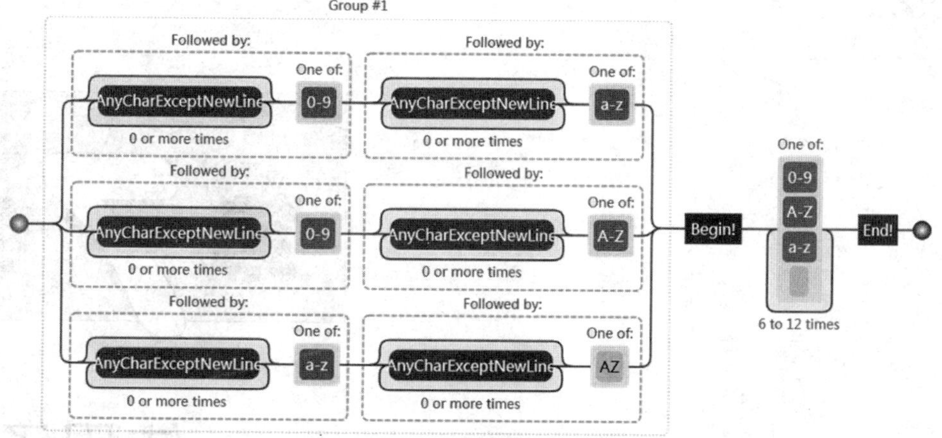

图 6.5　密码匹配模式

具体解析如下。

上面的正则看起来比较复杂，只要理解步骤（2），其余就能全部理解。

```
/(?=.*[0-9])^[0-9A-Za-z]{6,12}$/
```

对于这个正则表达式，只需要弄明白 (?=.*[0-9])^ 即可。

分开来看就是(?=.*[0-9])和^。

表示开头前面还有个位置（当然也是开头，即同一个位置，想想之前的空字符类）。

(?=.*[0-9])表示该位置后面的字符匹配 .*[0-9]，即有任何多个任意字符，后面再跟个数字，就是接下来的字符，必须包含两个数字。

也可以这样来设计："至少包含两种字符"的意思就是说，不能全部都是数字，也不能全部都是小写字母，也不能全部都是大写字母。

那么要求"不能全部都是数字"，实现的正则表达式如下。

```
var regex = /(?!^[0-9]{6,12}$)^[0-9A-Za-z]{6,12}$/;
```

3 种"都不能"的最终实现代码如下。

```
var regex = /(?!^[0-9]{6,12}$)(?!^[a-z]{6,12}$)(?!^[A-Z]{6,12}$)^[0-9A-Za-z]{6,12}$/;
console.log( regex.test("1234567") );          // false 全是数字
console.log( regex.test("abcdef") );           // false 全是小写字母
console.log( regex.test("ABCDEFGH") );         // false 全是大写字母
console.log( regex.test("ab23C") );            // false 不足 6 位
console.log( regex.test("ABCDEF234") );        // true 大写字母和数字
console.log( regex.test("abcdEF234") );        // true 三者都有
```

可视化解析如图 6.6 所示。

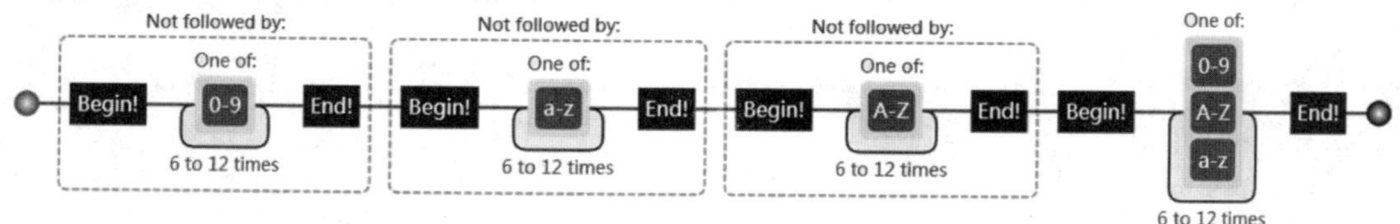

图 6.6　密码匹配模式

第7章 使用函数

函数对任何一门语言来说都是核心的概念，通过函数可以封装任意多条语句，可以在任何地方、任何时候调用执行。在 JavaScript 语言中，函数即对象，程序可以随意操控它们。函数可以嵌套在其他函数中定义，这样就可以访问它们被定义时所处的作用域中的任何变量，函数给 JavaScript 带来了非常强劲的编程能力。

【学习重点】

- 正确定义函数。
- 灵活使用函数参数。
- 掌握函数对象的使用。

7.1　函数基础

视频讲解

函数就是一段可以反复调用的代码块。函数能接受输入的参数，也能返回一个值，不同的参数会返回不同的值。下面就来看下函数的基本使用。

7.1.1　声明函数

在 JavaScript 中，定义函数的方法有 3 种，首先来看一下如何使用 function 命令声明函数。

function 命令声明的代码区块，就是一个函数。function 命令后面是函数名，函数名后面是一对小括号，里面是传入函数的参数，函数体放在大括号里面。语法格式如下。

```
function funName([args]){
    statements
}
```

funName 是函数名，与变量名一样都是 JavaScript 合法的标识符，必须遵循 JavaScript 标识符命名约定。在函数名之后是一个由小括号包含的参数列表，参数之间以逗号分隔，函数的参数是可选的。这些参数将作为函数体内的变量标识符被访问。调用函数时，用户可以通过函数参数来干预函数内部代码的运行。

在小括号之后是一个大括号分隔符，大括号内包含的语句就是函数体结构的主要内容。在函数体结构中，大括号必不可少，缺少了这个大括号，JavaScript 将会抛出语法错误。

【示例】function 语句必须包含函数名称、小括号和大括号，其他的都可省略，因此最简单的函数体是一个空函数。

```
function f() {                                // 空函数
}
```

下面代码命名了一个 print 函数，以后使用 print()这种形式，即可调用相应的代码。

```
function print(s) {
    console.log(s);
}
```

省略函数名，可以定义匿名函数，匿名函数一般参与表达式运算，很少单独存在。

```
function() {                                  // 匿名空函数
}
```

提示：根据 ECMAScript 规范，不得在非函数代码块中声明函数，最常见的情况就是 if 和 try 语句。例如：

```
if (foo) {
    function x() {}
}
try {
    function x() {}
} catch(e) {
    console.log(e);
}
```

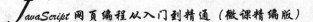

上面代码分别在 if 代码块和 try 代码块中声明了两个函数，按照语言规范，这是不合法的。但是，实际情况是各家浏览器往往并不报错，能够运行。

由于存在函数名的提升，所以在条件语句中声明函数，可能无效，这是非常容易出错的地方。

Note

```
if (false) {
    function f() {}
}
f()                 // 不报错
```

上面代码的原始意图是不声明函数 f，但是由于 f 的提升，导致 if 语句无效，所以上面的代码不会报错。要达到在条件语句中定义函数的目的，只有使用函数表达式。例如：

```
if (false) {
    var f = function() {};
}
f()                 // undefined
```

视频讲解

7.1.2 定义函数表达式

定义函数的第二种方法就是使用函数表达式，或者称为函数直接量。函数表达式就是一个匿名函数，把匿名函数赋值给一个变量，即可定义函数。例如：

```
var print = function(s) {
    console.log(s);
};
```

采用函数表达式声明函数时，function 命令后面不带有函数名。如果加上函数名，该函数名只在函数体内部有效，在函数体外部无效。例如：

```
var print = function x() {
    console.log(typeof x);
};
x                   // ReferenceError: x is not defined
print()             // function
```

上面代码在函数表达式中，加入了函数名 x。这个 x 只在函数体内部可用，指代函数表达式本身，其他地方都不可用。这种写法的用处有两个：一是可以在函数体内部调用自身；二是方便除错，除错工具显示函数调用栈时，将显示函数名，而不再显示这是一个匿名函数。因此，下面的形式声明函数也非常常见。

```
var f = function f() {};
```

注意：函数的表达式需要在语句的结尾加上分号，表示语句结束。而函数的声明在结尾的大括号后面不用加分号。总的来说，这两种声明函数的方式，差别很细微，这里可以近似认为是等价的。

提示：JavaScript 引擎将函数名视同变量名，所以采用 function 命令声明函数时，整个函数会像变量声明一样，被提升到代码头部。所以，下面的代码不会报错。

```
f();
function f() {}
```

表面上看，上面代码好像在声明之前就调用了函数 f。但是实际上，由于“变量提升”，函数 f 被提升到了代码头部，即在调用之前已经声明。但是，如果采用表达式赋值语句定义函数，JavaScript 就会报错。例如：

```
f();
var f = function() {};           // TypeError: undefined is not a function
```

上面的代码等同于下面的形式。

```
var f;
f();
f = function() {};
```

上面代码第二行，调用 f 时，f 只是被声明，还没有被赋值，等于 undefined，所以会报错。因此，如果同时采用 function 命令和赋值语句声明同一个函数，最后总是采用赋值语句的定义。

```
var f = function() {
    console.log('1');
}
function f() {
    console.log('2');
}
f() // 1
```

7.1.3 构造函数

视频讲解

定义函数的第三种方法就是使用 Function 构造函数创建函数。例如：

```
var add = new Function(
    'x',
    'y',
    'return x + y'
);
// 等同于
function add(x,y) {
    return x + y;
}
```

在上面代码中，Function 构造函数接受 3 个参数，除了最后一个参数是 add 函数的“函数体”，其他参数都是 add 函数的参数。参数类型都是字符串。

用户可以传递任意数量的参数给 Function 构造函数，只有最后一个参数会被当作函数体，如果只有一个参数，该参数就是函数体。例如：

```
var foo = new Function(
    'return "hello world"'
);
// 等同于
function foo() {
    return 'hello world';
}
```

【示例】创建一个空函数结构体。

```
var f = new Function();                    // 定义空函数
```

下面的定义方法是等价的：

```
var f = new Function("a","b","c","return a+b+c")
var f = new Function("a,b,c","return a+b+c")
var f = new Function("a,b","c","return a+b+c")
```

Note

提示：Function构造函数可以不使用new命令来调用，返回的结果完全一样。

注意：由于这种声明函数的方式不直观，不推荐使用。它适合在动态创建函数的场景中应用。

视频讲解

7.1.4 定义嵌套函数

函数可以相互嵌套，因此可以定义复杂的嵌套结构函数。

【示例1】使用function语句声明两个相互嵌套的函数体结构。

```
function f(x, y) {                          // 外层函数
    function e(a,b) {                       // 内层函数
        return a * b;
    }
    return x + y;
}
```

【示例2】嵌套的函数只能够在函数体内部可见，函数外不允许直接调用。

```
function f(x,y) {
    function e(a,b) {
        return a * b;
    }
return e(3,6) + y;                          // 内层函数参与表达式运算有效
alert(e(3,6));                              // 无效的调用
}
alert(f(3, 6));                             // 调用外层函数
```

7.1.5 比较函数的定义方法

线上阅读

使用function语句、Function()构造函数和函数直接量都可以定义函数，但是3种方法存在很多差异，特别是作用域和执行效率上差别很大，考虑到本节为选学内容，仅在线呈现，详细说明请扫码阅读。

7.1.6 函数的返回值

在函数体内，使用return语句可以设置函数的返回值，一旦执行return语句，它将停止函数的运行，并把return关键字后面的表达式的运算值返回。如果函数不包含return语句，则执行完函数体内每条语句后，最后返回undefined值。

提示：JavaScript 是一种弱类型语言，所以函数对于接收和输出数据都没有类型限制，JavaScript 也不会自动检测输入和输出数据的类型。

【示例 1】下面代码定义函数的返回值为函数。

```
function f() {
    return function(x, y) {                    // 返回值为函数
        return x + y;
    }
}
```

【示例 2】函数的参数没有限制，但是返回值只能是一个，如果要输出多个值，可以通过数组或对象进行设计。

```
function f() {
    var a = [];
    a[0] = true;
    a[1] = function(x,y) {
        return x + y;
    }
    a[2] = 123;
    return a;                                  // 返回多个值
}
```

在上面代码中，函数返回值为数组，该数组包含 3 个元素，从而实现一个 return 语句，返回多个值的目的。

【示例 3】在函数体内可以包含多个 return 语句，但是仅能执行一个 return 语句，因此在函数体内可以使用分支结构或条件结构决定函数返回值，或者使用 return 语句提前终止函数运行。

```
function f(x,y) {                              // 根据条件返回值
//如果参数为非数字类型，则终止函数执行
if(typeof x != "number" ||  typeof y != "number") return;
    if(x > y) return x - y;
    if(x < y) return y - x;
    if(x * y <= 0) return x + y;
}
```

7.1.7　函数的参数

视频讲解

函数参数包括两种类型：形参和实参。形参就是函数声明的参数变量，它仅在函数内部可见，而实参就是实际传递的参数值。

【示例 1】下面代码定义一个简单的函数。

```
function f(a,b) {                              // 定义函数结构，传递形参 a 和 b
    return a+b;
}
var x=1,y=2;                                   // 定义参数变量
alert(f(x,y));                                 // 调用函数并传递实参
```

在上面示例中，函数结构中的变量 a、b 是形参，而在调用函数时向函数传递的变量 x、y 是实参。

JavaScript 函数可以包含零个或多个形参。函数定义时的形参可以通过 length 属性获取。

Note

【示例 2】针对上面的函数，使用如下方法可以获取它的形参个数。

```
alert(f.length);                    // 返回 2。获取函数的形参个数
```

一般情况下，函数的形参和实参数量应该相同，但是 JavaScript 并没有要求形参和实参必须相同，在特殊情况下，函数的形参和实参数量可以不相同。

【示例 3】如果函数实参数量少于形参数量，那么多出来的形参的值默认为 undefined。

```
(function(a,b) {                    // 定义函数，包含两个形参
    alert(typeof a);                // 返回 number
    alert(typeof b);                // 返回 undefined
})(1);                              // 调用函数，传递一个实参
```

【示例 4】如果函数实参数量多于形参数量，那么多出来的实参就不能够通过形参标识符访问，函数会忽略掉多余的实参。在下面这个示例中，实参 3 和 4 就被忽略掉了。

```
(function(a,b) {                    // 定义函数，包含两个形参
    alert(a);                       // 返回 1
    alert(b);                       // 返回 2
})(1,2,3,4);                        // 调用函数，传递 4 个实参
```

在实际应用中，经常存在实参数量少于形参数量，这是因为函数在体内初始化形参，并设置了参数默认值。在调用函数时，如果用户不传递或少传递参数，则函数会采用默认值。而形参数量少于实参的情况比较少见，这种情况一般发生在参数数量不确定的函数中。

【示例 5】形参与函数体内使用 var 语句声明的变量都属于局部变量，仅在函数体内可见。当私有变量与形参发生冲突时，则私有变量拥有较大的优先权。

```
function f(a) {                     // 定义函数结构，传递形参 a
    var a = 0;                              // 声明私有变量 a，初始值为 0
    return a;
}
alert(f(5));                        // 调用函数，传递给参数值为 5，则返回值为 0
```

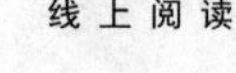
线上阅读

在上面示例中，私有变量 a 将覆盖形参变量 a，最后返回值为 0，而不是参数值 5。

【拓展】

JavaScript 的函数参数用法很灵活，本节介绍了一些基本用法，限于篇幅，没有展开讲解，如果详细了解请扫码阅读。

视频讲解

7.1.8 调用函数

函数在默认状态下不会被执行，一般使用小括号运算符（()）来激活函数运行，在小括号运算符中可以包含零个或多个参数，参数之间通过逗号进行分隔。参数也可以是表达式，通过运算产生一个参数值。

每个参数值被赋予函数声明时定义的形参。当实际参数（arguments）的个数与形式参数（parameters）的个数不匹配时不会导致运行时错误。如果实际参数值过多，超出的参数值将被忽略。如果实际参数值过少，缺失的值将会被替换为 undefined。不会对参数值进行类型检查，任何类型的值都可以被传递给参数。

【示例 1】在下面示例中，通过在函数中调用函数的方法实现多重调用，即把函数调用作为一个表达式的值直接作为参数进行传递，这样节省了两个临时变量。

```
function f(x,y) {                    // 定义函数
    return x*y;                      // 返回值
}
alert(f(f(5,6),f(7,8)));             // 返回 1680。重复调用函数
```

如果按一般过程化设计，则上面代码可以转换为：

```
function f(x,y) {                    // 定义函数
    return x*y;                      // 返回值
}
var a = f(5, 6);                     // 返回 30，调用函数
var b = f(7, 8);                     // 返回 56，调用函数
alert(f(a, b));                      // 返回 1680，调用函数
```

【示例 2】如果函数返回值为一个函数，则在调用时可以使用多个小括号运算符反复调用。

```
function f(x, y) {                   // 定义函数
    return function() {              // 返回函数类型的数据
        return x * y;
    }
}
alert(f(7, 8)());                    // 返回值 56，反复调用函数
```

【示例 3】在下面代码中，定义函数的返回值为函数自身，设计一种递归返回函数自身的操作，这样就可以通过无数个小括号运算符反复调用，但是最终返回值都是函数结构体自身。

```
function f() {                       // 定义函数
    return f;                        // 返回函数自身
}
alert(f()()()()()()()()()()());      // 返回函数结构体
```

当然，上述设计方法在实际开发中没有任何应用价值，不建议采用。

【示例 4】在嵌套函数中，JavaScript 遵循从内到外的原则就近调用函数，但是不会从外到内调用函数。这样就避免了嵌套函数中调用同名函数可能引发的冲突。

```
function f() {                       // 顶级函数 f
    return 1;
}
function o() {                       // 函数作用域
    return o()                       // 调用内部函数 o
    function o() {                   // 函数内部作用域
        return f();                  // 嵌套函数内部函数 f
        function f() {               // 嵌套函数内部函数 f
            return 3;
        }
    }
    function f() {                   // 嵌套函数 f
        return 2;
    }
}
alert(f());                          // 返回数值 1
alert(o());                          // 返回数值 3
```

在上面示例中，在全局作用域内调用函数 f，则将调用最顶级函数 f，同样在全局作用域内调用函数 o，将调用最顶级函数 o。当调用顶级函数 o 时，激活内部脚本并返回调用内部函数 o，继续激活并调用最里层的函数 f。如果没有最里层的函数 f，则将向上搜索函数 f，并将调用嵌套函数 f，返回数值 2。如果还没有检索到函数 f，则将调用顶层函数 f，最后返回数值为 1。

Note

线上阅读

【拓展】

JavaScript 允许在定义函数之后，立即调用该函数。但是要注意一些问题，否则会产生语法错误，详细说明请扫码阅读。

视频讲解

7.1.9 函数作用域

JavaScript 把函数视为一个封闭的结构体，与外界完全独立，在函数内声明的变量、参数、私有函数等对外是不可见的。

【示例 1】 对象可以通过点号运算符访问内部成员，但是在函数体外无法通过点号运算符访问其内部包含的成员。

```
function f() {                          // 函数体
    function e() {                      // 子函数
        function g() {                  // 孙函数
            return 3;
        }
    }
    var b = true;                       // 函数的变量成员
    var c = function() {                // 函数的变量成员
        return "c";
    }
}
alert(f.e.g());                         // 抛出错误
alert(f.c());                           // 抛出错误
alert(f.b);                             // 抛出错误
```

在上面示例中，函数 f 内部的结构是符合语法规范的，但是用户无法通过点号运算符来引用它的成员。如果在对象内部则完全可以引用。

【示例 2】 函数作用域通过 return 语句向外界开放通道。例如，在下面示例中可以调用成员函数 g。

```
function f() {
    return e;
    function e() {
        return g;
        function g() {
            return 3;
        }
    }
    var b = true;
    var c = function() {
        return "c";
    }
}
alert(f()()());                 // 返回 3
```

在上面示例中，外界无法调用函数 f 部内成员 e，当执行 return 语句后，通过返回值的形式向外界开发内部函数 e，允许外部调用。但是对于变量 b 和函数 c 来说，将永远不会被执行。

【拓展】

函数的作用域是 JavaScript 的一个重点和难点，本节限于篇幅没有展开讲解，如果读者感兴趣，可以扫码了解更多相关知识。

线上阅读

视频讲解

7.1.10　函数的标识符

在函数结构体系中，一般包含以下类型的标识符。

☑　函数参数。

☑　arguments。

☑　局部变量。

☑　内部函数。

☑　this。

其中 this 和 arguments 是系统默认标识符，不需要特别声明。这些标识符在函数体内的优先级是（其中左侧优先级要大于右侧）：

this→局部变量→形参→arguments→函数名。

【示例 1】下面示例将在函数结构内显示函数结构的字符串。

```
function f() {                          // 定义函数
    alert(f)                            // 提示函数结构
}
// 调用函数，返回函数 f 结构的字符串，等于 f.toString()
f()
```

【示例 2】如果在函数 f 中定义形参 f，则同名情况下参数变量的优先权会大于函数的优先权。

```
function f(f) {                         // 定义形参与函数同名
    alert(f)                            // 提示标识符 f 的值
}
f(true);                                // 返回 true，而不是函数 f 的结构字符串
```

【示例 3】比较形参与 arguments 属性的优先级。

```
function f(arguments) {                 // 函数形参名与参数属性 arguments 同名
    alert(typeof arguments)             // 提示参数的类型
}
f(true);                                // 返回 boolean，而不是属性 arguments 的类型 object
```

上面示例说明了形参变量会优先于 arguments 属性对象。

【示例 4】比较 arguments 属性与函数名的优先级。

```
function arguments() {                  // 定义函数名与 arguments 属性名同名
    alert(typeof arguments)             // 返回 arguments 的类型
}
arguments();                            // 返回 arguments 属性的类型 object，而不是函数的类型 function
```

上面示例在 JScript 中会提示编译错误，不允许使用默认关键字来定义标识符的名称。

【示例 5】比较局部变量和形参变量的优先级。

```
function f(x) {                    // 定义普通函数
    var x = 10;                    // 定义局部变量并赋值
    alert(x);                      // 显示变量 x 的值
}
f(5);                              // 传递参数值为 5，返回提示为 10
```

上面示例说明函数内局部变量要优先于形参变量的值。

【示例 6】如果局部变量没有赋值，则会选择形参变量。例如：

```
function f(x) {                    // 定义普通函数
    var x;                         // 定义局部变量
    alert(x);                      // 显示变量 x 的值
}
f(5);                              // 传递参数值为 5，返回提示为 5
```

当局部变量与形参变量重名时，如果局部变量没有赋值，则形参变量要优先于局部变量。

【示例 7】下面示例说明了当局部变量与形参变量混在一起使用时，它们之间存在的微妙关系。

```
function f(x) {
    var x = x;                     // 把形参 x 传递给局部变量 x
    alert(x);
}
f(5);                              // 返回提示为 5
```

如果从局部变量与形参变量之间的优先级来看，则 var x = x 左右两侧都应该是局部变量，由于 x 初始化值为 undefined，所以该表达式就表示把 undefined 传递给自身。但是从上面示例来看，这说明左侧的是由 var 语句声明的局部变量，而右侧的是形参变量。即当局部变量没有初始化时，应用的是形参变量优先于局部变量。

7.2 使用 arguments

由于 JavaScript 允许函数有不定数目的参数，所以需要一种机制，可以在函数体内部读取所有参数，这就是 arguments 对象的由来。

arguments 对象包含了函数运行时的所有参数，arguments[0]就是第一个参数，arguments[1]就是第二个参数，以此类推。这个对象只有在函数体内部才可以使用。

视频讲解

7.2.1 认识 arguments 对象

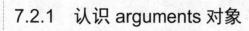

arguments 对象表示参数集合，它是一个类数组，拥有与数组相似的结构，可以通过数组下标的形式访问函数实参值，但是没有基础 Array 的原型方法。

【示例 1】在下面示例中，函数没有定义形参，但是在函数体内通过 arguments 对象可以获取传递给该函数的每个实参值。

```
function f() {                     // 定义没有形参的函数
    for(var i = 0; i < arguments.length; i++) {
```

```
    // 循环读取函数的 arguments 对象
        alert(arguments[i]);              // 显示指定下标的实参的值
    }
}
f(3,3,6);                                 // 逐个显示每个传递的实参
```

Note

【示例 2】arguments 对象仅能够在函数体内使用，作为函数的属性而存在。用户可以通过点运算符访问 arguments 对象。由于 arguments 对象在函数体内是可见的，也直接引用 arguments 对象。

```
function f() {                            // 定义没有形参的函数
    for(var i = 0; i <f.arguments.length; i++) {
    // 循环读取函数的 arguments 对象
        alert(arguments[i]);              // 显示指定下标的实参的值
    }
}
f(3, 3, 6);                               // 逐个显示每个传递的实参
```

arguments 对象是一个类数组，可以使用数组下标的形式访问每个实参值，如 arguments[i]，其中 arguments 表示对 arguments 对象的引用，变量 i 是 arguments 集合的下标值，从 0 开始，直到 arguments.length。其中 length 是 arguments 对象的一个属性，表示 arguments 对象包含的实参个数。

【示例 3】使用 arguments 对象可以随时编辑实参值。在下面示例中使用 for 循环遍历 arguments 对象，然后把循环变量的值传递给实参，以便动态改变实参值。

```
function f() {
    for(var i = 0; i < arguments.length; i++) {
    // 遍历 arguments 对象元素
        arguments[i] =i;                  // 修改每个实参的值
        alert(arguments[i]);              // 提示修改的实参值
    }
}
f(3, 3, 6);                               // 返回提示 1,2,3，而不是 3,3,6
```

【示例 4】通过修改 arguments 对象的 length 属性值，也可以达到改变函数实参个数的目的。当 length 属性值增大时，则增加的实参值为 undefined，如果 length 属性值减小，则会丢弃 arguments 数据集合后面对应个数的元素。

```
function f() {
    arguments.length = 2;                 // 修改 arguments 对象的 length 属性值
    for(var i = 0; i < arguments.length; i++) {
        alert(arguments[i]);
    }
}
f(3, 3, 6);                               // 返回提示 3,3
```

【拓展】

在正常模式下，arguments 对象可以修改，但是在严格模式下是不允许修改的，另外 arguments 类似数组，但不是数组，不过用户可以间接使用数组方法操作 arguments 对象，详细说明请扫码阅读。

线上阅读

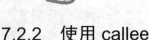

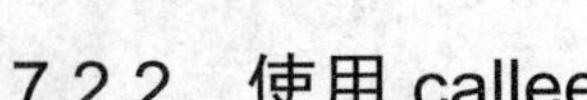

视频讲解

Note

7.2.2 使用 callee

arguments 对象包含一个 callee 属性，它引用当前 arguments 对象所属的函数，使用该属性可以在函数体内调用函数自身。在匿名函数中，callee 属性比较有用，利用它可以设计函数迭代操作。

【示例 1】在下面示例中，使用 arguments.callee 获取匿名函数，然后通过函数的 length 属性获取函数形参个数，最后比较实参与形参个数以检测用户传递的参数是否符合要求。

```
function f(x,y,z) {
    var a = arguments.length;              // 获取函数实参的个数
    var b = arguments.callee.length;       // 获取函数形参的个数
    if (a != b) {                          // 如果形参和实参个数不相等，则提示错误信息
        throw new Error("传递的参数不匹配");
    }
    else {                                 // 如果形参和实参数目相同，则返回它们的和
        return x + y + z;
    }
}
alert(f(3, 4, 5));                         // 返回值为 12
```

Function 对象的 length 属性返回的是函数形参个数，而 arguments 对象的 length 属性返回的是函数实参个数。

【示例 2】如果不是匿名函数，arguments.callee 等价于函数名，对于上面示例可以改为如下形式。

```
function f(x,y,z) {
    var a = arguments.length;              // 获取函数实参的个数
    var b = f.length;                      // 在函数体内通过函数名获取函数形参的个数
    if (a != b) {                          // 如果形参和实参个数不相等，则提示错误信息
        throw new Error("传递的参数不匹配");
    }
    else{                                  // 如果形参和实参数目相同，则返回它们的和
        return x + y + z;
    }
}
alert(f(3, 4, 5));                         // 返回值为 12
```

视频讲解

7.2.3 应用 arguments

灵活使用 arguments 对象，可以提升使用函数的灵活性，增强函数在抽象编程中的适应能力和纠错功能。下面结合两个典型示例展示 arguments 对象在实践中的应用。

【示例 1】使用 arguments 对象能够增强函数应用的灵活性。例如，如果函数的参数个数不确定，或者函数的参数个数很多，而又不想为每个参数都定义一个形参变量，此时可以省略参数，直接在函数体内使用 arguments 对象来访问调用函数的实参值。

下面示例定义一个求平均值的函数，它借助 arguments 对象来计算函数接收参数的平均值。

```
function avg() {                                   // 求平均数
    var num = 0, l = 0;                            // 声明并初始化临时变量
    for(var i = 0; i < arguments.length; i ++) {   // 遍历所有实参
        if(typeof arguments[i] != "number")        // 如果参数不是数值
```

```
            continue;                          // 则忽略该参数值
        num += arguments[i];                   // 计算参数的数值之和
        l++;                                   // 计算参与和运算的参数个数
    }
    num /= l;                                  // 求平均值
    return num;                                // 返平均值
}
alert(avg(1, 2, 3, 4));                        // 返回 2.5
alert(avg(1, 2, "3", 4));                      // 返回 2.3333333333333335
```

【示例 2】验证函数参数的合法性。在页面设计中经常需要验证表单输入值，下面示例检测文本框中输入的值是否为合法的邮箱地址。

```
function isEmail() {
    if (arguments.length>1) throw new Error("只能够传递一个参数");
    // 检测参数个数
    // 定义正则表达式
    var regexp = /^\w+((-\w+)|(\.\w+))*\@[A-Za-z0-9]+((\.|-)[A-Za-z0-9]+)*\.[A-Za-z0-9]+$/;
    if (arguments[0].search(regexp)!= -1)    // 匹配实参的值
        return true;                          // 如果匹配则返回 true
    else
        return false;                         // 如果不匹配则返回 false
}
var email = "zhuyinhong@css7.cn";             // 声明并初始化邮箱地址字符串
alert(isEmail(email));                        // 返回 true
```

注意： arguments 对象不是数组，它有一个 length 属性，可以通过[]操作符来获取实参值，但是 arguments 对象并没有数组可以使用的 push()、pop()、splice()等方法。其原因是 arguments 对象的 prototype 指向的是 Object.prototype，而不是 Array.prototype。

【示例 3】可以通过使用 arguments 来模拟重载，其实现机制是通过判断 arguments 中实际参数的个数和类型来执行不同的逻辑。

```
function sayHello() {
    switch (arguments.length) {
        case 0:
            return "Hello";
        case 1:
            return "Hello," + arguments[0];
        case 2:
            return (arguments[1] == "cn" ? " 你好,": "Hello,") + arguments[0];
    };
}
sayHello();                          // "Hello"
sayHello("Alex");                    // "Hello, Alex"
sayHello("Alex", "cn");              // " 你好，Alex"
```

【示例 4】callee 是 arguments 对象的一个属性，其值是当前正在执行的 function 对象。它的作用是使匿名 function 可以被递归调用。下面以一段计算斐波那契序列中第 N 个数的值的过程来演示 arguments.callee 的使用。

```
function fibonacci(num) {
    return (function(num) {
        if (typeof num !== "number")
            return -1;
        num = parseInt(num);
        if (num < 1)
            return -1;
        if (num == 1 || num == 2)
            return 1;
        return arguments.callee(num - 1) + arguments.callee(num - 2);
    })(num);
}
fibonacci(100)
```

7.3 使用 Function

Function 是 JavaScript 内置构造对象，函数作为对象来使用，也可以构造其他对象。同时 Function 定义了多个原型方法，方便函数调用，以实现灵活的函数式编程。

7.3.1 name 属性

name 属性返回紧跟在 function 关键字之后的函数名。例如：

```
function f1() {}
f1.name // 'f1'
var f2 = function() {};
f2.name // ''
var f3 = function myName() {};
f3.name // 'myName'
```

在上面代码中，函数的 name 属性总是返回紧跟在 function 关键字之后的那个函数名。对于 f2 来说，返回空字符串，匿名函数的 name 属性总是为空字符串；对于 f3 来说，返回函数表达式的名字（真正的函数名还是 f3，myName 这个名字只在函数体内部可用）。

【拓展】

作为对象，用户可以通过点语法为函数定义静态属性或方法，语法格式如下。

```
function.property
function.method
```

线上阅读

详细说明请扫码阅读。

视频讲解

7.3.2 length 属性

length 属性返回函数预期传入的参数个数，即函数定义时的形参个数，为只读属性。例如：

```
function f(a, b) {}
f.length // 2
```

在上面代码中，定义了空函数 f，它的 length 属性就是定义时的参数个数。不管调用时输入了多少个参数，length 属性始终等于 2。

【示例】 length 属性提供了一种机制，判断定义时和调用时参数的差异，以便实现面向对象编程的方法重载或参数检测。

```
function check(a) {                    // 定义检测函数实参与形参是否一致的功能函数
    if (a.length != a.callee.length)
// 如果实参与形参的 length 属性值不同，则抛出错误
    throw new Error("参数不一致");
}
function f(a, b, c, d) {               // 定义一个普通应用函数
    check(arguments);                  // 调用函数 check
    return (a + b + c + d) / 3;        // 返回函数值
}
alert(f(3, 4));                        // 抛出异常。调用函数 f，传递两个参数
```

Function 对象的 length 属性可以在函数体内外都可以使用，而 arguments 对象的 length 属性仅能够在函数体内使用。

7.3.3 toString()

函数的 toString()方法返回函数的源码。例如：

```
function f() {
    a();
}
f.toString()
// function f() {
// a();
// }
```

【示例】 函数内部的注释也可以返回。利用这一点，可以变相实现多行字符串。

```
var multiline = function(fn) {
    var arr = fn.toString().split('\n');
    return arr.slice(1, arr.length - 1).join('\n');
};
function f() {/*
这是一个
多行注释
*/}
multiline(f);
// " 这是一个
//   多行注释"
```

7.3.4 call()和 apply()

视频讲解

ECMAScript3 给 Function 的原型定义了两个方法：Function.prototype.call 和 Function.prototype.apply，其实他们的作用一样，只是传递的参数不一样。

call()和 apply()能够将特定函数当作一个方法绑定到指定对象上并进行调用，具体用法如下。

```
function.call(thisobj, args...)
function.apply(thisobj, args)
```

其中参数 thisobj 表示指定的对象，参数 args 表示要传递给被调用函数的参数。call()方法只能接收多个参数列表，而 apply()只能接收一个数组或者类数组，数组元素将作为参数传递给被调用的函数。

Note

【示例 1】当函数被绑定到指定对象上之后，将利用传递的参数执行函数，并返回函数的返回值。

```
function f(x,y) {                        // 定义一个简单的函数
    return x+y;
}
function o(a,b) {                        // 定义一个函数结构的伪对象
    return a*b;
}
alert(f.call(o,3,4));                    // 返回 7
```

在上面示例中，f 是一个简单的函数，而 o 是一个构造函数对象。通过 call()方法把函数 f 绑定到对象 o 身上，变为它的一个方法，然后动态调用函数 f，同时把参数 3 和 4 传递给函数 f，则调用函数 f 后返回值为 7。

实际上，上面示例可以转换为下面代码。

```
function f(x,y) {                        // 定义一个简单的函数
    return x + y;
}
function o(a,b) {                        // 定义一个函数结构的伪对象
    return a*b;
}
o.m =f;                                  // 为对象 o 定义一个方法 m，该方法将调用函数 f
alert(o.m(3,4));                         // 返回 7。调用对象 o 的方法 m
delete o.m;                              // 删除对象 o 的方法 m
```

【示例 2】apply()与 call()方法的功能和用法都相同，唯一的区别是它们传递给参数的方式不同。其中 apply()方法是以数组形式传递参数，而 call()方法以多个值的形式传递参数。针对上面示例，使用 apply()方法来调用函数 f，则设计代码如下所示。

```
function f(x,y) {
    return x+y;
}
function o(a,b) {
    return a*b;
}
alert(f.apply(o,[3,4]));                 // 返回 7
```

【示例 3】把一个数组或类数组作为参数进行传递时，使用 apply()方法就非常便利。

```
function max() {                         // 求最大值函数
    var m = Number.NEGATIVE_INFINITY;
        // 声明一个负无穷大的数值
    for (var i = 0; i < arguments.length; i ++) {
        // 遍历函数所有的实参
        if (arguments[i] > m)            // 如果实参值大于变量 m，则把该实参值赋值给 m
        m = arguments[i];
```

```
    }
    return m;                               // 返回最大值
}
var a = [23, 45, 2, 46, 62, 45, 56, 63];
                                            // 声明并初始化数组
var m = max.apply(Object, a);
                                            // 把函数 max 绑定为 Object 对象的方法，并动态调用
alert(m);                                   // 返回 63
```

在上面示例中，设计定义一个函数 max()，用来计算所有参数中最大值参数。首先通过 apply()方法，动态调用 max()函数，然后把它绑定为 Object 对象的一个方法，并把包含多个值的数组传递给它，最后返回经过 max()计算后的最大数组元素。

如果不使用 call()方法，希望使用 max()函数找出数组中最大值元素，就需要把数组所有元素全部读取出来，再逐一传递给 call()方法，显然这种做法是比较笨拙的。

【示例 4】也可以把数组元素通过 apply()方法传递给 Math 的 max()方法来计算数组的最大值元素。

```
var a = [23, 45, 2, 46, 62, 45, 56, 63];    // 声明并初始化数组
var m = Math.max.apply(Object, a);          // 调用系统函数 max
alert(m);                                   // 返回 63
```

【示例 5】使用 call()和 apply()方法可以把一个函数转换为指定对象的方法，并在这个对象上调用该方法。这种行为只是临时的，函数实际上并没有作为对象的方法而存在，当函数被动态调用之后，这个对象的临时方法也会自动被注销。

```
function f() {}                             // 定义空函数
f.call(Object);                             // 把函数 f 绑定为 Object 对象的方法
Object.f();                                 // 再次调用该方法，则返回编译错误
```

【示例 6】call()和 apply()方法能够动态改变函数内 this 指代的对象，这在面向对象编程中非常有用。下面示例使用 call()方法不断改变函数内 this 指代对象，主要通过变换 call()方法的第一个参数值来实现。

```
var x = "o";                                // 定义全局变量 x，初始化为字符 o
function a() {                              // 定义函数类结构 a
    this.x = "a";                           // 定义函数内局部变量 x，初始化为字符 a
}
function b() {                              // 定义函数类结构 b
    this.x = "b";                           // 定义函数内局部变量 x，初始化为字符 b
}
function c() {                              // 定义普通函数，提示变量 x 的值
    alert(x);
}
function f() {                              // 定义普通函数，提示当前指针所包含的变量 x 的值
    alert(this.x);
}
// 返回字符 o，即全局变量 x 的值。this 此时指向 window 对象
f();
// 返回字符 o，即全局变量 x 的值。this 此时指向 window 对象
f.call(window);
```

Note

```
// 返回字符 a，即函数 a 内部的局部变量 x 的值。this 此时指向函数 a
f.call(new a());
// 返回字符 b，即函数 b 内部的局部变量 x 的值。this 此时指向函数 b
f.call(new b());
// 返回 undefined，即函数 c 内部的局部变量 x 的值，但是该函数并没有定义 x 变量，
// 所以返回没有定义。this 此时指向函数 c
f.call(c);
```

【示例 7】在函数体内，call()和 apply()方法的第一个参数就是调用函数内 this 的值。为了更好理解，用户可以看下面示例。

```
function f() {                          // 定义函数类结构
    this.a ="a";                        // 定义成员 a 并赋值，a 为属性
    this.b = function() {               // 定义成员 b 并赋值，b 为方法
        alert("b");
    }
}
function e() {                          // 定义函数
    f.call(this);                       // 在函数体内动态调用函数 f，this 指代函数 e
    alert(a);                           // 显示变量 a 的值
}
e()                                     // 返回字符串"a"
```

上面示例显示，如果在函数体内，使用 call()和 apply()方法动态调用外部函数，并把 call()和 apply()方法的第一个参数值设置为关键字 this，则当前函数 e 将继承函数 f 的所有属性。即使用 call()和 apply()方法能够复制调用函数的内部变量给当前函数体。

【示例 8】在下面示例中，使用 apply()方法循环更改当前 this 值，从而实现快速更改函数。

```
function r(x) {                         // 定义一个简单的函数
    return (x);
}
// 定义一个稍复杂的函数，该函数将修改第一个参数值，并返回参数集合
function f(x) {
    x[0] = x[0] + ">";
    return x;
}
function o() {                          // 循环更改函数 r 中返回值
    var temp = r;
    r = function() {
        return temp.apply(this, f(arguments));
    }
}
function a() {                          // 定义函数 a
    o();                                // 调用函数 o，修改函数 r 的结构，即返回值
    alert(r("="));                      // 显示函数 r 的返回值
}
for (var i = 0 ; i < 10; i++) {         // 循环调用函数 a
    a();
}
```

执行上面示例，会看到提示信息框中的提示信息不断变化，如图 7.1 所示。该示例的核心就在于

函数 o 的设计。在这个函数中，首先使用一个临时变量存储函数 r。然后修改函数 r 的结构，在修改的 r 函数结构中，通过调用 apply()方法修改原来函数 r 的指针指向当前对象，同时执行原函数 r，并把执行函数 f 的值传递给它，从而实现修改函数 r 的 return 语句的后半部分信息，即为返回值增加一个前缀字符"="。这样每次调用函数 o 时，都会为其增加一个前缀字符"="，从而形成一种动态的变化效果。

Note

图 7.1　apply()方法应用示例效果

线上阅读

【拓展】

下面简单总结一下 call()和 apply()的主要作用，请扫码阅读。

视频讲解

7.3.5　bind()

ECMAScript 5 为 Function 增加了一个原型方法 bind（Function.prototype.bind），用来把函数绑定到指定对象上。在绑定函数中，this 对象将解析为传入的对象，具体用法如下。

```
function.bind(thisArg[,arg1[,arg2[,argN]]])
```

参数说明如下。

- ☑ function：必需参数，要绑定的函数对象。
- ☑ thisArg：必需参数，绑定函数中 this 引用的对象。
- ☑ arg1[,arg2[,argN]]]：可选参数，要传递到新函数的参数的列表。
- ☑ bind()方法将返回与 function 函数相同的新函数，thisArg 对象和初始参数除外。

【示例 1】下面示例定义原始函数 checkNumericRange，用来检测传入的参数值是否在一个指定范围内，范围下限和上限根据当前实例对象的 minimum 和 maximum 属性决定。然后使用 bind()方法把 checkNumericRange 函数绑定到对象 range 身上。如果再次调用这个新绑定后的函数 boundCheckNumericRange 后，就可以根据该对象的属性 minimum 和 maximum 来确定调用函数时传入值是否在指定的范围内。

```
var checkNumericRange = function(value) {
    if (typeof value !== 'number')
        return false;
    else
        return value >= this.minimum && value <= this.maximum;
}
var range = {minimum: 10, maximum: 20};
var boundCheckNumericRange = checkNumericRange.bind(range);
var result = boundCheckNumericRange(12);
document.write(result);                    // true
```

Note

【示例 2】本示例在示例 1 的基础上，为 originalObject 对象定义了两个上下限属性，以及一个方法 checkNumericRange。然后，直接调用 originalObject 对象的 checkNumericRange 方法，检测 10 是否在指定范围，则返回值为 false，因为当前 minimum 和 maximum 值分别为 50 和 100。接着，把 originalObject.checkNumericRange 方法绑定到 range 对象，则再次传入值 10，则返回值为 true，说明在指定范围，因为此时 minimum 和 maximum 值分别为 10 和 20。

```
var originalObject = {
    minimum: 50,
    maximum: 100,
    checkNumericRange: function(value) {
        if (typeof value !== 'number')
            return false;
        else
            return value >= this.minimum && value <= this.maximum;
    }
}
var result = originalObject.checkNumericRange(10);
document.write(result);                          // false
var range = {minimum: 10, maximum: 20};
var boundObjectWithRange = originalObject.checkNumericRange.bind(range);
var result = boundObjectWithRange(10);
document.write(result);                          // true
```

【示例 3】本示例演示了如何利用 bind()方法为函数两次传递参数值，以便实现连续参数求值计算。

```
var displayArgs = function(val1, val2, val3, val4) {
    document.write(val1 + " " + val2 + " " + val3 + " " + val4);
}
var emptyObject = {};
var displayArgs2 = displayArgs.bind(emptyObject, 12, "a");
displayArgs2("b", "c");                          // 12 a b c
```

另外，ECMAScript5 为 String 新增了 trim()方法，该方法可以从字符串中移除前导空格、尾随空格和行终止符，用法如下。

```
stringObj.trim()
```

参数 stringObj 表示 String 对象或字符串。trim()方法不修改该字符串，返回值为已移除前导空格、尾随空格和行终止符的原始字符串。移除的字符包括空格、制表符、换页符、回车符和换行符。

【示例 4】下面示例演示如何使用 trim()方法快速清除掉字符串首尾空格，该方法在表单处理中比较实用。

```
var message = "      abc def        \r\n    ";
document.write("[" + message.trim() + "]");                  // [abc def]
document.write("<br/>");
document.write("length: " + message.trim().length);          // 7
```

线 上 阅 读

【拓展】

在 ECMAScript 5 之前，我们一般自定义 bind()绑定函数，来解决此类问题，具体说明请扫码阅读。

7.4　案例实战

下面通过几个案例介绍函数应用，以提高使用函数的灵活性。

7.4.1　函数调用模式

在 JavaScript 中，共有 4 种函数调用模式：方法调用、函数调用、构造器调用和 apply 调用。这些模式在如何初始化 this 上存在差异。关于 this 详细讲解，请参考下面内容。

【示例 1】方法调用模式。

当一个函数被设置为对象的属性值时，称之为方法。当一个方法被调用时，this 被绑定到当前调用对象上。

```
var obj = {
value: 0,
    increment : function(inc) {
        this.value += typeof inc === 'number' ? inc: 1;
    }
}
obj.increment();
document.writeln(obj.value);        // 1
obj.increment(2);
document.writeln(obj.value);        // 3
```

在上面代码中创建了 obj 对象，它有一个 value 属性和一个 increment()方法。increment()方法接受一个可选的参数，如果该参数不是数字，那么默认使用数字 1。

increment()方法可以使用 this 去访问对象，所以它能从对象中取值或修改该对象。this 到对象的绑定发生在调用时。这个延迟绑定使函数可以对 this 高度复用。通过 this 可取得 increment()方法所属对象的上下文的方法称为公共方法。

【示例 2】函数调用模式。

当一个函数不是一个对象的属性时，它将被当作一个函数来调用。

```
var sum = add(3, 4);                // 7
```

当函数以此模式调用时，this 被绑定到全局对象。这是语言设计上的一个缺陷，如果语言设计正确，当内部函数被调用时，this 应该仍绑定到外部函数的 this 变量。这个设计错误的后果是方法不能利用内部函数来帮助它工作，因为内部函数的 this 被绑定了错误的值，所以不能共享该方法对对象的访问权。

解决方案：如果该方法定义一个变量并将它赋值为 this，那么内部函数就可以通过这个变量访问 this。按照约定，将这个变量命名为 that。

```
var obj = {
value: 1,
doub: function() {
        var that = this;
        var helper = function() {
```

```
                that.value = that.value * 2;
            };
            helper();
        }
    }
    obj.doub();
    document.writeln(obj.value);         // 2
```

Note

【示例 3】构造器调用模式。

如果使用 new 运算符调用一个函数，那么将创建一个新实例对象，同时 this 将会被绑定到这个新实例对象上。注意，new 运算符也会改变 return 语句的行为。

```
var F = function(string) {
    this.status = string;
};
F.prototype.get = function() {
    return this.status;
};
var f = new F("new object");
document.writeln(f.get());           // "new object"
```

上面代码创建一个名为 F 的构速函数，此函数构建了一个带有 status 属性的对象。然后，为 F 所有实例提供一个名为 get 的公共方法。最后，创建一个实例对象，并调用 get()方法，以读取 status 属性的值。

【示例 4】apply()调用模式。

apply()方法是函数的一个原型方法，使用这个方法可以调用函数，并修改函数体内的 this 值。

```
var array = [5, 4];
var add = function() {
    var i, sum = 0;
    for (i = 0; i < arguments.length; i += 1) {
        sum += arguments[i];
    }
    return sum;
};
var sum = add.apply({}, array);     // 9
```

上面代码构建一个包含两个数字的数组，然后使用 apply()方法调用 add()函数，将数组 array 中的元素值相加。

```
var F = function(string) {
    this.status = string;
};
F.prototype.get = function() {
    return this.status;
};
var obj = {
    status: 'obj'
};
var status = F.prototype.get.apply(obj);    // "obj"
```

上面代码构建了一个构造函数 F，为该函数定义了一个原型方法 get，该方法能够读取当前对象的 status 属性的值。然后定义一个 obj 对象，该对象包含一个 status 属性，使用 apply()方法在 obj 对象上调用构造函数 F 的 get()方法，将会返回 obj 对象的 status 属性值。

7.4.2 使用闭包

Note

视频讲解

闭包就是一个嵌套结构的函数。闭包的结构有两个特性。

封闭性：外界无法访问闭包内部的数据，如果在闭包内声明变量，外界是无法访问的，除非闭包主动向外界提供访问接口。

持久性：一般的函数，调用完毕之后，系统自动注销函数，而对于闭包来说，在外部函数被调用之后，闭包结构依然保存在系统中，闭包中的数据依然存在，从而实现对数据的持久使用。

闭包的缺点：使用闭包会占用内存资源，过多地使用闭包会导致内存溢出等问题。

【示例 1】下面是一个简单的闭包结构。

```
function a(x) {
    var a = x;
    var b = function() {
        return a;
    }
    return b;
}
var b = a(1);
console.log(b()); // 1
```

首先，在 a 函数内定义了两个变量，一个是存储参数，另一个是闭包结构，在闭包结构中保存着 b 函数内的 a 变量。在默认情况下，当 a 函数调用之后，a 变量会自动销毁，但是由于闭包的影响，闭包中使用了外界的变量，因此 a 变量会一直保存在内存当中，因此变量 a 参数没有随着 a 函数调用而被释放，因此引申出闭包的缺点是：过多地使用闭包会占有内存资源，或内存溢出等可能性。

```
// 经典的闭包实列如下
function f(x) {                 // 外部函数
    var a = x;                  // 外部函数的局部变量，并传递参数
    var b = function() {        // 内部函数
        return a;               // 访问外部函数中的局部变量
    };
    a++;                        // 访问后，动态更新外部函数的变量
    return b;                   // 返回内部函数
}
var c = f(5);                   // 调用外部函数并且赋值
console.log(c());               // 调用内部函数，返回外部函数更新后的值为 6
```

【示例 2】在下面代码中，有两个函数，f 函数的功能是：把数组类型的参数中每个元素的值分别封装在闭包结构中，然后把闭包存储在一个数组中，并返回这个数组，但是在函数 e 中调用函数 f，并向其传递一个数组["a","b","c"]，然后遍历返回函数 f 返回数组，运行打印后发现都是 c undefined，那是因为在执行 f 函数中的循环时，虽然把值保存在 temp 中，但是每次循环后 temp 值在不断地变化，当 for 循环结束后，此时 temp 值为 c，同时 i 变为 3，因此当调用时打印出来的是 temp 为 3，arrs[3]变为 undefined；因此打印出 c undefined。

Note

```
function f(x) {
    var arrs = [];
    for (var i = 0; i < x.length; i++) {
        var temp = x[i];
        arrs.push(function() {
            console.log(temp + ' ' +x[i]); // c undefined
        });
    }
    return arrs;
}
function e() {
    var ar = f(["a","b","c"]);
    for (var i = 0,ilen = ar.length; i < ilen; i++) {
        ar[i]();
    }
}
e();
```

解决闭包缺陷：可以在外面包一层函数，每次循环时，把 temp 参数和 i 参数传递进去。

```
function f2(x) {
    var arrs = [];
    for (var i = 0; i < x.length; i++) {
        var temp = x[i];
        (function(temp,i) {
            arrs.push(function() {
                console.log(temp + ' ' + x[i]); // c undefined
            });
        })(temp,i);
    }
    return arrs;
}
function e2() {
    var ar = f2(["a","b","c"]);
    for (var i = 0,ilen = ar.length; i < ilen; i++) {
        ar[i]();
    }
}
e2();
```

线上阅读

【拓展】

闭包是 JavaScript 重要特性之一，在程序设计中有着重要作用。限于篇幅，我们仅重点介绍，感兴趣的读者可以扫码深入阅读。

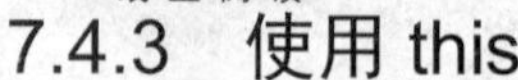

7.4.3 使用 this

视频讲解

this 类似 C 语言中的指针，必须位于函数体内，用来引用一个调用函数的对象。在不同上下文环境中，this 引用对象不同，具体说明如下。

1. 全局对象的 this

在全局环境中，指向 window 对象。例如：

```
console.log(this); // this 指向于 window
```

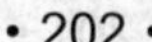

在 setTimeout()和 setInterval()定时器函数内部，this 指向 window 对象。例如：

```
setTimeout(function() {
    console.log(this === window); // true
});
```

2. 普通函数调用

当作为普通函数调用时，this 总是指向全局对象。在浏览器环境中，全局对象一般指的是 window。例如：

```
var name = "window";
function test() {
    return this.name;
}
console.log(test()); // window
```

3. 作为对象的方法调用

当作为对象的方法调用时，this 总是指向调用它的对象。例如：

```
var obj = {
    get: function() {
        console.log(this); // this 指向 obj 对象
    }
};
obj.get(); // 对象方法调用
```

但是，如果按下面方式调用，this 还是执行了 window。

```
var obj = {
    get: function() {
        console.log(this);   // window
    }
};
var _get = obj.get;
_get();
```

在全局环境中运行_get()函数，实际上调用它的还是 window 对象，所以 this 指向了 window，虽然 get();方法在词法结构上属于 obj 对象。

4. 构造器调用

当使用 new 运算符调用函数时，该函数会返回一个对象，一般情况下函数内的 this 指向返回的这个对象。例如：

```
var Obj = function() {
    this.name = "newObj";
};
var test = new Obj();
console.log(test.name); // "newObj"
```

在上面代码中，通过调用 new Obj()方法，返回值保存到 test 变量中，那么 test 就是新创建的对象，所以内部的 this 就指向 test 对象，因此 test.name 就引用到了内部的 this.name。

提示：this 与面向对象编程关系紧密，关于 this 更详细的讲解请参考第 10 章内容。

7.4.4 函数引用和函数调用

视频讲解

当引用函数时，变量存储的是函数的入口指针，因此对于同一个函数来讲，无论多少个变量引用，它们都是相等的。对于引用类型，如对象、数组、函数，都是比较内存地址，如果内存地址一样，说明是同一个对象。

对于函数调用来说，如果返回的是一个对象，则每次调用都被分配一个新的内存地址，所以他们的内存地址不同。如果返回的是简单值，则比较的不是内存地址，而是比较值。例如：

```
function F() {
    this.x = 5;
}
var a = new F();
var b = new F();
console.log(a === b); // false
function f() {
    var x = 5;
    return x;
}
var a = f;
var b = f;
console.log(a===b); // true
var a = f();
var b = f();
console.log(a === b); // true
```

视频讲解

7.4.5 链式调用

jQuery 的优势之一就是链式调用方法，其实现方法就是每次调用一个方法时，总会返回 this，this 指向调用对象自身。

【示例 1】在下面示例中，定义一个简单的对象，每次调用对象的方法时，都返回该对象自身。

```
// 定义一个简单的对象，每次调用对象的方法时，都返回该对象自身
var obj = {
    a: function() {
        console.log("a");
        return this;
    },
    b: function() {
        console.log("b");
        return this;
    }
};
console.log(obj.a().b()); // 输出 a  输出 b  输出 this 指向与 obj 这个对象
```

【示例 2】在下面示例中，分别为 String 扩展了 3 个方法：trim()、log()和 r()，其中 log()和 r()方法返回值都为 this，而 trim()方法返回值为修剪后的字符串。这样就可以利用链式语法在一行语句中

Note

快速调用这 3 个方法。

```
// 下面通过 Function 扩展类型添加方法
Function.prototype.method = function(name,func) {
    if (!this.prototype[name]) {
        this.prototype[name] = func;
        return this;
    }
}
String.method('trim',function() {
    return this.replace(/^\s+|\s+$/g,'');
});
String.method('log',function() {
    console.log("链式调用");
    return this;
});
String.method('r',function() {
    return this.replace(/a/,'');
});
var str = "      abc        ";
console.log(str.trim().log().r()); // 输出链式调用和 bc
```

7.4.6 使用函数实现历史记录

视频讲解

函数可以使用对象去记住先前操作的结果，从而避免多余的运算。

【示例】现在测试一个斐波那契的算法，可以使用递归函数计算 fibonacci 数列，一个 fibonacci 数字是之前两个 fibonacci 数字之和，最前面的两个数字是 0 和 1。

```
var count = 0;
var fibonacci = function(n) {
    count++;
    return n < 2 ? n: fibonacci(n-1) + fibonacci(n-2);
};
for(var i = 0; i <= 10; i += 1) {
    console.log(i + ":" + fibonacci(i));
}
console.log(count); // 453
```

可以看到，上面的 fibonacci 函数总共调用了 453 次，for 循环了 11 次，它自身调用了 442 次，如果使用下面的记忆函数，就可以减少运算的次数，从而提高性能。

设计思路：先使用一个临时数组保存存储结果，当函数被调用时，先看是否已经有存储结果。如果有的话，就立即返回这个存储结果；否则，调用函数进行运算。

```
var count2 = 0;
var fibonacci2 = (function() {
    var memo = [0,1];
    var fib = function(n) {
        var result = memo[n];
        count2++;
        if (typeof result !== 'number') {
```

Note

```
                result = fib(n-1) + fib(n-2);
                memo[n] = result;
            }
            return result;
        };
        return fib;
})();
for (var j = 0; j <= 10; j += 1) {
    console.log(j + ":" + fibonacci2(j));
}
console.log(count2); // 29
```

这个函数也返回了同样的结果，但是只调用了函数 29 次，循环了 11 次，即说函数自身调用了 18 次，从而减少无谓的函数的调用及运算。

下面可以把这个函数进行抽象化，以构造带记忆功能的函数。

```
var count3 = 0;
var memoizer = function(memo,formula) {
    var recur = function(n) {
        var result = memo[n];
        count3++;  // 这句代码只是说明运行函数多少次，无作用
        if (typeof result !== 'number') {
            result = formula(recur,n);
            memo[n] = result;
        }
        return result;
    };
    return recur;
};
var fibonacci3 = memoizer([0,1],function(recur,n) {
    return recur(n-1) + recur(n-2);
});
// 调用方式如下
for (var k = 0; k <=10; k+=1) {
    console.log(k+":"+fibonacci3(k));
}
console.log(count3); // 29
```

如上封装 memoizer 的参数是实现某个方法的计算公式，具体可以根据需要手动更改，其设计思路就是使用对象去保存临时值，从而减少不必要的取值存储值的操作。

视频讲解

7.4.7 扩展 Function 类型

通过 Object.prototype 添加原型方法，可被所有的对象使用。这对函数、字符串、数字、正则表达式和布尔值都适用。例如，现在给 Function.prototype 增加方法，使该方法对所有函数都可用。

```
Function.prototype.method = function(name,func) {
    if(!this.prototype[name]) {
        this.prototype[name] = func;
        return this;
    }
```

```
}
Number.method('integer',function() {
    return Math[this < 0 ? 'ceil' : 'floor'](this);
});
console.log((-10/3).integer()); // -3
String.method('trim',function() {
    return this.replace(/^\s+|\s+$/g,'');
});
console.log(" abc ".trim()); // abc
```

7.4.8　代码的模块模式

使用函数和闭包可以构建模块，提供接口，这样可以隐藏内部信息和功能。使用函数构建模块的优点是：减少使用全局变量，避免变量冲突。

【示例 1】为 String 扩展一个方法，该方法的作用是寻找字符串中的 HTML 字符字体并将其替换为对应的字符。

```
Function.prototype.method = function(name,func) {
    if (!this.prototype[name]) {
        this.prototype[name] = func;
        return this;
    }
}
String.method('deentityify',function() {
    var entity = {
        quot: '"',
        It: '<',
        gt: '>'
    };
    return function() {
        return this.replace(/&([^&;]+);/g,function(a,b) {
            var r = entity[b];
            return typeof r === 'string' ? r : a;
        });
    }
}());
console.log("&It;&quot;&gt;".deentityify()); // <">
```

模块模式利用函数作用域和闭包来创建绑定对象与私有成员的关联，在上面代码中，deentityify()方法才有权访问字符实体表 entity 这个数据对象。

模块开发的一般形式：定义私有变量和函数的函数，利用闭包创建可以访问到的私有变量和函数的特权函数，最后返回这个特权函数，或把他们保存到可以访问的地方。

模块模式一般会结合实例模式使用。JavaScript 实例就是使用对象字面量表示法创建的。对象的属性值可以是数值或者函数，并且属性值在该对象的生命周期中不会发生变化。

【示例 2】下面代码属于模块模式，定义了一个私有变量 name 属性，以及一个实例模式（对象字面量 obj），并且返回这个对象字面量 obj，对象字面量中的方法与私有变量 name 进行绑定。

```
// 经典的模块模式
var MODULE = (function() {
```

```
        var name = "0";
        var obj = {
            setName: function() {
                this.name = name;
            },
            getName: function() {
                return this.name;
            }
        };
        return obj;
    })();
    MODULE.setName()
    console.log(MODULE.getName()); // 0
```

7.4.9 惰性实例化

在页面初始化时，就开始实例化类，如果在页面中没有使用这个实例对象，就会造成一定的内存浪费和性能损耗。这时可以使用惰性实例化来解决这个问题，惰性就是把实例化推迟到需要使用它时才去做，做到按需供应。

```
var myNamespace = function() {
    var Configure = function() {
        var privateName = "myName";
        var privateGetName = function() {
            return privateName;
        };
        var privateSetName = function(name) {
            privateName = name;
        };
        // 返回单例对象
        return {
            setName: function(name) {
                privateSetName(name);
            },
            getName: function() {
                return privateGetName();
            }
        }
    };
    // 存储 Configure 实列
    var instance;
    return {
        init: function() {
            // 如果不存在实列，就创建单例实列
            if (!instance) {
                instance = Configure();
            }
            // 创建 Configure 单例
            for (var key in instance) {
                if (instance.hasOwnProperty(key)) {
```

```
                    this[key] = instance[key];
                }
            }
            this.init = null;
            return this;
        }
    }
}();
// 调用方式
myNamespace.init();
var name = myNamespace.getName();
console.log(name); // myName
```

上面是惰性化实列代码，它包括一个单体 Configure 实列，直接返回 init 函数，先判断该单体是否被实例化，如果没有被实例化，则创建并执行实例化并返回该实例化，如果已经实例化，则返回现有实列；执行完后，则销毁 init()方法，只初始化一次。

7.4.10　分支函数

视频讲解

分支函数的作用：解决兼容中 if 或 else 的重复判断问题。一般情况下，用户常使用 if 进行多次判断来进行兼容。这样做有一个缺点，每次执行这个函数时，都需要进行 if 检测，效率不高。现在使用分支函数来实现当初始化时进行一些检测，在之后的运行代码过程中，代码就无须检测。

【示例 1】分支技术就可以解决这个问题，下面以声明一个 XMLHttpRequest 实例对象为例进行介绍。首先，看看传统的封装 Ajax 请求函数。

```
// 创建 XMLHttpRequest 对象
var xmlhttp;
function createxmlhttp() {
    if (window.XMLHttpRequest) {
        // IE 7+、Firefox、Chrome、Opera、Safari
        xmlhttp=new XMLHttpRequest();
    }
    else{
      // IE 5、IE 6
      xmlhttp=new ActiveXObject("Microsoft.XMLHTTP");
    }
}
```

【示例 2】下面使用分支函数来设计。

```
var XHR = (function() {
    var standard = {
        createXHR: function() {
            return new XMLHttpRequest();
        }
    };
    var oldActionXObject = {
        createXHR: function() {
            return new ActiveXObject("Microsoft.XMLHTTP");
        }
```

```
    };
    var newActionXObject = {
        createXHR: function() {
            return new ActiveXObject("Msxml2.XMLHTTP");
        }
    };
    if (standard.createXHR()) {
        return standard;
    }else {
        try{
            newActionXObject.createXHR();
            return newActionXObject;
        }catch(e) {
            oldActionXObject.createXHR();
            return oldActionXObject;
        }
    }
})();
console.log(XHR.createXHR()); // xmlHttpRequest 对象
```

从上面例子可以看出，分支的设计原理：声明几个不同名称的对象，但是为这些对象都声明一个名称相同的方法（关键点）。针对这些来自于不同的对象，但是拥有相同的方法，根据不同的浏览器设计各自的实现，接着开始进行一次浏览器检测，并且由经过浏览器检测的结果来决定返回哪一个对象，这样不论返回的是哪一个对象，最后名称相同的方法都作为对外一致的接口。

这是在 JavaScript 运行期间进行动态检测，将检测的结果返回赋值给其他的对象，并且提供相同的接口，这样储存的对象就可以使用名称相同的接口。其实，惰性载入函数跟分支在原理上非常相近，只是在代码实现方面有差异而已。

视频讲解

7.4.11 惰性载入函数

在 Web 开发中，因为浏览器之间的实现差异，一些兼容性操作总是不可避免。例如，需要了解各浏览器对事件绑定函数 addEvent 支持情况。

常规写法如下。

```
var addEvent = function(elem, type, handler) {
    if (window.addEventListener) {
        return elem.addEventListener(type, handler, false);
    }
    if (window.attachEvent) {
        return elem.attachEvent('on' + type, handler);
    }
};
```

上述缺点：每次调用时，都会执行 if 条件分支，虽然执行这些 if 分支开销不大，但可以采用更有效的方法避免这些重复性的运算。

改进方案：先检测，然后记住检测情况，下次就不再重复检测。

```
var addEvent = (function() {
    if (window.addEventListener) {
```

```
        return function(elem, type, handler) {
            elem.addEventListener(type, handler, false);
        }
    }
    if (window.attachEvent) {
        return function(elem, type, handler) {
            elem.attachEvent('on' + type, handler);
        }
    }
})();
```

上述缺点：不管页面是否需要 addEvent 函数，每次启动页面都会执行一次，完全没有必要。

优化方案如下。

```
var addEvent = function(elem, type, handler) {
    if (window.addEventListener) {
        addEvent = function(elem, type, handler) {
            elem.addEventListener(type, handler, false);
        }
    }else if (window.attachEvent) {
        addEvent = function(elem, type, handler) {
            elem.attachEvent('on' + type, handler);
        }
    }
    addEvent(elem, type, handler);
};
```

在函数中先做分支判断。但是在第一次进入条件分支之后，在函数内部会重写这个函数，重写之后的函数就是我们期望的 addEvent 函数，在下一次进入 addEvent 函数时，addEvent 函数中不再存在条件分支语句。

7.4.12　函数节流

视频讲解

当一个函数被频繁调用时，如果会造成很大的性能问题，这个时候可以考虑函数节流，降低函数被调用的频率。

函数节流的设计原理：将要执行的函数使用 setTimeout 延迟一段时间执行。如果该次延迟执行还没有完成，则忽略接下来调用该函数的请求。

实现代码如下。

```
var throttle = function(fn, interval) {
    var __self = fn,            // 保存需要被延迟执行的函数引用
        timer,                  // 定时器
        firstTime = true;       // 是否是第一次调用
    return function() {
        var args = arguments,
            __me = this;
        if (firstTime) {        // 如果是第一次调用，不需延迟执行
            __self.apply(__me, args);
            return firstTime = false;
        }
```

```
            if (timer) {        // 如果定时器还在，说明前一次延迟执行还没有完成
                return false;
            }
            timer = setTimeout(function() {    // 延迟一段时间执行
                clearTimeout(timer);
                timer = null;
                __self.apply(__me, args);
            }, interval || 500);
        };
    };
```

throttle 函数接受 2 个参数，第一个参数为需要被延迟执行的函数，第二个参数为延迟执行的时间。具体应用如下。

```
window.onresize = throttle(function() {
    console.log(1);
}, 500);
```

Note

第8章 函数式编程

函数式编程是把function作为重复使用的主要运算单元(表达式),使用合成(compose)和柯里化(curry)等作为主要运算方式,构建复杂的函数;通过定义系列专注于特定任务的小函数,然后使用连续运算来编写更复杂的程序。函数式编程方法:避免改变状态,编写无副作用的纯函数,消除循环,支持递归等。

JavaScript作为一种典型的多范式编程语言,这两年随着React的火热,函数式编程的概念也开始流行起来,RxJS、cycleJS、lodashJS、underscoreJS等多种开源库都使用了函数式的特性。本章将具体讲解JavaScript函数式编程的基本技术和方法。

【学习重点】

- 了解什么是函数式编程。
- 熟悉compose和curry运算。
- 熟悉函子的结构和范式。
- 掌握高阶函数和递归函数。

8.1 函数式编程概述

Note

函数式编程是与面向对象编程、过程式编程等并列的编程范式。其主要特征：函数是第一等公民。强调将计算过程分解成可复用的函数，如 map 和 reduce 方法结合而成 MapReduce 算法。

8.1.1 范畴论

函数式编程起源于范畴论，范畴论是数学的一个分支。理解函数式编程的关键，就是理解范畴论。它是一门很复杂的数学，认为世界上所有的概念体系，都可以抽象成一个个的范畴。

所谓范畴，就是彼此之间存在某种关系的概念、事物、对象等。不管什么东西，只要能找出它们之间的关系，就能定义一个范畴。

范畴论认为，同一个范畴的所有成员，就是不同状态的“变形”。通过“态射”，一个成员可以变形成另一个成员。

既然范畴是满足某种变形关系的所有对象，就可以总结出它的数学模型。

☑ 所有成员是一个集合。

☑ 变形关系是函数。

即范畴论是集合论更上一层的抽象，简单的理解就是“集合+函数”。理论上通过函数，就可以从范畴的一个成员，算出其他所有成员。

可以把范畴想象成是一个容器，里面包含两样东西。

☑ 值（value）。

☑ 值的变形关系，即函数。

下面使用代码定义一个简单的范畴。

```
class Category {
    constructor(val) {
        this.val = val;
    }
    addOne(x) {
        return x + 1;
    }
}
```

在上面代码中，Category 是一个类，也是一个容器，里面包含一个值（this.val）和一种变形关系（addOne）。可以看出，这个范畴，就是所有彼此之间相差 1 的数字集合。

注意： 后面凡是提到容器的地方，全部都是指范畴。

范畴论使用函数来表达范畴之间的关系。

伴随着范畴论的发展，就发展出一整套函数的运算方法。这套方法起初只用于数学运算，后来有人将它在计算机上实现了，就变成了今天的函数式编程。

本质上，函数式编程只是范畴论的运算方法，与数理逻辑、微积分、行列式等类似，都是数学方法，只不过它可以用来编写程序。

函数式编程要求函数必须是纯的，不能有副作用。因为它是一种纯数学运算，原始目的就是求值，

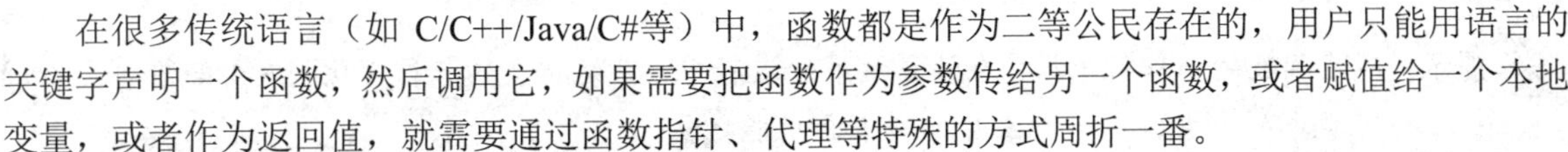

不做其他事情，否则就无法满足函数运算法则。

总之，在函数式编程中，函数就是一个管道。这头进去一个值，那头就会出来一个新的值，没有其他作用。

8.1.2　一等公民的函数

在很多传统语言（如 C/C++/Java/C#等）中，函数都是作为二等公民存在的，用户只能用语言的关键字声明一个函数，然后调用它，如果需要把函数作为参数传给另一个函数，或者赋值给一个本地变量，或者作为返回值，就需要通过函数指针、代理等特殊的方式周折一番。

在 JavaScript 中，函数却是一等公民，它不仅拥有一切传统函数的使用方式（如声明和调用），而且可以做到像简单值一样赋值、传参、返回，这样的函数也称之为第一级函数（First-class Function）。不仅如此，JavaScript 中的函数还充当了类的构造函数的作用，同时又是一个 Function 类的实例。这样的多重身份让 JavaScript 的函数变得非常重要。

函数是“一等公民”，也就是说函数与其他数据类型一样，可以存在数组中，当作参数传递，赋值给变量等。

8.1.3　纯函数

对于函数式编程来说，只有纯的、没有副作用的函数，才是合格的函数。

纯函数就是，对于相同的输入，永远会得到相同的输出，而且没有任何可观察的副作用（如发送请求、改变 DOM 结构等），也不依赖外部环境的状态（如全局变量、DOM 等）。函数的输出完全由函数的输入决定。

【示例 1】在 JavaScript 中，对于数组的操作，有些方法是纯的（如 slice），有些不是纯的（如 splice）。

```
var arr = [1,2,3,4,5];
// Array.slice 是纯函数，因为它没有副作用，对于固定的输入，输出总是固定的
// 这是函数式
arr.slice(0,3);                    // => [1,2,3]
arr.slice(0,3);                    // => [1,2,3]
// Array.splice 是不纯的，它有副作用，对于固定的输入，输出不是固定的
// 这不是函数式
arr.splice(0,3);                   // => [1,2,3]
arr.splice(0,3);                   // => [4,5]
arr.splice(0,3);                   // => []
```

在函数式编程中，不要使用这种会改变数据的函数。应该使用那种可靠的，每次都能返回同样结果的函数，而不是像 splice 这样每次调用后都把数据弄得一团糟的函数。

【示例 2】再来看一个示例。

```
// 不纯的
var min = 21;
var checkAge = function(age) {
      return age >= min;
};
// 纯的
var checkAge = function(age) {
```

```
        var min = 21;
        return age >= min;
};
```

Note

在不纯的版本中，checkAge 函数的行为不仅取决于输入的参数 age，还取决于一个外部的变量 minimum，这个函数的行为需要由外部的系统环境决定。对于大型系统来说，这种对于外部状态的依赖是造成系统复杂性大大提高的主要原因。

提示：不纯函数的副作用是指，在计算结果的过程中，系统状态的一种变化，或者与外部进行的可观察的交互。例如，函数包含下面功能之一。

- ☑ 函数更改文件系统。
- ☑ 往数据库插入记录。
- ☑ 发送一个 HTTP 请求。
- ☑ 可变数据。
- ☑ 打印输出，如 console.log。
- ☑ 获取用户输入。
- ☑ DOM 查询或其他操作。
- ☑ 访问系统状态。

概括来讲，只要是跟函数外部环境发生的交互都是副作用。当然不是要禁止使用一切副作用，而是说，要让它们在可控的范围内发生。

副作用让一个函数变得不纯是有道理的：从定义上来说，纯函数必须要能够根据相同的输入返回相同的输出；如果函数需要跟外部事物打交道，那么就无法保证这一点。

换句话说，函数只是两种数值之间的关系：输入和输出。尽管每个输入都只会有一个输出，但不同的输入却可以有相同的输出。

纯函数编程的优点简单概括如下。

1. 可缓存性

纯函数总能够根据输入来做缓存。

【示例 3】实现缓存的一种典型方式是 memoize 技术。

```
// 缓存函数
var memoize = function(f) {
    var cache = {};                                    // 缓存对象
    return function() {
        var arg_str = JSON.stringify(arguments);   // 转换为字符串序列
        // 如果已经缓存，则直接返回，否则执行函数
        cache[arg_str] = cache[arg_str] ? cache[arg_str] + '(from cache)' :    f.apply(f, arguments);
        return cache[arg_str];
    };
};
var squareNumber = memoize(function(x) {return x * x;});
console.log(squareNumber(4));                          // 16
console.log(squareNumber(4));                          // 16(from cache)
console.log(squareNumber(5));                          // 25
console.log(squareNumber(5));                          // 25(from cache)
```

2. 可移植

纯函数是完全自给自足的，它需要的所有东西都能轻易获得。

首先，纯函数的依赖很明确，因此更易于观察和理解，没有偷偷摸摸的小动作。其次，这使得用户在阅读这种代码时更容易，一个函数完成一个功能，不再依赖其他函数或者变量。

3. 可测试

纯函数让测试更加容易。因为只要每次输入相同，纯函数将输出相同的结果，不需要多次测试同一个输入。

4. 合理性

使用纯函数最大的好处是引用透明性。如果一段代码可以替换成它执行所得的结果，而且是在不改变整个程序行为的前提下替换的，那么这段代码是引用透明的。

由于纯函数总是能够根据相同的输入返回相同的输出，所以它们就能够保证总是返回同一个结果，这也就保证了引用透明性。

5. 并行代码

可以并行运行任意纯函数。因为纯函数根本不需要访问共享的内存，而且根据其定义，纯函数也不会因副作用而进入竞争态。

并行代码在服务端 JavaScript 环境，以及使用 Web Workers 的浏览器那里非常容易实现，因为它们使用了线程（Thread）。不过出于对非纯函数复杂度的考虑，当前主流观点还是避免使用这种并行。

注意：不要滥用函数式编程或者纯函数。

纯函数有很多优点，但是不要编写每一个函数，都要求是纯函数。函数越“纯”，对环境依赖越少，往往意味着要输入更多的参数。

【示例 4】下面代码适合使用纯函数。

```
var pureHttpCall = memoize(function(url, params) {
    return function() { return $.getJSON(url, params); }
});
```

上面代码并没有真正发送 HTTP 请求，只是返回了一个函数，当调用它时才会发请求。这个函数之所以有资格成为纯函数，是因为它总是会根据相同的输入返回相同的输出。给定了 url 和 params 之后，它就只会返回同一个发送 HTTP 请求的函数。这种技巧结合柯里化和函数组合，会使 JavaScript 代码更清晰、可维护。

【示例 5】下面代码不适合使用纯函数，属于滥用函数式编程。

```
var getServerStuff = function(callback) {
    return ajaxCall(function(json) {
        return callback(json);
    });
};
```

如果仔细分析上面代码，它实际上等价于下面代码。

```
var getServerStuff = ajaxCall;
```

当滥用函数式编程时，很可能使得代码很难懂。所以，代码保持最直接简洁的状态，尽量使用纯函数（容易维护）、适当情况下使用函数式编程（容易看懂）。

8.1.4 命令式和声明式

Note

命令式代码就是，通过编写一条又一条指令，让计算机执行一些动作，一般都会涉及很多烦杂的细节。而声明式代码就是，通过编写表达式的方式来声明想要做什么，而不是通过一步一步的指示，代码更为优雅。例如：

```
// 命令式
var CEOs = [];
var companies = [
    {"CEO":"a","age":45},
    {"CEO":"b","age":35},
    {"CEO":"c","age":42}
]
for (var i = 0; i < companies.length; i++){
    CEOs.push(companies[i].CEO)
}
// 声明式
var CEOs = companies.map(function(c){
    return c.CEO;
});
console.log(CEOs);
```

命令式的写法要先实例化一个数组，然后再对 companies 数组进行 for 循环遍历，手动命名、判断、增加计数器，虽然很直观，但这并不是优雅的程序员应该做的。

声明式的写法是一个表达式，如何进行计数器迭代，返回的数组如何收集，这些细节都被隐藏起来。它指明的是做什么，而不是怎么做。

除了更加清晰和简洁之外，map 函数还可以进一步独立优化，甚至使用内置 map 方法，这样主要的业务代码就无须改动。

函数式编程的一个明显好处：这种声明式的代码，对于无副作用的纯函数，完全可以不考虑函数内部是如何实现的，专注于编写业务代码。而当优化代码时，只需要集中到这些稳定、坚固的函数内部即可，不用受具体业务影响。

相反，不纯的函数式代码会产生副作用，或者依赖外部系统环境，使用它们时总是要考虑这些不干净的副作用。在复杂的系统中，这对于程序员来说是极大的负担。

8.1.5 PointFree 风格

Point Free 是一种代码风格，这种模式就是不要命名转瞬即逝的中间变量。

【示例 1】在编写代码中，很多用户喜欢把一些对象自带方法转化成纯函数。例如：

```
// 大写字符串
var toUpperCase = function(str) {
    return str.toUpperCase();
}
// 把字符串转换为数组
var split = function(str, x) {
    return str.split(x);
}
```

然后在应用中调用如下代码。

```
var f = function(str) {
    var str = str.toUpperCase();
    return split(str, ',');
}
console.log(f("ab,cd,ef,gh"));           // 输出["AB","CD", "EF","GH"]
```

在上面函数中，使用 str 作为中间变量，但是这个中间变量是毫无意义的。

【示例 2】下面可以改造这段代码。

```
// 大写字符串
var toUpperCase = function(str) {
    return str.toUpperCase();
}
// 定义柯里化函数，把字符串转换为数组
var split = function(x) {
    return function(str) {
        return str.split(x);
    };
}
// 在应用中调用
var f = compose(split(','), toUpperCase);
console.log(f("ab,cd,ef,gh"));           // 输出["AB","CD", "EF","GH"]
```

在上面代码中，重写了 split 函数，因为它包含两个参数，在函数式运算中，不能同时传递参数，否则就直接执行了，无法在表达式中参与运算。通过让 split 函数返回一个函数，定义为柯里化函数，这样可以保存提前传入的参数，同时暂缓执行，等表达式运算之后再执行。

compose 是函数式编程的一种基本运算形式，与柯里化运算一样奠定了函数式编程的基础。关于 compose 函数的详细代码请参考 8.2.2 节详细讲解，其作用是把多个函数合并在一起执行。这种函数式编程风格能够减少不必要的中间变量，保持代码的简洁和通用。

8.2　函数式基本运算

函数式编程有两个最基本的运算：compose（函数合成）和 curry（柯里化）。

8.2.1　函数合成

如果一个值要经过多个函数，才能变成另外一个值，就可以把所有中间步骤合并成一个函数，这种运算就是函数的合成（Compose）。

例如，如果 X 和 Y 之间的变形关系是函数 f，Y 和 Z 之间的变形关系是函数 g，那么 X 和 Z 之间的关系，就是 g 和 f 的合成函数 g • f。

合成两个函数的代码实现如下。

```
var compose = function(f, g) {
    return function(x) {
        return f(g(x));
    };
}
```

Note

函数的合成必须满足结合律。例如：

```
compose(f, compose(g, h))
// 等同于
compose(compose(f, g), h)
// 等同于
compose(f, g, h)
```

合成也是函数必须是纯的一个原因。因为一个不纯的函数，无法保证各种合成以后，它会达到预期的行为。

前面说过，函数就像数据的管道。那么，函数合成就是将这些管道连起来，让数据一口气从多个管道中穿过。

【示例 1】我们经常会见到或编写如下“包菜式”的多层函数调用代码。

```
h(g(f(x)));
```

虽然这也是函数式的代码，但不是很优雅。为了解决函数嵌套的问题，需要用到函数合成。例如：

```
// 两个函数合成
var compose = function(f, g) {
    return function(x) {
        return f(g(x));
    };
};
// 加法运算
var add = function(x) {
    return x + 1;
}
// 乘法运算
var mul = function(x) {
    return x * 5;
}
// 合并加法运算和乘法运算
compose(mul, add)(2);    // 返回 15
```

在上面代码中，定义合成函数 compose（俗称胶水函数），可以把任何两个纯函数粘连一起。当然也可以扩展出组合 3 个函数的“三面胶”，甚至“四面胶”和“N 面胶”。这种灵活的组合可以让我们像拼积木一样来组合函数式的代码。

总之，compose 函数的作用就是组合函数，将函数串联起来执行，将多个函数组合起来，一个函数的输出结果是另一个函数的输入参数，一旦第一个函数开始执行，就会像多米诺骨牌一样推导执行了。

【示例 2】设计要输入一个名字，这个名字由 firstName、lastName 组合而成，然后把这个名字全部变成大写并输出，如输入 jack、smith，就要打印出'HELLO,JACK SMITH'。考虑用函数组合的方法来解决这个问题，需要两个函数 greeting 和 toUpper。

```
var greeting = function(firstName, lastName) {
    return 'hello,' + firstName + ' ' + lastName;
}
var toUpper = function(str) {
```

```
        return str.toUpperCase();
    }
    var fn = compose(toUpper, greeting)
    console.log(fn('jack','smith'))                    // ' HELLO,JACK SMITH '
```

注意：使用 compose 要注意以下几点。

☑ compose 的参数是函数，返回的也是一个函数。

☑ 除了初始函数（最右侧的一个）外，其他函数的接受参数都是上一个函数的返回值，所以初始函数的参数可以是多元的，而其他函数的接受值是一元的。

☑ compsoe 函数可以接受任意的参数，所有的参数都是函数，且执行方向是自右向左的，初始函数一定放到参数的最右侧。

掌握了 compose 的这 3 个基本特性，就很容易地分析出上面示例的执行过程。

（1）当执行 fn('jack', 'smith')时，初始函数为 greeting。

（2）greeting 的执行结果作为参数传递给 toUpper。

（3）再执行 toUpper，得出最后的结果。

如果还想再加一个处理函数，不需要修改 fn，只需要再执行一个 compose。例如，设计一个 trim，只需要在上面示例代码下面继续添加如下代码。

```
var trim = function(str) {
    return str.trim();
}
var newFn = compose(trim, fn)
console.log(newFn('jack', 'smith'))
```

可以看出，不论维护和扩展，使用 compose 都十分的方便。

8.2.2　compose 实现

在 8.2.1 节，主要介绍了 compose 的运算原理，并定制了一个合成两个函数的 compose，下面来完善 compose 实现，实现无限函数合成。

设计思路：既然函数像多米诺骨牌式的执行，可以使用递归或迭代，在函数体内不断地执行 arguments 中的函数，将上一个函数的执行结果作为下一个执行函数的输入参数。

下面使用 while 迭代来实现 compose，具体代码如下。

```
// 函数合成，从右到左合成函数
var compose = function() {
    var _arguments = arguments;            // 缓存外层参数
    var length = _arguments.length;        // 缓存长度
    var index = length;                    // 定义游标变量
    // 检测参数，如果存在非函数参数，则抛出异常
    while (index--) {
        if (typeof _arguments[index] !== 'function') {
            throw new TypeError('参数必须为函数!');
        }
    }
    return function() {
        var index = length-1;                              // 定位到最后一个参数下标
```

Note

```
            // 如果存在两个及以上参数，则调用最后一个参数函数，并传入内层参数
            // 否则直接返回第 1 个参数函数
            var result = length ? _arguments[index].apply(this, arguments): arguments[0];
            // 迭代参数函数
            while (index--) {
                // 把右侧函数的执行结果作为参数传给左侧参数函数，并调用
                result = _arguments[index].call(this, result);
            }
            return result;                              // 返回最左侧参数函数的执行结果
        }
    }
    // 反向函数合成，即从左到右合成函数
    var composeLeft = function() {
        return compose.apply(null, [].reverse.call(arguments));
    }
```

在上面实现代码中，compose 实现是从右到左进行合并，也提供了从左到左的合成，即 composeLeft，同时在 compose 体内添加了一层函数的校验，允许传递一个或多个参数。

下面是具体应用。

```
var greeting = function(firstName, lastName) {
    return 'hello,' + firstName + ' ' + lastName;
}
var toUpper = function(str) {
    return str.toUpperCase();
}
var trim = function(str) {
    return    str.trim();
}
var fn = compose(trim, toUpper, greeting);
console.log(fn('jack', 'smith'));
var fn = compose(trim, compose(toUpper, greeting));
console.log(fn('jack', 'smith'));
var fn = compose(compose(trim, toUpper), greeting);
console.log(fn('jack', 'smith'));
```

上面几种组合方式都可以，最后都返回' HELLO, JACK SMITH '。

8.2.3 函数柯里化

在 8.2.1 节，介绍了把 f(x)和 g(x)合成为 f(g(x))。这种运算有一个隐藏的前提，就是 f 和 g 都只能接受一个参数。如果可以接受多个参数，如 f(x, y)和 g(a, b, c)，函数合成就非常麻烦。

这时就要用到函数柯里化。所谓柯里化，就是把一个多参数的函数，转化为单参数函数。有了柯里化运算之后，我们就能做到，所有函数只接受一个参数。

函数柯里化（Curry）的定义很简单：传递给函数一部分参数来调用它，让它返回一个函数去处理剩下的参数。即把多参数的函数分解为多步操作的函数，以实现每次调用函数时，仅需要传递更少或单个参数。

【示例 1】下面是一个简单的求和函数 add()。

```
var add = function(x, y) {
    return x + y;
}
```

每次调动 add()，需要同时传入两个参数，如果希望每次仅需要传入一个参数，可以这样进行柯里化。

```
// 柯里化
var add = function(x) {
    return function(y) {
        return x + y
    }
}
console.log(add(2)(6));  // 8，连续调用
var add1 = add(200);
console.log(add1(2));    // 202，分步调用
```

函数 add()接受一个参数，并返回一个函数，这个返回的函数可以再接受一个参数，并返回两个参数之和。

事实上，柯里化是一种“预加载”函数的方法，通过传递较少的参数，得到一个已经记住了这些参数的新函数，某种意义上讲，这是一种对参数的“缓存”，是一种非常高效的函数式运算方法。柯里化在 DOM 的回调中非常有用。

【示例 2】设计一个柯里化函数。

```
function curry(fn) {
    // 把第 2 个及后面的参数转换为数组
    var firstArgs = Array.prototype.slice.call(arguments, 1);
    return function() {
        // 把所有参数转换为数组
        var secondArgs = Array.prototype.slice.call(arguments);
        // 合并参数
        var finalArgs = firstArgs.concat(secondArgs);
        // 动态调用参数函数，并传入全部参数值，返回函数的值
        return fn.apply(null, finalArgs);
    };
}
```

curry 函数的主要功能就是将被返回的函数的参数进行整理合并。为了获取第一个参数后的所有参数，在 arguments 对象上动态调用了 slice()方法，并传入 1，表示被返回的数组的第一个元素应该是第二个参数。

下面是具体的应用。

```
function add(num1, num2) {
    return num1 + num2;
}
var newAdd = curry(add, 5);
alert(newAdd(6));// 11
```

在 curry 函数的内部，私有变量 firstArgs 就相当于一个存储器，用来暂时存储在调用 curry 函数时所传递的参数值，这样再跟后面动态创建函数调用时的参数合并并执行，就得到了一样的效果。

Note

函数柯里化的基本方法和函数绑定是一样的：使用一个闭包返回一个函数。两者的区别在于，当柯里化函数被调用时，返回函数还需要传入参数。下面是函数绑定的方法实现。

```
function bind(fn, context) {
    // 把第 3 个及后面的参数转换为数组
    var firstArgs = Array.prototype.slice.call(arguments, 2);
    return function() {
        // 把所有参数转换为数组
        var secondArgs = Array.prototype.slice.call(arguments);
        // 合并参数
        var finalArgs = firstArgs.concat(secondArgs);
        // 在指定上下文对象上动态调用参数函数，并传入全部参数值，返回函数的值
        return fn.apply(context, finalArgs);
    };
}
```

8.2.4 curry 实现

8.2.3 节介绍了 curry 功能的雏形，适应能力还比较弱，本节将在此基础上完善 curry 实现。

设想 curry 可以接受一个函数，即原始函数，返回的也是一个函数，即柯里化函数。这个返回的柯里化函数在执行的过程中，会不断地返回一个存储了传入参数的函数，直到触发了原始函数执行的条件。

例如，在 8.2.3 节示例中，我们设计一个 add()函数，计算两个参数之和。

```
var add = function(x, y) {
    return x + y;
}
```

柯里化函数：

```
var curryAdd = curry(add)
```

这个 add 需要两个参数，但是执行 curryAdd 时，可以传入更少的参数，当传入的参数少于 add 需要的参数时，add()函数并不会执行，curryAdd 就会将这个参数记录下来，并且返回另外一个函数，这个函数可以继续执行传入参数。如果传入参数的总数等于 add 需要参数的总数，就执行原始参数，返回想要的结果。

curry 实现代码如下。

```
function curry(fn) {
    var _argLen = fn.length;                    // 记录原始函数的形参个数
    // curry 函数
    function wrap() {
        var _args = [].slice.call(arguments);  // 把传入参数转换为数组
        // 参数处理函数
        function act() {
            // 把当前参数转换为数组，与前面参数进行合并
            _args = _args.concat([].slice.call(arguments));
            // 如果传入参数总和大于等于原始参数的个数，触发执行条件
            if (_args.length >= _argLen) {
                // 执行原始函数，并把每次传入参数传入进去，返回执行结果，停止 curry
```

```
                return fn.apply(null, _args);
            }
            return arguments.callee;
        }
        // 如果传入参数大于等于原始函数的参数个数，即触发了执行条件
        if (_args.length >= _argLen) {
            // 执行原始函数，并把每次传入参数传入进去，返回执行结果，停止 curry
            return fn.apply(null, _args);
        }
        // 定义处理函数的字符串表示为原始函数的字符串表示
        act.toString = function() {
            return fn.toString();
        }
        return act; // 返回处理函数
    }
    return wrap;// 返回 curry 函数
}
```

应用示例如下。

```
// 求和函数，最低 3 个参数，最长参数不限
var abc = function(a, b, c) {
    // 把参数转换为数组，然后调用数组的 reduce 方法
    // 迭代所有参数值，返回最后汇总的值
    return [].slice.call(arguments).reduce(function(a,b) {
        // 如果元素的值为数值，则参与求和运算，否则设置为 0，跳过非数字的值
        return (typeof a == "number" ? a: 0) + (typeof b == "number" ? b: 0);
    })
}
// 柯里化函数
var curried = curry(abc)
console.log(curried(1)(2)(3));          // 6
console.log(curried(1, 2, 3));          // 6
console.log(curried(1, 2)(3));          // 6
console.log(curried(1)(2, 3));          // 6
console.log(curried(1, 2, 3, 4));       // 10
```

8.2.5　curry 变体

在 8.2.4 节，详细讲解了函数式编程中规范 curry()函数的设计模式。实际上，curry()函数的设计不是固定的，可以根据具体应用场景灵活定制。

curry 有 3 个作用：缓存参数、暂缓函数执行、分解执行任务。

curry 能够将包含 N 个参数的函数转化为可返回一个 N 个函数的嵌套系列，每个函数都采用 1 个参数，模式化代码如下所示。

```
fn = function(a,b,c) {}                 // 原函数
// 将函数的参数从左向右进行柯里化
curry(fn)=function(a) {                 // 柯里化函数
    return function(b) {
        return function(c) {return fn(a,b,c)}
```

```
    }
}
// 将函数的参数从右向左进行柯里化
rightCurry(fn)=function(c) {                // 从右到左柯里化函数
    return function(b) {
        return function(a) {return fn(a,b,c)}
    }
}
```

Note

【示例 1】JavaScript 实现代码如下。

```
// 返回一个函数，该函数在调用时将参数的顺序颠倒过来
function flip(fn) {
    return function() {
        var args = [].slice.call(arguments);
        return fn.apply(this, args.reverse());
    };
}
// 返回一个新函数，从右到左柯里化原始函数的参数
function rightCurry(fn, n) {
    var arity = n || fn.length,                 // 如果没有限定次数，则采用原函数的形参个数
        fn = flip(fn);                          // 颠倒原函数形参顺序
    return function curried() {
        var args = [].slice.call(arguments),    // 把参数转换为数组
            context = this;                     // 存储当前上下文
        return args.length >= arity ?           // 到达限定次数，则执行原函数，传入限定的参数
            fn.apply(context, args.slice(0, arity)):
            function() {                        // 如果没有到达限定次数，则继续 curry
                var rest = [].slice.call(arguments);
                // 递归调用返回 curry()函数
                return curried.apply(context, args.concat(rest));
            };
    };
}
```

应用代码如下。

```
// 无限求和运算
var f = function() {
    // 把参数转换为数组，再使用 reduce()方法迭代求和
    return [].slice.call(arguments).reduce(function(sum, item) {
        // 对数值进行求和，非数字转换为 0
        return (+sum ? sum : 0) + (+item ? item : 0);
    })
}
f = rightCurry(f, 10);// 柯里化函数，限定 10 个传参
console.log(f(1, 2)(3, 4, 5)(6, 7, 8)(9, 10));// 55
```

curry 也称部分求值。一个 curry()函数首先会接受一些参数，接受了这些参数之后，该函数并不会立即求值，而是继续返回另外一个函数，前面传入的参数在函数形成的闭包中被保存起来。待到函数被真正需要求值时，之前传入的所有参数才被一次性用于求值。

【示例 2】下面示例采用多步式操作进行求和运算。要实现多步式求和运算，就不能够采用上面示例设计的 curry()函数。

```
// 定制 curry()函数，接受一个函数，返回将要被 curry()的函数
var curry = function(fn) {
    var args = [];                          // 临时仓库
    return function() {                     // 返回 curry()函数
        if (arguments.length === 0) {       // 如果没有参数，则执行求和运算
            return fn.apply(this, args);
        }
        else {                              // 如果传入参数，则把参数存储到临时数组中
            [].push.apply(args, arguments);
            return arguments.callee;        // 返回 curry()函数，继续接收数据
        }
    }
};
// 将被 curry 的函数
var cost = (function() {          // 自调用函数，形成闭包体，以方便分步式操作
    var money = 0;
    return function() {
        // 求和运算
        for (var i = 0, l = arguments.length; i < l; i++) {
            money += arguments[i];
        }
        return money;
    }
})();
var cost = curry(cost);           // 转化成 curry()函数
// 分步式操作
cost(100);                        // 未真正求值
cost(200);                        // 未真正求值
cost(300);                        // 未真正求值
console.log (cost());             // 求值并输出：600
```

在 8.2.4 节介绍的 curry()函数，是根据函数的形参个数作为条件，决定是否执行函数。这种设计方法比较通用，但是当我们做无限次连续运算时，就遇到障碍。而本节的 curry()函数设计：根据函数是否传递参数作为执行函数的条件，这样就可以实现 curry()函数的连续不限次操作。

【示例 3】分步式操作不符合函数式编程要求，它是命令式编码风格，下面重写示例 1 代码，实现表达式连续运算。

在示例 1 基础上，保持 curry()函数不变。重写求和运算函数 cost()，代码如下。

```
// 将被 curry 的函数
var cost = function() {
    var money = 0;
    for (var i = 0, l = arguments.length; i < l; i++) {
        money += arguments[i];
    }
    return money;
};
```

柯里化 cost 函数。

```
cost = curry(cost);      // 转化成 curry()函数
```

调用 curry()函数。

```
console.log(cost(100)(200)(300)());      // 求值并输出：600
```

上面一行代码完成了命令式编程中 4 行代码，使代码看起来更优雅、有效，这正是函数式编程的风格。

8.3 函　　子

函数不仅可以用于同一个范畴之中值的转换，还可以用于将一个范畴转换成另一个范畴这就涉及函子（Functor）。

提示：本节涉及构造函数和实例对象基础知识，如果初次学习本节比较困难，建议学习完第 9、10 章后再回来阅读。

8.3.1 认识函子

函子是函数式编程里最重要的数据类型，也是基本的运算单元和功能单位。

它首先是一种范畴，即是一个容器，包含了值和变形关系（处理函数）。比较特殊的是，它的变形关系可以依次作用于每一个值，将当前容器变形成另一个容器。

任何具有 map()方法的数据结构，都可以当作函子的实现。例如：

```
class Functor {
    constructor(val) {
        this.val = val;
    }
    map(f) {
        return new Functor(f(this.val));
    }
}
```

上面代码中，Functor 是一个函子，它的 map()方法接受函数 f 作为参数，然后返回一个新的函子，里面包含的值是被 f 处理过的 f(this.val)。

一般约定，函子的标志就是容器具有 map()方法，该方法将容器里面的每一个值，映射到另一个容器。例如：

```
(new Functor(2)).map(function(two) {
    return two + 2;
});              // Functor(4)
(new Functor('abc')).map(function(s) {
    return s.toUpperCase();
});              // Functor('ABC')
(new Functor('abc')).map(_.concat('def')).map(_.prop('length'));
                 // Functor(6)
```

上面示例说明，函数式编程里面的运算，都是通过函子完成的，即运算不直接针对值，而是针对这个值的容器：函子。函子本身具有对外接口（map()方法），各种函数就是运算符，通过接口接入容器，引发容器里面的值的变形。

因此，学习函数式编程，实际上就是学习函子的各种运算。由于可以把运算方法封装在函子里面，所以又衍生出各种不同类型的函子，有多少种运算，就有多少种函子。函数式编程就变成了运用不同的函子，解决实际问题。

8.3.2　定义容器

使用过 jQuery 的读者，应该熟悉$()构造函数，它返回的对象并不是一个原生的 DOM 对象，而是对于原生对象的一种封装。例如：

```
var foo = $('#foo');
foo == document.getElementById('foo');          // false
foo[0] == document.getElementById('foo');       // true
```

这在某种意义上就是一个“容器”，但它并不是函数式。

容器为函数式编程中变量、对象、函数提供了一层极其强大的外衣，赋予了它们一些很惊艳的特性。

【示例】下面是一个简单的容器。

```
var Container = function(x) {
    this.value = x;
}
Container.of = function(x) {
    return new Container(x);
}
console.log(Container.of(1).value);          // 1
console.log(Container.of('abcd').value);    // 'abcd'
```

调用 Container.of()方法把东西装进容器中后，由于这一层外壳的阻挡，普通的函数就对他们不再起作用，所以需要加一个接口来让外部的函数也能作用到容器里面的值。

```
Container.prototype.map = function(f) {
    return Container.of(f(this.value))
}
```

现在可以这样使用它。

```
Container.of(3)
    .map(function(x) {
        return x + 1;
    })                          // Container(4)
    .map(function(x) {
        return 'Result is ' + x;
    });        // Container('Result is 4')
```

上面代码经过简单的封装，就可以实现链式调用，这也是函子的基本结构类型。

Functor（函子）是实现了 map，并遵守一些特定规则的容器类型。

提示：在上面示例中，当生成新的容器时，没有直接使用 new 运算符，因为 new 命令是面向对象编程的语法标志。所以，函数式编程一般约定，函子需要定义一个 of()方法，用来生成新的容器，这样也能够保证链式语法的正确使用。

Note

8.3.3 定义函子

本质上分析，Functor 是一个对于函数调用的抽象，我们赋予容器自己去调用函数的能力。当 map 一个函数时，让容器自己来运行这个函数，这样容器就可以自由地选择何时何地如何操作这个函数，以至于拥有惰性求值、错误处理、异步调用等非常实用的特性。

【示例 1】新建一个 Functor，命名为 Functor。

```
var Functor = function(x) {
    this.value = x;
}
// Functor 构造函数
Functor.of = function(x) {
    return new Functor(x);
}
// 映射函数，为当前值调用处理函数，并返回处理结果：新的函子
Functor.prototype.map = function(f) {
    return this.isNothing() ? Functor.of(null) : Functor.of(f(this.value));
}
// 检测值是否为空，当值为 null 或 undefined，返回 true
Functor.prototype.isNothing = function() {
    return (this.value === null || this.value === undefined);
}
// 求和运算
var add = function(x) {
    return function(y) {
        return x + y;
    }
};
// 连续求和
console.log(Functor.of(4)
    .map(add(6))
    .map(add(11))
    .map(add(11))
    .map(add(10)).value);                // Functor(42)
```

上面代码通过链式调用，可以允许输入一堆.map()，实现连续求和。

提示：函子接受各种函数，处理容器内部的值。这里就有一个问题，容器内部的值可能是一个空值（如 null），而外部函数未必有处理空值的机制，如果传入空值，很可能就会出错。例如：

```
Functor.of(null).map(function(s) {
    return s.toUpperCase();
});              // TypeError
```

上面代码中，函子里面的值是 null，结果就出错。

为了解决这一类问题，可以在 map()方法中设置空值检查。

```
Functor.prototype.map = function(f) {
    return this.isNothing() ? Functor.of(null) : Functor.of(f(this.value));
}
```

这样当函子处理空值时就不会出错。

这种包含空值检测的函子也被称为 Maybe 函子。

【示例 2】在示例 1 基础上，继续优化其中的求和运算函数。

```
// 求和运算
var add = function() {
    // 把参数转换为数组
    var x = Array.prototype.slice.call(arguments);
    return function() {
        // 把参数转换为数组
        var y = Array.prototype.slice.call(arguments);
        var z = x.concat(y); // 合并数组
        return z.reduce(function(a, b) {  // 返回数组元素值之和
            // 快速转换为数值，存在则加，否则设置为默认值 0
                return (+a || 0) + (+b || 0);
        });
    }
};
```

这样可以实现多参数求和运算。

```
// 连续求和
console.log(Functor.of(4)
    .map(add(6))
    .map(add(6, 12))
    .map(add(11, 7, 9))
    .map(add(10)).value);                    // Functor(65)
```

【示例 3】如果觉得链式调用总要输入一堆.map()，比较麻烦。那么可以配合 compose 和 curry 运算，优化上面示例的设计。

（1）设计函子 Functor，代码与示例 1 相同。

```
// 定义函子 Functor
var Functor = function(x) {}
// Functor 构造函数
Functor.of = function(x) {}
// 映射函数，为当前值调用处理函数，并返回处理结果：新的函子
Functor.prototype.map = function(f) {}
// 检测值是否为空，当值为 null 或 undefined，返回 true
Functor.prototype.isNothing = function() {}
```

（2）设计求和运算，代码同上。

（3）使用 curry 柯里化求和函数。

```
var add = curry(add);
```

Note

（4）定义一个柯里化的 map。

```
var map = curry(function(f,functor) {
    return functor.map(f);
});
```

（5）实例化函子。

```
var functor = Functor.of(4);
```

（6）定义事务。使用 compose 组合多个求和运算，然后传递给 map。

```
var doEverything = map(compose(add(10), add(6), add(6, 7), add(6)));
```

（7）执行事务。把函子实例传递给事务函数 doEverything。

```
console.log(doEverything(functor));        // Functor(39)
```

8.3.4 Either 函子

条件运算是最常见的运算之一，在函数式编程中，使用 Either 函子表达。

Either 函子内部有两个值：左值（left）和右值（right）。右值是正常情况下使用的值，左值是右值不存在时使用的默认值，其结构如下。

```
class Either extends Functor {
    constructor(left, right) {
        this.left = left;
        this.right = right;
    }
    map(f) {
        return this.right ?
            Either.of(this.left, f(this.right)) :
            Either.of(f(this.left), this.right);
    }
}
Either.of = function(left, right) {
    return new Either(left, right);
};
```

【示例】下面示例简单演示了 Either 函子的使用。

```
// 定义函子 Functor
var Functor = function(x, y) {
    this.x = x;
    this.y = y;
}
// Functor 构造函数
Functor.of = function(x, y) {
    return new Functor(x, y);
}
// 映射函数，为当前值调用处理函数，并返回处理结果：新的函子
Functor.prototype.map = function(f) {
    return this.y ?
```

```
            Functor.of(this.x, f(this.y)) :
            Functor.of(this.x, this.y);
}
// 递增运算
var addOne = function(x) {
    return x + 1;
};
console.log(Functor.of(5, 6).map(addOne));           // Functor(5, 7);
console.log(Functor.of(1, null).map(addOne));        // Functor(1, null);
```

在上面示例中，如果右值有值，就使用右值，否则使用左值。通过这种方式，Either 函子表达了条件运算。

Either 函子的常见用途是设置默认值，另一个用途是代替 try/catch，使用左值表示错误。

JavaScript 错误处理的语句结构如下。

```
try{
    doSomething();
}
catch(e) {
    // 错误处理
}
```

实际上，try-catch-throw 并不是“纯”的，因为它从外部接管了函数，并且在函数出错时抛弃了函数返回值，这不是期望的函数式行为。

对于函数式编程，可以这样操作：如果运行正确，那么就返回正确的结果；如果错误，就返回一个用于描述错误的结果。这个概念在 Haskell 中称之为 Either 类，Left 和 Right 是它的两个子类。用 JavaScript 实现的代码如下。

```
// 与 Functor 结构一样
var Left = function(x) {
    this.value = x;
}
var Right = function(x) {
    this.value = x;
}
// 与 Functor 结构一样
Left.of = function(x) {
    return new Left(x);
}
Right.of = function(x) {
    return new Right(x);
}
// 下面与 Functor 不同
Left.prototype.map = function(f) {
    return this;
}
Right.prototype.map = function(f) {
    return Right.of(f(this.value));
}
console.dir(Right.of("Hello").map(function(str) {
    return str + " World!"
```

```
}));              // Right("Hello World!")
console.dir(Left.of("Hello").map(function(str) {
    return str + " World!"
}));              // Left("Hello")
```

Left 和 Right 唯一区别就在于 map 方法的实现，Right.map 的行为与 Maybe.map 函数一样。但是 Left.map 就不同：它不会对容器做任何事情，只是很简单地返回这个容器实例。这个特性意味着，Left 可以用来传递一个错误消息。

```
// 错误处理
var getAge = function(user) {
    return user.age ? Right.of(user.age) : Left.of("ERROR!");
};
// 应用
console.dir(getAge({ name: 'stark', age: '21' }).map(function(age) {
    return 'Age is ' + age;
}));                    // => Right('Age is 21')
console.dir(getAge({ name: 'stark' }).map(function(age) {
    return 'Age is ' + age;
}));                    // => Left('ERROR!')
```

从上面代码可以看到，Left 可以让调用链中任意一环的错误立刻返回到调用链的尾部，这给错误处理带来了很大的方便，再也不用一层又一层的 try-catch。

Left 和 Right 是 Either 类的两个子类，事实上 Either 并不只是用来做错误处理的，它表示了逻辑或，范畴学中的 coproduct。

8.3.5 Applicative 函子

上面几节定义的函子，都是函子包含值，通过 map 调用外部函数处理容器内的值，现在我们换一种思维，让函子包含处理函数，通过 map 传入值，实现对数据的处理。这种形式的函子就是 Applicative 函子。简单说，凡是部署 applicative 方法的函子，就是 Applicative 函子。

【示例 1】下面通过一个示例演示 Applicative 函子的定义方法和演示效果。

（1）定义一个通用函子。

```
// 定义函子
var Functor = function(x) {
    this.value = x;
}
// 构造函数
Functor.of = function(x) {
    return new Functor(x);
}
// 映射函数
Functor.prototype.map = function(f) {
    return this.isNothing() ? Functor.of(null) : Functor.of(f(this.value));
}
// 检测空值
Functor.prototype.isNothing = function() {
    return (this.value === null || this.value === undefined);
}
```

（2）定义一个 Applicative 函子，实现 applicative 方法。

```
// 定义 Applicative 函子
var App = function(x) {
    this.value = x;
}
// 构造函数
App.of = function(x) {
    return new App(x);
}
// applicative 方法
App.prototype.ap = function(functor) {
    return App.of(this.value(functor.value));
}
```

注意：applicative 方法的参数不是函数，而是另一个函子。

（3）设计一个运算函数。

```
// 递增运算
var addOne = function(x) {
    return x + 1;
};
```

（4）把运算函数传入 App 容器，然后使用 ap 调用 Functor 函子。

```
console.log(App.of(addOne).ap(Functor.of(2)));        // App(3)
```

提示：Applicative 函子存在的意义：对于那些多参数的函数，可以从多个容器之中取值，实现函子的链式操作。

【示例 2】下面示例演示了从多个函子中取值，然后通过 Applicative 函子执行运算。

（1）复制 8.3.4 节示例代码。

（2）重新设计运算函数。

```
// 求和运算
var add = function(a, b, c) {
    return (+a || 0) + (+b || 0) + (+c || 0);
};
```

（3）柯里化求和函数。

```
add = curry(add);
```

（4）把柯里化的运算函数传入 App 容器，然后使用 ap 调用多个 Functor 函子的值。

```
console.log(App.of(add)
.ap(Functor.of(2))
.ap(Functor.of(3))
.ap(Functor.of(4)));                                  // App(9)
```

在上面代码中，函数 add 是柯里化以后的形式，一共需要 3 个参数。通过 App 函子，就可以实

Note

现从 3 个容器中取值。它还有另外一种写法。

通过 App 函子，也可以实现从另外两个容器中取值，代码如下。

```
console.log(App.of(add(2))
.ap(Functor.of(3))
.ap(Functor.of(4)));                                    // App(9)
```

8.4 高阶函数

高阶函数是指至少满足下列条件之一的函数。

☑ 函数可以作为参数被传递。

☑ 函数可以作为返回值输出。

在实际开发中，无论是将函数作为参数传递，还是让函数的执行结果返回另外一个函数，这两种情形都有很多应用场景，以下就是一些高阶函数的应用。

8.4.1 回调函数

把一个函数作为另外一个函数的参数，当调用这个函数时，这个函数就称为回调函数。

在函数式编程中，回调函数可以作为容器对外开放接口，以增强函数的功能和灵活性。

1. 应用场景 1：异步请求

在 Ajax 异步请求中，经常会用到函数式参数，作为回调函数，对异步响应数据进行处理。例如：

```
// callback 为待传入的回调函数
var getUserInfo = function(userId, callback) {
    $.ajax("http:// xxx.com/getUserInfo?" + userId, function(data) {
        if (typeof callback === "function") {
            callback(data);
        }
    });
}
getUserInfo(13157, function(data) {
    alert (data.userName);
});
```

2. 应用场景 2：排序函数

数组的很多方法都要传入函数，如 sort、map、forEach、some、reduce 和 reduceRight 等。

例如，Array.prototype.sort 接受一个函数当作参数，这个函数里面封装了数组元素的排序规则。从 Array.prototype.sort 的使用可以看到，其目的是对数组进行排序，这是不变的部分；而使用什么规则去排序，则是可变的部分。把可变的部分封装在函数参数内，动态传入 Array.prototype.sort，使 Array.prototype.sort 方法成为一个非常灵活的方法。

```
// 从小到大排列
[1, 4, 3].sort(function(a,b) {
    return a - b;
```

```
});                    // 输出: [1, 3, 4]
// 从大到小排列
[1, 4, 3].sort(function(a, b) {
    return b - a;
});                    // 输出: [4, 3, 1]
```

Note

8.4.2　返回函数

在很多应用场景中都需要返回函数来实现连续运算。

1. 应用场景 1：数据类型检测

例如，下面是一段简单的数据类型检测。

```
var Type = {};
for (var i = 0, type; type = ['String', 'Array', 'Number'][i++];) {
    (function(type) {
        Type['is' + type] = function(obj) {
            return Object.prototype.toString.call(obj) === '[object'+ type +']';
        }
    })(type)
};
console.log(Type.isArray([]));              // true
console.log(Type.isString("str"));          // true
```

2. 应用场景 2：单例模式

单例就是保证一个类只有一个实例，实现的方法一般是先判断实例存在与否，如果存在直接返回，如果不存在就创建了再返回，这就确保了一个类只有一个实例对象。在 JavaScript 中，单例作为一个命名空间提供者，从全局命名空间里提供一个唯一的访问点来访问该对象。

```
var getSingle = function(fn) {
    var ret;
    return function() {
        return ret || (ret = fn.apply(this, arguments));
    };
};
```

提示：也可以限定函数仅能调用一次，避免重复调用，这在事件处理函数中非常有用。

```
<p>仅能点击一次</p>
<script>
var f = function() {
    console.log(this.nodeName)
    return this.nodeName;
}
document.getElementsByTagName("p")[0].onclick = getSingle(f);
</script>
```

3. 应用场景 3：实现 AOP

AOP（面向切面编程）的主要作用是把一些跟核心业务逻辑模块无关的功能抽离出来，这些跟业

务逻辑无关的功能通常包括日志统计、安全控制、异常处理等。把这些功能抽离出来后，再通过“动态织入”的方式掺入业务逻辑模块中。这样做的好处：首先可以保证业务逻辑模块的纯净和高内聚性，其次可以方便地复用日志统计等功能模块。

在 JavaScript 中实现 AOP，一般是把一个函数“动态织入”到另外一个函数中，具体的实现技术有很多。下面的例子通过扩展 Function.prototype 来做到这一点。

```
Function.prototype.before = function(beforefn) {
    var __self = this;                              // 保存原函数的引用
    return function() {                             // 返回包含原函数和新函数的“代理”函数
        beforefn.apply(this, arguments);            // 执行新函数，修正 this
        return __self.apply(this, arguments);       // 执行原函数
    }
};
Function.prototype.after = function(afterfn) {
    var __self = this;
    return function() {
        var ret = __self.apply(this, arguments);
        afterfn.apply(this, arguments);
        return ret;
    }
};
var func = function() {
    console.log(2);
};
func = func.before(function() {
    console.log(1);
}).after(function() {
    console.log(3);
});
func();                                             // 按顺序输出 1，2，3
```

4. 应用场景 4：柯里化

在 8.2 节中，详细讲解了柯里化的实现和应用，这里就不再赘述。

5. 应用场景 5：uncurry

在 JavaScript 中，用户不用关心一个对象原本是否被设计为拥有某个方法，这是动态类型语言的特点，也是常说的鸭子类型思想。同理，一个对象也未必只能使用它自身的方法，使用 call 或 apply 可以把任意对象当作 this 传入某个方法，这样该方法中 this 就不再局限于原对象，而是被泛化，从而得到更广泛的适用性。

uncurry 的目的：将泛化 this 的过程提取出来，将 fn.call 或者 fn.apply 抽象成通用的函数。

```
// uncurry 实现
Function.prototype.uncurry = function() {
    var self = this;
    return function() {
        return Function.prototype.call.apply(self, arguments);
    }
};
```

下面将 Array.prototype.push 原型方法进行 uncurry 泛化，此时 push 函数的作用与 Array.prototype.push 一样，但不仅局限于操作 Array 对象，还可以操作 Object 对象。

```
// 泛化 Array.prototype.push
var push = Array.prototype.push.uncurry();
var obj = {};
// 可以把数组转换为类数组
push(obj, [3, 4, 5]);
console.log(obj);     // 输出类数组。{0: 3, 1: 4, 2: 5, length: 3}
```

Note

6. 应用场景 6：函数节流

在 7.4.12 节中，详细讲解了柯里化的函数节流的实现和应用，这里就不再赘述。

7. 应用场景 7：分时函数

当批量操作影响到页面性能时，如一次往页面中添加大量 DOM 节点，显然会给浏览器渲染带来影响，极端情况下可能会出现卡顿或假死等现象。

解决方法：把批量工作分批操作，如把 1 秒钟创建 1000 个节点，改为每隔 200 毫秒创建 8 个节点等。

实现代码如下。

```
var timeChunk = function(ary, fn, count) {
    var t;
    var start = function() {
        for (var i = 0; i < Math.min(count || 1, ary.length); i++) {
            var obj = ary.shift();
            fn(obj);
        }
    };
    return function() {
        t = setInterval(function() {
            if (ary.length === 0) {   // 如果全部节点都已经被创建好
                return clearInterval(t);
            }
            start();
        }, 200);      // 分批执行的时间间隔，也可以用参数的形式传入
    };
};
```

timeChunk 函数接受 3 个参数，第 1 个参数表示批量操作时需要用到的数据，第 2 个参数封装了批量操作的逻辑函数，第 3 个参数表示分批操作的数量。

8. 应用场景 8：惰性载入函数

在 7.4.11 节中，详细讲解了惰性载入函数的实现和应用，这里就不再赘述。

8.5 递归函数

递归函数就是在函数内部调用自身，以实现循环运算，或者设计迭代操作。

8.5.1 定义递归函数

Note

递归函数包含两个必要条件。

☑ 递归调用。

☑ 递归终止条件。

递归终止条件一般使用 if 条件进行控制，只有在某个条件成立时才允许执行递归调用，否则停止调用。

不是所有迭代操作都需要递归，在以下 3 种情况下，可以考虑递归求解。

1. 数学运算

数学领域中的迭代运算，如阶乘函数、幂函数和斐波那契数列。

【示例 1】下面代码使用递归求解阶乘函数。

```
var f = function(x) {
    if (x < 2)
return 1;                                    // 递归终止条件
    else
return x * arguments.callee(x - 1);          // 递归调用过程
}
console.log (f(20));                         // 返回 20 的阶乘值为 2432902008176640000
```

在这个过程中，利用分支结构把递归结束条件和需要继续递归求解的情况区分开来。对于比较复杂的问题，如果能够分解为多个相对简单，且解法相同或类似的子问题，那么当这些子问题获得解决时，原问题自然也就获得解决，这是一个递归求解的过程。

2. 树形数据结构

树形数据结构适合使用递归函数实现遍历操作，如目录结构、JSON 数据等。

【示例 2】DOM 文档树就是一种递归的数据结构，下面使用递归运算来计算指定节点内所包含的全部节点数。

```
<body>
<script>
function f(n) {                              // 统计指定节点及其所有子节点的个数
    var l = 0 ;                              // 初始化计数变量
    if (n.nodeType == 1)                     // 如果是元素节点，则计数
        l++;                                 // 递加计数器
    var child = n.childNodes;                // 获取子节点集合
    for (var i = 0; i < child.length; i ++) { // 遍历所有子节点
        l += f(child[i]);                    // 递归运算，统计当前节点下所有子节点数
    }
    return l;                                // 返回节点数
}
window.onload = function() {                 // 绑定页面初始化事件处理函数
    var body = document.getElementsByTagName("body")[0];
    // 获取当前文档中 body 节点句柄
    alert(f(body))                           // 返回 2，即 body 和 script 两个节点
}
</script>
</body>
```

3. 算法求解

有些算法比较复杂，如果采用其他方法，可能比较低效，而采用递归算法能够化繁为简，最典型的例子就是 Hanoi（汉诺）塔。

```
// 汉诺塔算法函数
// 参数：n 表示金片数；a、b、c 表示柱子，注意排列顺序
// 返回值：当指定金片数，以及柱子名称，该函数将输出整个移动的过程
function f(n, a, b, c) {
    if (n == 1)                          // 特殊处理
document.write(a + "&rarr;" + c + "<br />");
// 输出显示，直接让参数 a 移给 c
    else {
        f(n - 1, a, c, b);               // 递归调用函数，调整参数顺序，让参数 a 移给 b
        document.write(a + " &rarr; " + c + "<br />");
// 输出显示
        f(n - 1, b, a, c);
// 如果当 n 等于 1 时，调整参数顺序，让参数 b 移给 c
    }
}
f(3, "A", "B", "C");                     // 调用函数
```

8.5.2　尾递归

尾递归是递归算法的一种优化算法，它是从最后开始计算，每递归一次就算出相应的结果。也就是说，函数调用出现在调用函数的尾部，因为是尾部，所以就不用去保存任何局部变量，返回时调用函数可以直接越过调用者，返回到调用者的调用者。

【示例 1】下面是阶乘的一种普通线性递归运算。

```
function f(n) {
    return (n == 1) ? 1 : n * f(n - 1);
}
console.log (f(5));
```

使用尾递归算法后，则可以使用如下方法。

```
function f(n) {
    return (n == 1) ? 1 : e(n, 1);
}
function e(n, a) {
    return(n == 1) ? a : e(n - 1, a * n);
}
alert(f(5));
```

当 n = 5 时，线性递归的递归过程如下所示。

```
f(5) = {5 * f(4)}
    = {5 * {4 * f(3)}}
    = {5 * {4 * {3 * f(2)}}}
    = {5 * {4 * {3 * {2 * f(1)}}}}
    = {5 * {4 * {3 * {2 * 1}}}}
```

```
    = {5 * {4 * {3 * 2}}}
    = {5 * {4 * 6}}
    = {5 * 24}
    = 120
```

Note

而尾递归的递归过程如下所示。

```
f(5) = f(5, 1)
    = f(4, 5)
    = f(3, 20)
    = f(2, 60)
    = f(1, 120)
    = 120
```

可以看到，普通的线性递归比尾递归更加消耗资源，每次重复的过程调用都使得调用链条不断加长，系统不得不使用栈进行数据保存和恢复，而尾递归就不存在这样的问题，因为它的状态完全由变量 n 和 a 保存。

【示例 2】上面的阶乘尾递归可以改为下面的迭代循环。

```
var n = 5
var w = 1;
for(var i = 1; i <= 5; i++) {
    w = w * i;
}
alert(w);
```

提示：两种递归进行简单比较。

☑ 线性递归：f(n)，返回值会被调用者使用。

☑ 尾递归：f(m,n)，返回值不会被调用者使用。

尾递归由于直接返回值，不需要保存临时变量，所以性能不会产生线性增加。并且 JavaScript 解释器会将尾递归形式优化成非递归形式。

8.5.3 栈缓存

函数可以利用对象暂存先前操作的结果，从而能避免重复运算。这种方法可以优化递归函数。

【示例】使用递归函数计算 fibonacci 数列。一个 fibonacci 数字是之前两个 fibonacci 数字之和。最前面的两个数字是 0 和 1。

```
var fibonacci = function(n) {
    return n < 2 ? n : fibonacci(n - 1) + fibonacci(n - 2);
};
for(var i = 0; i <= 10; i += 1) {
    document.writeln('<br>' + i + ': ' + fibonacci(i));
}
```

返回下面值。

```
0: 0
1: 1
2: 1
```

```
3: 2
4: 3
5: 5
6: 8
7: 13
8: 21
9: 34
10: 55
```

在上面代码中 fibonacci 函数被调用了 453 次，其中循环调用了 11 次，它自身调用了 442 次，去计算可能已被刚计算过的值。如果使该函数具备记忆功能，就可以显著减少它的运算次数。

先使用一个临时数组保存存储结果，存储结果可以隐藏在闭包中。当函数被调用时，先看是否已经知道存储结果，如果已经知道，就立即返回这个存储结果。

```
var fibonacci = (function() {
    var memo = [0, 1];
    var fib = function(n) {
        var result = memo[n];
        if(typeof result !== 'number') {
            result = fib(n - 1) + fib(n - 2);
            memo[n] = result;
        }
        return result;
    };
    return fib;
}());
for(var i = 0; i <= 10; i += 1) {
    document.writeln('<br>' + i + ': ' + fibonacci(i));
}
```

这个函数返回同样的结果，但是它只被调用了 29 次，其中循环调用了 11 次，它自身调用了 18 次，去取得之前存储的结果。当然可以把这种函数形式抽象化，以构造带记忆功能的函数。memoizer 函数将取得一个初始的 memo 数组和 fundamental 函数。memoizer 函数返回一个管理 memo 存储和在需要时调用 fundamental 函数的 shell 函数。memoizer 函数传递这个 shell 函数和该函数的参数给 fundamental 函数。

```
var memoizer = function(memo,formula) {
    var recur = function(n) {
        var result = memo[n];
        if(typeof result !== 'number') {
            result = formula(recur, n);
            memo[n] = result;
        }
        return result;
    };
    return recur;
};
```

现在，就可以使用 memoizer 来定义 fundamental 函数，提供初始的 memo 数组和 fundamental 函数。

```
var fibonacci = memoizer([0, 1], function(recur, n) {
    return recur(n - 1) + recur(n - 2);
});
```

通过设计能产生其他函数的函数，可以极大减少必要的工作。例如，要产生一个可记忆的阶乘函数，只须提供基本的阶乘公式即可。

```
var factorial = memoizer([1, 1], function(recur, n) {
    return n * recur(n - 1);
});
```

8.6 案例实战

本节将结合一个典型示例介绍函数式编程中各种运算思维和实现方法。示例将要处理从异步请求中获取的数据。数据采用 JSON 格式，包含了博客文章的摘要列表，数据结构如下。

```
// 异步获取 JSON 数据的一条示例数据
var records = [
    {"id": 1, "title": "函数式编程", "author": "Lisp","url": "/1",
     "tags": ["函数式","运算式"],"published": "2017-11-15"},
    {"id": 2, "title": "面向对象编程", "author": "Java","url": "/2",
     "tags": ["面向对象","类型"],"published": "2018-01-10"},
    {"id": 3, "title": "过程式编程", "author": "C","url": "/3",
     "tags": ["结构化","命令式"],"published": "2018-01-15"},
    // ……
];
```

设计需求：想要显示最近的文章（不超过一个月），按标签分组，按发布日期排序。

任务分解如下。

- ☑ 过滤掉一个月以前的文章（如 30 天）。
- ☑ 通过 tags 对文章进行分组，如果有多个标签，则会显示在两个分组中。
- ☑ 按发布日期排序每个标签列表，降序。

8.6.1 过滤运算

过滤运算的符号化表示为：[0 0 2 1 2 1]　=>[2, 2]。

JavaScript 提供了一个原生的方法：Array.prototype.filter，该方法解决问题的思维方式如下。

```
list.filter(fn)
```

其中 list 表示数组容器，fn 表示过滤函数。这是命令式思维，两个参量：数据和过滤器，只能并发运行，不能线性运行。这样就无法实现表达式描述，无法延迟运算过程。

使用函数式思维应该如下所示。

```
filter(fn)(list)
```

使用 filter(fn)先包装过滤器，然后可以根据不同 list 执行不同的过滤操作，实现过滤引擎和过滤数据的串行化编码。其优点是：线性思维明晰，过滤函数和过滤数据可以分开处理，不影响整个程序，

代码优雅，执行效率高。

根据函数式编程思维，完成本节示例的过滤任务：过滤掉发布日期超过 30 天的文章记录。

【示例 1】由于函数式编程都是先定义各种可重用的小函数，所以先要构建用来封装过滤行为的任务函数。

（1）包装原生的 filter()方法，设计过滤器。

```
var filter = function(list, fn) {
    var list = list ? list : [],                    // 初始化数据集合
        // 初始化过滤函数
        fn = typeof fn === "function" ? fn : function() {return true; };
    return list.filter(fn);                         // 执行过滤操作
}
```

（2）反向柯里化过滤函数。rightCurry()函数代码的详细讲解请参考 8.2.5 节内容。

```
var filter = rightCurry(filter);
```

（3）设计被过滤的数据和过滤函数。

```
var list = [1, 2, 3, 4, 5, 6, 7, 8, 9, 10];
var fn = function(n) {return n % 2 == 0;};          // 过滤出偶数列表
```

（4）创建应用过滤器。

```
filter = filter(fn);
```

（5）获取列表中的偶数。

```
console.log(filter(list));                          // [2,4,6,8,10]
```

上面操作步骤主要是为了方便读者理解，实际应用中可能一行完成任务。

```
rightCurry(filter)(function(n) {return n % 2 == 0;})([1, 2, 3, 4, 5, 6, 7, 8, 9, 10])
```

【示例 2】在上面示例基础上，我们进一步复杂化。

（1）重新设计过滤函数。

```
var fn = function(a, b) {                           // 简单过滤函数，使用 '>=' 比较
    return a >= b;
}
```

（2）由于过滤函数包含两个参数，无法确保能够同时传入，所以柯里化过滤函数，把过滤函数分解为两步操作。

```
var fn = rightCurry(fn);
```

（3）设置过滤的阈值，定义应用过滤函数，这是分解过滤函数后的第一步操作。

```
fn = fn(5); // 判断一个值是否大于等于 5
```

（4）把过滤函数传入过滤器，生成应用过滤器，再传入被过滤的数据，完成最后一步操作。其中在 filter 迭代数组元素时，会被每个元素值传给柯里化函数 fn()，赋值给参量 a，逐个对数组元素进行过滤。

```
console.log(filter(fn)(list));                      // [5,6,7,8,9,10]
```

Note

【示例 3】上面两个示例主要讲解了过滤运算的基本思路，下面示例将回到本节任务上来，我们要过滤下面数据中最近 30 天的文章记录。

```
var records = [
    {"id": 1, "title": "函数式编程", "author": "Lisp","url": "/1",
     "tags": ["函数式","运算式"],"published": "2017-11-15"},
    {"id": 2, "title": "面向对象编程", "author": "Java","url": "/2",
     "tags": ["面向对象","类型"],"published": "2018-01-10"},
    {"id": 3, "title": "过程式编程", "author": "C","url": "/3",
     "tags": ["结构化","命令式"],"published": "2018-01-15"},
    // ……
];
```

根据示例 2 的设计思路，在设置过滤阈值时，只需要传入 published 字段值即可，但是需要解决两个问题。

第一，filter 迭代记录集时，返回的是每条记录对象，需要进行转换。

第二，published 字段值是日期字符串，需要转换为毫秒数。

按过程式编程思维，只需要按如下思路从零开始重新设计代码如下。这样就不需要定义所有的小函数，也不需要去理解 curry、compose 等运算方式。

```
var arr = records.filter(function(obj) {
    var val = obj.published;
    val = new Date(val).getTime();
    var day = (new Date()).getTime() - (86400000 * 30);
    return val > day;
})
```

代码看起来更直观、简洁，但是它却不是我们所要的，不符合函数式编程思维，代码的可扩展性和可重用性都无从谈起。

按函数式编程思路设计过程。

（1）继续在示例 2 基础上进行优化，着重解决上面描述的两个问题。首先，定义一个小函数 get()，用来读取指定对象的属性值。

```
// 把日期字符串转换为毫秒值
var toTime = function(str) {
    var str = str ? str : (new Date()).getTime();
    return (new Date(str)).getTime();
}
// 访问对象的属性
var get = function(obj, prop) {return toTime(obj[prop]);}
```

（2）get()函数包含两个参数值，但是在表达式运算中无法同时传入，所以需要柯里化。

```
get = rightCurry(get);   // 柯里化 get()函数
```

（3）先传入 1 个参数，即指定要读取的属性名称。第 2 个参数留待未来动态传入。

```
get = get('published');
```

（4）由于 get()和 fn()两个函数是线性串连关系，get()接受一个对象，然后返回属性值；而 fn()的参数是 get()的返回值，fn()的返回值是 filter 执行过滤的判断条件，所以可以使用函数合成把这两个

函数串连在一起，代码如下。关于 compose 函数及函数合成运算请参考 8.2.2 节内容。

```
fn = compose(fn, get);
```

（5）下面就可以来获取过去 30 天内发布日期的任何记录信息。

```
console.log(filter(fn)(records));
// [0: Object {id: 2, title: "面向对象编程", author: "Java", ...}
// 1: Object {id: 3, title: "过程式编程", author: "C", ...}]
```

8.6.2　分组运算

在 JavaScript 中，可以使用 Array.prototype.reduce 原生方法对列表中的元素进行分组，reduce 通过对数组中每个元素进行迭代操作来构建一个新的值。

reduce 符号化表示为：[0 0 2 1 2 1]　=>　[3]。

reduce 思维方式为：list.reduce(fn, initVal)　=>　val。

正是这种迭代数组元素的能力，并构建一个新的值，可以使用 reduce()来执行分组操作。

分组的思维方式如下。

```
[0 0 2 1 2 1        {[0 0 0 0 0 0]
 0 2 0 1 2 1   =>    [1 1 1 1 1 1]
 1 0 0 1 2 2]        [2 2 2 2 2 2]}
```

【示例 1】下面代码使用 reduce()迭代数组 list。使用一个空对象作为起点，并根据年龄对记录进行分组。这样就可以像 map 一样处理一个对象，将记录分配给结果对象上由属性名称标识的分组。

```
var list = [
    {name: 'Dave', age: 40},
    {name: 'Dan', age: 35},
    {name: 'Kurt', age: 44},
    {name: 'Josh', age: 33}
];
console.log(list.reduce(function(acc, item) {
        var key = item.age < 40 ? 'under40' : 'over40';
        acc[key] = acc[key] || [];
        acc[key].push(item);
        return acc;
},{}));
```

输出结果如下。

```
{'over40': [
    {name: 'Dave', age: 40},
    {name: 'Kurt', age: 44}
],
'under40': [
    {name: 'Dan', age: 35},
    {name: 'Josh', age: 33}
]}
```

【示例 2】在示例 1 基础上，下面将以函数式编程思维来进行设计。

（1）设计分组函数，封装 reduce 原型方法，实现把数据和汇总函数同时作为参数操作。

Note

```
// 函数类型检测工具
var isFunction = function(o) {return Object.prototype.toString.call(o) == '[object Function]';};
// 分组引擎
function group(list, prop) {
    return list.reduce(function(grouped, item) {     // 迭代数组，grouped 汇总变量
                                                      // 初始值为{},item 表示每个元素（记录）
        // 如果 prop 为函数，则把 item 传递给函数，然后直接调用返回
        // 否则获取 item 对象的 prop 属性值并返回
        var key = isFunction(prop) ? prop.apply(this, [item]): item[prop];
        grouped[key] = grouped[key] || [];            // 初始化数组
        grouped[key].push(item);                      // 把当前记录推入数组
        return grouped;                               // 返回分组对象
}, {});
}
```

（2）在表达式中无法实现同时传入参数，其中一个参数需要后期动态传入，所以把 group()函数柯里化。

```
var group = rightCurry(group);
```

（3）定义一个分组回调函数，然后把它传给 group()函数。

```
// 分组回调函数：把记录分为 2 组，age 小于 40 为一组，名称为'under40'
// 大于等于 40 的为一组，名称为'over40'
var getKey = function(item) {return item.age < 40 ? 'under40': 'over40';};
group = group(getKey);// 定义可应用的分组函数，即指定分组的标准和行为
```

（4）开始分组数据，最后返回的分组信息如示例 1 的返回值。

```
console.log(group(list));
```

【示例 3】在示例 2 基础上，也可以传入一个字符串，指定分组的属性名。

```
var list = [
    {value: 'A', tag: 'letter'},
    {value: 1, tag: 'number'},
    {value: 'B', tag: 'letter'},
    {value: 2, tag: 'number'},
];
group = group('tag');             // 定义可应用的分组字段
console.log(group(list));         // 开始分组数据
```

最后返回一个分组后的对象集合，如下所示。

```
{'letter': [
    {value: 'A', tag: 'letter'},
    {value: 'B', tag: 'letter'}
],
'number': [
    {value: 1, tag: 'number'},
    {value: 2, tag: 'number'}
]}
```

8.6.3　映射运算

JavaScript 使用 Array.prototype.map 原生方法对列表中的元素进行映射，通过对数组中每个元素进行迭代操作来构建一个新的数组。

map 符号化表示为：[0 0 2 1 2 1]　=>　[3 3 5 4 5 4]。

map 思维方式为：list.map(fn)　=>　newList。

【示例 1】上述是一种过程式思维模式，为了方便对比理解，先按这种思维模式来设计一个数据分组练习。

（1）重新设计一下异步请求的数据，让每条记录包含更多的标签关键字，以便练习交叉分组。这里在"tags"字段中添加了重复的"编程"标签。

```
var records = [{
        "id": 1, "title": "函数式编程", "author": "Lisp", "url": "/1",
        "tags": ["函数式", "运算式", "编程"], "published": "2017-11-15"
},{
        "id": 2, "title": "面向对象编程", "author": "Java", "url": "/2",
        "tags": ["面向对象", "类型", "编程"], "published": "2018-01-10"
},{
        "id": 3, "title": "过程式编程", "author": "C", "url": "/3",
        "tags": ["结构化", "命令式", "编程"], "published": "2018-01-15"
}
];
```

（2）设想把上面数据以标签进行分组，分组后的数据格式如下：把数组转换为对象，对象的每个键名为标签名，键值为包含该标签的一组记录。

```
{…}
    "函数式": Array [ {…} ]
    "命令式": Array [ {…} ]
    "类型": Array [ {…} ]
    "结构化": Array [ {…} ]
    "编程": Array [ {…}, {…}, {…} ]
    "运算式": Array [ {…} ]
    "面向对象": Array [ {…} ]
```

（3）编写分组函数。在该函数中以命令式方式分 5 步来设计，交叉匹配出每个标签对应的所有记录。

```
var group = function(list) {// 分组函数
    var tags = list.map(function(item) {// 第一步，通过映射获取所有标签数据
        return item["tags"];
    });
    // 第二步，把嵌套的多维数组扁平化为一维数组
    tags = tags.reduce(function(arrs, i) {
        return arrs.concat(i);
    }, []);
    var obj = {};
    tags = tags.filter(function(tag) {// 第三步，过滤掉数组中重复的标签
        return !obj[tag] ? (obj[tag] = true) : false;
```

```
    });
    // 第四步，交叉匹配，返回一个数组，数组第一个元素为标签名
    // 第二个元素以数组格式包含了所有包含该标签的记录
    tags = tags.map(function(tag) {
        var arr = list.filter(function(record) {
            return record["tags"].indexOf(tag) > -1;
        })
        return [tag, arr];
    })
    // 第五步，把数组转换为对象形式，键值为标签名，键名为包含记录的数组
    return tags.reduce(function(obj, tag) {
        obj[tag[0]] = tag[1];
        return obj;
    }, {})
}
```

在上面代码中，第一步代码完成标签的抽取，返回的是一个嵌套数组，如下所示。

```
[…]
    0: Array [ "函数式", "运算式", "编程" ]
    1: Array [ "面向对象", "类型", "编程" ]
    2: Array [ "结构化", "命令式", "编程" ]
```

通过第二步扁平化和第三步去重，返回的数组如下。

Array ["函数式", "运算式", "编程", "面向对象", "类型", "结构化", "命令式"]

第四步根据这个处理后的数组，交叉匹配原记录集，返回一个分组数组，格式如下。

```
[…]
    0: Array [ "函数式", […] ]
    1: Array [ "运算式", […] ]
    2: Array [ "编程", […] ]
    3: Array [ "面向对象", […] ]
    4: Array [ "类型", […] ]
    5: Array [ "结构化", […] ]
    6: Array [ "命令式", […] ]
```

第五步把分组数组转换为更易于阅读的键值对格式的对象。

（4）调用 group()执行交叉分组操作。

```
console.log(group(records));
```

【示例 2】示例是以过程式思维进行设计，下面以函数式思维来重设这个案例。

（1）以逆向思维先来梳理一下设计思路。

将借助 8.6.2 节示例的 group()分组函数来进行分组，但是不能够直接对 records 数据集进行分组，因为 tags 字段是一个数组，包含多个标签，且部分标签可能重叠。

设计一个 pair()函数来交叉匹配标签集和记录集之间的关系，形成一个新的数据集，这个数据集可以直接能够传入 group()函数，新数据集格式类似于示例 1 中代码第四步所生成的记录集。

在 pair()中要完成嵌套数组扁平化处理、重复项目去重等操作。因此，可以把这些任务都定义为一个个小函数，然后通过嵌套调用来完成任务。

设计每个任务小函数包含两个参数，一个是被处理的数据，另一个是要处理的函数。考虑到这两

个参数无法同时传入，其中被处理数据依赖其他任务函数的处理结果，所以可以把他们都柯里化，以延迟函数的执行，同时能够传入其他函数作为回调函数执行。

（2）设计映射函数。根据分步传入的数据和处理函数，映射一个新数组。

```
function map(list, fn) {                          // 映射器
    return list.map(fn);
}
var mapWith = rightCurry(map);                    // 柯里化映射器
```

映射器只提供操作通道，实际上是包装了原生的 map()方法。

（3）设计扁平化处理函数，把传入的嵌套数组转换为一维数组返回。

```
function flatten(list) {
    return list.reduce(function(items, item) {    // 迭代每个元素
        // 使用 concat 把每个嵌套数组转换为一层数组
        // 然后合并到 items 临时数组中，最后返回 items
        return isArray(item) ? items.concat(item) : item;
    }, []);
}
```

（4）设计扁平化映射函数，把映射器和扁平化处理函数捆绑在一起。

```
// 扁平化交配数组，交配数组初始为多层嵌套数组，需要转换为一层数组
function flatMap(list, fn) {
    return flatten(map(list, fn));
}
// 柯里化扁平化交配数组
var flatMap = rightCurry(flatMap);
```

flatMap 符号化表示为：[[0 0] [2 1] [2 1]] => [0 0 2 1 2 1]。

flatMap 思维方式为：flatMap(fn)(list)。

（5）设计交配器。根据 get()函数获取指定字段和记录匹配的标签数组，该方法可以参考 8.6.1 节详细说明；最后传入原始记录集，即异步响应的文章记录集。

```
function pair(list, listFn) {                     // 交配器
    isArray(list) || (list = [list]);// 如果 list 不是数组，则转换为数组
    // 如果 listFn 不是函数，也不是数组，则转换为数组
    (isFunction(listFn) || isArray(listFn)) || (listFn = [listFn]);
    return flatMap(function(itemLeft) {           // 传入交配处理函数
        return mapWith(function(itemRight) {
            // 交配生成数组，每个 tag 匹配包含自身的项目，形成新的数组
            return [itemLeft, itemRight];
            // 如果 listFn 是函数，则调用并传入映射过程中每个元素项目
            // 返回当前项目的 tags 数组；如果是数组，则直接传入
})(isFunction(listFn) ? listFn.call(this, itemLeft) : listFn);
})(list);                                         // 传入数据
}
var pair = rightCurry(pair);                      // 柯里化交配器
```

pair 符号化表示为：[0 1] [2 1] => [[0 2] [0 1] [12] [11]]。

pair 思维方式为：pair (listA)(listB)。

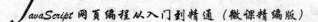

（6）使用交配器获取新的数据集合，它是一个二维数组，每个项目包含两个元素，第一个子元素是 records 记录集中的一条记录，第二个元素是一个标签。

```
var tags = pair(get('tags'))(records);
```

（7）把新获取的 tags 数据集合传给 group()分组函数（可参考 8.6.2 节详细讲解），同时传入处理函数 get(1)，它表示根据记录集的每条记录，获取第二个元素，即根据标签名进行分组。最后输出结果如下。

```
{…}
    "函数式": Array [ […] ]
    "命令式": Array [ […] ]
    "类型": Array [ […] ]
    "结构化": Array [ […] ]
    "编程": Array [ […], […], […] ]
    "运算式": Array [ […] ]
    "面向对象": Array [ […] ]
```

8.7 使用 Promise 对象

Promise 是 JavaScript 异步操作解决方案。Promise 封装了函数式编程范式，是函子的一个经典应用，本节内容包括：

（1）JavaScript 的异步执行。

（2）异步操作的流程控。

（3）Promise 对象。

（4）Promise 的应用。

本节内容放在线上供读者选学，感兴趣的读者请扫码阅读。

线 上 阅 读

第9章 使用对象

对象是JavaScript的一个基本类型，是带有属性和方法的特殊数据，是一种复合值，它将很多值（原始值或者其他对象）聚合在一起，可通过键名访问这些值，即属性的无序集合。在JavaScript中，所有事物都是对象，如字符串、数值、布尔值、数组、函数等。同时JavaScript提供多个内置对象，如Object、Function、Array、String、Number、Boolean、Date、Math、RegExp、Error等。此外，JavaScript也允许自定义对象。

【学习重点】

- 创建对象。
- 操作对象。
- 使用对象属性。
- 使用内置对象。

视频讲解

Note

9.1 创建对象

JavaScript 是一种基于原型的面向对象语言，与 Java 有非常大的区别，无法通过类来创建对象。JavaScript 通过下面 3 种方法来创建对象。

9.1.1 使用 new 运算符

使用 new 运算符调用构造函数，可以创建一个实例对象，具体用法如下。

```
var objectName = new functionName(args);
```

简单说明如下。

- ☑ objectName：表示构造的实例对象。
- ☑ functionName：表示一个构造函数，构造函数与普通函数没有本质区别，一般情况下构造函数不需要返回值，构造函数体内可以使用 this 指代 objectName 实例对象。
- ☑ args：表示参数列表。

【示例 1】下面使用构造函数创建对象。

```
var o = new Object();           // 创建一个空对象
var o = new Array();            // 创建一个空的数组对象
var o = new MyClass();          // 创建一个自定义对象
```

使用 Object 构造函数创建的对象是一个不包含任何属性和方法的空对象，而使用内置构造函数创建的对象将会继承该构造函数的属性和方法。

在上面示例中第 2 行代码创建了一个空数组对象，但是这个新创建的对象 o 具有数组操作的基本方法和属性，如 length 属性可以获取该数组的元素个数，而 push()方法将会为该数组对象添加新元素。

```
var o = new Array();            // 创建一个空对象
console.log(o.length);          // 返回值 0，说明当前数组为 0 个元素
var l = o.push(1,2,3);          // 调用 push()方法为数组添加 3 个元素，并返回新长度
console.log(l);                 // 返回值 3，说明数组中包含 3 个新元素
```

【拓展】

在 JavaScript 中，Object、Array、Function、RegExp、String 等内置对象都是构造函数，使用 new 运算符可以调用它们，可以创建一个个对象实例。

在 JavaScript 中，构造函数具有以下特性。

- ☑ 使用 new 运算符进行调用，也可以使用小括号调用，但返回值的方式不同。
- ☑ 构造函数内部通过 this 关键字指代实例对象，或者指向调用对象。
- ☑ 在构造函数内可以通过点运算符声明本地成员。当然，构造函数结构体内也可以包含私有变量或函数，以及任意执行语句。

【示例 2】下面代码定义一个构造函数 Box()，该对象是高度抽象的，通过 this 关键字来代称，当使用 new 运算符实例化构造函数时，可以通过传递参数来初始化这个对象的属性值。

```
function Box(w,h){              // 构造函数
    this.w = w;                 // 构造函数的成员
```

```
        this.h = h;                     // 构造函数的成员
    }
    var box1 = new Box(4,5);            // 实例并初始化构造函数
```

由于每一个构造函数都定义对象的一个类，所以给每个构造函数一个名字，以说明它所创建的对象类就显得比较重要了，类名应该很直观，且首字母要大写（非强制的），主要是与普通函数进行区别。

【示例 3】构造函数没有返回值，这是它与普通函数的一个最大区别。它们只是初始化由 this 关键字传递进来的对象，并且什么也不返回。但是，构造函数可以返回一个对象值，如果这样做，被返回的对象就成了 new 表达式的值。在这种情况下，this 值所引用的对象就被丢弃。

```
function Box(w,h){                      // 构造函数
    this.w = w;
    this.h = h;
    return this;                        // 返回关键字 this
}
console.log(Box(4,5).w);                // 返回参数值 4，此时构造函数成为普通的函数
```

不过可以实例化构造函数，并调用该对象的属性。

```
var box1 = new Box(4,5);                // 实例并初始化构造函数
console.log(box1.w)                     // 调用对象的属性
```

当使用 new 运算符调用构造函数时，JavaScript 会自动创建一个空白的对象，然后把这个空对象传递给 this 关键字，作为它的引用值。这样，this 就成为新创建对象的引用指针。

【示例 4】使用构造函数定义一个 Book 类型，并定义两个参数，以便实例化对象时能够初始化实例对象。

```
function Book(title,pages) {                            // 把书稿构造为函数
    this.title = title;
    this.pages = pages;
    this.what = function() {
        console.log(this.title +this.pages);
    };
}
var book1 =new Book("JavaScript 程序设计",160); // 实例化构造函数，并初始化
var book2 =new Book("C 程序设计",240);          // 实例化构造函数，并初始化
```

9.1.2 对象直接量

视频讲解

使用直接量可以快速定义对象。具体用法如下。

```
var objectName = {
    属性名: 值,
    属性名: 值,
    ……
};
```

在对象直接量中，属性名与属性值之间通过冒号进行分隔，属性值可以是任意类型的数据，属性名可以是 JavaScript 标识符，或者是任意形式的字符串。属性与属性之间通过逗号进行分隔，最后一

个属性末尾不需要逗号。

使用对象直接量是创建对象最高效、最简便的方法，推荐使用这种方式定义对象。

【示例 1】下面代码使用对象直接量定义一个对象，其包含两个属性 a 和 b。

Note

```
var o = {                                    // 对象直接量
    a: 1,                                    // 定义属性
    b: true                                  // 定义属性
}
```

变量名是标识符，而属性名是一个字符串标签，对于上面示例中定义的对象直接量，也可以这样来表示：

```
var o = {                                    // 对象直接量
    "a": 1,                                  // 定义属性
    "b": true                                // 定义属性
}
```

但是变量名就不能够使用字符串表示。在构造函数内也不能使用字符串标签来命名属性名，因为此时属性名是合法的标识符。

```
var o = function() {                         // 构造函数
    this.a = 1;                              // 定义属性
    this.b = true;                           // 定义属性
}
```

对象的属性值可以是任意类型数据，如值类型数据、数组、对象、函数等。

【示例 2】如果属性值是函数，则该属性就变成对象的方法。

```
var o = {                                    // 对象直接量
    a: function() {                          // 属性值为函数
        return 1;
    }
}
console.log(o.a());                          // 附加小括号读取属性值，即调用方法
```

【示例 4】如果属性值是对象，则可以设计嵌套结构的对象。

```
var o = {                                    // 对象直接量
    a: {                                     // 属性值为对象
        b:1
    }
}
console.log(o.a.b);                          // 连续使用点号运算符读取内层对象的属性值
```

【示例 5】下面示例定义属性值是数组。

```
var o = {                                    // 对象直接量
    a: [1,2,3]                               // 属性值为数组
}
console.log(o.a[0]);                         // 使用下标来读取属性包含的元素值
```

【示例 6】如果不包含任何属性，则可以定义一个空对象。

```
var o = { }                                  // 创建一个空对象直接量
```

视频讲解

Note

9.1.3　使用 create()方法

ECMAScript 5 为 Object 添加了一个静态方法 Object.create()，直接调用该方法可以快速创建一个新对象。Object.create()能够创建一个具有指定原型且可选择性地包含指定属性的对象，具体用法如下。

```
Object.create(prototype, descriptors)
```

参数说明如下。

☑　prototype：必需参数，要用作原型的对象，可以为 null。

☑　descriptors：可选参数，包含一个或多个属性描述符的 JavaScript 对象。

> **提示：** 在 descriptors 中，数据属性是可获取且可设置值的属性。数据属性描述符包含 value 特性，以及 writable（是否可修改属性值）、enumerable（是否可枚举属性）和 configurable（是否可修改特性和删除属性）特性。如果未指定最后 3 个特性，则它们的值默认为 false。只要检索或设置该值，访问器属性就会调用用户提供的函数。访问器属性描述符包含 set（设置属性值的函数）特性和 get（返回属性值的函数）特性。

【示例 1】 下面示例使用 Object.create()创建一个对象，它继承 null，即把 null 作为原型，该对象包含两个可枚举的属性 size 和 shape，属性值分别为"large"和"round"。

```
var newObj = Object.create(null, {
                size: {
                    value: "large",
                    enumerable: true
                },
                shape: {
                    value: "round",
                    enumerable: true
                }
});
document.write(newObj.size + "<br/>");              // large
document.write(newObj.shape + "<br/>");             // round
document.write(Object.getPrototypeOf(newObj));      // null
```

【示例 2】 下面示例使用 Object.create()创建一个与 Object 对象具有相同的原型对象。该对象具有与使用对象直接量创建的对象相同的原型。Object.getPrototypeOf 函数可获取原始对象的原型。如果要获取对象的属性描述符，可以使用 Object.getOwnPropertyDescriptor 函数。

```
var firstLine = {x: undefined, y: undefined};
var secondLine = Object.create(Object.prototype, {
    x: {
        value: undefined,
        writable: true,
        configurable: true,
        enumerable: true
    },
    y: {
        value: undefined,
```

```
            writable: true,
            configurable: true,
            enumerable: true
        }
});
document.write("first line prototype = " + Object.getPrototypeOf(firstLine));
// first line prototype = [object Object]
document.write("<br/>");
document.write("second line prototype = " + Object.getPrototypeOf(secondLine));
// second line prototype = [object Object]
```

【示例 3】下面示例创建一个对象，该对象继承于 Shape 对象，即把 Shape 对象作为 Square 对象的原型。

```
var Shape = {twoDimensional: true, color: undefined, hasLineSegments: undefined};
var Square = Object.create(Shape);
document.write(Square.twoDimensional);
```

9.2 对象的基本操作

下面简单介绍对象的基本操作，如引用、复制、克隆和销毁等。

9.2.1 引用对象

视频讲解

在创建对象之后，可以把对象的地址赋值给变量，实现变量对对象的引用。当把变量赋值给其他变量时，则实现多个变量引用同一个对象。

【示例】下面示例定义一个对象直接量，然后定义变量 o，引用该对象直接量，当 o 赋值给 o1 后，再删除变量 o 对对象的引用，但是对象直接量依然存在。

```
o = {                           // 创建对象，并引用该对象给变量 o
    x: 1,
    y: true
}
o1 = o;                         // 复制变量 o
console.log(delete o);          // 删除变量 o，返回值为 true，说明删除成功
console.log(o1.x);              // 读取对象内数据，显示为 1，说明对象依然存在
console.log(o.x);               // 使用 o 读取对象内的数据，提示没有定义对象
```

9.2.2 复制对象

视频讲解

复制对象的基本方法：利用 for-in 语句遍历对象成员，然后逐一复制给另一个对象。

【示例】在下面示例中，定义一个 F 类，其包含 4 个成员。然后实例化并把它的所有属性和方法都复制给一个空对象 o，这样对象 o 就复制了 F 类的所有属性和方法。

```
function F(x,y) {               // 构造函数 F
    this.x = x;                 // 本地属性 x
    this.y = y;                 // 本地属性 y
```

```
        this.add = function() {                    // 本地方法 add()
            return this.x + this.y;
        }
    }
    F.prototype.mul = function() {                 // 原型方法 mul()
        return this.x * this.y;
    }
    var f = new F(2,3)                             // 实例化构造函数，并进行初始化
    var o = {}                                     // 定义一个空对象 o
    for(var i in f) {                              // 遍历实例对象，把它的所有成员赋值给对象 o
        o[i] = f[i];
    }
    console.log(o.x);                              // 返回 2
    console.log(o.y);                              // 返回 3
    console.log(o.add());                          // 返回 5
    console.log(o.mul());                          // 返回 6
```

对于该复制法，还可以进行封装，使其具有较大的灵活性。

```
Function.prototype.extend = function(o) {          // 为 Function 扩展复制的方法
    for(var i in o) {                              // 遍历参数对象
        this.constructor.prototype[i] = o[i];      // 把参数对象成员复制给当前对象的原型对象
    }
}
```

上面的封装函数通过原型为 Function 类型对象扩展一个方法，该方法能够把指定的参数对象完全复制给当前对象的构造函数的原型对象。

this 关键字指向的是当前实例对象，而不是构造函数本身，所以要为其扩展原型成员，就必须使用 constructor 属性来指向它的构造器，然后通过 prototype 属性指向构造函数的原型对象。

然后，新建一个空的构造函数，并为其调用 extend()方法把传递进来的 F 类的实例对象完全复制为原型对象成员。注意，此时不能够定义对象直接量，因为 extend()方法只能够为构造函数结构复制对象。

```
var o = function() {};   // 新建空白构造函数
o.extend(new F(2,3));   // 调用复制继承方法
```

复制操作实际上是通过反射机制复制对象的所有可枚举属性和方法来模拟继承。这种方法能够实现模拟多继承。不过，它的缺点也是很明显。

☑ 由于是反射机制，复制法不能继承非枚举类型的方法。对于系统核心对象的只读方法和属性也无法继承。

☑ 通过反射机制来复制对象成员的执行效率会非常差。当对象结构越庞大时，这种低效就越明显。

☑ 如果包含同名成员，这些成员可能会被动态复制所覆盖。

9.2.3 克隆对象

视频讲解

通过克隆对象可以避免复制对象操作的低效率，具体方法如下。

首先，为 Function 对象扩展一个方法，该方法能够把参数对象赋值给一个空构造函数的原型对象，然后实例化构造函数，并返回实例对象，这样该对象就拥有构造函数包含的所有成员。

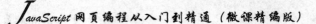

```
Function.prototype.clone = function(o) {          // 对象克隆方法
    function Temp() {};                           // 新建空构造函数
    Temp.prototype = o;                           // 把参数对象赋值给该构造函数的原型对象
    return new Temp();                            // 返回实例化后的对象
}
```

Note

然后，调用该方法来克隆对象。克隆方法返回的是一个空对象，不过它存储了指向给定对象的原型对象指针。这样就可以利用原型链来访问它们，从而在不同对象之间实现继承关系。

```
var o = Function.clone(new F(2,3));               // 调用 Function 对象的克隆方法
console.log(o.x);                                 // 返回 2
console.log(o.y);                                 // 返回 3
console.log(o.add());                             // 返回 5
console.log(o.mul());                             // 返回 6
```

视频讲解

9.2.4 销毁对象

JavaScript 提供一套垃圾回收机制，能够自动回收无用存储单元。当对象没有被任何变量引用时，JavaScript 会自动侦测，并运行垃圾回收程序把这些对象注销，以释放内存。

每当函数对象被执行完毕，垃圾回收程序就会自动被运行，释放函数所占用的资源，并释放局部变量。另外，如果对象处于一种不可预知的情况下时，也会被回收处理。

【示例】当对象不被任何变量引用时，JavaScript 会自动回收对象所占用的资料。

```
var o = {                    // 创建对象，并引用该对象给变量 o
    x: 1,
    y: true
}
o = null;                    // 定义对象引用变量为 null，即废除对象
console.log(o.x);            // 提示系统错误，找不到对象
```

在设计中，对于不用的对象，应该把其所有引用变量都设置为 null，将对象废除，用来释放内存空间。这是一种好的设计习惯，既节省系统开支，又可以预防错误。

9.3 读写属性

属性包括键名和键值。属性名可以是包含空字符串在内的任意字符串，一个对象中不能存在两个同名的属性；属性值可以是任意 JavaScript 值，除了名和值之外。

视频讲解

9.3.1 定义属性

使用冒号可以为对象定义属性，冒号左侧是属性名，右侧是属性值。属性与属性之间通过逗号运算符进行分隔。

【示例 1】在下面示例中，定义了一个三层嵌套的对象结构。虽然三层嵌套对象都包含相同的属性名，但是由于它们分别属于不同的作用域，因此不会发生冲突。

```
var o = {                                         // 定义一级对象
    x: 1,
```

```
    y: {                                // 定义二级嵌套对象
        x: 2,
        y: {                            // 定义三级嵌套对象
            x: 3,
            y: false
        }
    }
}
```

【示例2】除了在对象结构体内定义属性外，还可以通过点运算符在结构体外定义属性。

```
var o = {}                              // 定义空对象
o.x = 1;                                // 定义对象的属性
o.y = {                                 // 定义对象的属性，该属性的值是一个嵌套对象
    x: 2,
    y: true
}
```

【示例3】也可以通过构造函数定义属性。

```
var o = function() {                    // 定义构造对象
    this.x = 1;                         // 定义对象属性
    this.y = {                          // 定义包含对象的属性
        x: 1,
        y: true
    }
}
```

在声明变量时使用 var 语句，但是在声明对象属性时不能使用 var 语句。

【拓展】

ECMAScript 5 增加两个静态函数，用来为指定对象定义属性：Object.defineProperty 和 Object.defineProperties。下面分别进行说明。

1. Object.defineProperty

Object.defineProperty 可以将属性添加到对象，或者修改现有属性的特性。使用 Object.defineProperty 可以完成下面操作。

☑ 将新属性添加到对象，在对象没有指定的属性名称时执行此操作。

☑ 修改现有属性的特性，在对象已有指定的属性名称时执行此操作。

具体用法如下。

```
Object.defineProperty(object, propertyname, descriptor)
```

参数说明如下。

☑ object：必需参数，指定要添加或修改属性的对象，可以是 JavaScript 本地对象（用户定义对象或内置对象）或 DOM 对象。

☑ propertyname：必需参数，表示一个包含属性名称的字符串。

☑ descriptor：必需参数，定义属性的描述符，它可以针对数据属性或访问器属性。在描述符对象中提供了属性定义，它描述了数据属性或访问器属性的特性。描述符对象是 Object.defineProperty 函数的参数。

Object.defineProperty 返回值为已修改的对象。

Note

【示例 4】下面示例先创建一个对象直接量 obj，然后使用 Object.defineProperty 函数将数据属性添加到用户定义的 obj 对象中。定义属性 newDataProperty，值为 101，可写，可枚举，可修改特性。

```
var obj = {};
Object.defineProperty(obj, "newDataProperty", {
    value: 101,
    writable: true,
    enumerable: true,
    configurable: true
});
obj.newDataProperty = 102;
document.write(obj.newDataProperty );   // 102
```

【示例 5】在下面示例中，使用 Object.defineProperty 函数将访问器属性添加到用户定义对象 obj 上。当为对象 obj 的 newAccessorProperty 属性传递新值时，设置其值为赋值的平方，而当读取该属性值时，会以一级标题的形式显示，即输出值为 HTML 字符串。

```
var obj = {};
Object.defineProperty(obj, "newAccessorProperty", {
    set: function(x) {
        this.newaccpropvalue = x*x;
    },
    get: function() {
        return "<h1>" + this.newaccpropvalue + "</h1>" ;
    },
    enumerable: true,
    configurable: true
});
obj.newAccessorProperty = 30;
document.write(obj.newAccessorProperty); // <h1>900</h1>
```

2. Object.defineProperties

如果要将多个属性添加到对象或要修改多个现有属性，可以使用 Object.defineProperties 函数。具体用法如下。

```
object.defineProperties(object, descriptors)
```

参数说明如下。

☑ object：必需参数，对其添加或修改属性的对象，可以是本地对象或 DOM 对象。

☑ descriptors：必需参数，包含一个或多个描述符对象。每个描述符对象描述一个数据属性或访问器属性。

【示例 6】在下面示例中，使用 Object.defineProperties 函数将数据属性和访问器属性添加到用户定义的对象 obj 上。代码使用对象文本创建具有 newDataProperty 和 newAccessorProperty 描述符对象的 descriptors 对象。

```
var obj = {};
Object.defineProperties(obj, {
    newDataProperty: {
        value: 101,
        writable: true,
```

```
            enumerable: true,
            configurable: true
        },
        newAccessorProperty: {
            set: function(x) {
                this.newaccpropvalue = x;
            },
            get: function() {
                return this.newaccpropvalue;
            },
            enumerable: true,
            configurable: true
}});
obj.newAccessorProperty = 10;
document.write( obj.newAccessorProperty ); // 10
```

Note

视频讲解

9.3.2　访问属性

通过点运算符可以访问对象属性，点运算符左侧是对象引用的变量，右侧是属性名，属性名必须是一个标识符，而不是一个字符串。

【示例 1】针对 9.3.1 节示例定义的对象，使用下面代码可以访问最里层对象属性 y 的值。

```
console.log(o.y.y.y),                         // 读取第三层对象的属性 y 的值，返回 false
```

对象属性与变量的工作方式相似，性质相同，用户可以把属性看作是对象的私有变量，用来存储数据。

【示例 2】从结构上分析，对象与数组相似，因此可以使用中括号来访问对象属性。针对上面示例，可以使用如下方式来读取最内层的对象属性 y 的值。

```
console.log(o["y"]["y"]["y"]),                // 读取第三层对象的属性 y 的值，返回 false
```

以数组形式读取对象属性值时，应以字符串形式指定属性名，而不能够使用标识符。

【示例 3】对象是属性的集合，因此可以使用 for-in 语句来遍历对象属性。这对于无法确定对象包含属性时，是非常有用的。

```
o = {                                         // 定义对象
    x: 1,
    y: 2,
    z: 3
}
for(var i in o) {                             // 遍历对象属性
    console.log(o[i]);                        // 读取对象的属性值
}
```

使用 for-in 语句遍历对象属性时，应该使用数组操作方式来读取对象属性的值，属性没有固定显示顺序，同时也只能够枚举自定义属性，无法枚举某些预定义属性。

提示：如果读取不存在的属性时，不会抛出异常，而是返回 undefined。

【拓展】

ECMAScript 5 新增 4 个函数用来访问对象属性：Object.getPrototypeOf、Object.getOwnPropertyNames、Object.keys 和 Object.getOwnPropertyDescriptor，具体说明如下。

1. Object.getPrototypeOf

Object.getPrototypeOf 能够返回指定对象的原型，具体用法如下。

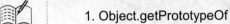

```
Object.getPrototypeOf(object)
```

参数 object 表示指定的对象。返回值是参数 object 的原型对象。

【示例 4】在下面示例中，构造一个类型 Pasta，使用 new 运算符实例化 Pasta，然后使用 Object.getPrototypeOf 函数获取实例对象 spaghetti 的原型，最后使用该实例对象的原型属性（Pasta.prototype）与 Object.getPrototypeOf 返回值比较，返回值为 true。

```
function Pasta(grain, width) {
    this.grain = grain;
    this.width = width;
}
var spaghetti = new Pasta("wheat", 0.2);
var proto = Object.getPrototypeOf(spaghetti);
document.write(proto === Pasta.prototype);            // true
```

2. Object.getOwnPropertyNames

Object.getOwnPropertyNames 能够返回指定对象私有属性的名称。私有属性是指直接对该对象定义的属性，而不是从该对象的原型继承的属性，具体用法如下。

```
Object.getOwnPropertyNames(object)
```

参数 object 表示一个对象，返回值为一个数组，其中包含对象私有属性的名称。其中包括可枚举的和不可枚举的属性和方法的名称。如果仅返回可枚举的属性和方法的名称，应该使用 Object.keys 函数。

【示例 5】在下面示例中创建一个对象，该对象包含 3 个属性和一个方法。然后使用 getOwnPropertyNames 获取该对象的私有属性（包括方法）。

```
function Pasta(grain, width, shape) {
    this.grain = grain;
    this.width = width;
    this.shape = shape;
    this.toString = function() {
        return (this.grain + ", " + this.width + ", " + this.shape);
    }
}
var spaghetti = new Pasta("wheat", 0.2, "circle");
var arr = Object.getOwnPropertyNames(spaghetti);
document.write (arr);                          // 返回私有属性：grain,width,shape,toString
```

3. Object.keys

与 Object.getOwnPropertyNames 类似，但是 Object.keys 仅能够返回指定对象可枚举属性和方法的名称，具体用法如下。

```
Object.keys(object)
```

参数 object 表示指定对象，可以是创建的对象或现有 DOM 对象。返回值是一个数组，其中包含对象的可枚举属性和方法的名称。

4. Object.getOwnPropertyDescriptor

Object.getOwnPropertyDescriptor 能够获取指定对象的私有属性的描述符，具体用法如下。

```
Object.getOwnPropertyDescriptor(object, propertyname)
```

参数 object 表示指定的对象，propertyname 表示属性的名称。返回值为属性的描述符对象。

【示例 6】在下面示例中创建一个对象 obj，添加属性 newDataProperty，然后使用 Object.getOwnPropertyDescriptor 获取该数据属性描述符，并使用该描述符将属性设置为只读。最后，再调用 Object.defineProperty 函数，使用 descriptor 描述符修改属性 newDataProperty 的特性。遍历修改后的对象，可以发现只读特性 writable 为 false，如图 9.1 所示。

```
var obj = {};
obj.newDataProperty = "abc";
var descriptor = Object.getOwnPropertyDescriptor(obj, "newDataProperty");
descriptor.writable = false;
Object.defineProperty(obj, "newDataProperty", descriptor);
var desc2 = Object.getOwnPropertyDescriptor(obj, "newDataProperty");
for (var prop in desc2) {
    document.write(prop + ': ' + desc2[prop]);
    document.write("<br />");
}
```

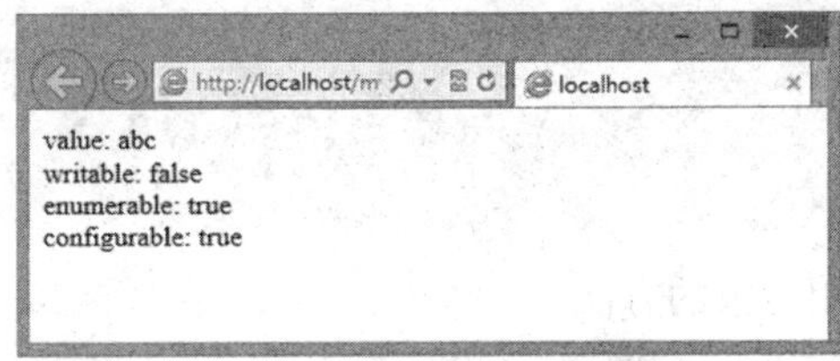

图 9.1　遍历本地对象的所有特性

9.3.3　赋值属性

设置对象属性的值也可以使用点运算符和数组操作方法来实现。

【示例 1】下面代码使用点运算符和中括号运算符读取属性。

```
var o = {                          // 定义对象
    x: 1,
    y: 2
}
o.x =2;                            // 设置属性的新值，将覆盖原来的值
o["y"] = 1;                        // 设置属性的新值，将覆盖原来的值
console.log(o["x"]);               // 返回 2
console.log(o.y);                  // 返回 1
```

一旦为未命名的属性赋值后，对象会自动创建该名称的属性，在任何时候和位置为该属性赋值，都不需要创建属性，而只会重新设置它的值。

视频讲解

Note

9.3.4 删除属性

使用 delete 运算符可以删除对象属性，这与变量操作相同。

【示例 1】下面示例使用 delete 运算符删除指定属性。

```
var o = {x: 1}                              // 定义对象
delete o.x;                                 // 删除对象的属性 x
console.log(o.x);                           // 返回 undefined
```

当删除对象属性之后，不是将该属性值设置为 undefined，而是从对象中彻底清除属性。如果使用 for-in 语句枚举对象属性，只能枚举属性值为 undefined 的属性，但不会枚举已删除属性。

视频讲解

9.3.5 对象方法

方法是对象执行特定行为的逻辑块，在 JavaScript 中，方法（Method）就是对象属性的一种特殊形式，即值为函数的属性。

【示例 1】函数被赋值给对象的属性，于是该属性就是对象的一个方法。

```
var o = {
    x: function() {                         // 定义对象的方法
        console.log("method");
    }
}
```

也可以通过如下方式定义对象的方法。

```
var o = {}
o.x = function() {                          // 定义对象的方法
    console.log("method");
}
```

使用小括号运算符可以调用对象的方法。

```
o.x();                                      // 调用对象的方法
```

【示例 2】对象的方法内部都包含一个 this 关键字，它总是表示调用对象。例如，在对象 o 的 x() 方法中访问当前对象的 y 属性值。当使用不同对象调用时，则返回值也不相同。

```
var o = {
    x: function() {                         // 定义对象的方法
        console.log(this.y);                // 访问当前对象的属性 y 的值
    }
}
o.x();                                      // 返回 undefined，此时 this 指向对象 o
var f = o;                                  // 复制对象 o 为 f
f.y = 2;                                    // 为对象 f 单独定义属性 y，赋值为 2
f.x();                                      // 返回 2，此时 this 指向对象 f
```

【示例 3】对象方法与普通函数用法完全相同，可以在方法中传递参数，可以设计返回值。

```
var o = {}
o.x = function(a) {                         // 定义对象的方法
```

```
    return 10 * a;
}
var f = o.x(5);                          // 调用方法，设置参数为 5
console.log(f);                          // 返回值 50
```

【拓展】

关键字 this 总是指向当前调用的对象。

```
var o = new Object();                    // 对象实例化
o.name = "o";                            // 声明并初始化对象属性
o.who = function() {                     // 定义对象方法
    console.log(this.name);              // 显示当前对象的名称
}
o.who();                                 // 返回字符 o
```

在上面示例中，this 指向对象 o，即定义该方法的对象自身。当然，用户可以使用对象名 o 引用当前调用对象。

```
var o = new Object();                    // 对象实例化
o.name = "o";                            // 声明并初始化对象属性
o.who = function() {                     // 定义对象方法
    console.log(o.name);                 // 显示对象 o 的名称
}
o.who();                                 // 返回字符 o
```

但是，对于构造对象来说，当对象实例化后，用户无法调用当前方法的实例对象的名称，使用 this 能确保在不同环境下都能找到调用当前方法的对象。

```
function who() {                         // 定义一个抽象化方法
    console.log(this.name);
}
var o = new Object();                    // 实例化对象 o
o.name = "o";                            // 命名为 o
o.who = who;                             // 引用抽象化方法 who
var f = new Object();                    // 实例化对象 f
f.name = "f";                            // 命名为 f
f.who = who;                             // 引用抽象化方法 who
o.who();                                 // 调用对象 o 的方法 who，返回字符 o
f.who();                                 // 调用对象 f 的方法 who，返回字符 f
```

在上面示例中，首先使用 this 关键字定义一个公共方法，然后创建两个对象 o 和 f，分别设置它们的属性 name 值为 o 和 f，并绑定公共方法。但是分别调用不同对象的 who 方法时，会发现返回值是不同的。这是因为在对象 o 中，this 指向对象 o 自身，而在 f 对象中，this 又指向对象 f 自身，从而实现使用 this 关键字进行对象抽象化操作。

提示： 构造函数是一类特殊函数，它能够初始化对象，利用参数初始化 this 关键字所引用对象的 x 和 y 属性值。因此，构造函数就相当于对象结构模板，利用它可以实例化包含相同属性但不同属性值的对象。

```
function f() {                           // 定义方法
    return this.x + this.y;
```

```
}
function MyClass(x,y) {                    // 自定义类
    this.x= x;
    this.y = y;
    this.add = f;                          // 把方法封装在类中，这样每个实例都拥有该方法
}
var o = new MyClass(10,20);                // 实例化类，并初始化参数值
console.log(o.add());                      // 调用方法，返回值 30
```

Note

9.4 使用 Object 对象

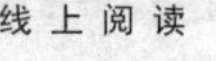

线上阅读

JavaScript 原生提供 Object 对象，其他所有对象都继承自 Object 对象，都是 Object 的实例。Object 对象的原生方法分成两类：Object 本身的方法与 Object 的实例方法。

Object 对象本身的方法，也称为静态方法，就是直接定义在 Object 对象的方法。比较说明请扫码阅读。

线上阅读

9.4.1 Object 函数

Object 本身是一个函数，可以作为工具使用，将任意值转为对象。这个方法常用于保证某个值一定是对象。具体演示代码说明请扫码阅读。

线上阅读

9.4.2 Object 构造函数

Object 不仅可以当作工具函数使用，还可以当作构造函数使用，使用 new 命令来生成新对象。具体演示代码说明请扫码阅读。

线上阅读

9.4.3 使用 Object 静态方法

静态方法是指部署在 Object 对象自身的方法。详细内容和演示代码说明请扫码阅读。

线上阅读

9.4.4 使用 Object 实例方法

除了静态方法，还有不少定义在 Object.prototype 对象上的实例方法，所有 Object 的实例对象都继承了这些方法。详细说明请扫码阅读。

9.5 使用包装对象

线上阅读

有人说，JavaScript 语言“一切皆对象”。这是因为数组和函数本质上都是对象，就连 3 种原始类型的值：数值、字符串、布尔值，在一定条件下也会自动转为对象，即原始类型的“包装对象”。什么是包装对象，请扫码阅读。

9.5.1 包装对象的实例方法

线上阅读

包装对象实例可以使用 Object 对象提供的原生方法，主要是 valueOf()方法和 toString()方法。详细说明请扫码阅读。

9.5.2 原始类型的自动转换

线上阅读

原始类型的值，可以自动当作对象调用，即调用各种对象的方法和参数。JavaScript 引擎会自动将原始类型的值转为包装对象，在使用后立刻销毁。详细说明请扫码阅读。

9.5.3 自定义方法

线上阅读

3 种包装对象还可以在原型上添加自定义方法和属性，供原始类型的值直接调用。详细说明请扫码阅读。

9.5.4 Boolean 对象

线上阅读

Boolean 对象是 JavaScript 的 3 个包装对象之一。作为构造函数，它主要用于生成布尔值的包装对象的实例。详细说明请扫码阅读。

9.6 使用属性描述对象

JavaScript 提供了一个内部数据结构，用来描述一个对象的属性的行为，控制它的行为。这个内部数据结构被称为“属性描述对象”（Attributes Object）。每个属性都有自己对应的属性描述对象，保存该属性的一些元信息。

9.6.1 认识属性描述对象

下面是属性描述对象的一个实例。

```
{
  value: 123,
  writable: false,
  enumerable: true,
  configurable: false,
  get: undefined,
  set: undefined
}
```

属性描述对象提供 6 个元属性。详细说明请扫码阅读。

线上阅读

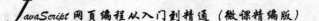

线上阅读

Note

9.6.2 Object.getOwnPropertyDescriptor()

Object.getOwnPropertyDescriptor()方法可以读出对象自身属性的属性描述对象。详细说明请扫码阅读。

9.6.3 Object.defineProperty()和 Object.defineProperties()

线上阅读

Object.defineProperty()方法允许通过定义属性描述对象，来定义或修改一个属性，然后返回修改后的对象。详细说明请扫码阅读。

线上阅读

9.6.4 元属性

属性描述对象的属性，被称为“元属性”，因为它可以看作是控制属性的属性。元属性包括可枚举性、可配置性、可写性。详细说明请扫码阅读。

线上阅读

9.6.5 Object.getOwnPropertyNames()

Object.getOwnPropertyNames()方法返回直接定义在某个对象上面的全部属性的名称，而不管该属性是否可枚举。详细说明请扫码阅读。

线上阅读

9.6.6 Object.prototype.propertyIsEnumerable()

对象实例的 propertyIsEnumerable()方法用来判断一个属性是否可枚举。详细说明请扫码阅读。

线上阅读

9.6.7 存取器

除了直接定义以外，属性还可以用存取器（Accessor）定义。其中，存值函数称为 setter，使用 set 命令；取值函数称为 getter，使用 get 命令。利用这个功能，可以实现许多高级特性，如每个属性禁止赋值。详细说明请扫码阅读。

线上阅读

9.6.8 对象的拷贝

如果需要将一个对象的所有属性拷贝到另一个对象，需要手动实现。详细说明请扫码阅读。

线上阅读

9.6.9 控制对象状态

JavaScript 提供了 3 种方法，精确控制一个对象的读写状态，防止对象被改变。最弱一层的保护是 Object.preventExtensions，其次是 Object.seal，最强的是 Object.freeze。详细说明请扫码阅读。

9.7 使用 Math 对象

线上阅读

Math 是 JavaScript 的内置对象，提供一系列数学常数和数学方法。该对象不是构造函数，不能生成实例，所有的属性和方法都必须在 Math 对象上调用。具体说明请扫码阅读。

9.7.1　Math 属性

Math 对象提供以下一些只读的数学常数。详细说明请扫码阅读。

线上阅读

9.7.2　Math 方法

Math 对象提供一些数学方法。详细说明请扫码阅读。

线上阅读

9.8　使用 Date 对象

Date 对象是 JavaScript 提供的日期和时间的操作接口。它可以表示的时间范围是 1970 年 1 月 1 日 00:00:00 前后的各 1 亿天（单位为毫秒）。具体说明请扫码阅读。

线上阅读

9.8.1　创建 Date 对象

Date 可以当作构造函数使用。对它使用 new 命令，会返回一个 Date 对象的实例。如果不加参数，生成的就是代表当前时间的对象。作为构造函数时，Date 对象可以接受多种格式的参数。详细说明请扫码阅读。

线上阅读

9.8.2　日期运算

类型转换时，Date 对象的实例如果转为数值，则等于对应的毫秒数；如果转为字符串，则等于对应的日期字符串。所以，两个日期对象进行减法运算，返回的就是它们间隔的毫秒数；进行加法运算，返回的就是连接后的两个字符串。详细说明请扫码阅读。

线上阅读

9.8.3　Date 静态方法

Date 静态方法包括 3 个：Date.now()、Date.parse()和 Date.UTC()。详细说明请扫码阅读。

线上阅读

9.8.4　Date 实例方法

Date 的实例对象，有几十个自己的方法，分为 to 类、get 类和 set 类 3 类。详细说明请扫码阅读。

线上阅读

9.9　使用 JSON 对象

JSON 格式（JavaScript Object Notation 的缩写）是一种用于数据交换的文本格式，2001 年由 Douglas Crockford 提出。如何正确理解和编写 JSON 格式数据，请扫码阅读。

线上阅读

Note

线上阅读

Note

9.9.1 JSON.stringify()

JSON.stringify()方法用于将一个值转为字符串。该字符串符合 JSON 格式，并且可以被 JSON.parse 方法还原。详细说明请扫码阅读。

9.9.2 JSON.parse()

线上阅读

JSON.parse()方法用于将 JSON 字符串转化成对象。详细说明请扫码阅读。

线上阅读

9.9.3 比较 JSON 与 XML

与 XML 相比，JSON 有很多优点，它是高性能 Ajax 的基石。详细说明请扫码阅读。

线上阅读

9.9.4 优化 JSON 数据

JSON 是一个轻量级并易于解析的数据格式，它按照 JavaScript 对象和数组字面语法来编写。在编写 JSON 格式时，一定要注意结构的简练和直白。详细说明请扫码阅读。

线上阅读

9.10 使用 console 对象

console 对象是 JavaScript 的原生对象，可以输出各种信息到控制台。简单说明请扫码阅读。

线上阅读

9.10.1 浏览器实现

console 对象的浏览器实现，包含在浏览器自带的开发工具之中。详细说明请扫码阅读。

线上阅读

9.10.2 console 对象的方法

console 对象提供的各种方法，用来与控制台窗口互动。详细说明请扫码阅读。

线上阅读

9.10.3 命令行 API

在控制台中，除了使用 console 对象，还可以使用一些控制台自带的命令行方法。详细说明请扫码阅读。

线上阅读

9.10.4 debugger 语句

debugger 语句主要用于除错，作用是设置断点。详细说明请扫码阅读。

线上阅读

第10章

面向对象编程

面向对象编程（OOP）是目前主流的编程范式，它将真实世界各种复杂的关系，抽象为一个个对象，然后由对象之间的分工与合作，完成对真实世界的模拟。每一个对象都是功能中心，具有明确分工，可以完成接受信息、处理数据、发出信息等任务。因此，面向对象编程具有高度模块化特点，容易维护，适合开发复杂的应用项目。

JavaScript 是基于对象的编程语言，具有较强的面向对象编程能力，本章将详细讲解 JavaScript 面向对象编程的基本方法。

【学习重点】

- 理解构造函数和 this。
- 能够定义 JavaScript 类型。
- 掌握 JavaScript 原型模型和继承。
- 正确使用 JavaScript 设计基于对象的 Web 程序。

10.1 面向对象基础

Note

在面向对象编程中，有两个最基本的概念：对象和类。在 ECMAScript 6 规范之前，JavaScript 没有类的概念，允许通过构造函数来模拟类，下面来了解一下。

10.1.1 对象

对象（Object）到底是什么？我们从两个层次来理解。

1. 对象是单个实物的抽象

一张桌子、一辆汽车、一部手机都可以是对象，一个图表、一张网页、一个 URL 连接也可以是对象。当实物被抽象成对象，实物之间的关系就变成对象之间的关系，从而就可以模拟现实情况，针对对象进行编程。

2. 对象是一个容器，封装了属性（Property）和方法（Method）

属性是对象的状态，方法是对象的行为（完成某种任务）。例如，可以把动物抽象为 animal 对象，使用“属性”记录具体是哪一种动物，使用“方法”表示动物的某种行为（奔跑、捕猎、休息等）。

10.1.2 构造函数

面向对象编程的第一步，就是要生成对象。前面说过，对象是单个实物的抽象。通常需要一个模板，表示某一类实物的共同特征，然后对象根据这个模板生成。

典型的面向对象编程语言（如 C++ 和 Java），存在“类”（Class）这个概念。所谓“类”就是对象的模板，对象就是“类”的实例。但是，JavaScript 语言的对象体系，不是基于“类”的，而是基于构造函数（Constructor）和原型链（Prototype）。

JavaScript 语言使用构造函数（Constructor）作为对象的模板。所谓“构造函数”，就是专门用来生成对象的函数。它提供模板，描述对象的基本结构。一个构造函数，可以生成多个对象，这些对象都有相同的结构。

构造函数的写法就是一个普通的函数，但是有自己的特征和用法。例如：

```
var F = function() {
    this.price = 1000;
};
```

在上面代码中，F 就是构造函数，它提供模板，用来生成实例对象。为了与普通函数区别，构造函数名字的第一个字母通常大写。

构造函数的特点有两个。

☑ 函数体内使用 this 关键字，代表所要生成的对象实例。

☑ 生成对象时，必须用 new 运算符来调用构造函数。

【拓展】

在典型的面向对象编程语言中，类包含很多概念和内涵，详细说明请扫码了解。

线上阅读

视频讲解

Note

10.1.3 使用 new 运算符

new 运算符的作用，就是执行构造函数，返回一个实例对象。例如：

```
var F = function() {
    this.price = 1000;
};
var f = new F();
f.price // 1000
```

上面代码通过 new 运算符，让构造函数 F 生成一个实例对象，保存在变量 f 中。这个新生成的实例对象，从构造函数 F 继承了 price 属性。new 运算符执行时，构造函数内部的 this，就代表了新生成的实例对象，this.price 表示实例对象有一个 price 属性，值是 1000。

使用 new 运算符时，根据需要，构造函数也可以接受参数。例如：

```
var F = function(p) {
    this.price = p;
};
var f = new F(500);
```

new 运算符本身就可以执行构造函数，所以后面的构造函数可以带括号，也可以不带括号。下面两行代码是等价的。例如：

```
var f = new F();
var f = new F;
```

注意： 如果忘了使用 new 运算符，直接调用构造函数，这时构造函数就变成普通函数，不会生成实例对象，this 就代表全局对象，这将造成一些意想不到的结果。

具体说明和示例请扫码阅读。

线上阅读

10.1.4 new 运行原理

使用 new 运算符时，它后面的函数调用就不是正常的调用，而是依次执行下面的步骤。

（1）创建一个空对象，作为将要返回的对象实例。

（2）将这个空对象的原型，指向构造函数的 prototype 属性。

（3）将这个空对象赋值给函数内部的 this 关键字。

（4）开始执行构造函数内部的代码。

也就是说，构造函数内部 this 指的是一个新生成的空对象，所有针对 this 的操作都会发生在这个空对象上。构造函数之所以叫“构造函数”，就是说这个函数的目的：操作一个空对象（this 对象），将其“构造”为需要的样子。

如果构造函数内部有 return 语句，而且 return 后面跟着一个对象，new 运算后会返回 return 语句指定的对象；否则，就会不管 return 语句，返回 this 对象。例如：

```
var F = function() {
    this.price = 1000;
    return 1000;
};
(new F()) === 1000;            // false
```

在上面代码中，构造函数F的return语句返回一个数值。这时，new运算符就会忽略这个return语句，返回“构造”后的this对象。

但是，如果return语句返回的是一个跟this无关的新对象，new运算后会返回这个新对象，而不是this对象。这一点需要特别引起注意。例如：

Note

```
var F = function() {
    this.price = 1000;
    return {price: 2000};
};
(new F()).price;                                    // 2000
```

在上面代码中，构造函数F的return语句，返回的是一个新对象。new运算符会返回这个对象，而不是this对象。

注意： 如果对普通函数（内部没有this关键字的函数）使用new调用，会返回一个空对象。

```
function getMessage() {
    return 'this is a message';
}
var msg = new getMessage();
msg;                                                // {}
typeof msg                                          // "object"
```

在上面代码中，getMessage是一个普通函数，返回一个字符串。对它使用new运算符调用，会得到一个空对象。这是因为new运算符总是返回一个对象，要么是实例对象，要么是return语句指定的对象。由于return语句返回的是字符串，所以new运算符就忽略了该语句。

【拓展】

new运算符简化的内部流程，可以用下面的代码表示。

```
function _new(/* 构造函数 */ constructor, /* 构造函数参数 */ param1) {
    var args = [].slice.call(arguments);            // 将 arguments 对象转为数组
    var constructor = args.shift();                 // 取出构造函数
    // 创建一个空对象，继承构造函数的 prototype 属性
    var context = Object.create(constructor.prototype);
    var result = constructor.apply(context, args);  // 执行构造函数
    // 如果返回结果是对象，就直接返回，否则返回 context 对象
    return (typeof result === 'object' && result != null) ? result: context;
}
var actor = _new(Person, '张三', 28);               // 实例
```

10.1.5 使用new.target

在函数内部可以使用new.target属性。如果当前函数是new运算符调用，new.target指向当前函数，否则为undefined。例如：

```
function f() {
    console.log(new.target === f);
}
f()                                                 // false
new f()                                             // true
```

使用这个属性，可以判断函数调用时，是否使用 new 运算符。例如：

```
function f() {
    if (!new.target) {
        throw new Error('请使用 new 命令调用！');
}
      // ……
}
f()    // Uncaught Error: 请使用 new 命令调用
```

在上面代码中，构造函数 f 调用时，没有使用 new 运算符，就抛出一个错误。

10.2　使用 this

在学习 JavaScript 面向对象编程之前，读者应该先透彻理解 this 关键字，掌握其灵活用法。在前面章节中也曾经简单介绍过 this，本节将系统讲解 this 的技术细节。

10.2.1　this 调用对象

this 总是返回一个调用对象，简单说，就是返回属性或方法“当前”所在的对象。例如：

```
this.property
```

在上面代码中，this 就代表 property 属性当前所在的对象。限于篇幅，更详细的说明和演示示例请扫码阅读。

线上阅读

10.2.2　this 应用场景

this 的使用可以分成以下几个场合：全局环境、构造函数、对象的方法。限于篇幅，更详细的说明和演示示例请扫码阅读。

线上阅读

10.2.3　注意事项

由于 this 指代对象不固定，用法灵活，使用时应该注意 3 个问题：避免多层 this、避免在数组处理方法中使用 this、避免在回调函数中使用 this。限于篇幅，更详细的说明和演示示例请扫码阅读。

线上阅读

10.2.4　绑定 this

this 的动态切换，固然为 JavaScript 创造了巨大的灵活性，但也使得编程变得困难和模糊。有时，需要把 this 固定下来，避免出现意想不到的情况。JavaScript 提供了 call()、apply()、bind()这 3 个方法，来切换/固定 this 的指向。

限于篇幅，更详细的说明和演示示例请扫码阅读。

线上阅读

10.3　使用 prototype

大部分面向对象的编程语言，都以“类”（Class）为基础，实现对象的继承。JavaScript 语言不

视频讲解

Note

是如此，它是以“原型对象”（Prototype）为基础实现对象的继承。

10.3.1 定义原型

JavaScript 通过构造函数生成新对象，因此构造函数可以视为对象的模板。实例对象的属性和方法，可以定义在构造函数内部。

```
function Cat(name, color) {
    this.name = name;
    this.color = color;
}
var cat1 = new Cat('大毛', '白色');
cat1.name           // '大毛'
cat1.color          // '白色'
```

在上面代码中，Cat 函数是一个构造函数，函数内部定义了 name 属性和 color 属性，所有实例对象（上例是 cat1）都会生成这两个属性，即这两个属性会定义在实例对象上面。

通过构造函数为实例对象定义属性，虽然很方便，但是有一个缺点。同一个构造函数的多个实例之间，无法共享属性，从而造成对系统资源的浪费。

```
function Cat(name, color) {
    this.name = name;
    this.color = color;
    this.meow = function() {
        console.log('喵喵');
    };
}
var cat1 = new Cat('大毛', '白色');
var cat2 = new Cat('二毛', '黑色');
cat1.meow === cat2.meow                 // false
```

在上面代码中，cat1 和 cat2 是同一个构造函数的两个实例，它们都具有 meow 方法。由于 meow 方法是生成在每个实例对象上面，所以两个实例就生成了两次。也就是说，每新建一个实例，就会新建一个 meow 方法。这既没有必要，又浪费系统资源，因为所有 meow 方法都是同样的行为，完全应该共享。

这个问题的解决方法，就是 JavaScript 的原型对象（Prototype）。

JavaScript 的每个对象都继承另一个对象，后者称为“原型”（Prototype）对象。一方面，任何一个对象，都可以充当其他对象的原型；另一方面，由于原型对象也是对象，所以它也有自己的原型。null 也可以充当原型，区别在于它没有自己的原型对象。

JavaScript 继承机制的设计就是，原型的所有属性和方法，都能被子对象共享。

【示例】 下面代码演示如何为对象指定原型。每一个构造函数都有一个 prototype 属性，这个属性会在生成实例时，成为实例对象的原型对象。

```
function Animal(name) {
    this.name = name;
}
Animal.prototype.color = 'white';
var cat1 = new Animal('大毛');
var cat2 = new Animal('二毛');
```

```
cat1.color                    // 'white'
cat2.color                    // 'white'
```

在上面代码中，构造函数 Animal 的 prototype 对象，就是实例对象 cat1 和 cat2 的原型对象。在原型对象上添加一个 color 属性，结果，实例对象都继承了该属性。

原型对象的属性不是实例对象自身的属性。只要修改原型对象，变动就立刻会体现在所有实例对象上。

```
Animal.prototype.color = 'yellow';
cat1.color                    // "yellow"
cat2.color                    // "yellow"
```

在上面代码中，原型对象的 color 属性的值变为 yellow，两个实例对象的 color 属性立刻跟着变。这是因为实例对象其实没有 color 属性，都是读取原型对象的 color 属性。也就是说，当实例对象本身没有某个属性或方法时，它会到构造函数的 prototype 属性指向的对象，去寻找该属性或方法。这就是原型对象的特殊之处。

如果实例对象自身就有某个属性或方法，它就不会再去原型对象寻找这个属性或方法。

```
cat1.color = 'black';
cat1.color                    // 'black'
cat2.color                    // 'yellow'
Animal.prototype.color        // 'yellow'
```

在上面代码中，实例对象 cat1 的 color 属性改为 black，就使得它不再去原型对象读取 color 属性，后者的值依然为 yellow。

总之，原型对象的作用就是定义所有实例对象共享的属性和方法。这也是它被称为原型对象的原因，而实例对象可以视作从原型对象衍生出来的子对象。例如：

```
Animal.prototype.walk = function() {
    console.log(this.name + ' is walking');
};
```

在上面代码中，Animal.prototype 对象上面定义了一个 walk 方法，这个方法将可以在所有 Animal 实例对象上面调用。

构造函数就是普通的函数，所以实际上所有函数都有 prototype 属性。

【拓展】

原型实际上就是一个普通对象，继承于 Object 类，由 JavaScript 自动创建并依附于每个构造函数，原型在 JavaScript 对象系统中的位置和关系请扫码阅读。

线上阅读

10.3.2 原型属性和本地属性

视频讲解

【示例 1】在下面示例中，演示如何定义一个构造函数，并为实例对象定义本地属性。

```
function f() {                        // 声明一个构造类型
    this.a = 1;                       // 为构造类型声明一个本地属性
    this.b = function() {             // 为构造类型声明一个本地方法
        return this.a;
    };
}
var e = new f();                      // 实例化构造类型
```

```
alert(e.a);                              // 调用实例对象的属性 a，返回 1
alert(e.b());                            // 调用实例对象的方法 b()，提示 1
```

构造函数 f 中定义了两个本地属性，分别是属性 a 和方法 b()。当构造函数实例化后，实例对象继承了构造函数的本地属性。此时可以在本地修改实例对象的属性 a 和方法 b()。

Note

```
e.a = 2;
alert(e.a);
alert(e.b());
```

如果给构造函数定义了与原型属性同名的本地属性，则本地属性会覆盖原型属性值。

如果使用 delete 运算符删除本地属性，则原型属性会被访问。在上面示例基础上删除本地属性，则会发现可以访问原型属性。

【示例 2】本地属性可以在实例对象中被修改，但是不同实例对象之间不会相互干扰。

```
function f() {                           // 声明一个构造类型
    this.a = 1;                          // 为构造类型声明一个本地属性
}
var e =new f();                          // 实例 e
var g =new f();                          // 实例 g
alert(e.a);                              // 返回值为 1，说明它继承了构造函数的初始值
alert(g.a);                              // 返回值为 1，说明它继承了构造函数的初始值
e.a = 2;                                 // 修改实例 e 的属性 a 的值
alert(e.a);                              // 返回值为 2，说明实例 e 的属性 a 的值改变了
alert(g.a);                              // 返回值为 1，说明实例 g 的属性 a 的值没有受影响
```

线上阅读

上面示例演示了，如果使用本地属性，则实例对象之间就不会相互影响。但是如果希望统一修改实例对象中包含的本地属性值，就需要一个个修改，工作量会很大。

下面还有两个演示示例，限于篇幅我们把它放在网上，读者可以扫码阅读。

视频讲解

10.3.3 应用原型

下面通过几个实例介绍原型在代码中的应用技巧。

【示例 1】利用原型为对象设置默认值。当原型属性与本地属性同名时，它们之间可以出现交流现象。利用这种现象为对象初始化默认值。

```
function p(x) {                          // 构造函数
    if(x)                                // 如果参数存在，则使用该参数设置属性，该条件是关键
        this.x = x;                      // 使用参数初始化本地属性 x 的值
}
p.prototype.x = 0;                       // 利用原型属性，设置本地属性 x 的默认值
var p1 = new p();                        // 实例化一个没有带参数的对象
alert(p1.x);                             // 返回 0，即显示本地属性的默认值
var p2 = new p(1);                       // 再次实例化，传递一个新的参数
alert(p2.x);                             // 返回 1，即显示本地属性的初始化值
```

【示例 2】利用原型间接实现本地数据备份。把本地对象的数据完全赋值给原型对象，相当于为该对象定义一个副本，通俗地说就是备份对象。这样当对象属性被修改时，可以通过原型对象来恢复本地对象的初始值。

```
function p(x) {                          // 构造函数
    this.x = x;
}
p.prototype.backup = function() {
                                         // 原型方法，备份本地对象的数据到原型对象中
    for(var i in this) {
        p.prototype[i] = this[i];
    }
}
var p1 = new p(1);                       // 实例化对象
p1.backup();                             // 备份实例对象中的数据
p1.x =10;                                // 改写本地对象的属性值
alert(p1.x)                              // 返回 10，说明属性值已经被改写
p1 = p.prototype;                        // 恢复备份
alert(p1.x)                              // 返回 1，说明对象的属性值已经被恢复到原始值
```

【示例 3】利用原型还可以为对象属性设置"只读"特性，这在一定程度上可以避免对象内部数据被任意修改的尴尬。

下面示例演示了如何根据平面上两点坐标来计算它们之间的距离。构造函数 p 用来设置定位点坐标，当传递两个参数值时，会返回以参数为坐标值的点，如果省略参数则默认点为原点（0,0）。而在构造函数 l 中通过传递的两点坐标对象，计算它们的距离。

```
function p(x,y) {                        // 求坐标点构造函数
    if(x) this.x = x;                    // 初始 x 轴值
    if(y) this.y = y;                    // 初始 y 轴值
    p.prototype.x = 0;                   // 默认 x 轴值
    p.prototype.y = 0;                   // 默认 y 轴值
}
function l(a,b) {                        // 求两点距离构造函数
    var a = a;                           // 参数私有化
    var b = b;                           // 参数私有化
    var w = function() {                 // 计算 x 轴距离，返回对函数引用
        return Math.abs(a.x - b.x);
    }
    var h = function() {                 // 计算 y 轴距离，返回对函数引用
        return Math.abs(a.y - b.y);
    }
    this.length = function() {           // 计算两点距离，使用小括号调用私有方法 w()和 h()
        return Math.sqrt(w()*w() + h()*h());
    }
    this.b = function() {                // 获取起点坐标对象
        return a;
    }
    this.e = function() {                // 获取终点坐标对象
        return b;
    }
}
var p1 = new p(1,2);                     // 实例化 p 构造函数，声明一个点
var p2 = new p(10,20);                   // 实例化 p 构造函数，声明另一个点
var l1 = new l(p1,p2);                   // 实例化 l 构造函数，传递两点对象
alert(l1.length())                       // 返回 20.12461179749811，调用 length()计算两点距离
```

```
l1.b().x = 50;                              // 不经意改动方法b()的一个属性为50
alert(l1.length())                          // 返回43.86342439892262，说明影响两点距离值
```

Note

在测试中会发现，如果无意间修改了构造函数l的方法b()或e()的值，则构造函数l中的length()方法的计算值也随之发生变化。这种动态效果对于需要动态跟踪两点坐标变化来说非常必要。但是，这里并不需要当初始化实例之后，随意地被改动坐标值。毕竟方法b()和e()与参数a和b没有多大联系。

为了避免因为改动方法b()的属性x值会影响两点距离，可以在方法b()和e()中，新建一个临时性的构造类，设置该类的原型为a，然后实例化构造类并返回，这样就阻断了方法b()与私有变量a的直接联系，它们之间仅就是值的传递，而不是对对象a的引用，从而避免因为方法b()的属性值变化，而影响私有对象a的属性值。

```
this.b = function() {                       // 方法b()
    function temp() {};                     // 临时构造类
    temp.prototype = a;                     // 把私有对象传递给临时构造类的原型对象
    return new temp();                      // 返回实例化对象，阻断直接返回a的引用关系
}
this.e = function() {                       // 方法f()
    function temp() {};                     // 临时构造类
    temp.prototype = a;                     // 把私有对象传递给临时构造类的原型对象
    return new temp();                      // 返回实例化对象，阻断直接返回a的引用关系
}
```

还有一种方法，这种方法是在给私有变量w和h赋值时，不是赋值函数，而是函数调用表达式，这样私有变量w和h存储的是值类型数据，而不是对函数结构的引用，从而就不再受后期相关属性值的影响。

```
function l(a,b) {                           // 求两点距离构造函数
    var a = a;                              // 参数私有化
    var b = b;                              // 参数私有化
    var w = function() {                    // 计算x轴距离，返回函数表达式的计算值
        return Math.abs(a.x - b.x);
    }()
    var h = function() {                    // 计算y轴距离，返回函数表达式的计算值
        return Math.abs(a.y - b.y);
    }()
    this.length = function() {              // 计算两点距离，直接使用私有变量w和h来计算
        return Math.sqrt(w()*w() + h()*h());
    }
    this.b = function() {                   // 获取起点坐标对象
        return a;
    }
    this.e = function() {                   // 获取终点坐标对象
        return b;
    }
}
```

【示例4】利用原型进行批量复制。

```
function f(x) {                             // 构造函数
    this.x = x;                             // 声明本地属性
```

```
}
var a = [];                              // 声明数组
for(var i = 0; i < 100; i++) {           // 使用 for 循环结构批量复制构造类 f 的同一个实例
    a[i] = new f(10);                    // 把实例分别存入数组
}
```

Note

上面的代码演示了如何复制 100 次同一个实例对象。这种做法本无可非议，但是如果在后期修改数组中每个实例对象时，就会非常麻烦。现在可以尝试使用原型来进行批量复制操作。

```
function f(x) {                          // 构造函数
    this.x = x;                          // 声明本地属性
}
var a = [];                              // 声明数组
function temp() {}                       // 定义一个临时的空构造类 temp
temp.prototype = new f(10);              // 把构造类 f 实例化，并传递给构造类 temp 的原型对象
for(var i = 0; i < 100; i++) {           // 使用 for 循环批量复制临时构造类 temp 的同一个实例
    a[i] = new temp();                   // 把实例分别存入数组
}
```

把构造类 f 的实例存储在临时构造类的原型对象中，然后通过临时构造类 temp 实例来传递复制的值。这样，要想修改数组的值，只需要修改类 f 的原型即可，从而避免逐一修改数组中每个元素。

10.3.4　原型链

视频讲解

对象的属性和方法，有可能定义在自身，也有可能定义在它的原型对象。由于原型本身也是对象，又有自己的原型，所以形成了一条原型链（Prototype Chain）。例如，a 对象是 b 对象的原型，b 对象是 c 对象的原型，以此类推。

如果一层层地上溯，所有对象的原型最终都可以上溯到 Object.prototype，即 Object 构造函数的 prototype 属性。那么，Object.prototype 对象有没有它的原型呢？回答是有的，就是没有任何属性和方法的 null 对象，而 null 对象没有自己的原型。

```
Object.getPrototypeOf(Object.prototype)        // null
```

上面代码表示，Object.prototype 对象的原型是 null，由于 null 没有任何属性，所以原型链到此为止。

“原型链”的作用是，读取对象的某个属性时，JavaScript 引擎先寻找对象本身的属性，如果找不到，就到它的原型去找，如果还是找不到，就到原型的原型去找。如果直到最顶层的 Object.prototype 还是找不到，则返回 undefined。

如果对象自身和它的原型，都定义了一个同名属性，那么优先读取对象自身的属性，这叫作“覆盖”（Overriding）。

注意： 一级级向上，在原型链寻找某个属性，对性能是有影响的。所寻找的属性在越上层的原型对象，对性能的影响越大。如果寻找某个不存在的属性，将会遍历整个原型链。

【示例 1】 如果让某个函数的 prototype 属性指向一个数组，就意味着该函数可以当作数组的构造函数，因为它生成的实例对象都可以通过 prototype 属性调用数组方法。

```
var MyArray = function() {};
MyArray.prototype = new Array();
```

```
MyArray.prototype.constructor = MyArray;
var mine = new MyArray();
mine.push(1, 2, 3);
mine.length                          // 3
mine instanceof Array                // true
```

Note

在上面代码中，mine 是构造函数 MyArray 的实例对象，由于 MyArray 的 prototype 属性指向一个数组实例，使得 mine 可以调用数组方法（这些方法定义在数组实例的 prototype 对象上面）。至于最后那行 instanceof 表达式，我们知道 instanceof 运算符用来比较一个对象是否为某个构造函数的实例，最后一行就表示 mine 为 Array 的实例。

提示：下面的代码可以找出，某个属性到底是原型链上哪个对象自身的属性。

```
function getDefiningObject(obj, propKey) {
    while (obj && !{}.hasOwnProperty.call(obj, propKey)) {
        obj = Object.getPrototypeOf(obj);
    }
    return obj;
}
```

线上阅读

【拓展】

prototype 对象有一个 constructor 属性，默认指向 prototype 对象所在的构造函数。具体说明和示例请扫码阅读。

视频讲解

10.3.5 原型继承

原型继承是一种简化的继承机制，也是 JavaScript 主要支持的一种继承方式。在原型继承中，类和实例概念被淡化了，一切都从对象的角度来考虑。原型继承不再需要使用类来定义对象的结构，直接定义对象，并被其他对象引用，这样就形成了一种继承关系，其中引用对象被称为原型对象（Prototype Object）。JavaScript 能够根据原型链来查找对象之间的这种继承关系。

【示例】下面使用原型继承的方法设计类型继承。

```
function A(x) {                          // A 类
    this.x1= x;                          // A 的本地属性 x1
    this.get1 = function() {             // A 的本地方法 get1()
        return this.x1;
    }
}
function B(x) {                          // B 类
    this.x2 = x;                         // B 的本地属性 x2
    this.get2 = function() {             // B 的本地方法 get2()
        return this.x2 + this.x2;
    };
}
B.prototype = new A(1);                  // 原型对象继承 A 的实例
function C(x) {                          // C 类
    this.x3 = x;                         // C 的本地属性 x3
    this.get3 = function() {             // C 的本地方法 get3()
        return this.x2 * this.x2;
```

```
    };
}
C.prototype = new B(2);                          // 原型对象继承 B 的实例
```

在上面示例中，分别定义了 3 个函数，然后通过原型继承方法把它们串连在一起，这样 C 能够继承 B 和 A 函数的成员，而 B 能够继承 A 的成员。prototype 的最大特点就是能够允许对象实例共享原型对象的成员。因此如果把某个对象作为一个类型的原型，那么说这个类型的实例以这个对象为原型。这个时候，实际上这个对象的类型也可以作为那些以这个对象为原型的实例的类型。此时，可以在 C 的实例中调用 B 和 A 的成员。

```
var b = new B(2);                    // 实例化 B
var c = new C(3);                    // 实例化 C
alert(b.x1);                         // 在实例对象 b 中调用 A 的属性 x1，返回 1
alert(c.x1);                         // 在实例对象 c 中调用 A 的属性 x1，返回 1
alert(c.get3());                     // 在实例对象 c 中调用 C 的方法 get3()，返回 9
alert(c.get2());                     // 在实例对象 c 中调用 B 的方法 get2()，返回 4
```

基于原型的编程是面向对象编程的一种特定形式。在这种编程模型中，不需要声明静态类，而是通过复制已经存在的原型对象来实现继承关系的。因此，基于原型的模型没有类的概念，原型继承中的类仅是一种模拟，或者说是沿用面向对象编程的概念。

原型继承显得非常简单，其优点也是结构简练，不需要每次构造都调用父类的构造函数，且不需要通过复制属性的方式就能快速实现继承。但是它也存在以下几个缺点。

☑ 每个类型只有一个原型，所以它不直接支持多重继承。

☑ 它不能很好地支持多参数或者动态参数的父类。也许在原型继承阶段，用户还不能决定以什么参数来实例化构造函数。

☑ 使用不够灵活。用户需要在原型声明阶段实例化父类对象，并把它作为当前类型的原型，这限制了父类实例化的灵活性，很多时候无法确定父类对象实例化的时机和场所。

☑ prototype 属性固有的副作用。用户可以参阅前面小节内容的讲解。

【拓展】

instanceof 运算符返回一个布尔值，表示某个对象是否为指定的构造函数的实例。利用 instanceof 运算符，还可以巧妙地解决，调用构造函数时，忘了加 new 运算符的问题。详细说明请扫码阅读。

线上阅读

10.3.6　扩展原型方法

视频讲解

JavaScript 允许为基本数据类型定义方法。通过为 Object.prototype 添加原型方法，该方法可被所有的对象可用。这样的方式对函数、数组、字符串、数字、正则表达式和布尔值都适用。例如，通过给 Function.prototype 增加方法，使该方法对所有函数可用。

```
Function.prototype.method = function(name, func) {
    this.prototype[name] = func;
    return this;
};
```

为 Function.prototype 增加一个 method 方法后，就不必使用 prototype 这个属性，然后调用 method()方法直接为各种基本类型添加方法。

JavaScript 并没有单独的整数类型，因此有时候只提取数字中的整数部分是必要的。JavaScript 本身提供的取整方法有些丑陋。下面通过为 Number. prototype 添加一个 integer()方法来改善它。

```
Number.method('integer', function() {
    return Math[this < 0 ? 'ceil': 'floor'](this);
});
document.writeln((-10 / 3).integer());            // -3
```

Note

Number.method()方法能够根据数字的正负来判断是使用 Math.ceiling 还是 Math.floors，这样就避免了每次都编写上面的代码。

```
String.method('trim', function() {
    return this.replace(/^\s+|\s+$/g, '');
});
document.writeln('"' + " abc ".trim() + '"');       // 'abc"
```

trim()方法使用了一个正则表达式，把字符串中的左右两侧的空格符清除掉。

通过为基本类型扩展方法，可以大大提高语言的表现力。由于 JavaScript 原型继承的本质，所有原型方法立刻被赋予到所有的实例，即使该实例在原型方法被创建之前就创建好。

基本类型的原型是公共结构，所以在扩展基类时务必小心，避免覆盖掉基类的原生方法。一个保险的做法就是在确定没有该方法时才添加它。

```
Function.prototype.method = function(name, func) {
    if(!this.prototype[name]) {
        this.prototype[name] = func;
        return this;
    }
};
```

另外，for-in 语句用在原型上时表现很糟糕。可以使用 hasOwnProperty 方法筛选出继承而来的属性，或者查找特定的类型。

线 上 阅 读

10.3.7 Object.getPrototypeOf()

Object.getPrototypeOf()方法返回一个对象的原型，这是获取原型对象的标准方法。具体示例请扫码阅读。

线 上 阅 读

10.3.8 Object.setPrototypeOf()

Object.setPrototypeOf()方法可以为现有对象设置原型，返回一个新对象。详细说明和示例请扫码阅读。

线 上 阅 读

10.3.9 Object.create()

JavaScript 提供了 Object.create()方法，使用它可以从一个实例对象，生成另一个实例对象。详细说明和示例请扫码阅读。

线 上 阅 读

10.3.10 Object.prototype.isPrototypeOf()

对象实例的 isPrototypeOf()方法，用来判断一个对象是否是另一个对象的原型。详细说明和示例请扫码阅读。

线上阅读

10.3.11　Object.prototype.__proto__

__proto__属性（前后各两个下画线）可以改写某个对象的原型对象。详细说明和示例请扫码阅读。

10.3.12　获取原型对象方法的比较

获取实例对象 obj 的原型对象，有 3 种方法。

```
obj.__proto__
obj.constructor.prototype
Object.getPrototypeOf(obj)
```

推荐使用第三种 Object.getPrototypeOf()方法，获取原型对象。详细说明和示例请扫码阅读。

线上阅读

10.4　继　　承

通过原型链，对象的属性分成两种：自身的属性和继承的属性。JavaScript 语言在 Object 对象上面，提供了很多相关方法，来处理这两种不同的属性。

10.4.1　Object.getOwnPropertyNames()

Object.getOwnPropertyNames()方法返回一个数组，成员是对象本身的所有属性的键名，不包含继承的属性键名。例如：

```
Object.getOwnPropertyNames(Date)
// ["parse", "arguments", "UTC", "caller", "name", "prototype", "now", "length"]
```

在上面代码中，Object.getOwnPropertyNames()方法返回 Date 所有自身的属性名。

对象本身的属性中，有的是可以枚举的（enumerable），有的是不可以枚举的，Object.getOwnPropertyNames 方法返回所有键名。只获取那些可以枚举的属性，使用 Object.keys 方法。例如：

```
Object.keys(Date)                    // []
```

10.4.2　Object.prototype.hasOwnProperty()

对象实例的 hasOwnProperty()方法返回一个布尔值，用于判断某个属性定义在对象自身，还是定义在原型链上。

```
Date.hasOwnProperty('length')        // true
Date.hasOwnProperty('toString')      // false
```

hasOwnProperty()方法是 JavaScript 中唯一一个处理对象属性时，不会遍历原型链的方法。

10.4.3　in 运算符和 for-in 循环

in 运算符返回一个布尔值，表示一个对象是否具有某个属性。它不区分该属性是对象自身的属性，还是继承的属性。

```
'length' in Date                    // true
'toString' in Date                  // true
```

in 运算符常用于检查一个属性是否存在。

获得对象的所有可枚举属性（不管是自身的还是继承的），可以使用 for-in 循环。例如：

```
var o1 = {p1: 123};
var o2 = Object.create(o1, {
    p2: {value: "abc", enumerable: true}
});
for (p in o2) {console.info(p);}
// p2
// p1
```

为了在 for-in 循环中获得对象自身的属性，可以采用 hasOwnProperty()方法判断一下。例如：

```
for (var name in object) {
    if (object.hasOwnProperty(name)) {
        /* loop code */
    }
}
```

获得对象的所有属性（不管是自身的还是继承的，以及是否可枚举），可以使用下面的函数。

```
function inheritedPropertyNames(obj) {
    var props = {};
    while (obj) {
        Object.getOwnPropertyNames(obj).forEach(function(p) {
            props[p] = true;
        });
        obj = Object.getPrototypeOf(obj);
    }
    return Object.getOwnPropertyNames(props);
}
```

上面代码依次获取 obj 对象的每一级原型对象“自身”的属性，从而获取 obj 对象的“所有”属性，不管是否可遍历。下面示例列出 Date 对象的所有属性。

```
inheritedPropertyNames(Date)
```

10.4.4 对象的拷贝

如果要拷贝一个对象，需要做到下面两件事情。

☑ 确保拷贝后的对象，与原对象具有同样的 prototype 原型对象。

☑ 确保拷贝后的对象，与原对象具有同样的属性。

【示例】下面就是根据上面两点，编写的对象拷贝的函数。

```
function copyObject(orig) {
    var copy = Object.create(Object.getPrototypeOf(orig));
    copyOwnPropertiesFrom(copy, orig);
    return copy;
}
```

```
function copyOwnPropertiesFrom(target, source) {
    Object
    getOwnPropertyNames(source)
    forEach(function(propKey) {
        var desc = Object.getOwnPropertyDescriptor(source, propKey);
        Object.defineProperty(target, propKey, desc);
    });
    return target;
}
```

另一种更简单的写法，是利用 ECMAScript2017 才引入标准的 Object.getOwnPropertyDescriptors 方法。

```
function copyObject(orig) {
    return Object.create(
        Object.getPrototypeOf(orig),
        Object.getOwnPropertyDescriptors(orig)
    );
}
```

10.5　面向对象编程模式

本节介绍 JavaScript 语言实际编程中，涉及面向对象编程的一些模式。

10.5.1　构造函数的继承

让一个构造函数继承另一个构造函数，是非常常见的需求。这可以分成以下两步实现。

（1）在子类的构造函数中，调用父类的构造函数。

```
function Sub(value) {
    Super.call(this);
    this.prop = value;
}
```

在上面代码中，Sub 是子类的构造函数，this 是子类的实例。在实例上调用父类的构造函数 Super，就会让子类实例具有父类实例的属性。

（2）让子类的原型指向父类的原型，这样子类就可以继承父类原型。

```
Sub.prototype = Object.create(Super.prototype);
Sub.prototype.constructor = Sub;
Sub.prototype.method = '...';
```

在上面代码中，Sub.prototype 是子类的原型，要将它赋值为 Object.create(Super.prototype)，而不是直接等于 Super.prototype。否则后面两行对 Sub.prototype 的操作，会连父类的原型 Super.prototype 一起修改掉。

另一种写法是 Sub.prototype 等于一个父类实例。例如：

```
Sub.prototype = new Super();
```

上面这种写法也有继承的效果，但是子类会具有父类实例的方法。有时，这可能不是我们需要的，所以不推荐使用这种写法。

【示例】下面是一个 Shape 构造函数。

```
function Shape() {
    this.x = 0;
    this.y = 0;
}
Shape.prototype.move = function(x, y) {
    this.x += x;
    this.y += y;
    console.info('Shape moved.');
};
```

下面需要让 Rectangle 构造函数继承 Shape。

```
// 步骤（1）子类继承父类的实例
function Rectangle() {
    Shape.call(this); // 调用父类构造函数
}
// 另一种写法
function Rectangle() {
    this.base = Shape;
    this.base();
}
// 步骤（2）子类继承父类的原型
Rectangle.prototype = Object.create(Shape.prototype);
Rectangle.prototype.constructor = Rectangle;
```

采用这样的写法以后，instanceof 运算符会对子类和父类的构造函数，都返回 true。

```
var rect = new Rectangle();
rect.move(1, 1)                // 'Shape moved.'
rect instanceof Rectangle      // true
rect instanceof Shape          // true
```

在上面代码中，子类是整体继承父类。有时只需要单个方法的继承，这时可以采用下面的写法。

```
ClassB.prototype.print = function() {
    ClassA.prototype.print.call(this);
    // some code
}
```

在上面代码中，子类 B 的 print 方法先调用父类 A 的 print 方法，再部署自己的代码。这就等于继承了父类 A 的 print 方法。

10.5.2 多重继承

JavaScript 不提供多重继承功能，即不允许一个对象同时继承多个对象。但是，可以通过变通方法，实现这个功能。

```
function M1() {
    this.hello = 'hello';
}
function M2() {
    this.world = 'world';
}
function S() {
    M1.call(this);
    M2.call(this);
}
// 继承 M1
S.prototype = Object.create(M1.prototype);
// 继承链上加入 M2
Object.assign(S.prototype, M2.prototype);
// 指定构造函数
S.prototype.constructor = S;
var s = new S();
s.hello // 'hello：'
s.world // 'world'
```

在上面代码中，子类 S 同时继承了父类 M1 和 M2。这种模式又称为 Mixin（混入）。

10.5.3 模块

随着网站逐渐变成“互联网应用程序”，嵌入网页的 JavaScript 代码越来越庞大，越来越复杂。网页越来越像桌面程序，需要一个团队分工协作、进度管理、单元测试等，开发者不得不使用软件工程的方法，管理网页的业务逻辑。

JavaScript 模块化编程，已经成为一个迫切的需求。理想情况下，开发者只需要实现核心的业务逻辑，其他都可以加载别人已经写好的模块。

但是，JavaScript 不是一种模块化编程语言，ECMAScript5 不支持“类”（class），也不支持“模块”（module）。ECMAScript 6 才正式支持“类”和“模块”，但还没有成为主流。JavaScript 社区做了很多努力，在现有的运行环境中实现模块的效果。

1. 基本的实现方法

模块是实现特定功能的一组属性和方法的封装。

只要把不同的函数（以及记录状态的变量）简单地放在一起，就算是一个模块。

```
function m1() {
    //……
}
function m2() {
    //……
}
```

上面的函数 m1()和 m2()组成一个模块。使用时，直接调用即可。

这种做法的缺点很明显：“污染”了全局变量，无法保证不与其他模块发生变量名冲突，而且模块成员之间看不出直接关系。

为了解决上面的缺点，可以把模块写成一个对象，所有的模块成员都放到这个对象里面。

```
var module1 = new Object({
    _count: 0,
    m1: function() {
        //……
    },
    m2: function() {
        //……
    }
});
```

上面的函数 m1()和 m2()，都封装在 module1 对象中。使用时，调用这个对象的属性即可。

```
module1.m1();
```

但是，这样的写法会暴露所有模块成员，内部状态可以被外部改写。例如，外部代码可以直接改变内部计数器的值。

```
module1._count = 5;
```

2. 封装私有变量：构造函数的写法

可以利用构造函数封装私有变量。

```
function StringBuilder() {
    var buffer = [];
    this.add = function(str) {
        buffer.push(str);
    };
    this.toString = function() {
        return buffer.join('');
    };
}
```

这种方法将私有变量封装在构造函数中，违反了构造函数与实例对象相分离的原则。并且，非常耗费内存。

```
function StringBuilder() {
    this._buffer = [];
}
StringBuilder.prototype = {
    constructor: StringBuilder,
    add: function(str) {
        this._buffer.push(str);
    },
    toString: function() {
        return this._buffer.join('');
    }
};
```

这种方法将私有变量放入实例对象中，好处是看上去更自然，但是它的私有变量可以从外部读写，不是很安全。

3. 封装私有变量：立即执行函数的写法

使用“立即执行函数”（Immediately-Invoked Function Expression，IIFE），将相关的属性和方法

封装在一个函数作用域里面，可以达到不暴露私有成员的目的。

```
var module1 = (function() {
    var _count = 0;
    var m1 = function() {
        //……
    };
    var m2 = function() {
        //……
    };
    return {
        m1: m1,
        m2: m2
    };
})();
```

使用上面的写法，外部代码无法读取内部的_count 变量。

```
console.info(module1._count); // undefined
```

上面的 module1 就是 JavaScript 模块的基本写法。下面再对这种写法进行加工。

4. 模块的放大模式

如果一个模块很大，必须分成几个部分，或者一个模块需要继承另一个模块，这时就有必要采用“放大模式”（augmentation）。

```
var module1 = (function(mod) {
    mod.m3 = function() {
        //……
    };
    return mod;
})(module1);
```

上面的代码为 module1 模块添加了一个新方法 m3()，然后返回新的 module1 模块。

在浏览器环境中，模块的各个部分通常都是从网上获取的，有时无法知道哪个部分会先加载。如果采用上面的写法，第一个执行的部分有可能加载一个不存在空对象，这时就要采用“宽放大模式”（Loose augmentation）。

```
var module1 = (function(mod) {
    //……
    return mod;
})(window.module1 || {});
```

与“放大模式”相比，“宽放大模式”就是“立即执行函数”的参数可以是空对象。

5. 输入全局变量

独立性是模块的重要特点，模块内部最好不与程序的其他部分直接交互。

为了在模块内部调用全局变量，必须显式地将其他变量输入模块。

```
var module1 = (function($, YAHOO) {
    //……
})(jQuery, YAHOO);
```

上面的module1模块需要使用jQuery库和YUI库，就把这两个库（其实是两个模块）当作参数输入module1。这样做除了保证模块的独立性，还使得模块之间的依赖关系变得明显。

立即执行函数还可以起到命名空间的作用。

Note

```
(function($, window, document) {
    function go(num) {
    }
    function handleEvents() {
    }
    function initialize() {
    }
    function dieCarouselDie() {
    }
    // attach to the global scope
    window.finalCarousel = {
        init: initialize,
        destroy: dieCouraselDie
    }
})(jQuery, window, document);
```

在上面代码中，finalCarousel 对象输出到全局，对外暴露 init 和 destroy 接口，内部方法 go、handleEvents、initialize、dieCarouselDie都是外部无法调用的。

10.6 案例实战

本节将通过多个示例代码介绍JavaScript构造类型的灵活设计。

线上阅读

10.6.1 设计工厂模式

工厂模式是一种创建类型的模式，目的是为了简化创建对象的流程，它把对象实例化简单封装在一个函数中，然后通过函数调用，实现快速、批量生产对象。详细说明和示例代码请扫码阅读。

线上阅读

10.6.2 设计类继承

类继承设计方法：在子类中执行父类的构造函数。详细说明和示例代码请扫码阅读。

线上阅读

10.6.3 设计构造原型模式

构造函数原型模式正是为了解决原型模式而诞生的一种混合设计模式，它是把构造函数模式与原型模式混合使用。详细说明和示例代码请扫码阅读。

线上阅读

10.6.4 设计动态原型模式

动态原型模式与构造函数原型模式在性能上是等价的，用户可以自由选择，不过构造原型模式应用比较广泛。详细说明和示例代码请扫码阅读。

线上阅读

Note

10.6.5　设计实例继承

使用实例继承法能够实现对所有 JavaScript 核心对象的继承。详细说明和示例代码请扫码阅读。

10.6.6　惰性实例化

线上阅读

惰性实例化所要解决的问题是：避免了在页面中 JavaScript 初始化执行时就实例化类。详细说明和示例代码请扫码阅读。

10.6.7　安全构造对象

线上阅读

由于 this 是在运行时绑定，因此直接调用构造函数时将导致异常现象，本节示例演示了如何解决这个问题。详细说明和示例代码请扫码阅读。

第11章 BOM操作

BOM（Browser Object Model，浏览器对象模型）主要用于管理浏览器窗口，提供独立的、可与浏览器窗口进行互动的API。BOM缺乏标准，但它广泛应用于Web开发之中，各主流浏览器均支持BOM。随着客户端开发进一步的普及和完善，W3C已经将BOM的主要方面纳入了HTML5规范之中。

【学习重点】

- 使用window对象和框架集。
- 使用navigator、location、screen对象。
- 使用JavaScript检测用户代理信息。
- 使用JavaScript定位和导航。

g

11.1　window 对象

Note

在浏览器中，window 对象（注意，w 为小写）指当前的浏览器窗口。它也是所有对象的顶层对象。

提示：顶层对象指的是最高一层的对象，所有其他对象都是它的下属。JavaScript 规定，浏览器环境的所有全局变量，都是 window 对象的属性。

11.1.1　window 对象属性

window 对象包含众多属性，使用这些属性可以实现对浏览器窗口的访问，具体说明如下。

1. window.window 和 window.name

window 对象的 window 属性指向自身。例如：

```
window.window === this                    // 返回值 true
```

window.name 属性用于设置当前浏览器窗口的名字。例如：

```
window.name = 'Hello World!';
console.log(window.name)                  // 返回值"Hello World!"
```

各个浏览器对这个值的储存容量有所不同，但是一般来说，可以高达几 MB。

该属性只能保存字符串，且当浏览器窗口关闭后，所保存的值就会消失。因此局限性比较大，但是与<iframe>窗口通信时，非常有用。

2. window.location

window.location 返回一个 location 对象，用于获取窗口当前的 URL 信息。它等同于 document.location 对象。例如：

```
window.location === document.location     // 返回值 true
```

3. window.closed 和 window.opener

window.closed 属性返回一个布尔值，表示窗口是否关闭。例如：

```
window.closed                             // 返回值 false
```

上面代码检查当前窗口是否关闭。这种检查意义不大，因为只要能运行代码，当前窗口肯定没有关闭。这个属性一般用来检查使用脚本打开的新窗口是否关闭。例如：

```
var popup = window.open();
if((popup !== null) && !popup.closed) {
// 窗口仍然打开着
}
```

window.opener 属性返回打开当前窗口的父窗口。如果当前窗口没有父窗口，则返回 null。例如：

```
window.open().opener === window           // 返回值 true
```

上面表达式会打开一个新窗口，然后返回 true。

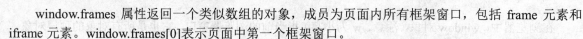

通过 opener 属性，可以获得父窗口的全局变量和方法，如 window.opener.propertyName 和 window.opener.functionName。但这只限于两个窗口属于同源的情况，且其中一个窗口由另一个打开。

Note

4. window.frames 和 window.length

window.frames 属性返回一个类似数组的对象，成员为页面内所有框架窗口，包括 frame 元素和 iframe 元素。window.frames[0]表示页面中第一个框架窗口。

如果 iframe 元素设置了 id 或 name 属性，那么就可以用属性值引用这个 iframe 窗口。如<iframe name="myIFrame">就可以用 frames['myIFrame']或者 frames.myIFrame 来引用。

frames 属性实际上是 window 对象的别名。例如：

```
frames === window                                    // 返回值 true
```

因此，frames[0]也可以用 window[0]表示。但是，从语义上看，frames 更清晰，而且考虑到 window 还是全局对象，因此推荐表示多窗口时，总是使用 frames[0]的写法。

window.length 属性返回当前网页包含的框架总数。如果当前网页不包含 frame 和 iframe 元素，那么 window.length 就返回 0。例如：

```
window.frames.length === window.length               // 返回值 true
```

window.frames.length 与 window.length 应该相等。

5. window.screenX 和 window.screenY

window.screenX 和 window.screenY 属性，返回浏览器窗口左上角相对于当前屏幕左上角（(0, 0)）的水平距离和垂直距离，单位为像素。

6. window.innerHeight 和 window.innerWidth

window.innerHeight 和 window.innerWidth 属性，返回网页在当前窗口中可见部分的高度和宽度，即“视口”（viewport），单位为像素。

当用户放大网页时（如将网页从 100%的大小放大为 200%），这两个属性会变小。因为这时网页的像素大小不变（如宽度还是 960 像素），只是每个像素占据的屏幕空间变大了，因为可见部分（视口）就变小了。

> 注意：这两个属性值包括滚动条的高度和宽度。

7. window.outerHeight 和 window.outerWidth

window.outerHeight 和 window.outerWidth 属性返回浏览器窗口的高度和宽度，包括浏览器菜单和边框，单位为像素。

8. window.pageXOffset 和 window.pageYOffset

window.pageXOffset 属性返回页面的水平滚动距离，window.pageYOffset 属性返回页面的垂直滚动距离，单位都为像素。

例如，如果用户向下拉动了垂直滚动条 75 像素，那么 window.pageYOffset 就是 75。用户水平向右拉动水平滚动条 200 像素，window.pageXOffset 就是 200。

11.1.2 window 对象方法

下面再来看下 window 对象的方法，这些方法能够方便控制浏览器窗口，具体说明如下。

Note

1. window.moveTo()和 window.moveBy()

window.moveTo()方法用于移动浏览器窗口到指定位置。它接受两个参数，分别是窗口左上角距离屏幕左上角的水平距离和垂直距离，单位为像素。例如：

```
window.moveTo(100, 200)
```

上面代码将窗口移动到屏幕(100, 200)的位置。

window.moveBy()方法将窗口移动到一个相对位置。它接受两个参数，分别是窗口左上角向右移动的水平距离和向下移动的垂直距离，单位为像素。例如：

```
window.moveBy(25, 50)
```

上面代码将窗口向右移动 25 像素、向下移动 50 像素。

2. window.scrollTo()和 window.scrollBy()

window.scrollTo()方法用于将网页的指定位置滚动到浏览器左上角。它的参数是相对于整个网页的横坐标和纵坐标，也称为 window.scroll。例如：

```
window.scrollTo(0, 1000);
```

window.scrollBy()方法用于将网页移动指定距离，单位为像素。它接受两个参数：向右滚动的像素，向下滚动的像素。例如：

```
window.scrollBy(0, window.innerHeight)
```

上面代码用于将网页向下滚动一屏。

3. window.open()和 window.close()

window.open()方法用于新建另一个浏览器窗口，并且返回该窗口对象。例如：

```
var popup = window.open('somefile.html');
```

上面代码会让浏览器弹出一个新建窗口，网址是当前域名下的 somefile.html。

open 方法一共可以接受 4 个参数，简单说明如下。

第一个参数：字符串，表示新窗口的网址。如果省略，默认网址就是 about:blank。

第二个参数：字符串，表示新窗口的名字。如果该名字的窗口已经存在，则跳到该窗口，不再新建窗口。如果省略，就默认使用_blank，表示新建一个没有名字的窗口。

第三个参数：字符串，内容为逗号分隔的键值对，表示新窗口的参数，如有没有提示栏、工具条等。如果省略，则默认打开一个完整 UI 的新窗口。

第四个参数：布尔值，表示第一个参数指定的网址，是否应该替换 history 对象之中的当前网址记录，默认值为 false。显然，这个参数只有在第二个参数指向已经存在的窗口时，才有意义。

【示例 1】下面是一个简单的示例。

```
var popup = window.open(
    'somepage.html',
    'DefinitionsWindows',
    'height=200,width=200,location=no,status=yes,resizable=yes,scrollbars=yes'
);
```

上面代码表示：打开的新窗口高度和宽度都为 200 像素，没有地址栏和滚动条，但有状态栏，允许用户调整大小。

注意：如果在第三个参数中设置了一部分参数，其他没有被设置的 yes/no 参数都会被设成 no，只有 titlebar 和关闭按钮除外（默认值为 yes）。

Note

另外，open()方法的第二个参数虽然可以指定已经存在的窗口，但是不等于可以任意控制其他窗口。为了防止被不相干的窗口控制，浏览器只有在两个窗口同源，或者目标窗口被当前网页打开的情况下，才允许 open()方法指向该窗口。

open()方法返回新窗口的引用。例如：

```
var windowB = window.open('windowB.html', 'WindowB');
windowB.window.name        // "WindowB"
```

【示例 2】下面示例先打开一个新窗口，然后在该窗口弹出一个对话框，再将网址导向 example.com。

```
var w = window.open();
w.alert('已经打开新窗口');
w.location = 'http:// example.com';
```

由于 open()这个方法很容易被滥用，许多浏览器默认都不允许脚本自动新建窗口。只允许在用户单击链接或按钮，脚本做出反应，弹出新窗口。因此，有必要检查一下打开新窗口是否成功。例如：

```
if (popup === null) {
        // 新建窗口失败
}
```

window.close 方法用于关闭当前窗口，一般用来关闭 window.open 方法新建的窗口。例如：

```
popup.close()
```

该方法只对顶层窗口有效，iframe 框架之中的窗口使用该方法无效。

4. window.print()

window.print()方法会跳出打印对话框，同用户单击菜单中的“打印”命令效果相同。

【示例 3】在页面中设计一个打印按钮，然后绑定如下代码。

```
document.getElementById('printLink').onclick = function() {
    window.print();
}
```

非桌面设备（如手机）可能没有打印功能，这时可以通过如下方式进行判断。

```
if (typeof window.print === 'function') {
        // 支持打印功能
}
```

5. window.getComputedStyle()

window.getComputedStyle()方法接受一个 HTML 元素作为参数，返回一个包含该 HTML 元素的最终样式信息的对象。详细说明请参考后面章节内容。

6. window.matchMedia()

window.matchMedia()方法用来检查 CSS 的 mediaQuery 语句。详细说明请参考后面章节内容。

7. window.focus()

window.focus()方法会激活指定当前窗口，使其获得焦点。例如：

```
var popup = window.open('popup.html', 'Popup Window');
if ((popup !== null) && !popup.closed) {
    popup.focus();
}
```

上面代码先检查 popup 窗口是否依然存在，确认后激活该窗口。

当前窗口获得焦点时，会触发 focus 事件；当前窗口失去焦点时，会触发 blur 事件。

8. window.getSelection()

window.getSelection()方法返回一个 Selection 对象，表示用户现在选中的文本。例如：

```
var selObj = window.getSelection();
```

使用 Selction 对象的 toString()方法可以得到选中的文本。例如：

```
var selectedText = selObj.toString();
```

11.1.3 window 对象事件

window 对象可以接收以下事件。

1. load 事件和 onload 属性

load 事件发生在文档在浏览器窗口加载完毕时。window.onload 属性可以指定这个事件的回调函数。例如：

```
window.onload = function() {
    var elements = document.getElementsByClassName('example');
    for(var i = 0; i < elements.length; i++) {
        var elt = elements[i];
        // ……
    }
};
```

上面代码在网页加载完毕后，获取指定元素并进行处理。

2. error 事件和 onerror 属性

浏览器脚本发生错误时，会触发 window 对象的 error 事件。可以通过 window.onerror 属性对该事件指定回调函数。例如：

```
window.onerror = function(message, filename, lineno, colno, error) {
    console.log("出错了！ --> %s", error.stack);
};
```

由于历史原因，window 的 error 事件的回调函数不接受错误对象作为参数，而是一共可以接受 5 个参数，它们的含义依次为出错信息、出错脚本的网址、行号、列号和错误对象。

老式浏览器只支持前 3 个参数。

并不是所有的错误都会触发 JavaScript 的 error 事件（即让 JavaScript 报错），只限于以下三类事件。

- ☑ JavaScript 语言错误。
- ☑ JavaScript 脚本文件不存在。
- ☑ 图像文件不存在。

以下两类事件不会触发 JavaScript 的 error 事件。

☑ CSS 文件不存在。

☑ iframe 文件不存在。

【示例】下面示例演示如果整个页面未捕获错误超过 3 个，就显示警告。

```
window.onerror = function(msg, url, line) {
    if (onerror.num++ > onerror.max) {
        alert('ERROR: ' + msg + '\n' + url + ':' + line);
        return true;
    }
}
onerror.max = 3;
onerror.num = 0;
```

注意：如果脚本网址与网页网址不在同一个域（如使用了 CDN），浏览器根本不会提供详细的出错信息，只会提示出错，错误类型是“Script error.”，行号为 0，其他信息都没有。这是浏览器防止向外部脚本泄漏信息。一个解决方法是在脚本所在的服务器，设置 Access-Control-Allow-Origin 的 HTTP 头信息。例如：

Access-Control-Allow-Origin: *

然后，在网页的<script>标签中设置 crossorigin 属性。例如：

```
<script crossorigin="anonymous" src="// example.com/file.js"></script>
```

上面代码的 crossorigin="anonymous"表示，读取文件不需要身份信息，即不需要 cookie 和 HTTP 认证信息。如果设为 crossorigin="use-credentials"，就表示浏览器会上传 cookie 和 HTTP 认证信息，同时还需要服务器端打开 HTTP 头信息 Access-Control-Allow-Credentials。

11.1.4 访问浏览器对象

线上阅读

视频讲解

通过 window 对象可以访问浏览器窗口，同时与浏览器相关的其他客户端对象都是 window 的子对象，通过 window 属性进行引用。具体说明请扫码阅读。

11.1.5 全局作用域

线上阅读

客户端 JavaScript 代码都在全局上下文环境中运行，window 对象提供了全局作用域。由于 window 对象是全局对象，因此所有的全局变量都被视为该对象的属性。具体说明请扫码阅读。

11.1.6 使用人机互动方法

线上阅读

alert()、prompt()、confirm()都是浏览器与用户互动的全局方法。它们会弹出不同的对话框，要求用户做出回应。注意，alert()、prompt()、confirm()这 3 个方法弹出的对话框，都是浏览器统一规定的式样，是无法定制的。当然，可以重写这些方法，自定义对话框的样式。具体说明请扫码阅读。

11.1.7 打开和关闭窗口

使用 window 对象的 open()方法，可以打开一个新窗口。在 11.1.2 节曾经简单介绍过 open()方法，本节将通过两个案例详细展开它使用。具体内容请扫码阅读。

线上阅读

11.1.8 使用框架集

由于网页可以使用 iframe 元素嵌入其他网页，因此一个网页中会形成多个窗口。另一情况是，子网页中又嵌入别的网页，形成多级窗口。关于框架、浮动框架和框架集的详细说明和具体应用，请扫码阅读。

线上阅读

11.1.9 控制窗口位置

使用 window 对象的 screenLeft 和 screenTop 属性可以读取或设置窗口的位置。本节将通过示例代码演示如何设计兼容不同浏览器的控制窗口位置的方法。详细内容请扫码阅读。

线上阅读

11.1.10 控制窗口大小

使用 window 对象的 innerWidth、innerHeight、outerWidth 和 outerHeight 这 4 个属性可以确定窗口大小。本节将通过示例代码演示如何设计兼容不同浏览器的控制窗口大小的方法。详细内容请扫码阅读。

线上阅读

11.2 navigator 对象

window 对象的 navigator 属性指向一个包含浏览器信息的对象：navigator 对象，该对象包含了浏览器的基本信息，如名称、版本和系统等。

视频讲解

11.2.1 navigator 对象属性

navigator 对象包含大量属性，利用这些属性可以读取客户端基本信息，navigator 对象属性说明如表 11.1 所示。

表 11.1 navigator 对象属性

属性	描述
appCodeName	返回浏览器的代码名
appMinorVersion	返回浏览器的次级版本
appName	返回浏览器的名称
appVersion	返回浏览器的平台和版本信息
browserLanguage	返回当前浏览器的语言
cookieEnabled	返回指明浏览器中是否启用 cookie 的布尔值

Note

续表

属　　性	描　　述
cpuClass	返回浏览器系统的 CPU 等级
onLine	返回指明系统是否处于脱机模式的布尔值
platform	返回运行浏览器的操作系统平台
systemLanguage	返回 OS 使用的默认语言
userAgent	返回由客户机发送服务器的 user-agent 头部的值
userLanguage	返回 OS 的自然语言设置

下面介绍一下 HTML5 中常访问的属性。

1. navigator.userAgent

navigator.userAgent 属性返回浏览器的 User-Agent 字符串，标示浏览器的厂商和版本信息。例如，下面是 Chrome 浏览器的 userAgent。

```
navigator.userAgent
// "Mozilla/5.0 (X11; Linux x86_64) AppleWebKit/537.36 (KHTML, like Gecko)
// Chrome/29.0.1547.57 Safari/537.36"
```

注意：通过 userAgent 属性识别浏览器，不是一个好办法。因为必须考虑所有的情况（不同的浏览器，不同的版本），则非常麻烦，而且无法保证未来的适用性，更何况各种上网设备层出不穷，难以穷尽。所以，现在一般不再识别浏览器，而是使用“功能识别”方法，即逐一测试当前浏览器是否支持要用到的 JavaScript 功能。

不过，通过 userAgent 可以大致准确地识别手机浏览器，方法就是测试是否包含 mobi 字符串。例如：

```
var ua = navigator.userAgent.toLowerCase();
if (/mobi/i.test(ua)) {
    // 手机浏览器
}
else {
    // 非手机浏览器
}
```

如果想要识别所有移动设备的浏览器，可以测试更多的特征字符串。例如：

```
/mobi|android|touch|mini/i.test(ua)
```

2. navigator.plugins

navigator.plugins 属性返回一个类似数组的对象，成员是浏览器安装的插件，如 Flash、ActiveX 等。

3. navigator.platform

navigator.platform 属性返回用户的操作系统信息。例如：

```
navigator.platform                    // "Linux x86_64"
```

4. navigator.onLine

navigator.onLine 属性返回一个布尔值，表示用户当前在线还是离线。例如：

```
navigator.onLine                      // 返回值 true
```

Note

5. navigator.geolocation

navigator.geolocation 返回一个 Geolocation 对象，包含用户地理位置的信息。

6. navigator.javaEnabled()和 navigator.cookieEnabled

javaEnabled()方法返回一个布尔值，表示浏览器是否能运行 Java Applet 小程序。例如：

```
navigator.javaEnabled()                    // 返回值 false
```

cookieEnabled 属性返回一个布尔值，表示浏览器是否能储存 Cookie。例如：

```
navigator.cookieEnabled                    // 返回值 true
```

> 注意：这个返回值与是否储存某个网站的 Cookie 无关。用户可以设置某个网站不得储存 Cookie，这时 cookieEnabled 返回的还是 true。

11.2.2 浏览器检测方法

浏览器检测的方法有多种，常用方法包括两种：特征检测法和字符串检测法。这两种方法都存在各自的优点与缺点，用户可以根据需要酌情选择。具体示例演示请扫码阅读。

线上阅读

视频讲解

11.2.3 检测浏览器类型和版本号

检测浏览器类型和版本就比较容易，用户只需要根据不同浏览器类型匹配特殊信息即可。具体示例代码请扫码阅读。

线上阅读

11.2.4 检测客户操作系统

在 navigator.userAgent 返回值中，一般都会包含操作系统的基本信息，不过这些信息比较散乱，没有统一的规则。一般情况下用户可以检测一些更为通用的信息。例如，仅考虑是否为 Windows 系统，或者为 Macintosh 系统，而不是分辨操作系统的版本号。具体示例代码请扫码阅读。

线上阅读

11.2.5 检测插件

用户经常需要检测浏览器中是否安装了特定的插件。

对于非 IF 浏览器，可以使用 navigator 对象的 plugins 属性实现。plugins 是一个数组，该数组中的每一项都包含下列属性。

- ☑ name：插件的名字。
- ☑ description：插件的描述。
- ☑ filename：插件的文件名。
- ☑ length：插件所处理的 MIME 类型数量。

具体示例代码请扫码阅读。

线上阅读

视频讲解

Note

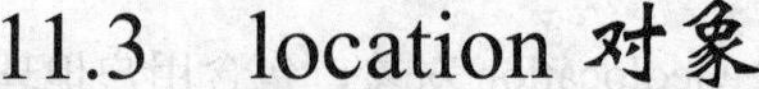

11.3 location 对象

location 对象存储当前页面与位置（URL）相关的信息，表示当前显示文档的 Web 地址。使用 window 对象的 location 属性可以访问。

location 对象定义了 8 个属性，其中 7 个属性分别指向当前 URL 的各部分信息，另一个属性（href）包含了完整的 URL 信息，详细说明如表 11.2 所示。为了便于更直观地理解，表 11.2 中各个属性将以下面 URL 示例信息为参考进行说明。

```
http:// www.mysite.cn:80/news/index.asp?id=123&name= location#top
```

表 11.2 location 对象属性

属 性	说 明
href	声明了当前显示文档的完整 URL，与其他 location 属性只声明部分 URL 不同，把该属性设置为新的 URL 会使浏览器读取并显示新 URL 的内容
protocol	声明了 URL 的协议部分，包括后缀的冒号。例如“http:”
host	声明了当前 URL 中的主机名和端口部分。例如“www.mysite.cn:80”
hostname	声明了当前 URL 中的主机名。例如“www.mysite.cn”
port	声明了当前 URL 的端口部分。例如“80”
pathname	声明了当前 URL 的路径部分。例如“news/index.asp”
search	声明了当前 URL 的查询部分，包括前导问号。例如“?id=123&name=location”
hash	声明了当前 URL 中锚部分，包括前导符（#）。例如“#top”，指定在文档中锚记的名称

使用 location 对象，结合字符串方法可以抽取 URL 中查询字符串的参数值。

【示例】下面示例定义一个获取 URL 查询字符串参数值的通用函数，该函数能够抽取每个参数和参数值，并以名/值对的形式存储在对象中返回。

```
var queryString = function() {                  // 获取 URL 查询字符串参数值的通用函数
    var q = location.search.substring(1);       // 获取查询字符串，即“id=123&name= location”部分
    var a = q.split("&");                       // 以&符号为界把查询字符串劈开为数组
    var o = {};                                 // 定义一个临时对象
    for(var i = 0; i <a.length; i++) {          // 遍历数组
        var n = a[i].indexOf("=");              // 获取每个参数中的等号小标位置
        if(n == -1) continue;                   // 如果没有发现则跳到下一次循环继续操作
        var v1 = a[i].substring(0, n);          // 截取等号前的参数名称
        var v2 = a[i].substring(n+1);           // 截取等号后的参数值
        o[v1] = unescape(v2);                   // 以名/值对的形式存储在对象中
    }
    return o;                                   // 返回对象
}
```

然后，在页面中调用该函数，即可获取 URL 中的查询字符串信息，并以对象形式读取它们的值。

```
var f1 = queryString();                         // 调用查询字符串函数
for(var i in f1) {                              // 遍历返回对象，获取每个参数及其值
    alert(i + "=" + f1[i]);
}
```

如果当前页面的 URL 中没有查询字符串信息，用户可以在浏览器的地址栏中补加完整的查询字符串，如“?id=123&name=location”，再次刷新页面，即可显示查询的查询字符串信息。

提示：location 对象的属性都是可读可写的，如果改变了文档的 location.href 属性值，则浏览器就会载入新的页面。如果改变了 location.hash 属性值，则页面会跳转到新的锚点（<a name="anchor">或<element id="anchor">），但此时页面不会重载。

```
location.hash = "#top";
```

如果把一个含有 URL 的字符串赋给 location 对象或它的 href 属性，浏览器就会把新的 URL 所指的文档装载进来，并显示出来。

```
location = "http:// www.mysite.cn/navi/";        // 页面会自动跳转到对应的网页
location.href = "http:// www.mysite.cn/";        // 页面会自动跳转到对应的网页
```

除了设置 location 对象的 href 属性外，还可以修改部分 URL 信息，用户只需要给 location 对象的其他属性赋值即可。这时会创建一个新的 URL，浏览器会将它装载并显示出来。

如果需要 URL 其他信息，只能通过字符串处理方法截取。例如，如果要获取网页的名称，可以这样设计。

```
var p = location.pathname;
var n = p.substring(p.lastIndexOf("/") + 1);
```

如果要获取文件扩展名，也可以如下设计。

```
var c = p.substring(p.lastIndexOf(".") + 1);
```

【拓展】

location 对象还定义了两个方法：reload()和 replace()。

- ☑ reload()：可以重新装载当前文档。
- ☑ replace()：可以装载一个新文档而无须为它创建一个新的历史记录。即在浏览器的历史列表中，新文档将替换当前文档。这样在浏览器中就不能够通过“返回”按钮返回当前文档。

对那些使用了框架并且显示多个临时页的网站来说，replace()方法比较有用。这样临时页面都不被存储在历史列表中。

注意：window.location 与 document.location 不同，前者引用 location 对象，后者只是一个只读字符串，与 document.URL 同义。但是，当存在服务器重定向时，document.location 包含的是已经装载的 URL，而 location.href 包含的则是原始请求的文档的 URL。

11.4　history 对象

视频讲解

浏览器窗口有一个 history 对象，用来保存浏览历史。如果当前窗口先后访问了 3 个网址，那么 history 对象就包括三项，history.length 属性等于 3。例如：

```
history.length          // 3
```

history 对象提供了一系列方法，允许在浏览历史之间移动。具体说明如下。

☑ back()：移动到上一个访问页面，等同于浏览器的后退键。

☑ forward()：移动到下一个访问页面，等同于浏览器的前进键。

☑ go()：接受一个整数作为参数，移动到该整数指定的页面，如 go(1)相当于 forward()，go(-1)相当于 back()。

Note

```
history.back();
history.forward();
history.go(-2);
```

如果移动的位置超出了访问历史的边界，以上 3 个方法并不报错，而是默默的失败。

history.go(0)相当于刷新当前页面。例如：

```
history.go(0);
```

常用的“返回上一页”链接，代码如下。

```
document.getElementById('backLink').onclick = function() {
    window.history.back();
}
```

注意：返回上一页时，页面通常是从浏览器缓存之中加载，而不是重新要求服务器发送新的网页。

11.4.1 实现无刷新浏览

HTML5 为 history 对象添加了两个新方法，history.pushState()和 history.replaceState()，用来在浏览历史中添加和修改记录，用法如下。

```
if (!!(window.history && history.pushState)) {
    // 支持 History API
}
else {
    // 不支持
}
```

上面代码可以用来检查，当前浏览器是否支持 History API。如果不支持的话，可以考虑使用 Polyfill 库 History.js。

1. history.pushState()

history.pushState()方法接受 3 个参数，依次说明如下。

☑ state：一个与指定网址相关的状态对象，popstate 事件触发时，该对象会传入回调函数。如果不需要这个对象，此处可以填 null。

☑ title：新页面的标题，但是所有浏览器目前都忽略这个值，因此这里可以填 null。

☑ url：新的网址，必须与当前页面处在同一个域。浏览器的地址栏将显示这个网址。

例如，当前网址是 example.com/1.html，使用 pushState()方法在浏览记录（history 对象）中添加一个新记录。

```
var stateObj = {foo: 'bar'};
history.pushState(stateObj, 'page 2', '2.html');
```

添加上面这个新记录后，浏览器地址栏立刻显示 example.com/2.html，但并不会跳转到 2.html，

甚至也不会检查 2.html 是否存在，它只是成为浏览历史中的最新记录。这时，在地址栏输入一个新的地址，如访问 google.com，然后单击倒退按钮，页面的 URL 将显示 2.html；再单击一次倒退按钮，URL 将显示 1.html。

总之，pushState()方法不会触发页面刷新，只是导致 history 对象发生变化，地址栏会有反应。

如果 pushState 的 url 参数设置了一个新的锚点值（即 hash），并不会触发 hashchange 事件。如果设置了一个跨域网址，则会报错。例如：

```
// 报错
history.pushState(null, null, 'https:// twitter.com/hello');
```

在上面代码中，pushState()想要插入一个跨域的网址，导致报错。这样设计的目的是，防止恶意代码让用户以为他们是在另一个网站上。

2. history.replaceState()

history.replaceState()方法的参数与 pushState()方法一模一样，区别是它修改浏览历史中当前纪录。例如，当前网页是 example.com/example.html。

```
history.pushState({page: 1}, 'title 1', '?page=1');
history.pushState({page: 2}, 'title 2', '?page=2');
history.replaceState({page: 3}, 'title 3', '?page=3');
history.back()                 // url 显示为 http:// example.com/example.html?page=1
history.back()                 // url 显示为 http:// example.com/example.html
history.go(2)                  // url 显示为 http:// example.com/example.html?page=3
```

3. history.state 属性

history.state 属性返回当前页面的 state 对象。例如：

```
history.pushState({page: 1}, 'title 1', '?page=1');
history.state                  // {page: 1}
```

4. popstate 事件

每当同一个文档的浏览历史（history 对象）出现变化时，就会触发 popstate 事件。

> 注意：仅仅调用 pushState()方法或 replaceState()方法，并不会触发该事件，只有用户单击浏览器倒退按钮和前进按钮，或者使用 JavaScript 调用 back、forward、go 方法时才会触发。另外，该事件只针对同一个文档，如果通过“浏览历史列表”的信息来加载不同的文档，该事件也不会触发。

使用时，可以为 popstate 事件指定回调函数。例如：

```
window.onpopstate = function(event) {
    console.log('location: ' + document.location);
    console.log('state: ' + JSON.stringify(event.state));
};
// 或者
window.addEventListener('popstate', function(event) {
    console.log('location: ' + document.location);
    console.log('state: ' + JSON.stringify(event.state));
});
```

回调函数的参数是一个 event 事件对象，它的 state 属性指向 pushState()和 replaceState()方法为当前 URL 所提供的状态对象，即这两个方法的第一个参数。在上面代码中 event.state 就是通过 pushState()和 replaceState()方法，为当前 URL 绑定的 state 对象。这个 state 对象也可以直接通过 history 对象读取。

```
var currentState = history.state;
```

注意：页面第一次加载时，浏览器不会触发 popstate 事件。

5. URLSearchParams API

URLSearchParams API 用于处理 URL 中的查询字符串，即问号之后的部分。没有部署这个 API 的浏览器，可以用 url-search-params 这个垫片库。例如：

```
var paramsString = 'q=URLUtils.searchParams&topic=api';
var searchParams = new URLSearchParams(paramsString);
```

URLSearchParams 有以下方法，用来操作某个参数。

- ☑ has()：返回一个布尔值，表示是否具有某个参数。
- ☑ get()：返回指定参数的第一个值。
- ☑ getAll()：返回一个数组，成员是指定参数的所有值。
- ☑ set()：设置指定参数。
- ☑ delete()：删除指定参数。
- ☑ append()：在查询字符串之中，追加一个键值对。
- ☑ toString()：返回整个查询字符串。

例如：

```
var paramsString = 'q=URLUtils.searchParams&topic=api';
var searchParams = new URLSearchParams(paramsString);
searchParams.has('topic')            // 返回值为 true
searchParams.get('topic')            // 返回值为"api"
searchParams.getAll('topic')         // 返回值为["api"]
searchParams.get('foo')              // 返回值为 null，注意 Firefox 返回空字符串
searchParams.set('foo', 2);
searchParams.get('foo')              // 返回值为 2
searchParams.append('topic', 'webdev');
searchParams.toString()              // 返回值为"q=URLUtils.searchParams&topic=api&foo=2&topic=webdev"
searchParams.append('foo', 3);
searchParams.getAll('foo')           // 返回值[2, 3]
searchParams.delete('topic');
searchParams.toString()              // 返回值"q=URLUtils.searchParams&foo=2&foo=3"
```

URLSearchParams 还有 3 个方法，用来遍历所有参数。

- ☑ keys()：遍历所有参数名。
- ☑ values()：遍历所有参数值。
- ☑ entries()：遍历所有参数的键值对。

上面 3 个方法返回的都是 Iterator 对象。例如：

```
var searchParams = new URLSearchParams('key1=value1&key2=value2');
for (var key of searchParams.keys()) {
    console.log(key);
```

```
}
// key1
// key2
for (var value of searchParams.values()) {
    console.log(value);
}
// value1
// value2
for (var pair of searchParams.entries()) {
    console.log(pair[0]+ ', '+ pair[1]);
}
// key1, value1
// key2, value2
```

在 Chrome 浏览器中，URLSearchParams 实例本身就是 Iterator 对象，与 entries()方法返回值相同。所以，可以写成下面的样子。

```
for (var p of searchParams) {
    console.log(p);
}
```

下面是一个替换当前 URL 的示例。

```
// URL: https:// example.com?version=1.0
var params = new URLSearchParams(location.search.slice(1));
params.set('version', 2.0);
window.history.replaceState({}, '', `${location.pathname}?${params}`);
// URL: https:// example.com?version=2.0
```

URLSearchParams 实例可以当作 POST 数据发送，所有数据都会 URL 编码。例如：

```
let params = new URLSearchParams();
params.append('api_key', '1234567890');
fetch('https:// example.com/api', {
    method: 'POST',
    body: params
}).then(...)
```

DOM 的 a 元素节点的 searchParams 属性，就是一个 URLSearchParams 实例。例如：

```
var a = document.createElement('a');
a.href = 'https:// example.com?filter=api';
a.searchParams.get('filter')          // "api"
```

URLSearchParams 还可以与 URL 接口结合使用。例如：

```
var url = new URL(location);
var foo = url.searchParams.get('foo') || 'somedefault';
```

11.4.2 设计导航页面

视频讲解

本例设计一个无刷新页面导航，在首页（index.html）包含一个导航列表，当用户单击不同的列表项目时，首页（index.html）的内容容器（<div id="content">）会自动更新内容，正确显示对应目标页面的 HTML 内容，同时浏览器地址栏正确显示目标页面的 URL，但是首页并没有被刷新，而不是仅显示目标页面，演示效果如图 11.1 所示。

Note

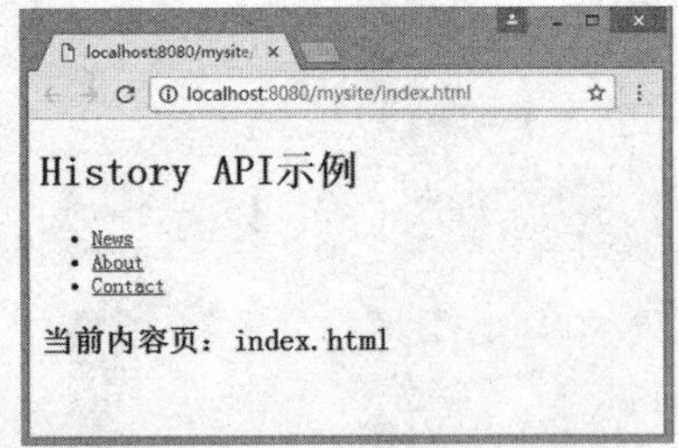

（a）显示 index.html 页面

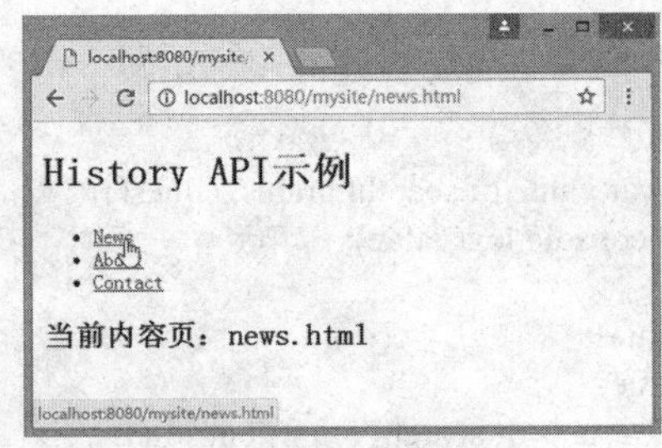

（b）显示 news.html 页面

图 11.1　应用 History API

线上阅读

具体操作步骤请扫码学习。

视频讲解

11.4.3　设计无刷新网站

本例设计一个简单的网站，当用户选择一个图片时，在下方将显示该技术对应的文字描述，同时高亮显示该图片，提示被选中状态。当在浏览器工具栏中单击“后退”按钮时，页面应该切换到上一个被选中的图片状态，同时图片下方的文字也要一并切换；当单击“前进”按钮时执行类似的响应操作，演示效果如图 11.2 所示。

（a）网站首页默认效果

（b）显示火药技术视图效果

图 11.2　设计主题宣传网站

线上阅读

具体操作步骤请扫码学习。

11.4.4　设计无刷新灯箱广告

本例设计一个简单的灯箱广告，它使用 History API 展示了一个图片预览模式：一个具有相关性的图片无刷新访问。在支持的浏览器中浏览，单击下一张图片画廊的链接将更新照片和 URL 地址，没有引发全页面刷新。在不支持的浏览器中，或者当用户禁用了脚本时，导航链接只是作为普通链接，会打开一个新的页面，整页刷新，整个示例演示效果如图 11.3 所示。

（a）上一张

（b）下一张

图 11.3　无刷新图片画廊演示效果

线上阅读

具体操作步骤请扫码学习。

视 频 讲 解

Note

11.4.5 设计可后退画板

本例利用 History API 的状态对象，实时记录用户的每一次操作，把每一次操作信息传递给浏览器的历史记录保存起来，这样当用户单击浏览器的“后退”按钮时，会逐步恢复前面的操作状态，从而实现历史恢复功能，演示效果如图 11.4 所示。

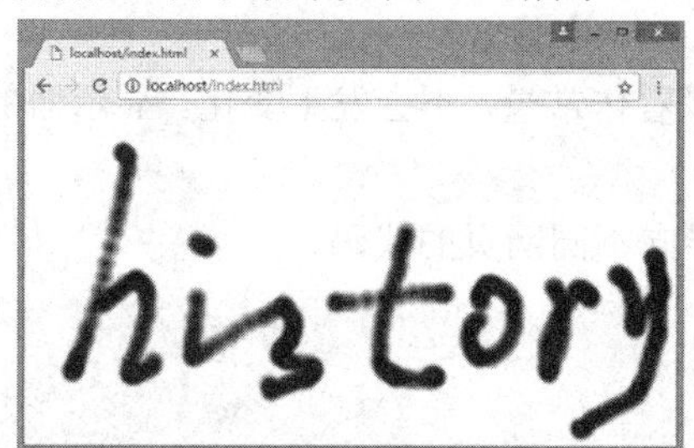

（a）绘制文字

（b）恢复前面的绘制

图 11.4 设计历史恢复效果

在示例页面中显示一个 canvas 元素，用户可以在该 canvas 元素中随意使用鼠标绘画，当用户单击一次或连续单击浏览器的后退按钮时，可以撤销当前绘制的最后一笔或多笔，当用户单击一次或连续单击浏览器的前进按钮时，可以重绘当前书写或绘制的最后一笔或多笔。

具体操作步骤请扫码学习。

线 上 阅 读

11.5 screen 对象

使用 window.screen 可以访问 screen 对象，该对象包含了显示设备的信息，具体说明如表 11.3 所示。这些信息可以用来探测客户端硬件的基本配置。利用 screen 对象可以优化程序的设计，满足不同用户的显示要求。

表 11.3 screen 对象属性

属　性	描　述
availHeight	返回显示屏幕的高度（除 Windows 任务栏之外）
availWidth	返回显示屏幕的宽度（除 Windows 任务栏之外）
bufferDepth	设置或返回调色板的比特深度
colorDepth	返回目标设备或缓冲器上的调色板的比特深度
deviceXDPI	返回显示屏幕的每英寸水平点数
deviceYDPI	返回显示屏幕的每英寸垂直点数
fontSmoothingEnabled	返回用户是否在显示控制面板中启用了字体平滑
height	返回显示屏幕的高度
logicalXDPI	返回显示屏幕每英寸的水平方向的常规点数
logicalYDPI	返回显示屏幕每英寸的垂直方向的常规点数
pixelDepth	返回显示屏幕的颜色分辨率（比特每像素）
updateInterval	设置或返回屏幕的刷新率
width	返回显示器屏幕的宽度

Note

【示例 1】screen.height 和 screen.width 两个属性，一般用来了解设备的分辨率。

```
// 显示设备的高度，单位为像素
screen.height                                   // 1920
// 显示设备的宽度，单位为像素
screen.width                                    // 1080
```

上面代码显示，某设备的分辨率是 1920 像素×1080 像素。

除非调整显示器的分辨率，否则这两个值可以看作常量，不会发生变化。显示器的分辨率与浏览器设置无关，缩放网页并不会改变分辨率。

【示例 2】下面是根据屏幕分辨率，将用户导向不同网页的代码。

```
if ((screen.width <= 800) && (screen.height <= 600)) {
    window.location.replace('small.html');
}
else {
    window.location.replace('wide.html');
}
```

screen.availHeight 和 screen.availWidth 属性返回屏幕可用的高度和宽度，单位为像素。它们的值为屏幕的实际大小减去操作系统某些功能占据的空间，如系统的任务栏。

screen.colorDepth 属性返回屏幕的颜色深度，一般为 16（表示 16-bit）或 24（表示 24-bit），用户可以根据显示器的颜色深度选择使用 16 位图像或 8 位图像。

【示例 3】下面示例演示了如何让弹出的窗口居中显示。

```
function center(url) {                          // 窗口居中处理函数
    var w = screen.availWidth / 2;              // 获取客户端屏幕的宽度一半
    var h = screen.availHeight/2;               // 获取客户端屏幕的高度一半
    var t = (screen.availHeight - h)/2;         // 计算居中显示时顶部坐标
    var l = (screen.availWidth - w)/2;          // 计算居中显示时左侧坐标
    var p = "top=" + t + ",left=" + l + ",width=" + w + ",height=" +h;
                                                // 设计坐标参数字符串
    var win = window.open(url,"url",p);         // 打开指定的窗口，并传递参数
    win.focus();                                // 获取窗口焦点
}
center("https:// www.baidu.com/");              // 调用该函数
```

虽然使用 screen 对象的 width 和 height 属性可以实现，但是不同浏览器在解析时会存在一定的差异。

11.6 document 对象

视频讲解

在浏览器窗口中，每个 window 对象都会包含一个 document 属性，该属性引用窗口中显示 HTML 文档的 document 对象。document 对象与它所包含的各种节点（如表单、图像和链接）构成了文档对象模型，如图 11.4 所示。

11.6.1　document 对象属性

浏览器在加载文档时，会自动构建文档对象模型，把文档中同类元素对象映射到一个集合中，然后以 document 对象属性的形式允许用户访问，如图 11.5 所示。

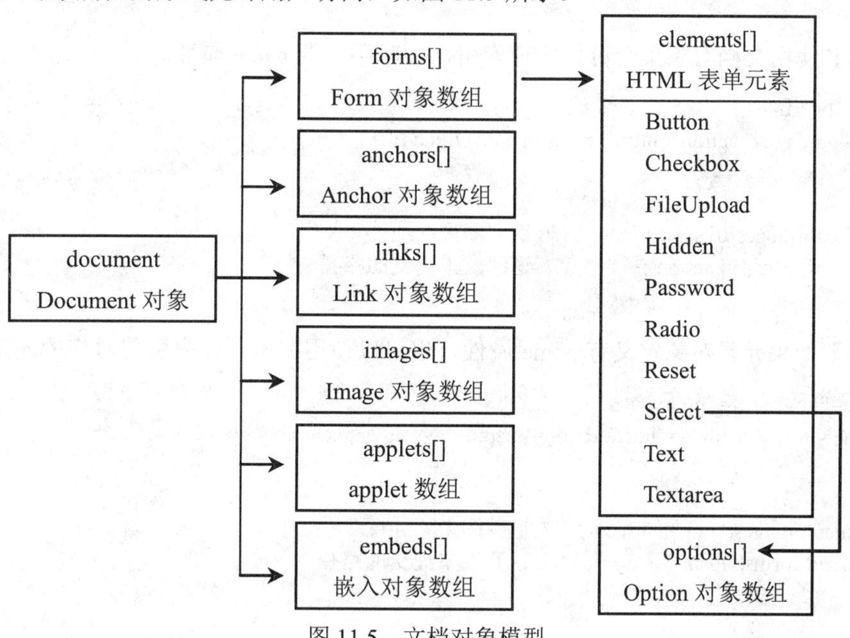

图 11.5　文档对象模型

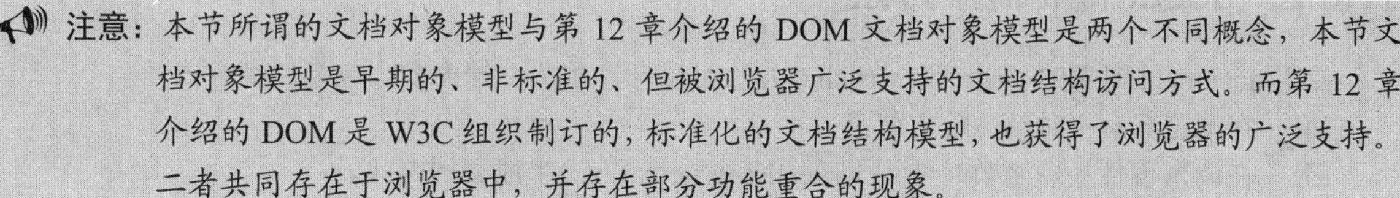

注意：本节所谓的文档对象模型与第 12 章介绍的 DOM 文档对象模型是两个不同概念，本节文档对象模型是早期的、非标准的、但被浏览器广泛支持的文档结构访问方式。而第 12 章介绍的 DOM 是 W3C 组织制订的，标准化的文档结构模型，也获得了浏览器的广泛支持。二者共同存在于浏览器中，并存在部分功能重合的现象。

这些集合都是 HTMLCollection 对象，为访问文档常用对象提供了快捷方式，简单说明如下。

☑　document.anchors：返回文档中所有 Anchor 对象，即所有带 name 特性的<a>标签。

☑　document.applets：返回文档中所有 Applet 对象，即所有<applet>标签，不再推荐使用。

☑　document.forms：返回文档中所有 Form 对象，与 document.getElementsByTagName("form")得到的结果相同。

☑　document.images：返回文档中所有 Image 对象，与 document.getElementsByTagName("img")得到的结果相同。

☑　document.links：返回文档中所有 Area 和 Link 对象，即所有带 href 特性的<a>标签。

如果与 Form 对象、Image 对象或 Applet 对象对应的 HTML 标签中设置了 name 属性，那么还可以使用 name 属性值引用这些对象。浏览器在解析文档时，会自动把这些元素的 name 属性值定义为 document 对象的属性名，用来引用相应的对象。该方法仅适用上述 3 种元素对象，其他元素对象需要使用数组元素来访问。

【示例 1】下面示例使用 name 访问文档元素。

```
<img name="img" src = "bg.gif" />
<form name="form" method="post" action="http:// www.mysite.cn/navi/">
```

```
</form>
<script>
alert(document.img.src);                    // 返回图像的地址
alert(document.form.action);                // 返回表单提交的路径
</script>
```

【示例 2】使用文档对象集合可以快速索引，此时不需要 name 属性。

```
<img src = "bg.gif" />
<form method="post" action="http:// www.mysite.cn/navi/">
</form>
<script>
alert(document.images[0].src);              // 返回图像的地址
alert(document.forms[0].action);            // 返回表单提交的路径
</script>
```

【示例 3】如果元素对象定义有 name 属性，也可以使用文本下标来引用对应的元素对象。

```
<img name="img" src = "bg.gif" />
<form name="form" method="post" action="http:// www.mysite.cn/navi/">
</form>
<script>
alert(document.images["img"].src);          // 返回图像的地址
alert(document.forms["form"].action);       // 返回表单提交的路径
</script>
```

视频讲解

11.6.2 document 对象方法

使用 document 对象的 write()和 writeln()方法可以动态生成文档内容。包括两种方式。

☑ 在浏览器解析时动态输出信息。

☑ 在调用事件处理函数时使用 write()或 writeln()方法生成文档内容。

write()方法可以支持多个参数，当为它传递多个参数时，这些参数将被依次写入文档。

【示例 1】使用 write()方法生成文档内容。

```
document.write('Hello',',','World');
```

实际上，上面代码与下面的用法相同。

```
document.write('Hello,World');
```

writeln()方法与 write()方法完全相同，只不过在输出参数之后附加一个换行符。由于 HTML 忽略换行符，所以很少使用该方法，不过在非 HTML 文档输出时使用会比较方便。

【示例 2】下面示例演示了 write()和 writeln()方法的混合使用。

```
function f() {
    document.write('<p>调用事件处理函数时动态生成的内容</p>');
}
document.write('<p onclick="f()">文档解析时动态生成的内容</p>');
```

在页面初始化后，文档中显示文本为“文档解析时动态生成的内容”，而一旦单击该文本后，则 write()方法动态输出文本为“调用事件处理函数时动态生成的内容”，并覆盖原来文档中显示的内容。

注意：只能在当前文档正在解析时使用 write()方法在文档中输出 HTML 代码，即在<script>标签中调用 write()方法，因为这些脚本的执行是文档解析的一部分。如果从事件处理函数中调用 write()方法，那么 write()方法动态输出的结果将会覆盖当前文档，包括它的事件处理函数，而不是将文本添加到其中。所以，在使用时一定要小心，不可以在事件处理函数中包含 write()或 writeln()方法。

Note

【示例 3】使用 open()方法可以为某个框架创建文档，也可以使用 write()方法为其添加内容。在下面框架集文档中。左侧框架的文档为 left1.htm，而右侧框架还没有文档内容。

```
<!DOCTYPE html PUBLIC "-// W3C// DTD XHTML 1.0 Frameset// EN"
"http:// www.w3.org/TR/xhtml1/DTD/xhtml1-frameset.dtd">
<html xmlns="http:// www.w3.org/1999/xhtml">
<head>
</head>
<frameset cols="*,*">
    <frame src="left1.htm" name="leftFrame" id="leftFrame" />
    <frame src="" name="mainFrame" id="mainFrame" />
</frameset>
<noframes><body></body></noframes>
</html>
```

然后，在左侧框架文档中定义如下脚本。

```
window.onload = function() {
    document.body.onclick = f;
}
function f() {
    parent.frames[1].document.open();
    parent.frames[1].document.write('<h2>动态生成右侧框架的标题</h2>')
    parent.frames[1].document.close();
}
```

首先调用 document 对象的 open()方法创建一个文档，然后调用 write()方法在文档中写入内容，最后调用 document 对象的方法 close()结束创建过程。这样在框架页的左侧框架文档中单击时，浏览器会自动在右侧框架中新创建一个文档，并生成一个二级标题信息。

注意：使用 open()后，一定要注意调用 close()方法关闭文档，只有在关闭文档时，浏览器才输出显示缓存信息。

11.7 案例实战

本节将结合框架和浏览器检测技术介绍几个实战案例。

11.7.1 使用远程脚本

视频讲解

远程脚本（Remote Scripting）就是远程函数调用，通过远程函数调用实现异步通信。所谓异步通

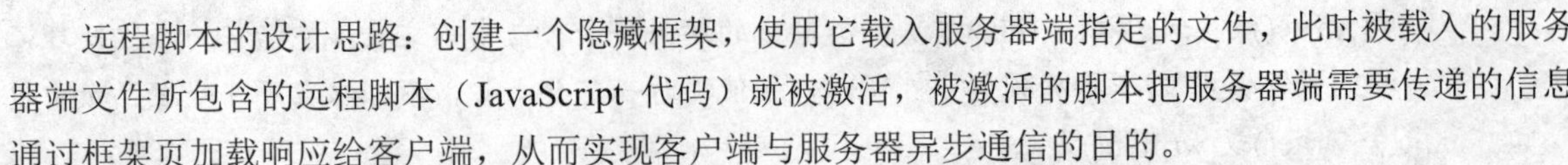

信，就是在不刷新页面的情况下，允许客户端与服务器端进行非连续的通信。这样用户不需要等待，网页浏览与信息交互互不干扰，信息传输不用再传输完整页面。

远程脚本的设计思路：创建一个隐藏框架，使用它载入服务器端指定的文件，此时被载入的服务器端文件所包含的远程脚本（JavaScript 代码）就被激活，被激活的脚本把服务器端需要传递的信息通过框架页加载响应给客户端，从而实现客户端与服务器异步通信的目的。

> 提示：所谓隐藏框架，就是设置框架高度为 0，以达到隐藏显示的目的。隐藏框架常用来加载一些外部链接和导入一些扩展服务，其中使用最多的就是隐藏框架导入广告页。

下面示例演示如何使用框架集实现异步通信的目的。为了方便读者能直观了解远程交互的过程，本例暂时显示隐藏框架。

【操作步骤】

（1）新建一个简单的框架集（index.htm），其中第一个框架默认加载页面为客户交互页面，第二个框架加载的页面是一个空白页。

```
<html>
<head>
<title></title>
</head>
<frameset rows="50%,50%">
<frame src="main.htm" name="main" />
    <frame src="black.htm" name="server" />
    </frameset>
</html>
```

（2）设计空白页（black.htm）页面的代码如下。

```
<html>
<head>
<title>空白页</title>
</head>
<body>
<h1>空白页</h1>
</body>
</html>
```

（3）在客户交互页面（main.htm）中定义一个简单的交互按钮，当单击该按钮时将为底部框架加载服务器端的请求页面（server.htm）。

```
<html>
<head>
<title>与客户交互页面</title>
<script>
function request() {                    // 请求函数，加载服务器端页面
    parent.frames[1].location.href = "server.htm";
}
window.onload = function() {        // 页面加载完毕，为按钮绑定事件处理函数
    var b = document.getElementsByTagName("input")[0];
    b.onclick = request;
}
```

```
</script>
</head>
<body>
<h1>与客户交互页面</h1>
<input name="submit" type="button" id="submit" value="向服务器发出请求" />
</body>
</html>
```

（4）在服务器响应页面（server.htm）中利用 JavaScript 脚本动态改变客户交互页面的显示信息。

```
<html>
<head>
<title>服务器端响应页面</title>
<script>
window.onload = function() {
    // 当该页面被激活并加载完毕后，动态改变客户交互页面的显示信息
    parent.frames[0].document.write("<h1>Hi，大家好，我是从服务器端过来的信息使者</h1>");
}
</script>
</head>
<body>
<h1>服务器端响应页面</h1>
</body>
</html>
```

（5）在浏览器中预览 index.htm，就可以看到如图 11.6 所示的演示效果。

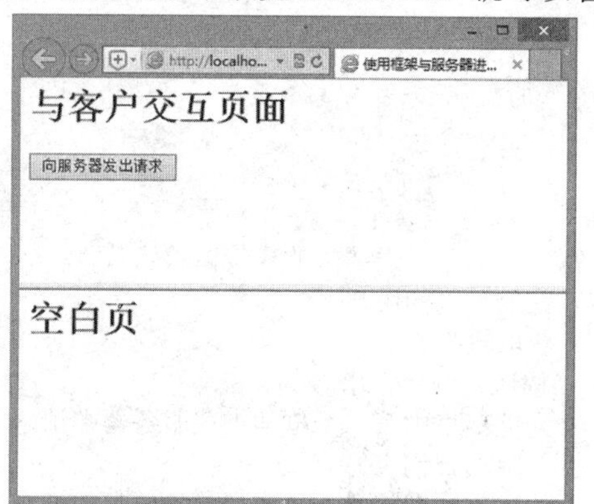

（a）响应前

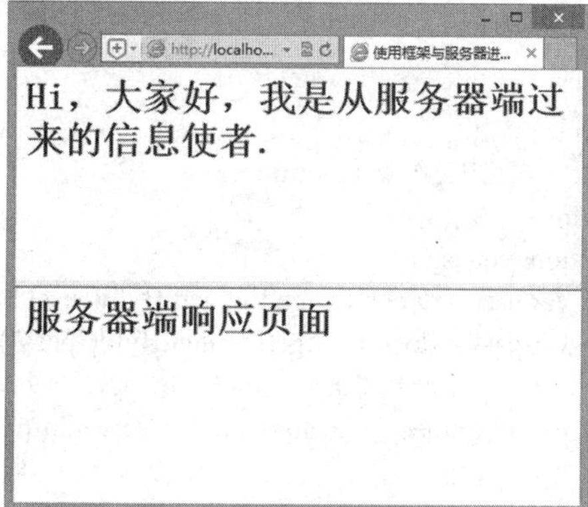

（b）响应后

图 11.6　异步交互通信演示效果

11.7.2　设计远程交互

隐藏框架只是异步交互的载体，它仅负责信息的传输，而交互的核心是应该有一种信息处理机制，这种处理机制就是回调函数。

提示：所谓回调函数，就是客户端页面中的一个普通函数，但是该函数是在服务器端被调用，并负责处理服务器端响应的信息。

在异步交互过程中，经常需要信息的双向交互，而不仅仅是接受服务器端的信息。下面示例演示如何把客户端的信息传递给服务器端，同时让服务器准确接收客户端信息。本例初步展现了异步交互

中请求和响应的完整过程，其中回调函数的处理又是整个案例的焦点。

【操作步骤】

（1）模仿 11.7.1 节示例构建一个框架集（index.htm），代码如下。

Note

```
<html>
<head>
<title></title>
</head>
<frameset rows="*,0">
    <frame src="main.htm" name="main" />
    <frame src="black.htm" name="server" />
</frameset>
<noframes>你的浏览器不支持框架集，请升级浏览器版本！</noframes>
</html>
```

本文档框架集由上下两个框架组成，第二个框架高度为 0，但是不要设置为 0 像素高，因为在一些老版本的浏览器中会依然显示。这两个框架的分工如下。

☑　框架 1（main），负责与用户进行信息交互。

☑　框架 2（server），负责与服务器进行信息交互。

考虑到老版本浏览器可能不支持框架集，可以使用<noframes>标签进行兼容，使用户体验更友好。

（2）在默认状态下，框架集中第二个框架加载一个空白页面（black.htm），第一个框架中加载与客户进行交互的页面（main.htm）。

第一个框架中主要包含两个函数：一个是响应用户操作的回调函数，另一个是向服务器发送请求的事件处理函数。

```
<html>
<head>
<title>与客户交互页面</title>
<script>
function request() {                                              // 向服务器发送请求的异步请求函数
    var user = document.getElementById("user");                   // 获取输入的用户名
    var pass = document.getElementById("pass");                   // 获取输入密码
    var s = "user=" + user.value + "&pass=" + pass.value;         // 构造查询字符串
    parent.frames[1].location.href = "server.htm?" + s;           // 为框架集中第二个框架加载服务器端请求文件
                                                                  // 并附加查询字符串
                                                                  // 传送客户端信息，以实现异步信息的双向交互
}
function callback(b, n) {                                         // 异步交互的回调函数
    if(b) {                                                       // 如果参数 b 为真，说明输入信息正确
        var e = document.getElementsByTagName("body")[0];
                                                                  // 获取第一个框架中 body 元素的引用指针
                                                                  // 以实现向其中插入信息
        e.innerHTML = "<h1>" + n + "</h1><p>您好，欢迎登录站点</p>";
                                                                  // 在交互页面中插入新的交互信息
    }
    else{                                                         // 如果参数 b 为假，说明输入信息不正确
        alert("你输入的用户名或密码有误，请重新输入"); // 提示重新输入信息
        var user = parent.frames[0].document.getElementById("user");
                                                                  // 获取第一个框架中的用户名文本框
```

Note

```
            var pass = parent.frames[0].document.getElementById("pass");
                                        // 获取第一个框架中的密码文本框
            user.value = "";            // 清空用户名文本框中的值
            pass.value = "";            // 清空密码文本框中的值
        }
}
window.onload = function() {            // 页面初始化处理函数
    var b = document.getElementById("submit");// 获取“提交”按钮
    b.onclick = request;                // 绑定鼠标单击事件处理函数
}
</script>
</head>
<body>
<h1>用户登录</h1>
用户名<input name="" id="user" type="text"><br /><br />
密　码<input name="" id="pass"   type="password"><br /><br />
<input name="submit" type="button" id="submit" value="提交" />
</body>
</html>
```

由于回调函数是在服务器端文件中被调用的，所以对象作用域的范围就发生了变化，此时应该指明它的框架集和框架名或序号，否则在页面操作中会找不到指定的元素。

（3）在服务器端的文件中设计响应处理函数，该函数将分解 HTTP 传递过来的 URL 信息，获取查询字符串，并根据查询字符串中用户名和密码，判断当前输入的信息是否正确，并决定具体响应的信息。

```
<html>
<head>
<title>服务器端响应和处理页面</title>
<script>
window.onload = function() {                    // 服务器响应处理函数，当该页面被请求加载时触发
    var query = location.search.substring(1);   // 获取 HTTP 请求的 URL 中所包含的查询字符串
    var a = query.split("&");                   // 劈开查询字符串为数组
    var o ={};                                  // 临时对象直接量
    for (var i = 0; i < a.length; i++) {        // 遍历查询字符串数组
        var pos = a[i].indexOf("=");            // 找到等号的下标位置
        if(pos == - 1) continue;                // 如果没有等号，则忽略
        var name = a[i].substring(0, pos);      // 获取等号前面的字符串
        var value = a[i].substring(pos + 1);    // 获取等号后面的字符串
        o[name] = unescape(value);              // 把名/值对传递给对象
    }
    var n, b;
    // 如果用户名存在，且等于"admin"，则记录该信息，否则设置为 null
    ((o["user"]) && o["user"] == "admin") ? (n = o["user"]) : (n = null);
    // 如果密码存在，且等于"1234556"，则设置变量 b 为 true，否则为 false
    ((o["pass"]) && o["pass"] == "123456") ? (b = true) : (b = false) ;
    // 调用客户端框架集中第 1 个框架中的回调函数，并把处理的信息传递给它
    parent.frames[0].callback(b, n);
}
</script>
```

```
</head>
<body>
<h1>服务器端响应和处理页面</h1>
</body>
</html>
```

Note

在实际开发中，服务器端文件一般为动态服务器类型的文件，并借助服务器端脚本来获取用户的信息，然后决定响应的内容，如查询数据库，返回查询内容等。本示例以简化的形式演示异步通信的过程，因此没有采用服务器技术。

（4）预览框架集，在客户交互页面中输入用户的登录信息，当向服务器提交请求后，服务器首先接收从客户端传递过来的信息，并进行处理，然后调用客户端的回调函数把处理后的信息响应回去，示例演示效果如图 11.7 所示。

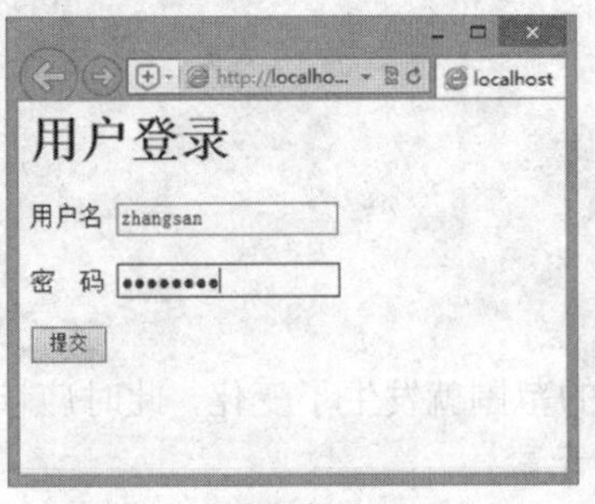

（a）登录

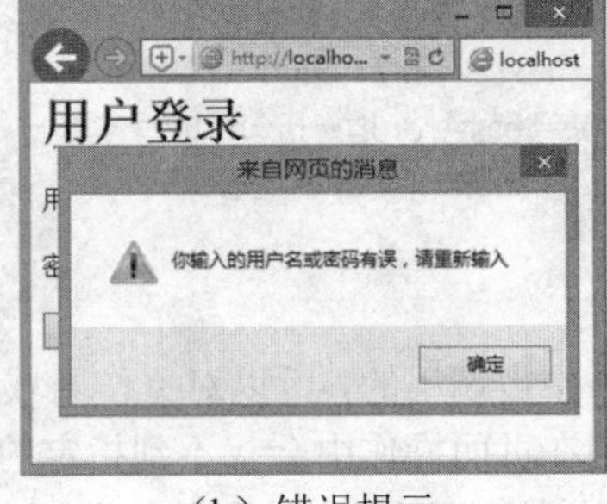

（b）错误提示

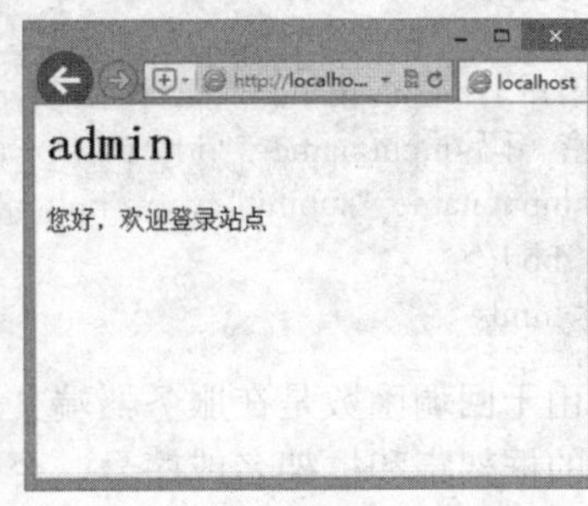

（c）正确提示

图 11.7 异步交互和回调处理效果图

视频讲解

11.7.3 使用浮动框架

使用框架集设计远程脚本存在以下缺陷。

☑ 框架集文档需要多个网页文件配合使用，结构不符合标准，也不利于代码优化。

☑ 框架集缺乏灵活性，如果完全使用脚本控制异步请求与交互，不是很方便。

浮动框架（iframe 元素）与 frameset（框架集）功能相同，但是<iframe>是一个普通标签，可以插入到页面任意位置，不需要框架集管理，也便于 CSS 样式和 JavaScript 脚本控制。

【操作步骤】

（1）在客户端交互页面（main.html）中新建函数 hideIframe()，使用该函数动态创建浮动框架，借助这个浮动框架实现与服务器进行异步通信。有关 DOM 节点操作方法请参考第 12 章。

```
// 创建浮动框架
// 参数：url 表示要请求的服务器端文件路径
// 返回值：无
function hideIframe(url) {
    var hideFrame = null;                            // 定义浮动框架变量
    hideFrame = document.createElement("iframe");    // 创建 iframe 元素
    hideFrame.name = "hideFrame";                    // 设置名称属性
    hideFrame.id = "hideFrame";                      // 设置 ID 属性
    hideFrame.style.height = "0px";                  // 设置高度为 0
    hideFrame.style.width = "0px";                   // 设置宽度为 0
    hideFrame.style.position = "absolute";           // 设置绝对定位，避免浮动框架占据页面空间
    hideFrame.style.visibility = "hidden";           // 设置隐藏显示
    document.body.appendChild(hideFrame);            // 把浮动框架元素插入 body 元素中
```

```
        setTimeout(function() {                    // 设置延缓请求时间
            frames["hideFrame"].location.href = url;
    }, 10)
    }
```

当使用 DOM 创建 iframe 元素时，应设置同名的 name 和 id 属性，因为不同类型浏览器引用框架时会分别使用 name 或 id 属性值。当创建好 iframe 元素后，大部分浏览器（如 Mozilla 和 Opera）会需要一点时间（约为几毫秒）来识别新框架并将其添加帧集合中，因此当加载地址准备向服务器进行请求时，应该使用 setTimeout()函数使发送请求的操作延迟 10 毫秒。这样当执行请求时，浏览器能够识别这些新的框架，避免发生错误。

如果页面中需要多处调用请求函数，则建议定义一个全局变量，专门用来存储浮动框架对象，这样就可以避免每次请求时都创建新的 iframe 对象。

（2）修改客户端交互页面中 request()函数的请求内容，直接调用 hideIframe()函数，并传递 URL 参数信息。

```
function request() {     // 异步请求函数
    var user = document.getElementById("user");  // 获取用户名文本框，注意引用路径的不同
    var pass = document.getElementById("pass");  // 获取密码域，注意引用路径的不同
    var s = "iframe_server.html?user=" + user.value + "&pass=" + pass.value;
    hideIframe(s); // 调用函数创建浮动框架，指定请求的服务器文件和传递的信息
}
```

浮动框架与框架集属于不同级别的作用域，浮动框架是被包含在当前窗口中的，所以应该使用 parent，而不是 parent.frames[0]来调用回调函数，或者在回调函数中读取文档中的元素（客户端交互页面的详细代码请参阅 iframe_main.html 文件）。

```
function callback(b, n) {
    if(b && n) {                        // 如果返回信息合法，则在页面中显示新的信息
        var e = document.getElementsByTagName("body")[0];
        e.innerHTML = "<h1>" + n + "</h1><p>您好，欢迎登录站点</p>";
    }
    else {                              // 否则，提示错误信息，并显示表单要求重新输入
        alert("你输入的用户名或密码有误，请重新输入");
        var user = parent.document.getElementById("user");// 获取文档中的用户名文本框
        var pass = parent.document.getElementById("pass");// 获取文档中的密码域
        user.value = "";                // 清空文本框
        pass.value = "";                // 清空密码域
    }
}
```

（3）在服务器端响应页面中也应该修改引用客户端回调函数的路径（服务器端响应页面详细代码请参阅 server.html 文件），代码如下。

```
window.onload = function() {
    // ……
    parent.callback(b, n);              // 注意引用路径的变化
}
```

这样通过 iframe 浮动框架只需要两个文件：客户端交互页面（main.html）和服务器端响应页面（server.html），就可以完成异步信息交互的任务。

（4）预览效果，本例效果与 11.7.2 节示例相同，如图 11.6 所示，用户可以参阅本书示例源代码了解更具体的代码和运行效果。

11.7.4 封装用户代理检测

本节案例是一个相对复杂的插件，读者可以根据实际情况选学，具体内容请扫码阅读。

线上阅读

Note

视频讲解

第12章 DOM操作

DOM 是 JavaScript 操作网页的接口，全称为文档对象模型（Document Object Model）。它的作用是将网页转换为一个 JavaScript 对象，从而可以用脚本进行各种操作（如增删内容）。

浏览器会根据 DOM 模型，将结构化文档（如 HTML 和 XML）解析成一系列的节点，再由这些节点组成一个树状结构（DOM Tree）。所有的节点和最终的树状结构，都有规范的对外接口。所以，DOM 可以理解成网页的编程接口。DOM 有自己的国际标准，目前的通用版本是 DOM 3，下一代版本 DOM 4 正在拟定中。

严格地说，DOM 不属于 JavaScript，但是操作 DOM 是 JavaScript 最常见的任务，而 JavaScript 也是最常用于 DOM 操作的语言。本章介绍的就是 JavaScript 对 DOM 标准的实现和用法。

【学习重点】

- 了解 DOM。
- 使用 JavaScript 操作节点。
- 使用 JavaScript 操作元素。
- 使用 JavaScript 操作文本和属性。
- 使用 JavaScript 操作文档。

12.1 DOM 版本概述

在 W3C 推出 DOM 标准之前，市场已经流行了不同版本的 DOM 规范，主要包括 IE 和 Netscape 两个浏览器厂商各自制订的私有规范，这些规范定义了一套文档结构操作的基本方法。虽然这些规范存在差异，但是思路和用法基本相同，如文档结构对象、事件处理方式、脚本化样式等。习惯上，我们把这些规范称为 DOM 0 级，虽然没有被标准化，但是得到所有浏览器的支持，并被广泛应用。

线上阅读

1998 年 W3C 对 DOM 进行标准化，并先后推出了 3 个不同的版本。注意，每个版本都是在上一个版本基础上进行完善和扩展。但是在某些情况下，不同版本之间可能会存在不兼容的规定。

考虑到本节内容偏于基础理论，仅做了解，作为选学内容，感兴趣的读者请扫码阅读。

12.2 节　　点

DOM1 级定义了 Node 接口，该接口为 DOM 的所有节点类型定义了原始类型。JavaScript 实现了这个接口，定义所有节点类型必须继承 Node 类型。作为 Node 的子类或孙类，都拥有 Node 的基本属性和方法。

视频讲解

12.2.1 节点类型

DOM 的最小组成单位叫作节点（Node）。文档的树形结构（DOM 树）就是由各种不同类型的节点组成。每个节点可以看作是文档树的一片叶子。常用的节点的类型有 7 种，简单说明如下。

- ☑ Document：整个文档树的顶层节点。
- ☑ DocumentType：doctype 标签（如<!DOCTYPE html>）。
- ☑ Element：网页的各种 HTML 标签（如<body>、<a>等）。
- ☑ Attribute：网页元素的属性（如 class="right"）。
- ☑ Text：标签之间或标签包含的文本。
- ☑ Comment：注释。
- ☑ DocumentFragment：文档的片段。

线上阅读

这 7 种节点都属于浏览器原生提供的节点对象的派生对象，具有一些共同的属性和方法。

关于节点类型的详细说明和示例演示，请扫码阅读。

12.2.2 节点名称和值

使用节点的 nodeName 和 nodeValue 属性可以读取节点的名称和值。这两个属性的值完全取决于节点的类型，具体说明如表 12.1 所示。

表 12.1　节点的 nodeName 和 nodeValue 属性说明

节 点 类 型	nodeName 返回值	nodeValue 返回值
Document	#document	null

续表

节点类型	nodeName 返回值	nodeValue 返回值
DocumentFragment	#document-fragment	null
DocumentType	doctype 名称	null
EntityReference	实体引用名称	null
Element	元素的名称（或标签名称）	null
Attr	属性的名称	属性的值
ProcessingInstruction	target	节点的内容
Comment	#comment	注释的文本
Text	#text	节点的内容
CDATASection	#cdata-section	节点的内容
Entity	实体名称	null
Notation	符号名称	null

【示例】在读取这两个属性值之前，最好是先检测一下节点的类型。

```
var node = document.getElementsByTagName("body")[0];
if (node.nodeType==1)
    var value = node.nodeName;
console.log(value);
```

在上面示例中，首先检查节点类型，看它是不是一个元素。如果是，则读取 nodeName 的值。对于元素节点，nodeName 中保存的始终都是元素的标签名，而 nodeValue 的值则始终为 null。

nodeName 属性在处理标签时比较实用，而 nodeValue 属性在处理文本信息时比较实用。

线 上 阅 读

【拓展】

下面简单介绍一下节点的基本属性，部分属性还会在后面小节中详细讲解，具体内容请扫码阅读。

12.2.3 节点树

一个文档的所有节点，按照所在的层级，可以抽象成一种树状结构，这种树状结构就是 DOM。

最顶层的节点就是 document 节点，它代表了整个文档。文档里面最高一层的 HTML 标签，一般是<html>，它构成树结构的根节点（Root Node），其他 HTML 标签节点都是它的下级。

除了根节点以外，其他节点相对于周围的节点都存在 3 种关系。

父节点关系（parentNode）：直接的那个上级节点。

子节点关系（childNodes）：直接的下级节点。

同级节点关系（sibling）：拥有同一个父节点的节点。

DOM 提供操作接口，用来获取 3 种关系的节点。其中，子节点接口包括 firstChild（第一个子节点）和 lastChild（最后一个子节点）等属性，同级节点接口包括 nextSibling（紧邻在后的那个同级节点）和 previousSibling（紧邻在前的那个同级节点）属性。

限于篇幅，把本节的 1 个示例代码放在线上呈现，该例演示了节点之间的关系，读者可以查看本节示例源代码，或者扫描阅读。

线 上 阅 读

视 频 讲 解

12.2.4 访问节点

通过节点之间的树形关系，可以定位文档中每个节点。DOM 为 Node 类型定义如下属性，以方

Note

便 JavaScript 对文档树中每个节点进行遍历。

- ☑ ownerDocument：返回当前节点的根元素（document 对象）。
- ☑ parentNode：返回当前节点的父节点。所有的节点都仅有一个父节点。
- ☑ childNodes：返回当前节点的所有子节点的节点列表。
- ☑ firstChild：返回当前节点的首个子节点。
- ☑ lastChild：返回当前节点的最后一个子节点。
- ☑ nextSibling：返回当前节点之后相邻的同级节点。
- ☑ previousSibling：返回当前节点之前相邻的同级节点。

1．childNodes

每个节点都有一个 childNodes 属性，保存着 nodeList 对象，它表示所有子节点的列表。

> 提示：nodeList 是一种类数组对象，用于保存一组有序的节点，用户可以通过下标位置来访问这些节点。虽然 childNodes 可以通过方括号语法来访问 nodeList 的值，而且 childNodes 对象包含一个 length 属性，它表示列表包含子节点的个数（长度），但 childNodes 并不是数组，不能够直接调动数组的方法。

> 注意：nodeList 对象实际上是基于 DOM 结构动态执行查询的结果，DOM 结构的变化能够自动反映在 nodeList 对象中。因此，我们不能够以静态的方式处理 nodeList 对象。

【示例 1】下面示例展示了如何访问保存在 nodeList 中的节点：通过方括号，也可以使用 item()方法（test1.html）。

```
<ul>
    <li>D 表示文档，HTML 文档结构。</li>
    <li>O 表示对象，文档结构的 JavaScript 脚本化映射。</li>
    <li>M 表示模型，脚本与结构交互的方法和行为。</li>
</ul>
<script>
var tag = document.getElementsByTagName("ul")[0];        // 获取列表元素
var a = tag.childNodes;                                   // 获取列表元素包含的所有节点
console.log(a[0].nodeType);                               // 第 1 个节点类型，返回值为 3，显示为文本节点
console.log(a.item(1).innerHTML);                         // 显示第 2 个节点包含的文本
console.log(a.length);                                    // 包含子节点个数，nodeList 长度
</script>
```

上面代码显示，无论使用方括号语法，还是使用 item()方法，都可以正常访问 nodeList 集合包含的元素，但使用方括号语法更方便。注意，length 属性返回值是动态的，是访问 nodeList 的那一刻包含的节点数量，如果列表项目发生变化，length 属性值也会随之变化。

线上阅读

限于篇幅，我们把下面 2 个示例代码放在线上呈现，读者可以查看本节示例源代码，或者扫码阅读。

2．parentNode

每个节点都有一个 parentNode 属性，该属性指向文档树中的父节点。包含在 childNodes 列表中的所有节点都具有相同的父节点，因此它们的 parentNode 属性都指向同一个节点。

parentNode 属性返回节点永远是一个元素类型节点，因为只有元素节点才可能包含子节点。不过

document 节点没有父节点，document 节点的 parentNode 属性将返回 null。

3．firstChild 和 lastChild

firstChild 属性返回第一个子节点，lastChild 属性返回最后一个子节点。文本节点和属性节点的 firstChild 和 lastChild 属性返回值总是为 null。

Note

注意：firstChild 等价于 childNodes 的第一个元素，lastChild 属性值等价于 childNodes 的最后一个元素。

```
node.childNodes[0] = node.firstChild
node.childNodes[node.childNodes.length-1] = node.lastChild
```

4．nextSibling 和 previousSibling

nextSibling 属性返回下一个相邻节点，previousSibling 属性返回上一个相邻节点。如果没有同属一个父节点的相邻节点，则它们将返回 null。

5．ownerDocument

在 DOM 文档树中，可以使用 ownerDocument 属性访问根节点。

```
node.ownerDocument
```

通过每个节点的 ownerDocument 属性，可以不必通过层层回溯的方式到达顶端，而是可以直接访问文档节点。另外，用户也可以使用下面方式访问根节点。

```
document.documentElement
```

【示例 2】以根节点为起点，利用节点的树形关系，可以遍历文档中所有节点。例如，针对下面文档结构。

```
<!doctype html>
<html>
<head>
<meta charset="utf-8">
</head>
<body><span class="red">body</span>元素</body></html>
```

可以使用下面的方法获取对 body 元素的引用。

```
var b = document.documentElement.lastChild;
```

或者：

```
b = document.documentElement.firstChild.nextSibling.nextSibling;
```

然后再通过下面的方法获取 span 元素中包含的文本。

```
var text = document.documentElement.lastChild.firstChild.firstChild.nodeValue;
```

上述反映节点关系的所有属性都是只读的，其中 childNodes 属性与其他属性相比更方便一些，因为只须使用简单的关系指针，就可以通过它访问文档树中的任何节点。

另外，hasChildNodes()是一个非常有用的方法，当节点包含一或多个子节点时，该方法返回 true，否则返回 false。这比查询 childNodes 列表的 length 属性更简单、有效。

【拓展】

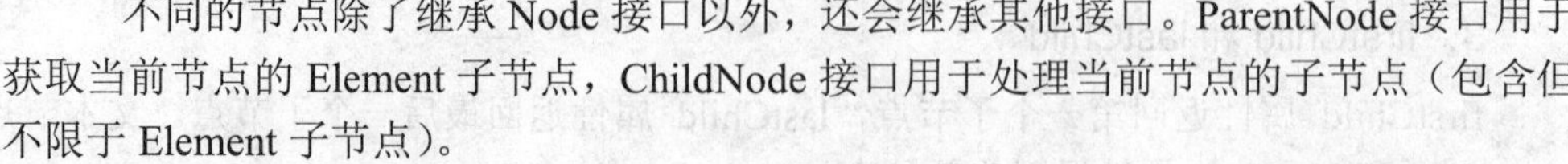

不同的节点除了继承 Node 接口以外，还会继承其他接口。ParentNode 接口用于获取当前节点的 Element 子节点，ChildNode 接口用于处理当前节点的子节点（包含但不限于 Element 子节点）。

线上阅读

ParentNode 和 ChildNode 接口仅作为选学内容，供读者参考，感兴趣的读者可以扫码阅读。

Note

视频讲解

12.2.5 操作节点

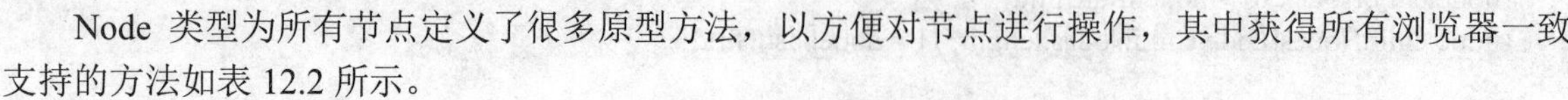

Node 类型为所有节点定义了很多原型方法，以方便对节点进行操作，其中获得所有浏览器一致支持的方法如表 12.2 所示。

表 12.2　Node 类型原型方法说明

方　法	说　明
appendChild()	向节点的子节点列表的结尾添加新的子节点
cloneNode()	复制节点
hasChildNodes()	判断当前节点是否拥有子节点
insertBefore()	在指定的子节点前插入新的子节点
normalize()	合并相邻的 Text 节点并删除空的 Text 节点
removeChild()	删除（并返回）当前节点的指定子节点
replaceChild()	用新节点替换一个子节点

其中 appendChild()、insertBefore()、removeChild()、replaceChild()方法用于对子节点进行添加、删除和复制操作。要使用这几个方法必须先取得父节点，可以使用 parentNode 属性。另外，并不是所有类型的节点都有子节点，如果在不支持子节点的节点上调用了这些方法，将会导致错误发生。由于这些方法多用于操作元素，因此将在下面章节中再详细说明。

cloneNode()方法用于克隆节点，用法如下。

```
nodeObject.cloneNode(include_all)
```

参数 include_all 为布尔值，如果为 true，那么将会克隆原节点，以及所有子节点；为 false 时，仅复制节点本身。复制后返回的节点副本属于文档所有，但并没有为它指定父节点，需要通过 appendChild()、insertBefore()或 replaceChild()方法将它添加文档中。

注意：cloneNode()方法不会复制添加到 DOM 节点中的 JavaScript 属性，如事件处理程序等。这个方法只复制 HTML 特性或子节点，其他一切都不会复制。IE 在此存在一个 bug，即它会复制事件处理程序，所以建议在复制之前最好先移除事件处理程序。

线上阅读

【示例】下面示例演示了 cloneNode()方法的克隆过程，其中为列表框绑定一个 click 事件处理程序，通过深度克隆之后，新的列表框没有添加 JavaScript 事件，仅克隆了 HTML 类样式和 style 属性。限于篇幅，示例代码在线上呈现，请扫码阅读。

【拓展】

线上阅读

节点都是单个对象，有时会需要一种数据结构，能够容纳多个节点。DOM 提供两种集合对象，用于实现这种节点的集合：NodeList 和 HTMLCollection。作为选学内容，感兴趣的读者可以扫码了解具体说明。

Note

视频讲解

12.3 文档

在 DOM 中，Document 类型表示文档节点，HTMLDocument 是 Document 的子类，document 对象是 HTMLDocument 的实例，它表示 HTML 文档。同时，document 对象又是 window 对象的属性，因此可以在全局作用域中直接访问 document 对象。

12.3.1 访问文档节点和子节点

document 节点是文档的根节点，window.document 属性就指向这个节点。只要浏览器开始载入 HTML 文档，这个节点对象就存在，可以直接调用。

document 节点有不同的办法可以获取。

☑ 对于正常的网页，直接使用 document 或 window.document。

☑ 对于 iframe 载入的网页，使用 iframe 节点的 contentDocument 属性。

☑ 对 Ajax 操作返回的文档，使用 XMLHttpRequest 对象的 responseXML 属性。

☑ 对于包含某个节点的文档，使用该节点的 ownerDocument 属性。

上面这 4 种 document 节点，都部署了 Document 接口，因此有共同的属性和方法。当然，各自也有一些自己独特的属性和方法，如 HTML 和 XML 文档的 document 节点就不一样。

访问文档子节点的方法有如下两种。

☑ 使用 documentElement 属性，该属性始终指向 HTML 页面中的 html 元素。

☑ 使用 childNodes 列表访问文档元素。

例如，下面代码都可以找到 html 元素，不过使用 documentElement 属性更快捷。

```
var html = document.documentElement;
var html = document.childNodes[0];
var html = document.firstChild;
```

document 对象有一个 body 属性，使用它可以访问 body 元素。例如：

```
var body = document.body;
```

所有浏览器都支持 document.documentElement 和 document.body 用法。

<!DOCTYPE>标签是一个与文档主体不同的实体，可以通过 doctype 属性访问它。例如：

```
var doctype = document.doctype;
```

由于浏览器对 document.doctype 的支持不一致，因此开发人员很少使用。

在 html 元素之外的注释也算是文档的子节点，但是不同的浏览器在处理它们时存在很大差异，在实际应用中也没有什么用处，用户可以忽略。

从技术上讲，不需要为 document 对象调用 appendChild()、removeChild()和 replaceChild()方法来为文档添加、删除或替换子节点，因为文档类型是只读的，而且文档只能有一个固定的元素子节点。

【拓展】

document 节点有很多属性，其中相当一部分属于快捷方式，指向文档内部的某个节点。

拓展部分为选学内容，感兴趣的读者可以扫码阅读。

线上阅读

视频讲解

Note

12.3.2　访问文档信息

HTMLDocument 的实例对象 document 包含很多属性，用来访问文档信息，简单说明如下。

☑ title：设置或返回<title>标签包含的文本信息。

☑ lastModified：返回文档最后被修改的日期和时间。

☑ URL：返回当前文档的完整 URL，即地址栏中显示的地址信息。

☑ domain：返回当前文档的域名。

☑ referrer：返回链接到当前页面的那个页面的 URL。在没有来源页面的情况下，referrer 属性中可能会包含空字符串。

实际上，上面这些信息都存在于请求的 HTTP 头部，不过通过这些属性更方便用户在 JavaScrip 中访问它们。

线上阅读

【拓展】

上面简单介绍了几个常用的文档信息属性，下面具体说明文档信息的全部属性，作为参考供读者们选学，具体内容请扫码阅读。

12.3.3　访问文档元素

document 对象包含多个访问文档内元素的方法，简单说明如下。

☑ getElementById()：返回指定 id 属性值的元素。注意，id 值要区分大小写，如果找到多个 id 相同的元素，则返回第一个元素，如果没有找到指定 id 值的元素，则返回 null。

☑ getElementsByTagName()：返回所有指定标签名称的元素节点。

☑ getElementsByName()：返回所有指定名称（name 属性值）的元素节点。该方法多用于表单结构中，用于获取单选按钮组或复选框组。

提示：getElementsByTagName()方法返回的是一个 HTMLCollection 对象，与 nodeList 对象类似，可以使用方括号语法或者 item()方法访问 HTMLCollection 对象中的元素，并通过 length 属性取得这个对象中元素的数量。

【示例】HTMLCollection 对象还包含一个 namedItem()方法，该方法可以通过元素的 name 特性取得集合中的项目。下面示例可以通过 namedItem("news")方法找到 HTMLCollection 对象中 name 为 news 的图片。

```
<img src="1.gif" />
<img src="2.gif" name="news" />
<script>
var images = document.getElementsByTagName("img");
var news = images.namedItem("news");
</script>
```

还可以通过下面用法获取页面中所有元素，其中参数“*”表示所有元素。

```
var allElements = document.getElementsByTagName("*");
```

IE 6 及其以下版本浏览器对其不支持，不过对于 IE 来讲，可以使用 document.all 来获取文档中所有元素节点。关于元素的访问将在 12.4 节详细说明。

【拓展】

document 对象包含大量方法，上面简单介绍了 3 个访问元素节点的方法，更多方法仅作为选学内容供读者了解，具体内容请扫码阅读。

线上阅读

视频讲解

12.3.4 访问文档集合

☑ document.anchors：返回文档中所有带 name 特性的<a>标签。

☑ document.applets：返回文档中所有<applet>标签，不再推荐使用。

☑ document.forms：返回文档中所有<form>标签，与 document.getElementsByTagName("form")得到的结果相同。

☑ document.images：返回文档中所有<img>标签，与 document.getElementsByTagName("img")得到的结果相同。

☑ document.links：返回文档中所有带 href 特性的<a>标签。

【拓展】

以下属性返回文档内部特定元素的集合，都是类似数组的对象。这些集合都是动态的，原节点有任何变化，立刻会反映在集合中，详细说明请扫码阅读。

线上阅读

12.3.5 使用 HTML5 Document

HTML5 扩展 HTMLDocument，增加很多新功能。本节重点介绍被各浏览器广泛支持的功能。

1. readyState

document 的 readyState 属性包含以下两个可能的值。

☑ loading：正在加载。

☑ complete：已经加载。

功能类似 onload 事件处理程序，表明文档已经加载完毕。例如：

```
if (document.readyState == "complete") {
    // 执行操作
}
```

浏览器支持状态：IE 4+、Firefox 3.6+、Safari、Chrome 和 Opera 9+，可以放心使用。

2. compatMode

document.compatMode 返回文档的渲染模式：标准模式（"CSS1Compat"）和怪异模式（"BackCompat"）。例如：

```
if (document.compatMode == "CSS1Compat") {
    alert("标准模式");
}else {
    alert("怪异模式");
}
```

浏览器支持状态：IE 6+、Firefox、Safari 3.1+、Opera 和 Chrome，可以放心使用。

3. head

document.body 引用文档的 body 元素，HTML5 新增 document.head 属性引用文档的 head 元素。

例如，使用下面代码兼容不同浏览器。

```
var head = document.head || document.getElementsByTagName("head")[0];
```

浏览器支持状态：Safari 5+和 Chrome，需要按上面代码方式进行兼容。

4. charset

document.charset 表示文档中实际使用的字符集，也可以用来指定新字符集。默认值为"UTF-16"，可以通过<meta>元素、HTTP 头部或直接设置 charset 属性修改默认值。

浏览器支持状态：IE、Firefox、Safari、Opera 和 Chrome，可以放心使用。

5. defaultCharset

document.defaultCharset 表示根据默认浏览器及操作系统的设置，当前文档默认的字符集应该是什么。如果文档没有使用默认的字符集，那么 charset 和 defaultCharset 属性值可能会不一样。

浏览器支持状态：IE、Safari 和 Chrome。

12.4 元　素

Element 对象对应网页的 HTML 标签元素。每一个 HTML 标签元素，在 DOM 树上都会转化成一个 Element 节点对象（以下简称元素）。

视频讲解

12.4.1 访问元素

1. getElementById()方法

使用 getElementById()方法可以准确获取文档中指定元素，用法如下。

```
document.getElementById(ID)
```

参数 ID 表示文档中对应元素的 id 属性值。如果文档中不存在指定元素，则返回值为 null。该方法只适用于 document 对象。

【示例 1】下面脚本能够获取对<div id="box">对象的控制权。

```
<div id="box">盒子</div>
<script>
var box = document.getElementById("box");                // 获取 id 属性值为 box 的元素
</script>
```

【示例 2】在下面示例中，使用 getElementById()方法获取<div id="box">对象的引用，然后使用 nodeName、nodeType、parentNode 和 childNodes 属性查看该对象的节点类型、节点名称、父节点和第一个子节点的名称。

```
<div id="box">盒子</div>
<script>
var box = document.getElementById("box");                // 获取指定盒子的引用
var info = "nodeName：" + box.nodeName;                  // 获取该节点的名称
info += "\rnodeType：" + box.nodeType;                   // 获取该节点的类型
info += "\rparentNode：" + box.parentNode.nodeName;      // 获取该节点的父节点名称
```

```
info += "\rchildNodes: " + box.childNodes[0].nodeName;        // 获取该节点的子节点名称
alert(info);                                                  // 显示提示信息
</script>
```

Note

2. getElementByTagName()方法

使用 getElementByTagName()方法可以获取指定标签名称的所有元素，用法如下。

```
document.getElementsByTagName(tagName)
```

参数 tagName 表示指定名称的标签，该方法返回值为一个节点集合，使用 length 属性可以获取集合中包含元素的个数，利用下标可以访问其中某个元素对象。

【示例 3】在节点集合中包含的都是元素对象，可以使用 nodeName、nodeType、parentNode 和 childNodes 属性查看该对象的节点类型、节点名称、父节点和第一个子节点的名称。

```
var p = document.getElementsByTagName("p");      // 获取 p 元素的所有引用
alert(p[4].nodeName);                            // 显示第五个 p 元素对象的节点名称
```

【示例 4】下面代码使用 for 循环获取每个 p 元素，并设置 p 元素的 class 属性为“red”。

```
var p = document.getElementsByTagName("p");      // 获取 p 元素的所有引用
for(var i=0;i<p.length;i++) {                    // 遍历 p 数据集合
    p[i].setAttribute("class","red");            // 为每个 p 元素定义 red 类样式
}
```

【拓展】

下面介绍一下 Element 的方法。这些方法在 HTML5 开发中非常实用，不过对于初学者来讲，建议仅做了解，感兴趣的读者请扫码阅读。

线 上 阅 读

视 频 讲 解

12.4.2 遍历元素

使用 parentNode、nextSibling、previousSibling、firstChild 和 lastChild 属性可以遍历文档树中每个节点。但是，在实际开发中常需要遍历元素节点，而不是文本等其他类型节点，为此本节将在上面 5 个指针的基础上，扩展仅能够指向元素类型的指针函数。

限于篇幅，我们把本节 7 个示例代码放在线上呈现，读者可以查看本节示例源代码，或者扫码阅读。

【补充】

下面补充介绍一下 Element 的所有属性。这些属性仅做了解，随着学习的不断深入，我们还将会逐步接触并展开讲解，具体内容请扫码阅读。

线上阅读 1

线上阅读 2

12.4.3 创建元素

createElement()方法能够根据参数指定的标签名称创建一个新的元素，并返回新建元素的引用，用法如下。

```
varelement = document.createElement("tagName");
```

其中 element 表示新建元素的引用，createElement()是 document 对象的一个方法，该方法只有一个参数，用来指定创建元素的标签名称。

Note

【示例 1】下面代码在当前文档中创建了一个段落标记 p，并把该段落的引用存储到变量 p 中。由于该变量表示一个元素节点，所以它的 nodeType 属性值等于 1，而 nodeName 属性值等于 p。

```
var p = document.createElement("p");              // 创建段落元素
var info = "nodeName：" + p.nodeName;            // 获取元素名称
info += "，nodeType：" + p.nodeType;              // 获取元素类型，如果为 1 则表示元素节点
alert(info);
```

使用 createElement()方法创建的新元素不会被自动添加文档中，因为新元素还没有 nodeParent 属性，仅在 JavaScript 上下文中有效。如果要把这个元素添加文档中，还需要使用 appendChild()、insertBefore()或 replaceChild()方法实现。

线上阅读

限于篇幅，我们把后面两个示例代码以及要注意的细节问题放在线上呈现，读者可以查看本节示例源代码，或者扫码阅读。

视频讲解

12.4.4 复制节点

cloneNode()方法可以创建一个节点的副本，其用法可以参考 12.2.5 节介绍。

【示例 1】在下面示例中，首先创建一个节点 p，然后复制该节点为 p1，再利用 nodeName 和 nodeType 属性获取复制节点的基本信息，该节点的信息与原来创建的节点基本信息相同。

```
var p = document.createElement("p");              // 创建节点
var p1 = p.cloneNode(false);                      // 复制节点
var info = "nodeName：" + p1.nodeName;           // 获取复制节点的名称
info += "，nodeType：" + p1.nodeType;             // 获取复制节点的类型
alert(info);                                      // 显示复制节点的名称和类型相同
```

线上阅读

限于篇幅，我们把后面 3 个示例代码以及要注意的细节问题放在线上呈现，读者可以查看本节示例源代码，或者扫码阅读。

12.4.5 插入节点

在文档中插入节点主要包括两种方法。

1. appendChild()方法

appendChild()方法可向当前节点的子节点列表的末尾添加新的子节点，用法如下。

```
appendChild(newchild)
```

参数 newchild 表示新添加的节点对象，并返回新增的节点。

【示例 1】下面示例展示了如何把段落文本增加到文档中指定的 div 元素中，使它成为当前节点的最后一个子节点。

```
<div id="box"></div>
<script>
var p = document.createElement("p");                    // 创建段落节点
var txt = document.createTextNode("盒模型");            // 创建文本节点，文本内容为"盒模型"
```

```
p.appendChild(txt);                                // 把文本节点增加到段落节点中
document.getElementById("box").appendChild(p);    // 获取 id 为 box 的元素，把段落节点增加进来
</script>
```

如果文档树中已经存在参数节点，则将从文档树中删除，然后重新插入新的位置；如果添加的节点是 DocumentFragment 节点，则不会直接插入，而是把子节点按序插入当前节点的末尾。

线 上 阅 读

限于篇幅，我们把下面 1 个示例代码以及要注意的细节问题放在线上呈现，读者可以查看本节示例源代码，或者扫码阅读。

2．insertBefore()方法

使用 insertBefore()方法可在已有的子节点前插入一个新的子节点，用法如下。

```
insertBefore(newchild,refchild)
```

其中参数 newchild 表示插入新的节点，refchild 表示在此节点前插入新节点。返回新子节点。

限于篇幅，我们把下面 1 个示例代码放在网上，读者可以查看本节示例源代码，或者扫码阅读。

12.4.6 删除节点

视 频 讲 解

removeChild()方法可以从子节点列表中删除某个节点，用法如下。

```
nodeObject.removeChild(node)
```

其中参数 node 为要删除的节点。如果删除成功，则返回被删除的节点；如果失败，则返回 null。

当使用 removeChild()方法删除节点时，该节点所包含的所有子节点将同时被删除。

【示例】在下面的示例中单击按钮时将删除红盒子中的一级标题。

```
<div id="red">
    <h1>红盒子</h1>
</div>
<div id="blue">蓝盒子</div>
<button id="ok">移动</button>
<script>
var ok = document.getElementById("ok");                    // 获取按钮元素的引用
ok.onclick = function() {                                  // 为按钮注册一个鼠标单击事件处理函数
    var red = document.getElementById("red");              // 获取红色盒子的引用
    var h1 = document.getElementsByTagName("h1")[0];       // 获取标题元素的引用
    red.removeChild(h1);                                   // 移出红盒子包含的标题元素
}
</script>
```

线 上 阅 读

限于篇幅，我们把下面 3 个示例代码放在线上呈现，读者可以查看本节示例源代码，或者扫码阅读。

12.4.7 替换节点

replaceChild()方法可以将某个子节点替换为另一个，用法如下。

```
nodeObject.replaceChild(new_node,old_node)
```

Note

其中参数 new_node 为指定新的节点，old_node 为被替换的节点。如果替换成功，则返回被替换的节点；如果替换失败，则返回 null。

【示例】以 12.4.6 节示例为基础，重写脚本，新建一个二级标题元素，并替换掉红色盒子中的一级标题元素。

```
var ok = document.getElementById("ok");                    // 获取按钮元素的引用
ok.onclick = function() {                                   // 为按钮注册一个鼠标单击事件处理函数
    var red = document.getElementById("red");              // 获取红色盒子的引用
    var h1 = document.getElementsByTagName("h1")[0];       // 获取一级标题的引用
    var h2 = document.createElement("h2");                 // 创建二级标题元素，并引用
    red.replaceChild(h2,h1);                               // 把一级标题替换为二级标题
}
```

演示发现，当使用新创建的二级标题来替换一级标题后，则原来的一级标题所包含的标题文本已经不存在。这说明替换节点的操作不是替换元素名称，而是替换其包含的所有子节点，以及其包含的所有内容。

线上阅读

同样的道理，如果替换节点还包含子节点，则子节点将一同被插入到被替换的节点中。可以借助 replaceChild()方法在文档中使用现有的节点替换另一个存在的节点。

限于篇幅，我们把下面两个示例代码放在线上呈现，读者可以查看本节示例源代码，或者扫码阅读。

视频讲解

12.4.8 获取焦点元素

使用 document.activeElement 属性可以引用 DOM 中当前获得了焦点的元素。

【示例 1】下面示例设计当文本框获取焦点时，使用 document.activeElement 设置焦点元素的背景色高亮显示。

```
<input type="text" >
<input type="text" >
<input type="text" >
<script>
var inputs = document.getElementsByTagName("input");
for(var i=0; i<inputs.length;i++) {
    inputs[i].onfocus =function(e) {
        document.activeElement.style.backgroundColor = "yellow";
    }
    inputs[i].onblur =function(e) {
        this.style.backgroundColor = "#fff";
    }
}
</script>
```

【示例 2】使用 HTML5 新增的 document.hasFocus()方法可以判断当前文档是否获得了焦点。

```
<input type="text" id="text" />
<script>
document.getElementById("text").focus();
if(document.hasFocus()) {
```

```
        document.activeElement.style.backgroundColor = "yellow";
    }
</script>
```

12.4.9 检测包含节点

视频讲解

contains()是 IE 的私有方法，用来检测某个节点是不是另一个节点的后代。该方法接收一个参数，指定要检测的后代节点。如果被检测的节点是后代节点，则返回 true；否则返回 false。

浏览器支持状态：IE、Firefox 9+、Safari、Opera 和 Chrome。

【示例 1】下面示例测试<div id="box">标签是否包含<span>标签，最后返回 true。

```
<div id="box"><span></span></div>
<script>
var box = document.getElementById("box");
var span = document.getElementsByTagName("span")[0];
alert(box.contains(span));
</script>
```

DOMLevel3 定义了 compareDocumentPosition()方法，该方法也能够确定节点间的关系。用法与 contains()方法相同，但是返回值不同。

浏览器支持状态：IE 9+、Firefox、Safari、Opera 9.5+和 Chrome。

【示例 2】以上面示例为例，下面示例使用 compareDocumentPosition()方法测试<div id="box">标签是否包含<span>标签，最后返回值为 20。

```
<div id="box"><span></span></div>
<script>
var box = document.getElementById("box");
var span = document.getElementsByTagName("span")[0];
alert(box.compareDocumentPosition(span));
</script>
```

提示：compareDocumentPosition()方法返回一个整数，用来描述两个节点在文档中的位置关系。详细说明和演示示例请扫码阅读。

线上阅读

12.5 文 本

文本节点由 Text 类型表示，包含纯文本内容，或转义后的 HTML 字符，但不能包含 HTML 代码。

12.5.1 访问文本节点

使用文本节点的 nodeValue 属性或 data 属性可以访问 Text 节点中包含的文本，这两个属性中包含的值相同。修改 nodeValue 值也会通过 data 反映出来，反之亦然。

每个文本节点还包含 length 属性，使用它可以返回包含文本的长度，利用该属性可以遍历文本节点中每个字符。

Note

【示例 1】在下面示例中，获取 div 元素中的文本，比较直接的方式是用元素的 innerText 属性读取。

```
<div id="div1">div 元素</div>
<script>
var div = document.getElementById("div1");
var text = div.innerText;
alert(text);
</script>
```

但是 innerText 属性不是标准用法，需要考虑浏览器兼容性，标准用法如下。

```
var text = div.firstChild.nodeValue;
```

线上阅读

【示例 2】下面设计一个读取元素包含文本的通用方法。

限于篇幅，我们把代码放在线上呈现，读者可以查看本节示例源代码，或者扫码阅读。

视频讲解

12.5.2 创建文本节点

使用 document 对象的 createTextNode()方法可创建文本节点，用法如下。

```
document.createTextNode(data)
```

参数 data 表示字符串。

【示例 1】下面示例创建一个新 div 元素，并为它设置 class 值为 red，然后再创建一个文本节点，并将其添加到 div 元素中，最后将 div 元素添加到文档 body 元素中，这样就可以在浏览器中看到新创建的元素和文本节点。

```
var element = document.createElement("div");
element.className = "red";
var textNode = document.createTextNode("Hello world!");
element.appendChild(textNode);
document.body.appendChild(element);
```

【示例 2】由于解析器的实现或 DOM 操作等原因，可能会出现文本节点不包含文本，或者接连出现两个文本节点的情况。为了避免这种情况，一般应该在父元素上调用 normalize()方法，如果找到了空文本节点，则删除它；如果找到相邻的文本节点，则将它们合并为一个文本节点。

```
var element = document.createElement("div");
var textNode = document.createTextNode("Hello");                 // 创建文本节点
element.appendChild(textNode);                                   // 追加文本节点
var anotherTextNode = document.createTextNode(" world!");        // 创建文本节点
element.appendChild(anotherTextNode);                            // 追加文本节点
document.body.appendChild(element);
alert(element.childNodes.length);                                // 返回 2
element.normalize();
alert(element.childNodes.length);                                // 返回 1
alert(element.firstChild.nodeValue);                             // 返回"Hello World!"
```

视频讲解

提示：浏览器原生提供一个 Text()构造函数，它能够返回一个 Text 节点。Text()的参数就是该 Text 节点的文本内容。例如：

```
var text1 = new Text();
var text2 = new Text("This is a text node");
```

注意：由于空格也是一个字符，所以哪怕只有一个空格，也会形成 Text 节点。

12.5.3 操作文本节点

使用下列方法可以操作文本节点中的文本。

- ☑ appendData(string)：将字符串 string 追加到文本节点的尾部。
- ☑ deleteData(start,length)：从 start 下标位置开始删除 length 个字符。
- ☑ insertData(start,string)：在 start 下标位置插入字符串 string。
- ☑ replaceData(start,length,string)：使用字符串 string 替换从 start 下标位置开始 length 个字符。
- ☑ splitText(offset)：在 offset 下标位置把一个 Text 节点分割成两个节点。
- ☑ substringData(start,length)：从 start 下标位置开始提取 length 个字符。

【拓展】

Text 节点除了继承 Node 节点的属性和方法，还继承了 CharacterData 接口。Node 节点的属性和方法可以参考上面介绍，以下的属性和方法大部分来自 CharacterData 接口。

本拓展内容为选学部分，感兴趣的读者可以扫码阅读。

线上阅读

12.5.4 读取 HTML 字符串

元素的 innerHTML 属性可以返回调用元素包含的所有子节点对应的 HTML 标记字符串。最初它是 IE 的私有属性，HTML5 规范了 innerHTML 的使用，并得到所有浏览器的支持。

【示例】下面示例使用 innerHTML 属性读取 div 元素包含的 HTML 字符串。

```
<div id="div1">
    <style type="text/css">p{color: red;}</style>
    <p><span>div</span>元素</p>
</div>
<script>
var div = document.getElementById("div1");
var s = div.innerHTML;
alert(s);
</script>
```

针对上面示例，Mozilla 浏览器返回的字符串为"<p><span>div</span>元素</p>"，而 IE 浏览器返回的字符串为" <style type =text/css>p{color :red;}</style><P><span>div</span>元素</P>"。

提示：不使用时应注意两个问题：

- ☑ 早期 Mozilla 浏览器的 innerHTML 属性返回值不包含 style 元素。
- ☑ 早期 IE 浏览器会全部使用大写形式返回元素的字符名称。

另外，使用 outerHTML 属性也能够读取 HTML 字符串，不过我们更习惯使用 innerHTML 属性。有关 outerHTML 属性介绍可参考 12.5.6 节内容。

视频讲解

Note

12.5.5 插入 HTML 字符串

1. innerHTML 属性

innerHTML 属性可以根据传入的 HTML 字符串，创建新的 DOM 片段，然后用这个 DOM 片段完全替换调用元素原有的所有子节点。设置 innerHTML 属性值之后，可以像访问文档中的其他节点一样访问新创建的节点。

【示例 1】下面示例将创建一个 1000 行的表格。先构造一个 HTML 字符串，然后更新 DOM 的 innerHTML 属性。如果通过 DOM 的 document.createElement()和 document.createTextNode()方法创建同样的表格，代码会非常冗长。在一个性能苛刻的操作中更新一大块 HTML 页面，innerHTML 在大多数浏览器中执行得更快。

限于篇幅，我们把本例代码放在线上呈现，读者可以查看本节示例源代码，或者扫码阅读。

> 注意：使用 innerHTML 属性也有一些限制。例如，在大多数浏览器中，通过 innerHTML 插入<script>标记后，并不会执行其中的脚本。

2. insertAdjacentHTML()方法

插入 HTML 标记的另一种新增方式是 insertAdjacentHTML()方法。这个方法最早也是在 IE 中出现，后来被 HTML5 规范。

浏览器支持状态：IE、Firefox 8+、Safari、Chrome 和 Opera。

insertAdjacentHTML()方法包含两个参数：第一个参数设置插入位置，第二个参数传入要插入的 HTML 字符串。第一个参数必须是下列值之一。注意，这些值都必须是小写形式。

- ☑ "beforebegin"：在当前元素之前插入一个紧邻的同辈元素。
- ☑ "afterbegin"：在当前元素下插入一个新的子元素，或在第一个子元素之前再插入新的子元素。
- ☑ "beforeend"：在当前元素下插入一个新的子元素，或在最后一个子元素之后再插入新的子元素。
- ☑ "afterend"：在当前元素后插入一个紧邻的同辈元素。

线上阅读

【示例 2】下面示例使用 insertAdjacentHTML()方法分别在 4 个<div>标签中插入 HTML 字符串，由于第一个参数值不同，则插入效果也不同。

限于篇幅，我们把本例代码放在线上呈现，读者可以查看本节示例源代码，或者扫码阅读。

12.5.6 替换 HTML 字符串

outerHTML 也是 IE 的私有属性，后来被 HTML5 规范，与 innerHTML 的功能类似。在读模式下，outerHTML 返回调用它的元素及所有子节点的 HTML 标签；在写模式下，outerHTML 会根据指定的 HTML 字符串创建新的 DOM 子树，然后用这个 DOM 子树完全替换调用元素。

浏览器支持状态：IE 4+、Firefox 8+、Safari 4+、Chrome 和 Opera 8+、Firefox 7 及之前版本不支持 outerHTML 属性。

线上阅读

【示例】下面示例演示了 outerHTML 与 innerHTML 属性的不同效果。分别为列表结构中不同列表项定义一个鼠标单击事件，在事件处理函数中分别使用 outerHTML 和 innerHTML 属性改变原列表项的 HTML 标记，会发现 outerHTML 是使用<h2>替换<li>，而 innerHTML 是把<h2>插入<li>中。

限于篇幅，我们把本例代码放在线上呈现，读者可以查看本节示例源代码，或者扫码阅读。

12.5.7 插入文本

innerText 和 outerText 也是 IE 的私有属性，但是没有被 HTML5 纳入规范。由于比较实用，下面简单介绍一下它们的应用。

1．innerText 属性

innerText 在指定元素中插入文本内容，如果文本中包含 HTML 字符串，将被编码显示。也可以使用该属性读取指定元素包含的全部嵌套的文本信息。

浏览器支持状态：IE4+、Safari 3+、Chrome 和 Opera 8+。

Firefox 虽然不支持 innerText，但支持功能类似的 textContent 属性。textContent 是 DOM Level 3 规定的一个属性，支持 textContent 属性的浏览器还有 IE9+、Safari 3+、Opera 10+和 Chrome。

【示例 1】为了兼容不同浏览器，下面自定义两个工具函数来代替 innerText 属性的使用。

```
function getInnerText(element) {
    return (typeof element.textContent == "string") ?
        element.textContent : element.innerText;
}
function setInnerText(element, text) {
    if (typeof element.textContent == "string") {
        element.textContent = text;
    } else {
        element.innerText = text;
    }
}
```

这两个函数接收一个元素作为参数，然后检查这个元素是不是有 textContent 属性。如果有，那么 typeof element.textContent 应该是"string"；如果没有，那么就会改为使用 innerText。

2．outerText 属性

outerText 与 innerText 功能类似，但是它能够覆盖原有的元素。

【示例 2】下面示例使用 outerText、innerText、outerHTML 和 innerHTML 这 4 种属性为列表结构中不同列表项插入文本。

限于篇幅，我们把本例代码放在线上呈现，读者可以查看本节示例源代码，或者扫码阅读。

线上阅读

12.6 文档片段

DocumentFragment 节点代表一个文档的片段，它本身就是一个完整的 DOM 树形结构，没有父节点，parentNode 返回 null，但是可以插入任意数量的子节点。它不属于当前文档，操作 DocumentFragment 节点，要比直接操作 DOM 树快得多。

一般用于构建一个 DOM 结构，然后插入当前文档。document.createDocumentFragment()方法，以及浏览器原生的 DocumentFragment 构造函数，可以创建一个空的 DocumentFragment 节点。然后再使用其他 DOM 方法，向其添加子节点。

文档片段作用：将文档片段作为节点“仓库”来使用，保存将来可能会添加到文档中的节点。

创建文档片段的方法如下。

```
var fragment = document.createDocumentFragment();
```

注意：如果将文档树中的节点添加到文档片段中，就会从文档树中移除该节点，在浏览器中也不会再看到该节点。添加到文档片段中的新节点同样也不属于文档树。

Note

使用 appendChild()或 insertBefore()方法可以将文档片段添加到文档树中。在将文档片段作为参数传递给这两个方法时，实际上只会将文档片段的所有节点添加到相应位置上，文档片段本身永远不会成为文档树的一部分，可以把文档片段视为一个节点的临时容器。

【示例】每次使用 JavaScript 操作 DOM，都会改变页面呈现，并触发整个页面重新渲染，从而消耗系统资源。为解决这个问题，可以先创建一个文档片段，把所有的新节点附加到文档片段上，最后再把文档片段一次性添加到文档中，减少页面重绘的次数。

```
<input type="button" value="添加项目" onclick="addItems()">
<ul id="myList"></ul>
<script>
function addItems() {
    var fragment = document.createDocumentFragment();
    var ul = document.getElementById("myList");
    var li = null;
    for (var i = 0; i < 12; i++) {
        li = document.createElement("li");
        li.appendChild(document.createTextNode("项目" + (i+1)));
        fragment.appendChild(li);
    }
    ul.appendChild(fragment);
}
</script>
```

上面示例准备为 ul 元素添加 12 个列表项。如果逐个添加列表项，将会导致浏览器反复渲染页面。为避免这个问题，可以使用一个文档片段来保存创建的列表项，然后再一次性将它们添加到文档中，这样能够提升系统的执行效率。

12.7 属　　性

HTML 元素包括标签名和若干个键值对，这个键值对就称为“属性”（attribute）。属性节点由 Attr 类型表示。

视频讲解

12.7.1 访问属性节点

Attr 是 Element 的属性，作为一种节点类型，它继承了 Node 类型的属性和方法。不过 Attr 没有父节点，同时属性也不被认为是元素的子节点，对于很多 Node 的属性来说都将返回 null。

Attr 对象包含 3 个专用属性，简单说明如下。

☑ name：返回属性的名称，与 nodeName 的值相同。

☑ value：设置或返回属性的值，与 nodeValue 的值相同。

Note

☑ specified：如果属性值是在代码中设置的，则返回 true；如果为默认值，则返回 false。

创建属性节点的方法如下。

```
document.createAttribute(name)
```

参数 name 表示新创建的属性的名称。

限于篇幅，我们把演示示例放在线上呈现，读者可以通过本节示例源代码，或者扫码快速模仿练习。

【拓展】

HTML 元素对象有一个 attributes 属性，返回一个类似数组的动态对象，成员是该元素标签的所有属性节点对象，属性的实时变化都会反映在这个节点对象上，具体说明请扫码阅读。

线上阅读 1

线上阅读 2

12.7.2 读取属性值

视频讲解

使用元素的 getAttribute()方法可以快速读取指定元素的属性值，传递的参数是一个以字符串形式表示的元素属性名称，返回的是一个字符串值，如果给定属性不存在，则返回的值为 null。

【示例 1】下面示例访问红盒子和蓝盒子，然后读取这些元素所包含的 id 属性值。

```
<div id="red">红盒子</div>
<div id="blue">蓝盒子</div>
<script>
var red = document.getElementById("red");    // 获取红盒子
alert(red.getAttribute("id"));                 // 显示红盒子的 id 属性值
var blue = document.getElementById("blue");  // 获取蓝盒子
alert(blue.getAttribute("id"));                // 显示蓝盒子的 id 属性值
</script>
```

【示例 2】HTML 元素节点的标准属性（即在标准中定义的属性），会自动成为元素节点对象的属性。可以使用点语法快捷读取属性值。

```
var red = document.getElementById("red");
alert(red.id);
var blue = document.getElementById("blue");
alert(blue.id);
```

使用点语法比较简便，也获得所有浏览器的支持。但是，这种用法虽然可以读写 HTML 属性，但是无法删除属性，delete 运算符在这里不会生效。

注意：HTML 元素的属性名是大小写不敏感的，但是 JavaScript 对象的属性名是大小写敏感的。转换规则是，转为 JavaScript 属性名时，一律采用小写。更详细说明和演示示例请扫码阅读。

线上阅读

12.7.3 设置属性值

使用元素的 setAttribute()方法可以设置元素的属性值，用法如下。

```
setAttribute(name,value)
```

参数 name 和 value 分别表示属性名称和属性值。属性名和属性值必须以字符串的形式进行传递。如果元素中存在指定的属性，它的值将被刷新；如果不存在，则 setAttribute()方法将为元素创建该属性并赋值。

Note

【示例 1】下面示例分别为页面中 div 元素设置 title 属性。

```
<div id="red">红盒子</div>
<div id="blue">蓝盒子</div>
<script>
var red = document.getElementById("red");            // 获取红盒子的引用
var blue = document.getElementById("blue");          // 获取蓝盒子的引用
red.setAttribute("title", "这是红盒子");              // 为红盒子对象设置 title 属性和值
blue.setAttribute("title", "这是蓝盒子");             // 为蓝盒子对象设置 title 属性和值
</script>
```

【示例 2】下面示例定义了一个文本节点和元素节点，并为一级标题元素设置 title 属性，最后把它们添加文档结构中。

```
var hello = document.createTextNode("Hello World！");  // 创建一个文本节点
var h1 = document.createElement("h1");                  // 创建一个一级标题
h1.setAttribute("title", "你好，欢迎光临！");            // 为一级标题定义 title 属性
h1.appendChild(hello);                                  // 把文本节点增加到一级标题中
document.body.appendChild(h1);                          // 把一级标题增加到文档中
```

线上阅读

【拓展】

限于篇幅，下面还有 3 个拓展示例，放在线上呈现，读者可以扫码阅读。

12.7.4 删除属性

视频讲解

使用元素的 removeAttribute()方法可以删除指定的属性，用法如下。

```
removeAttribute(name)
```

参数 name 表示元素的属性名。

【示例 1】下面示例演示了如何动态设置表格的边框。

```
<script>
window.onload = function() {       // 绑定页面加载完毕时的事件处理函数
    var table = document.getElementsByTagName("table")[0]; // 获取表格外框的引用
    var del = document.getElementById("del");        // 获取“删除”按钮的引用
    var reset = document.getElementById("reset");    // 获取“恢复”按钮的引用
    del.onclick = function() {                       // 为“删除”按钮绑定事件处理函数
        table.removeAttribute("border");             // 移出边框属性
    }
    reset.onclick = function() {                     // 为“恢复”按钮绑定事件处理函数
        table.setAttribute("border", "2");           // 设置表格的边框属性
    }
}
</script>
<table width="100%" border="2">
    <tr>
```

```
            <td>数据表格</td>
        </tr>
</table>
<button id="del">删除</button><button id="reset">恢复</button>
```

在上面示例中，设计了两个按钮，并分别绑定不同的事件处理函数。单击"删除"按钮即可调用表格的 removeAttribute()方法清除表格边框，单击"恢复"按钮即可调用表格的 setAttribute()方法重新设置表格边框的粗细。

线上阅读

【示例 2】下面示例演示了如何自定义删除类函数，并调用该函数删除指定类名。

限于篇幅，本示例代码放在线上呈现，读者可以查看本节示例源代码，或者扫码阅读。

12.7.5 使用类选择器

视频讲解

HTML5 为 document 对象和 HTML 元素新增了 getElementsByClassName()方法，使用该方法可以选择指定类名的元素。getElementsByClassName()方法可以接收一个字符串参数，包含一个或多个类名，类名通过空格分隔，不分先后顺序，方法返回带有指定类的所有元素的 NodeList。

浏览器支持状态：IE 9+、Firefox 3.0+、Safari 3+、Chrome 和 Opera 9.5+。

如果不考虑兼容早期 IE 浏览器或者怪异模式，用户可以放心使用。

【示例 1】下面示例使用 document.getElementsByClassName("red")方法选择文档中所有包含 red 类的元素。

```
<div class="red">红盒子</div>
<div class="blue red">蓝盒子</div>
<div class="green red">绿盒子</div>
<script>
var divs = document.getElementsByClassName("red");
for(var i = 0; i<divs.length; i++) {
    console.log(divs[i].innerHTML);
}
</script>
```

【示例 2】下面示例使用 document.getElementById("box")方法先获取<div id="box">，然后在它下面使用 getElementsByClassName("blue red")选择同时包含 red 和 blue 类的元素。

```
<div id="box">
    <div class="blue red green">blue red green</div>
</div>
<div class="blue red   black">blue red   black</div>
<script>
var divs = document.getElementById("box").getElementsByClassName("blue red");
for(var i=0; i<divs.length;i++) {
    console.log(divs[i].innerHTML);
}
</script>
```

在 document 对象上调用 getElementsByClassName()会返回与类名匹配的所有元素，在元素上调用该方法就只会返回后代匹配的元素。

视频讲解

Note

12.7.6 自定义属性

HTML5 允许用户为元素自定义属性，但要求添加 data-前缀，目的是为元素提供与渲染无关的附加信息，或者提供语义信息。例如：

```
<div id="box" data-myid="12345" data-myname="zhangsan"   data-mypass="zhang123">自定义数据属性</div>
```

添加自定义属性之后，可以通过元素的 dataset 属性访问自定义属性。dataset 属性的值是一个 DOMStringMap 实例，也就是一个名值对的映射。在这个映射中，每个 data-name 形式的属性都会有一个对应的属性，只不过属性名没有 data-前缀。

浏览器支持状态：Firefox 6+和 Chrome。

【示例】下面代码演示了如何自定义属性，以及如何读取这些附加信息。

```
var div = document.getElementById("box");
// 访问自定义属性值
var id = div.dataset.myid;
var name = div.dataset.myname;
var pass = div.dataset.mypass;
// 重置自定义属性值
div.dataset.myid = "54321";
div.dataset.myname = "lisi";
div.dataset.mypass = "lisi543";
// 检测自定义属性
if (div.dataset.myname) {
    alert(div.dataset.myname);
}
```

虽然上述用法未获得所有浏览器支持，但是我们仍然可以使用这种方式为元素添加自定义属性，然后使用 getAttribute()方法读取元素附加的信息。

12.8 CSS 选择器

Selectors API 是由 W3C 发起制定的一个标准，致力于让浏览器原生支持 CSS 查询。DOMAPI 模块核心是两个方法：querySelector()和 querySelectorAll()，这两个方法能够根据 CSS 选择器规范，便捷定位文档中指定元素。

浏览器支持状态：IE 8+、 Firefox、 Chrome、Safari、Opera。

Document、DocumentFragment、Element 都实现了 NodeSelector 接口。即这 3 种类型的节点都拥有 querySelector()和 querySelectorAll()方法。

querySelector()和 querySelectorAll()方法的参数必须是符合 CSS 选择器规范的字符串，不同的是 querySelector()方法返回的是一个元素对象，querySelectorAll()方法返回的是一个元素集合。

【示例 1】新建网页文档，输入下面 HTML 结构代码。

```
<div class="content">
    <ul>
```

```
            <li>首页</li>
            <li class="red">财经</li>
            <li class="blue">娱乐</li>
            <li class="red">时尚</li>
            <li class="blue">互联网</li>
        </ul>
    </div>
```

Note

如果要获得第一个 li 元素，可以使用如下方法。

```
document.querySelector(".content ul li");
```

如果要获得所有 li 元素，可以使用如下方法。

```
document.querySelectorAll(".content ul li");
```

如果要获得所有 class 为 red 的 li 元素，可以使用如下方法。

```
document.querySelectorAll("li.red");
```

提示：DOM API 模块也包含 getElementsByClassName()方法，使用该方法可以获取指定类名的元素。例如：

```
document.getElementsByClassName("red");
```

注意：getElementsByClassName()方法只能够接收字符串，且为类名，而不需要加点号前缀，如果没有匹配到任何元素则返回空数组。

CSS 选择器是一个便捷的确定元素的方法，这是因为大家已经对 CSS 很熟悉了。当需要联合查询时，使用 querySelectorAll()更加便利。

【示例 2】在文档中一些 li 元素的 class 名称是 red，另一些 class 名称是 blue，可以用 querySelectorAll()方法一次性获得这两类节点。

```
var lis = document.querySelectorAll("li.red, li.blue");
```

如果不使用 querySelectorAll()方法，那么要获得同样列表，需要更多工作。一个办法是选择所有的 li 元素，然后通过迭代操作过滤出那些不需要的列表项目。

```
var result = [], lis1 = document.getElementsByTagName('li'), classname = '';
for(var i = 0, len = lis1.length; i < len; i++) {
    classname = lis1[i].className;
    if(classname === 'red' || classname === 'blue') {
        result.push(lis1[i]);
    }
}
```

比较上面两种不同的用法，使用选择器 querySelectorAll()方法比使用 getElementsByTagName()的性能要快很多。因此，如果浏览器支持 document.querySelectorAll()，那么最好使用它。

在 Selectors API 2 版本规范中，为 Element 类型新增了一个方法 matchesSelector()。这个方法接收一个参数，即 CSS 选择符，如果调用元素与该选择符匹配，返回 true；否则，返回 false。目前浏览器对其支持不是很好。

12.9 范 围

Note

DOM2 在遍历和范围模块中定义了范围接口。通过范围可以选择文档中的一个区域，而不用考虑节点的界限。在常规 DOM 操作中不能更有效地修改文档时，使用范围往往可以达到目的。

Firefox、Opera、Safari 和 Chrome 都支持 DOM 范围，IE8 及其早期版本不支持标准的用法，但是提供专有方法实现对范围的支持。

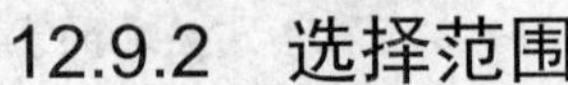

提示：考虑到在初级开发阶段，范围不是很常用，因此本节仅作为选学内容供参考。

线上阅读

12.9.1 创建范围

document 对象定义了 createRange()方法，使该方法可以创建范围。

限于篇幅，本节演示示例可以查看示例源代码，或者扫码阅读。

线上阅读

12.9.2 选择范围

创建范围之后，可以使用范围来选择文档中的一部分。其中最简的方式就是使用 selectNode()或 selectNodeContents()方法。

限于篇幅，本节演示示例可以查看示例源代码，或者扫码阅读。

线上阅读

12.9.3 设置范围

创建复杂的范围一般使用 setStart()和 setEnd()方法。

限于篇幅，本节演示示例可以查看示例源代码，或者扫码阅读。

线上阅读

12.9.4 操作范围内容

范围实际上也是一个文档片段。创建范围后，其内全部节点都被添加这个文档片段中，并会自动补全开始标签和结束标签，重构有效的 DOM 结构，以方便用户对其进行操作。

限于篇幅，本节演示示例可以查看示例源代码，或者扫码阅读。

线上阅读

12.9.5 插入范围内容

使用 insertNode()方法可以向范围开始位置插入节点，该方法包含一个参数：要插入的节点。

限于篇幅，本节演示示例可以查看示例源代码，或者扫码阅读。

线上阅读

12.9.6 折叠范围

折叠范围就是指范围中没有选择任何内容。使用 collapse()方法可以折叠范围。

限于篇幅，本节演示示例可以查看示例源代码，或者扫码阅读。

线上阅读

Note

12.9.7　比较范围

使用 compareBoundaryPoints()方法可以比较两个范围的位置，以确定范围之间是否有公共的边界，如起点或终点。

限于篇幅，本节演示示例可以查看示例源代码，或者扫码阅读。

线上阅读

12.9.8　复制和清除范围

使用 cloneRange()方法可以复制范围，新创建的范围与原来的范围包含相同的属性，而修改它的边界不会影响原来的范围。

限于篇幅，本节演示示例可以查看示例源代码，或者扫码阅读。

12.10　案例实战

本节将通过多个实例介绍如何灵活应用 DOM，以便优化代码，提升运行效率。

12.10.1　异步加载远程数据

script 元素能够动态加载外部或远程 JavaScript 脚本文件。JavaScript 脚本文件不仅仅可以被执行，还可以附加数据。在服务器端使用 JavaScript 文件附加数据后，当在客户端使用 script 元素加载这些远程脚本时，附加在 JavaScript 文件中的信息也一同被加载到客户端，从而实现数据异步加载的目的。

下面介绍如何使用 script 元素设计异步交互接口，动态生成 script 元素。通过 script 元素实施异步交互功能的封装，这样就避免了每次实施异步交互时都需要手动修改文档结构的麻烦。

限于篇幅，本节案例的源代码和讲解过程请扫码阅读。

线上阅读

12.10.2　使用 script 设计异步交互

使用 script 元素作为异步通信的工具时，实现信息交换的最简单的方法就是使用参数作为从客户端向服务器端传递信息，这种在 URL 中附加参数的方式是最快捷的方法，然后服务器端接收这些参数，并把响应信息以 JavaScript 脚本形式传回客户端。

限于篇幅，本节案例的源代码和讲解过程请扫码阅读。

线上阅读

12.10.3　使用 JSONP 异步通信

JSONP 是 JSON with Padding 的简称，它能够通过在客户端文档中生成脚本标记（<script>标签）来调用跨域脚本（服务器端脚本文件）时使用的约定，这是一个非官方的协议。

JSONP 允许在服务器端动态生成 JavaScript 字符串返回给客户端，通过 JavaScript 回调函数的形式实现跨域调用。现在很多 JavaScript 技术框架都使用 JSONP 实现跨域异步通信，如 dojo、JQuery、Youtube GData API、Google Social Graph API、Digg API 等。

限于篇幅，本节案例的源代码和讲解过程请扫码阅读。

线上阅读

12.10.4 访问 DOM 集合

HTML 集合是用于存放 DOM 节点引用的类数组对象。下列方法的返回值都是一个集合。

Note

☑ document.getElementsByName()。

☑ document.getElementsByClassName()。

☑ document.getElementsByTagName()。

下列属性也属于 HTML 集合：

document.images：页面中所有的<img>元素。

☑ document.links：所有的<a>元素。

☑ document.forms：所有表单。

☑ document.forms[0].elements：页面中第一个表单的所有字段。

限于篇幅，本节案例的源代码和讲解过程请扫码阅读。

线上阅读

12.10.5 编辑选择文本

本例使用 JavaScript 实现在网页中选中文本，弹出提示图标，允许用户把选中的文本分享到新浪微博。

限于篇幅，本节案例的源代码和讲解过程请扫码阅读。

线上阅读

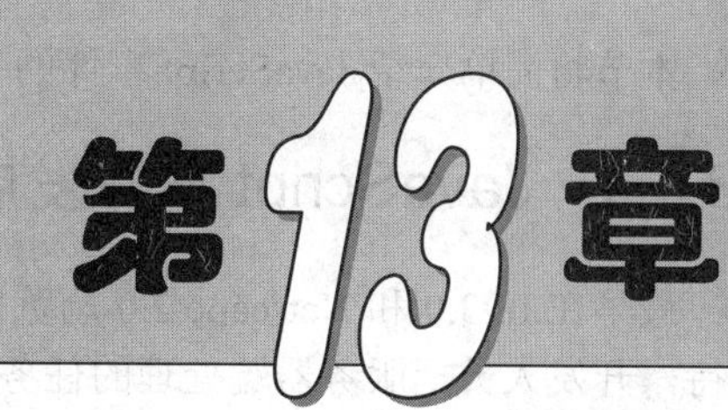

第13章 事件操作

事件是一种异步编程的实现方式，本质上是程序各个组成部分之间的通信。DOM 支持大量的事件，本章将介绍 DOM 事件的编程基础。

【学习重点】

- 了解事件模型。
- 能够正确注册、监听事件。
- 能够自定义事件。
- 熟悉和使用不同类型的事件。

13.1 事件基础

本节将简单介绍 JavaScript 事件的基本概念和使用。

13.1.1 JavaScript 事件发展历史

最早在 IE 3.0 和 Netscape 2.0 浏览器中出现事件。互联网初期网速非常慢，为了解决用户漫长的等待，开发人员把服务器端处理的任务部分前移到客户端，让客户端 JavaScript 脚本代替解决。

例如，对用户输入的表单信息进行验证等，于是就出现各种响应用户行为的事件，如表单提交事件、文本输入时键盘事件、文本框中文本发生变化触发的事件、选择下拉菜单时引发的事件等。因此，早期的事件多集中在表单应用上。

DOM 2 规范开始尝试标准化 DOM 事件，直到 2004 年发布 DOM 3.0 时，W3C 才完善事件模型。IE 9、Fircfox、Opera、Safari 和 Chrome 主流浏览器都已经实现了 DOM 2 事件模块的核心部分。IE 8 及其早期版本使用 IE 私有的事件模型。

JavaScript 是以事件驱动实现页面交互，事件驱动的核心：以消息为基础，以事件来驱动。通俗说，事件就是文档或浏览器窗口中发生的一些特定交互行为，如加载、单击、输入、选择等。可以使用侦听器预订事件，即在特定事情上绑定事件监听函数，以便在事件发生时执行相应的代码。当事件发生时，浏览器会自动生成事件对象（event），并沿着 DOM 节点有序进行传播，直到被脚本捕获。这种观察员模式确保 JavaScript 与 HTML 保持松散的耦合。

13.1.2 事件模型

在浏览器发展历史中，出现 4 种事件处理模型。

☑ 基本事件模型：也称为 DOM 0 事件模型，是浏览器初期出现的一种比较简单的事件模型，主要通过事件属性，为指定标签绑定事件监听函数。由于这种模型应用比较广泛，获得所有浏览器的支持，目前依然比较流行。但是这种模型对于 HTML 文档标签依赖严重，不利于 JavaScript 独立开发。

☑ DOM 事件模型：由 W3C 制订，是目前标准的事件处理模型。所有符合标准的浏览器都支持该模型，IE 怪异模式不支持。DOM 事件模型包括 DOM 2 事件模块和 DOM 3 事件模块，DOM 3 事件模块为 DOM 2 事件模块的升级版，略有完善，主要是新增了一些事情类型，以适应移动设备的开发需要，但大部分规范和用法保持一致。

☑ IE 事件模型： IE 4.0 及其以上版本浏览器支持，与 DOM 事件模型相似，但用法不同。

☑ Netscape 事件模型：由 Netscape 4 浏览器实现，在 Netscape 6 中停止支持。

13.1.3 事件传播

当一个事件发生以后，它会在不同的 DOM 节点之间传播，也称为事件流。这种传播分成三个阶段，具体说明如下。

☑ 捕获阶段：事件从 window 对象沿着文档树向下传播到目标节点，如果目标节点的任何一个上级节点注册了相同事件，那么事件在传播的过程中就会首先在最接近顶部的上级节点执行，

依次向下传播。

- ☑ 目标阶段：注册在目标节点上的事件被执行。
- ☑ 冒泡阶段：事件从目标节点向上触发，如果上级节点注册了相同的事件，将会逐级响应，依次向上传播。

事件传播的最上层对象是 window，接着依次是 document、html（document.documentElement）和 body（document.dody）。也就是说，如果<body>元素中有一个<div>元素，单击该元素。事件的传播顺序，在捕获阶段依次为 window、document、html、body、div，在冒泡阶段依次为 div、body、html、document、window。

Note

线上阅读

关于事件流的演示示例代码和不同阶段响应的比较效果，请扫码阅读。

13.1.4　事件类型

根据触发对象不同，可以将浏览器中发生的事件分成不同的类型。DOM 0 事件定义了以下事件类型。

- ☑ 鼠标事件：与鼠标操作相关的各种行为，可以细分为两类：跟踪鼠标当前定位（如 mouseover、mouseout）的事件和跟踪鼠标单击（如 mouseup、mousedown、click）的事件。
- ☑ 键盘事件：与键盘操作相关的各种行为，包括追踪键盘敲击和其上下文，追踪键盘包括 3 种类型：keyup、keydown 和 keypress。
- ☑ 页面事件：关于页面本身的行为，如当首次载入页面时触发 load 事件和离开页面时触发 unload 和 beforeunload 事件。此外，JavaScript 的错误使用错误事件追踪，可以让用户独立处理错误。
- ☑ UI 事件：追踪用户在页面中的各种行为，如监听用户在表单中输入，可以通过 focus（获得焦点）和 blur（失去焦点）两个事件，如 submit 事件用来追踪表单的提交，change 事件监听用户在文本框中的输入，而 select 事件可以监听下拉菜单发生更新等。

在 DOM 2 事件模型中，事件模块包含 4 个子模块，每个子模块提供对某类事件的支持。例如，MouseEvent 子模块提供了对 mousedown、mouseup、mouseover、mouseout 和 click 事件类型的支持。包括 IE 9 在内的所有主流浏览器都支持 DOM 2 事件类型。

- ☑ HTMLEvents：接口为 Event，支持的事件类型包括 abort、blur、change、error、focus、load、resize、scroll、select、submit、unload。
- ☑ MouseEvents：接口为 MouseEvent，支持的事件类型包括 click、mousedown、mousemove、mouseout、mouseover、mouseup。
- ☑ UIEvents：接口为 UIEvent，具体支持事件类型请扫码了解。
- ☑ MutationEvents：接口为 MutationEvent，具体支持事件类型请扫码了解。

【拓展】

DOM 2 类型分类说明请扫码了解。

线上阅读

HTMLEvents 和 MouseEvents 模块定义的事件类型与基础事件模型中的事件类型相似，UIEvents 模块定义的事件类型与 HTML 表单元素的支持的获得焦点、失去焦点和单击事件功能类似，MutationEvents 模块定义的事件是在文档改变时生成的，一般不常用。

13.1.5　绑定事件

视频讲解

在基本事件模型中，JavaScript 支持两种绑定方式。

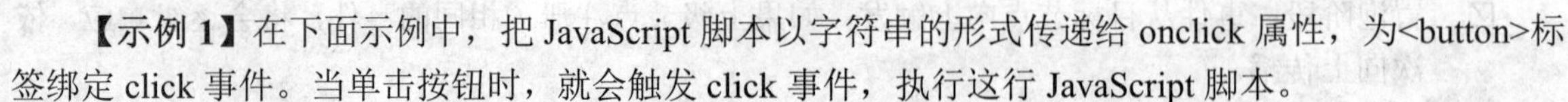

1. 静态绑定

把 JavaScript 脚本作为属性值，直接赋予事件属性。

【示例 1】在下面示例中，把 JavaScript 脚本以字符串的形式传递给 onclick 属性，为<button>标签绑定 click 事件。当单击按钮时，就会触发 click 事件，执行这行 JavaScript 脚本。

```
<button onclick="alert('你单击了一次！');">按钮</button>
```

2. 动态绑定

使用 DOM 对象的事件属性进行赋值。

【示例 2】在下面示例中，使用 document.getElementById()方法获取 button 元素，然后把一个匿名函数作为值传递给 button 元素的 onclick 属性，实现事件绑定操作。

```
<button id="btn">按钮</button>
<script>
var button = document.getElementById("btn");
button.onclick = function() {
    alert("你单击了一次！");
}
</script>
```

这种方法可以在脚本中直接为页面元素附加事件，不破坏 HTML 结构，比上一种方式灵活。

视频讲解

13.1.6 事件监听函数

监听函数（listener）是事件发生时，程序所要执行的函数。它是事件驱动编程模式的主要编程方式。监听函数有时也称为事件处理函数或事件处理器。

DOM 提供 3 种方法，可以用来为事件绑定监听函数，具体说明如下。

1. HTML 标签的 on-属性

HTML 语言允许在元素标签的属性中，直接定义某些事件的监听代码。

【示例 1】在下面示例中，为 form 元素的 onsubmit 事件属性定义字符串脚本，设计当文本框中输入值为空时，定义事件监听函数返回值为 false。由于该返回值为 false，将强制表单禁止提交数据。

```
<form id="form1" name="form1" method="post" action="http:// www.mysite.cn/"onsubmit="if(this.elements[0].
    value.length==0) return false;">
    姓名：<input id="user" name="user" type="text" />
    <input type="submit" name="btn" id="btn" value="提交" />
</form>
```

在上面代码中，this 表示当前 form 元素，elements[0]表示姓名文本框，如果该文本框的 value.length 属性值长度为 0，表示当前文本框为空，则返回 false，禁止提交表单。

注意：使用这个方法指定的监听函数，只会在冒泡阶段触发。同时，on-属性的值是将会执行的代码，而不是一个函数。例如：

```
<!-- 正确 -->
<body onload="doSomething()">
<!-- 错误 -->
<body onload="doSomething">
```

一旦指定的事件发生，on-属性的值是原样传入 JavaScript 引擎执行。因此如果要执行函数，不要忘记加上一对圆括号。

另外，Element 元素节点的 setAttribute()方法，其实设置的也是这种效果。例如：

```
el.setAttribute('onclick', 'doSomething()');
```

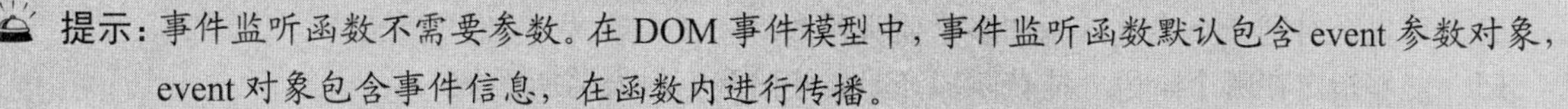

提示： 事件监听函数不需要参数。在 DOM 事件模型中，事件监听函数默认包含 event 参数对象，event 对象包含事件信息，在函数内进行传播。

事件监听函数一般没有明确的返回值。不过在特定事件中，用户可以利用事件监听函数的返回值影响程序的执行，如单击超链接时，禁止默认的跳转行为，如上面示例。

2. Element 节点的事件属性

Element 节点对象有事件属性，同样可以指定监听函数。使用这个方法指定的监听函数，只会在冒泡阶段触发。

【示例 2】 在本示例中，为按钮对象绑定一个单击事件。在这个事件监听函数中，参数 e 为形参，响应事件之后，浏览器会把 event 对象传递给形参变量 e，再把 event 对象作为一个实参进行传递，读取 event 对象包含的事件信息，在事件监听函数中输出当前源对象节点名称，显示效果如图 13.1 所示。

```
<button id="btn">按钮</button>
<script>
var button = document.getElementById("btn");
button.onclick = function(e) {
    var e = e || window.event;       // 兼容 DOM 事件模型和 IE 模型的 event 获取方式
    document.write(e.srcElement ? e.srcElement : e.target);
                                      // 兼容 DOM 事件模型和 IE 模型的 event 属性
}
</script>
```

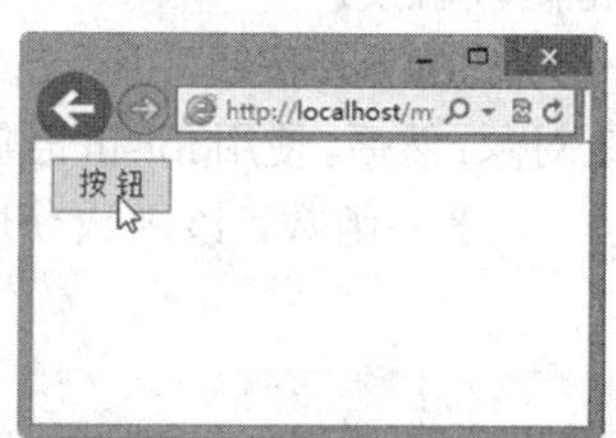

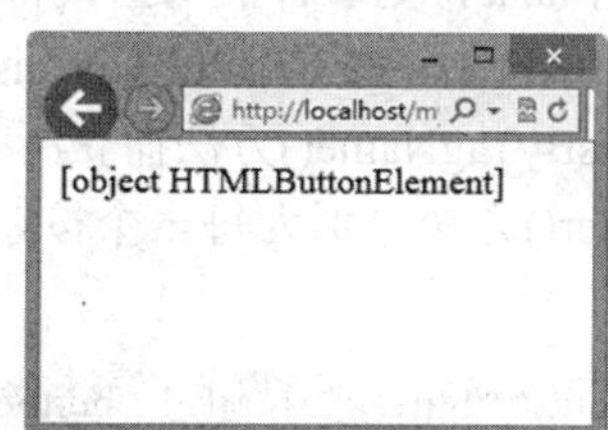

图 13.1　捕获当前事件源

在处理 event 参数时，应该判断 event 在当前解析环境中的状态，如果当前浏览器支持，则使用 event（DOM 事件模型）；如果不支持，则说明当前环境是 IE 浏览器，通过 window.event 获取 event 对象。

event.srcElement 表示当前事件的源，即响应事件的当前对象，这是 IE 模型用法。但是 DOM 事件模型不支持该属性，需要使用 event 对象的 target 属性，它是一个符合标准的源属性。为了能够兼容不同浏览器，这里使用了一个条件运算符，先判断 event.srcElement 属性是否存在，否则使用 event.target 属性来获取当前事件对象的源。

3. addEventListener()方法

通过 Element 节点、document 节点、window 对象的 addEventListener()方法，也可以定义事件的

监听函数，将在 13.1.7 节详细讲解。

在上面 3 种方法中，第一种方法违反了 HTML 与 JavaScript 代码相分离的原则；第二种的缺点是同一个事件只能定义一个监听函数，也就是说，如果定义两次 onclick 属性，后一次定义会覆盖前一次。因此，这两种方法都不推荐使用，除非是为了程序的兼容问题，因为所有浏览器都支持这两种方法。

Note

addEventListener()是推荐的指定监听函数的方法，它有如下优点。

☑ 可以针对同一个事件，添加多个监听函数。

☑ 能够指定在哪个阶段（捕获阶段还是冒泡阶段）触发监听函数。

☑ 除了 DOM 节点，还可以部署在 window、XMLHttpRequest 等对象上面，等于统一了整个 JavaScript 的监听函数接口。

线上阅读

【拓展】

在实际编程中，监听函数内部的 this 对象，常常需要指向触发事件的那个 Element 节点。但是如果使用第一种方法，this 将指向 window 对象，如何解决这个问题，请扫码阅读。

视频讲解

13.1.7 注册事件

在 DOM 事件模型中，通过调用对象的 addEventListener()方法注册事件，用法如下。

```
element.addEventListener(String type, Function listener, boolean useCapture);
```

参数说明如下。

☑ type：注册事件的类型名。事件类型与事件属性不同，事件类型名没有 on 前缀。例如，对于事件属性 onclick 来说，所对应的事件类型为 click。

☑ listener：监听函数，即事件监听函数。在指定类型的事件发生时将调用该函数。在调用这个函数时，默认传递给它的唯一参数是 event 对象。

☑ useCapture：是一个布尔值。如果为 true，则指定的事件监听函数将在事件传播的捕获阶段触发；如果为 false，则事件监听函数将在冒泡阶段触发。

【示例 1】在下面示例中，使用 addEventListener()方法为所有按钮注册 click 事件。首先，调用 document 的 getElementsByTagName()方法捕获所有按钮对象；然后，使用 for-in 语句遍历按钮集（btn），并使用 addEventListener()方法分别为每一个按钮注册一个事件函数，该函数获取当前对象所显示的文本。

```
<button id="btn1" onclick="btn1();">按钮  1</button>
<button id="btn2" onclick="btn2(event);">按钮  2</button>
<script>
var btn = document.getElementsByTagName("button");          // 捕获所有按钮
for (var i in btn) {                                        // 遍历按钮集合
    btn[i].addEventListener("click", function() {
    alert(this.innerHTML);
    }, true);          // 为每个按钮对象注册一个事件监听函数，定义在捕获阶段进行响应
}
</script>
```

在浏览器中预览，单击不同的按钮，则浏览器会自动弹出对话框，显示按钮的名称，如图 13.2 所示。

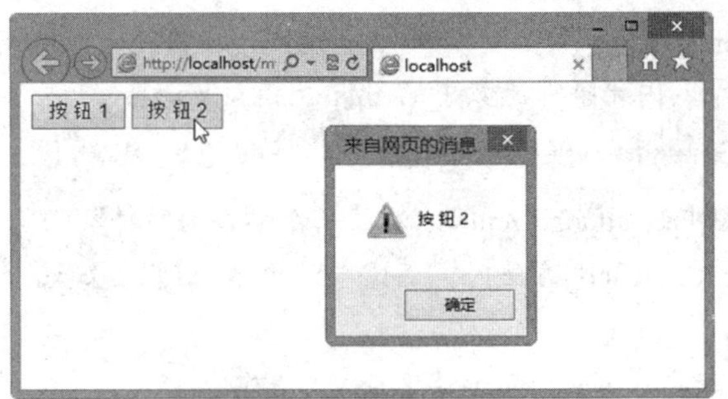

图 13.2　响应注册事件

提示：早期 IE 浏览器不支持 addEventListener()方法。从 IE 8 开始才完全支持 DOM 事件模型。

使用 addEventListener()方法能够为多个对象注册相同的事件监听函数，也可以为同一个对象注册多个事件监听函数。为同一个对象注册多个事件监听函数对于模块化开发非常有用。

【示例 2】在下面示例中，为段落文本注册两个事件：mouseover 和 mouseout。当鼠标移到段落文本上面时会显示为蓝色背景，而当鼠标移出段落文本时会自动显示为红色背景。这样就不需要破坏文档结构为段落文本增加多个事件属性。

```
<p id="p1">为对象注册多个事件</p>
<script>
var p1 = document.getElementById("p1");// 捕获段落元素的句柄
p1.addEventListener("mouseover", function() {
    this.style.background = 'blue';
} , true);                                // 为段落元素注册第一个事件监听函数
p1.addEventListener("mouseout", function() {
    this.style.background = 'red';
}, true);                                 // 为段落元素注册第二个事件监听函数
</script>
```

IE 事件模型使用 attachEvent()方法注册事件，用法如下。

```
element.attachEvent(etype,eventName)
```

参数说明如下。

☑　etype：设置事件类型，如 onclick、onkeyup、onmousemove 等。

☑　eventName：设置事件名称，也就是事件监听函数。

【示例 3】在下面示例中，为段落标签<p>注册两个事件：mouseover 和 mouseout，设计当鼠标经过时，段落文本背景色显示为蓝色，当鼠标移开之后，背景色显示为红色。

```
<p id="p1">IE 事件注册</p>
<script>
var p1 = document.getElementById("p1");          // 捕获段落元素
p1.attachEvent("onmouseover", function() {
    p1.style.background = 'blue';
});                                              // 注册 mouseover 事件
p1.attachEvent("onmouseout", function() {
    p1.style.background = 'red';
});                                              // 注册 mouseout 事件
</script>
```

提示：使用 attachEvent()注册事件时，其事件监听函数的调用对象不再是当前事件对象本身，而是 window 对象，因此事件函数中的 this 就指向 window，而不是当前对象，如果要获取当前对象，应该使用 event 的 srcElement 属性。

注意：使 IE 事件模型中的 attachEvent()方法第一个参数为事件类型名称，但需要加上 on 前缀，而使用 addEventListener()方法时，不需要这个 on 前缀，如 click。

线上阅读

【拓展】

DOM 的事件操作（监听和触发），都定义在 EventTarget 接口。Element 节点、document 节点和 window 对象，都部署了这个接口。此外，XMLHttpRequest、AudioNode、AudioContext 等浏览器内置对象，也部署了这个接口。感兴趣的读者可以扫码了解该接口的用法。

视频讲解

13.1.8 销毁事件

在 DOM 事件模型中，使用 removeEventListener()方法可以从指定对象中删除已经注册的事件监听函数，用法如下。

```
element.removeEventListener(String type, Function listener, boolean useCapture);
```

参数说明参阅 addEventListener()方法参数说明。

【示例 1】 在下面示例中，分别为按钮 a 和按钮 b 注册 click 事件，其中按钮 a 的事件函数为 ok()，按钮 b 的事件函数为 delete_event()。在浏览器中预览，当单击“点我”按扭将弹出一个对话框，在不删除之前这个事件一直存在。当单击“删除事件”按钮后，“点我”按钮将失去了任何效果，演示效果如图 13.3 所示。

图 13.3 注销事件

```
<input id="a" type="button" value="点我" />
<input id="b" type="button" value="删除事件" />
<script>
var a = document.getElementById("a");           // 获取按钮 a
var b = document.getElementById("b");           // 获取按钮 b
function ok() {                                 // 按钮 a 的事件监听函数
    alert("您好，欢迎光临!");
}
function delete_event() {                       // 按钮 b 的事件监听函数
    a.removeEventListener("click",ok,false);    // 移出按钮 a 的 click 事件
}
a.addEventListener("click",ok,false);           // 默认为按钮 a 注册事件
```

```
b.addEventListener("click",delete_event,false);        // 默认为按钮 b 注册事件
</script>
```

 提示：removeEventListener()方法只能够删除 addEventListener()方法注册的事件。如果直接使用 onclick 等写在元素上的事件，将无法使用 removeEventListener()方法删除。

当临时注册一个事件时，可以在处理完毕后迅速删除它，这样能够节省系统资源。

IE 事件模型使用 detachEvent()方法注销事件，用法如下。

```
element.detachEvent(etype,eventName)
```

参数说明参阅 attachEvent()方法参数说明。

由于 IE 怪异模式不支持 DOM 事件模型，为了保证页面的兼容性，开发时需要兼容两种事件模型，以实现在不同浏览器中具有相同的交互行为。

【示例 2】下面示例设计段落标签<p>仅响应一次鼠标经过行为。当第二个鼠标经过段落文本时，所注册的事件不再有效。

```
<p id="p1">IE 事件注册</p>
<script>
var p1 = document.getElementById("p1");         // 捕获段落元素
var f1 = function() {                           // 定义事件监听函数 1
    p1.style.background = 'blue';
};
var f2 = function() {                           // 定义事件监听函数 2
    p1.style.background = 'red';
    p1.detachEvent("onmouseover", f1);          // 当触发 mouseout 事件后，注销 mouseover 事件
    p1.detachEvent("onmouseout", f2);           // 当触发 mouseout 事件后，注销 mouseout 事件
};
p1.attachEvent("onmouseover", f1);              // 注册 mouseover 事件
p1.attachEvent("onmouseout", f2);               // 注册 mouseout 事件
</script>
```

【示例 3】为了能够兼容 IE 事件模型和 DOM 事件模型，下面示例使用 if 语句判断当前浏览器支持的事件处理模型，然后分别使用 DOM 注册方法和 IE 注册方法为段落文本注册 mouseover 和 mouseout 两个事件。当触发 mouseout 事件后，再把 mouseover 和 mouseout 事件注销掉。

```
<p id="p1">注册兼容性事件</p>
<script>
var p1 = document.getElementById("p1");         // 捕获段落元素
var f1 = function() {                           // 定义事件监听函数 1
    p1.style.background = 'blue';
};
var f2 = function() {                           // 定义事件监听函数 2
    p1.style.background = 'red';
    if (p1.detachEvent) {                       // 兼容 IE 事件模型
        p1.detachEvent("onmouseover", f1);  // 注销事件 mouseover
        p1.detachEvent("onmouseout", f2);   // 注销事件 mouseout
    }
    else {                                      // 兼容 DOM 事件模型
        p1.removeEventListener("mouseover", f1); // 注销事件 mouseover
```

```
            p1.removeEventListener("mouseout", f2); // 注销事件 mouseout
        }
    };
    if (p1.attachEvent) {                        // 兼容 IE 事件模型
        p1.attachEvent("onmouseover", f1);       // 注册事件 mouseover
        p1.attachEvent("onmouseout", f2);        // 注册事件 mouseout
    }
    else {                                       // 兼容 DOM 事件模型
        p1.addEventListener("mouseover", f1);    // 注册事件 mouseover
        p1.addEventListener("mouseout", f2);     // 注册事件 mouseout
    }
</script>
```

【拓展】

线上阅读

JavaScript 事件用法不是很统一，需要考虑 DOM 事件模型和 IE 事件模型，为此需要编写很多兼容性代码，这给用户开发带来很多麻烦。为了简化开发，下面把事件处理中经常使用的操作进行封装，以方便调用。读者在阅读封装代码时，需要掌握 13.1.9 节介绍的 event 对象知识。

详细代码请参考本节示例源代码，或者扫码阅读。

视频讲解

13.1.9 event 对象

event 对象由事件自动创建，代表事件的状态，如事件发生的源节点，键盘按键的响应状态，鼠标指针的移动位置，鼠标按键的响应状态等信息。event 对象的属性提供了有关事件的细节，其方法可以控制事件的传播。

2 级 DOM Events 规范定义了一个标准的事件模型，它被除了 IE 怪异模式以外的所有现代浏览器所实现，而 IE 定义了专用的、不兼容的模型。简单比较两种事件模型。

☑ 在 DOM 事件模型中，event 对象被传递给事件监听函数，但是在 IE 事件模型中，它被存储在 window 对象的 event 属性中。

☑ 在 DOM 事件模型中，event 类型的各种子接口定义了额外的属性，它们提供了与特定事件类型相关的细节；在 IE 事件模型中，只有一种类型的 event 对象，它用于所有类型的事件。

下面列出了 2 级 DOM 事件标准定义的 event 对象属性，如表 13.1 所示。注意，这些属性都是只读属性。

表 13.1　DOM 事件模型中 event 对象属性

属　性	说　明
bubbles	返回布尔值，指示事件是否是冒泡事件类型。如果事件是冒泡类型，则返回 true；否则返回 false
cancelable	返回布尔值，指示事件是否可以取消的默认动作。如果使用 preventDefault()方法可以取消与事件关联的默认动作，则返回值为 true；否则为 false
currentTarget	返回触发事件的当前节点，即当前处理该事件的元素、文档或窗口。在捕获和冒泡阶段，该属性非常有用，因为在这两个阶段，它不同于 target 属性
eventPhase	返回事件传播的当前阶段，包括捕获阶段（1）、目标事件阶段（2）和冒泡阶段（3）
target	返回事件的目标节点（触发该事件的节点），如生成事件的元素、文档或窗口
timeStamp	返回事件生成的日期和时间
type	返回当前 event 对象表示的事件的名称。如"submit"、"load"或"click"

下面列出了 2 级 DOM 事件标准定义的 event 对象方法，如表 13.2 所示，IE 事件模型不支持这些方法。

表 13.2 DOM 事件模型中 event 对象方法

方 法	说 明
initEvent()	初始化新创建的 event 对象的属性
preventDefault()	通知浏览器不要执行与事件关联的默认动作
stopPropagation()	终止事件在传播过程的捕获、目标处理或冒泡阶段进一步传播。调用该方法后，该节点上处理该事件的处理函数将被调用，但事件不再被分派到其他节点

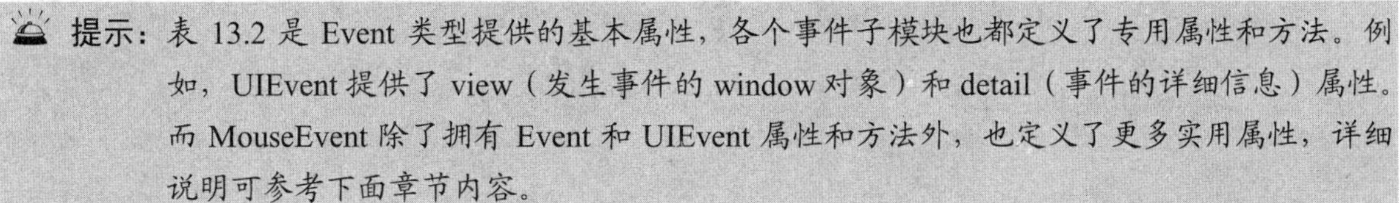

提示：表 13.2 是 Event 类型提供的基本属性，各个事件子模块也都定义了专用属性和方法。例如，UIEvent 提供了 view（发生事件的 window 对象）和 detail（事件的详细信息）属性。而 MouseEvent 除了拥有 Event 和 UIEvent 属性和方法外，也定义了更多实用属性，详细说明可参考下面章节内容。

IE 7 及其早期版本，以及 IE 怪异模式不支持标准的 DOM 事件模型，并且 IE 的 event 对象定义了一组完全不同的属性，如表 13.3 所示。

表 13.3 IE 事件模型中 event 对象属性

属 性	描 述
cancelBubble	如果想在事件监听函数中阻止事件传播到上级包含对象，必须把该属性设为 true
fromElement	对于 mouseover 和 mouseout 事件，fromElement 引用移出鼠标的元素
keyCode	对于 keypress 事件，该属性声明了被敲击的键生成的 Unicode 字符码。对于 keydown 和 keyup 事件，它指定了被敲击的键的虚拟键盘码。虚拟键盘码可能和使用的键盘的布局相关
offsetX、offsetY	发生事件的地点在事件源元素的坐标系统中的 x 坐标和 y 坐标
returnValue	如果设置了该属性，它的值比事件监听函数的返回值优先级高。把这个属性设置为 false，可以取消发生事件的源元素的默认动作
srcElement	对于生成事件的 window 对象、document 对象或 element 对象的引用
toElement	对于 mouseover 和 mouseout 事件，该属性引用移入鼠标的元素
x、y	事件发生的位置的 x 坐标和 y 坐标，它们相对于用 CSS 定位的最内层包含元素

IE 事件模型并没有为不同的事件定义继承类型，因此所有和任何事件的类型相关的属性都在上面列表中。

提示：为了兼容 IE 和 DOM 两种事件模型，可以使用下面表达式进行兼容。

为了兼容 IE 和 DOM 两种事件模型，可以使用下面表达式进行兼容。

```
var event = event || window.event;                    // 兼容不同模型的 event 对象
```

上面代码右侧是一个选择运算表达式，如果事件监听函数存在 event 实参，则使用 event 形参来传递事件信息，如果不存在 event 参数，则调用 window 对象的 event 属性来获取事件信息。把上面表达式放在事件监听函数中即可进行兼容。

在以事件驱动为核心的设计模型中，一次只能够处理一个事件，由于从来不会并发两个事件，因此使用全局变量来存储事件信息是一种比较安全的方法。

【示例】下面示例演示了如何禁止超链接默认的跳转行为。

```
<a href="https:// www.baidu.com/" id="a1">禁止超链接跳转</a><script>
document.getElementById('a1').onclick = function(e) {
    e = e || window.event;                          // 兼容事件对象
    var target = e.target || e.srcElement;          // 兼容事件目标元素
    if (target.nodeName !== 'A') {                  // 仅针对超链接起作用
        return;
    }
    if (typeof e.preventDefault === 'function') {   // 兼容 DOM 模型
        e.preventDefault();                         // 禁止默认行为
        e.stopPropagation();                        // 禁止事件传播
        }
    else {                                          // 兼容 IE 模型
        e.returnValue = false;                      // 禁止默认行为
        e.cancelBubble = true;                      // 禁止冒泡
        }
};
</script>
```

Note

【拓展】

浏览器原生提供一个 event 对象，所有的事件都是这个对象的实例，继承了 Event.prototype 对象。event 对象本身就是一个构造函数，可以用来生成新的实例。有关该接口的一些参考信息可以扫码阅读。

线上阅读

视频讲解

13.1.10 事件委托

事件委托（Delegate），也称为事件托管或事件代理，简单描述就是把目标节点的事件绑定到祖先节点上。这种简单而优雅的事件注册方式基于：事件传播过程中，逐层冒泡总能被祖先节点捕获。

这样做的好处：优化代码，提升运行性能，真正把 HTML 和 JavaScript 分离，也能防止在动态添加或删除节点过程中，注册的事件丢失现象。

【示例 1】下面示例使用一般方法为列表结构中每个列表项目绑定 click 事件，单击列表项目，将弹出提示对话框，提示当前节点包含的文本信息，如图 13.4 所示。但是，当为列表框动态添加列表项目之后，新添加的列表项目没有绑定 click 事件，这与我们的愿望相反。

```
<button id="btn">添加列表项目</button>
<ul id="list">
    <li>列表项目 1</li>
    <li>列表项目 2</li>
    <li>列表项目 3</li>
</ul>
<script>
var ul = document.getElementById("list");
var lis = ul.getElementsByTagName("li");
for (var i = 0;i < lis.length;i++) {
    lis[i].addEventListener('click',function(e) {
        var e = e || window.event;
        var target = e.target || e.srcElement;
        alert(e.target.innerHTML);
    },false);
```

```
}
var i = 4;
var btn = document.getElementById("btn");
btn.addEventListener("click",function() {
    var li = document.createElement("li");
    li.innerHTML = "列表项目" + i++;
    ul.appendChild(li);
});
</script>
```

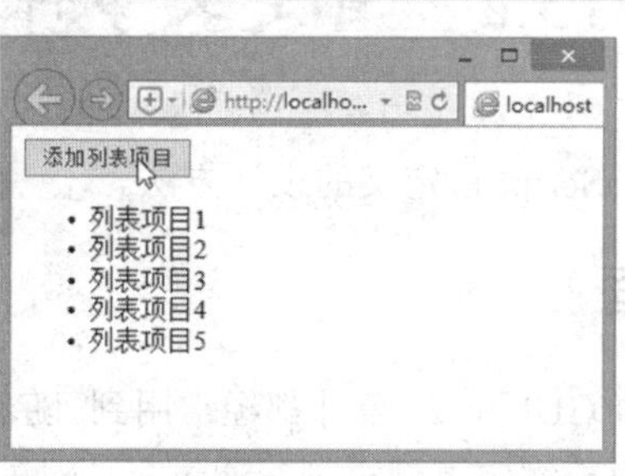

图 13.4 动态添加的列表项目事件无效

【示例 2】下面示例借助事件委托技巧，利用事件传播机制，在列表框 ul 元素上绑定 click 事件，当事件传播到父节点 ul 上时，捕获 click 事件，然后在事件监听函数中检测当前事件响应节点类型，如果是 li 元素，则进一步执行下面代码；否则跳出事件监听函数，结束响应。

```
<button id="btn">添加列表项目</button>
<ul id="list">
    <li>列表项目 1</li>
    <li>列表项目 2</li>
    <li>列表项目 3</li>
</ul>
<script>
var ul=document.getElementById("list");
ul.addEventListener('click',function(e) {
    var e = e || window.event;
    var target = e.target || e.srcElement;
    if (e.target&&e.target.nodeName.toUpperCase() == "LI") { /*判断目标事件是否为 li*/
        alert(e.target.innerHTML);
    }
},false);
var i = 4;
var btn = document.getElementById("btn");
btn.addEventListener("click",function() {
    var li = document.createElement("li");
    li.innerHTML = "列表项目" + i++;
    ul.appendChild(li);
});
</script>
```

当页面存在大量元素，并且每个元素注册了一个或多个事件时，可能会影响性能。访问和修改更多的 DOM 节点，程序就会更慢，特别是事件连接过程都发生在 load（或 DOMContentReady）事件中时，对任何一个富交互网页来说，这都是一个繁忙的时间段。另外，浏览器需要保存每个事件句柄

的记录，也会占用更多内存。

【拓展】

DOM 2 事件规范允许用户模拟特定事件，IE 9、Opera、Firefox、Chrome 和 Safari 均支持，IE 还有自己模拟事件的方式。

详细操作步骤和说明请扫码阅读。

线上阅读

Note

13.2　自定义事件

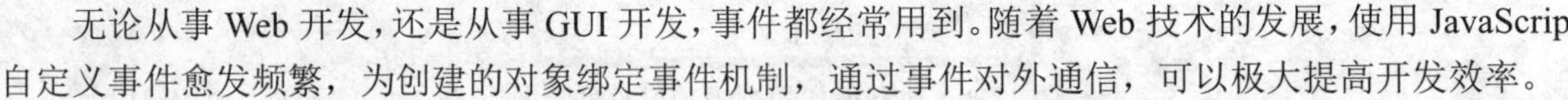

本节将以具体的代码演示 JavaScript 自定义的设计方法。

视频讲解

13.2.1　设计弹出对话框

无论从事 Web 开发，还是从事 GUI 开发，事件都经常用到。随着 Web 技术的发展，使用 JavaScript 自定义事件愈发频繁，为创建的对象绑定事件机制，通过事件对外通信，可以极大提高开发效率。

从本节开始，我们将针对同一个项目，为了实现更加完善的功能，逐步介绍如何设计自定义事件。

【示例】事件并不是可有可无的，在某些需求下是必需的。下面示例通过简单的需求说明事件的重要性，在 Web 开发中对话框是很常见的组件，每个对话框都有一个关闭按钮，关闭按钮对应关闭对话框的方法。示例初步设计的完整代码如下，演示效果如图 13.5 所示。

```
<!DOCTYPE html>
<html>
<head>
<title></title>
<style type="text/css" >
/*对话框外框样式*/
.dialog {width: 300px; height: 200px; margin:auto; box-shadow: 2px 2px 4px #ccc; background-color: #f1f1f1;
border: solid 1px #aaa; border-radius: 4px; overflow: hidden; display: none;}
/* 对话框的标题栏样式 */
.dialog .title {font-size: 16px; font-weight: bold; color: #fff; padding: 6px; background-color: #404040;}
/* 关闭按钮样式 */
.dialog .close {width: 20px; height: 20px; margin: 3px; float: right; cursor: pointer; color: #fff;}
</style>
<meta charset="utf-8">
</head>
<body>
<input type="button" value="打开对话框" onclick="openDialog();"/>
<div id="dlgTest" class="dialog"><span class="close">&times;</span>
    <div class="title">对话框标题栏</div>
    <div class="content">对话框内容框</div>
</div>
<script type="text/JavaScript">
// 定义对话框类型对象
function Dialog(id) {
    this.id = id;                               // 存储对话框包含框的 ID
    var that=this;                              // 存储 Dialog 的实例对象
```

```
        document.getElementById(id).children[0].onclick = function() {
            that.close();                                   // 调用 Dialog 的原型方法关闭对话框
        }
}
// 定义 Dialog 原型方法
// 显示 Dialog 对话框
Dialog.prototype.show = function() {
        var dlg=document.getElementById(this.id);       // 根据 id 获取对话框的 DOM 引用
        dlg.style.display = 'block';                    // 显示对话框
        dlg = null;                                     // 清空引用，避免生成闭包
}
// 关闭 Dialog 对话框
Dialog.prototype.close = function() {
        var dlg = document.getElementById(this.id); // 根据 id 获取对话框的 DOM 引用
        dlg.style.display = 'none';                     // 隐藏对话框
        dlg = null;                                     // 清空引用，避免生成闭包
}
// 定义打开对话框的方法
function openDialog() {
        var dlg = new Dialog('dlgTest');                // 实例化 Dialog
        dlg.show();                                     // 调用原型方法，显示对话框
}
</script>
</body>
</html>
```

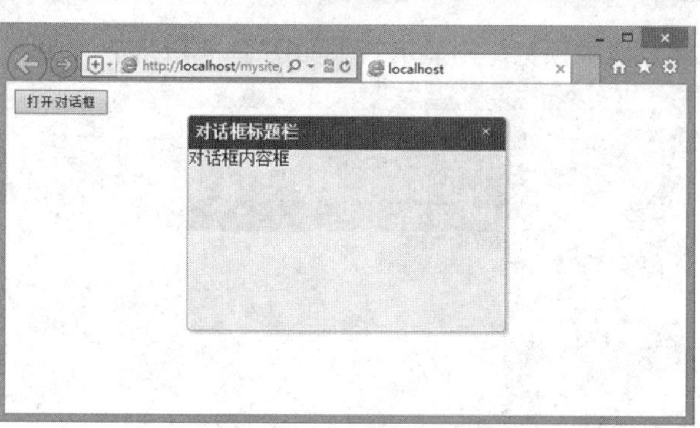

图 13.5　打开对话框

在上面示例中，当单击页面中的“打开对话框”按钮，就可以弹出对话框，单击对话框右上角的关闭按钮，可以隐藏对话框。

13.2.2　设计遮罩层

视频讲解

一般对话框在显示时，页面还会弹出一层灰蒙蒙半透明的遮罩层，阻止用户对页面其他对象的操作，当对话框隐藏时，遮罩层会自动消失，页面又能够被操作。本节以 13.2.1 节示例为基础，进一步执行下面操作。

【操作步骤】

（1）复制 13.2.1 节示例文件 test1.html，在<body>顶部添加一个遮罩层。

```
<div id="pageCover" class="pageCover"></div>
```

（2）为其添加样式。

```
.pageCover {width: 100%; height: 100%; position: absolute; z-index: 10; background-color: #666; opacity: 0.5;
    display: none;}
```

Note

（3）设计打开对话框时，显示遮罩层，需要修改 openDialog()方法代码。

```
function openDialog() {
    // 新增的代码
    // 显示遮罩层
    document.getElementById('pageCover').style.display='block';
    var dlg = new Dialog('dlgTest');
    dlg.show();
}
```

（4）重新设计对话框的样式，避免被遮罩层覆盖，同时清理 body 的默认边距。

```
/* 清除页边距，避免其对遮罩层的影响 */
body{margin:0; padding:0;}
/* 设计对话框固定定位显示，让其显示在覆盖层上面，并总是显示在窗口中央位置 */
.dialog {width: 300px; height: 200px;
    position:fixed;                          /* 固定定位 */
    left:50%;top:50%;margin-top:-100px; margin-left:-150px; /* 窗口中央显示 */
    z-index: 30;                             /* 在覆盖层上面显示 */
    box-shadow: 2px 2px 4px #ccc; background-color: #f1f1f1; border: solid 1px #aaa; border-radius: 4px; overflow:
    hidden; display: none;}
```

（5）保存文档，在浏览器中预览，则显示效果如图 13.6 所示。

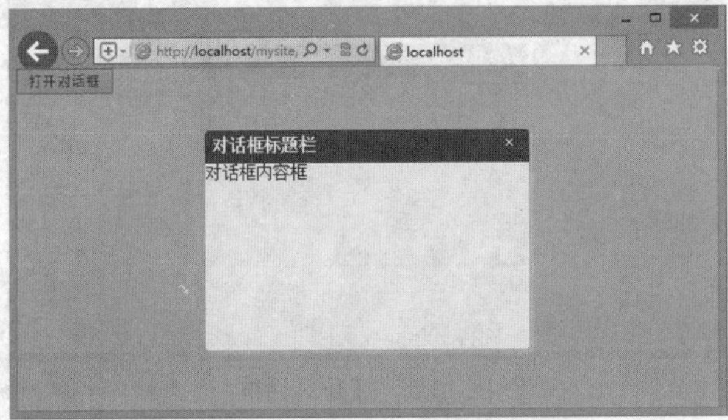

图 13.6　重新设计对话框

在上面示例中，当打开对话框后，半透明的遮罩层在对话框弹出后，遮盖住页面上的按钮，对话框在遮罩层之上。但是，当关闭对话框时，遮罩层仍然存在页面中，没有代码能够将其隐藏。

如果按照打开时怎么显示遮罩层，关闭时就怎么隐藏。但是，这个试验没有成功，因为显示遮罩层的代码是在页面上按钮事件监听函数中定义的，而关闭对话框的方法存在于 Dialog 内部，与页面无关，是不是修改 Dialog 的 close()方法就可以？也不行，仔细分析有两个原因：

首先，在定义 Dialog 时并不知道遮罩层的存在，这两个组件之间没有耦合关系，如果把隐藏遮罩层的逻辑写在 Dialog 的 close()方法内，那么 Dialog 将依赖于遮罩层。也就是说，如果页面上没有遮罩层，Dialog 就会出错。

其次，在定义 Dialog 时，也不知道特定页面遮罩层的 ID（<div id="pageCover">），没有办法知道隐藏哪个<div>标签。

是不是在构造 Dialog 时，把遮罩层的 ID 传入就可以了呢？这样两个组件不再有依赖关系，也能够通过 ID 找到遮罩层所在的<div>标签，但是如果用户需要部分页面弹出遮罩层，部分页面不需要遮罩层，又将怎么办？即便能够实现，但是这种写法比较笨拙，代码不够简洁、灵活。

Note

13.2.3 自定义事件

视频讲解

通过 13.2.2 节示例分析说明，如果简单针对某个具体页面，所有问题都可以迎刃而解，但是如果设计适应能力强，可满足不同用户需求的对话框组件，使用自定义事件是最好的方法。

复制 13.2.1 节示例 test1.html，修改 Dialog 对象和 openDialog()方法。

```
// 重写对话框类型对象
function Dialog(id) {
    this.id = id;
    // 新增代码
    // 定义一个句柄性质的本地属性，默认值为空
    this.close_handler = null;
    var that=this;
    document.getElementById(id).children[0].onclick = function() {
        that.close();
        // 新增代码
        // 如果句柄的值为函数，则调用该函数，实现自定义事件函数异步触发
        if (typeof that.close_handler == 'function') {
            that.close_handler();
        }
    }
}
// 重写打开对话框方法
function openDialog() {
    document.getElementById('pageCover').style.display='block';
    var dlg = new Dialog('dlgTest');
    dlg.show();
    // 新增代码
    // 注册事件，为句柄（本地属性）传递一个事件监听函数
    dlg.close_handler = function() {
        // 隐藏遮罩层
        // 把对遮罩层的具体操作放在本地实例中实现，避免干扰 Dialog 类型
        // 这时也就形成了自定义事件的雏形
        document.getElementById('pageCover').style.display = 'none';
    }
}
```

在 Dialog 对象内部添加一个句柄（属性），当关闭按钮的 click 事件处理程序在调用 close()方法后，判断该句柄是否为函数，如果是函数，就调用执行该句柄函数。

在 openDialog()方法中，创建 Dialog 对象后为句柄赋值，传递一个隐藏遮罩层的方法，这样在关闭 Dialog 时，就隐藏了遮罩层，同时没有造成两个组件之间的耦合。

上面这个交互过程就是一个简单的自定义事件，即先绑定事件处理程序，然后在原生事件监听函数中调用，以实现触发事件的过程。DOM 对象的事件，如 button 的 click 事件，也是类似原理。

视频讲解

Note

13.2.4 设计事件触发模型

设计高级自定义事件。上面示例简单演示了如何自定义事件，远不及DOM预定义事件抽象和复杂，这种简单的事件处理有很多弊端。

☑ 没有共同性。如果在定义一个组件时，还需要编写一套类似的结构处理。

☑ 事件绑定有排斥性。只能绑定一个close事件处理程序，绑定新的会覆盖之前绑定。

☑ 封装不够完善。如果用户不知道有个close_handler的句柄，就没有办法绑定该事件，只能去查源代码。

针对第一个弊端，可以使用继承来解决；对于第二个弊端，则可以提供一个容器（二维数组）来统一管理所有事件；针对第三个弊端，需要和第一个弊端结合，在自定义的事件管理对象中添加统一接口，用于添加、删除、触发事件。

```
/*
* 使用观察者模式实现事件监听
* 自定义事件类型
*/
function EventTarget() {
    // 初始化本地事件句柄为空
    this.handlers = {};
}
// 扩展自定义事件类型的原型
EventTarget.prototype = {
    constructor:EventTarget, // 修复 EventTarget 构造器为自身
    // 注册事件
    // 参数 type 表示事件类型
    // 参数 handler 表示事件监听函数
    addHandler: function(type,handler) {
        // 检测本地事件句柄中是否存在指定类型事件
        if (typeof this.handlers[type] == 'undefined') {
            // 如果没有注册指定类型事件，则初始化为空数组
            this.handlers[type] = new Array();
        }
        // 把当前事件监听函数推入到当前事件类型句柄队列的尾部
        this.handlers[type].push(handler);
    },
    // 注销事件
    // 参数 type 表示事件类型
    // 参数 handler 表示事件监听函数
    removeHandler: function(type,handler) {
        // 检测本地事件句柄中指定类型事件是否为数组
        if (this.handlers[type] instanceof Array) {
            // 获取指定事件类型
            var handlers = this.handlers[type];
            // 枚举事件类型队列
            for (var i = 0,len = handlers.length; i < len; i++) {
                // 检测事件类型中是否存在指定事件监听函数
                if (handler[i] == handler) {
                    // 如果存在指定的事件监听函数，则删除该处理函数，然后跳出循环
```

```
                        handlers.splice(i,1);
                        break;
                    }
                }
            }
        },
        // 触发事件
        // 参数 event 表示事件类型
        trigger: function(event) {
            // 检测事件触发对象，如果不存在，则指向当前调用对象
            if (!event.target) {
                event.target = this;
            }
            // 检测事件类型句柄是否为数组
            if (this.handlers[event.type] instanceof Array) {// 获取事件类型句柄
                var handlers = this.handlers[event.type]; // 枚举当前事件类型
                for (var i = 0,len = handlers.length; i < len; i++) {
                // 逐一调用队列中每个事件监听函数，并把参数 event 传递给它
                    handlers[i](event);
                }
            }
        }
    }
```

Note

addHandler()方法用于添加事件处理程序，removeHandler()方法用于移除事件处理程序，所有的事件处理程序在属性 handlers 中统一存储管理。调用 trigger()方法触发一个事件，该方法接收一个至少包含 type 属性的对象作为参数，触发时会查找 handlers 属性中对应 type 的事件处理程序。

下面就可以编写如下代码，来测试自定义事件的添加和触发过程。

```
// 自定义事件监听函数
function onClose(event) {
    alert('message: ' + event.message);
}
// 实例化自定义事件类型
var target = new EventTarget();
// 自定义一个 close 事件，并绑定事件监听函数为 onClose
target.addHandler('close',onClose);
// 创建事件对象，传递事件类型以及额外信息
var event = {
    type: 'close',
    message: 'Page Cover closed!'
};
// 触发 close 事件
target.trigger(event);
```

13.2.5　应用事件模型

视频讲解

通过 13.2.4 节示例，简单分解了高级自定义事件的设计过程，下面示例将利用继承机制解决第一个弊端。

Note

下面是寄生式组合继承的核心代码，这种继承方式是目前公认的 JavaScript 最佳继承方式。

```
// 原型继承扩展工具函数
// 参数 subType 表示子类
// 参数 superType 表示父类
function extend(subType,superType) {
    var prototype = Object(superType.prototype);
    prototype.constructor = subType;
    subType.prototype = prototype;
}
```

最后，显示本节完善后的自定义事件的完整代码，演示效果如图 13.7 所示。

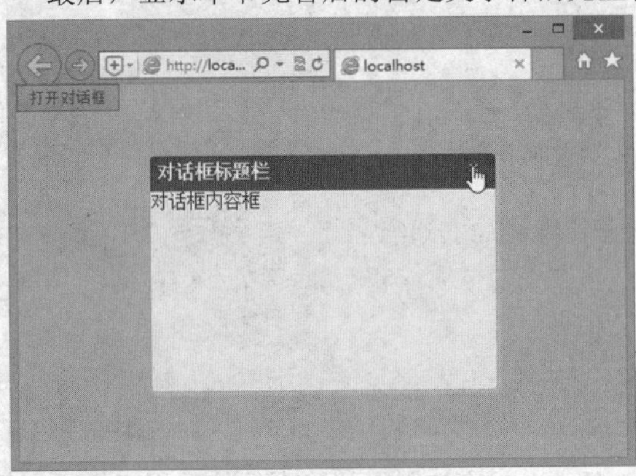

（a）打开

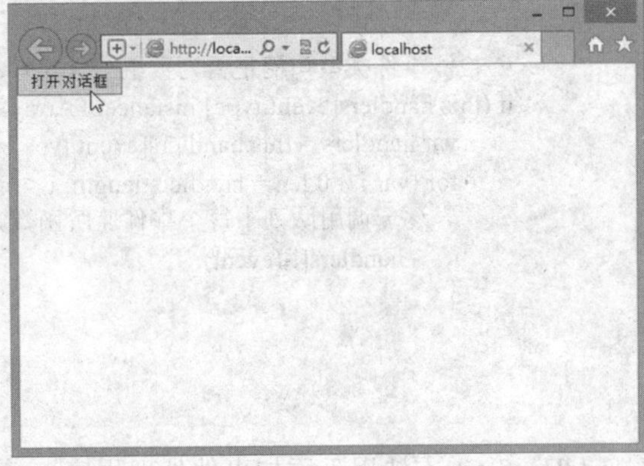

（b）关闭

图 13.7　优化后对话框组件应用效果

```
<!DOCTYPE html>
<html>
<head>
<title></title>
<style type = "text/css" >
/* 清除页边距 */
body{margin:0; padding:0;}
/* 对话框外框样式 */
.dialog {width: 300px; height: 200px; position: fixed; left: 50%; top: 50%; margin-top: -100px; margin-left: -150px;
    z-index: 30; box-shadow: 2px 2px 4px #ccc; background-color: #f1f1f1; border: solid 1px #aaa; border-radius:
    4px; overflow: hidden; display: none;}
/* 对话框的标题栏样式 */
.dialog .title {font-size: 16px; font-weight: bold; color: #fff; padding: 6px; background-color: #404040;}
/* 关闭按钮样式 */
.dialog .close {width: 20px; height: 20px; margin: 3px; float: right; cursor: pointer; color: #fff;}
/* 遮罩层样式 */
.pageCover {width: 100%; height: 100%; position: absolute; z-index: 10; background-color: #666; opacity: 0.5;
    display: none;}
</style>
<meta charset = "utf-8">
</head>
<body>
<div id = "pageCover" class = "pageCover"></div>
```

```
<input type = "button" value = "打开对话框" onclick = "openDialog();"/>
<div id = "dlgTest" class = "dialog"><span class = "close">&times;</span>
    <div class = "title">对话框标题栏</div>
    <div class = "content">对话框内容框</div>
</div>
<script type = "text/javascript">
// 自定义事件类型
function EventTarget() {
    this.handlers = {};
}
// 扩展自定义事件类型的原型
EventTarget.prototype = {
    constructor:EventTarget,
    // 注册事件
    addHandler: function(type,handler) {
        if (typeof this.handlers[type] == 'undefined') {
            this.handlers[type] = new Array();
        }
        this.handlers[type].push(handler);
    },
    // 注销事件
    removeHandler: function(type,handler) {
        if (this.handlers[type] instanceof Array) {
            var handlers = this.handlers[type];
            for (var i = 0,len = handlers.length; i < len; i++) {
                if (handler[i] == handler) {
                    handlers.splice(i,1);
                    break;
                }
            }
        }
    },
    // 触发事件
    trigger: function(event) {
        if (!event.target) {
            event.target = this;
        }
        if (this.handlers[event.type] instanceof Array) {
            var handlers = this.handlers[event.type];
            for (var i = 0, len = handlers.length; i < len; i++) {
                handlers[i](event);
            }
        }
    }
}
// 原型继承扩展工具函数
function extend(subType,superType) {
    var prototype = Object(superType.prototype);
    prototype.constructor = subType;
    subType.prototype = prototype;
}
```

Note

```
// 定义对话框类型
function Dialog(id) {
    // 动态调用 EventTarget 类型函数，继承它的本地成员
    EventTarget.call(this)
    this.id = id;                    // 获取对话框 DOM 的 id
    var that = this;                 // 保存本地实例
    document.getElementById(id).children[0].onclick = function() {
        that.close();
    }
}
// 继承 EventTarget 类型原型属性
extend(Dialog,EventTarget);
// 显示 Dialog 对话框
Dialog.prototype.show = function() {
    var dlg = document.getElementById(this.id);
    dlg.style.display = 'block';
    dlg = null;
}
// 关闭 Dialog 对话框
Dialog.prototype.close = function() {
    var dlg = document.getElementById(this.id);
    dlg.style.display = 'none';
    dlg = null;
    // 在本地实例上触发 close 事件
    this.trigger({type:'close'});
}
// 定义打开对话框的方法
function openDialog() {
    document.getElementById('pageCover').style.display = 'block';
    var dlg = new Dialog('dlgTest');
    // 为当前实例注册 close 事件，并传递要处理的事件函数
    dlg.addHandler('close',function() {
        document.getElementById('pageCover').style.display = 'none';
    });
    // 打开对话框
    dlg.show();
}
</script>
</body>
</html>
```

用户也可以把打开 Dialog 时，显示遮罩层也写成类似关闭事件的方式（test5.html）。当代码中存在多个部分，在特定时刻相互交互的情况下，自定义事件就非常有用。

如果每个对象都有其他对象的引用，那么整个代码高度耦合，对象改动会影响其他对象，维护起来就困难重重，自定义事件使对象能够解耦，功能隔绝，这样对象之间就可以实现高度聚合。

线上阅读

【拓展】

13.2 节，通过一个完整的示例演示了自定义事件的实现过程，下面总结自定义事件和事件模拟的基本模式和方法，感兴趣的读者可以扫码阅读。

13.3 鼠标事件

鼠标事件指与鼠标相关的事件，具体说明如下。

注意：限于篇幅，从本节开始到本章末尾，有关 JavaScript 事件类型的详细讲解，全部放在线上呈现，作为选学内容，读者可以根据需要有选择地扫码阅读。

13.3.1 click 和 dblclick

线上阅读

当用户在 element 节点、document 节点、window 对象上单击鼠标（或者按下 Enter 键）时，click 事件触发；双击鼠标时，触发 dblclick 事件。详细说明请扫码阅读。

13.3.2 mouseup、mousedown 和 mousemove

线上阅读

mouseup、mousedown 和 mousemove 事件跟踪鼠标单击的详细状态。详细说明请扫码阅读。

13.3.3 mouseover 和 mouseenter

线上阅读

mouseover 事件和 mouseenter 事件，都是鼠标进入一个节点时触发。详细比较和说明请扫码阅读。

13.3.4 mouseout 和 mouseleave

线上阅读

mouseout 事件和 mouseleave 事件，都是鼠标离开一个节点时触发。二者区别：mouseout 事件会冒泡，mouseleave 事件不会。详细说明请扫码阅读。

13.3.5 contextmenu

contextmenu 事件在一个节点上单击鼠标右键时触发，或者按下“上下文菜单”键时触发。

13.4 MouseEvent 对象

线上阅读

鼠标事件使用 MouseEvent 对象表示，它继承 UIEvent 对象和 Event 对象。浏览器提供一个 MouseEvent 构造函数，用于新建一个 MouseEvent 实例。详细说明请扫码阅读。

13.4.1 altKey、ctrlKey、metaKey 和 shiftKey

线上阅读

altKey、ctrlKey、metaKey 和 shiftKey 属性记录鼠标事件发生时，是否按下某个键。详细说明请扫码阅读。

线上阅读

Note

13.4.2 button 和 buttons

button 和 buttons 属性记录鼠标键的操作情况。详细说明请扫码阅读。

13.4.3 clientX、clientY、movementX、movementY、screenX 和 screenY

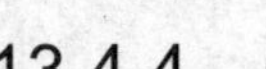

线上阅读

clientX、clientY、movementX、movementY、screenX 和 screenY 这 6 个属性实时记录鼠标的坐标和偏移信息。详细说明请扫码阅读。

线上阅读

13.4.4 relatedTarget

relatedTarget 属性返回事件的次要相关节点。对于那些没有次要相关节点的事件，该属性返回 null。详细说明请扫码阅读。

线上阅读

13.4.5 小结

由于浏览器的不兼容性，不同浏览器分别在各自事件对象中定义了不同的属性。具体兼容方法和演示示例请扫码阅读。

13.5 wheel 事件

线上阅读

wheel 事件是与鼠标滚轮相关的事件，目前只有一个 wheel 事件。用户滚动鼠标的滚轮，就触发这个事件。详细说明请扫码阅读。

线上阅读

13.6 键盘事件

键盘事件用来描述键盘行为，主要有 keydown、keypress、keyup3 个事件。详细说明请扫码阅读。

线上阅读

13.6.1 altKey、ctrlKey、metaKey 和 shiftKey

这些属性将返回一个布尔值，表示是否按下对应的键。详细说明请扫码阅读。

线上阅读

13.6.2 key 和 charCode

key 属性返回一个字符串，表示按下的键名。详细说明请扫码阅读。

线上阅读

13.6.3 小结

键盘事件定义了很多属性，利用这些属性可以精确控制键盘操作。详细说明请扫码阅读。

线上阅读

Note

13.7 进 度 事 件

进度事件用来描述一个事件进展的过程，例如 XMLHttpRequest 对象发出的 HTTP 请求的过程，<img>、<audio>、<video>、<style>、<link>加载外部资源的过程。下载和上传都会发生进度事件。详细说明请扫码阅读。

13.8 拖 曳 事 件

线上阅读

拖曳指的是，用户在某个对象上按下鼠标键不放，拖曳它到另一个位置，然后释放鼠标键，将该对象放在那里。详细说明请扫码阅读。

13.8.1 事件种类

线上阅读

当 Element 节点或选中的文本被拖曳时，就会持续触发拖曳事件，包括以下一些事件。详细说明请扫码阅读。

13.8.2 DataTransfer 对象概述

线上阅读

所有的拖曳事件都有一个 dataTransfer 属性，用来保存需要传递的数据。这个属性的值是一个 DataTransfer 对象。详细说明请扫码阅读。

13.8.3 DataTransfer 对象的属性

线上阅读

DataTransfer 对象包含 4 个属性：dropEffect、effectAllowed、files 和 types。详细说明请扫码阅读。

13.8.4 DataTransfer 对象的方法

线上阅读

DataTransfer 对象包含 4 个方法：setData()、getData()、clearData()和 setDragImage()。详细说明请扫码阅读。

13.9 触摸事件

线上阅读

触摸 API 由 3 个对象组成：Touch、TouchList 和 TouchEvent，提示说明请扫码阅读。

13.9.1 Touch 对象

线上阅读

Touch 对象代表一个触摸点。触摸点可能是一根手指，也可能是一根触摸笔。它有以下属性，具体说明请扫码阅读。

线上阅读

Note

13.9.2 TouchList 对象

TouchList 对象是一个类似数组的对象，成员是与某个触摸事件相关的所有触摸点。具体说明请扫码阅读。

13.9.3 TouchEvent 对象

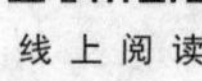

TouchEvent 对象继承 Event 对象和 UIEvent 对象，表示触摸引发的事件。除了被继承的属性以外，它还有一些自己的属性。具体说明请扫码阅读。

线上阅读

13.9.4 触摸事件的种类

触摸引发的事件，有以下几类。可以通过 TouchEvent.type 属性，查看到底发生的是哪一种事件。具体说明请扫码阅读。

13.10 表单事件

线上阅读

13.10.1 input

当<input>、<textarea>的值发生变化时触发 input 事件。具体说明请扫码阅读。

线上阅读

13.10.2 select

当在<input>、<textarea>中选中文本时触发 select 事件。具体说明请扫码阅读。

线上阅读

13.10.3 change

当<input>、<select>、<textarea>的值发生变化时触发 change 事件。它与 input 事件的最大不同，就是不会连续触发，只有当全部修改完成时才会触发。具体说明请扫码阅读。

线上阅读

13.10.4 submit

当表单数据向服务器提交时触发 submit 事件。具体说明请扫码阅读。

线上阅读

13.10.5 reset

为<input>或<button>标签设置 type = "reset"属性可以定义重置按钮。具体说明请扫码阅读。

线上阅读

13.11 文档事件

线上阅读

13.11.1 beforeunload、unload、load、error、pageshow 和 pagehide

beforeunload、unload、load、error、pageshow 和 pagehide 事件与网页的加载与卸载相关。详细说明请扫码阅读。

线上阅读

13.11.2　DOMContentLoaded 和 readystatechange

DOMContentLoaded 和 readystatechange 事件与文档状态相关。详细说明请扫码阅读。

13.11.3　scroll

线上阅读

scroll 事件在文档或文档元素滚动时触发，主要出现在用户拖动滚动条。详细说明请扫码阅读。

13.11.4　resize

线上阅读

resize 事件在改变浏览器窗口大小时触发，发生在 window、body、frameset 对象上面。详细说明请扫码阅读。

13.11.5　hashchange 和 popstate

线上阅读

hashchange 和 popstate 事件与文档的 URL 变化相关。详细说明请扫码阅读。

13.11.6　cut、copy 和 paste

线上阅读

HTML5 规范了剪贴板数据操作，主要包括 6 个剪贴板事件。详细说明请扫码阅读。

13.11.7　focus、blur、focusin 和 focusout

线上阅读

焦点事件发生在 Element 节点和 document 对象上面，与获得或失去焦点相关。它主要包括 focus、blur、focusin 和 focusout 4 个事件。详细说明请扫码阅读。

第14章

CSS 操作

CSS 与 JavaScript 是两个有着明确分工的领域，前者负责页面的视觉效果，后者负责与用户的行为互动。但是，它们毕竟同属网页开发的前端，因此不可避免有着交叉和互相配合。本章将介绍如何使用 JavaScript 脚本驱动 CSS 样式，完成各种交互式行为的设计。

【学习要点】

- 使用 JavaScript 操作行内样式。
- 使用 JavaScript 操作样式表。
- 设计简单的页面交互行为或特效。

14.1 CSS 脚本基础

Note

操作 CSS 样式最简单的方法，就是使用网页元素节点的 getAttribute()方法、setAttribute()方法和 removeAttribute()方法，直接读写或删除网页元素的 style 属性。例如：

```
div.setAttribute(
    'style',
    'background-color: red;' + 'border: 1px solid black;'
);
```

上面的代码相当于下面的 HTML 代码。

```
<div style="background-color: red; border: 1px solid black;" />
```

线 上 阅 读

DOM 2 级规范为 CSS 样式的脚本化定义了一套 API，详细说明可以扫码了解。

本节将简单介绍如何正确访问脚本样式，不涉及各个模块的系统介绍。

14.1.1 访问行内样式

视 频 讲 解

CSS 样式包括 3 种形式：外部样式、内部样式和行内样式。在早期 DOM 中，任何支持 style 属性的 HTML 标签，在 JavaScript 中都有一个映射的 style 属性。

HTMLElement 的 style 属性是一个可读可写的 CSS2Properties 对象。CSS2Properties 对象表示一组 CSS 样式属性及其值，它为每一个 CSS 属性都定义了一个 JavaScript 脚本属性。

这个 style 对象包含了通过 HTML 的 style 属性设置的所有 CSS 样式信息，但不包含与样式表中的样式。因此，使用元素的 style 属性只能访问行内样式，不能访问样式表中的样式信息。

style 对象可以通过 cssText 属性返回行内样式的字符串表示。字符串中去掉了包围属性和值的花括号，以及元素选择器名称。

除了 cssText 属性外，style 对象还包含每一个与 CSS 属性一一映射的脚本属性（需要浏览器支持）。这些脚本属性的名称与 CSS 属性的名称紧密对应，但是为了避免 JavaScript 语法错误而进行了一些改变。含有连字符的多词属性（如 font-family）在 JavaScript 中会删除这些连字符，以驼峰命名法重新命名 CSS 的脚本属性名称（如 fontFamily）。

【示例】对于 border-right-color 属性来说，在脚本中应该使用 borderRightColor。所以下面页面脚本中的用法都是错误的。

```
<div id="box" >盒子</div>
<script>
var box = document.getElementById("box");
box.style.border-right-color = "red";
box.style.border-right-style = "solid";
</script>
```

针对上面页面脚本，可以修改如下。

```
<script>
var box = document.getElementById("box");
box.style.borderRightColor = "red";
```

```
box.style.borderRightStyle = "solid";
</script>
```

Note

提示：使用 CSS 脚本属性时，应该注意几个问题。

☑ 由于 float 是 JavaScript 保留字，禁止使用，因此使用 cssFloat 表示 float 属性的脚本名称。

☑ 在 JavaScript 中，所有 CSS 属性值都是字符串，必须加上引号，以表示字符串数据类型。

```
elementNode.style.fontFamily = "Arial, Helvetica, sans-serif";
elementNode.style.cssFloat = "left";
elementNode.style.color = "#ff0000";
```

☑ CSS 样式声明结尾的分号不能够作为属性值的一部分被引用，JavaScript 脚本中的分号只是 JavaScript 语法规则的一部分，不是 CSS 声明中分号的引用。

☑ 声明中属性值和单位都必须作为值的一部分，完整地传递给 CSS 脚本属性，省略单位则所设置的脚本样式无效。

```
elementNode.style.width = "100px";
```

☑ 在脚本中可以动态设置属性值，但最终赋值给属性的值应是一个字符串。

```
elementNode.style.top = top + "px";
elementNode.style.right = right + "px";
elementNode.style.bottom = bottom + "px";
elementNode.style.left = left + "px";
```

☑ 如果没有为 HTML 标签设置 style 属性，那么 style 对象中可能会包含一些属性的默认值，但这些值并不能准确地反映该元素的样式信息。

视频讲解

14.1.2 使用 style

DOM 2 级样式规范为 style 对象定义了一些属性和方法，简单说明如下。

☑ cssText：访问 HTML 标签中 style 属性的 CSS 代码。

☑ length：元素定义的 CSS 属性的数量。

☑ parentRule：表示 CSS 的 CSSRule 对象。

☑ getPropertyCSSValue()：返回包含给定属性值的 CSSValue 对象。

☑ getPropertyPriority()：返回指定 CSS 属性中是否附加了!important 命令。

☑ item()：返回给定位置的 CSS 属性的名称。

☑ getPropertyValue()：返回给定属性的字符串值。

☑ removeProperty()：从样式中删除给定属性。

☑ setProperty()：将给定属性设置为相应的值，并加上优先权标志。

下面重点介绍 style 对象方法的使用。

1. getPropertyValue()方法

getPropertyValue()能够获取指定元素样式属性的值，用法如下。

```
var value = e.style.getPropertyValue(propertyName)
```

参数 propertyName 表示 CSS 属性名，不是 CSS 脚本属性名，对于复合名应该使用连字符进行连接。

【示例 1】下面代码使用 getPropertyValue()方法获取行内样式中 width 属性值，然后输出到盒子内显示，如图 14.1 所示。

```
<script>
window.onload = function() {
    var box = document.getElementById("box");            // 获取<div id="box">
    var width = box.style.getPropertyValue("width");     // 读取 div 元素的 width 属性值
    box.innerHTML = "盒子宽度：" + width;                 // 输出显示 width 值
}
</script>
<div id="box" style="width: 300px; height: 200px;border: solid 1px red" >盒子</div>
```

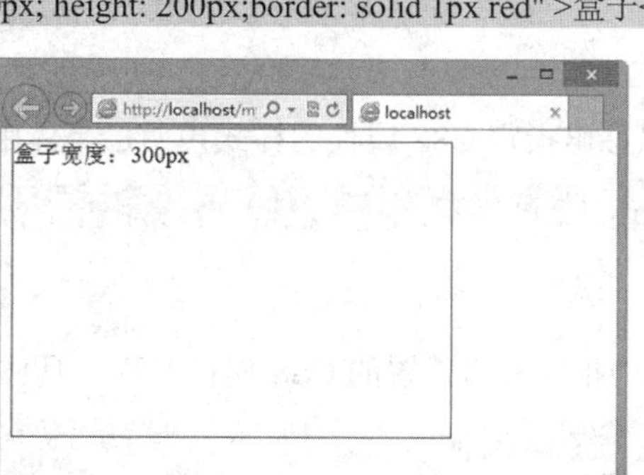

图 14.1　使用 getPropertyValue()读取行内样式

早期 IE 版本不支持 getPropertyValue()方法，但是可以通过 style 对象直接访问样式属性以获取指定样式的属性值。

【示例 2】针对上面示例代码，可以使用如下方式读取 width 属性值。

```
window.onload = function() {
    var box = document.getElementById("box");
    var width = box.style.width;
    box.innerHTML = "盒子宽度：" + width;
}
```

2. setProperty()方法

setProperty()方法为指定元素设置样式，具体用法如下。

```
e.style.setProperty(propertyName, value, priority)
```

参数说明如下。

☑　propertyName：设置 CSS 属性名。

☑　value：设置 CSS 属性值，包含属性值的单位。

☑　priority：表示是否设置!important 优先级命令，如果不设置可以以空字符串表示。

【示例 3】在下面示例中使用 setProperty()方法定义盒子的显示宽度和高度分别为 400 像素和 200 像素。

```
<script>
window.onload = function() {
    var box = document.getElementById("box");            // 获取<div id="box">
    box.style.setProperty("width","400px","");           // 定义盒子宽度为 400 像素
    box.style.setProperty("height","200px","");          // 定义盒子宽度为 200 像素
```

```
}
</script>
<div id="box" style="border: solid 1px red" >盒子</div>
```

Note

如果兼容早期 IE 浏览器，可以使用如下方式设置。

```
window.onload = function() {
    var box = document.getElementById("box");
    box.style.width = "400px";
    box.style.height = "200px";
}
```

3. removeProperty()方法

removeProperty()方法可以移出指定 CSS 属性的样式声明，具体用法如下。

```
e.style. removeProperty (propertyName)
```

4. item()方法

item()方法返回 style 对象中指定索引位置的 CSS 属性名称，具体用法如下。

```
var name = e.style.item(index)
```

参数 index 表示 CSS 样式的索引号。

5. getPropertyPriority()方法

getPropertyPriority()方法可以获取指定 CSS 属性中是否附加了!important 优先级命令，如果存在则返回“important”字符串，否则返回空字符串。

【示例 4】在下面示例中，定义鼠标移过盒子时，设置盒子的背景色为蓝色，而边框颜色为红色，当移出盒子时，又恢复到盒子默认设置的样式；而单击盒子时则在盒子内输出动态信息，显示当前盒子的宽度和高度，演示效果如图 14.2 所示。

```
<script>
window.onload = function() {
    var box = document.getElementById("box");    // 获取盒子的引用
    box.onmouseover = function() {               // 定义鼠标经过时的事件处理函数
        box.style.setProperty("background-color", "blue", ""); // 设置背景色为蓝色
        box.style.setProperty("border", "solid 50px red", "");
                                                 // 设置边框为 50 像素的红色实线
    }
    box.onclick = function() {                   // 定义鼠标单击时的事件处理函数
        box .innerHTML = (box.style.item(0) + ": " + box.style.getPropertyValue("width"));
                                                 // 显示盒子的宽度
        box .innerHTML = box .innerHTML + "<br>" +  (box.style.item(1) + ": "
            + box.style.getPropertyValue ("height"));   // 显示盒子的高度
    }
    box.onmouseout = function() {                // 定义鼠标移出时的事件处理函数
        box.style.setProperty("background-color", "red", "");  // 设置背景色为红色
        box.style.setProperty("border", "solid 50px blue", ""); // 设置 50 像素的蓝色实边框
    }
}
```

```
</script>
<div id="box" style = "width: 100px; height: 100px; background-color: red; border: solid 50px blue;"></div>
```

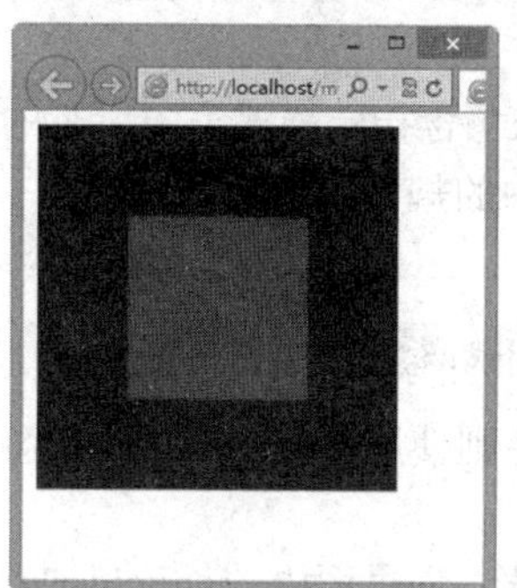

（a）默认显示效果

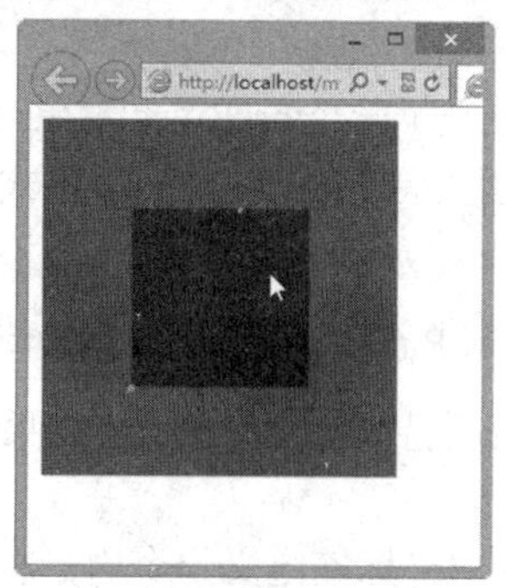

（b）鼠标经过效果

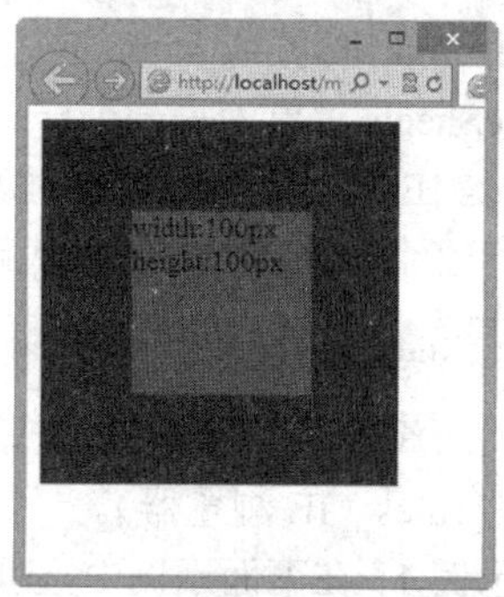

（c）鼠标单击效果

图 14.2　设计动态交互样式效果

【示例 5】针对示例 4，下面示例使用快捷方法设计相同的交互效果，这样能够兼容 IE 早期版本，页面代码如下所示。

```
<script>
window.onload = function() {
    var box = document.getElementById("box");    // 获取盒子的引用
    box.onmouseover = function() {
        box.style.backgroundColor = "blue";       // 设置背景样式
        box.style.border = "solid 50px red";      // 设置边框样式
    }
    box.onclick = function() {                    // 读取并输出行内样式
        box .innerHTML = "width: " + box.style.width;
        box .innerHTML = box .innerHTML + "<br>" + "height: " + box.style.height;
    }
    box.onmouseout = function() {                 // 设计鼠标移出后，恢复默认样式
        box.style.backgroundColor = "red";
        box.style.border = "solid 50px blue";
    }
}
</script>
<div id="box" style="width:100px; height:100px; background-color:red; border:solid 50px blue;"></div>
```

【拓展】

非 IE 浏览器也支持 style 快捷访问方式，但是它无法获取 style 对象中指定序号位置的属性名称，此时可以使用 cssText 属性读取全部 style 属性值，借助 JavaScript 方法再把返回字符串劈开为数组，详细内容请扫码阅读。

线上阅读

14.1.3　使用 styleSheets

视频讲解

在 DOM 2 级样式规范中，CSSStyleSheet 表示样式表，包括通过<link>标签包含的外部样式表和在<style>标签中定义的内部样式表。虽然这两个元素分别由 HTMLLinkElement 和 HTMLStyleElement 类型表示，但是样式表接口一致。

CSSStyleSheet 继承自 StyleSheet。StyleSheet 作为基础接口还可以定义非 CSS 样式表。

CSSStyleRule 类型表示样式表中每一条规则，CSSRule 对象是它的实例。

使用 document 对象的 styleSheets 属性可以访问样式表，包括适应<style>标签定义的内部样式表，以及使用<link>标签或@import 命令导入的外部样式表。

styleSheets 对象为每一个样式表定义了一个 cssRules 对象，用来包含指定样式表中所有的规则（样式）。但是 IE 不支持 cssRules 对象，而支持 rules 对象表示样式表中的规则。

兼容主流浏览器的方法，代码如下。

```
var cssRules = document.styleSheets[0].cssRules || document.styleSheets[0].rules;
```

在上面代码中，先判断浏览器是否支持 cssRules 对象，如果支持则使用 cssRules（非 IE 浏览器）；否则使用 rules（IE 浏览器）。

【示例 1】在下面示例中，通过<style>标签定义一个内部样式表，为页面中的<div id="box">标签定义 4 个属性：宽度、高度、背景色和边框。然后在脚本中使用 styleSheets 访问这个内部样式表，把样式表中的第一个样式的所有规则读取出来，在盒子中输出显示，如图 14.3 所示。

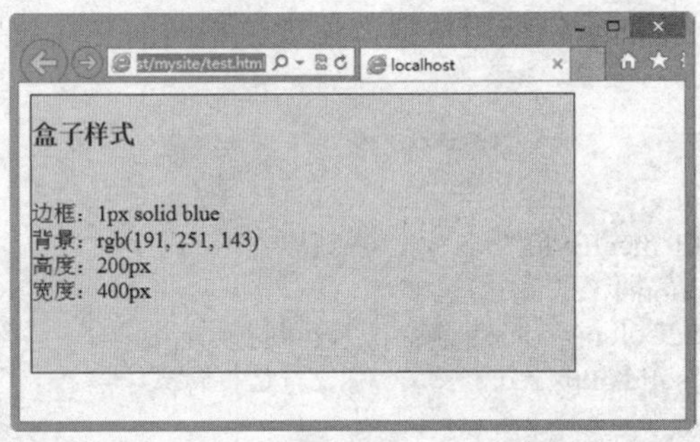

图 14.3　使用 styleSheets 访问内部样式表

```
<style type="text/css">
#box {
    width: 400px;
    height: 200px;
    background-color: #BFFB8F;
    border: solid 1px blue;
}
</style>
<script>
window.onload = function() {
    var box = document.getElementById("box");
    // 判断浏览器类型
    var cssRules = document.styleSheets[0].cssRules || document.styleSheets[0].rules;
    box.innerHTML = "<h3>盒子样式</h3>"
    // 读取 cssRules 的 border 属性
    box.innerHTML += "<br>边框：" + cssRules[0].style.border;
    // 读取 cssRules 的 background-color 属性
    box.innerHTML += "<br>背景：" + cssRules[0].style.backgroundColor;
    // 读取 cssRules 的 height 属性
    box.innerHTML += "<br>高度：" + cssRules[0].style.height;
    // 读取 cssRules 的 width 属性
    box.innerHTML += "<br>宽度：" + cssRules[0].style.width;
}
```

```
</script>
<div id="box"></div>
```

提示：cssRules（或 rules）的 style 对象在访问 CSS 属性时，使用的是 CSS 脚本属性名，因此所有属性名称中不能使用连字符。例如：

cssRules[0].style.backgroundColor;

这与行内样式中的 style 对象的 setProperty()方法不同，setProperty()方法使用的是 CSS 属性名。例如：

```
box.style.setProperty("background-color", "blue", "");
```

【示例 2】styleSheets 包含文档中所有样式表，每个数组元素代表一个样式表，数组的索引位置是根据样式表在文档中的位置决定的。每个<style>标签包含的所有样式表示一个内部样式表，每个独立的 CSS 文件表示一个外部样式表。下面示例演示如何准确找到指定样式表中的样式属性。

（1）启动 Dreamweaver，新建 CSS 文件，保存为 style1.css，存放在根目录下。

（2）在 style1.css 中输入下面样式代码，定义一个外部样式表。

```
@charset "utf-8";
body{color: black;}
p{color: gray;}
div{color: white;}
```

（3）新建 HTML 文档，保存为 test.html，保存在根目录下。

（4）使用<style>标签定义一个内部样式表，设计如下样式。

```
<style type="text/css">
#box{color: green;}
.red{color: red;}
.blue{color: blue;}
</style>
```

（5）使用<link>标签导入外部样式表文件 style1.css。

```
<link href="style1.css" rel="stylesheet" type="text/css" media="all" />
```

（6）在文档中插入一个<div id="box">标签。

```
<div id="box"></div>
```

（7）使用<script>标签在头部位置插入一段脚本。设计在页面初始化完毕后，使用 styleSheets 访问文档中第二个样式表，然后再访问该样式表的第一个样式中 color 属性。

```
<script>
window.onload = function() {
    var cssRules = document.styleSheets[1].cssRules || document.styleSheets[1].rules;
    var box = document.getElementById("box");
    box.innerHTML = "第二个样式表中第一个样式的 color 属性值 = " + cssRules[0].style.color;
}
</script>
```

（8）保存页面，整个文档的代码请参考本节示例源代码。最后，在浏览器中预览页面，则可以看到访问的 color 属性值为 black，如图 14.4 所示。

Note

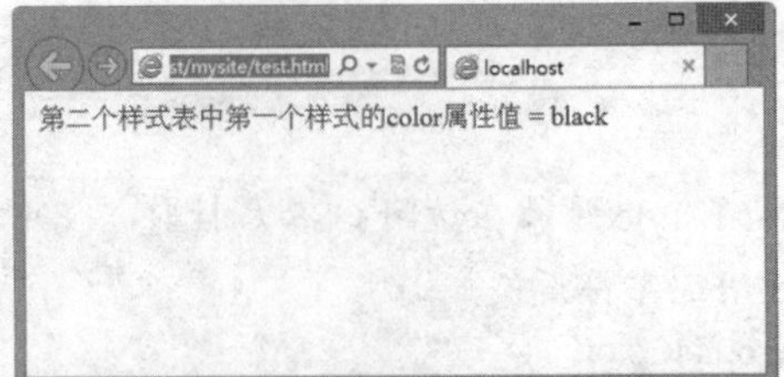

图 14.4　使用 styleSheets 访问外部样式表

提示：上面示例中 styleSheets[1]表示外部样式表文件（style1.css），而 cssRules[0]就表示外部样式表文件中的第一个样式。cssRules[0].style.color 可以获取外部样式表文件中第一个样式中的 color 属性的声明值。反之，如果把<link>标签放置在内部样式表的上面，即代码如下。

```
<head>
<link href="style1.css" rel="stylesheet" type="text/css" media="all" />
<style type="text/css">
#box {color: green;}
.red {color: red;}
.blue {color: blue;}
</style>
</head>
```

上面脚本将返回内部样式表中第一个样式中的 color 属性生命值，即为 green。如果把外部样式表转换为内部样式表，或者把内部样式表转换为外部样式表文件，不会影响 styleSheets 的访问。因此，样式表和样式的索引位置是不受样式表类型以及样式的选择符限制。任何类型的样式表（不管是内部的，还是外部的）都在同一个平台上按在文档中解析位置进行索引。同理，不同类型选择符的样式在同一个样式表中也是根据先后位置进行索引。

线 上 阅 读

【拓展】

StyleSheet 对象代表网页的一张样式表，它包括<link>节点加载的样式表和<style>节点内嵌的样式表。document 对象的 styleSheets 属性，可以返回当前页面的所有 StyleSheet 对象（即所有样式表），详细说明请扫码阅读。

视 频 讲 解

14.1.4　使用 selectorText

每个 CSS 样式都包含 selectorText 属性，使用该属性可以获取样式的选择符。

【示例】在下面这个示例中，使用 selectorText 属性获取第 1 个样式表（styleSheets[0]）中的第 3 个样式（cssRules[2]）的选择符，输出显示为“.blue”，如图 14.5 所示。

```
<style type="text/css">
#box {color: green;}
.red {color: red;}
.blue {color: blue;}
</style>
<link href="style1.css" rel="stylesheet" type="text/css" media="all" />
<script>
window.onload = function() {
    var cssRules = document.styleSheets[0].cssRules || document.styleSheets[0].rules;
    var box = document.getElementById("box");
    box.innerHTML = "第一个样式表中第三个样式选择符 = " + cssRules[2].selectorText;
```

```
}
</script>
<div id="box"></div>
```

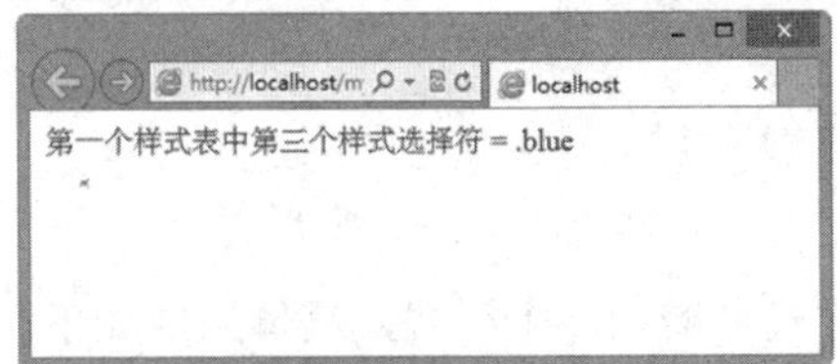

图 14.5 使用 selectorText 访问样式选择符

【拓展】

每一条 CSS 规则的样式声明部分（大括号内部的部分），都是一个 CSSStyleDeclaration 对象，每一条 CSS 属性，都是 CSSStyleDeclaration 对象的属性。关于该对象的详细说明请扫码阅读。

14.1.5 修改样式

cssRules 的 style 对象不仅可以访问属性，还可以设置属性值。

【示例】在下面示例中，样式表中包含 3 个样式，其中蓝色样式类（.blue）定义字体显示为蓝色。然后利用脚本修改该样式类（.blue 规则）字体颜色显示为浅灰色（#999），最后显示效果如图 14.6 所示。

```
<style type="text/css">
#box {color: green;}
.red {color: red;}
.blue {color: blue;}
</style>
<script>
window.onload = function() {
    var cssRules = document.styleSheets[0].cssRules || document.styleSheets[0].rules;
    cssRules[2].style.color = "#999";                    // 修改样式表中指定属性的值
}
</script>
<p class="blue">原为蓝色字体，现在显示为浅灰色。</p>
```

图 14.6 修改样式表中的样式

> 提示：不上述方法修改样式表中的类样式，会影响其他对象或其他文档对当前样式表的引用，因此在使用时请务必谨慎。

上述方法修改样式表中的类样式，会影响其他对象或其他文档对当前样式表的引用，因此在使用时请务必谨慎。

线上阅读

【拓展】

一条 CSS 规则包括两个部分：CSS 选择器和样式声明。CSS 规则部署了 3 个接口：CSSRule 接口、CSSStyleRule 接口和 CSSMediaRule 接口，详细说明请扫码阅读。

视频讲解

14.1.6 添加样式

使用 addRule()方法可以为样式表增加一个样式，具体用法如下。

```
styleSheet.addRule(selector,style ,[index])
```

styleSheet 表示样式表引用，参数说明如下。

☑ selector：表示样式选择符，以字符串的形式传递。

☑ style：表示具体的声明，以字符串的形式传递。

☑ index：表示一个索引号，表示添加样式在样式表中的索引位置，默认为-1，表示位于样式表的末尾，该参数可以不设置。

Firefox 浏览器不支持 addRule()方法，但是支持使用 insertRule()方法添加样式。insertRule()方法的用法如下。

```
styleSheet.insertRule(rule ,[index])
```

参数说明如下。

☑ rule：表示一个完整的样式字符串。

☑ index：与 addRule()方法中的 index 参数作用相同，但默认为 0，放置在样式表的末尾。

【示例】在下面示例中，先在文档中定义一个内部样式表，然后使用 styleSheets 集合获取当前样式表，利用数组默认属性 length 获取样式表中包含的样式个数。

最后在脚本中使用 addRule()（或 insertRule()）方法增加一个新样式，样式选择符为 p，样式声明背景色为红色，字体颜色为白色，段落内部补白为 1 个字体大小。

保存页面，在浏览器中预览，则显示效果如图 14.7 所示。

```
<style type="text/css">
#box{color: green;}
.red{color: red;}
.blue{color: blue;}
</style>
<script>
window.onload = function() {
    var styleSheets = document.styleSheets[0];          // 获取样式表引用
    var index = styleSheets.length;                     // 获取样式表中包含样式的个数
    if (styleSheets.insertRule) {                       // 判断浏览器是否支持 insertRule()方法
        styleSheets.insertRule("p{background-color: red;color: #fff;padding: 1em;}", index);
    }
    else{                                               // 如果不支持 insertRule()方法
        styleSheets.addRule("P", "background-color: red;color: #fff;padding: 1em;", index);
    }
}
</script>
<p>在样式表中增加样式操作</p>
```

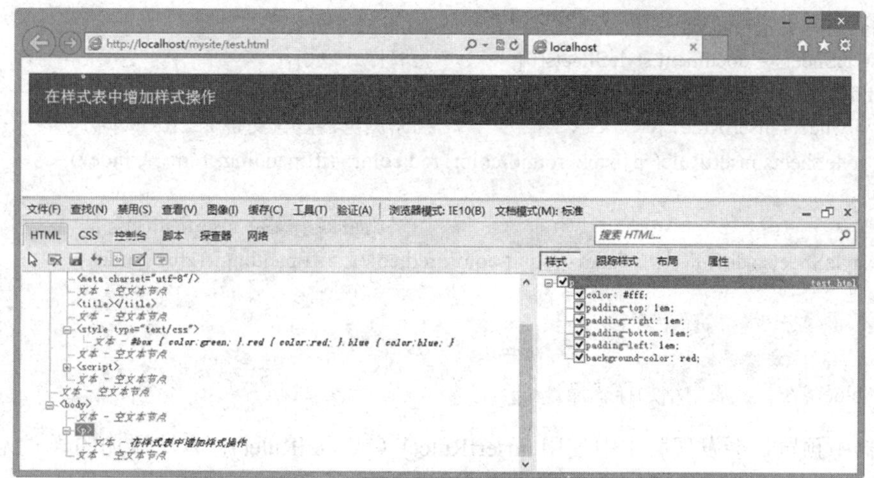

图 14.7 为段落文本增加样式

在上面代码中，使用 insertRule()方法在内部样式表中增加一个 p 标签选择符的样式，插入位置在样式表的末尾。设置段落背景色为红色，字体颜色为白色，补白为一个字体大小。

【拓展】

下面再看下添加样式表，添加样式表有两种方式：一种是添加一张内置样式表，即在文档中添加一个<style>节点；另一种是添加外部样式表，即在文档中添加一个<link>节点，然后将 href 属性指向外部样式表的 URL，详细说明请扫码阅读。

线 上 阅 读

14.1.7 访问渲染样式

视 频 讲 解

行内样式（inline style）具有最高的优先级，改变行内样式，通常会立即反映出来。但是，网页元素最终的样式是综合各种规则计算出来的。因此，如果想得到元素现有的样式，只读取行内样式是不够的，需要得到浏览器最终计算出来的那个样式规则。

window.getComputedStyle()方法，就用来返回这个规则。它接受一个 DOM 节点对象作为参数，返回一个包含该节点最终样式信息的对象。所谓“最终样式信息”，指的是各种 CSS 规则叠加后的结果。

DOM 定义了一个方法帮助用户快速检测当前对象的最后显示样式，不过 IE 和标准 DOM 之间实现的方法不同，分别说明如下。

1. IE 浏览器

IE 浏览器定义了一个 currentStyle 对象，该对象是一个只读对象。currentStyle 对象包含文档内所有元素的 style 对象定义的属性，以及任何未被覆盖的 CSS 规则的 style 属性。

【示例 1】针对 14.1.6 节示例，把类样式 blue 增加了一个背景色为白色的声明，然后把该类样式应用到段落文本中。

```
<style type="text/css">
#box{color: green;}
.red{color: red;}
.blue{color: blue; background-color: #FFFFFF;}
</style>
<script>
```

```
window.onload = function() {
    var styleSheets = document.styleSheets[0];        // 获取样式表引用
    var index = styleSheets.length;                    // 获取样式表中包含样式的个数
    if (styleSheets.insertRule) {                      // 判断浏览器是否支持 insertRule()方法
        styleSheets.insertRule("p{background-color: red;color: #fff;padding: 1em;}", index);
    }
    else {                                             // 如果浏览器不支持 insertRule()方法
        styleSheets.addRule("P", "background-color: red;color: #fff;padding: 1em;", index);
    }
}
</script>
<p class="blue">在样式表中增加样式操作</p>
```

在浏览器中预览，会发现脚本中使用 insertRule()（或 addRule()）方法添加的样式无效，效果如图 14.8 所示。

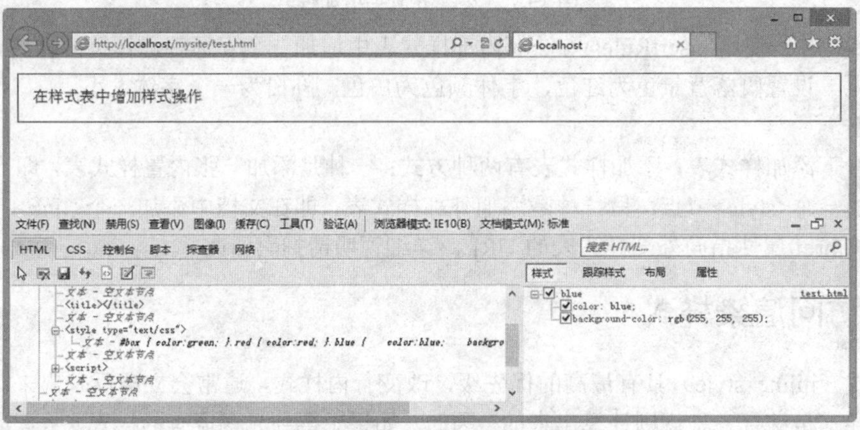

图 14.8　背景样式重叠后的效果

使用 currentStyle 对象获取当前 p 元素最终显示样式，这样就可以找到添加样式失效的原因。

【示例 2】把示例 1 另存为 test1.html，然后在脚本中添加代码，使用 currentStyle 获取当前段落标签<p>的最终显示样式，显示效果如图 14.9 所示。

```
<script>
window.onload = function() {
    var styleSheets = document.styleSheets[0];                    // 获取样式表引用
    var index = styleSheets.length;                               // 获取样式表中包含样式的个数
    if (styleSheets.insertRule) {// 判断是否支持 insertRule()，支持则调用，否则调用 addRule
        styleSheets.insertRule("p{background-color: red;color: #fff;padding: 1em;}", index);
    }
    else {
        styleSheets.addRule("P", "background-color: red;color: #fff;padding: 1em;", index);
    }
    var p = document.getElementsByTagName("p")[0];
    p.innerHTML = "背 景 色：" + p.currentStyle.backgroundColor + "<br>字体颜色：" + p.currentStyle.color;
}
</script>
```

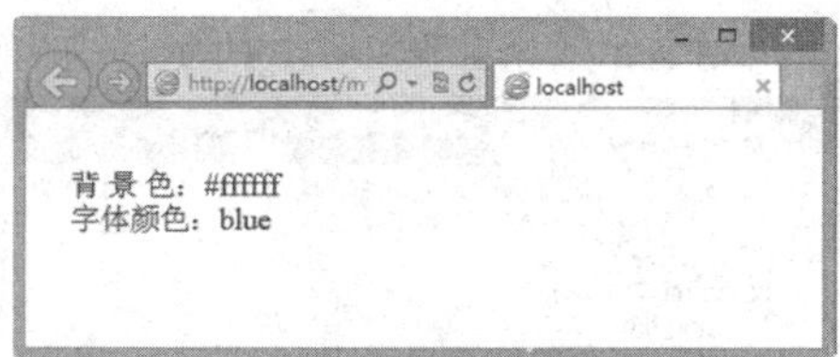

图 14.9　在 IE 中获取 p 的显示样式

在上面代码中，先使用 getElementsByTagName()方法获取段落文本的引用。然后调用该对象的 currentStyle 子对象，并获取指定属性的对应值。通过这种方式，会发现添加的样式被 blue 类样式覆盖，这是因为类选择符的优先级大于标签选择符的样式。

2. 非 IE 浏览器

DOM 定义了一个 getComputedStyle()方法，该方法可以获取目标对象的最终显示样式，但是它需要使用 document.defaultView 对象进行访问。

getComputedStyle()方法包含了两个参数：第一个参数表示元素，用来获取样式的对象；第二个参数表示伪类字符串，定义显示位置，一般可以省略，或者设置为 null。

【示例 3】针对上面示例，为了能够兼容非 IE 浏览器，下面对页面脚本进行修改。使用 if 语句判断当前浏览器是否支持 document.defaultView，如果支持则进一步判断是否支持 document.defaultView.getComputedStyle，如果支持则使用 getComputedStyle()方法读取最终显示样式；否则，判断当前浏览器是否支持 currentStyle，如果支持则使用它读取最终显示样式。

```
<style type="text/css">
#box{color: green;}
.red{color: red;}
.blue{color: blue; background-color: #FFFFFF;}
</style>
<script>
window.onload = function() {
    var styleSheets = document.styleSheets[0];                    // 获取样式表引用指针
    var index = styleSheets.length;                               // 获取样式表中包含样式的个数
    if (styleSheets.insertRule) {                                 // 判断浏览器是否支持
        styleSheets.insertRule("p{background-color: red;color: #fff;padding: 1em;}", index);
    }
    else{
        styleSheets.addRule("P", "background-color: red;color: #fff;padding: 1em;", index);
    }
    var p = document.getElementsByTagName("p")[0];
    if (document.defaultView && document.defaultView.getComputedStyle)
        p.innerHTML = "背 景 色："+document.defaultView.getComputedStyle(p,null).backgroundColor+"<br>
            字体颜色："+document.defaultView.getComputedStyle(p,null).color;
    else if (p.currentStyle)
        p.innerHTML = "背 景 色："+p.currentStyle.backgroundColor+"<br>字体颜色："+p.currentStyle.color;
    else
        p.innerHTML = "当前浏览器无法获取最终显示样式";
}
</script>
<p class="blue">在样式表中增加样式操作</p>
```

保存页面，在 Firefox 中预览，则显示效果如图 14.10 所示。

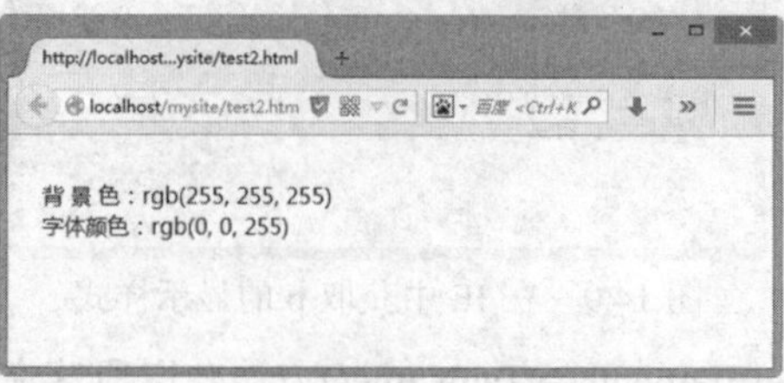

图 14.10　在 Firefox 中获取 p 的显示样式

线 上 阅 读

【拓展】

DOM 节点的 style 对象无法读写伪元素的样式，这时就要用到 window 对象的 getComputedStyle()方法。详细说明请扫码阅读。

14.1.8　访问媒体查询

使用 window.matchMedia 方法可以检查 CSS 的 Media Query 语句。各种浏览器的最新版本（包括 IE 10+）都支持该方法，对于不支持该方法的老式浏览器，可以使用第三方函数库 matchMedia.js。

CSS 的 Media Query 语句有点像 if 语句，只要显示媒介（包括浏览器和屏幕等）满足媒体查询语句设定的条件，就会执行区块内部的语句。

【示例 1】下面是 mediaQuery 语句的一个例子。

```
@media all and (max-width: 700px) {
    body{
        background: #FF0;
    }
}
```

上面的 CSS 代码表示，该区块对所有媒介（media）有效，且视口的最大宽度不得超过 700 像素。如果条件满足，则 body 元素的背景设为#FF0。

注意：mediaQuery 接受两种宽度/高度的度量，一种是上例的“视口”的宽度/高度，还有一种是“设备”的宽度/高度。例如：

```
@media all and (max-device-width: 700px) {
    body{
        background: #FF0;
    }
}
```

视口的宽度/高度（width/height）使用 documentElement.clientWidth/clientHeight 来衡量，单位是 CSS 像素；设备的宽度/高度（device-width/device-height）使用 screen.width/height 来衡量，单位是设备硬件的像素。

window.matchMedia()方法接受一个 mediaQuery 语句的字符串作为参数，返回一个 MediaQueryList 对象。该对象有以下两个属性。

☑　media：返回所查询的 mediaQuery 语句字符串。

☑　matches：返回一个布尔值，表示当前环境是否匹配查询语句。

```
var result = window.matchMedia('(min-width: 600px)');
result.media // 返回(min-width: 600px)
result.matches // 返回 true
```

【示例 2】下面示例根据 mediaQuery 是否匹配当前环境，执行不同的 JavaScript 代码。

```
var result = window.matchMedia('(max-width: 700px)');
if (result.matches) {
    console.log('页面宽度小于等于 700px');
}
else{
    console.log('页面宽度大于 700px');
}
```

【示例 3】下面示例根据 mediaQuery 是否匹配当前环境，加载相应的 CSS 样式表。

```
var result = window.matchMedia("(max-width: 700px)");
if (result.matches) {
    var linkElm = document.createElement('link');
    linkElm.setAttribute('rel', 'stylesheet');
    linkElm.setAttribute('type', 'text/css');
    linkElm.setAttribute('href', 'small.css');
    document.head.appendChild(linkElm);
}
```

注意：使如果 window.matchMedia()无法解析 mediaQuery 参数，返回的总是 false，而不是报错。例如：

```
window.matchMedia('bad string').matches        // 返回 false
```

window.matchMedia()方法返回的 MediaQueryList 对象有两个方法，用来监听事件：addListener()方法和 removeListener()方法。如果 mediaQuery 查询结果发生变化，就调用指定的回调函数。例如：

```
var mql = window.matchMedia("(max-width: 700px)");
// 指定回调函数
mql.addListener(mqCallback);
// 撤销回调函数
mql.removeListener(mqCallback);
function mqCallback(mql) {
    if (mql.matches) {
        // 宽度小于等于 700 像素
    }
    else{
        // 宽度大于 700 像素
    }
}
```

上面代码中，回调函数的参数是 MediaQueryList 对象。回调函数的调用可能存在两种情况。一种是显示宽度从 700 像素以上变为以下，另一种是从 700 像素以下变为以上，所以在回调函数内部要判断一下当前的屏幕宽度。

14.1.9 CSS 事件

1. transitionEnd 事件

CSS 的过渡效果（transition）结束后，触发 transitionEnd 事件。例如：

```
el.addEventListener('transitionend', onTransitionEnd, false);
function onTransitionEnd() {
    console.log('Transition end');
}
```

Note

transitionEnd 的事件对象具有以下属性。

☑ propertyName：发生 transition 效果的 CSS 属性名。

☑ elapsedTime：transition 效果持续的秒数，不含 transition-delay 的时间。

☑ pseudoElement：如果 transition 效果发生在伪元素，会返回该伪元素的名称，以“::”开头。如果不发生在伪元素上，则返回一个空字符串。

实际使用 transitionend 事件时，可能需要添加浏览器前缀。

```
el.addEventListener('webkitTransitionEnd', function() {
        el.style.transition = 'none';
});
```

2. animationstart、animationend、animationiteration 事件

CSS 动画有以下 3 个事件。

☑ animationstart 事件：动画开始时触发。

☑ animationend 事件：动画结束时触发。

☑ animationiteration 事件：开始新一轮动画循环时触发。如果 animation-iteration-count 属性等于 1，该事件不触发，即只播放一轮的 CSS 动画，不会触发 animationiteration 事件。

例如：

```
div.addEventListener('animationiteration', function() {
    console.log('完成一次动画');
});
```

这 3 个事件的事件对象，都有 animationName 属性（返回产生过渡效果的 CSS 属性名）和 elapsedTime 属性（动画已经运行的秒数）。对于 animationstart 事件，elapsedTime 属性等于 0，除非 animation-delay 属性等于负值。例如：

```
var el = document.getElementById("animation");
el.addEventListener("animationstart", listener, false);
el.addEventListener("animationend", listener, false);
el.addEventListener("animationiteration", listener, false);
function listener(e) {
    var li = document.createElement("li");
    switch (e.type) {
        case "animationstart":
            li.innerHTML = "Started: elapsed time is " + e.elapsedTime;
            break;
        case "animationend":
            li.innerHTML = "Ended: elapsed time is " + e.elapsedTime;
            break;
        case "animationiteration":
            li.innerHTML = "New loop started at time " + e.elapsedTime;
            break;
    }
```

```
    document.getElementById("output").appendChild(li);
}
```

上面代码的运行结果是下面的样子。

```
Started:   elapsed time is 0
New loop started at time 3.01200008392334
New loop started at time 6.00600004196167
Ended:   elapsed time is 9.234000205993652
```

animation-play-state 属性可以控制动画的状态（暂停/播放），该属性需要加上浏览器前缀。

```
element.style.webkitAnimationPlayState = "paused";
element.style.webkitAnimationPlayState = "running";
```

【拓展】

CSS 的规格发展太快，新的模块层出不穷。如何知道当前浏览器是否支持某个模块，详细说明请扫码阅读。

线 上 阅 读

14.2　CSS 尺寸

14.1 节主要介绍了 CSS 脚本化操作的基本思路和方法。限于篇幅，从本节开始，我们将以在线呈现的方式介绍如何使用 CSS 设计元素的尺寸、位置、显示和动画样式。本节重点介绍 CSS 尺寸的基本读写方法。

14.2.1　访问 CSS 宽度和高度

在 JavaScript 中访问元素的 CSS 属性，可以通过元素的 style 属性获得元素的 width 和 height 属性，就可以精确获得它的大小。详细说明请扫码阅读。

线 上 阅 读

14.2.2　把值转换为整数

本节介绍如何把 style 对象中的 width 和 height 属性值转换为整数值。详细说明请扫码阅读。

线 上 阅 读

14.2.3　使用 offsetWidth 和 offsetHeight

使用 offsetWidth 和 offsetHeight 属性可以获取元素的尺寸，其中 offsetWidth 表示元素在页面中所占据的总宽度，offsetHeight 表示元素在页面中所占据的总高度。详细说明请扫码阅读。

线 上 阅 读

14.2.4　元素尺寸

offsetWidth 和 offsetHeight 返回值不是很标准，在复杂的网页环境中，还需要使用 clientWidth、clientHeight、offsetWidth、offsetHeight、scrollWidth、scrollHeight 来获取元素的尺寸，详细说明请扫码阅读。

线 上 阅 读

线上阅读

14.2.5 视图尺寸

scrollLeft 和 scrollTop 属性可以获取移出可视区域外面的宽度和高度。详细说明请扫码阅读。

Note

14.2.6 窗口尺寸

线上阅读

使用 clientWidth 和 clientHeight 属性可以获取浏览器窗口的可视宽度和高度。详细说明请扫码阅读。

14.3 CSS 位置

线上阅读

本节将介绍如何使用 JavaScript 读写元素的 CSS 位置信息。

14.3.1 窗口位置

使用 offsetLeft 和 offsetTop 属性获取元素相对于窗口的偏移位置。详细说明请扫码阅读。

线上阅读

14.3.2 相对位置

使用 offsetParent 属性可以获取在包含框中的相对位置。详细说明请扫码阅读。

线上阅读

14.3.3 定位位置

访问 CSS 的 left 和 top 属性值，可以获取定位元素的定位位置。详细说明请扫码阅读。

线上阅读

14.3.4 设置偏移位置

使用 CSS 的 left 和 top 属性可以设置元素的偏移位置。详细说明请扫码阅读。

线上阅读

14.3.5 设置相对位置

本节将介绍如何设置元素的相对位置。详细说明请扫码阅读。

线上阅读

14.3.6 鼠标指针绝对位置

使用 pageX/pageY 或 clientX/clientY，以及 scrollLeft 和 scrollTop 属性，可以获取鼠标指针的页面位置。详细说明请扫码阅读。

线上阅读

14.3.7 鼠标指针相对位置

使用 offsetX/offsetY 或 layerX/layerY 属性可以获取鼠标指针相对位置。详细说明请扫码阅读。

线上阅读

14.3.8 滚动条位置

使用 scrollLeft 和 scrollTop 属性也可以获取窗口滚动条的位置。详细说明请扫码阅读。

线上阅读

14.3.9　设置滚动条位置

使用 scrollTo(x, y)方法可以设置滚动条的位置。详细说明请扫码阅读。

14.4　CSS 显示

本节将介绍如何使用 JavaScript 控制元素的显示、隐藏，以及渐显、渐隐。

线上阅读

14.4.1　设置显隐效果

使用 style.display 属性可以设计显隐效果。详细说明请扫码阅读。

线上阅读

14.4.2　设置渐隐、渐显效果

使用 style.opacity 属性可以设计渐隐、渐显效果。详细说明请扫码阅读。

14.5　CSS 动画

在 JavaScript 中设计动画，主要利用循环体和定时器（setTimeout 和 setInterval）来实现。

视频讲解

14.5.1　使用定时器

window 对象包含 4 个定时器专用方法，说明如下所示，使用它们可以实现代码定时运行，避免连续执行，这样可以设计动画。

- ☑ setInterval()：按照指定的周期（以毫秒计）来调用函数或计算表达式。
- ☑ setTimeout()：在指定的毫秒数后调用函数或计算表达式。
- ☑ clearInterval()：取消由 setInterval()方法生成的定时器对象。
- ☑ clearTimeout()：取消由 setTimeout()方法生成的定时器对象。

详细说明和具体用法请扫码阅读。

线上阅读

线上阅读

14.5.2　滑动

滑动效果主要通过动态修改元素的定位坐标来实现。详细说明请扫码阅读。

线上阅读

14.5.3　渐显

渐隐渐显效果主要通过动态修改元素的透明度来实现。详细说明请扫码阅读。

线上阅读

14.5.4　使用 requestAnimationFrame

HTML5 新增 window.requestAnimationFrame()方法，该方法用来在页面重绘之前，通知浏览器调用一个指定的函数，以满足开发者操作动画的需求。详细说明请扫码阅读。

第15章 JavaScript 通信

浏览器与服务器之间，采用 HTTP 协议通信。用户在浏览器地址栏输入一个网址，或者通过网页表单向服务器提交内容，这时浏览器就会向服务器发出 HTTP 请求。

1999 年，微软公司发布 IE 浏览器 5.0 版，第一次引入新功能：允许 JavaScript 脚本向服务器发起 HTTP 请求。这个功能当时并没有引起注意，直到 2004 年 Gmail 发布和 2005 年 Google Map 发布，才引起广泛重视。2005 年 2 月，Ajax 这个词第一次正式提出，指围绕这个功能进行开发的一整套做法。从此，Ajax 成为脚本发起 HTTP 通信的代名词，W3C 也在 2006 年发布了它的国际标准。

【学习要点】

- 了解 Ajax 基础知识。
- 正确使用 XMLHttpRequest。
- 能够设计简单的异步通信代码。
- 能够跨文档消息传递。
- 使用 WebSockets 通信。

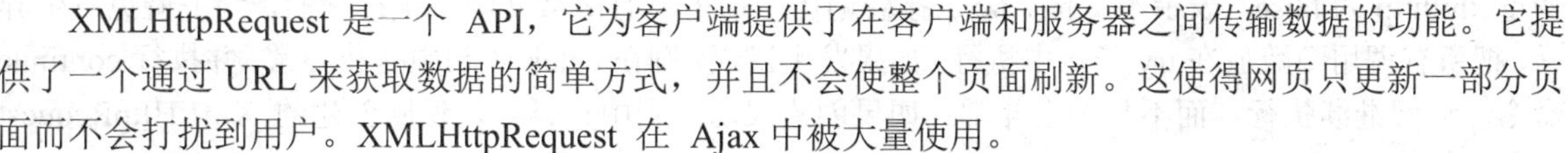

15.1 XMLHttpRequest 1.0 基础

XMLHttpRequest 是一个 API，它为客户端提供了在客户端和服务器之间传输数据的功能。它提供了一个通过 URL 来获取数据的简单方式，并且不会使整个页面刷新。这使得网页只更新一部分页面而不会打扰到用户。XMLHttpRequest 在 Ajax 中被大量使用。

所有现代浏览器都支持 XMLHttpRequest API，如 IE 7+、Firefox、Chrome、Safari 和 Opera。通过一行简单的 JavaScript 代码，就可以创建 XMLHttpRequest 对象。借助 XMLHttpRequest 对象的属性和方法，就可以实现异步通信功能。

15.1.1 定义 XMLHttpRequest 对象

使用 XMLHttpRequest 对象实现异步通信一般需要下面几个步骤。

（1）定义 XMLHttpRequest 对象。

（2）调用 XMLHttpRequest 对象的 open()方法打开服务器端 URL 地址。

（3）注册 onreadystatechange 事件处理函数，准备接收响应数据，并进行处理。

（4）调用 XMLHttpRequest 对象的 send()方法发送请求。

现代标准浏览器都支持 XMLHttpRequest API，IE 从 5.0 版本开始就以 ActiveX 组件形式支持 XMLHttpRequest，在 IE 7.0 版本中标准化 XMLHttpRequest，允许通过 window 对象进行访问。不过，所有浏览器的 XMLHttpRequest 对象都提供了相同的属性和方法。

【示例】下面函数采用一种更高效的工厂模式把定义 XMLHttpRequest 对象功能进行封装，这样只要调用 createXMLHTTPObject()方法就可以返回一个 XMLHttpRequest 对象。

```
// 定义 XMLHttpRequest 对象
// 参数：无
// 返回值：XMLHttpRequest 对象实例
function createXMLHTTPObject() {
    var XMLHttpFactories = [            // 兼容不同浏览器和版本的创建函数数组
        function() {return new XMLHttpRequest()},
        function() {return new ActiveXObject("Msxml2.XMLHTTP")},
        function() {return new ActiveXObject("Msxml3.XMLHTTP")},
        function() {return new ActiveXObject("Microsoft.XMLHTTP")},
    ];
    var xmlhttp = false;
    for (var i = 0; i < XMLHttpFactories.length; i++) {
    // 尝试调用匿名函数，如果成功则返回 XMLHttpRequest 对象，否则继续调用下一个
        try {
            xmlhttp = XMLHttpFactories[i]();
        }
        catch (e) {
            continue;                   // 如果发生异常，则继续下一个函数调用
        }
        break;                          // 如果成功，则中止循环
    }
```

```
    return xmlhttp;                          // 返回对象实例
}
```

Note

上面函数首先创建一个数组，数组元素为各种创建 XMLHttpRequest 对象的匿名函数。第一个元素是创建一个本地对象，而其他元素将针对 IE 浏览器的不同版本尝试创建 ActiveX 对象。然后设置变量 xmlhttp 为 false，表示不支持 Ajax。接着遍历工厂内所有函数并尝试执行它们，为了避免发生异常，把所有调用函数放在 try 子句中执行，如果发生错误，则在 catch 子句中捕获异常，并执行 continue 命令，返回继续执行，而不是抛出异常。如果创建成功，则中止循环，返回创建的 XMLHttpRequest 对象实例。

视频讲解

15.1.2 建立 XMLHttpRequest 连接

创建 XMLHttpRequest 对象之后，就可以使用 XMLHttpRequest 的 open()方法建立一个 HTTP 请求，open()方法用法如下所示。

```
oXMLHttpRequest.open(bstrMethod, bstrUrl, varAsync, bstrUser, bstrPassword);
```

该方法包含 5 个参数，其中前两个参数是必须的。简单说明如下。

☑ bstrMethod：HTTP 方法字符串，如 POST、GET 等，大小写不敏感。

☑ bstrUrl：请求的 URL 地址字符串，可以为绝对地址或相对地址。

☑ varAsync：布尔值，可选参数，指定请求是否为异步方式，默认为 true。如果为真，当状态改变时会调用 onreadystatechange 属性指定的回调函数。

☑ bstrUser：可选参数，如果服务器需要验证，该参数指定用户名，如果未指定，当服务器需要验证时，会弹出验证窗口。

☑ bstrPassword：可选参数，验证信息中的密码部分，如果用户名为空，则此值将被忽略。

然后，使用 XMLHttpRequest 的 send()方法发送请求到服务器端，并接收服务器的响应。send()方法用法如下所示。

```
oXMLHttpRequest.send(varBody);
```

参数 varBody 表示将通过该请求发送的数据，如果不传递信息，可以设置参数为 null。

该方法的同步或异步方式取决于 open()方法中的 bAsync 参数，如果 bAsync == False，此方法将会等待请求完成或者超时时才会返回，如果 bAsync == True，此方法将立即返回。

使用 XMLHttpRequest 对象的 responseBody、responseStream、responseText 或 responseXML 属性可以接收响应数据。

【示例】下面示例简单演示了如何实现异步通信方法，代码省略了定义 XMLHttpRequest 对象的函数。

```
xmlHttp.open("GET","server.asp", false);
xmlHttp.send(null);
alert(xmlHttp.responseText);
```

在服务器端文件（server.asp）中输入下面的字符串。

```
Hello World
```

在浏览器中预览客户端交互页面，就会弹出一个提示对话框，显示“Hello World”的提示信息。该字符串是借助 XMLHttpRequest 对象建立的连接通道，从服务器端响应的字符串。

15.1.3 发送 GET 请求

发送 GET 请求时，只需将包含查询字符串的 URL 传入 open()方法，设置第一个参数值为 GET 即可。服务器能够在 URL 尾部的查询字符串中接收用户传递过来的信息。

使用 GET 请求较简单，比较方便，它适合传递简单的信息，不易传输大容量或加密数据。

【示例】 下面示例在页面（main.html）中定义一个请求连接，并以 GET 方式传递一个参数信息 callback = functionName。

```
<script>
// 省略定义 XMLHttpRequest 对象函数
function request(url) {                       // 请求函数
    xmlHttp.open("GET",url, false);           // 以 GET 方式打开请求连接
    xmlHttp.send(null);                       // 发送请求
    alert(xmlHttp.responseText);              // 获取响应的文本字符串信息
}
window.onload = function() {                  // 页面初始化
    var b = document.getElementsByTagName("input")[0];
    b.onclick = function() {
        var url = "server.asp?callback = functionName"
        // 设置向服务器端发送请求的文件，以及传递的参数信息
        request(url);                         // 调用请求函数
    }
}
</script>
<h1>Ajax 异步数据传输</h1>
<input name="submit"type="button" id="submit"value="向服务器发出请求" />
```

在服务器端文件（server.asp）中输入下面的代码，获取查询字符串中 callback 的参数值，并把该值响应给客户端。

```
<%@LANGUAGE="VBSCRIPT" CODEPAGE="65001"%>
<%
callback = Request.QueryString("callback")
Response.Write(callback)
%>
```

在浏览器中预览页面，当单击提交按钮时，会弹出一个提示对话框，显示传递的参数值。

提示： 查询字符串通过问号（?）前缀附加在 URL 的末尾，发送数据是以连字符（&）连接的一个或多个名/值对。每个名称和值都必须在编码后才能用在 URL 中，用户使用 JavaScript 的 encodeURIComponent()函数对其进行编码，服务器端在接收这些数据时也必须使用 decodeURIComponent()函数进行解码。URL 最大长度为 2048 字符（2KB）。

15.1.4 发送 POST 请求

POST 请求支持发送任意格式、任意长度的数据，一般多用于表单提交。与 GET 发送的数据格式相似，POST 发送的数据也必须进行编码，并用连字符（&）进行分隔，格式如下。

```
send("name1=value1&name2=value2…");
```

在发送POST请求时，参数不会被附加到URL的末尾，而是作为send()方法的参数进行传递。

【示例1】以15.1.3节示例为例，使用POST方法向服务器传递数据，定义如下请求函数。

Note

```
function request(url) {
    xmlHttp.open("POST",url, false);
    xmlHttp.setRequestHeader('Content-type','application/x-www-form-urlencoded');
    // 设置发送数据类型
    xmlHttp.send("callback=functionName");
    alert(xmlHttp.responseText);
}
```

在open()方法中，设置第一个参数为POST，然后使用setRequestHeader()方法设置请求消息的内容类型为“application/x-www-form-urlencoded”，一般使用 POST 发送请求时都必须设置该选项，否则服务器会无法识别传递过来的数据。

提示：setRequestHeader()方法的用法如下。

```
xmlhttp.setRequestHeader("Header-name", "value");
```

一般设置头部信息中User-Agent首部为XMLHTTP，以便于服务器端能够辨别出XMLHttpRequest异步请求和其他客户端普通请求。

```
xmlhttp.setRequestHeader("User-Agent", "XMLHTTP");
```

这样就可以在服务器端编写脚本分别为现代浏览器和不支持JavaScript的浏览器呈现不同的文档，以提高可访问性的手段。

如果使用POST方法传递数据，还必须设置另一个头部信息。

```
xmlhttp.setRequestHeader("Content-type ", " application/x-www-form-urlencoded ");
```

然后，在send()方法中附加要传递的值，该值是一个或多个“名/值”对，多个“名/值”对之间使用“&”分隔符进行分隔。在“名/值”对中，“名”可以为表单域的名称（与表单域相对应），“值”可以是固定的值，也可以是一个变量。

设置第三个参数值为false，关闭异步通信。

最后，在服务器端设计接收POST方式传递的数据，并进行响应。

```
<%@LANGUAGE="VBSCRIPT" CODEPAGE="65001"%>
<%
callback = Request.Form("callback")
Response.Write(callback)
%>
```

用于发送POST请求的数据类型（Content Type）通常是application/x-www-form-urlencoded，这意味着还可以以text/xml或application/xml类型给服务器直接发送XML数据，甚至以application/json类型发送JavaScript对象。

【示例2】下面示例将向服务器端发送XML类型的数据，而不是简单地串行化名/值对数据。

```
function request(url) {
    xmlHttp.open("POST",url, false);
    xmlHttp.setRequestHeader('Content-type','text/xml'); // 设置发送数据类型
    xmlHttp.send("<bookstore><book id='1'>书名 1</book><book id='2'>书名 2</book></bookstore>");
}
```

提示：由于使用 GET 方式传递的信息量是非常有限的，而使用 POST 方式所传递的信息是无限的，且不受字符编码的限制，还可以传递二进制信息。对于传输文件，以及大容量信息时多采用 POST 方式。另外，当发送安全信息或 XML 格式数据时，也应该考虑选用这种方法来实现。

Note

视频讲解

15.1.5 转换串行化字符串

GET 和 POST 方法都是以名值对字符串的形式发送数据。

1. 传输名/值对信息

与 JavaScript 对象结构类似，多在 GET 参数中使用。例如，下面是一个包含 3 对名/值的 JavaScript 对象数据。

```
{
    user: "ccs8",
    padd: "123456",
    email: "css8@mysite.cn"
}
```

将上面原生 JavaScript 对象数据转换为串行格式显示为如下所示。

```
user: "ccs8"&padd: "123456"&email: "css8@mysite.cn"
```

2. 传输有序数据列表

与 JavaScript 数组结构类似，多在一系列文本框中提交表单信息时使用，它与上一种方式不同，所提交的数据按顺序排列，不可以随意组合。例如，下面是一组有序表单域信息，它包含多个值。

```
[
    {name: "text", value: "css8"},
    {name: "text", value: "123456"},
    {name: "text", value: "css8@mysite.cn"}
]
```

将上面有序表单数据转换为串行格式显示如下。

```
text: "ccs8"& text: "123456"& text: "css8@mysite.cn"
```

【示例】下面示例定义一个函数负责把数据转换为串行格式提交，详细代码如下。

```
// 把数组或对象类型数据转换为串行字符串
// 参数：data 表示数组或对象类型数据
// 返回值：串行字符串
function toString(data) {
    var a = [];
    if (data.constructor == Array) {// 如果是数组，则遍历读取元素的属性值，并存入数组
        for (var i = 0; i < data.length; i++) {
            a.push(data[i].name + "=" + encodeURIComponent(data[i].value));
        }
    }                                // 如果是对象，则遍历对象，读取每个属性值，存入数组
    else {
```

```
        for (var i in data) {
            a.push(i + "=" + encodeURIComponent(data[i]));
        }
    }
    return a.join("&"); // 把数组转换为串行字符串，并返回
}
```

Note

视频讲解

15.1.6 跟踪状态

使用 XMLHttpRequest 对象的 readyState 属性可以实时跟踪异步交互状态。一旦当该属性发生变化时，就触发 readystatechange 事件，调用该事件绑定的回调函数。readyState 属性包括 5 个值，详细说明如表 15.1 所示。

表 15.1　readyState 属性值

返 回 值	说　明
0	未初始化。表示对象已经建立，但是尚未初始化，尚未调用 open()方法
1	初始化。表示对象已经建立，尚未调用 send()方法
2	发送数据。表示 send()方法已经调用，但是当前的状态及 HTTP 头未知
3	数据传送中。已经接收部分数据，因为响应及 HTTP 头不全，这时通过 responseBody 和 responseText 获取部分数据会出现错误
4	完成。数据接收完毕，此时可以通过 responseBody 和 responseText 获取完整的响应数据

如果 readyState 属性值为 4，则说明响应完毕，那么就可以安全读取返回的数据。另外，还需要监测 HTTP 状态码，只有当 HTTP 状态码为 200 时，才表示 HTTP 响应顺利完成。

在 XMLHttpRequest 对象中可以借助 status 属性获取当前的 HTTP 状态码。如果 readyState 属性值为 4，且 status（状态码）属性值为 200，那么说明 HTTP 请求和响应过程顺利完成。

【示例】定义一个函数 handleStateChange()，用来监测 HTTP 状态，当整个通信顺利完成，则读取 xmlhttp 的响应文本信息。

```
function handleStateChange() {
    if(xmlHttp.readyState == 4) {
        if (xmlHttp.status == 200 || xmlHttp.status == 0) {
            alert(xmlhttp.responseText);
        }
    }
}
```

然后，修改 request()函数，为 onreadystatechange 事件注册回调函数。

```
function request(url) {
    xmlHttp.open("GET", url, false);
    xmlHttp.onreadystatechange = handleStateChange;
    xmlHttp.send(null);
}
```

上面代码把读取响应数据的脚本放在函数 handleStateChange()中，然后通过 onreadystatechange 事件来调用。

视频讲解

Note

15.1.7 中止请求

使用 abort()方法可以中止正在进行的异步请求。在使用 abort()方法前，应先清除 onreadystatechange 事件处理函数，因为 IE 和 Mozilla 在请求中止后也会激活这个事件处理函数，如果给 onreadystatechange 属性设置为 null，则 IE 会发生异常，所以可以为它设置一个空函数，代码如下。

```
xmlhttp.onreadystatechange = function() {};
xmlhttp.abort();
```

15.1.8 获取 XML 数据

XMLHttpRequest 对象通过 responseText、responseBody、responseStream 或 responseXML 属性获取响应信息，说明如表 15.2 所示，它们都是只读属性。

表 15.2 XMLHttpRequest 对象响应信息属性

响应信息	说明
responseBody	将响应信息正文以 Unsigned Byte 数组形式返回
responseStream	以 ADO Stream 对象的形式返回响应信息
responseText	将响应信息作为字符串返回
responseXML	将响应信息格式化为 XML 文档格式返回

在实际应用中，一般将格式设置为 XML、HTML、JSON 或其他纯文本格式。具体使用哪种响应格式，可以参考下面几条原则。

☑ 如果向页面中添加大块数据时，选择 HTML 格式会比较方便。

☑ 如果需要协作开发，且项目庞杂，选择 XML 格式会更通用。

☑ 如果要检索复杂的数据，且结构复杂，那么选择 JSON 格式轻便。

XML 是使用最广泛的数据格式。因为 XML 文档可以被很多编程语言支持，而且开发人员可以使用比较熟悉的 DOM 模型来解析数据，其缺点在于服务器的响应和解析 XML 数据的脚本可能变得相当冗长，查找数据时不得不遍历每个节点。

【示例 1】在服务器端创建一个简单的 XML 文档（XML_server.xml）。

```
<?xml version="1.0" encoding="gb2312"?>
<the>XML 数据</the >
```

然后在客户端进行如下请求（XML_main.html）。

```
var x = createXMLHTTPObject();                // 创建 XMLHttpRequest 对象
var url = "XML_server.xml";
x.open("GET", url, true);
x.onreadystatechange = function() {
    if (x.readyState == 4 && x.status == 200) {
        var info = x.responseXML;
        alert(info.getElementsByTagName("the")[0].firstChild.data);
                                               // 返回元信息字符串"XML 数据"
    }
}
x.send(null);
```

在上面的代码中使用 XML DOM 提供的 getElementsByTagName()方法获取 the 节点，然后再定位第一个 the 节点的子节点内容。此时如果继续使用 responseText 属性来读取数据，则会返回 XML 源代码字符串，如下所示。

```
<?xml version="1.0" encoding="gb2312"?>
<the>XML 数据</the >
```

Note

【示例 2】也可以使用服务器端脚本生成 XML 文档结构。例如，以 ASP 脚本生成上面的服务器端响应信息。

```
<?xml version="1.0" encoding="gb2312"?>
<%
Response.ContentType = "text/xml"   // 定义 XML 文档文本类型，否则 IE 浏览器将不识别
Response.Write("<the>XML 数据</the >")
%>
```

提示：对于 XML 文档数据来说，第一行必须是<?xml version="1.0" encoding="gb2312"?>，该行命令表示输出的数据为 XML 格式文档，同时标识了 XML 文档的版本和字符编码。为了能够兼容 IE 和 FF 等浏览器，能让不同浏览器都可以识别 XML 文档，还应该为响应信息定义 XML 文本类型。最后根据 XML 语法规范编写文档的信息结构。然后，使用上面的示例代码请求该服务器端脚本文件，同样能够显示元信息字符串"XML 数据"。

视频讲解

15.1.9 获取 HTML 文本

设计响应信息为 HTML 字符串是一种常用方法，这样在客户端就可以直接使用 innerHTML 属性把获取的字符串插入到网页中。

【示例】在服务器端设计响应信息为 HTML 结构代码（HTML_server.html）。

```
<table>
    <tr><td>RegExp.exec()</td><td>通用的匹配模式</td></tr>
    <tr><td>RegExp.test()</td><td>检测一个字符串是否匹配某个模式</td>
</tr>
</table>
```

然后在客户端可以这样来接收响应信息（HTML_main.html）。

```
div id="grid"></div>
<script>
function createXMLHTTPObject() {
    // 省略
}
var x = createXMLHTTPObject();          // 创建 XMLHttpRequest 对象
var url = "HTML_server.html";
x.open("GET", url, true);
x.onreadystatechange = function() {
    if (x.readyState == 4 && x.status == 200) {
        var o = document.getElementById("grid");
        o.innerHTML = x.responseText; // 把响应数据直接插入到页面中进行显示
    }
```

```
}
x.send(null);
</script>
```

在某些情况下， HTML 字符串可能为客户端解析响应信息节省了一些 JavaScript 脚本，但是也带来一些问题。

☑ 响应信息中包含大量无用的字符，响应数据会变得很臃肿。因为 HTML 标记不含有信息，完全可以把它们放置在客户端由 JavaScript 脚本负责生成。

☑ 响应信息中包含的 HTML 结构无法有效利用，对于 JavaScript 脚本来说，它们仅仅是一堆字符串。同时结构和信息混合在一起，也不符合标准设计原则。

15.1.10 获取 JavaScript 脚本

视频讲解

可以设计响应信息为 JavaScript 代码，这里的代码与 JSON 数据不同，它是可执行的命令或脚本。

【示例】在服务器端请求文件中包含下面一个函数（Code_server.js）。

```
function() {
    var d = new Date()
    return d.toString();
}
```

然后在客户端执行下面的请求。

```
var x = createXMLHTTPObject(); // 创建 XMLHttpRequest 对象
var url = "code_server.js";
x.open("GET", url, true);
x.onreadystatechange = function() {
    if (x.readyState == 4 && x.status == 200) {
        var info = x.responseText;
        var o = eval("("+info+")" + "()");
                                    // 调用 eval()方法把 JavaScript 字符串转换为本地脚本
        alert(o);                   // 返回客户端当前日期
    }
}
x.send(null);
```

在转换时应在字符串前后附加两个小括号：一个是包含函数结构体的，一个是表示调用函数的。一般很少使用 JavaScript 代码作为响应信息的格式，因为它不能够传递更丰富的信息，同时 JavaScript 脚本极易引发安全隐患。

15.1.11 获取 JSON 数据

通过 XMLHttpRequest 对象的 responseText 属性获取返回的 JSON 数据字符串，然后可以使用 eval() 方法将其解析为本地 JavaScript 对象，从该对象中再读取任何想要的信息。

【示例】下面的实例将返回的 JSON 对象字符串转换为本地对象，然后读取其中包含的属性值（JSON_main.html）。

```
var x = createXMLHTTPObject();          // 创建 XMLHttpRequest 对象
var url = "JSON_server.js";             // 请求的服务器端文件
x.open("GET", url, true);
```

```
x.onreadystatechange = function() {
    if (x.readyState == 4 && x.status == 200) {
        var info = x.responseText;         // 获取响应信息
        var o = eval("(" + info + ")");   // 调用 eval()方法把 JSON 字符串转换为本地对象
        alert(info);                       // 显示响应的字符串，返回整个 JSON 对象字符串
        alert(o.name);                     // 读取对象属性值，返回字符串"css8"
    }
}
x.send(null);
```

在转换对象时，应该在 JSON 对象字符串外面包含小括号运算符，表示调用对象的意思。如果是数组，则可以这样读取（JSON_main1.html）：

```
x.onreadystatechange = function() {
    if (x.readyState == 4 && x.status == 200) {
        var info = x.responseText;
        var o = eval(info);
        alert(info);           // 显示响应的字符串，返回整个 JSON 对象字符串
        alert(o[0].name);      // 读取第一个数组元素值的属性值，返回字符串"css8"
    }
}
```

提示：eval()方法在解析 JSON 字符串时存在安全隐患。如果 JSON 字符串中包含恶意代码，在调用回调函数时可能会被执行。

解决方法：使用一种能够识别有效 JSON 语法的解析程序，当解析程序一旦匹配到 JSON 字符串中包含不规范的对象，会直接中断或者不执行其中的恶意代码。用户可以访问 http://www.json.org/json2.js 免费下载 JavaScript 版本的解析程序。不过如果确信所响应的 JSON 字符串是安全的，没有被人恶意攻击，那么可以使用 eval()方法解析 JSON 字符串。

视频讲解

15.1.12 获取纯文本

对于简短的信息，有必要使用纯文本格式进行响应。但是纯文本信息在响应时很容易丢失，且没有办法检测信息的完整性。因为元数据都以数据包的形式进行发送，不容易丢失。

【示例】服务器端响应信息为字符串"true"，则可以在客户端这样设计。

```
var x = createXMLHTTPObject();
var url = "Text_server.txt";
x.open("GET", url, true);
x.onreadystatechange = function() {
    if (x.readyState == 4 && x.status == 200) {
        var info = x.responseText;
        if (info == "true") alert("文本信息传输完整");  // 检测信息是否完整
        else alert("文本信息可能存在丢失");
    }
}
x.send(null);
```

Note

15.1.13 获取头部信息

每个 HTTP 请求和响应的头部都包含一组消息，对于开发人员来说，获取这些信息具有重要的参考价值。XMLHttpRequest 对象提供了两个方法用于设置或获取头部信息。

☑ getAllResponseHeaders()：获取响应的所有 HTTP 头信息。

☑ getResponseHeader()：从响应信息中获取指定的 HTTP 头信息。

【示例 1】下面示例将获取 HTTP 响应的所有头部信息。

```
var x = createXMLHTTPObject();
var url = "server.txt";
x.open("GET", url, true);
x.onreadystatechange = function() {
    if (x.readyState == 4 && x.status == 200) {
        alert(x.getAllResponseHeaders());    // 获取头部信息
    }
}
x.send(null);
```

【示例 2】下面是一个返回的头部信息示例，具体到不同的环境和浏览器，返回的信息会略有不同。

```
X-Powered-By: ASP.NET
Content-Type: text/plain
ETag: "0b76f78d2b8c91: 8e7"
Content-Length: 2
Last-Modified: Thu, 09 Apr 2017 05: 17: 26 GMT
```

如果要获取指定的某个首部消息，可以使用 getResponseHeader()方法，参数为获取首部的名称。例如，获取 Content-Type 首部的值，则可以这样设计。

```
alert(x.getResponseHeader("Content-Type"));
```

除了可以获取这些头部信息外，还可以使用 setRequestHeader()方法在发送请求中设置各种头部信息。

```
xmlHttp.setRequestHeader("name","css8");
xmlHttp.setRequestHeader("level","2");
```

服务器端就可以接收这些自定义头部信息，并根据这些信息提供特殊的服务或功能。

15.2 XMLHttpRequest 2.0 基础

2014 年 11 月 W3C 正式发布 XMLHttpRequest Level 2 标准规范，新增了很多实用功能，极大地推动了异步交互在 JavaScript 中的应用。老版本的 XMLHttpRequest 插件存在以下缺陷。

☑ 只支持文本数据的传送，无法用来读取和上传二进制文件。

☑ 传送和接收数据时，没有进度信息，只能提示有没有完成。

☑ 受到同域限制，只能向同一域名的服务器请求数据。

XMLHttpRequest 2 做出了大幅改进，简单说明如下。

☑ 可以设置 HTTP 请求的时限。

☑ 可以使用 FormData 对象管理表单数据。

☑ 可以上传文件。

☑ 可以请求不同域名下的数据（跨域请求）。

☑ 可以获取服务器端的二进制数据。

☑ 可以获得数据传输的进度信息。

Note

视频讲解

15.2.1 请求时限

XMLHttpRequest 2 为 XMLHttpRequest 对象新增 timeout 属性，使用该属性可以设置 HTTP 请求时限。

```
xhr.timeout = 3000;
```

上面语句将异步请求的最长等待时间设为 3000 毫秒。超过时限，就自动停止 HTTP 请求。

与之配套的还有一个 timeout 事件，用来指定回调函数。

```
xhr.ontimeout = function(event) {
    alert('请求超时！ ');
}
```

15.2.2 FormData 数据对象

XMLHttpRequest 2 新增 FormData 对象，使用它可以处理表单数据，使用方法如下。

（1）新建 FormData 对象。

```
var formData = new FormData();
```

（2）为 FormData 对象添加表单项。

```
formData.append('username', '张三');
formData.append('id', 123456);
```

（3）直接传送 FormData 对象。这与提交网页表单的效果完全一样。

```
xhr.send(formData);
```

（4）FormData 对象也可以用来获取网页表单的值。

```
var form = document.getElementById('myform');
var formData = new FormData(form);
formData.append('secret', '123456'); // 添加一个表单项
xhr.open('POST', form.action);
xhr.send(formData);
```

15.2.3 上传文件

新版 XMLHttpRequest 对象不仅可以发送文本信息，还可以上传文件。XMLHttpRequest 的 send() 方法可以发送字符串、Document 对象、表单数据、Blob 对象、文件以及 ArrayBuffer 对象。

【示例】设计一个"选择文件"的表单元素（input[type="file"]），将它装入 FormData 对象。

```
var formData = new FormData();
for (var i = 0; i < files.length; i++) {
    formData.append('files[]', files[i]);
}
```

然后，发送 FormData 对象给服务器。

```
xhr.send(formData);
```

视频讲解

15.2.4 跨域访问

新版本的 XMLHttpRequest 对象，可以向不同域名的服务器发出 HTTP 请求。使用跨域资源共享的前提是：浏览器必须支持这个功能，且服务器端必须同意这种跨域。如果能够满足上面两个条件，则代码的写法与不跨域的请求完全一样。

```
xhr.open('GET', 'http: // other.server/and/path/to/script');
```

15.2.5 响应不同类型数据

新版本的 XMLHttpRequest 对象新增 responseType 和 response 属性。

☑ responseType：用于指定服务器端返回数据的数据类型，可用值为 text、arraybuffer、blob、json 或 document。如果将属性值指定为空字符串值或不使用该属性，则该属性值默认为 text。

☑ response：如果向服务器端提交请求成功，则返回响应的数据。

- 如果 reaponseType 为 text 时，则 reaponse 返回值为一串字符串。
- 如果 reaponseType 为 arraybuffer 时，则 reaponse 返回值为一个 ArrayBuffer 对象。
- 如果 reaponseType 为 blob 时，则 reaponse 返回值为一个 Blob 对象。
- 如果 reaponseType 为 json 时，则 reaponse 返回值为一个 Json 对象。
- 如果 reaponseType 为 document 时，则 reaponse 返回值为一个 Document 对象。

15.2.6 接收二进制数据

老版本的 XMLHttpRequest 对象，只能从服务器接收文本数据，新版本则可以接收二进制数据。

使用新增的 responseType 属性，可以从服务器接收二进制数据。如果服务器返回文本数据，这个属性的值是 text，这是默认值。

☑ 可以把 responseType 设为 blob，表示服务器传回的是二进制对象。

```
var xhr = new XMLHttpRequest();
xhr.open('GET', '/path/to/image.png');
xhr.responseType = 'blob';
```

接收数据时，用浏览器自带的 Blob 对象即可。

```
var blob = new Blob([xhr.response], {type: 'image/png'});
```

注意： 是读取 xhr.response，而不是 xhr.responseText。

☑ 可以将 responseType 设为 arraybuffer，把二进制数据装在一个数组中。

```
var xhr = new XMLHttpRequest();
xhr.open('GET', '/path/to/image.png');
xhr.responseType = "arraybuffer";
```

接收数据时，需要遍历这个数组。

```
var arrayBuffer = xhr.response;
if (arrayBuffer) {
    var byteArray = new Uint8Array(arrayBuffer);
    for (var i = 0; i < byteArray.byteLength; i++) {
        // 执行代码
    }
}
```

视频讲解

15.2.7 监测数据传输进度

新版本的 XMLHttpRequest 对象新增一个 progress 事件，用来返回进度信息。它分成上传和下载两种情况。下载的 progress 事件属于 XMLHttpRequest 对象，上传的 progress 事件属于 XMLHttpRequest.upload 对象。

（1）先定义 progress 事件的回调函数。

```
xhr.onprogress = updateProgress;
xhr.upload.onprogress = updateProgress;
```

（2）在回调函数里面，使用这个事件的一些属性。

```
function updateProgress(event) {
    if (event.lengthComputable) {
        var percentComplete = event.loaded / event.total;
    }
}
```

上面的代码中，event.total 是需要传输的总字节，event.loaded 是已经传输的字节。如果 event.lengthComputable 不为真，则 event.total 等于 0。

与 progress 事件相关的，还有其他 5 个事件，可以分别指定回调函数。

☑ load：传输成功完成。

☑ abort：传输被用户取消。

☑ error：传输中出现错误。

☑ loadstart：传输开始。

☑ loadEnd：传输结束，但是不知道成功还是失败。

15.3 案例实战

本节以及后面示例以 Windows 操作系统+Apache 服务器+ PHP 开发语言组合框架为基础进行演示说明。如果读者的本地系统没有搭建 PHP 虚拟服务器，建议先搭建该虚拟环境之后，再详细学习本节内容。

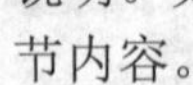
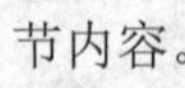

15.3.1 接收 ArrayBuffer 对象

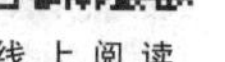

当 XMLHttpRequest 对象的 responseType 属性设置为 arraybuffer 时，服务器端响应数据将是一个 ArrayBuffer 对象。

目前，Firefox 8+、Opera 11.64+、Chrome 10+、Safari 5+和 IE 10+版本浏览器支持将 XMLHttp Request 对象的 responseType 属性值指定为 arraybuffer。

示例演示请扫码阅读。

15.3.2 接收 Blob 对象

当 XMLHttpRequest 对象的 responseType 属性设置为 blob 时，服务器端响应数据将是一个 Blob 对象。目前，Firefox 8+、Chrome 19+、Opera 18+和 IE 10+版本的浏览器支持将 XMLHttpRequest 对象的 responseType 属性值指定为 blob。

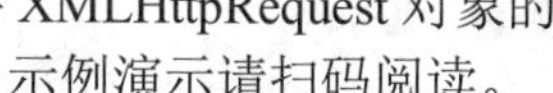

示例演示请扫码阅读。

15.3.3 发送字符串

为 XMLHttpRequest 对象设置 responseType = 'text'，可以向服务器发送字符串数据。

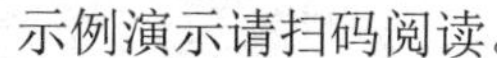

示例演示请扫码阅读。

15.3.4 发送表单数据

使用 XMLHttpRequest 对象发送表单数据时，需要创建一个 FotmData 对象，用法如下。

```
var form = document.getElementById("forml");
var formData = new FormData(form);
```

FormData()构造函数包含一个参数，表示页面中的一个表单（form）元素。

创建 formData 对象之后，把该对象传递给 XMLHttpRequest 对象的 send()方法即可。用法如下。

```
xhr.send(formData);
```

使用 formData 对象的 append()方法可以追加数据，这些数据将在向服务器端发送数据时随着用户在表单控件中输入的数据一起发送到服务器端。append()方法的用法如下。

```
formData.append('add_data', '测试');      // 在发送之前添加附加数据
```

该方法包含两个参数：第一个参数表示追加数据的键名，第二个参数表示追加数据的键值。

当 formData 对象中包含附加数据时，服务器端将该数据的键名视为一个表单控件的 name 属性值，将该数据的键值视为该表单控件中的数据。

示例演示请扫码阅读。

15.3.5 发送二进制文件

使用 FormData 可以向服务器端发送文件，具体用法：将表单的 enctype 属性值设置为"multipart/form-data"，然后将需要上传的文件作为附加数据添加到 formData 对象中即可。

示例演示请扫码阅读。

Note

15.3.6 发送 Blob 对象

线上阅读

视频讲解

所有 File 对象都是一个 Blob 对象，所以同样可以通过发送 Blob 对象的方法来发送文件。

示例演示请扫码阅读。

15.3.7 跨域请求

线上阅读

跨域通信实现方法：在被请求域中提供一个用于响应请求的服务器端脚本文件，并且在服务器端返回响应的响应头信息中添加 Access-Control-Allow- Origin 参数，同时将参数值指定为允许向该页面请求数据的域名+端口号即可。

示例演示请扫码阅读。

15.3.8 设计文件上传进度条

线上阅读

本例需要 PHP 服务器虚拟环境，同时在站点根目录下新建 upload 文件夹，然后在站点根目录新建前台文件 test1.html，以及后台文件 test.php。在上传文件时，使用 XMLHttpRequest 动态显示文件上传的进度。

示例演示代码请扫码阅读。

15.4 跨文档消息传递

在 Web 开发中，跨文档消息传递存在多种形式。

☑ 客户端与服务器端之间。
☑ 页面与其打开的新窗口之间。
☑ 多窗口之间。
☑ 页面与内嵌 iframe 之间。

第一种为传统用法，借助服务器技术实现，必须在同源之间通信，而后面 3 种可以实现跨域通信，在 JavaScript 脚本中直接完成。

15.4.1 postMessage 基础

HTML 5 增加了在网页文档之间互相接收与发送信息的功能。使用这个功能，只要获取到目标网页所在窗口对象的实例，不仅同源网页之间可以互相通信，甚至可以实现跨域通信。

在 HTML5 中，跨域通信的核心是 postMessage()方法，该方法的主要功能是向另一个地方传递数据。另一个地方可以是包含在当前页面中的 iframe 元素，或者由当前页面弹出的窗口，以及框架集中其他窗口。postMessage()方法的用法如下。

```
otherWindow.postMessage(message,origin);
```

参数说明如下。

☑ otherWindow：表示发送消息的目标窗口对象。

☑　message：发送的消息文本，可以是数字、字符串等。HTML5 规范定义该参数可以是 JavaScript 的任意基本类型或者可复制的对象，但是部分浏览器只能处理字符串参数，考虑浏览器兼容性，可以在传递参数时，使用 JSON.stringify()方法对参数对象序列化，接收数据后再用 JSON.parse()方法把序列号字符串转换为对象。

☑　origin：字符串参数，设置目标窗口的源，格式为“协议+主机+端口号[+URL]”，URL 会被忽略，可以不写，设置该参数主要是为了安全。postMessage()只会将 message 传递给指定窗口，也可以设置该参数为"*"，这样可以传递给任意窗口，如果设置为"/"，则定义目标窗口与当前窗口同源。

目标窗口接收到消息之后，会触发 window 对象的 message 事件。这个事件以异步形式触发，因此从发送消息到接受消息，即触发目标窗口的 message 事件，可能存在延迟现象。

触发 message 事件后，传递给 message 处理程序的事件对象包含 3 个重要信息。

☑　data：作为 postMessage()方法第一个参数传入的字符串数据。

☑　origin：发送消息的文档所在域。

☑　source：发送消息的文档的 window 对象的代理。这个代理对象主要用于在发送上一条消息的窗口中调用 postMessage()方法。如果发送消息的窗口来自同一个域，该对象就是 window。

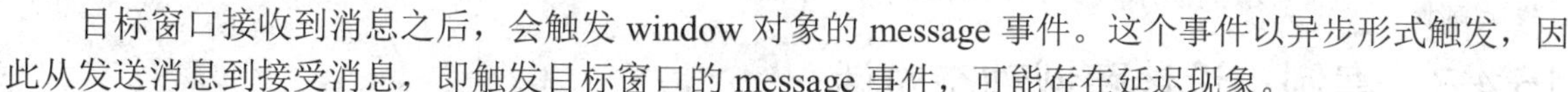

注意： event.source 只是 window 对象的代理，不是引用 window 对象。用户可以通过这个代理调用 postMessage()方法，但不能访问 window 对象的任何信息。

目前，Firefox 4+、Safari 4+、Chrome 8+、Opera 10+、IE 8+版本浏览器都支持这种跨文档的消息传输方式。

【示例】下面代码段定义了 HTML 5 页面与内嵌框架页面之间通信的基本设计模式。

```
// 发消息页面
var iframWindow = document.getElementById("myframe");
iframWindow.postMessage("发送消息", "http: // www.othersite.com");

// 接消息页面
var EventUtil = {// 定义事件处理基本模块
    addHandler: function(element, type, handler) {              // 注册事件
        if (element.addEventListener) {                         // 兼容 DOM 模型
            element.addEventListener(type, handler, false);
        } else if (element.attachEvent) {                        // 兼容 IE 模型
            element.attachEvent("on" + type, handler);
        }
        else {                                                   // 兼容传统模型
            element["on" + type] = handler;
        }
    }
};
EventUtil.addHandler(window, "message", function(event) {       // 为 window 注册 message 事件
    // 确保发送消息的域是已知的域
    if (event.origin == "http: // www.mysite.com") {
        // 处理接收到的数据
        processMessage(event.data);
        // 可选操作：向来源窗口发送回执
        event.source.postMessage("反馈消息", event.origin);
    }
});
```

视频讲解

Note

15.4.2 案例：设计简单的跨域通话

线上阅读

本节示例演示了如何实现跨文档消息传输。示例包含两个页面：index.html 和 called.html，其中 index.html 为主叫页面，called.html 为被叫页面。首先，主页面向内嵌 iframe 的被叫页面发送消息，被叫页面接收消息，显示在内嵌页面中，然后向主叫页面回话消息。最后，主叫页面接收消息后，将该消息显示在主页面内。

示例演示代码请扫码阅读。

15.4.3 案例：设计跨域动态对话

线上阅读

本节示例在 15.4.2 节示例基础上，进一步改进跨域通信的互动功能。示例包含两个页面：index.html 和 called.html，其中 index.html 为主叫页面，called.html 为被叫页面。首先，主叫页面可以通过底部的文本框向被叫页面发出实时消息，被叫页面能够在底部文本框中进行动态回应。

示例演示代码请扫码阅读。

15.4.4 案例：设计通道通信

线上阅读

通道通信机制提供了一种在多个源之间进行通信的方法，这些源之间通过端口（port）进行通信，从一个端口中发出的数据将被另一个端口接收。

详细说明和示例演示请扫码阅读。

15.5 WebSockets 通信

HTML5 的 Web Sockets API 能够在 Web 应用程序中实现：客户端与服务器端之间进行非 HTTP 的通信。它实现了使用 HTTP 不容易实现的服务器端的数据推送等智能通信技术，因此受到了高度关注。

15.5.1 WebSocket 基础

WebSocket 是一个持久化的协议，这是相对于 HTTP 非持久化来说的。

例如，HTTP 1.0 的生命周期以 request（请求）作为界定，也就是一个 request、一个 response（响应）。对于 HTTP 协议来说，本次 client（客户端）与 server（服务器端）的会话到此结束；而在 HTTP 1.1 中，稍微有所改进，即添加了 keep-alive，也就是在一个 HTTP 连接中可以进行多个 request 请求和多个 response 响应操作。

然而在实时通信中，HTTP 并没有多大的作用，HTTP 只能由 client 发起请求，server 才能返回信息，即 server 不能主动向 client 推送信息，无法满足实时通信的要求。而 WebSocket 可以进行持久化连接，即 client 只需要进行一次握手（类似 request），成功后即可持续进行数据通信，值得关注的是 WebSocket 能够实现 client 与 server 之间全双工通信（双向同时通信），即通信的双方可以同时发送和接收信息的信息交互方式。

图 15.1 演示了 client 和 server 之间建立 websocket 连接时握手部分，这个部分在 Node.js 中可以十分轻松地完成，因为 Node.js 提供的 net 模块已经对 socket 套接字做了封装处理，开发者使用时只需要考虑数据的交互，而不用处理连接的建立。

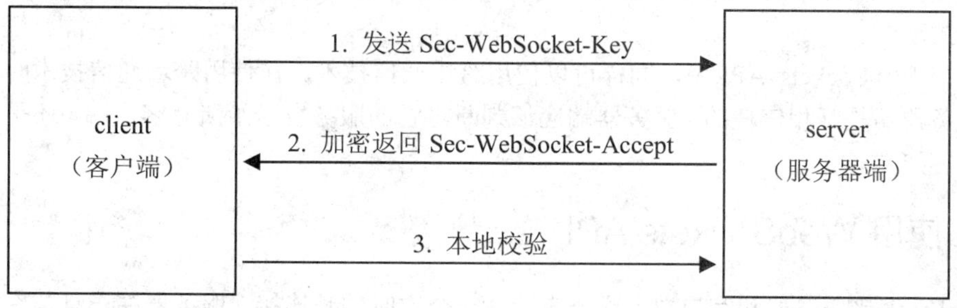

图 15.1　websocket 连接时握手示意图

client 与 server 建立 socket 时，握手的会话内容也就是 request 与 response 的过程。

> 提示：socket 又称为套接字，是基于 W3C 标准开发在一个 TCP 接口中进行双向通信的技术。通常情况下，socket 用于描述 IP 地址和端口，是通信过程中的一个字符句柄。当服务器端有多个应用服务绑定一个 socket 时，通过通信中的字符句柄，实现不同端口对应不同应用服务功能。目前，大部分浏览器都支持 HTML5 的 Web Sockets API。

具体步骤如下。

（1）client 建立 WebSocket 时，向服务器端发出请求信息。

```
GET /chat HTTP/1.1
Host: server.example.com
// 告诉服务器现在发送的是 WebSocket 协议
Upgrade: websocket
Connection: Upgrade
// 下面是一个 Base64 encode 的值，这个是浏览器随机生成的，
// 用于验证服务器端返回数据是否是 WebSocket 助理
Sec-WebSocket-Key: x3JJHMbDL1EzLkh9GBhXDw ==
Sec-WebSocket-Protocol: chat, superchat
Sec-WebSocket-Version: 13
Origin: php.cn
```

（2）服务器获取到 client 请求的信息后，根据 WebSocket 协议对数据进行处理并返回，其中要对 Sec-WebSocket-Key 进行加密等操作。

```
HTTP/1.1 101 Switching Protocols
// 依然是固定的 WebSocket 协议，告诉客户端即将升级的是 Websocket 协议，
// 而不是 mozillasocket、lurnarsocket 或者 shitsocket
Upgrade: websocket
Connection: Upgrade
// 下面则是经过服务器确认，并且加密过后的 Sec-WebSocket-Key，
// 也就是 client 要求建立 WebSocket 验证的凭证
Sec-WebSocket-Accept: HSmrc0sMlYUkAGmm5OPpG2HaGWk =
Sec-WebSocket-Protocol: chat
```

使用 WebSockets API 可以在服务器与客户端之间建立一个非 HTTP 的双向连接。这个连接是实

时的，也是永久的，除非被显式关闭。这意味着当服务器想向客户端发送数据时，可以立即将数据推送到客户端的浏览器中，无须重新建立连接。只要客户端有一个被打开的 socket（套接字），并且与服务器建立连接，服务器就可以把数据推送到这个 socket 上，服务器不再需要轮询客户端的请求，从被动转为了主动。

另外，在 WebSockets API 中，同样可以使用跨域通信技术。在使用跨域通信技术时，应该确保客户端与服务器端是互相信任的，服务器端应该判断将它的服务发送给所有客户端，还是只发送给某些受信任的客户端。

15.5.2 使用 WebSockets API

WebSocket 连接服务器和客户端，这个连接是一个实时的长连接，服务器端一旦与客户端建立了双向连接，就可以将数据推送到 Socket 中，客户端只要有一个 Socket 绑定的地址和端口与服务器建立联系，就可以接收推送来的数据。

【操作步骤】

（1）创建连接。新建一个 WebSocket 对象，代码如下。

```
var host = "ws: // echo.websocket.org/";
var socket = new WebSocket(host);
```

注意：WebSocket()构造函数参数为 URL，必须以 ws 或 wss（加密通信时）字符开头，后面字符串可以使用 HTTP 地址。该地址没有使用 HTTP 协议写法，因为它的属性为 WebSocket URL。URL 必须由 4 个部分组成，分别是通信标记（ws）、主机名称（host）、端口号（port）和 WebSocket Server。

在实际应用中，socket 服务器端脚本可以是 Python、Node.js、Java 和 PHP。本例使用 http://www.websocket.org/网站提供的 socket 服务端，协议地址为 ws://echo.websocket.org/。这样方便初学者需要架设服务器测试环境，以及编写服务器脚本。

（2）发送数据。当 WebSocket 对象与服务器建立连接后，使用如下代码发送数据。

```
socket.send(dataInfo);
```

注意：socket 为新创建的 WebSocket 对象，send()方法中的 dataInfo 参数为字符类型，只能使用文本数据或者将 JSON 对象转换成文本内容的数据格式。

（3）接收数据。通过 message 事件接收服务器传过来的数据，代码如下。

```
socket.onmessage = function(event) {
    // 弹出收到的信息
    alert(event.data);
    // 其他代码
}
```

其中，通过回调函数中 event 对象的 data 属性来获取服务器端发送的数据内容，该内容可以是一个字符串或者 JSON 对象。

（4）显示状态。通过 WebSocket 对象的 readyState 属性记录连接过程中的状态值。readyState 属性是一个连接的状态标志，用于获取 WebSocket 对象在连接、打开或关闭时的状态。该状态标志共有

4 个属性值，简单说明如表 15.3 所示。

表 15.3　readyState 属性值

属 性 值	属 性 常 量	说　明
0	CONNECTING	连接尚未建立
1	OPEN	WebSocket 的连接已经建立
2	CLOSING	连接正在关闭
3	CLOSED	连接已经关闭或不可用

提示：WebSocket 对象在连接过程中，通过侦测 readyState 状态标志的变化，可以获取服务器端与客户端连接的状态，并将连接状态以状态码形式返回给客户端。

（5）通过 open 事件监听 socket 的打开，用法如下所示。

```
webSocket.onopen = function(event) {
    // 开始通信时处理
}
```

（6）通过 close 事件监听 socket 的关闭，用法如下所示。

```
webSocket.onclose = function(event) {
    // 通信结束时的处理
}
```

（7）调用 close()方法可以关闭 socket，切断通信连接，用法如下所示。

```
webSocket.close();
```

本示例完整代码如下。

```
<html>
<head>
<script>
var socket;                                         // 声明 socket
function init() {                                   // 初始化
    var host = "ws: // echo.websocket.org/";        // 声明 host，注意是 ws 协议
    try{
        socket = new WebSocket(host);               // 新建一个 socket 对象
        log('当前状态：'+socket.readyState);         // 将连接的状态信息显示在控制台
        socket.onopen = function(msg) {log("打开连接："+ this.readyState);};// 监听连接
        socket.onmessage = function(msg) {log("接收消息："+ msg.data);};
                                                    // 监听当接收信息时触发匿名函数
        socket.onclose = function(msg) {log("断开接连："+ this.readyState);};// 关闭连接
        socket.onerror = function(msg) {log("错误信息："+ msg.data);};// 监听错误信息
    }
    catch (ex) {
        log (ex);
    }
    $("msg").focus();
}
function send() {                                   // 发送信息
```

```
        var txt,msg;
        txt = $("msg");
        msg = txt.value;
        if (!msg) {alert("文本框不能够为空"); return;}
        txt.value="";
        txt.focus();
        try {socket.send(msg); log('发送消息：'+msg);} catch (ex) {log(ex);}
}
function quit() {                                    // 关闭 socket
        log("再见");
        socket.close();
        socket=null;
}
// 根据 id 获取 DOM 元素
function $(id) {return document.getElementById(id);}
// 将信息显示在 id 为 info 的 div 中
function log(msg) {$("info").innerHTML += "<br>" + msg;}
// 键盘事件（回车）
function onkey(event) {if(event.keyCode == 13) {send();}}
</script>
</head>
<body onload="init()">
<div>HTML5 Websocket</div>
<div id="info"></div>
<input id="msg" type="textbox" onkeypress="onkey(event)"/>
<button onclick="send()">发送</button>
<button onclick="quit()">断开</button>
</body>
</html>
```

在浏览器中预览，演示效果如图 15.2 所示。

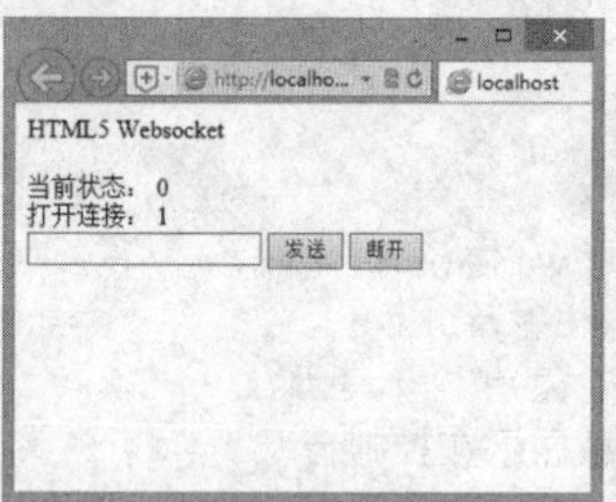

（a）建立连接

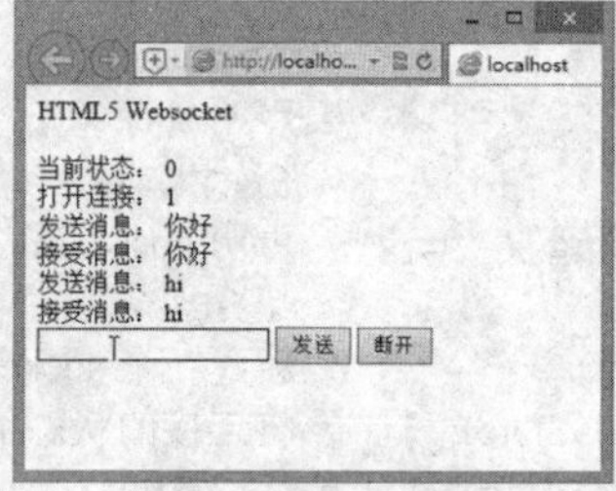

（b）相互通信

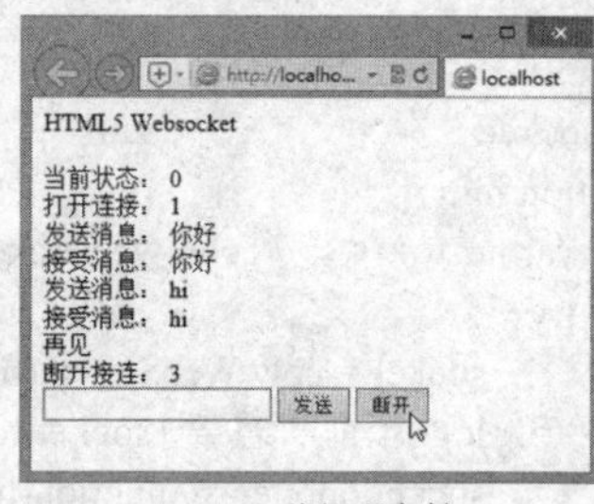

（c）断开连接

图 15.2　使用 WebSocket 进行通信

在 WebSockets API 内部，通过使用 WebSocket 协议来实现多个客户端与服务器端之间的双向通信。该协议定义客户端与服务器端如何通过握手来建立通信管道，实现数据（包括原始二进制数据）的传送。

国际上标准的 WebSocket 协议为 RFC6455 协议（通过 IETF 批准），目前为止，Chrome 15+、Firefox 11+，以及 IE 10 版本的浏览器均支持该协议，包括该协议中定义的二进制数据的传送。

提示：WebSockets API 适用于当多个客户端与同一个服务器端需要实现实时通信的场合。例如，在如下所示的 Web 网站或 Web 应用程序中。

- ☑ 多人在线游戏网站。
- ☑ 聊天室。
- ☑ 实时体育或新闻评论网站。
- ☑ 实时交互用户信息的社交网站。

15.5.3 在 PHP 中建立 socket

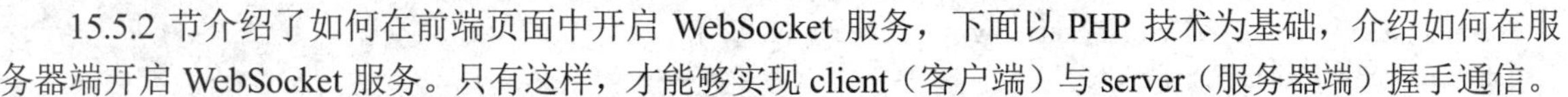

15.5.2 节介绍了如何在前端页面中开启 WebSocket 服务，下面以 PHP 技术为基础，介绍如何在服务器端开启 WebSocket 服务。只有这样，才能够实现 client（客户端）与 server（服务器端）握手通信。

PHP 实现 WebSocket 服务主要是应用 PHP 的 socket 函数库。PHP 的 socket 函数库与 C 的 socket 函数非常类似，具体说明可以参考 PHP 参考手册。

（1）在服务器中先要对已经连接的 socket 进行存储和识别。每一个 socket 代表一个用户，如何关联和查询用户信息与 socket 的对应就是一个问题，这里主要应用了文件描述符。

（2）PHP 创建的 socket 类似于资源类型，可以使用（int）或 intval()函数把 socket 转换为一个唯一的 ID 值，从而可以实现用一个类索引数组来存储 socket 资源和对应的用户信息。

```
$connected_sockets = array(
    (int)$socket => array(
        'resource' => $socket,
        'name' => $name,
        'ip' => $ip,
        'port' => $port,
        ...
    )
)
```

（3）创建服务器端 socket 的代码如下。

```
// 创建一个 TCP socket：此函数的可选值在 PHP 参考手册中有详细说明，这里不再展开
$this->master = socket_create(AF_INET, SOCK_STREAM, SOL_TCP);
// 配置参数：设置 IP 和端口重用，在重启服务器后能重新使用此端口
socket_set_option($this->master, SOL_SOCKET, SO_REUSEADDR, 1);
// 绑定通道：将 IP 和端口绑定在服务器 socket 上
socket_bind($this->master, $host, $port);
// 监听通道：listen 函数使主动连接套接口变为被连接套接口，使得此 socket 能被其他
// socket 访问，从而实现服务器功能。后面的参数则是自定义的待处理 socket 的最大数目，
// 并发高的情况下，这个值可以设置大一点，虽然它也受系统环境的约束。
socket_listen($this->master, self: : LISTEN_SOCKET_NUM);
```

这样就得到一个服务器 socket，当有客户端连接到此 socket 上时，它将改变状态为可读。

（4）完成通道连接之后，下面是服务器的处理逻辑。

这里着重讲解一下 socket_select()函数的用法。

```
int socket_select(array &$read, array &$write, array &$except, int $tv_sec[, int $tv_usec = 0 ])
```

socket_select()函数使用传统的 select 模型，可读、可写、异常的 socket 会被分别放入$read、$write、$except 数组中，然后返回状态改变的 socket 的数目，如果发生了错误，函数将会返回 false。

注意：最后两个时间参数只有单位不同，可以搭配使用，用来表示 socket_select 阻塞的时长。为 0 时此函数立即返回，可以用于轮询机制；为 null 时，函数会一直阻塞下去，这里可设置 $tv_sec 参数为 null，让它一直阻塞，直到有可操作的 socket 返回。

下面是服务器的主要逻辑。

```
$write = $except = NULL;
$sockets = array_column($this->sockets, 'resource'); // 获取到全部的 socket 资源
$read_num = socket_select($sockets, $write, $except, NULL);
foreach ($sockets as $socket) {
    // 如果可读的是服务器 socket，则处理连接逻辑
    if ($socket == $this->master) {
        socket_accept($this->master);
        // socket_accept()接受请求的连接，即一个客户端 socket，错误时返回 false
        self: : connect($client);
        continue;
    // 如果可读的是其他已连接 socket，则读取其数据，并处理应答逻辑
    } else {
        // 函数 socket_recv()从 socket 中接受长度为 len 字节的数据，并保存在$buffer 中
        $bytes = @socket_recv($socket, $buffer, 2048, 0);
        if ($bytes < 9) {
            // 当客户端忽然中断时，服务器会接收到一个 8 字节长度的消息，
            // （由于其数据帧机制，8 字节的消息表示它是客户端异常中断消息），
            // 服务器处理下线逻辑，并将其封装为消息广播出去
            $recv_msg = $this->disconnect($socket);
        }
        else {
            // 如果此客户端还未握手，执行握手逻辑
            if (!$this->sockets[(int)$socket]['handshake']) {
                self: : handShake($socket, $buffer);
                continue;
            }
            else {
                $recv_msg = self: : parse($buffer);
            }
        }
        // 广播消息
        $this->broadcast($msg);
    }
}
```

上面代码只是服务器处理消息的基础代码，日志记录和异常处理都略过了，而且还有些数据帧解析和封装的方法，在此不再展开。

15.5.4 WebSockets API 开发框架

WebSockets API 的使用为 Web 应用程序的搭建提供了一种新的架构。自 HTML5 开始，在一个 Web 应用程序中，当服务器端不会同时处理过多来自客户端的请求时，仍然可以使用传统的 Web 应用程序架构。例如，LAMP（Linux 操作系统+Apache 服务器+MySQL 数据库+PHP 或 Perl 或 Python）架构。

当服务器端需要同时处理大量来自客户端的请求，并且需要确保服务器端只需花费较少的性能成本来处理这些请求时，可以使用这种新型的 WebSockets API 的应用程序架构，因为这种应用程序架构通常使用“非阻塞型 IO”技术。

目前为止，能够实现这种新型的 WebSockets API 的应用程序架构的开发框架包括如下。

1. 使用 Node.js 开发语言

☑ Socket.IO。

☑ WebSocket-Node。

☑ ws。

2. 使用 Java 开发语言

☑ Jetty。

3. 使用 Ruby 开发语言

☑ EventMachine。

4. 使用 Python 开发语言

☑ Pywebsocket。

☑ Tornado。

5. 使用 Erlang 开发语言

☑ Shirasu。

6. 使用 C++开发语言

☑ .Libwebsockets。

7. 使用.NET 开发语言

☑ Superwebsocket。

15.5.5 案例：设计简单的“呼-应”通信

线上阅读　视频讲解

本例通过一个简单的示例演示如何使用 WebSockets 让客户端与服务器端握手连接，然后进行简单的呼叫和应答通信。

具体操作步骤和示例代码请扫码阅读。

15.5.6 案例：发送 JSON 对象

线上阅读

15.5.5 节示例介绍了如何使用 WebSockets API 发送文本数据，本节示例将演示如何使用 JSON 对象来发送一切 JavaScript 中的对象。使用 JSON 对象的关键是使用它的两个方法：JSON.parse()和 JSON.stringify()，其中 JSON.stringify()方法可以把 JavaScript 对象转换成文本数据，JSON.parse()方法可以将文本数据转换为 JavaScript 对象。

本节示例操作步骤和代码请扫码阅读。

视频讲解

15.5.7 案例：使用 Workerman 框架通信

直接使用 PHP 编写 WebSockets 应用服务，比较烦琐，对于初学者来说是一个挑战。本节介绍如何使用 Workerman 框架简化 WebSockets 应用开发。

Note

注意：类似 Workerman 的框架比较多，如 Node.js、Netty、Undertow、Jetty、Spray-websocket、Vert.x、Grizzly 等，本节介绍的 Workerman 框架比较简单、实用。

线上阅读

Workerman 是一个高性能的 PHP socket 服务器框架，其目标是让 PHP 开发者更容易开发出基于 socket 的高性能的应用服务，而不用去了解 PHP socket 以及 PHP 多进程细节。

本节示例代码请扫码阅读。

15.5.8 案例：推送信息

线上阅读

本节示例模拟微信推送功能，为特定会员主动推送优惠广告信息。在浏览器中运行 push.php，向客户端 uid 为 2 的会员推送信息，则可以看到 client1.html、client2.html 显示通知信息，而 client3.html 没有收到通知。

具体操作步骤和演示效果请扫码学习。

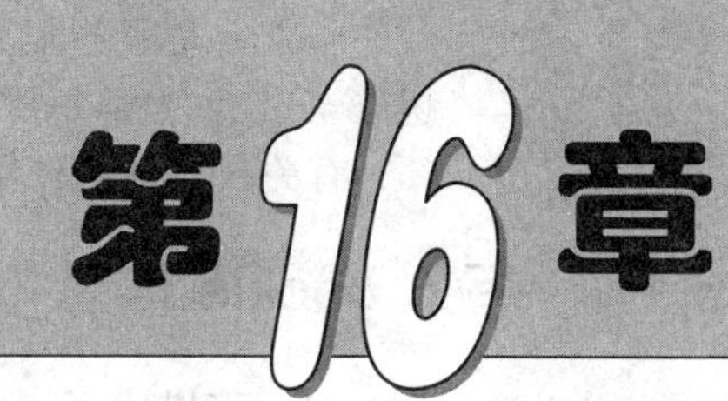

第16章 JavaScript数据存储

在HTML 4中，客户端处理网页数据的方式主要通过cookie来实现，但cookie存在很多缺陷，如不安全、容量有限等。HTML5新增Web Database API，用来替代cookie解决方案，对于简单的key/value（键值对）信息，使用Web Storage存储会非常方便。另外，部分现代浏览器还支持不同类型的本地数据库，使用客户端数据库可以减轻服务器端的压力，提升Web应用的访问速度。

【学习重点】

⏭ 使用Web Storage。

⏭ 使用Web SQL数据库。

⏭ 使用indexedDB数据库。

16.1 HTTP Cookie

Note

视频讲解

线上阅读

cookie 是服务器保存在浏览器的一小段文本信息，每个 cookie 的大小一般不能超过 4kb。浏览器每次向服务器发出请求，就会自动附上这段信息。

有关 cookie 的作用、优点和缺点，请扫码了解。

16.1.1 写入 cookie 信息

使用 document.cookie 可以读写 cookie 字符串信息。

cookie 字符串是一组名值对，名称和值之间以等号相连，名值对之间使用分号进行分隔。值中不能够包含分号、逗号和空白符。如果包含特殊字符，必须使用 escape()函数对其进行编码，在读取 cookie 时也必须使用 unscape()函数进行解码。

【示例 1】下面示例演示如何使用 cookie 存储 cookie 信息。

```
var d = new Date();
d = d.toString();
d = "date=" + escape(d);                    // 设置 cookie 字符串
document.cookie = d;                        // 写入 cookie 信息
```

在默认状态下，cookie 信息只能在当前会话期（当前浏览窗口）中有效并存在，一旦结束会话（关闭浏览窗口），这些 cookie 信息就会被自动删除。

如果长久保存 cookie 信息，可以设置 expires 属性，把字符串"expires=date"附加到 cookie 字符串后面，用法如下。

```
name = value; expires = date
```

date 为格林威治日期时间（GMT）格式：Sun, 30 Apr 2017 00:00:00 UTC。

提示：使用 Date.toGMTString()方法可以快速把时间对象转换为 GMT 格式。

【示例 2】下面示例将创建一个有效期为一个月的 cookie 信息。

```
var d = new Date();                         // 实例化当前日期对象
d.setMonth(d.getMonth() + 1);               // 提取月份值并加 1，然后重新设置当前日期对象
d = "date=" + escape(d) + ";expires=" + d.toGMTString();
                                            // 在 cookie 字符串的尾部添加 expires 名值对
document.cookie = d;                        // 写入 cookie 信息
```

cookie 信息是有域和路径限制的。在默认情况下，仅在当前页面路径内有效。例如，在下面页面中写入了 cookie 信息。

```
http:// www.mysite.cn/bbs/index.html
```

这个 cookie 只会在 http://www.mysite.cn/bbs/路径下可见，其他域或本域其他目录中的文件是无权访问的。这种限制主要是为了保护 cookie 信息安全，避免恶意读写。

用户可以使用 cookie 的 path 和 domain 属性重设可见路径和作用域。其中 path 属性包含了与 cookie 信息相关联的有效路径，domain 属性定义了 cookie 信息的有效作用域，用法如下。

```
name = value; expires = date; domain = domain; path = path;
```

> 提示：如果设置 path=/，可以设置 cookie 信息与服务器根目录及其子目录相关联，从而实现在整个网站中共享 cookie 信息；如果只想让 bbs 目录下的网页访问，可以设置 path=/bbs 即可。

很多网站可能包含很多域名，例如，百度网站包含的域名就有很多个，简单列表如下。

http:// www.baidu.com/

http:// news.baidu.com/

http:// tieba.baidu.com/

http:// zhidao.baidu.com/

http:// mp3.baidu.com/

…

在默认情况下，cookie 信息只能在本域中访问，通过设置 cookie 的 domain 属性修改域的范围。例如，在 http:// www.baidu.com/index.html 文件中设置 cookie 的 domain 属性为 domain= tieba.baidu.com，就可以在 http:// tieba.baidu.com/域下访问该 cookie。如果允许所有子域都能访问 cookie 信息，设置 domain= baidu.com 即可，这样该 cookie 信息就与 baidu.com 的所有子域下的所有页面相关联，包括 www、news、tieba、zhidao、mp3 等子域区域。

cookie 使用 secure 属性定义 cookie 信息的安全性。secure 属性取值包括 secure 或者空字符串。在默认情况下，secure 属性值为空，即 cookie 信息使用不安全的 HTTP 连接传递数据。如果一个 cookie 设置了 secure，那么 cookie 信息在客户端与 Web 服务器之间进行传递时，就通过 HTTPS 或者其他安全协议传递数据。

综上所述，比较完善的 cookie 信息字符串应该包括下面几个部分。

☑ cookie 信息字符串，包含一个名/值对，默认为空。

☑ cookie 有效期，包含一个 GMT 格式的字符串，默认为当前会话期，即如果没有设置，则当关闭浏览器时，cookie 信息就因过期而被清除。

☑ cookie 有效路径，默认为 cookie 所在页面目录及其子目录。

☑ cookie 有效域，默认为设置 cookie 的页面所在的域。

☑ cookie 安全性，默认为不采用安全加密措施进行传递。

【示例 3】下面示例把写入 cookie 信息的实现代码进行封装。

```
// 写入 cookie 信息
// 参数：name 表示 cookie 名称，value 表示 cookie 值，expires 表示有效天数，path 表示有效路径
// domain 表示域，secure 表示安全性设置。其中 name、value、path 和 domain 参数为字符串类型
// 传递时需要加上引号，而参数 expires 为数值，secure 表示布尔值，表示是否加密传输 cookie 信息
// 返回值：无
function setCookie(name, value, expires, path, domain, secure) {
    var today = new Date();                          // 获取当前时间对象
    today.setTime(today.getTime());                  // 设置现在时间
    if (expires) {                                   // 如果有效期参数存在，则转换为毫秒数
        expires = expires * 1000 * 60 * 60 * 24;
    }
    var expires_date = new Date(today.getTime() + (expires)); // 新建有效期时间对象
    document.cookie = name + "=" + escape(value)                         // 写入 cookie 信息
        + ((expires) ? ";expires=" + expires_date.toGMTString() : "")    // 指定有效期
        + ((path) ? ";path=" + path : "")                                // 指定有效路径
```

```
        + ((domain) ? ";domain=" + domain : "")                          // 指定有效域
        + ((secure) ? ";secure" : "");                                   // 指定是否加密传输
}
```

16.1.2 读取 cookie 信息

Note

视频讲解

访问 document.cookie 可以读取 cookie 信息，cookie 属性值是一个由零个或多个名值对的子字符串组成的字符串列表，每个名值对之间通过分号进行分隔。

【示例 1】可以采用下面的方法把 cookie 字符串转换为对象类型。

```
// 把 cookie 字符串转换为对象类型
// 参数：无
// 返回值：对象，存储 cookie 信息，其中名称作为对象的属性而存在，而值作为属性值而存在
function getCookie() {
    var a = document.cookie.split(";");          // 把 cookie 字符串劈开为数组
    var o = {};                                  // 临时对象直接量
    for (var i = 0;i < a.length;i++) {           // 遍历数组
        var v = a[i].split("=");                 // 劈开每个数组元素
        o[v[0]] = v[1];                          // 把元素的名和值转换为对象的属性和属性值
    }
    return o;                                    // 返回对象
}
```

如果在写入 cookie 信息时，使用了 escape()方法编码 cookie 值，则应该在读取时不要忘记使用 unescape()方法解码 cookie 值。

下面使用 getCookie 函数读取 cookie 信息，并查看每个名/值对信息。

```
var o = getCookie();
for (i in o) {
    alert(i + "=" + o[i]);
}
```

【示例 2】在实际开发中，更多的操作是直接读取某个 cookie 值，而不是读取所有 cookie 信息。下面示例定义一个比较实用的函数，用来读取指定名称的 cookie 值。

```
// 读取指定 cookie 信息
// 参数：cookie 名称
// 返回值：cookie 值
function getCookie(name) {
    var start = document.cookie.indexOf(name + "="); // 提取与 cookie 名相同的字符串索引
    var len = start + name.length + 1;                // 计算值的索引位置
    if ((! start) && (name != document.cookie.substring(0, name.length))) {// 没有返回 null
        return null;
    }
    if (start == -1) return null;                     // 如果没有找到，则返回 null
    var end = document.cookie.indexOf(";", len);      // 获取值后面的分号索引位置
    if (end == -1) end = document.cookie.length;      // 如果为-1，设置为 cookie 字符串的长度
    return unescape(document.cookie.substring(len, end)); // 获取截取值，并解码返回
}
```

16.1.3 修改和删除 cookie 信息

如果要改变指定 cookie 的值，只需要使用相同名称和新值重新设置该 cookie 值即可。如果要删除某个 cookie 信息，只需要为该 cookie 设置一个已过期的 expires 属性值。

【示例】下面示例封装了如何删除指定 cookie 信息的方法，这个方法需要调用 getCookie()函数。

```
// 删除指定 cookie 信息
// 参数：name 表示 cookie 名称，path 表示所在路径，domain 表示所在域
// 返回值：无
function deleteCookie(name, path, domain) {
    if (getCookie(name)) document.cookie = name + "="          // 如果名称存在，则清空
    + ((path) ? ";path=" + path : "")                          // 如果存在路径，则加上
    + ((domain) ? ";domain=" + domain : "")                    // 如果存在域，则加上
    + ";expires=Thu, 01-Jan-1970 00:00:01 GMT";
    // 设置有效期为过去时，即表示该 cookie 无效，将会被浏览器清除
}
```

16.1.4 附加 cookie 信息

浏览器对 cookie 信息都有个数限制，为了避免超出这个限制，可以把多条信息都保存在一个 cookie 中，而不是为每条信息都新建一个 cookie。由于 cookie 可存储的字符串最大长度为 4K（即 4096 个字符），在实际应用中，这个字符串长度完全满足各种用户信息的存储。

实现方法：在每个名值对中，再嵌套一组子名/值对。子名/值对的形式可以自由约定，并确保不引发歧义即可。例如，使用冒号作为子名和子值之间的分隔符，而使用逗号作为子名/值对之间的分隔符，约定类似于对象直接量。

```
subName1: subValue1, subName2: subValue2, subName3: subValue3
```

然后把这组子名/值串作为值传递给 cookie 的名称。

```
name = subName1: subValue1, subName2: subValue2, subName3: subValue3
```

为了确保子名/值串不引发歧义，建议使用 escape()方法对其进行编码，读取时再使用 unescape()方法转码即可。

【示例 1】下面示例演示了如何在 cookie 中存储更多的信息。

```
// 定义有效期
var d = new Date();
d.setMonth(d.getMonth() + 1);
d = d.toGMTString();
// 定义 cookie 字符串
var a = "name: a, age: 20, addr: beijing"          // 子名/值串
var c = "user=" + escape(a)                        // 组合 cookie 字符串
c += ";" + "expires=" + d;                         // 设置有效期为 1 个月
document.cookie = c;                               // 写入 cookie 信息
```

【示例 2】当读取 cookie 信息时，首先需要获取 cookie 值，然后调用 unescape()方法对 cookie 值进行解码，最后再访问 cookie 值中每个子 cookie 值。因此对于 document.cookie 来说，就需要分解 3 次才能得到精确的信息。

Note

```
// 读取所有 cookie 信息，包括子 cookie 信息
// 参数：无
// 返回值：存储子 cookie 信息，其中名称作为对象的属性而存在，而值作为属性值存在
function getSubCookie() {
    var a = document.cookie.split(";");
    var o ={};
    for (var i = 0; i < a.length; i++) {                    // 遍历 cookie 信息数组
        a[i] && (a[i] = a[i].replace(/^\s+|\s+$/, ""));
        // 清除头部空格符
        var b = a[i].split("=");
        var c = b[1];
        c && (c = c.replace(/^\s+|\s+$/, ""));              // 清除头部空格符
        c = unescape(c);                                    // 解码 cookie 值
        if (! /\,/gi.test(c)) {                             // 如果不包含子 cookie 信息，则直接写入返回对象
            o[b[0]] = b[1];
        }
        else {
            var d = c.split(",");                           // 劈开 cookie 值
            for (var j = 0; j < d.length; j++) {            // 遍历子 cookie 数组
                var e = d[j].split(":");                    // 劈开子 cookie 名/值对
                o[e[0]] = e[1];                             // 把子 cookie 信息写入返回对象
            }
        }
    }
    return o;                                               // 返回包含 cookie 信息的对象
}
```

提示：现代浏览器都支持 cookie，但是也难免会出现意外。例如，个别老式浏览器不支持 cookie，或者用户禁止浏览器使用 cookie。为了安全起见，在使用 cookie 之前，应该探测客户端是否启用 cookie，如果没有启用，则可以采取应急措施，避免不必要的损失。

一般可以使用下面的方法来探测客户端浏览器是否支持 cookie。

```
if (navigator.CookieEnabled) {
    // 如果存在 CookieEnabled 属性，则说明浏览器支持 cookie，就可以安全写入或读取 cookie 信息
    setCookie();
    // 或
    getCookie();
}
```

如果浏览器启用了 cookie，则 CookieEnabled 属性值为 true；当禁用了 cookie 时，则该属性值为 false。

16.1.5 Http-Only Cookie

设置 cookie 时，如果服务器加上了 HttpOnly 属性，则这个 cookie 无法被 JavaScript 读取（即 document.cookie 不会返回这个 cookie 的值），只用于向服务器发送，设置方法如下。

```
Set-Cookie: key=value; HttpOnly
```

上面代码中的 cookie 将无法用 JavaScript 获取。进行 Ajax 操作时，XMLHttpRequest 对象也无法包括该 cookie。这主要是为了防止 XSS 攻击盗取 Cookie。

Note

视频讲解

> **提示：** 浏览器的同源政策规定，两个网址只要域名相同和端口相同，就可以共享 cookie。注意，这里不要求协议相同。例如，http:// example.com 设置的 cookie，可以被 https:// example.com 读取。

16.1.6 封装 cookie 操作

cookie 操作比较简单，但是在默认状态下存取 cookie 信息还是比较麻烦的。本节定义函数 cookie()，来封装 cookie 的所有操作。

cookie()函数即可以写入指定的 cookie 信息，删除指定的 cookie 信息，同时也能够读取指定名称的 cookie 值，另外还可以指定 cookie 信息的有效期、有效路径、作用域和安全性选项设置。

如果在调用 cookie()函数时，仅指定一个参数值，则表示读取指定名称的 cookie 值；如果指定两个参数，则表示写入 cookie 信息，其中第一个参数表示名称，第二个参数表示值。在第三个参数中还可以传递选项信息，这些信息以字典形式存储在对象中进行传递。前两个参数以字符串形式进行传递。

限于篇幅，封装代码请参考本节示例源代码，或者请扫码阅读。

线上阅读

应用示例：写入 cookie 信息。

```
cookie("user", "css8");              // 简单写入一条 cookie 信息
cookie("user", "css8", {             // 写入一条 cookie 信息，并设置更多选项
    expires: 10,                     // 有效期为 10 天
    path: "/",                       // 整个站点有效
    domain: "www.mysite.cn",         // 有效域名
    secure: true                     // 加密数据传输
});
```

读取 cookie 信息。

```
cookie("user")
```

删除 cookie 信息。

```
cookie("user",null);
```

16.1.7 案例实战

视频讲解

本节示例演示了如何使用 cookie 设计一个打字游戏，页面包含 3 个控制按钮和一个文本区域。当单击“开始测试打字速度”按钮时，JavaScript 首先判断用户的身份，如果发现用户没有注册，则会及时提示注册，然后开始计时。当单击“停止测试”按钮时，则 JavaScript 能够及时计算打字的字数、花费的时间（以分计）。测算打字速度，并与历史最好成绩进行比较，同时累计用户打字的总字数。

详细示例说明、代码和演示效果请扫码阅读。

线上阅读

Note

16.2 Web Storage

HTML5 的 Web Storage API 提供了两种客户端数据存储的方法：localStorage 和 sessionStorage。二者之间的重要区别如下，具体用法基本相同。

☑ localStorage：用于持久化的本地存储，除非主动删除，否则数据永远不会过期。

☑ sessionStorage：用于存储本地会话（session）数据，这些数据只有在同一个会话周期内才能访问，当会话结束后数据也随之销毁，如关闭网页，切换选项卡视图等。因此 sessionStorage 是一种短期本地存储方式。

Web Storage 的优势如下。

☑ 存储空间比 cookie 大很多。

☑ 存储内容不会反馈给服务器，而 cookie 信息会随着请求一并发送给服务器。

☑ Web Storage 提供了一套丰富的接口，使得数据操作更为简便。

☑ 独立的存储空间，每个域（包括子域）有独立的存储空间，各个存储空间是完全独立的，因此不会造成数据混乱。

Web Storage 的缺陷如下。

☑ 浏览器不会检查脚本所在的域与当前域是否相同。例如，如果在域 B 中嵌入域 A 的脚本文件，那么域 A 的脚本文件可以访问域 B 中的数据。不过这个漏洞很容易修补。

☑ 存储数据未加密，且永远保存，容易泄漏。

在 HTML5 众多 API 中，Web Storage 的浏览器支持是非常好的，目前主流浏览器都支持 Web Storage，如 IE 8+、Firefox 3+、Opera 10.5+、Chrome 3.0+和 Safari 4.0+。

视频讲解

16.2.1 使用 Web Storage

localStorage 和 sessionStorage 对象拥有相同的属性和方法，操作方法也都相同。

1．存储

使用 setItem()方法可以存储值，用法如下。

```
setItem(key, value)
```

参数 key 表示键名，value 表示值，都以字符串形式进行传递。例如：

```
sessionStorage.setItem("key", "value");
localStorage.setItem("site", "mysite.cn");
```

2．访问

使用 getItem()方法可以读取指定键名的值，用法如下。

```
getItem(key)
```

参数 key 表示键名，字符串类型。该方法将获取指定 key 本地存储的值。例如。

```
var value = sessionStorage.getItem("key");
var site = localStorage.getItem("site");
```

3．删除

使用 removeItem()方法可以删除指定键名本地存储的值，用法如下。

```
removeItem(key)
```

参数 key 表示键名，字符串类型。该方法将删除指定 key 本地存储的值。例如：

```
sessionStorage.removeItem("key");
localStorage.removeItem("site");
```

4．清空

使用 clear()方法可以清空所有本地存储的键值对，用法如下。

```
clear()
```

例如，直接调用 clear()方法可以直接清理本地存储的数据。

```
sessionStorage.clear();
localStorage.clear();
```

提示：Web Storage 也支持使用点语法，或者使用字符串数组[]的方式来处理本地数据。例如：

```
var storage = window.localStorage;        // 获取本地 localStorage 对象
// 存储值
storage.key = "hello";
storage["key"] = "world";
// 访问值
console.log(storage.key);
console.log(storage["key"]);
```

5．遍历

Web Storage 定义 key()方法和 length 属性，使用它们可以对存储数据进行遍历操作。

【示例 1】下面示例获取本地 localStorage，然后使用 for 语句访问本地存储的所有数据，并输出到调试台显示。

```
var storage = window.localStorage;
for (var i = 0, len = storage.length; i < len; i++) {
    var key = storage.key(i);
    var value = storage.getItem(key);
    console.log(key + "=" + value);
}
```

6．监测事件

Web Storage 定义 storage 事件，当键值改变或者调用 clear()方法时，将触发 storage 事件。

【示例 2】下面示例使用 storage 事件监测本地存储，当发生值变动时，即时进行提示。

```
if (window.addEventListener) {
    window.addEventListener("storage",handle_storage,false);
}else if (window.attachEvent) {
    window.attachEvent("onstorage",handle_storage);
}
function handle_storage(e) {
    var logged = "key:" + e.key + ", newValue:" + e.newValue + ", oldValue:" + e.oldValue + ", url:" + e.url
        + ", storageArea:" + e.storageArea;
    alert(logged);
}
```

storage 事件对象包含属性说明如表 16.1 所示。

Note

表 16.1　storage 事件对象属性

属　性	类　型	说　明
key	String	键的名称
oldValue	Any	以前的值（被覆盖的值），如果是新添加的项目，则为 null
newValue	Any	新的值，如果是新添加的项目，则为 null
url/uri	String	引发更改的方法所在页面地址

视频讲解

16.2.2　案例：设计登录页

本例演示如何使用 localStorage 对象保存用户登录信息，运行结果如图 16.1 所示。

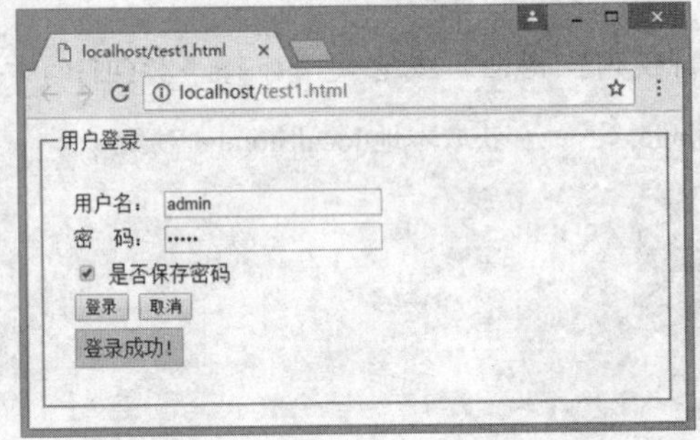

图 16.1　保存用户登录信息

当用户在文本框中输入用户名与密码，单击“登录”按钮后，浏览器将调用 localStorage 对象保存登录用户名。如果选中“是否保存密码”复选框，会同时保存密码，否则，将清空可能保存的密码。当重新打开该页面时，经过保存的用户名和密码数据将分别显示在文本框中，避免用户重复登录。

线上阅读

限于篇幅，示例代码请参考本节示例源代码，或者扫码阅读。

16.2.3　案例：流量统计

本例通过 sessionStorage 和 localStorage 对页面的访问进行计数。当在文本框中输入数据后，分别单击“session 保存”按钮和“local 保存”按钮对数据进行保存，还可以通过单击“session 读取”按钮和“local 读取”按钮对数据进行读取。在 Chrome 浏览器中运行本实例的结果如图 16.2 所示。

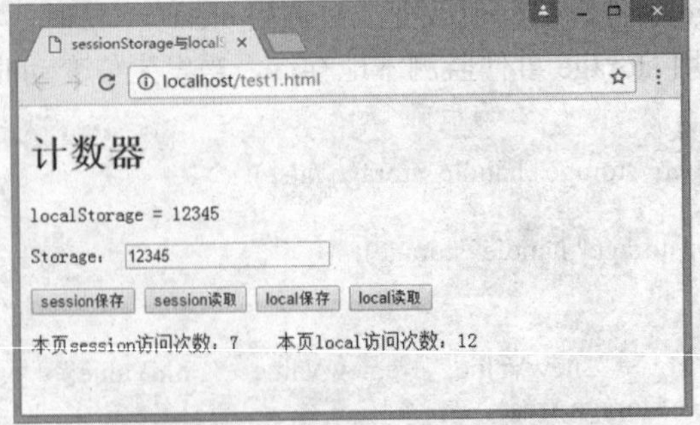

图 16.2　Web 应用计数器

线上阅读

限于篇幅，示例代码请参考本节示例源代码，或者扫码阅读。

16.3 Web SQL Database

HTML5 新增 Web SQL Database API，允许用户使用 SQL 访问客户端数据库。该 API 不是 HTML5 规范的组成部分，而是单独的规范，它通过一套方法操纵客户端的数据库。虽热 Web SQL Database 已经在 Safari、Chrome 和 Opera 中实现，但是 IE、Firefox 并没有实现它。

由于标准认定直接执行 SQL 语句不可取，Web SQL Database 已被新规范—索引数据库（Indexed Database）所取代。WHATWG 也停止对 Web SQL Database 的开发。索引数据库更简便，而且不依赖于特定的 SQL 数据库版本。目前浏览器正在逐步实现对索引数据库的支持。

16.3.1 使用 Web SQL Database

视频讲解

HTML5 数据库 API 是以一个独立规范形式出现，它包含三个核心方法。

☑ openDatabase：使用现有数据库或创建新数据库的方式创建数据库对象。

☑ transaction：允许我们根据情况控制事务提交或回滚。

☑ executeSql：用于执行真实的 SQL 查询。

使用 JavaScript 脚本编写 SQLite 数据库有两个必要的步骤。

☑ 创建访问数据库的对象。

☑ 使用事务处理。

1. 创建或打开数据库

首先，必须要使用 openDatabase()方法来创建一个访问数据库的对象，具体用法如下所示。

```
Database openDatabase(in DOMString name, in DOMString version, in DOMString displayName,
in unsigned long estimatedSize, in optional DatabaseCallback creationCallback)
```

openDatabase()方法可以打开已经存在的数据库，如果不存在则创建。openDatabasek 中 5 个参数分别表示：数据库名、版本号、描述、数据库大小、创建回调。创建回调没有时，也可以创建数据库。

【示例 1】创建了一个数据库对象 db，名称是 Todo，版本编号为 0.1。db 还带有描述信息和大概的大小值。浏览器可使用这个描述与用户进行交流，说明数据库是用来做什么的。利用代码中提供的大小值，浏览器可以为内容留出足够的存储。如果需要，这个大小是可以改变的，所以没有必要预先假设允许用户使用多少空间。

```
db = openDatabase("ToDo", "0.1", "A list of to do items.", 200000);
```

为了检测之前创建的连接是否成功，可以检查数据库对象是否为 null。

```
if(!db)
    alert("Failed to connect to database.");
```

注意：使用中绝不可以假设该连接已经成功建立，即使过去对于某个用户它是成功的。为什么一个连接会失败，这里面存在多个原因：也许浏览器出于安全原因拒绝访问，也许设备存储有限。面对活跃而快速进化的潜在浏览器，对用户机器、软件及其能力做出假设是非常不明智的行为。如当用户使用手持设备时，他们可自由处置的数据可能只有几兆字节。

Note

2. 访问和操作数据库

实际访问数据库时，还需要调用 transaction()方法，用来执行事务处理。使用事务处理，可以防止在对数据库进行访问及执行有关操作时受到外界的打扰。因为在 Web 上，同时会有许多人都在对页面进行访问。如果在访问数据库的过程中，正在操作的数据被别的用户修改了时，会引起很多意想不到的后果。因此，可以使用事务来达到在操作完成之前，阻止别的用户访问数据库的目的。

transaction()方法的使用方法如下所示。

```
db.transaction(function(tx) {})
```

transaction()方法使用一个回调函数作为参数。在这个函数中，执行访问数据库的语句。

在 transaction 的回调函数内，使用了作为参数传递给回调函数的 transaction 对象的 executeSql()方法。executeSql()方法的完整定义如下所示。

```
transaction.executeSql(sqlquery,[],dataHandler, errorHandler):
```

该方法使用 4 个参数，第一个参数为需要执行的 SQL 语句。

第二个参数为 SQL 语句中所有使用到的参数的数组。在 executeSql()方法中，将 SQL 语句中所要使用到的参数先用“?”代替，然后依次将这些参数组成数组放在第二个参数中，如下所示。

```
transaction.executeSql("UPDATE people set age-? where name=?;",[age, name]);
```

第三个参数为执行 SQL 语句成功时调用的回调函数。该回调函数的传递方法如下所示。

```
function dataRandler(transaction, results) {              // 执行 SQL 语句成功时的处理
}
```

该回调函数使用两个参数，第一个参数为 transaction 对象，第二个参数为执行查询操作时返回的查询到的结果数据集对象。

第四个参数为执行 SQL 语句出错时调用的回调函数。该回调函数的传递方法如下所示。

```
function errorHandler(transaction,errmeg) {              // 执行 SQL 语句出错时的处理
}
```

该回调函数使用两个参数，第一个参数为 transaction 对象，第二个参数为执行发生错误时的错误信息文字。

【示例 2】下面将在 mydatabase 数据库中创建表 t1，并执行数据插入操作，完成插入两条记录。

```
var db = openDatabase('mydatabase', '2.0', my db', 2 * 1024);
db.transaction(function(tx) {
    tx.executeSql('CREATE TABLE IF NOT EXISTS t1 (id unique, log)');
    tx.executeSql('INSERT INTO t1 (id, log) VALUES (1, "foobar")');
    tx.executeSql('INSERT INTO t1 (id, log) VALUES (2, "logmsg")');
});
```

在插入新记录时，还可以传递动态值。

```
var db = openDatabase(' mydatabase ', '2.0', 'my db', 2 * 1024);
db.transaction(function(tx) {
    tx.executeSql('CREATE TABLE IF NOT EXISTS t1 (id unique, log)');
    tx.executeSql('INSERT INTO t1 (id,log) VALUES (?, ?'), [e_id, e_log];
                                                    // e_id 和 e_log 是外部变量
});
```

当执行查询操作时，从查询到的结果数据集中依次把数据取出到页面上来，最简单的方法是使用 for 语句循环。结果数据集对象有一个 rows 属性，其中保存了查询到的每条记录，记录的条数可以用 rows.length 来获取，可以用 for 循环，用 rows[index]或 rows.Item ((index])的形式来依次取出每条数据。在 JavaScript 脚本中，一般采用 rows[index]的形式。另外在 Chrome 浏览器中，不支持 rows.Item ([index))的形式。

Note

【示例 3】如果要读取已经存在的记录，使用一个回调函数来捕获结果，并通过 for 语句循环显示每条记录。

```
var db = openDatabase(mydatabase, '2.0', 'my db', 2*1024);
db.transaction(function(tx) {
    tx.executeSql('CREATE TABLE IF NOT EXISTS t1 (id unique, log)');
    tx.executeSql('INSERT INTO t1 (id, log) VALUES (1, "foobar")');
    tx.executeSql('INSERT INTO t1 (id, log) VALUES (2, "logmsg")');
});
db.transaction(function(tx) {
    tx.executeSql('SELECT * FROM t1', [], function(tx, results) {
        var len = results.rows.length, i;
        msg = "<p>Found rows: " + len + "</p>";
        document.querySelector('#status').innerHTML += msg;
        for (i = 0; i < len; i++) {
            alert(results.rows.item(i).log);
        }
    }, null);
});
```

【示例 4】下面示例将完整地演示 Web SQL Database API 的使用，包括建立数据库、建立表格、插入数据、查询数据、将查询结果显示。在最新版本的 Chrome、Safari 或 Opera 浏览器中输出结果如图 16.3 所示。

图 16.3　创建本地数据库

示例代码如下所示。

```
<script type="text/javascript">
var db = openDatabase('mydb', '1.0', 'Test DB', 2 * 1024 * 1024);
var msg;
db.transaction(function(tx) {
    tx.executeSql('CREATE TABLE IF NOT EXISTS LOGS (id unique, log)');
    tx.executeSql('INSERT INTO LOGS (id, log) VALUES (1, "foobar")');
    tx.executeSql('INSERT INTO LOGS (id, log) VALUES (2, "logmsg")');
    msg = '<p>完成消息创建和插入行操作。</p>';
    document.querySelector('#status').innerHTML = msg;
```

Note

```
});
db.transaction(function(tx) {
    tx.executeSql('SELECT * FROM LOGS', [], function(tx, results) {
        var len = results.rows.length, i;
        msg = "<p>查询行数: " + len + "</p>";
        document.querySelector('#status').innerHTML += msg;
        for(i = 0; i < len; i++) {
            msg = "<p><b>" + results.rows.item(i).log + "</b></p>";
            document.querySelector('#status').innerHTML += msg;
        }
    }, null);
});
</script>

<div id="status" name="status"></div>
```

其中第五行的“var db = openDatabase('mydb', '1.0', 'Test DB', 2 * 1024 * 1024);”建立一个名称为 mydb 的数据库，它的版本为 1.0，描述信息为 Test DB，大小为 2M 字节。可以看到此时有数据库建立，但并无表格建立，如图 16.4 所示。

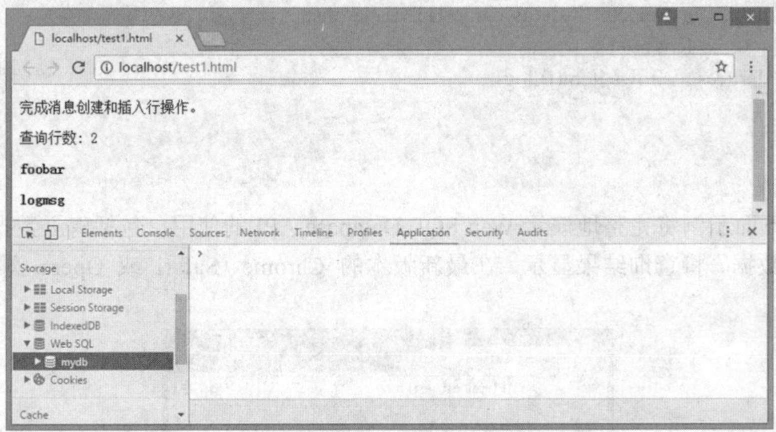

图 16.4　创建数据库 mydb

openDatabase()方法打开一个已经存在的数据库，如果数据库不存在则创建数据库，创建数据库包括数据库名、版本号、描述、数据库大小、创建回调函数。最后一个参数创建回调函数，在创建数据库时调用，但即使没有这个参数，一样可以运行时创建数据库。

第 7～13 行代码如下。

```
db.transaction(function(tx) {
    tx.executeSql('CREATE TABLE IF NOT EXISTS LOGS (id unique, log)');
    tx.executeSql('INSERT INTO LOGS (id, log) VALUES (1, "foobar")');
    tx.executeSql('INSERT INTO LOGS (id, log) VALUES (2, "logmsg")');
    msg = '<p>完成消息创建和插入行操作。</p>';
    document.querySelector('#status').innerHTML = msg;
});
```

通过第 8 行语句可以在 mydb 数据库中建立一个 LOGS 表格。在这里只执行创建表格语句，而不执行后面两个插入操作时，将在 Chrome 中可以看到在数据库 mydb 中有表格 LOGS 建立，但表格 LOGS 为空。

Note

第 9、第 10 两行执行插入操作，在插入新记录时，还可以传递动态值。

```
var db = openDatabase('mydb', '1.0', 'Test DB', 2 * 1024 * 1024);
db.transaction(function(tx) {
    tx.executeSql('CREATE TABLE IF NOT EXISTS LOGS (id unique, log)');
    tx.executeSql('INSERT INTO LOGS (id,log) VALUES (?, ?'), [e_id, e_log];
});
```

这里的 e_id 和 e_log 为外部变量，executeSql 在数组参数中将每个变量映射到“？”。在插入操作执行后，可以在 Chrome 中看到数据库的状态，可以看到插入的数据，此时并未执行查询语句，页面中并没有出现查询结果，如图 16.5 所示。

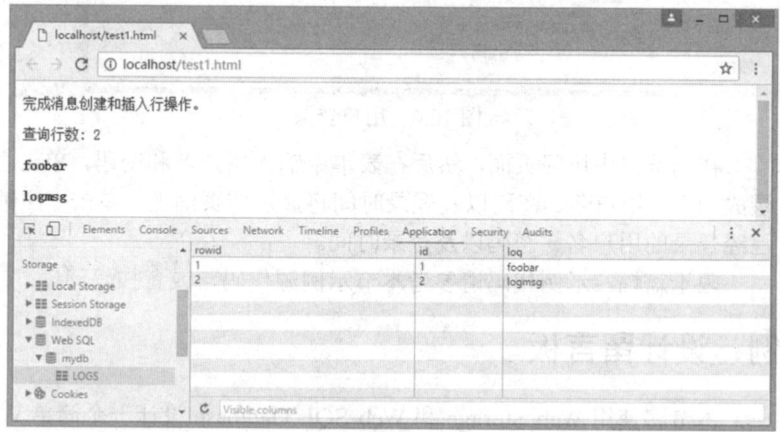

图 16.5　创建数据表并插入数据

如果要读取已经存在的记录，使用一个回调函数捕获结果，如上面的第 15～25 行代码。

```
db.transaction(function(tx) {
    tx.executeSql('SELECT * FROM LOGS', [], function(tx, results) {
        var len = results.rows.length, i;
        msg = "<p>查询行数: " + len + "</p>";
        document.querySelector('#status').innerHTML += msg;
        for(i = 0; i < len; i++) {
            msg = "<p><b>" + results.rows.item(i).log + "</b></p>";
            document.querySelector('#status').innerHTML += msg;
        }
    }, null);
});
```

执行查询之后，将信息输出到页面中，可以看到页面中查询数据。

注意： 如果不需要，不要使用 Web SQL Database，因为它会让代码更加复杂（匿名内部类的内部函数、回调函数等）。在大多数情况下，本地存储或会话存储就能够完成相应的任务，尤其是能够保持对象状态持久化的情况。通过这些 HTML5 Web SQL Database API 接口，可以获得更多功能，相信以后会出现一些非常优秀的、建立在这些 API 之上的应用程序。

视频讲解

Note

16.3.2 案例：设计登录页

本例设计一个用户登录页面，演示如何对本地数据库进行具体操作，运行结果如图 16.6 所示。

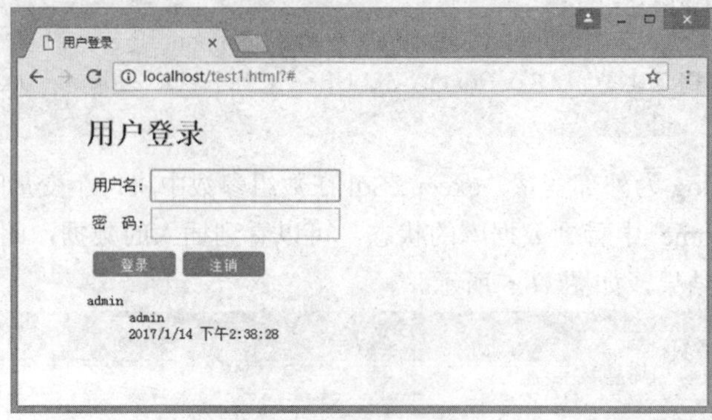

图 16.6 用户登录

线上阅读

在浏览器中访问页面，然后在表单中输入用户名和密码，单击“登录”按钮，登录成功后，用户名、密码以及登录时间将显示在页面上。单击“注销”按钮，将清除已经登录的用户名、密码以及登录时间。

限于篇幅，示例代码请参考本节示例源代码，或者扫码阅读。

16.3.3 案例：设计留言板

线上阅读

本节将使用 Web Storage 和 Web SQL Database 设计一个简单 Web 留言本。在示例页面中显示一个多行文本框，允许用户输入数据，当单击“追加”按钮时，将文本框中的数据保存到 localStorage 中，在表单下面显示一个空的 p 元素，作为数据容器动态显示用户添加的留言信息。

限于篇幅，本节 3 个示例代码和代码解析请扫码阅读。

16.4 indexedDB

与 Web SQL Database 不同，indexedDB 是对象型数据库。与 Web Storage 和文件系统 API 一样，indexedDB 数据库的作用域也被限制在包含它的文档源中：两个同源的 Web 页面互相之间可以访问对方的数据，但是非同源的页面则不行。

在 indexedDB API 中，一个数据库其实就是一个命名的对象仓库的集合。每个对象都必须有一个键（key），通过该键实现在存储区内进行该对象的存储和获取。键必须是唯一的，同一个存储区中的两个对象不能有同样的键，并且它们必须按照自然顺序存储，以便查询。

目前，Chrome 11+、Firefox 4+、Opera 18+、Safari 8+以及 IE 10+版本的浏览器都支持 IndexedDB API。

视频讲解

16.4.1 建立连接

IndexedDB API 操作步骤如下。

（1）通过指定名字打开 indexedDB 数据库。

（2）创建一个事务对象，使用该对象在数据库中通过指定名字查询对象存储区。

（3）调用对象存储区的 get()方法来查询对象，或者调用 put()方法来存储新的对象。

如果要避免覆盖已存在对象的情况，可以调用 add()方法。

如果想要查询表示键值范围的对象，通过创建一个 IDBRange 对象，并将其传递给对象仓库的 openCursor()方法。

如果想要使用次键进行查询时，通过查询对象仓库中的命名索引，然后调用索引对象上的 get()方法或者 openCursor()方法。

使用 indexedDB 数据库时，首先需要预定义 indexedDB 数据库、该数据库所用的事务、IDBKeyRange 对象和游标对象。为了能够在各浏览器中正常运行，可以按如下代码针对各浏览器统一进行定义。

```
window.indexedDB = window.indexedDB || window.webkitIndexedDB
    || window.mozIndexedDB || window.msIndexedDB;
window.IDBTransaction = window.IDBTransaction || window.webkitIDBTransaction
    || window.msIDBTransaction;
window.IDBKeyRange = window.IDBKeyRange|| window.webkitIDBKeyRange
    || window.msIDBKeyRange;
window.IDBCursor = window.IDBCursor || window.webkitIDBCursor || window.msIDBCursor;
```

【示例】使用 indexedDB 数据库时，首先需要连接某个 indexedDB 数据库。下面示例代码演示了如何连接到 indexedDB 数据库。

```
<script>
window.indexedDB = window.indexedDB || window.webkitIndexedDB || window.mozIndexedDB
    || window.msIndexedDB;
window.IDBTransaction = window.IDBTransaction || window.webkitIDBTransaction || window.msIDBTransaction;
window.IDBKeyRange = window.IDBKeyRange || window.webkitIDBKeyRange || window.msIDBKeyRange;
window.IDBCursor = window.IDBCursor || window.webkitIDBCursor || window.msIDBCursor;
function connectDatabase () {
    var dbName = 'indexedDBTest';              // 数据库名
    var dbVersion =20170603;                   // 版本号
    var idb;
    /* 连接数据库，dbConnect 对象为一个 IDBOpenDBRequest 对象，代表数据库连接的请求对象 */
    var dbConnect = indexedDB.open(dbName, dbVersion);
    dbConnect.onsuccess = function(e) {        // 连接成功
        // e.target.result 为一个 IDBDatabase 对象，代表连接成功的数据库对象
        idb = e.target.result;
        alert('数据库连接成功');
    };
    dbConnect.onerror = function() {
        alert('数据库连接失败');
    };
}
</script>

<input type="button" value="连接数据库" onclick="connectDatabase();"/>
```

在浏览器中预览，单击“连接数据库”按钮，可以连接到 indexedDBTest 数据库，效果如图 16.7 所示。

图 16.7 连接到数据库

Note

在上面示例代码中，首先使用 indexedDB.open()方法连接数据库。该方法包含两个参数，其中第一个参数值为一个字符串，代表数据库名，第二个参数值为一个无符号长整型数值，代表数据库的版本号。indexedDB.open()方法返回一个 IDBOpenDBRequest 对象，代表一个请求连接数据库的请求对象。

然后，通过监听数据库连接的请求对象的 onsuccess 事件和 onerror 事件来定义数据库连接成功时与数据库连接失败时所需执行的事件处理函数。

在连接成功的事件处理函数中，取得事件对象的"event.target.result;"属性值，该属性值为一个 IDBDatabase 对象，代表连接成功的数据库对象。

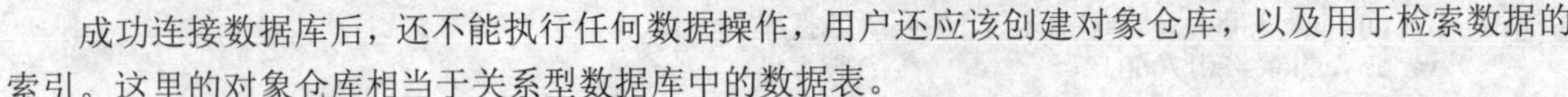
提示：在 Firefox 浏览器中访问示例页面，需要将示例页面放置在虚拟服务器运行环境。

在 indexedDB API 中，可以通过 indexedDB 数据库对象的 close()方法关闭数据库连接，代码如下。

```
idb.close();
```

当数据库连接被关闭后，不能继续执行任何对该数据库进行的操作，否则浏览器均抛出异常。

视频讲解

16.4.2 更新版本

成功连接数据库后，还不能执行任何数据操作，用户还应该创建对象仓库，以及用于检索数据的索引。这里的对象仓库相当于关系型数据库中的数据表。

在 indexedDB 数据库中，所有数据操作都必须在一个事务内部执行。事务分为 3 种：只读事务、读写事务和版本更新事务。

对于创建对象仓库和索引的操作，只能在版本更新事务内部进行，因为在 indexedDB API 中不允许数据库中的数据仓库在同一个版本中发生变化，所以当创建或删除数据仓库时，必须使用新的版本号来更新数据库的版本，以避免重复修改数据库结构。

对于数据库的版本更新处理，在 HTML5 中包括 2011 年 12 月之前和 2011 年 12 月之后两种不同的版本，在 Chrome 10 到 22 版中使用 2011 年 12 月之前的版本，在 Firefox 4+、Chrome 23+、Opera 18+、Safari 8 和 IE 10+版本的浏览器中使用 2011 年 12 月之后的版本。

【示例】下面示例只针对 2011 年 12 月之后的版本进行演示介绍。

```
<script>
window.indexedDB = window.indexedDB || window.webkitIndexedDB || window.mozIndexedDB
    || window.msIndexedDB;
window.IDBTransaction = window.IDBTransaction || window.webkitIDBTransaction || window.msIDBTransaction;
window.IDBKeyRange = window.IDBKeyRange || window.webkitIDBKeyRange || window.msIDBKeyRange;
window.IDBCursor = window.IDBCursor || window.webkitIDBCursor || window.msIDBCursor;
```

```
    function VersionUpdate() {
        var dbName = 'indexedDBTest';              // 数据库名
        var dbVersion = 20170603;                  // 版本号
        var idb;
        /* 连接数据库，dbConnect 对象为一个 IDBOpenDBRequest 对象，代表数据库连接的请求对象 */
        var dbConnect = indexedDB.open(dbName, dbVersion);
        dbConnect.onsuccess = function(e) {        // 连接成功
            // e.target.result 为一个 IDBDatabase 对象，代表连接成功的数据库对象
            idb = e.target.result;
            alert('数据库连接成功');
        };
        dbConnect.onerror = function() {
            alert('数据库连接失败');
        };
        dbConnect.onupgradeneeded = function(e) {
            // 数据库版本更新
            // e.target.result 为一个 IDBDatabase 对象，代表连接成功的数据库对象
            idb = e.target.result;
            /*e.target.transaction 属性值为一个 IDBTransaction 事务对象，此处代表版本更新事务*/
            var tx = e.target.transaction;
            var oldVersion = e.oldVersion;         // 更新前的版本号
            var newVersion = e.newVersion;         // 更新前的版本号
            alert('数据库版本更新成功，旧的版本号为'+oldVersion+'，新的版本号为'+newVersion);
        };
    }
    </script>

    <input type="button" value="更新数据库版本" onclick="VersionUpdate();"/>
```

在上面代码中，监听数据库连接的请求对象的 onupgradeneeded 事件，当连接数据库时发现指定的版本号大于数据库当前版本号时将触发该事件，当该事件被触发时一个数据库的版本更新事务已经被开启，同时数据库的版本号已经被自动更新完毕，并且指定在该事件触发时所执行的处理，该事件处理函数就是版本更新事务的回调函数。

在浏览器中预览页面，单击页面中的“更新数据库版本”按钮，将弹出提示信息，提示用户数据库版本更新成功，如图 16.8 所示。

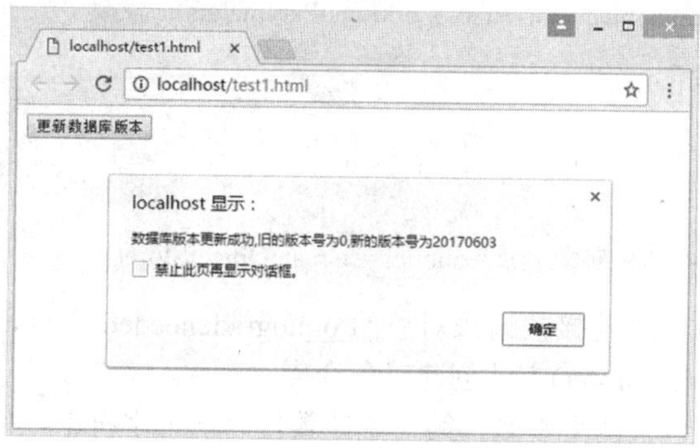

图 16.8 更新数据库版本

视频讲解

Note

16.4.3 新建仓库

针对indexedDB API中的版本更新处理，在Chrome 10到22版本的浏览器中使用的是2011年12月之前的版本，在Chrome 23+、Opera 18+、IE 10+、Firefox 4+和Safari 8+版本的浏览器中均使用的是2011年12月之后的版本，下面示例针对第二种版本介绍如何创建对象仓库。

```
<script>
window.indexedDB = window.indexedDB || window.webkitIndexedDB || window.mozIndexedDB
    || window.msIndexedDB;
window.IDBTransaction = window.IDBTransaction || window.webkitIDBTransaction || window.msIDBTransaction;
window.IDBKeyRange = window.IDBKeyRange|| window.webkitIDBKeyRange || window.msIDBKeyRange;
window.IDBCursor = window.IDBCursor || window.webkitIDBCursor || window.msIDBCursor;

function CreateObjectStore() {
    var dbName = 'indexedDBTest';              // 数据库名
    var dbVersion = 20170305;                  // 版本号
    var idb;
    /* 连接数据库，dbConnect对象为一个IDBOpenDBRequest对象，代表数据库连接的请求对象 */
    var dbConnect = indexedDB.open(dbName, dbVersion);
    dbConnect.onsuccess = function(e) {        // 连接成功
        // e.target.result为一个IDBDatabase对象，代表连接成功的数据库对象
        idb = e.target.result;
        alert('数据库连接成功');
    };
    dbConnect.onerror = function() {alert('数据库连接失败');};
    dbConnect.onupgradeneeded = function(e) {
        // 数据库版本更新
        // e.target.result为一个IDBDatabase对象，代表连接成功的数据库对象
        idb = e.target.result;
        /* e.target.transaction属性值为一个IDBTransaction事务对象，此处代表版本更新事务 */
        var tx = e.target.transaction;
        var name = 'Users';
        var optionalParameters = {
            keyPath: 'userId',
            autoIncrement: false
        };
        var store = idb.createObjectStore(name, optionalParameters);
        alert('对象仓库创建成功');
    };
}
</script>

<input type="button" value="创建对象仓库" onclick="CreateObjectStore();" />
```

在上面代码中，监听数据库连接的请求对象的onupgradeneeded事件，并且指定在该事件触发时调用数据库对象的createObjectStore()方法创建对象仓库。

createObjectStore()方法包含两个参数：第一个参数值为一个字符串，代表对象仓库名；第二个参数为可选参数optionalParameters，参数值为一个JavaScript对象，该对象的keyPath属性值用于指定对象仓库中的每一条记录使用哪个属性值来作为该记录的主键值。

一条记录的主键为数据仓库中该记录的唯一标识符，在一个对象仓库中，只能有一个主键，但是主键值可以重复，相当于关系型数据库中数据表的 id 字段为数据表的主键，多条记录的 id 字段值可以重复，除非将主键指定为唯一主键。

在 indexedDB API 中，对象仓库中的每一条记录均为具有一个或多个属性值的一个对象，而 keyPath 属性值用于指定每一条记录使用哪个属性值作为该记录的主键值。例如，在这里将数据记录的 userId 属性值作为每条记录的主键值，相当于在关系型数据库中将每条记录的 userId 字段值指定为该记录的主键值。

Note

在这种情况下，因为主键存在于每条记录内部，所以被称为内联主键，如果在这里不指定 keyPath 属性值，或将其指定为 null，每条记录的主键将通过其他的途径被另行指定，这时因为数据记录的主键存在于每条记录之外，所以被称为外部主键。

optionalParameters 对象的 autoincrement 属性值为 true，相当于在关系型数据库中将主键指定为自增主键，如果添加数据记录时不指定主键值，则在数据仓库内部将自动指定该主键值为已经存在的最大主键值+1。也可以在添加数据记录时显式地指定主键值。如果将 optionalParameters 对象的 autoincrement 属性值指定为 false，则必须在添加数据记录时显式地指定主键值。

createObjectStore()方法返回一个 IDBObjectStore 对象，该对象代表被创建成功的对象仓库。

在 Chrome 浏览器中打开示例页面，单击页面中的“创建对象仓库”按钮，弹出提示信息，提示用户 users 对象仓库创建成功，如图 16.9 所示。

图 16.9 创建对象仓库成功

16.4.4 新建索引

视频讲解

indexedDB 数据库中的索引类似于关系型数据库中的索引，需要通过数据记录对象的某个属性值来创建。在 indexedDB 数据库中创建索引之后，可以提高在对数据仓库中的所有数据记录进行检索时的性能。

在关系型数据库中，可以针对非索引字段进行检索，而在 indexedDB 数据库中，只能针对被设为索引的属性值进行检索。

针对 indexedDB API 中的版本更新处理，分为在 Chrome 18 到 22 版本的浏览器中使用的 2011 年 12 月之前的版本，在 Chrome 23+、Opera 18+、IE 10+、Firefox 4+和 Safari 8+版本的浏览器中使用的 2011 年 12 月之后的版本。

【示例】下面示例只针对第二种版本进行介绍。在 indexedDB 数据库中，不能重复创建同名的对象仓库，所以在本示例中将对象仓库名修改为 newUsers，避免在运行完 16.4.3 节示例之后继续运行代码，浏览器将抛出异常。

Note

```
<script>
window.indexedDB = window.indexedDB || window.webkitIndexedDB || window.mozIndexedDB
    || window.msIndexedDB;
window.IDBTransaction = window.IDBTransaction || window.webkitIDBTransaction || window.msIDBTransaction;
window.IDBKeyRange = window.IDBKeyRange|| window.webkitIDBKeyRange || window.msIDBKeyRange;
window.IDBCursor = window.IDBCursor || window.webkitIDBCursor || window.msIDBCursor;
function CreateIndex () {
    var dbName = 'indexedDBTest';                    // 数据库名
    var dbVersion = 20150306;                        // 版本号
    var idb;
    /* 连接数据库，dbConnect 对象为一个 IDBOpenDBRequest 对象，代表数据库连接的请求对象 */
    var dbConnect = indexedDB.open(dbName, dbVersion);
    dbConnect.onsuccess = function(e) {              // 连接成功
        // e.target.result 为一个 IDBDatabase 对象，代表连接成功的数据库对象
        idb = e.target.result;
        alert('数据库连接成功');
    };
    dbConnect.onerror = function() {
        alert('数据库连接失败');
    };
    dbConnect.onupgradeneeded = function(e) {
        // 数据库版本更新
        // e.target.result 为一个 IDBDatabase 对象，代表连接成功的数据库对象
        idb = e.target.result;
        /*e.target.transaction 属性值为一个 IDBTransaction 事务对象，此处代表版本更新事务*/
        var tx = e.target.transaction;
        var name = 'newUsers';
        var optionalParameters = {
            keyPath: 'userId',
            autoIncrement: false
        };
        var store = idb.createObjectStore(name, optionalParameters);
        alert('对象仓库创建成功');
        var name = 'userNameIndex';
        var keyPath = 'userName';
        var optionalParameters = {
            unique: false,
            multiEntry: false
        };
        var idx = store.createIndex(name, keyPath, optionalParameters);
        alert('索引创建成功');
    };
}
</script>

<input type="button" value="创建索引" onclick="CreateIndex();"/>
```

在数据库的版本更新事务中，在对象仓库创建成功后，调用对象仓库的 createIndex()方法创建索引。该方法包含以下 3 个参数。

第一个参数值为一个字符串，代表索引名。

第二个参数值代表使用数据仓库中数据记录对象的哪个属性来创建索引。在本示例代码中，虽然索引名与用于创建索引的属性名不同，但是实际上此处索引名与属性名也可以相同，例如，此处可以将索引名定义为 userName。

第三个参数 optional Parameters 为可选参数，参数值为一个 JavaScript 对象，该对象的 unique 属性值的作用相当于关系型数据库中索引的 unique 属性值的作用。属性值为 true，代表同一个对象仓库中两条数据记录的索引属性值（即 userName 属性值）不能相同，否则在向数据仓库中添加第二条数据记录时将导致添加失败。

Note

optionalParameters 对象的 multiEntry 属性值为 true，代表当数据记录的索引属性值为一个数组时，可以将数组中的每一个元素添加在索引中；multiEntry 属性值为 false，代表只能将该数组整体添加在索引中。

createIndex()方法返回一个 IDBIndex 对象，代表创建索引成功。

在 Chrome 浏览器中打开示例页面，单击页面中的“创建索引”按钮，弹出提示信息，提示用户索引创建成功，如图 16.10 所示。

图 16.10　创建索引成功

16.4.5　使用事务

视频讲解

在 indexedDB API 中，所有针对数据的操作都只能在一个事务中被执行。indexedDB 提供三类事务模式，简单说明如下。

- ☑ readonly：只读。提供对某个对象存储的只读访问，在查询对象存储时使用。
- ☑ readwrite：读写。提供对某个对象存储的读取和写入访问权。
- ☑ versionchange：数据库版本更新。提供读取和写入访问权来修改对象存储定义，或者创建一个新的对象存储。

默认的事务模式为 readonly。用户可在任何给定时刻内打开多个并发的 readonly 事务，但只能打开一个 readwrite 事务。出于此原因，只有在数据更新时才考虑使用 readwrite 事务。单独的（表示不能打开任何其他并发事务）versionchange 事务操作一个数据库或对象存储。可以在 onupgradeneeded 事件处理函数中使用 versionchange 事务创建、修改或删除一个对象仓库，或者将一个索引添加到对象仓库。

在 indexedDB API 中，使用某个已建立连接的数据库对象的 transaction()方法可以开启事务。例如，要在 readwrite 模式下为 employees 对象仓库创建一个事务。

```
var transaction = db.transaction("employees", "readwrite");
```

transaction()方法包含以下两个参数。

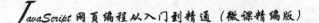

Note

☑ 第一个参数为由一些对象仓库名组成的一个字符串数组，用于定义事务的作用范围，即限定该事务中所运行的读写操作只能针对哪些对象仓库进行，当事务中的数据存取操作只针对某个对象仓库进行时。

> 提示：如果不想限定事务只针对哪些对象仓库进行，那么可以使用数据库的 objectStoreNames 属性值来作为 transaction()方法的第一个参数值，代码如下。

```
var transaction = db.transaction(idb.objectStoreNames, "readwrite");
```

数据仓库的 objectStoreNames 属性值为由该数据库中所有对象仓库名构成的数组，在将其作为 transaction()方法的第一个参数值时，可以针对数据库中任何一个对象仓库进行数据的存取操作。

☑ 第二个参数为可选参数，用于定义事务的读写模式，即指定事务为只读事务，还是读写事务。

transaction()方法返回一个 IDBTransaction 对象，代表被开启的事务。

> 注意：在将数据库的 objectStoreNames 属性值作为 transaction()方法的第一个参数值，将"readwrite"常量值作为 transaction()方法的第二个参数值，运行 transaction()方法之后，虽然在接下来的代码中可以不必再注意事务针对哪些对象仓库进行，以及事务为只读事务，还是读写事务，但是这种做法将对事务在运行时的性能产生很大的不利影响。考虑到运行时的性能，建议应该正确指定事务的作用范围，以及事务的读写模式。

> 提示：在 indexedDB API 中，可以同时运行多个作用范围不重叠的读写事务，如果数据库中存在 storeA 和 storeB 两个对象仓库，事务 A 的作用范围为 storeA，事务 B 的作用范围为 storeB，那么可以同时运行事务 A 和事务 B。如果将事务 A 的作用范围修改为同时包括 storeA 和 storeB 两个对象仓库，且先运行事务 A，那么事务 B 必须等到事务 A 运行结束后才能运行。即使事务 A 为只读事务，仍然可以同时运行事务 A 和事务 B。

在 indexedDB API 中，用于开启事务的 transaction()方法必须被书写到某一个函数中，而且该事务将在函数结束时被自动提交，所以不需要显式调用事务的 commit()方法来提交事务，但是可以在需要时显式调用事务的 abort()方法来中止事务。

可以通过监听事务对象的 oncomplete 事件（事务结束时触发）和 onabort 事件（事务中止时触发），并定义事件处理函数来定义事务结束或中止时所要执行的处理。例如：

```
var transaction = db.transaction(idb.objectStoreNames, "readwrite");
transaction.oncomplete = function(event) {      // 事务结束时所要执行的处理
}
transaction.onabort = function(event) {         // 事务中止时所要执行的处理
}
// 事务中的处理内容
transaction.abort();                            // 中止事务
```

16.4.6 保存数据

线上阅读

视频讲解

本节介绍如何从 indexedDB 数据库的对象仓库中保存数据。示例代码和解析请扫码阅读。

16.4.7　访问数据

本节介绍如何从 indexedDB 数据库的对象仓库中获取数据。示例完整代码和解析请扫码阅读。

线上阅读

Note

16.4.8　访问键值

通过对象仓库或索引的 get()方法，只能获取到一条数据。在需要通过某个检索条件来检索一批数据时，需要使用 indexedDB API 中的游标。

下面示例设计根据数据记录的主键值检索数据，示例完整代码请扫码阅读。

线上阅读

16.4.9　访问属性

在 indexedDB API 中，可以将对象仓库的索引属性值作为检索条件来检索数据。下面看一个完整示例。

限于篇幅，示例代码和解析请扫码阅读。

线上阅读

16.5　案例：设计录入表单

视频讲解

本例使用 indexedDB API 设计一个电子刊物发布的应用，演示效果如图 16.11 所示。在示例页面中，显示 3 个表单框，第一个表单框登录电子刊物信息，并保存在 indexedDB 数据库中。第二个表单框用于管理数据库中的记录，可以根据需要清空全部记录，或者删除指定的记录。第三个表单框用于显示数据库中所有的电子刊物记录。

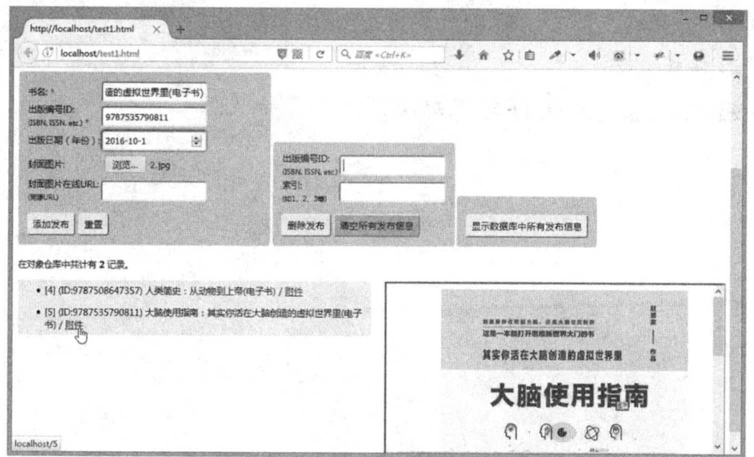

图 16.11　电子刊物发布应用效果

具体操作步骤请扫码学习。

线上阅读

第17章

JavaScript 图形设计

HTML 5 新增<canvas>标签，并提供了一套 Canvas API，允许用户通过使用 JavaScript 脚本在<canvas>标签标识的画布上绘制图形、创建动画，甚至可以进行实时视频处理或渲染。本章将重点介绍 Canvas API 的基本用法，帮助用户在网页中绘制漂亮的图形，创造丰富多彩、赏心悦目的 Web 动画。

【学习重点】

- 使用 canvas 元素。
- 绘制图形。
- 设置图形样式。
- 灵活使用 Canvas API 设计网页动画。

17.1 使用 canvas

在 HTML 5 文档中，使用<canvas>标签可以在网页中创建一块画布，用法如下所示。

```
<canvas id="myCanvas" width="200" height="100"></canvas>
```

该标签包含 3 个属性。

☑ id：用来标识画布，以方便 JavaScript 脚本对其引用。

☑ height：设置 canvas 的高度。

☑ width：设置 canvas 的宽度。

在默认情况下，canvas 创建的画布大小为宽 300 像素、高 150 像素，可以使用 width 和 height 属性自定义其宽度和高度。

注意：与<img>不同，<canvas>需要结束标签</canvas>。如果结束标签不存在，则文档的其余部分会被认为是替代内容，将不会显示出来。

【示例 1】可以使用 CSS 控制 canvas 的外观。例如，在下面示例中使用 style 属性为 canvas 元素添加一个实心的边框，在浏览器中的预览效果如图 17.1 所示。

```
<canvas id="myCanvas" style="border:1px solid;" width="200" height="100"></canvas>
```

使用 JavaScript 可以在 canvas 画布内绘画，或设计动画。

【操作步骤】

（1）在 HTML5 页面中添加<canvas>标签，设置 canvas 的 id 属性值以便 JavaScript 调用。

```
<canvas id="myCanvas" width="200" height="100"></canvas>
```

（2）在 JavaScrip 脚本中使用 document.getElementById()方法，根据 canvas 元素的 id 获取对 canvas 的引用。

```
var c = document.getElementById("myCanvas");
```

（3）通过 canvas 元素的 getContext()方法获取画布上下文（context），创建 context 对象，以获取允许进行绘制的 2D 环境。

```
var context = c.getContext("2d");
```

getContext("2d")方法返回一个画布渲染上下文对象，使用该对象可以在 canvas 元素中绘制图形，参数"2d"表示二维绘图。

（4）使用 JavaScript 进行绘制。例如，使用以下代码可以绘制一个位于画布中央的矩形。

```
context.fillStyle = "#FF00FF";
context.fillRect(50,25,100,50);
```

这两行代码中，fillStyle 属性定义将要绘制的矩形的填充颜色为粉红色，fillRect()方法指定了要绘制的矩形的位置和尺寸。图形的位置由前面的 canvas 坐标值决定，尺寸由后面的宽度和高度值决定。在本例中，坐标值为（50,25），尺寸为宽 100 像素、高 50 像素，根据这些数值，粉红色矩形将出现在画面的中央。

Note

【示例 2】下面给出完整的示例代码。

```
<canvas id="myCanvas" style="border:1px solid;" width="200" height="100"></canvas>
<script>
var c = document.getElementById("myCanvas");
var context = c.getContext("2d");
context.fillStyle = "#FF00FF";
context.fillRect(50,25,100,50);
</script>
```

以上代码在浏览器中的预览效果如图 17.2 所示。在画布周围加了边框是为了更能清楚地看到中间矩形位于画布的什么位置。

图 17.1　为 canvas 元素添加实心边框

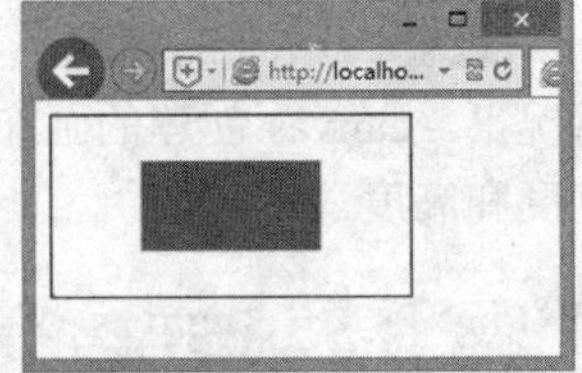

图 17.2　使用 canvas 绘制图形

fillRect(50,25,100,50)方法用来绘制矩形图形，它的前两个参数用于指定绘制图形的 x 轴和 y 轴坐标，后面两个参数设置绘制矩形的宽度和高度。

在 canvas 中，坐标原点（0,0）位于 canvas 画布的左上角，x 轴水平向右延伸，y 轴垂直向下延伸，所有元素的位置都相对于原点进行定位，如图 17.3 所示。

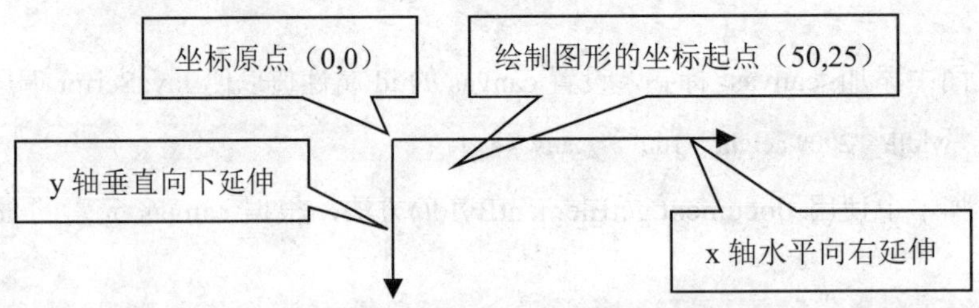

图 17.3　canvas 默认坐标点

目前，IE 9+、Firefox、Opera、Chrome 和 Safari 版本浏览器均支持 canvas 元素及其属性和方法。

老版本浏览器可能不支持 canvas 元素，因此在特定用户群中，需要为这些浏览器提供替代内容。只需要在<canvas>标签内嵌入替代内容，不支持 canvas 的浏览器会忽略 canvas 元素，而显示替代内容；支持 canvas 的浏览器则会正常渲染 canvas，而忽略替代内容。例如：

```
<canvas id="stockGraph" width="150" height="150">当前浏览器暂不支持 canvas </canvas>
<canvas id="clock" width="150" height="150">
    <img src="images/clock.png" width="150" height="150" alt=""/>
</canvas>
```

注意： 使 canvas 元素可以实现绘图功能，也可以设计动画演示，但是如果 HTML 页面中有比 canvas 元素更合适的元素存在，则建议不要使用 canvas 元素。例如，用 canvas 元素来渲染 HTML 页面的标题样式标签则不太合适。

视频讲解

17.2 绘制图形

本节将介绍一些基本图形的绘制，包括矩形、直线、圆形、曲线等形状或路径。

17.2.1 矩形

canvas 仅支持一种原生的图形绘制：矩形。绘制其他图形都至少需要生成一条路径。不过，拥有众多路径生成的方法，绘制复杂图形也很轻松。

canvas 提供了以下 3 种方法绘制矩形。

☑ fillRect(x, y, width, height)：绘制一个填充的矩形。
☑ strokeRect(x, y, width, height)：绘制一个矩形的边框。
☑ clearRect(x, y, width, height)：清除指定矩形区域，让清除部分完全透明。

参数说明如下。

☑ x：矩形左上角的 x 坐标。
☑ y：矩形左上角的 y 坐标。
☑ width：矩形的宽度，以像素为单位。
☑ height：矩形的高度，以像素为单位。

【示例】下面示例分别使用上述 3 种方法绘制了 3 个嵌套的矩形，预览效果如图 17.4 所示。

```
<canvas id="canvas" width="300" height="200" style="border:solid 1px #999;"></canvas>
<script>
draw();
function draw() {
    var canvas = document.getElementById('canvas');
    if (canvas.getContext) {
        var ctx = canvas.getContext('2d');
        ctx.fillRect(25,25,100,100);
        ctx.clearRect(45,45,60,60);
        ctx.strokeRect(50,50,50,50);
    }
}
</script>
```

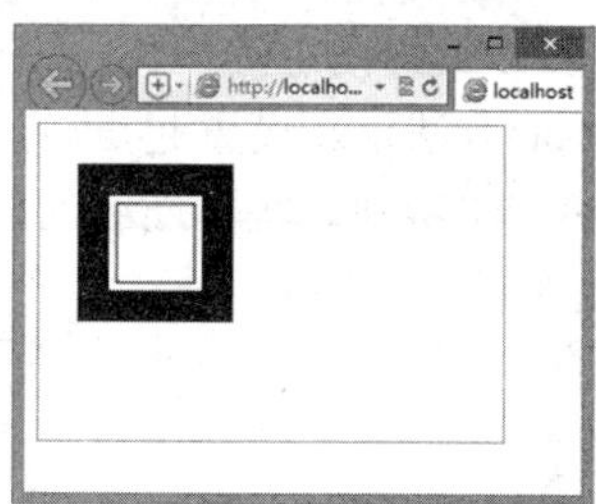

图 17.4 绘制矩形

在上面代码中，fillRect()方法绘制了一个边长为 100 像素的黑色正方形。clearRect()方法从正方形的中心开始擦除了一个 60 像素×60 像素的正方形，接着 strokeRect()在清除区域内生成一个 50 像素×50 像素的正方形边框。

提示：不同于路径函数，以上 3 个函数绘制之后，会马上显现在 canvas 上，即时生效。

视频讲解

Note

17.2.2 路径

图形的基本元素是路径。路径是通过不同颜色和宽度的线段或曲线相连形成的不同形状的点的集合。一个路径，甚至一个子路径，都是闭合的。使用路径绘制图形的步骤如下。

（1）创建路径起始点。

（2）使用画图命令绘制路径。

（3）把路径封闭。

（4）生成路径后，可以通过描边或填充路径区域来渲染图形。

需要调用的方法说明如下。

☑ beginPath()：开始路径。新建一条路径，生成后，图形绘制命令被指向到路径上生成路径。

☑ closePath()：闭合路径。闭合路径之后图形绘制命令又重新指向到上下文中。

☑ stroke()：描边路径。通过线条来绘制图形轮廓。

☑ fill()：填充路径。通过填充路径的内容区域生成实心的图形。

> 提示：生成路径的第一步是调用 beginPath()方法。每次调用这个方法后，表示开始重新绘制新的图形。闭合路径 closePath()不是必需的。当调用 fill()方法时，所有没有闭合的形状都会自动闭合，所以不需要调用 closePath()方法，但是调用 stroke()时不会自动闭合。

【示例 1】下面示例绘制一个三角形，效果如图 17.5 所示。代码仅提供绘图函数 draw()，完整代码可以参考 17.2.1 节示例，后面各节示例类似。

```
function draw() {
    var canvas = document.getElementById('canvas');
    if (canvas.getContext) {
        var ctx = canvas.getContext('2d');
        ctx.beginPath();
        ctx.moveTo(75,50);
        ctx.lineTo(100,75);
        ctx.lineTo(100,25);
        ctx.fill();
    }
}
```

使用 moveTo(x, y)方法可以将笔触移动到指定的坐标 x 和 y 上。当初始化 canvas，或者调用 beginPath()方法后，通常会使用 moveTo()方法重新设置起点。

【示例 2】用户可以使用 moveTo()方法绘制一些不连续的路径。下面示例绘制一个笑脸图形，效果如图 17.6 所示。

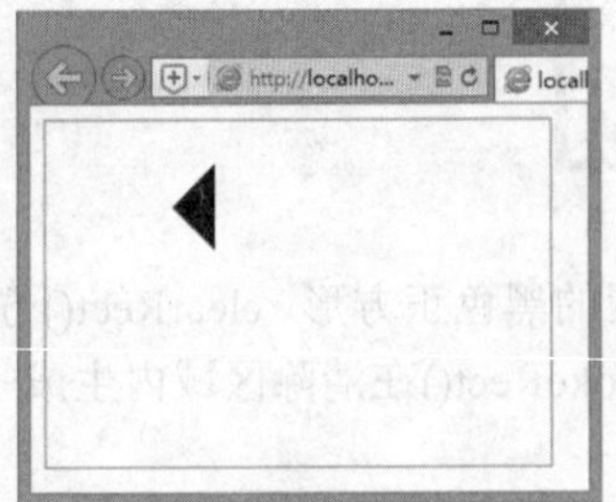

图 17.5 绘制三角形

图 17.6 绘制笑脸

```
function draw() {
    var canvas = document.getElementById('canvas');
    if (canvas.getContext) {
        var ctx = canvas.getContext('2d');
        ctx.beginPath();
        ctx.arc(75,75,50,0,Math.PI*2,true);    // 绘制
        ctx.moveTo(110,75);
        ctx.arc(75,75,35,0,Math.PI,false);     // 口（顺时针）
        ctx.moveTo(65,65);
        ctx.arc(60,65,5,0,Math.PI*2,true);   // 左眼
        ctx.moveTo(95,65);
        ctx.arc(90,65,5,0,Math.PI*2,true);   // 右眼
        ctx.stroke();
    }
}
```

上面代码中使用到 arc()方法，调用它可以绘制圆形，在后面小节中将详细说明。

17.2.3 直线

使用 lineTo()方法可以绘制直线，用法如下。

```
lineTo(x,y)
```

参数 x 和 y 分别表示终点位置的 x 坐标和 y 坐标。lineTo(x, y)将绘制一条从当前位置到指定(x, y)位置的直线。

【示例】下面示例绘制两个三角形，一个是填充的，另一个是描边的，效果如图 17.7 所示。

```
function draw() {
    var canvas = document.getElementById('canvas');
    if (canvas.getContext) {
        var ctx = canvas.getContext('2d');
        // 填充三角形
        ctx.beginPath();
        ctx.moveTo(25,25);
        ctx.lineTo(105,25);
        ctx.lineTo(25,105);
        ctx.fill();
        // 描边三角形
        ctx.beginPath();
        ctx.moveTo(125,125);
        ctx.lineTo(125,45);
        ctx.lineTo(45,125);
        ctx.closePath();
        ctx.stroke();
    }
}
```

在上面示例代码中，从调用 beginPath()方法准备绘制一个新的形状路径开始，使用 moveTo()方法

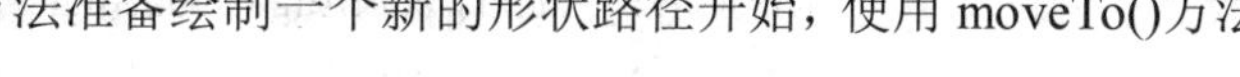

移动到目标位，两条线段绘制后构成三角形的两条边。当路径使用填充（filled）时，路径自动闭合；而使用描边（stroked）则不会闭合路径。如果没有添加闭合路径closePath()到描边三角形中，则只绘制了两条线段，并不是一个完整的三角形。

Note

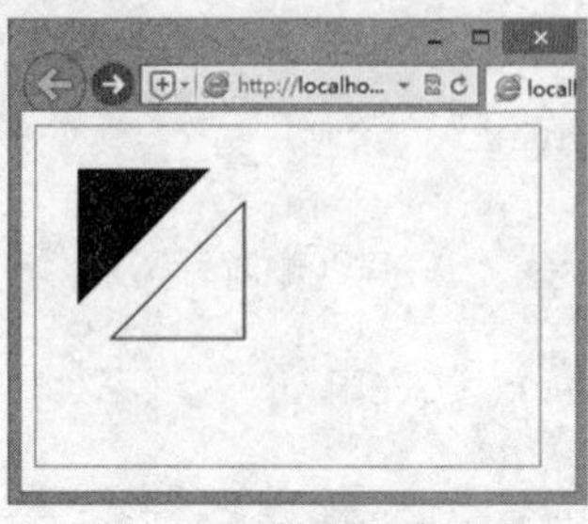

图17.7　绘制三角形

视频讲解

17.2.4　圆弧

使用arc()方法可以绘制弧或者圆，用法如下。

```
context.arc(x, y, r, sAngle, eAngle, counterclockwise);
```

参数说明如下。

- ☑ x：圆心的x坐标。
- ☑ y：圆心的y坐标。
- ☑ r：圆的半径。
- ☑ sAngle：起始角，以弧度计。提示，弧的圆形的三点钟位置是0度。
- ☑ eAngle：结束角，以弧度计。
- ☑ counterclockwise：可选参数，定义绘图方向。false为顺时针，即默认值，true为逆时针。

如果使用arc()创建圆，可以把起始角设置为0，结束角设置为2*Math.PI。

【示例1】下面示例绘制了12个不同的角度以及填充的圆弧。主要使用两个for循环，生成圆弧的行列（x,y）坐标。每一段圆弧的开始都调用beginPath()方法。代码中，每个圆弧的参数都是可变的，（x,y）坐标是可变的，半径（radius）和开始角度（startAngle）都是固定的。结束角度（endAngle）在第一列开始时是180度（半圆），然后每列增加90度。最后一列形成一个完整的圆，效果如图17.8所示。

```
function draw() {
    var canvas = document.getElementById('canvas');
    if (canvas.getContext) {
        var ctx = canvas.getContext('2d');
        for (var i = 0;i < 4;i++) {
            for (var j = 0;j < 3; j++) {
                ctx.beginPath();
                var x = 25+j*50;                                    // x 坐标值
                var y = 25+i*50;                                    // y 坐标值
                var radius = 20;                                    // 圆弧半径
                var startAngle = 0;                                 // 开始点
                var endAngle = Math.PI + (Math.PI * j) / 2;         // 结束点
                var anticlockwise = i%2==0 ? false : true;          // 顺时针或逆时针
                ctx.arc(x, y, radius, startAngle, endAngle, anticlockwise);
```

```
                    if (i > 1) {
                        ctx.fill();
                    }
                    else {
                        ctx.stroke();
                    }
                }
            }
        }
    }
```

在上面代码中，“var anticlockwise = i%2==0 ? false : true;”语句作用于第一、第三行是顺时针的圆弧，anticlockwise 作用于第二、第四行为逆时针圆弧。if 语句让第一、第二行描边圆弧，下面两行填充路径。

使用 arcTo()方法可以绘制曲线，该方法是 lineTo()的曲线版，它能够创建两条切线之间的弧或曲线，用法如下。

```
context.arcTo(x1,y1,x2,y2,r);
```

参数说明如下。

☑ x1：弧的起点的 x 坐标。

☑ y1：弧的起点的 y 坐标。

☑ x2：弧的终点的 x 坐标。

☑ y2：弧的终点的 y 坐标。

☑ r：弧的半径。

【示例 2】本例使用 lineTo()和 arcTo()方法绘制直线和曲线，然后连成圆角弧线，效果如图 17.9 所示。

```
function draw() {
    var canvas = document.getElementById('canvas');
    var ctx = canvas.getContext('2d');
    ctx.beginPath();
    ctx.moveTo(20,20);                    // 设置起点
    ctx.lineTo(100,20);                   // 绘制水平直线
    ctx.arcTo(150,20,150,70,50);          // 绘制曲线
    ctx.lineTo(150,120);                  // 绘制垂直直线
    ctx.stroke();                         // 开始绘制
}
```

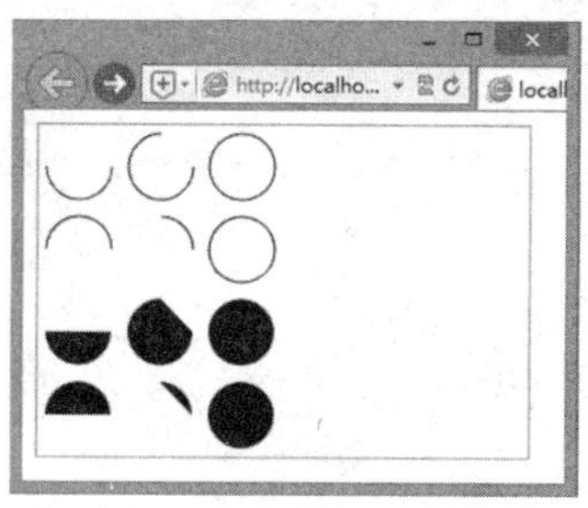

图 17.8　绘制圆和弧

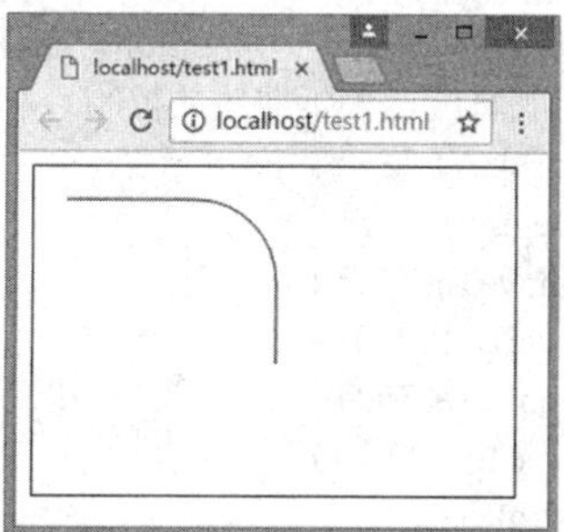

图 17.9　绘制曲线

视频讲解

Note

17.2.5 二次方曲线

使用 quadraticCurveTo()方法可以绘制二次方贝塞尔曲线，用法如下。

```
context.quadraticCurveTo(cpx,cpy,x,y);
```

参数说明如下。

☑ cpx：贝塞尔控制点的 x 坐标。

☑ cpy：贝塞尔控制点的 y 坐标。

☑ x：结束点的 x 坐标。

☑ y：结束点的 y 坐标。

二次方贝塞尔曲线需要两个点。第一个点是用于二次贝塞尔计算中的控制点，第二个点是曲线的结束点。曲线的开始点是当前路径中最后一个点。如果路径不存在，需要使用 beginPath()和 moveTo()方法来定义开始点，演示说明如图 17.10 所示。

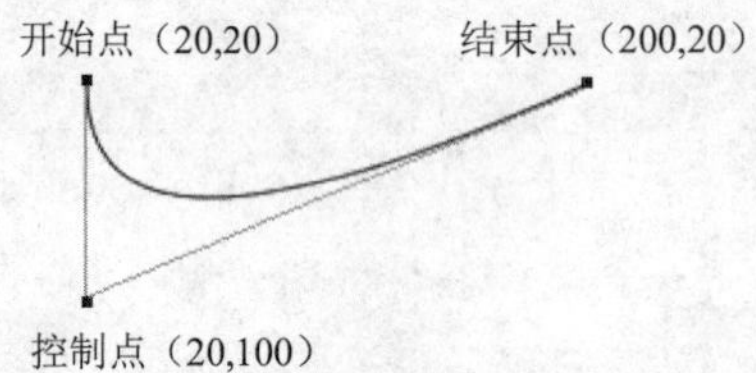

图 17.10 二次方贝塞尔曲线演示示意图

操作步骤如下。

（1）确定开始点，如 moveTo(20,20)。

（2）定义控制点，如 quadraticCurveTo(20,100, x , y)。

（3）定义结束点，如 quadraticCurveTo(20,100,200,20)。

【示例 1】下面示例先绘制一条二次方贝塞尔曲线，再绘制出其控制点和控制线。

```
function draw() {
    var canvas = document.getElementById('canvas');
    var ctx=canvas.getContext("2d");
    // 下面开始绘制二次方贝塞尔曲线
    ctx.strokeStyle="dark";
    ctx.beginPath();
    ctx.moveTo(0,200);
    ctx.quadraticCurveTo(75,50,300,200);
    ctx.stroke();
    ctx.globalCompositeOperation="source-over";
    // 绘制直线，表示曲线的控制点和控制线，控制点坐标即两直线的交点（75,50）
    ctx.strokeStyle = "#ff00ff";
    ctx.beginPath();
    ctx.moveTo(75,50);
    ctx.lineTo(0,200);
    ctx.moveTo(75,50);
    ctx.lineTo(300,200);
    ctx.stroke();
}
```

在浏览器中运行效果如图 17.11 所示，其中曲线即为二次方贝塞尔曲线，两条直线为控制线，两直线的交点即曲线的控制点。

【示例 2】下面示例组合直线和二次方曲线，封装了一个圆角矩形函数，使用它可以绘制圆角矩形图形，效果如图 17.12 所示。

具体代码解析请扫码学习。

线上阅读

图 17.11　二次方贝塞尔曲线及其控制点

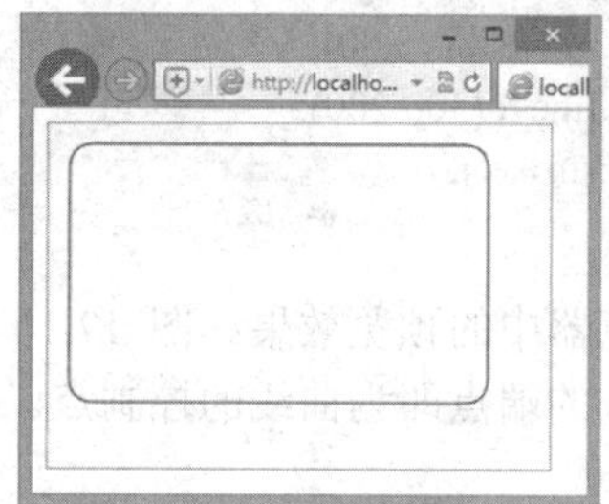
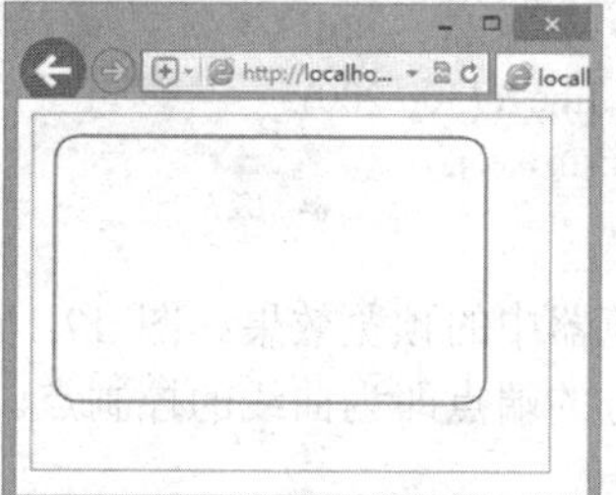

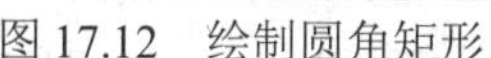

图 17.12　绘制圆角矩形

17.2.6　三次方曲线

视频讲解

使用 bezierCurveTo()方法可以绘制三次方贝塞尔曲线，用法如下。

```
context.bezierCurveTo(cp1x,cp1y,cp2x,cp2y,x,y);
```

参数说明如下。

☑ cp1x：第一个贝塞尔控制点的 x 坐标。
☑ cp1y：第一个贝塞尔控制点的 y 坐标。
☑ cp2x：第二个贝塞尔控制点的 x 坐标。
☑ cp2y：第二个贝塞尔控制点的 y 坐标。
☑ x：结束点的 x 坐标。
☑ y：结束点的 y 坐标。

三次方贝塞尔曲线需要 3 个点，前两个点是用于三次贝塞尔计算中的控制点，第三个点是曲线的结束点。曲线的开始点是当前路径中最后一个点，如果路径不存在，需要使用 beginPath()和 moveTo()方法来定义开始点，演示说明如图 17.13 所示。

操作步骤如下。

（1）确定开始点，如 moveTo(20,20)。

（2）定义第 1 个控制点，如 bezierCurveTo(20,100,cp2x,cp2y,x,y)。

（3）定义第 2 个控制点，如 bezierCurveTo(20,100,200,100,x,y)。

（4）定义结束点，如 bezierCurveTo(20,100,200,100,200,20)。

【示例】下面示例绘制了一条三次方贝塞尔曲线，还绘制出了两个控制点和两条控制线。

```
function draw() {
    var canvas = document.getElementById('canvas');
    var ctx = canvas.getContext("2d");
    // 下面开始绘制三次方贝塞尔曲线
    ctx.strokeStyle = "dark";
    ctx.beginPath();
    ctx.moveTo(0,200);
```

```
        ctx.bezierCurveTo(25,50,75,50,300,200);
        ctx.stroke();
        ctx.globalCompositeOperation = "source-over";
        // 下面绘制直线用于表示上面曲线的控制点和控制线，控制点坐标为（25,50）和（75,50）
        ctx.strokeStyle = "#ff00ff";
        ctx.beginPath();
        ctx.moveTo(25,50);
        ctx.lineTo(0,200);
        ctx.moveTo(75,50);
        ctx.lineTo(300,200);
        ctx.stroke();
}
```

在浏览器中的预览效果如图 17.14 所示，其中曲线即为三次方贝塞尔曲线，两条直线为控制线，两直线上方的端点即为曲线的控制点。

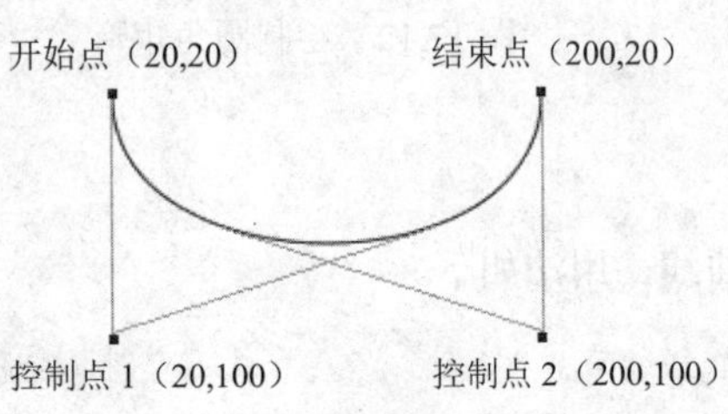

图 17.13　三次方贝塞尔曲线演示示意图

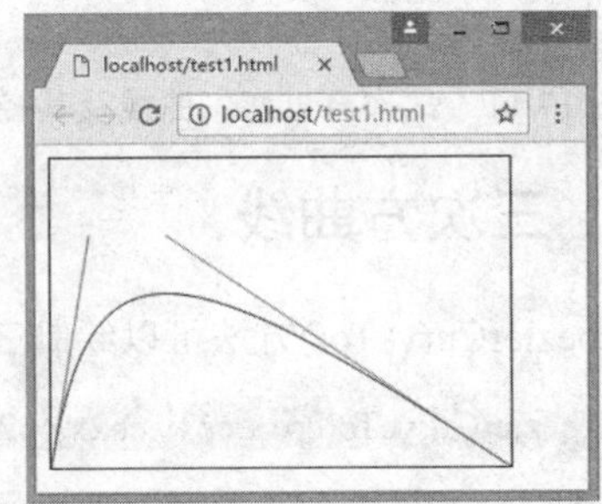

图 17.14　三次方贝塞尔曲线

17.3　定义样式和颜色

canvas 支持很多颜色和样式选项，如线型、渐变、图案、透明度和阴影。本节将介绍样式的设置方法。

视频讲解

17.3.1　颜色

使用 fillStyle 和 strokeStyle 属性可以给图形上色。其中，fillStyle 设置图形的填充颜色，strokeStyle 设置图形轮廓的颜色。

颜色值可以是表示 CSS 颜色值的字符串，也可以是渐变对象或者图案对象（参考下面小节介绍）。默认情况下，线条和填充颜色都是黑色，CSS 颜色值为#000000。

一旦设置了 strokeStyle 或 fillStyle 的值，那么这个新值就会成为新绘制的图形的默认值。如果要给每个图形定义不同的颜色，就需要重新设置 fillStyle 或 strokeStyle 的值。

【示例 1】本例使用嵌套 for 循环绘制方格阵列，每个方格填充不同色，效果如图 17.15 所示。

```
function draw() {
    var ctx = document.getElementById('canvas').getContext('2d');
    for (var i=0;i<6;i++) {
        for (var j=0;j<6;j++) {
            ctx.fillStyle = 'rgb(' + Math.floor(255-42.5*i) + ',' + Math.floor(255-42.5*j) + ',0)';
```

```
                ctx.fillRect(j*25,i*25,25,25);
            }
        }
    }
```

在嵌套 for 结构中，使用变量 i 和 j 为每一个方格产生唯一的 RGB 色彩值，其中仅修改红色和绿色通道的值，而保持蓝色通道的值不变。可以通过修改这些颜色通道的值来产生各种各样的色板。通过增加渐变的频率，可以绘制出类似 Photoshop 调色板的效果。

【示例 2】本示例与示例 1 有点类似，但使用 strokeStyle 属性，画的不是方格，而是用 arc()方法画圆，效果如图 17.16 所示。

```
function draw() {
    var ctx = document.getElementById('canvas').getContext('2d');
    for (var i = 0; i < 6; i++) {
        for (var j = 0; j< 6; j++) {
            ctx.strokeStyle = 'rgb(0,' + Math.floor(255-42.5*i) + ',' + Math.floor(255-42.5*j) + ')';
            ctx.beginPath();
            ctx.arc(12.5+j*25,12.5+i*25,10,0,Math.PI*2,true);
            ctx.stroke();
        }
    }
}
```

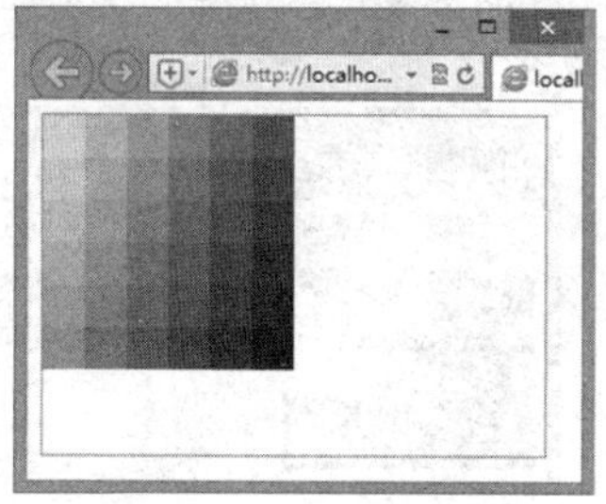

图 17.15　绘制渐变色块

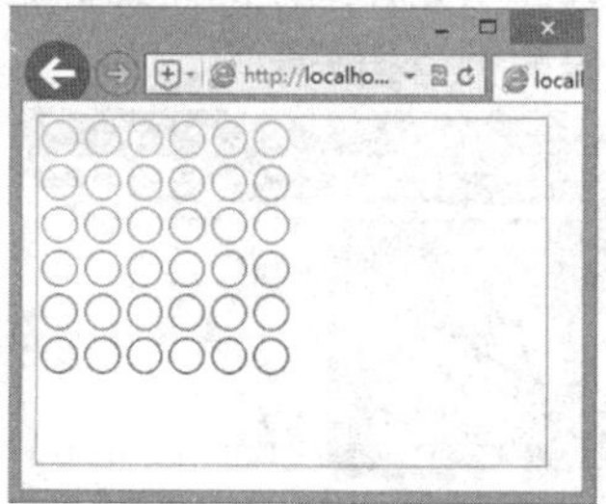

图 17.16　绘制渐变圆圈

17.3.2　不透明度

视频讲解

使用 globalAlpha 全局属性可以设置绘制图形的不透明度，另外也可以通过色彩的不透明度参数来为图形设置不透明度，这种方法相对于使用 globalAlpha 属性来讲，会更灵活些。

使用 rgba()方法可以设置具有不透明度的颜色，用法如下。

```
rgba(R,G,B,A)
```

其中 R、G、B 将颜色的红色、绿色和蓝色成分指定为 0～255 的十进制整数，A 把 alpha（不透明）成分指定为 0.0～1.0 的一个浮点数值，0.0 为完全透明，1.0 为完全不透明。例如，可以用"rgba(255,0,0,0.5)"表示半透明的完全红色。

【示例 1】本示例使用四色格作为背景，设置 globalAlpha 为 0.2 后，在上面画一系列半径递增的半透明圆，最终结果是一个径向渐变效果，如图 17.17 所示。圆叠加得越多，原先所画的圆的透明度则越低。通过增加循环次数，画更多的圆，背景图的中心部分会完全消失。

Note

```
function draw() {
    var ctx = document.getElementById('canvas').getContext('2d');
    // 画背景
    ctx.fillStyle = '#FD0';
    ctx.fillRect(0,0,75,75);
    ctx.fillStyle = '#6C0';
    ctx.fillRect(75,0,75,75);
    ctx.fillStyle = '#09F';
    ctx.fillRect(0,75,75,75);
    ctx.fillStyle = '#F30';
    ctx.fillRect(75,75,75,75);
    ctx.fillStyle = '#FFF';
    // 设置透明度值
    ctx.globalAlpha = 0.2;
    // 画半透明圆
    for (var i = 0;i < 7; i++) {
        ctx.beginPath();
        ctx.arc(75,75,10+10*i,0,Math.PI*2,true);
        ctx.fill();
    }
}
```

【示例 2】本例与示例 1 类似，不过不是画圆，而是画矩形。这里还可以看出，rgba()方法可以分别设置轮廓和填充样式，因而具有更好的可操作性和灵活性，效果如图 17.18 所示。

具体代码解析请扫码学习。

线 上 阅 读

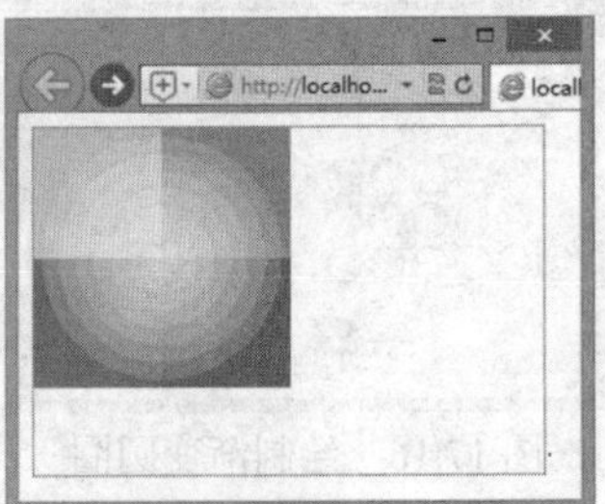

图 17.17　用 globalAlpha 设置不透明度

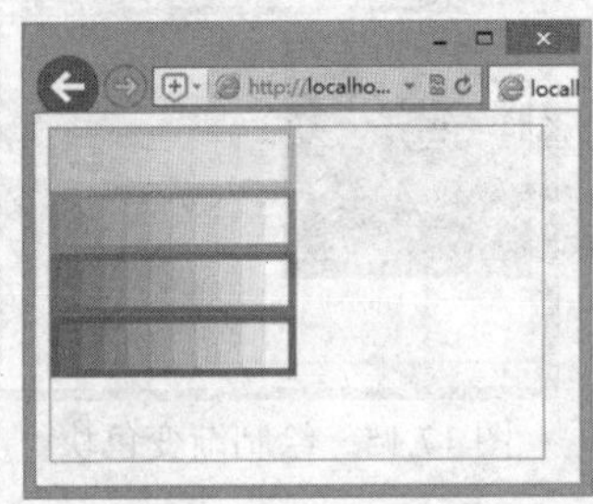

图 17.18　用 rgba()方法设置不透明度

视 频 讲 解

17.3.3　实线

1. 线的粗细

使用 lineWidth 属性可以设置线条的粗细，取值必须为正数，默认为 1.0。

演示示例请扫码阅读。

2. 端点样式

lineCap 属性用于设置线段端点的样式，包括 3 种样式：butt，round 和 square，默认值为 butt。

演示示例请扫码阅读。

3. 连接样式

lineJoin 属性用于设置两条线段连接处的样式，包括 3 种样式：round、bevel 和 miter，默认值为 miter。演示示例请扫码阅读。

4. 交点方式

miterLimit 属性用于设置两条线段连接处交点的绘制方式，其作用是为斜面的长度设置一个上限，默认为 10，即规定斜面的长度不能超过线条宽度的 10 倍。当斜面的长度达到线条宽度的 10 倍时，就会变为斜角。如果 lineJoin 属性值为 round 或 bevel 时，miterLimit 属性无效。

演示示例请扫码阅读。

线 上 阅 读

17.3.4　虚线

Note

视 频 讲 解

使用 setLineDash()方法和 lineDashOffset 属性可以定义虚线样式。setLineDash()方法接受一个数组，来指定线段与间隙的交替，lineDashOffset 属性设置起始偏移量。

【示例】下面示例绘制一个矩形虚线框，然后使用定时器设计每隔 0.5 秒重绘一次，重绘时改变 lineDashOffset 属性值，从而创建一个行军蚁的效果，效果如图 17.19 所示。

```
var ctx = document.getElementById('canvas').getContext('2d');
var offset = 0;
function draw() {
    ctx.clearRect(0,0, canvas.width, canvas.height);
    ctx.setLineDash([4, 4]);
    ctx.lineDashOffset = -offset;
    ctx.strokeRect(50,50, 200, 100);
}
function march() {
    offset++;
    if (offset > 16) {
        offset = 0;
    }
    draw();
    setTimeout(march, 100);
}
march();
```

注意：在 IE 浏览器中，从 IE 11 开始才支持 setLineDash()方法和 lineDashOffset 属性。

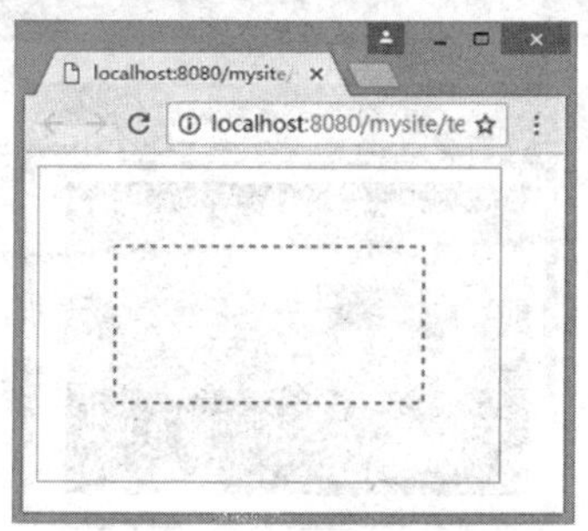

图 17.19　设计动态虚线框

17.3.5　线性渐变

视 频 讲 解

要绘制线性渐变，首先使用 createLinearGradient()方法创建 canvasGradient 对象，然后使用 addColorStop()方法进行上色。

createLinearGradient()方法用法如下。

```
context.createLinearGradient(x0,y0,x1,y1);
```

Note

参数说明如下。

☑ x0：渐变开始点的 x 坐标。

☑ y0：渐变开始点的 y 坐标。

☑ x1：渐变结束点的 x 坐标。

☑ y1：渐变结束点的 y 坐标。

addColorStop()方法用法如下。

```
gradient.addColorStop(stop,color);
```

参数说明如下。

☑ stop：介于 0.0～1.0 的值，表示渐变中开始与结束之间的相对位置。渐变起点的偏移值为 0，终点的偏移值为 1.0。如果 position 值为 0.5，则表示色标会出现在渐变的正中间。

☑ color：在结束位置显示的 CSS 颜色值。

【示例】下面示例演示如何绘制线性渐变。在本例中共添加了 8 个色标，分别为红、橙、黄、绿、青、蓝、紫、红，预览效果如图 17.20 所示。

```
function draw() {
    var ctx = document.getElementById('canvas').getContext('2d');
    var lingrad = ctx.createLinearGradient(0,0,0,200);
    lingrad.addColorStop(0, '#ff0000');
    lingrad.addColorStop(1/7, '#ff9900');
    lingrad.addColorStop(2/7, '#ffff00');
    lingrad.addColorStop(3/7, '#00ff00');
    lingrad.addColorStop(4/7, '#00ffff');
    lingrad.addColorStop(5/7, '#0000ff');
    lingrad.addColorStop(6/7, '#ff00ff');
    lingrad.addColorStop(1, '#ff0000');
    ctx.fillStyle = lingrad;
    ctx.strokeStyle = lingrad;
    ctx.fillRect(0,0,300,200);
}
```

图 17.20　绘制线性渐变

使用 addColorStop()方法可以添加多个色标，色标可以在 0～1 任意位置添加，例如，从 0.3 处开始设置一个蓝色色标，再在 0.5 处设置一个红色色标，则从 0～0.3 处都会填充为蓝色；从 0.3～0.5 处为蓝色到红色的渐变；从 0.5～1 处则填充为红色。

视频讲解

Note

17.3.6 径向渐变

要绘制径向渐变，首先需要使用 createRadialGradient()方法创建 canvasGradient 对象，然后使用 addColorStop()方法进行上色。

createRadialGradient()方法的用法如下。

```
context.createRadialGradient(x0,y0,r0,x1,y1,r1);
```

参数说明如下。

☑ x0：渐变的开始圆的 x 坐标。

☑ y0：渐变的开始圆的 y 坐标。

☑ r0：开始圆的半径。

☑ x1：渐变的结束圆的 x 坐标。

☑ y1：渐变的结束圆的 y 坐标。

☑ r1：结束圆的半径。

【示例】下面示例使用径向渐变在画布中央绘制一个圆球形状，预览效果如图 17.21 所示。

```
function draw() {
    var ctx = document.getElementById('canvas').getContext('2d');
    // 创建渐变
    var radgrad = ctx.createRadialGradient(150,100,0,150,100,100);
    radgrad.addColorStop(0, '#A7D30C');
    radgrad.addColorStop(0.9, '#019F62');
    radgrad.addColorStop(1, 'rgba(1,159,98,0)');
    // 填充渐变色
    ctx.fillStyle = radgrad;
    ctx.fillRect(0,0,300,200);
}
```

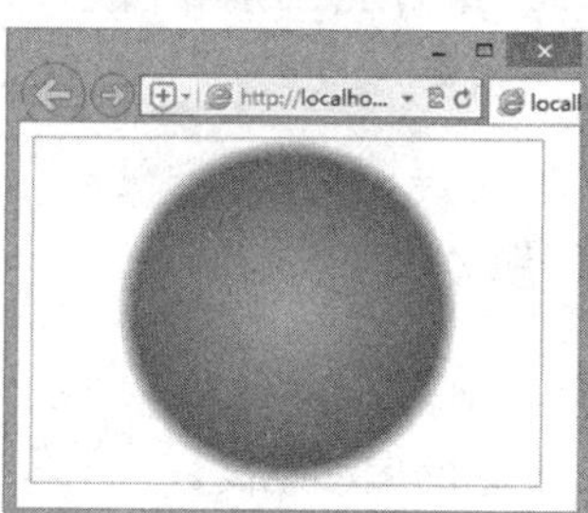

图 17.21　绘制径向渐变

17.3.7 图案

视频讲解

使用 createPattern()方法可以绘制图案效果，用法如下。

```
context.createPattern(image,"repeat|repeat-x|repeat-y|no-repeat");
```

参数说明如下。

☑ image：规定要使用的图片、画布或视频元素。

☑ repeat：默认值。该模式在水平和垂直方向重复。

☑ repeat-x：该模式只在水平方向重复。

☑ repeat-y：该模式只在垂直方向重复。

☑ no-repeat：该模式只显示一次（不重复）。

创建图案的步骤与创建渐变有些类似，需要先创建出一个 pattern 对象，然后将其赋予 fillStyle 属性或 strokeStyle 属性。

【示例】下面示例以一副 png 格式的图像作为 image 对象用于创建图案，以平铺方式同时沿 x 轴与 y 轴方向平铺。在浏览器中的预览效果如图 17.22 所示。

```
function draw() {
    var ctx = document.getElementById('canvas').getContext('2d');
    // 创建用于图案的新 image 对象
    var img = new Image();
    img.src = 'images/1.png';
    img.onload = function() {
        // 创建图案
        var ptrn = ctx.createPattern(img,'repeat');
        ctx.fillStyle = ptrn;
        ctx.fillRect(0,0,600,600);
    }
}
```

图 17.22　绘制图案

视频讲解

17.3.8　阴影

创建阴影需要 4 个属性，简单说明如下。

☑ shadowColor：设置阴影颜色。

☑ shadowBlur：设置阴影的模糊级别。

☑ shadowOffsetX：设置阴影在 x 轴的偏移距离。

☑ shadowOffsetY：设置阴影在 y 轴的偏移距离。

【示例】下面示例演示如何创建文字阴影效果，如图 17.23 所示。

```
function draw() {
    var ctx = document.getElementById('canvas').getContext('2d');
    // 设置阴影
    ctx.shadowOffsetX = 4;
    ctx.shadowOffsetY = 4;
    ctx.shadowBlur = 4;
    ctx.shadowColor = "rgba(0, 0, 0, 0.5)";
    // 绘制文本
    ctx.font = "60px Times New Roman";
    ctx.fillStyle = "Black";
```

```
        ctx.fillText("Canvas API", 5, 80);
}
```

图 17.23　为文字设置阴影效果

视 频 讲 解

17.3.9　填充规则

前面介绍了使用 fill()方法可以填充图形，该方法可以接收两个值，用来定义填充规则，取值说明如下。

☑　"nonzero"：非零环绕数规则，为默认值。

☑　"evenodd"：奇偶规则。

填充规则根据某处在路径的外面或者里面来决定该处是否被填充，这对于路径相交或者路径被嵌套时是有用的。

【示例】下面示例使用 evenodd 规则填充图形，则效果如图 17.24 所示，默认填充效果如图 17.25 所示。

```
function draw() {
    var ctx = document.getElementById('canvas').getContext('2d');
    ctx.beginPath();
    ctx.arc(50, 50, 30, 0, Math.PI*2, true);
    ctx.arc(50, 50, 15, 0, Math.PI*2, true);
    ctx.fill("evenodd");
}
```

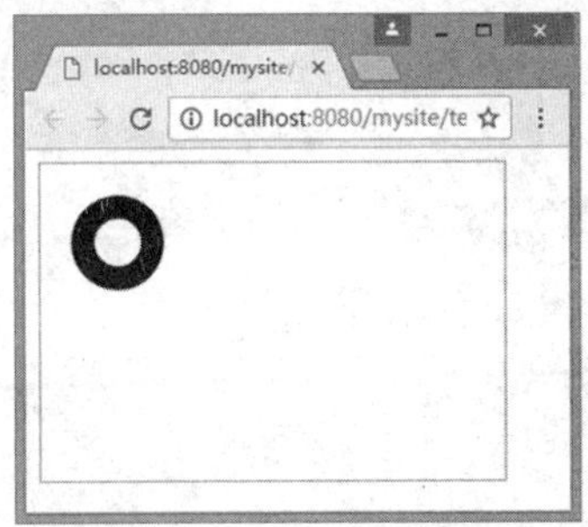

图 17.24　evenodd 规则填充

图 17.25　nonzero 规则填充

注意：IE 暂不支持 evenodd 规则填充。

17.4 图形变形

本节将介绍如何对画布进行操作，如何对画布中的图形进行变形，以便设计复杂图形。

17.4.1 保存和恢复状态

视频讲解

canvas 状态存储在栈中，一个绘画状态包括两部分。

☑ 当前应用的变形，如移动、旋转和缩放，包括的样式属性如下。

strokeStyle、fillStyle、globalAlpha、lineWidth、lineCap、lineJoin、miterLimit、shadowOffsetX、shadowOffsetY、shadowBlur、shadowColor、globalCompositeOperation。

☑ 当前的裁切路径，参考 17.4.2 节介绍。

使用 save()方法，可以将当前的状态推送到栈中保存，使用 restore()方法可以将上一个保存的状态从栈中弹出，恢复上一次所有的设置。

【示例】下面示例先绘制一个矩形，填充颜色为#ff00ff，轮廓颜色为蓝色，然后保存这个状态，再绘制另外一个矩形，填充颜色为#ff0000，轮廓颜色为绿色，最后恢复第一个矩形的状态，并绘制两个小的矩形，则其中一个矩形填充颜色必为#ff00ff，另外矩形轮廓颜色必为蓝色，因为此时已经恢复了原来保存的状态，所以会沿用最先设定的属性值，预览效果如图 17.26 所示。

```
function draw() {
    var ctx = document.getElementById('canvas').getContext('2d');
    // 开始绘制矩形
    ctx.fillStyle = "#ff00ff";
    ctx.strokeStyle = "blue";
    ctx.fillRect(20,20,100,100);
    ctx.strokeRect(20,20,100,100);
    ctx.fill();
    ctx.stroke();
    // 保存当前 canvas 状态
    ctx.save();
    // 绘制另外一个矩形
    ctx.fillStyle = "#ff0000";
    ctx.strokeStyle = "green";
    ctx.fillRect(140,20,100,100);
    ctx.strokeRect(140,20,100,100);
    ctx.fill();
    ctx.stroke();
    // 恢复第一个矩形的状态
    ctx.restore();
    // 绘制两个矩形
    ctx.fillRect(20,140,50,50);
    ctx.strokeRect(80,140,50,50);
}
```

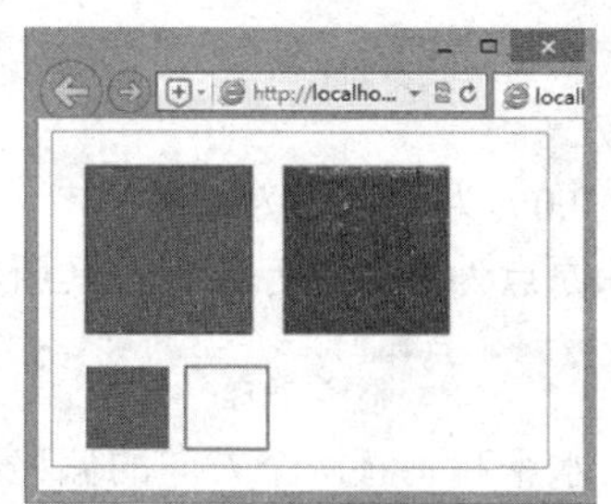

图 17.26　保存与恢复 canvas 状态

视频讲解

17.4.2　清除画布

使用 clearRect()方法可以清除指定区域内的所有图形，显示画布背景，该方法用法如下。

```
context.clearRect(x,y,width,height);
```

参数说明如下。

☑　x：要清除的矩形左上角的 x 坐标。

☑　y：要清除的矩形左上角的 y 坐标。

☑　width：要清除的矩形的宽度，以像素计。

☑　height：要清除的矩形的高度，以像素计。

【示例】下面示例演示了如何使用 clearRect()方法来擦除画布中的绘图。

```
<canvas id="canvas" width="300" height="200" style="border:solid 1px #999;"></canvas>
<input name="" type="button" value="清空画布" onClick="clearMap();">

<script>
var ctx = document.getElementById('canvas').getContext('2d');
ctx.strokeStyle="#FF00FF";
ctx.beginPath();
ctx.arc(200,150,100,-Math.PI*1/6,-Math.PI*5/6,true);
ctx.stroke();
function clearMap() {
    ctx.clearRect(0,0,300,200);
}
</script>
```

在浏览器中的预览效果如图 17.27 所示，先是在画布上绘制一段弧线。如果单击“清空画布”按钮，则会清除这段弧线，如图 17.28 所示。

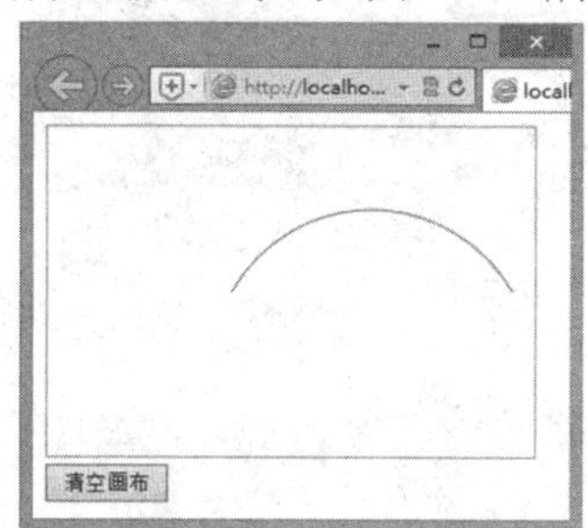

图 17.27　绘制弧线

图 17.28　清空画布

视频讲解

Note

17.4.3 移动坐标

在默认状态下，画布以左上角（0,0）为原点作为绘图参考。使用 translate()方法可以移动坐标原点，这样新绘制的图形就以新的坐标原点为参考进行绘制，其用法如下。

```
context.translate(dx, dy);
```

参数 dx 和 dy 分别为坐标原点沿水平和垂直两个方向的偏移量，如图 17.29 所示。

> 注意：在使用 translate()方法之前，应该先使用 save()方法保存画布的原始状态。当需要时可以使用 restore()方法恢复原始状态，特别是在重复绘图时非常重要。

【示例】下面示例综合运用了 save()、restore()、translate()方法来绘制一个伞状图形。

```
<canvas id="canvas" width="600" height="200" style="border:solid 1px #999;"></canvas>
<script>
draw();
function draw() {
    var ctx = document.getElementById('canvas').getContext('2d');
    // 注意，所有的移动都是基于这一上下文
    ctx.translate(0,80);
    for (var i = 1; i < 10; i++) {
        ctx.save();
        ctx.translate(60*i, 0);
        drawTop(ctx,"rgb("+(30*i)+","+(255-30*i)+",255)");
        drawGrip(ctx);
        ctx.restore();
    }
}
// 绘制伞形顶部半圆
function drawTop(ctx, fillStyle) {
    ctx.fillStyle = fillStyle;
    ctx.beginPath();
    ctx.arc(0, 0, 30, 0,Math.PI,true);
    ctx.closePath();
    ctx.fill();
}
// 绘制伞形底部手柄
function drawGrip(ctx) {
    ctx.save();
    ctx.fillStyle = "blue";
    ctx.fillRect(-1.5, 0, 1.5, 40);
    ctx.beginPath();
    ctx.strokeStyle="blue";
    ctx.arc(-5, 40, 4, Math.PI,Math.PI*2,true);
    ctx.stroke();
    ctx.closePath();
    ctx.restore();
}
</script>
```

在浏览器中的预览效果如图 17.30 所示。可见，canvas 中图形移动的实现，其实是通过改变画布的坐标原点来实现，所谓的“移动图形”，只是“看上去”的样子，实际移动的是坐标空间。领会并掌握这种方法，对于随心所欲地绘制图形非常有帮助。

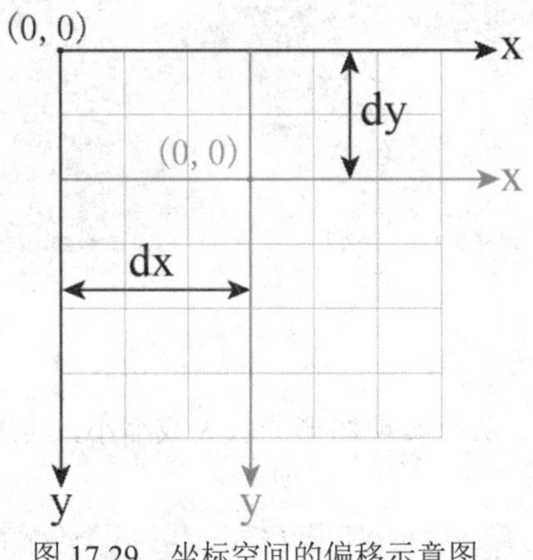

图 17.29　坐标空间的偏移示意图

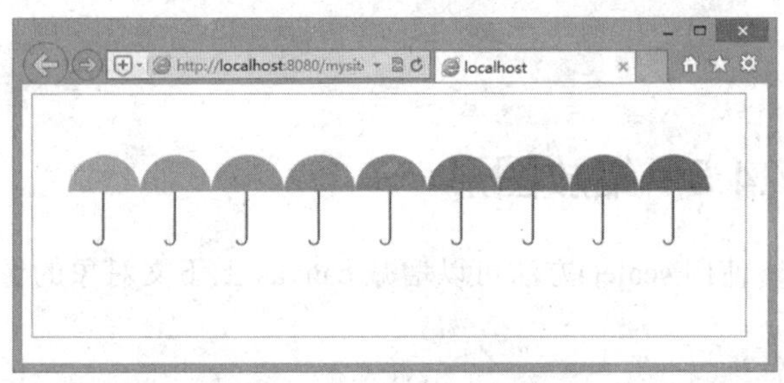

图 17.30　移动坐标空间

17.4.4　旋转坐标

使用 rotate()方法可以以原点为中心旋转 canvas 上下文对象的坐标空间，其用法如下。

```
context.rotate(angle);
```

rotate()方法只有一个参数，即旋转角度 angle，旋转角度以顺时针方向为正方向，以弧度为单位，旋转中心为 canvas 的原点，如图 17.31 所示。

提示：如需将角度转换为弧度，可以使用 degrees*Math.PI/180 公式进行计算。例如，如果要旋转 5 度，可套用这样的公式：5*Math.PI/180。

【示例】在 17.4.3 节示例的基础上，下面示例设计在每次开始绘制图形之前，先将坐标空间旋转 PI*(2/4+i/4)，再将坐标空间沿 y 轴负方向移动 100，然后开始绘制图形，从而实现使图形沿一中心点平均旋转分布。在浏览器中的预览效果如图 17.32 所示。

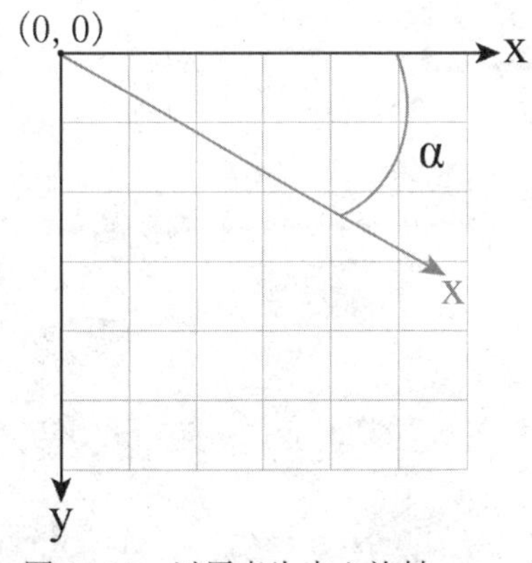

图 17.31　以原点为中心旋转 canvas

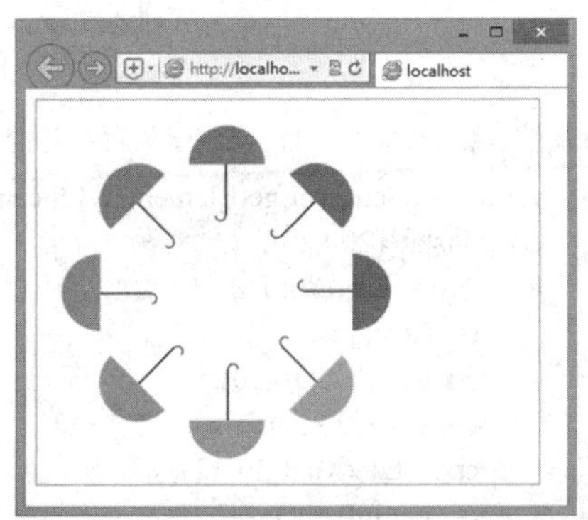

图 17.32　旋转坐标空间

```
function draw() {
    var ctx = document.getElementById('canvas').getContext('2d');
```

```
        ctx.translate(150,150);
        for (var i = 1; i < 9; i++) {
            ctx.save();
            ctx.rotate(Math.PI*(2/4+i/4));
            ctx.translate(0,-100);
            drawTop(ctx,"rgb("+(30*i)+","+(255-30*i)+",255)");
            drawGrip(ctx);
            ctx.restore();
        }
    }
```

Note

视频讲解

17.4.5 缩放图形

使用 scale()方法可以增减 canvas 上下文对象的像素数目，从而实现图形的放大或缩小，其用法如下。

```
context.scale(x,y);
```

其中 x 为横轴的缩放因子，y 轴为纵轴的缩放因子，值必须是正值。如果需要放大图形，则将参数值设置为大于 1 的数值；如果需要缩小图形，则将参数值设置为小于 1 的数值；当参数值等于 1 时则没有任何效果。

【示例】下面示例使用 scale(0.95,0.95)来缩小图形到上次的 0.95，共循环 80 次，同时移动和旋转坐标空间，从而实现图形呈螺旋状由大到小的变化，预览效果如图 17.33 所示。

图 17.33　缩放图形

```
function draw() {
    var ctx = document.getElementById('canvas').getContext('2d');
    ctx.translate(200,20);
    for (var i = 1;i < 80; i++) {
        ctx.save();
        ctx.translate(30,30);
        ctx.scale(0.95,0.95);
        ctx.rotate(Math.PI/12);
        ctx.beginPath();
        ctx.fillStyle="red";
        ctx.globalAlpha="0.4";
        ctx.arc(0,0,50,0,Math.PI*2,true);
        ctx.closePath();
```

```
            ctx.fill();
        }
    }
```

17.4.6　变换图形

transform()方法可以同时缩放、旋转、移动和倾斜当前的上下文环境，用法如下。

```
context.transform(a,b,c,d,e,f);
```

参数说明如下。

☑ a：水平缩放绘图。

☑ b：水平倾斜绘图。

☑ c：垂直倾斜绘图。

☑ d：垂直缩放绘图。

☑ e：水平移动绘图。

☑ f：垂直移动绘图。

> **提示**：translate(x,y)可以用下面的方法来代替。
>
> ☑ context.transform(0,1,1,0,dx,dy);
>
> 或
>
> context.transform(1,0,0,1,dx,dy);
>
> 其中 dx 为原点沿 x 轴移动的数值，dy 为原点沿 y 轴移动的数值。
>
> ☑ scale(x,y)可以用下面的方法来代替。
>
> context.transform(m11,0,0,m22,0,0);
>
> 或
>
> context.transform(0,m12,m21,0,0,0);
>
> 其中 dx、dy 都为 0，表示坐标原点不变。m11、m22 或 m12、m21 为沿 x、y 轴放大的倍数。
>
> ☑ rotate(angle)可以用下面的方法来代替。
>
> context.transform(cosθ,sinθ,-sinθ, cosθ,0,0);
>
> 其中的 θ 为旋转角度的弧度值，dx、dy 都为 0 表示坐标原点不变。

setTransform()方法用于将当前的变换矩阵进行重置为最初的矩阵，然后以相同的参数调用 transform()方法，用法如下。

```
context.setTransform(m11, m12, m21, m22, dx, dy);
```

【示例】下面示例使用 setTransform()方法将前面已经发生变换的矩阵首先重置为最初的矩阵，即恢复最初的原点，然后再将坐标原点改为（10,10），并以新的坐标为基准绘制一个蓝色的矩形。

```
function draw() {
    var ctx = document.getElementById('canvas').getContext('2d');
    ctx.translate(200,20);
    for (var i = 1; i < 90; i++) {
        ctx.save();
        ctx.transform(0.95,0,0,0.95,30,30);
```

Note

```
            ctx.rotate(Math.PI/12);
            ctx.beginPath();
            ctx.fillStyle = "red";
            ctx.globalAlpha = "0.4";
            ctx.arc(0,0,50,0,Math.PI*2,true);
            ctx.closePath();
            ctx.fill();
        }
        ctx.setTransform(1,0,0,1,10,10);
        ctx.fillStyle="blue";
        ctx.fillRect(0,0,50,50);
        ctx.fill();
}
```

在浏览器中的预览效果如图17.34所示。在本例中，使用scale(0.95,0.95)来缩小图形到上次的0.95，共循环89次，同时移动和旋转坐标空间，从而实现图形呈螺旋状由大到小的变化。

图17.34 矩阵重置并变换

17.5 图形合成

本节将介绍图形合成的一般方法，以及路径裁切的实现。

视频讲解

17.5.1 合成

当两个或两个以上的图形存在重叠区域时，默认情况下一个图形画在前一个图形之上。通过指定图形globalCompositeOperation属性的值可以改变图形的绘制顺序或绘制方式，从而实现更多种可能。

【示例】下面示例设置所有图形的透明度为1，即不透明。设置globalCompositeOperation属性值为source-over，即默认设置，新的图形会覆盖在原有图形之上，也可以指定其他值。

```
function draw() {
    var ctx = document.getElementById('canvas').getContext('2d');
    ctx.fillStyle = "red";
    ctx.fillRect(50,25,100,100);
    ctx.fillStyle = "green";
    ctx.globalCompositeOperation = "source-over";
    ctx.beginPath();
```

```
        ctx.arc(150,125,50,0,Math.PI*2,true);
        ctx.closePath();
        ctx.fill();
    }
```

在浏览器中的预览效果如图 17.35 所示。如果将 globalAlpha 的值更改为 0.5（ctx.globalAlpha=0.5;），则两个图形都会呈现为半透明，如图 17.36 所示。

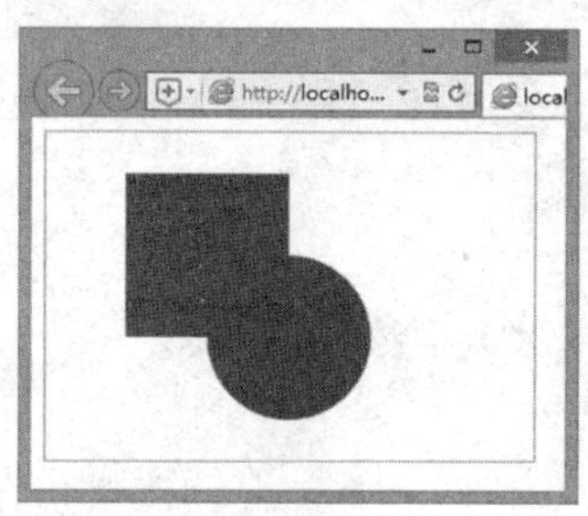

图 17.35　图形的组合

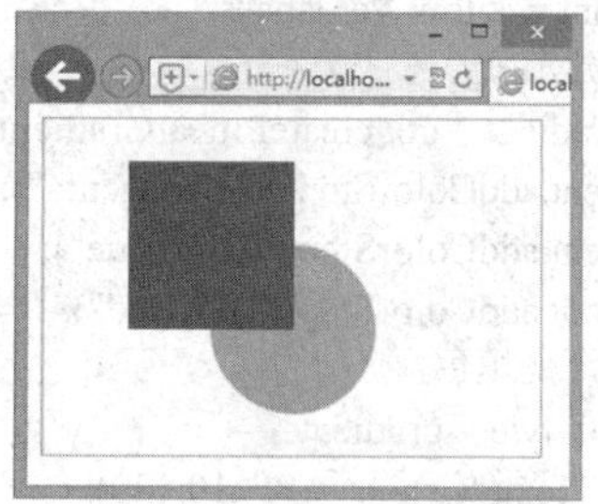

图 17.36　半透明效果

线上阅读

globalCompositeOperation 属性所有可用值的说明请扫码了解。

视频讲解

17.5.2　裁切

使用 clip()方法能够从原始画布中剪切任意形状和尺寸。其原理与绘制普通 canvas 图形类似，只不过 clip()的作用是形成一个蒙版，没有被蒙版的区域会被隐藏。

> 提示：一旦剪切了某个区域，则所有之后的绘图都会被限制在被剪切的区域内，不能访问画布上的其他区域。用户也可以在使用 clip()方法前，通过使用 save()方法对当前画布区域进行保存，并在以后的任意时间通过 restore()方法对其进行恢复。

线上阅读

具体演示示例请扫码阅读。

17.6　绘制文本

使用 fillText()和 strokeText()方法，可以分别以填充方式和轮廓方式绘制文本。

17.6.1　填充文字

fillText()方法能够在画布上绘制填色文本，默认颜色是黑色，其用法如下。

```
context.fillText(text,x,y,maxWidth);
```

参数说明如下。

- ☑ text：规定在画布上输出的文本。
- ☑ x：开始绘制文本的 x 坐标位置（相对于画布）。
- ☑ y：开始绘制文本的 y 坐标位置（相对于画布）。
- ☑ maxWidth：可选。允许的最大文本宽度，以像素计。

【示例】下面用 fillText()方法在画布上绘制文本"Hi"和"Canvas API"，效果如图 17.37 所示。

```
function draw() {
    var canvas = document.getElementById('canvas');
    var ctx = canvas.getContext('2d');
    ctx.font = "40px Georgia";
    ctx.fillText("Hi",10,50);
    ctx.font = "50px Verdana";
    // 创建渐变
    var gradient = ctx.createLinearGradient(0,0,canvas.width,0);
    gradient.addColorStop("0","magenta");
    gradient.addColorStop("0.5","blue");
    gradient.addColorStop("1.0","red");
    // 用渐变填色
    ctx.fillStyle = gradient;
    ctx.fillText("Canvas API",10,120);
}
```

Note

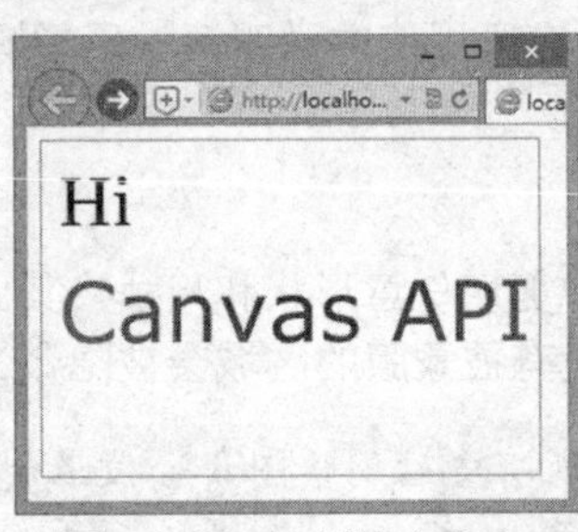

图 17.37　绘制填充文字

视频讲解

17.6.2　轮廓文字

使用 strokeText()方法可以在画布上绘制描边文本，默认颜色是黑色，其用法如下。

```
context.strokeText(text,x,y,maxWidth);
```

参数说明如下。

- ☑ text：规定在画布上输出的文本。
- ☑ x：开始绘制文本的 x 坐标位置（相对于画布）。
- ☑ y：开始绘制文本的 y 坐标位置（相对于画布）。
- ☑ maxWidth：可选。允许的最大文本宽度，以像素计。

线上阅读

具体演示示例请扫码阅读。

17.6.3　文本样式

下面简单介绍文本样式的相关属性。

- ☑ font：定义字体样式，语法与 CSS 字体样式相同。默认字体样式为 10px sans-serif。
- ☑ textAlign：设置正在绘制的文本水平对齐方式，取值说明如下。
  - ➢ start：默认，文本在指定的位置开始。
  - ➢ end：文本在指定的位置结束。
  - ➢ center：文本的中心被放置在指定的位置。

> left：文本左对齐。
> right：文本右对齐。

☑ textBaseline：设置正在绘制的文本基线对齐方式，即文本垂直对齐方式。取值说明如下。

- alphabetic：默认值，文本基线是普通的字母基线。
- top：文本基线是 em 方框的顶端。
- hanging：文本基线是悬挂基线。
- middle：文本基线是 em 方框的正中。
- ideographic：文本基线是表意基线。
- bottom：文本基线是 em 方框的底端。

提示：大部分浏览器尚不支持 hanging 和 ideographic 属性值。

☑ direction：设置文本方向，取值说明如下。

- ltr：从左到右。
- rtl：从右到左。
- inherit：默认值，继承文本方向。

具体演示示例请扫码阅读。

线上阅读

17.6.4 测量宽度

视频讲解

使用 measureText()方法可以测量当前所绘制文字中指定文字的宽度，它返回一个 TextMetrics 对象，使用该对象的 width 属性可以得到指定文字参数后所绘制文字的总宽度，其用法如下。

```
metrics = context. measureText(text);
```

线上阅读

其中的参数 text 为要绘制的文字。

具体演示示例请扫码阅读。

17.7 使用图像

在 canvas 中可以导入图像。导入的图像可以改变大小、裁切或合成。canvas 支持多种图像格式，如 PNG、GIF、JPEG 等。

17.7.1 导入图像

在 canvas 中导入图像的步骤如下。

（1）确定图像来源。

（2）使用 drawImage()方法将图像绘制到 canvas 中。

确定图像来源有 4 种方式，用户可以任选一种即可。

☑ 页面内的图片：如果已知图片元素的 ID，则可以通过 document.images 集合、document.getElementsByTagName()或 document.getElementById()等方法获取页面内的该图片元素。

Note

☑ 其他 canvas 元素：可以通过 document.getElementsByTagName()或 document.getElementById()等方法获取已经设计好的 canvas 元素。例如，可以用这种方法为一个比较大的 canvas 生成缩略图。

☑ 用脚本创建一个新的 image 对象：使用脚本可以从零开始创建一个新的 image 对象。不过这种方法存在一个缺点，如果图像文件来源于网络且较大，则会花费较长的时间来装载。所以如果不希望因为图像文件装载而导致的漫长的等待，需要做好预装载的工作。

☑ 使用 data:url 方式引用图像：这种方法允许用 Base64 编码的字符串来定义一个图片，优点是图片可以即时使用，不必等待装载，而且迁移也非常容易。缺点是无法缓存图像，所以如果图片较大，则不太适宜用这种方法，因为这会导致嵌入的 url 数据相当庞大。

使用脚本创建新 image 对象时，其方法如下所示。

```
var img = new Image();    // 创建新的 Image 对象
img.src = 'image1.png';    // 设置图像路径
```

如果要解决图片预装载的问题，则可以使用下面的方法，即使用 onload 事件一边装载图像，一边执行绘制图像的函数。

```
var img = new Image();    // 创建新的 Image 对象
img.onload = function() {
    // 此处放置 drawImage 的语句
}
img.src = 'image1.png';    // 设置图像路径
```

不管采用什么方式获取图像来源，之后的工作都是使用 drawImage()方法将图像绘制到 canvas 中。drawImage()方法能够在画布上绘制图像、画布或视频。该方法也能够绘制图像的某些部分，以及增加或减少图像的尺寸，其用法如下。

```
// 语法 1：在画布上定位图像
context.drawImage(img,x,y);
// 语法 2：在画布上定位图像，并规定图像的宽度和高度
context.drawImage(img,x,y,width,height);
// 语法 3：剪切图像，并在画布上定位被剪切的部分
context.drawImage(img,sx,sy,swidth,sheight,x,y,width,height);
```

参数说明如下。

☑ img：规定要使用的图像、画布或视频。

☑ sx：可选。开始剪切的 x 坐标位置。

☑ sy：可选。开始剪切的 y 坐标位置。

☑ swidth：可选。被剪切图像的宽度。

☑ sheight：可选。被剪切图像的高度。

☑ x：在画布上放置图像的 x 坐标位置。

☑ y：在画布上放置图像的 y 坐标位置。

☑ width：可选。要使用的图像的宽度。可以实现伸展或缩小图像。

☑ height：可选。要使用的图像的高度。可以实现伸展或缩小图像。

【示例】本示例演示了如何使用上述步骤将图像引入 canvas 中，预览效果如图 17.38 所示。至于第 2 种和第 3 种 drawImage()方法，将在后续小节中单独介绍。

```
function draw() {
    var ctx = document.getElementById('canvas').getContext('2d');
    var img = new Image();
    img.onload = function() {
        ctx.drawImage(img,0,0);
    }
    img.src = 'images/1.jpg';
}
```

图 17.38　向 canvas 中导入图像

17.7.2　缩放图像

视频讲解

drawImage()方法的第 2 种用法可以用于使图片按指定的大小显示，其用法如下。

```
context.drawImage(image, x, y, width, height);
```

其中 width 和 height 分别是图像在 canvas 中显示的宽度和高度。

【示例】下面示例将 17.7.1 节示例中的代码稍做修改，设置导入的图像放大显示，并仅显示头部位置，效果如图 17.39 所示。

```
function draw() {
    var ctx = document.getElementById('canvas').getContext('2d');
    var img = new Image();
    img.onload = function() {
        ctx.drawImage(img,-100,-40,800,500);
    }
    img.src = 'images/1.jpg';
}
```

图 17.39　放大图像显示

视频讲解

Note

17.7.3 裁切图像

drawImage 的第 3 种用法用于创建图像切片，其用法如下。

```
context.drawImage(image,sx,sy,sw,sh,dx,dy,dw,dh);
```

其中 image 参数与前两种用法相同，其余 8 个参数可以参考图 17.40。sx、sy 为源图像被切割区域的起始坐标；sw、sh 为源图像被切下来的宽度和高度；dx、dy 为被切割下来的源图像要放置到目标 canvas 的起始坐标；dw、dh 为被切割下来的源图像放置到目标 canvas 的显示宽度和高度，如图 17.40 所示。

源图像

目标Canvas

图 17.40　其余 8 个参数的图示

【示例】下面示例演示如何创建图像切片，预览效果如图 17.41 所示。

```
function draw() {
    var ctx = document.getElementById('canvas').getContext('2d');
    var img = new Image();
    img.onload = function() {
        ctx.drawImage(img,70,50,100,70,5,5,290,190);
    }
    img.src = 'images/1.jpg';
}
```

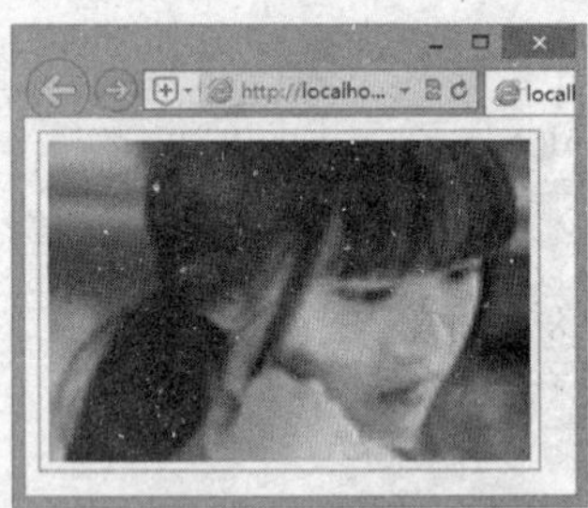

图 17.41　创建图像切片

17.7.4 平铺图像

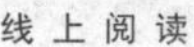

图像平铺就是让图像填满画布，有两种方法可以实现：一种是使用 drawImage() 方法；另一种是使用 createPattern()方法，详细说明和示例代码请扫码阅读。

17.8 像素操作

到目前为止，我们尚未深入了解 canvas 画布真实像素的原理，事实上，用户可以直接通过 ImageData 对象操纵像素数据，直接读取或将数据数组写入该对象中。

17.8.1 认识 ImageData 对象

ImageData 对象表示图像数据，存储 canvas 对象真实的像素数据，它包含以下几个只读属性。

☑ width：返回 ImageData 对象的宽度，单位是像素。

☑ height：返回 ImageData 对象的高度，单位是像素。

☑ data：返回一个对象，其包含指定的 ImageData 对象的图像数据。

图像数据是一个数组，包含着 RGBA 格式的整型数据，范围为 0～255（包括 255），通过图像数据可以查看画布初始像素数据。每个像素用 4 个值来代表，分别是红色值、绿色值、蓝色值和透明度值。对于透明度值来说，0 是透明的，255 是完全可见的，数组格式如下。

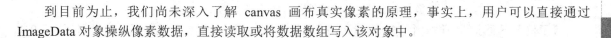

```
[r1, g1, b1, a1, r2, g2, b2, a2, r3, g3, b3, a3,…]
```

r1、g1、b1 和 a1 分别为第一个像素的红色值、绿色值、蓝色值和透明度值；r2、g2、b2、a2 分别为第二个像素的红色值、绿色值、蓝色值、透明度值，以此类推。像素是从左到右，然后自上而下，使用 data.length 可以遍历整个数组。

17.8.2 创建图像数据

使用 createImageData()方法可以创建一个新的、空白的 ImageData 对象，具体用法如下。

```
// 以指定的尺寸（以像素计）创建新的 ImageData 对象
var imgData = context.createImageData(width,height);
// 创建与指定的另一个 ImageData 对象尺寸相同的新 ImageData 对象（不会复制图像数据）
var imgData = context.createImageData(imageData);
```

参数说明如下。

☑ width：定义 ImageData 对象的宽度，以像素计。

☑ height：定义 ImageData 对象的高度，以像素计。

☑ imageData：指定另一个 ImageData 对象。

调用该方法将创建一个指定大小的 ImageData 对象，所有像素被预设为透明黑。

17.8.3 将图像数据写入画布

视频讲解

putImageData()方法可以将图像数据从指定的 ImageData 对象写入到画布，具体用法如下。

```
context.putImageData(imgData,x,y,dirtyX,dirtyY,dirtyWidth,dirtyHeight);
```

参数说明如下。

☑ imgData：要写入画布的 ImageData 对象。

☑ x：ImageData 对象左上角的 x 坐标，以像素计。

☑ y：ImageData 对象左上角的 y 坐标，以像素计。

☑ dirtyX：可选参数，在画布上放置图像的 x 轴位置，以像素计。

☑ dirtyY：可选参数，在画布上放置图像的 y 轴位置，以像素计。

☑ dirtyWidth：可选参数，在画布上绘制图像所使用的宽度。

☑ dirtyHeight：可选参数，在画布上绘制图像所使用的高度。

Note

【示例】下面示例创建一个 100 像素×100 像素的 ImageData 对象，其中每个像素都是红色的，然后把它写入画布中显示出来。

```
<canvas id="myCanvas"></canvas>
<script>
var c = document.getElementById("myCanvas");
var ctx = c.getContext("2d");
var imgData = ctx.createImageData(100,100);          // 创建图像数据
// 使用 for 循环语句，逐一设置图像数据中每个像素的颜色值
for (var i = 0; i < imgData.data.length; i += 4) {
    imgData.data[i + 0] = 255;
    imgData.data[i + 1] = 0;
    imgData.data[i + 2] = 0;
    imgData.data[i + 3] = 255;
}
ctx.putImageData(imgData,10,10);                      // 把图像数据写入画布中
</script>
```

视频讲解

17.8.4 在画布中复制图像数据

getImageData()方法能复制画布指定矩形的像素数据，返回 ImageData 对象，用法如下。

```
var imgData = context.getImageData(x,y,width,height);
```

参数说明如下。

☑ x：开始复制的左上角位置的 x 坐标。

☑ y：开始复制的左上角位置的 y 坐标。

☑ width：将要复制的矩形区域的宽度。

☑ height：将要复制的矩形区域的高度。

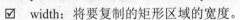

线上阅读

演示示例请扫码阅读。

17.8.5 保存图片

HTMLCanvasElement 提供一个 toDataURL()方法，使用它可以将画布保存为图片，返回一个包含图片展示的 data URI，具体用法如下。

```
canvas.toDataURL(type, encoderOptions);
```

参数说明如下。

☑ type：可选参数，默认为 image/png。

☑ encoderOptions：可选参数，默认为 0.92。在指定图片格式为 image/jpeg 或 image/webp 的情况下，可以设置图片的质量，取值选择 0～1，如果超出取值范围，将会使用默认值。

提示：所谓 data URI，是指目前大多数浏览器能够识别的一种 base64 位编码的 URI，主要用于小型的、可以在网页中直接嵌入，而不需要从外部文件嵌入的数据，如 img 元素中的图像文件等，类似于“data:image/png; base64, iVBORwOKGgoAAAANSUhEUgAAAAoAAAA K...etc”。目前，大多数现代浏览器都支持该功能。

使用 toBlob()方法，可以把画布存储到 Blob 对象中，用以展示 canvas 上的图片，这个图片文件可以被缓存或保存到本地，具体用法如下。

```
void canvas.toBlob(callback, type, encoderOptions);
```

参数 callback 表示回调函数，当存储成功时调用，可获得一个单独的 Blob 对象参数。type 和 encoderOptions 参数与 toDataURL()方法相同。

【示例 1】下面示例将绘图输出到 data URL，效果如图 17.42 所示。

```
<canvas id="myCanvas" width="400" height="200"></canvas>
<script type="text/JavaScript">
var canvas = document.getElementById("myCanvas");
var context = canvas.getContext('2d');
context.fillStyle = "rgb(0, 0, 255)";
context.fillRect(0, 0, canvas.width, canvas.height);
context.fillStyle = "rgb(255, 255, 0)";
context.fillRect(10, 20, 50, 50);
window.location = canvas.toDataURL("image/jpeg");
</script>
```

【示例 2】下面示例在页面中添加一块画布，两个按钮，画布中显示绘制的几何图形，单击“保存图像”按钮，可以把绘制的图形另存到另一个页面中，单击“下载图像”按钮，可以把绘制的图形下载到本地，演示效果如图 17.43 所示。

线上阅读

具体代码解析请扫码学习。

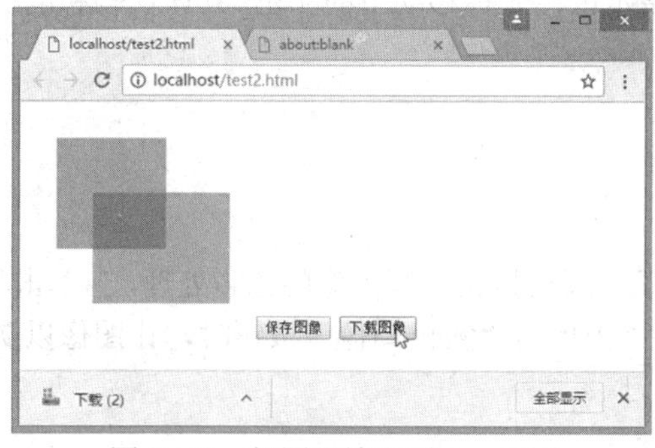

图 17.42　把图形输出到 data URL

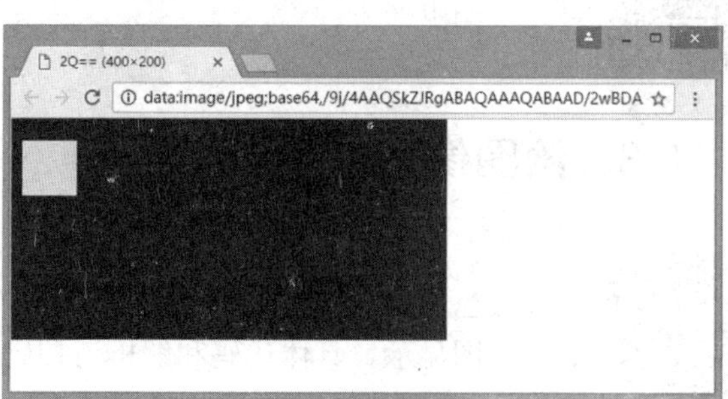

图 17.43　保存和下载图形

17.9　Path2D 对象

HTML Canvas 2D API 新增了一些新的功能。目前，Chrome 37+、Firefox 31+、Opera 23+、Safari 7+版本浏览器支持或部分支持以 Path2D 对象为核心的新功能。

17.9.1 Canvas 2D API 新功能

Note

线上阅读

视频讲解

在 MDN 上，已经对 Canvas 2D API 文档进行了大部分更新，以反映当前 canvas 标准和浏览器的执行状态。新增功能具体说明请扫码阅读。

17.9.2 使用 Path2D 对象

线上阅读

使用 Path2D 对象的各种方法可以绘制直线、矩形、圆形、椭圆以及曲线，详细说明请扫码阅读。

17.10 案 例 实 战

本节将结合案例介绍 Canvas API 高级应用。

17.10.1 设计基本动画

线上阅读

视频讲解

本例在画布中绘制一个红色方块和一个圆形球，让它们重叠显示，然后使用一个变量从图形上下文的 globalCompositeOperation 属性的所有参数构成的数组中挑选一个参数来显示对应的图形组合效果，通过动画来循环显示所有参数的组合效果。具体代码和解析请扫码学习。

17.10.2 颜色选择器

线上阅读

本例使用 getImageData()方法展示鼠标光标移动下的颜色。具体代码和解析请扫码学习。

17.10.3 给图像去色

线上阅读

本例在 17.7.4 节示例基础上，设计通过按钮控制图像的色彩处理，当单击“反色图像”按钮时，让图像反色显示；当单击“灰色图像”按钮时，让图像以灰度图显示。具体代码和解析请扫码学习。

17.10.4 缩放图像和反锯齿处理

线上阅读

在 drawImage()方法中，通过缩放第二块画布的大小，可以实现图像的实时缩放显示，再利用画布环境的 imageSmoothingEnabled 属性，可以设置放大显示的图像是否以反锯齿（即平滑方式）显示。具体代码和解析请扫码学习。

Note

17.10.5 设计运动动画

线上阅读

视频讲解

在上面示例中，我们初步掌握了基本动画的设计方法，本节将会对运动有更深的了解并学会添加一些符合物理的运动。具体操作步骤请扫码学习。

17.10.6 设计地球和月球公转动画

线上阅读

本例用 window.requestAnimationFrame()方法设计太阳系模拟动画。这个方法提供了更加平缓并更加有效率的方式来执行动画，当系统准备好了重绘条件时，才调用绘制动画帧。一般每秒钟回调函数执行 60 次，也有可能会被降低。具体代码和解析请扫码学习。

第18章

JavaScript 文件操作

HTML5 新增 FileReader API 和 FileSystem API。其中 FileReader API 负责读取文件内容，FileSystem API 负责本地文件系统的有限操作。另外，HTML5 增强了 HTML4 的文件域功能，允许提交多个文件，本章将围绕这些 API，详细介绍 HTML5 的本地文件操作功能。

【学习重点】

- 使用 FileList 对象。
- 使用 Blob 对象。
- 使用 FileReader 对象。
- 使用 ArrayBuffer 对象和 ArrayBufferView 对象。
- 使用 FileSystem API。

视频讲解

Note

18.1 FileList

HTML5 在 HTML4 文件域基础上为 File 控件新添 multiple 属性，允许用户在一个 File 控件内选择和提交多个文件。

【示例 1】下面示例设计在文档中插入一个文件域，允许用户同时提交多个文件。

```
<input type="file" multiple>
```

为了方便用户在脚本中访问这些将要提交的文件，HTML5 新增了 FileList 和 File 对象。

☑ FileList：表示用户选择的文件列表。

☑ File：表示 File 控件内的每一个被选择的文件对象。FileList 对象为这些 File 对象的列表，代表用户选择的所有文件。

【示例 2】下面示例演示了如何使用 FileList 和 File 对象访问用户提交的文件名称列表，演示效果如图 18.1 所示。

```
<script>
function ShowFileName(){
    // document.getElementById("file").files 返回 FileList 对象
    for (var i = 0; i < document.getElementById("file").files.length; i++) {
        var file = document.getElementById("file").files[i];    // 获取每个选择的 File 对象
        console.log(file.name);                                  // 在控制台显示每个文件的名称
    }
}
</script>
<input type="file" id="file" multiple>
<input type="button" onclick="ShowFileName();" value="文件上传"/>
```

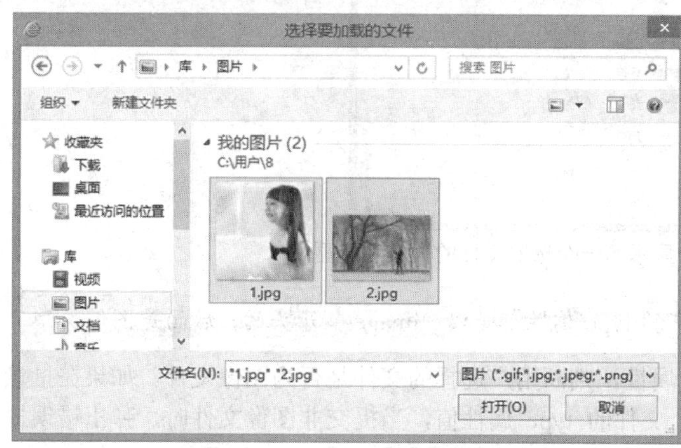

（a）选择多个文件

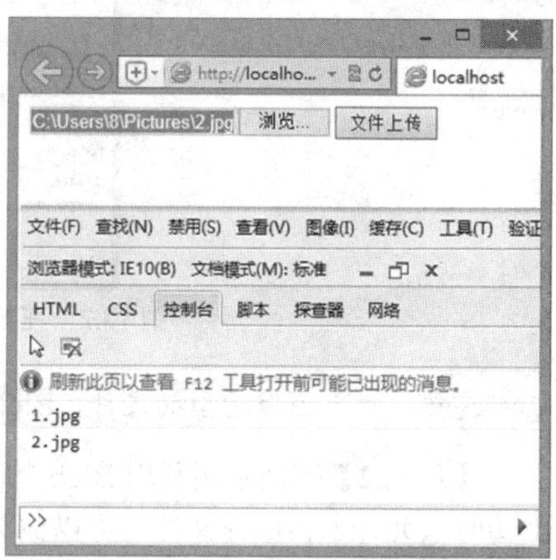

（b）在控制台显示提示信息

图 18.1 使用 FileList 和 File 对象获取提交文件信息

提示：File 对象包含两个属性：name 属性表示文件名，但不包括路径；lastModifiedDate 属性表示文件的最后修改日期。

Note

视频讲解

18.2 Blob

HTML5 的 Blob 对象用于存储二进制数据，还可以设置存储数据的 MINE 类型，其他 HTML5 二进制对象继承 Blob 对象。

18.2.1 访问 Blob

Blob 对象包含两个属性。

☑ size：表示一个 Blob 对象的字节长度。

☑ type：表示 Blob 的 MIME 类型，如果为未知类型，则返回一个空字符串。

【示例 1】下面示例演示了如何获取文件域中第一个文件的 Blob 对象，并访问该文件的长度和文件类型，演示效果如图 18.2 所示。

```
<script>
function ShowFileType() {
    var file = document.getElementById("file").files[0];  // 获取用户选择的第一个文件
    console.log(file.size);                                // 显示文件字节长度
    console.log(file.type);                                // 显示文件类型
}
</script>
<input type="file" id="file" multiple>
<input type="button" onclick="ShowFileType();" value="文件上传"/>
```

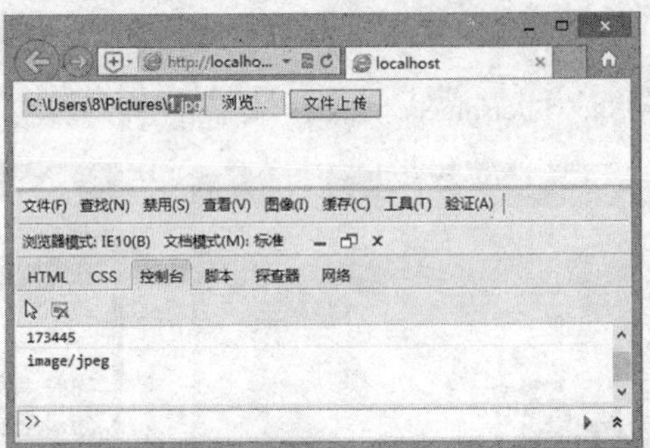

图 18.2　在控制台显示第一个选取文件的大小和类型

注意：对于图像类型的文件，Blob 对象的 type 属性都是以“image/”开头的，后面是图像类型。

【示例 2】下面示例利用 Blob 的 type 属性，判断用户选择的文件是否为图像文件。如果在批量上传时只允许上传图像文件，可以检测每个文件的 type 属性值，当提交非图像文件时，弹出错误提示信息，并停止后面的文件上传，或者跳过不上传该文件，演示效果如图 18.3 所示。

```
<script>
function fileUpload() {
    var file;
    for (var i = 0;i < document.getElementById("file").files.length; i++) {
        file = document.getElementById("file").files[i];
        if (!/image\/\w+/.test(file.type)) {
```

```
                alert(file.name+"不是图像文件！");
                continue;
            }
            else {
                // 此处加入文件上传的代码
                alert(file.name+"文件已上传");
            }
        }
    }
</script>
<input type="file" id="file" multiple>
<input type="button" onclick="fileUpload();" value="文件上传"/>
```

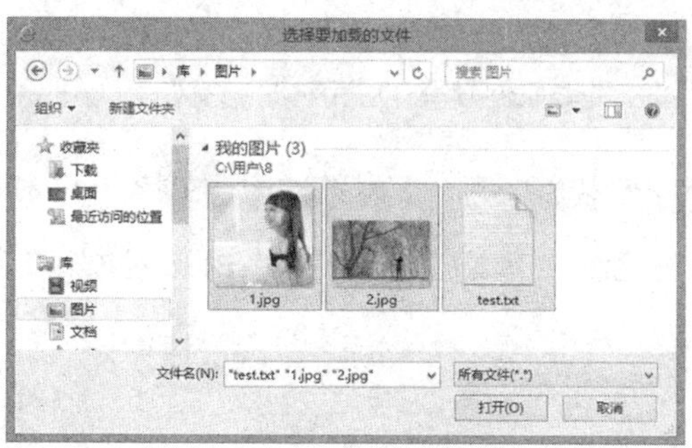

（a）提交多个文件

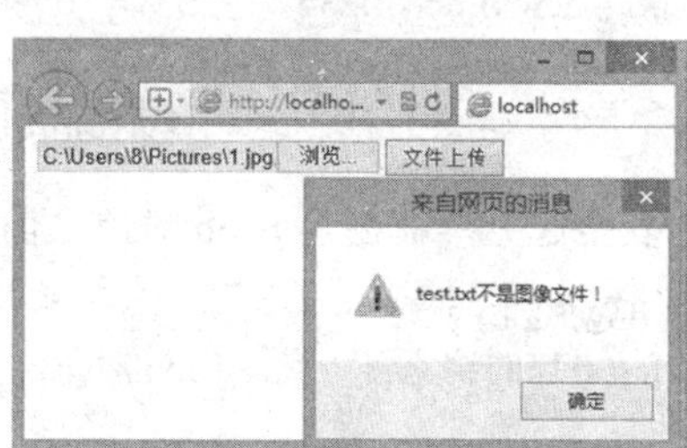

（b）错误提示信息

图 18.3　对用户提交文件进行过滤

【拓展】

HTML5 为 file 控件新添加 accept 属性，设置 file 控件只能接受某种类型的文件。目前主流浏览器对其支持还不统一、不规范，部分浏览器仅限于打开文件选择窗口时，默认选择文件类型。

```
<input type="file" id="file" accept="image/*" />
```

18.2.2　创建 Blob

视频讲解

创建 Blob 对象的基本方法如下。

```
var blob = new Blob(blobParts, type);
```

参数说明如下。

☑ blobParts：可选参数，数组类型，其中可以存放任意个以下类型的对象，这些对象中所携带的数据将被依序追加到 Blob 对象中。

☑ ArrayBuffer 对象。

☑ ArrayBufferView 对象。

☑ Blob 对象。

☑ String 对象。

☑ type：可选参数，字符串型，设置被创建的 Blob 对象的 type 属性值，即定义 Blob 对象的 MIME 类型。默认参数值为空字符串，表示未知类型。

提示：当创建 Blob 对象时，可以使用两个可选参数。如果不使用任何参数，创建的 Blob 对象的 size 属性值为 0，即 Blob 对象的字节长度为 0，代码如下。

```
var blob = new Blob();
```

Note

【示例 1】下面代码演示了如何设置第一个参数。

```
var blob = new Blob(["4234" + "5678"]);
var shorts = new Uint16Array(buffer, 622, 128);
var blobA = new Blob([blob, shorts]);
var bytes = new Uint8Array(buffer, shorts.byteOffset + shorts.byteLength);
var blobB = new Blob([blob, blobA, bytes])
var blobC = new Blob([buffer, blob, blobA, bytes]);
```

注意：上面代码用到了 ArrayBuffer 对象和 ArrayBufferView 对象，后面将详细介绍这两个对象。

【示例 2】下面代码演示了如何设置第二个参数。

```
var blob = new Blob(["4234" + "5678"], {type: "text/plain"});
var blob = new Blob(["4234" + "5678"], {type: "text/plain; charset=UTF-8"});
```

提示：为了安全起见，在创建 Blob 对象之前，可以先检测一下浏览器是否支持 Blob 对象。

为了安全起见，在创建 Blob 对象之前，可以先检测一下浏览器是否支持 Blob 对象。

```
if(!window.Blob)
    alert ("您的浏览器不支持 Blbo 对象。");
else
    var blob = new Blob(["4234" + "5678"], {type: "text/plain"});
```

目前，各主流浏览器的最新版本都支持 Blob 对象。

【示例 3】下面示例完整地演示了如何创建一个 Blob 对象。

在页面中设计一个文本区域和一个按钮，当在文本框中输入文字，然后单击“创建 Blob 对象”按钮后，JavaScript 脚本根据用户输入文字创建二进制对象，再根据该二进制对象中的内容创建 URL 地址，最后在页面底部动态添加一个“Blob 对象文件下载”链接，单击该链接可以下载新创建的文件，使用文本文件打开，其内容为用户在文本框中输入的文字，如图 18.4 所示。

```
<script>
function test() {
    var text = document.getElementById("textarea").value;
    var result = document.getElementById("result");
    // 创建 Blob 对象
    if(!window.Blob)
        result.innerHTML = "浏览器不支持 Blob 对象。";
    else
        var blob = new Blob([text]);      // Blob 中数据为文字时默认使用 utf8 格式
    // 通过 createObjectURL 方法创建文字链接
    if (window.URL) {
        result.innerHTML = '<a download href="' +window.URL.createObjectURL(blob)
            + '" target="_blank">Blob 对象文件下载</a>';
    }
}
</script>
<textarea id="textarea"></textarea><br />
<button onclick="test()">创建 Blob 对象</button>
<p id="result"></p>
```

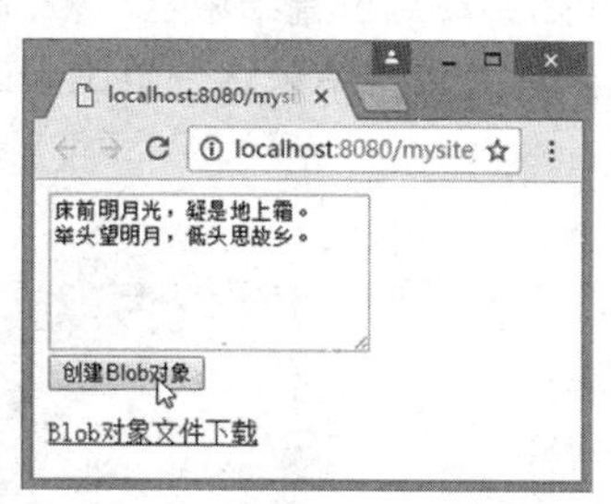

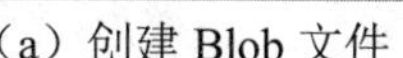

（a）创建 Blob 文件

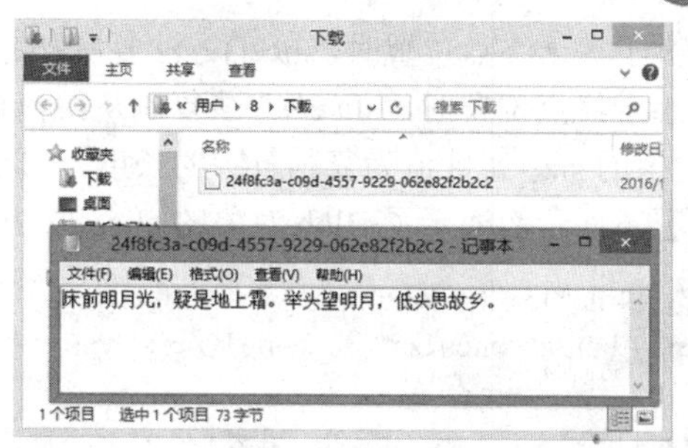

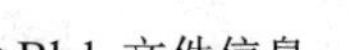

（b）查看文件信息

图 18.4　创建和查看 Blob 文件信息

在动态生成的<a>标签中包含 download 属性，它设置超链接为文件下载类型。

【拓展】

HTML5 支持 URL 对象，通过该对象的 createObjectURL 方法可以根据一个 Blob 对象的二进制数据创建一个 URL 地址，并返回该地址，当用户访问该 URL 地址时，可以直接下载原始二进制数据。

18.2.3　截取 Blob

Blob 对象包含 slice()方法，它可以从 Blob 对象中截取一部分数据，然后将这些数据创建为一个新的 Blob 对象并返回，用法如下。

```
var newBlob = blob.slice(start, end, contentType);
```

参数说明如下。

☑ start：可选参数，整数值，设置起始位置。
  - 如果值为 0 时，表示从第一个字节开始复制数据。
  - 如果值为负数，且 Blob 对象的 size 属性值+start 参数值大于等于 0，则起始位置为 Blob 对象的 size 属性值+start 参数值。
  - 如果值为负数，且 Blob 对象的 size 属性值+start 参数值小于 0，则起始位置为 Blob 对象的起点位置。
  - 如果值为正数，且大于等于 Blob 对象的 size 属性值，则起始位置为 Blob 对象的 size 属性值。
  - 如果值为正数，且小于 Blob 对象的 size 属性值，则起始位置为 start 参数值。

☑ end：可选参数，整数值，设置终点位置。
  - 如果忽略该参数，则终点位置为 Blob 对象的结束位置。
  - 如果值为负数，且 Blob 对象的 size 属性值+end 参数值大于等于 0，则终点位置为 Blob 对象的 size 属性值+end 参数值。
  - 如果值为负数，且 Blob 对象的 size 属性值+end 参数值小于 0，则终点位置为 Blob 对象的起始位置。
  - 如果值为正数，且大于等于 Blob 对象的 size 属性值，则终点位置为 Blob 对象的 size 属性值。
  - 如果值为正数，且小于 Blob 对象的 size 属性值，则终点位置为 end 参数值。

☑ contentType：可选参数，字符串值，指定新建 Blob 对象的 MIME 类型。

如果 slice()方法的 3 个参数均省略，相当于把一个 Blob 对象原样复制到一个新建的 Blob 对象中。

当起始位置大于等于终点位置时，slice()方法复制从起始位置开始到终点位置结束这一范围中的数据。当起始位置小于终点位置时，slice()方法复制从终点位置开始到起始位置结束这一范围中的数据。新建的 Blob 对象的 size 属性值为复制范围的长度，单位为 byte。

【示例】下面示例演示了 Blob 对象的 slice 方法应用。

```
<input type="file" id="file" multiple>
<input type="button" onclick="ShowFileType();" value="文件上传"/>
<script>
var file = document.getElementById("file").files[0];
if (file) {
    var file1 = file.slice();                                    // 复制 File 对象
    var file2 = file.slice(0,file.size);                         // 复制 File 对象
    var file3 = file.slice(-(Math.round(file.size/2)));          // 复制 File 对象的后半部分
    var file4 = file.slice(0, Math.round(file.size/2));          // 复制 File 对象的前半部分
    // 复制 File 对象，从开始处复制到结束处之前的 150 个字节处，并设置 MIME 类型
    var file5 = file.slice(0,-150, "application/plain");
}
</script>
```

视频讲解

18.2.4 保存 Blob

HTML5 支持在 indexedDB 数据库中保存 Blob 对象。

提示：目前 Chrome 37+、Firefox 17+、IE 10+和 Opera 24+支持该功能。

【示例】下面示例设计在页面中显示一个文件控件和一个按钮，通过文件控件选取文件后，单击“保存文件”按钮，JavaScript 脚本将把用户选取的文件保存到 indexedDB 数据库中。

```
<input type="file" id="file" multiple>
<input type="button" onclick="saveFile();" value="保存文件"/>
<script>
window.indexedDB = window.indexedDB || window.webkitIndexedDB || window.mozIndexedDB
    || window.msIndexedDB;
window.IDBTransaction = window.IDBTransaction || window.webkitIDBTransaction || window.msIDBTransaction;
window.IDBKeyRange = window.IDBKeyRange || window.webkitIDBKeyRange || window.msIDBKeyRange;
window.IDBCursor = window.IDBCursor || window.webkitIDBCursor || window.msIDBCursor;
var dbName = 'test';                                             // 数据库名
var dbVersion = 20170202;                                        // 版本号
var idb;
var dbConnect = indexedDB.open(dbName, dbVersion);
dbConnect.onsuccess = function(e) {idb = e.target.result; }
dbConnect.onerror = function() {alert('数据库连接失败'); };
dbConnect.onupgradeneeded = function(e) {
    idb = e.target.result;
    idb.createObjectStore('files');
};
function saveFile() {
    var file = document.getElementById("file").files[0];   // 得到用户选择的第一个文件
    var tx = idb.transaction(['files'],"readwrite");          // 开启事务
    var store = tx.objectStore('files');
```

```
        var req = store.put(file,'blob');
        req.onsuccess = function(e) {alert("文件保存成功");};
        req.onerror = function(e) {alert("文件保存失败");};
    }
</script>
```

在浏览器中预览，页面中显示一个文件控件和一个按钮，通过文件控件选取文件，然后单击“保存文件”按钮，JavaScript 将把用户选取文件保存到 indexedDB 数据库中，保存成功后弹出提示对话框，如图 18.5 所示。

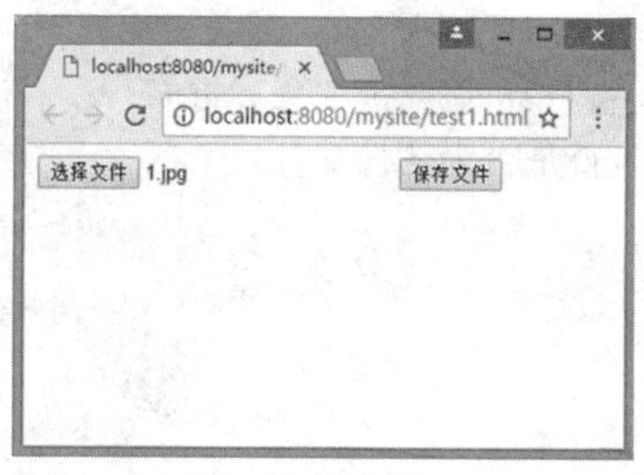

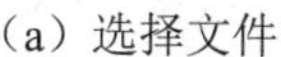

（a）选择文件

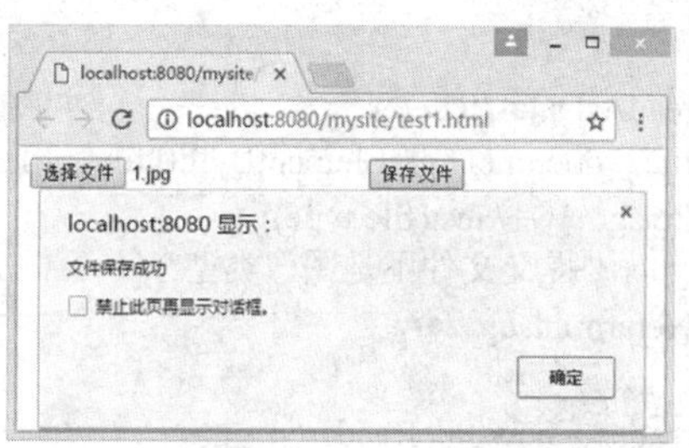

（b）保存文件

图 18.5　保存 Blob 对象应用

18.3　FileReader

FileReader 能够把文件读入内存，并且读取文件中的数据。目前，Firefox 3.6+、Chrome 6+、Safari 5.2+、Opera 11+和 IE 10+版本浏览器都支持 FileReader 对象。

18.3.1　读取文件

视频讲解

使用 FileReader 对象之前，需要实例化 FileReader 类型，代码如下。

```
if (typeof FileReader == "undefined") {alert("当前浏览器不支持 FileReader 对象");}
else{var reader = new FileReader();}
```

FileReader 对象包含 5 个方法，其中 4 个用以读取文件，另一个用来中断读取操作。

☑ readAsText(Blob, type)：将 Blob 对象或文件中的数据读取为文本数据。该方法包含两个参数，其中第二个参数是文本的编码方式，默认值为 UTF-8。

☑ readAsBinaryString(Blob)：将 Blob 对象或文件中的数据读取为二进制字符串。通常调用该方法将文件提交到服务器端，服务器端可以通过这段字符串存储文件。

☑ readAsDataURL(Blob)：将 Blob 对象或文件中的数据读取为 DataURL 字符串。该方法就是将数据以一种特殊格式的 URL 地址形式直接读入页面。

☑ readAsArrayBuffer(Blob)：将 Blob 对象或文件中的数据读取为一个 ArrayBuffer 对象。

☑ abort()：不包含参数，中断读取操作。

注意：上述 4 个方法都包含一个 Blob 对象或 File 对象参数，无论读取成功或失败，都不会返回读取结果，读取结果存储在 result 属性中。

Note

【示例】下面示例演示如何在网页中读取并显示图像文件、文本文件和二进制代码文件。

```
<script>
window.onload = function() {
    var result = document.getElementById("result");
    var file = document.getElementById("file");
    if (typeof FileReader == 'undefined') {
        result.innerHTML = "<h1>当前浏览器不支持 FileReader 对象</h1>";
        file.setAttribute('disabled', 'disabled');
    }
}
function readAsDataURL() {                          // 将文件以 Data URL 形式进行读入页面
    var file = document.getElementById("file").files[0];  // 检查是否为图像文件
    if (!/image\/\w+/.test(file.type)) {
        alert("提交文件不是图像类型");
        return false;
    }
    var reader = new FileReader();
    reader.readAsDataURL(file);
    reader.onload = function(e) {
        result.innerHTML = '<img src="'+this.result+'" alt=""/>'
    }
}
function readAsBinaryString() {                     // 将文件以二进制形式进行读入页面
    var file = document.getElementById("file").files[0];
    var reader = new FileReader();
    reader.readAsBinaryString(file);
    reader.onload = function(f) {
        result.innerHTML = this.result;
    }
}
function readAsText() {                             // 将文件以文本形式进行读入页面
    var file = document.getElementById("file").files[0];
    var reader = new FileReader();
    reader.readAsText(file);
    reader.onload = function(f) {
        result.innerHTML = this.result;
    }
}
</script>
<input type="file" id="file" />
<input type="button" value="读取图像" onclick="readAsDataURL()"/>
<input type="button" value="读取二进制数据" onclick="readAsBinaryString()"/>
<input type="button" value="读取文本文件" onclick="readAsText()"/>
<div name="result" id="result"></div>
```

在 Firefox 浏览器中预览，使用 file 控件选择一个图像文件，然后单击“读取图像”按钮，显示效果如图 18.6 所示；重新使用 file 控件选择一个二进制文件，然后单击“读取二进制数据”按钮，显示效果如图 18.7 所示；最后选择文本文件，单击“读取文本文件”按钮，显示效果如图 18.8 所示。

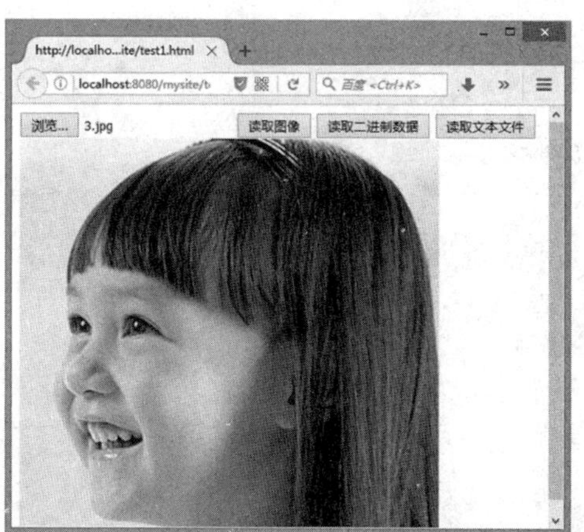

图 18.6　读取图像文件

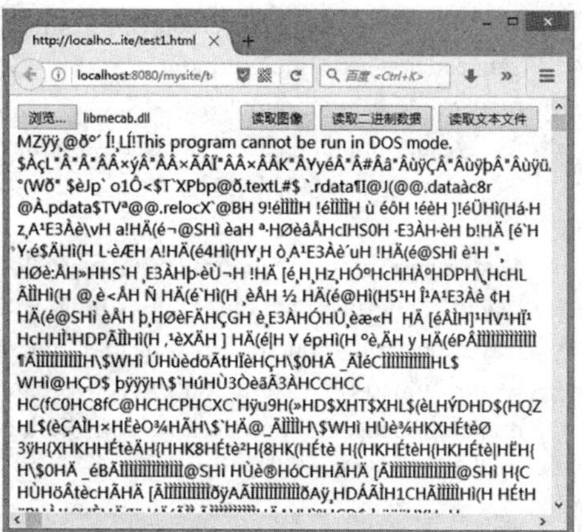

图 18.7　读取二进制文件

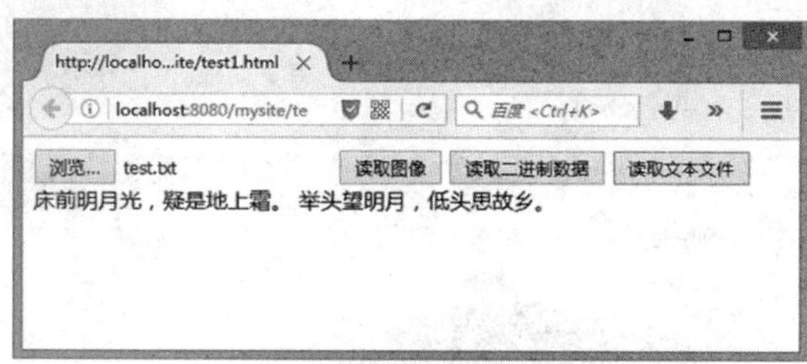

图 18.8　读取文本文件

上面示例演示如何读显文件，用户也可以选择不显示，直接提交给服务器，然后保存到文件或数据库中。注意，fileReader 对象读取的数据都保存在 result 属性中。

18.3.2　事件监测

视频讲解

FileReader 对象提供 6 个事件，用于监测文件读取状态，简单说明如下。

☑ onabort：数据读取中断时触发。

☑ onprogress：数据读取中触发。

☑ onerror：数据读取出错时触发。

☑ onload：数据读取成功完成时触发。

☑ onloadstart：数据开始读取时触发。

☑ onloadend：数据读取完成时触发，无论成功或失败。

【示例】下面示例设计当使用 fileReader 对象读取文件时，会发生一系列事件，在控制台跟踪了读取状态的先后顺序，演示如图 18.9 所示。

```
<script>
window.onload = function() {
    var result = document.getElementById("result");
    var file = document.getElementById("file");
    if (typeof FileReader == 'undefined') {
        result.innerHTML = "<h1>当前浏览器不支持 FileReader 对象</h1>";
        file.setAttribute('disabled', 'disabled');
    }
}
function readFile() {
```

Note

```
        var file = document.getElementById("file").files[0];
        var reader = new FileReader();
        reader.onload = function(e) {
            result.innerHTML = '<img src="'+this.result+'" alt=""/>'
            console.log("load");
        }
        reader.onprogress = function(e) {console.log("progress");}
        reader.onabort = function(e) {console.log("abort");}
        reader.onerror = function(e) {console.log("error");}
        reader.onloadstart = function(e) {console.log("loadstart");}
        reader.onloadend = function(e) {console.log("loadend"); }
        reader.readAsDataURL(file);
    }
</script>
<input type="file" id="file" />
<input type="button" value="显示图像" onclick="readFile()" />
<div name="result" id="result"></div>
```

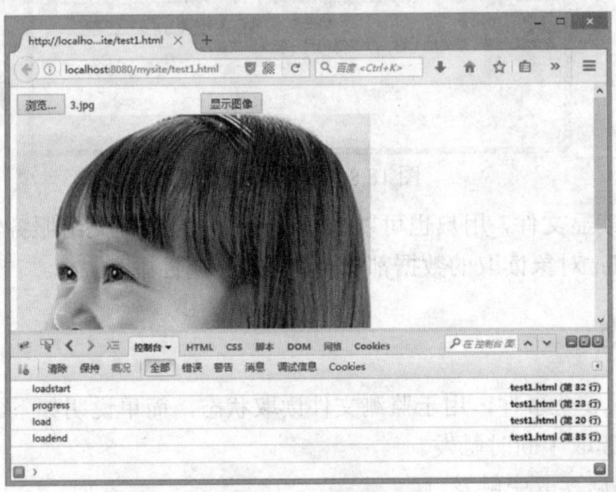

图 18.9　跟踪读取操作

在上面示例中，当单击“显示图像”按钮后，将在页面中读入一个图像文件，同时在控制台可以看到按顺序触发的事件。用户还可以在 onprogress 事件中使用 HTML5 新增元素 progress 显示文件的读取进度。

18.4　ArrayBuffer 和 ArrayBufferView

HTML5 新增 ArrayBuffer 对象和 ArrayBufferView 对象。ArrayBuffer 对象表示一个固定长度的缓存区，用来存储文件或网络大数据；ArrayBufferView 对象表示将缓存区中的数据转换为各种类型的数值数组。

> 注意：HTML5 不允许直接对 ArrayBuffer 对象内的数据进行操作，需要使用 ArrayBufferView 对象来读写 ArrayBuffer 对象中的内容。

Note

18.4.1 使用 ArrayBuffer

ArrayBuffer 对象表示一个固定长度的存储二进制数据的缓存区。用户不能直接存取 ArrayBuffer 缓存区中的内容，必须通过 ArrayBufferView 对象来读写 ArrayBuffer 缓存区中的内容。ArrayBuffer 对象包含 length 属性，该属性值表示缓存区的长度。

创建 ArrayBuffer 对象的方法如下。

```
var buffer = new ArrayBuffer(32);
```

参数为一个无符号长整型的整数，用于设置缓存区的长度，单位为 byte。ArrayBuffer 缓存区创建成功之后，该缓存区内存储数据初始化为 0。

> 提示：目前，Firefox 4+、Opera 11.6+、Chrome 7+、Safari 5.1+、IE 10+等版本浏览器支持 ArrayBuffer 对象。

18.4.2 使用 ArrayBufferView

HTML5 使用 ArrayBufferView 对象以一种标准格式来表示 ArrayBuffer 缓存区中的数据。HTML5 不允许直接使用 ArrayBufferView 对象，而是使用 ArrayBufferView 的子类实例来存取 ArrayBuffer 缓存区中的数据，各种子类说明如表 18.1 所示。

表 18.1 ArrayBufferView 的子类

类　型	字节长度	说　明
Int8Array	1	8 位整数数组
Uint8Array	1	8 位无符号整数数组
Uint8ClampedArray	1	8 位无符号整数数组
Intl6Array	2	16 位整数数组
Uint I6Array	2	16 位无符号整数数组
Int32Array	4	32 位整数数组
Uint32Array	4	32 位无符号整数数组
Float32Array	4	32 位 IEEE 浮点数数组
Float64Array	8	64 位 IEEE 浮点数数组

> 提示：Uint8ClampedArray 子类用于定义一种特殊的 8 位无符号整数数组，该数组的作用：代替 CanvasPixelArray 数组用于 Canvas API 中。

该数组与普通 8 位无符号整数数组的区别：将 ArrayBuffer 缓存区中的数值进行转换时，内部使用箱位（Clamping）算法，而不是模数（Modulo）算法。

ArrayBufferView 对象的作用：可以根据同一个 ArrayBuffer 对象创建各种数值类型的数组。

【示例 1】 在下面示例代码中，根据相同的 ArrayBuffer 对象，可以创建 32 位的整数数组和 8 位的无符号整数数组。

```
// 根据 ArrayBuffer 对象创建 32 位整数数组
var array1 = new Int32Array(Arrayeuffer);
```

```
// 根据同一个 ArrayBuffer 对象创建 8 位无符号整数数组
var array2 = new Uint8Array(ArrayBuffer);
```

在创建 ArrayBufferView 对象时，除了要指定 ArrayBuffer 缓存区外，还可以使用下面两个可选参数。

Note

☑ byteOffset：为无符号长整型数值，设置开始引用位置与 ArrayBuffer 缓存区第一个字节之间的偏离值，单位为字节。提示，属性值必须为数组中单个元素的字节长度的倍数，省略该参数值时，ArrayBufferView 对象将从 ArrayBuffer 缓存区的第一个字节开始引用。

☑ length：为无符号长整型数值，设置数组中元素的个数。如果省略该参数值，将根据缓存区长度、ArrayBufferView 对象开始引用的位置、每个元素的字节长度自动计算出元素个数。

如果设置了 byteOffset 和 length 参数值，数组从 byteOffset 参数值指定的开始位置开始，长度为：length 参数值所指定的元素个数乘以每个元素的字节长度。

如果忽略了 byteOffset 和 length 参数值，数组将跨越整个 ArrayBuffer 缓存区。

如果省略 length 参数值，数组将从 byteOffset 参数值指定的开始位置到 ArrayBuffer 缓存区的结束位置。

ArrayBufferView 对象包含 3 个属性。

☑ buffer：只读属性，表示 ArrayBuffer 对象，返回 ArrayBufferView 对象引用的 ArrayBuffer 缓存区。

☑ byteOffset：只读属性，表示一个无符号长整型数值，返回 ArrayBufferView 对象开始引用的位置与 ArrayBuffer 缓存区的第一个字节之间的偏离值，单位为字节。

☑ length：只读属性，表示一个无符号长整型数值，返回数组中元素的个数。

【示例 2】下面示例代码演示了如何存取 ArrayBuffer 缓存区中的数据。

```
var byte = array2[4];                    // 读取第 5 个字节的数据
array2[4] = 1;                           // 设置第 5 个字节的数据
```

视频讲解

18.4.3 使用 DataView

除了使用 ArrayBufferView 子类外，也可以使用 DataView 类存取 ArrayBuffer 缓存区中的数据。DataView 继承于 ArrayBufferView 类，提供了直接存取 ArrayBuffer 缓存区中数据的方法。

创建 DataView 对象的方法如下。

```
var view = new DataView(buffer, byteOffset, byteLength);
```

参数说明如下。

☑ buffer：为 ArrayBuffer 对象，表示一个 ArrayBuffer 缓存区。

☑ byteOffset：可选参数，为无符号长整型数值，表示 DataView 对象开始引用的位置与 ArrayBuffer 缓存区第一个字节之间的偏离值，单位为字节。如果忽略该参数值，将从 ArrayBuffer 缓存区的第一个字节开始引用。

☑ byteLength：可选参数，为无符号长整型数值，表示 DataView 对象的总字节长度。

如果设置了 byteOffset 和 byteLength 参数值，DataView 对象从 byteOffset 参数值所指定的开始位置开始，长度为 byteLength 参数值所指定的总字节长度；如果忽略了 byteOffset 和 byteLength 参数值，DataView 对象跨越整个 ArrayBuffer 缓存区；如果省略 byteLength 参数值，DataView 对象将从 byteOffset 参数所指定的开始位置到 ArrayBuffer 缓存区的结束位置。

DataView 对象包含的方法说明如表 18.2 所示。

表 18.2 DataView 对象方法

方　　法	说　　明
getInt8(byteOffset)	获取指定位置的一个 8 位整数值
getUint8(byteOffeet)	获取指定位置的一个 8 位无符号型整数值
getIntl6(byteOffeet, littleEndian)	获取指定位置的一个 16 位整数值
getUintl6(byteOffeet, littleEndian)	获取指定位置的一个 16 位无符号型整数值
getUint32(byteOffeet, littleEndian)	获取指定位置的一个 32 位无符号型整数值
getFloat32(byteOffeet, littleEndian)	获取指定位置的一个 32 位浮点数值
getFloat64(byteOffset, littleEndian)	获取指定位置的一个 64 位浮点数值
setInt8(byteOffaet, value)	设置指定位置的一个 8 位整数值
setUint8(byteOffset, value)	设置指定位置的一个 8 位无符号型整数值
setIntl6(byteOffset, value, littleEndian)	设置指定位置的一个 16 位整数数值
setUintl6(byteOffeet, value, littleEndian)	设置指定位置的一个 16 位无符号型整数值
setUint32(byteOffset, value, littleEndian)	设置指定位置的一个 32 位无符号型整数值
setFloat32(byteOffset, value, littleEndian)	设置指定位置的一个 32 位浮点数值
setFloat64(byteOffset, value, littleEndian)	设置指定位置的一个 64 位浮点数值

 提示：在上述方法中，各个参数说明如下。

- ☑ byteOffset：为一个无符号长整型数值，表示设置或读取整数所在位置与 DataView 对象对 ArrayBuffer 缓存区的开始引用位置之间相隔多少个字节。
- ☑ value：为无符号对应类型的数值，表示在指定位置进行设定的整型数值。
- ☑ littleEndian：可选参数，为布尔类型，判断该整数数值的字节序。当值为 true 时，表示以 little-endian 方式设置或读取该整数数值（低地址存放最低有效字节）；当参数值为 false 或忽略该参数值时，表示以 big-endian 方式读取该整数数值（低地址存放最高有效字节）。

【示例】下面示例演示了如何使用 DataView 对象的相关方法，实现对文件数据进行截取和检测，演示效果如图 18.10 所示。

```
<script>
window.onload = function() {
    var result = document.getElementById("result");
    var file = document.getElementById("file");
    if (typeof FileReader == 'undefined') {
        result.innerHTML = "<h1>当前浏览器不支持 FileReader 对象</h1>";
        file.setAttribute('disabled', 'disabled');
    }
}
function file_onchange() {
    var file = document.getElementById("file").files[0];
    if (!/image\/\w+/.test(file.type)) {
        alert("请选择一个图像文件！");
        return;
    }
```

Note

```
        var slice = file.slice(0,4);
        var reader = new FileReader();
        reader.readAsArrayBuffer(slice);
        var type;
        reader.onload = function(e) {
            var buffer = this.result;
            var view = new DataView(buffer);
            var magic = view.getInt32(0,false);
            if(magic<0)    magic = magic + 0x100000000;
            magic = magic.toString(16).toUpperCase();
            if(magic.indexOf('FFD8FF') >=0)    type="jpg 文件";
            if(magic.indexOf('89504E47') >=0)   type="png 文件";
            if(magic.indexOf('47494638') >=0)    type="gif 文件";
            if(magic.indexOf('49492A00') >=0)    type="tif 文件";
            if(magic.indexOf('424D') >=0)   type="bmp 文件";
            document.getElementById("result").innerHTML = '文件类型为：'+type;
        }
    }
</script>
<input type="file" id="file" onchange="file_onchange()" /><br/>
<output id="result"></output>
```

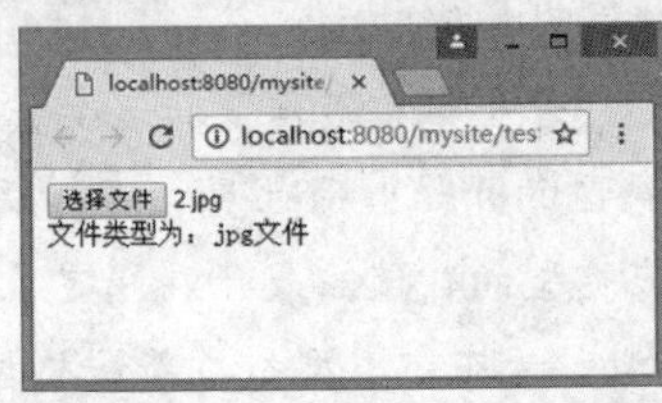

图 18.10　判断选取文件的类型

【设计分析】

（1）在上面示例中，先在页面中设计一个文件控件。

（2）当用户在浏览器中选取一个图像文件后，JavaScript 先检测文件类型，当为图像文件后，再使用 File 对象的 slice()方法将该文件中前 4 个字节的内容复制到一个 Blob 对象中，代码如下所示。

```
var file=document.getElementById("file").files[0];
if (!/image\/\w+/.test(file.type)) {
    alert("请选择一个图像文件！");
    return;
}
var slice = file.slice(0,4);
```

（3）新建 FileReader 对象，使用该对象的 readAsArrayBuffer()方法将 Blob 对象中的数据读取为一个 ArrayBuffer 对象，代码如下。

```
var reader = new FileReader();
reader.readAsArrayBuffer(slice);
```

（4）读取 ArrayBuffer 对象后，使用 DataView 对象读取该 ArrayBuffer 缓存区中位于开头位置的一个 32 位整数，代码如下。

```
reader.onload = function(e) {
```

```
        var buffer = this.result;
        var view = new DataView(buffer);
        var magic = view.getInt32(0,false);
    }
```

（5）根据该整数值判断用户选取的文件类型，并将文件类型显示在页面上。

```
if(magic<0)     magic = magic + 0x100000000;
magic = magic.toString(16).toUpperCase();
if(magic.indexOf('FFD8FF') >=0)    type="jpg 文件";
if(magic.indexOf('89504E47') >=0)    type="png 文件";
if(magic.indexOf('47494638') >=0)     type="gif 文件";
if(magic.indexOf('49492A00') >=0)    type="tif 文件";
if(magic.indexOf('424D') >=0)      type="bmp 文件";
document.getElementById("result").innerHTML ='文件类型为：'+type;
```

18.5 FileSystem API

HTML5 的 FileSystem API 可以将数据保存到本地磁盘的文件系统中，实现数据的永久保存。

18.5.1 认识 FileSystem API

FileSystem API 包括两部分内容：一部分内容为除后台线程之外的任何场合使用的异步 API；另一部分内容为后台线程中专用的同步 API。本节仅介绍异步 API 内容。

FileSystem API 具有如下特性。

☑ 支持跨域通信，但是每个域的文件系统只能被该域专用，不能被其他域访问。

☑ 存储的数据是永久的，不能被浏览器随意删除，但是存储在临时文件系统中的数据可以被浏览器自行删除。

☑ 当 Web 应用连续发出多次对文件系统的操作请求时，每一个请求都将得到响应，同时第一个请求中所保存的数据可以被之后的请求立即得到。

目前，只有 Chrome 10+版本浏览器支持 FileSystem API。

18.5.2 访问 FileSystem

视频讲解

使用 window 对象的 requestFileSystem()方法可以请求访问受到浏览器沙箱保护的本地文件系统，用法如下。

```
window.requestFileSystem = window.requestFileSystem || window.webkitRequestFileSystem;
window.requestFileSystem(type, size, successCallback, opt_ errorCallback) ;
```

参数说明如下。

☑ type：设置请求访问的文件系统使用的文件存储空间的类型，取值包括 window.TEMPORARY 和 window.PERSISTENT。当值为 window.TEMPORARY 时，表示请求临时的存储空间，存储在临时存储空间中的数据可以被浏览器自行删除；当值为 window.PERSISTENT 时，表示请求永久存储空间，存储在该空间的数据不能被浏览器在用户不知情

Note

的情况下将其清除，只能通过用户或应用程序来清除，请求永久存储空间需要用户为应用程序指定一定的磁盘配额。

☑ size：设置请求的文件系统使用的文件存储空间的大小，尺寸为 byte。

☑ successCallback：设置请求成功时执行的回调函数，该回调函数的参数为一个 FileSystem 对象，表示请求访问的文件系统对象。

☑ opt_errorCallback：可选参数，设置请求失败时执行的回调函数，该回调函数的参数为一个 FileError 对象，其中存放了请求失败时的各种信息。

FileError 对象包含 code 属性，其值为 FileSystem API 中预定义的常量值，说明如下。

☑ FileError.QUOTA_EXCEEDED_ERR：文件系统所使用的存储空间的尺寸超过磁盘配额控制中指定的空间尺寸。

☑ FileError.NOT_FOUND_ERR：未找到文件或目录。

☑ FileError.SECURITY_ERR：操作不当引起安全性错误。

☑ FileError.INVALID_MODIFICATION_ERR：对文件或目录所指定的操作（如文件复制、删除、目录拷贝、目录删除等处理）不能被执行。

☑ FileError.INVALID_STATE_ERR：指定的状态无效。

☑ FileError. ABORT_ERR：当前操作被终止。

☑ FileError. NOT_READABLE_ERR：指定的目录或文件不可读。

☑ FileError. ENCODING_ERR：文字编码错误。

☑ FileError.TYPE_MISMATCH_ERR：用户企图访问目录或文件，但是用户访问的目录事实上是一个文件或用户访问的文件事实上是一个目录。

☑ FileError. PATH_EXISTS_ERR：用户指定的路径中不存在需要访问的目录或文件。

【示例】下面示例演示如何在 Web 应用中使用 FileSystem API。

```
<script>
window.requestFileSystem = window.requestFileSystem || window.webkitRequestFileSystem;
var fs = null;
if (window.requestFileSystem) {
    window.requestFileSystem(window.TEMPORARY, 1024*1024,
    function(filesystem) {
        fs = filesystem;
    }, errorHandler);
}
function errorHandler(e) {
    switch (e.code) {
        case FileError.QUOTA_EXCEEDED_ERR:
            console.log('文件系统所使用的存储空间的尺寸超过磁盘限额控制中指定的空间尺寸');
            break;
        case FileError.NOT_FOUND_ERR:
            console.log('未找到文件或目录');
            break;
        case FileError.SECURITY_ERR:
            console.log('操作不当引起安全性错误');
            break;
        case FileError.INVALID_MODIFICATION_ERR:
            console.log('对文件或目录所指定的操作不能被执行');
            break;
```

```
            case FileError.INVALID_STATE_ERR:
                console.log('指定的状态无效');
        };
    }
</script>
```

在上面代码中，先判断浏览器是否支持 FileSystem API，如果支持则调用 window.requestFile System()请求访问本地文件系统；如果请求失败，则在控制台显示错误信息。

视频讲解

18.5.3 申请配额

当在磁盘中保存数据时，首先需要申请一定的磁盘配额。在 Chrome 浏览器中，可以通过 window.webkitStorageInfo.requestQuota()方法向用户计算机申请磁盘配额，用法如下。

```
window.webkitStorageInfo.requestQuota(PERSISTENT, 1024*1024,
    // 申请磁盘配额成功时执行的回调函数
    function(grantedBytes) {
        window.requestFilesystem(PERSISTENT, grantedBytes, onInitFs, errorHandler);
    },
    // 申请磁盘配额失败时执行的回调函数
    errorHandler
)
```

该方法包含 4 个参数，说明如下。

第 1 个参数：为 TEMPORARY 或 PERSISTENT。为 TEMPORARY 时，表示为临时数据申请磁盘配额；为 PERSISTENT 时，表示为永久数据申请磁盘配额。

当在用户计算机中保存临时数据，如果其他磁盘空间尺寸不足时，可能会删除应用程序所用磁盘配额中的数据。在磁盘配额中保存数据后，当浏览器被关闭或关闭计算机电源时，这些数据不会丢失。

第 2 个参数：为整数值，表示申请的磁盘空间尺寸，单位为 byte。上面代码将参数值设为 1024*1024，表示向用户计算机申请 1GB 的磁盘空间。

第 3 个参数：为一个函数，表示申请磁盘配额成功时执行的回调函数。在回调函数中可以使用一个参数，参数值为申请成功的磁盘空间尺寸，单位为 byte。

第 4 个参数：为一个函数，表示申请磁盘配额失败时执行的回调函数，该回调函数使用一个参数，参数值为一个 FileError 对象，其中存放申请磁盘配额失败时的各种错误信息。

提示：当 Web 应用首次申请磁盘配额成功后，将立即获得该磁盘配额中指定的磁盘空间，下次使用该磁盘空间时不需要再次申请。

【**示例 1**】下面示例演示如何申请磁盘配额。首先在页面中设计一个文本框，当用户在文本框控件中输入需要申请的磁盘空间尺寸后，JavaScript 向用户申请磁盘配额，申请磁盘配额成功后在页面中显示申请的磁盘空间尺寸。

```
<script>
function getQuota() {                          // 申请磁盘配额
    var size = document.getElementById("capacity").value;
    window.webkitStorageInfo.requestQuota(PERSISTENT,size,
    function(grantedBytes) {                   // 申请磁盘配额成功时执行的回调函数
        var text = "申请磁盘配额成功<br>磁盘配额尺寸:"
        var strBytes,intBytes;
```

Note

```
            if (grantedBytes >= 1024*1024*1024) {
                intBytes = Math.floor(grantedBytes/(1024*1024*1024));
                text += intBytes+"GB ";
                grantedBytes = grantedBytes%(1024*1024*1024);
            }
            if (grantedBytes >= 1024*1024) {
                intBytes = Math.floor(grantedBytes/(1024*1024));
                text += intBytes+"MB ";
                grantedBytes = grantedBytes%(1024*1024);
            }
            if (grantedBytes >= 1024) {
                intBytes = Math.floor(grantedBytes/1024);
                text += intBytes+"KB ";
                grantedBytes=grantedBytes%1024;
            }
            text += grantedBytes+"Bytes";
            document.getElementById("result").innerHTML = text;
        },
        errorHandler);                          // 申请磁盘配额失败时执行的回调函数
    }
    function errorHandler(e) {
        switch (e.code) {
            case FileError.QUOTA_EXCEEDED_ERR:
                console.log('文件系统所使用的存储空间的尺寸超过磁盘限额控制中指定的空间尺寸');
                break;
            case FileError.NOT_FOUND_ERR:
                console.log('未找到文件或目录');
                break;
            case FileError.SECURITY_ERR:
                console.log('操作不当引起安全性错误');
                break;
            case FileError.INVALID_MODIFICATION_ERR:
                console.log('对文件或目录所指定的操作不能被执行');
                break;
            case FileError.INVALID_STATE_ERR:
                console.log('指定的状态无效');
        };
    }
</script>
<form>
    <input type="text" id="capacity" value="1024">
    <input type="button" value="申请磁盘配额" onclick="getQuota()">
</form>
<output id="result" ></output>
```

在 Chrome 浏览器中浏览页面，然后在文本框控件中输入 30000，单击“申请磁盘配额”按钮，则 JavaScript 会自动计算出当前磁盘配额空间的大小，如图 18.11 所示。

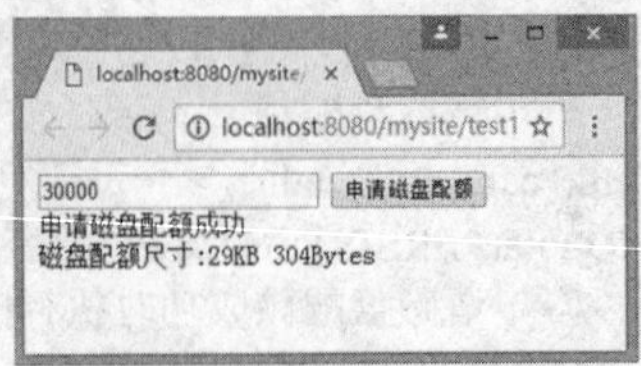

图 18.11　申请磁盘配额

成功申请磁盘配额之后，可以使用 window.webkitStorageInfo.queryUsageAndQuota()方法查询申请的磁盘配额信息，用法如下。

```
window.webkitStorageInfo.queryUsageAndQuota(PERSISTENT,
    // 获取磁盘配额信息成功时执行的回调函数
    function(usage,quota) {
        // 代码
    },
    // 获取磁盘配额信息失败时执行的回调函数
    errorHandler
);
```

该方法包含 3 个参数，说明如下。

第 1 个参数：可选 TEMPORARY 或 PERSISTENT 常量值。为 TEMPORARY 时，表示查询保存临时数据用磁盘配额信息；为 PERSISTENT 时，表示查询保存永久数据用磁盘配额信息。

第 2 个参数：函数，表示查询磁盘配额信息成功时执行的回调函数。在回调函数中可以使用两个参数，其中第 1 个参数为磁盘配额中已用磁盘空间尺寸，第 2 个参数表示磁盘配额所指定的全部磁盘空间尺寸，单位为 byte。

第 3 个参数：函数，表示查询磁盘配额信息失败时执行的回调函数。回调函数的参数为一个 FileError 对象，其中存放了查询磁盘配额信息失败时的各种错误信息。

【示例 2】我们看一个查询磁盘配额信息的代码示例。设计在页面中显示一个“查询磁盘配额信息”按钮，当用户单击该按钮时，将查询用户申请的磁盘配额信息。查询成功时将磁盘配额中用户已占用磁盘空间尺寸和磁盘配额的总空间尺寸显示在页面中，演示效果如图 18.12 所示。

```
<script>
function queryQuota() {                         // 查询磁盘配额信息
    window.webkitStorageInfo.queryUsageAndQuota(PERSISTENT,
    function(usage,quota) {                     // 查询磁盘配额信息成功时执行的回调函数
        var text = "查询磁盘配额信息成功<br>已用磁盘空间:"
        var strBytes,intBytes;
        if (usage >= 1024*1024*1024) {
            intBytes = Math.floor(usage/(1024*1024*1024));
            text += intBytes+"GB ";
            usage = usage%(1024*1024*1024);
        }
        if (usage >= 1024*1024) {
            intBytes=Math.floor(usage/1024*1024);
            text += intBytes+"MB ";
            usage = usage%1024*1024;
        }
        if (usage >= 1024) {
            intBytes = Math.floor(usage/1024);
            text += intBytes+"KB ";
            usage = usage%1024;
        }
        text += usage+"Bytes";
        text += "<br>磁盘配额的总空间：";
        if (quota >= 1024*1024*1024) {
            intBytes = Math.floor(quota/(1024*1024*1024));
```

```
                text += intBytes+"GB ";
                quota = quota%(1024*1024*1024);
            }
            if (quota >= 1024*1024) {
                intBytes = Math.floor(quota/(1024*1024));
                text += intBytes+"MB ";
                quota = quota%(1024*1024);
            }
            if (quota >= 1024) {
                intBytes = Math.floor(quota/1024);
                text += intBytes+"KB ";
                quota = quota%1024;
            }
            text += quota+"Bytes";
            document.getElementById("result").innerHTML = text;
        },
        errorHandler);                                    // 申请磁盘配额失败时执行的回调函数
}
function errorHandler(e) {
    // 参考示例 1 代码中 errorHandler()
}
</script>
<h1>查询磁盘配额信息</h1>
<input type="button" value="查询磁盘配额信息" onclick="queryQuota()">
<output id="result" ></output>
```

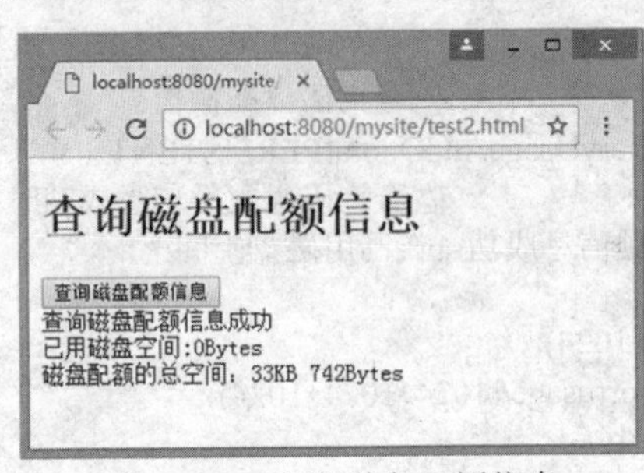

图 18.12　查询磁盘配额信息

视频讲解

18.5.4　新建文件

创建文件的操作思路：当用户调用 requestFileSystem()方法请求访问本地文件系统时，如果请求成功，则执行一个回调函数，这个回调函数中包含一个参数，它指向可以获取的文件系统对象，该文件系统对象包含一个 root 属性，属性值为一个 DirectoryEntry 对象，表示文件系统的根目录对象。在请求成功时执行的回调函数中，可以通过文件系统的根目录对象的 getFile()方法在根目录中创建文件。

getFile()方法包含 4 个参数，简单说明如下。

第 1 个参数：为字符串值，表示需要创建或获取的文件名。

第 2 个参数：为一个自定义对象。当创建文件时，必须将该对象的 create 属性值设为 true；当获取文件时，必须将该对象的 create 属性值设为 false；当创建文件时，如果该文件已存在，则覆盖该文件；如果该文件已存在，且被使用排他方式打开，则抛出错误。

第 3 个参数：为一个函数，代表获取文件或创建文件成功时执行的回调函数，在回调函数中可以使用一个参数，参数值为一个 FileEntry 对象，表示成功创建或获取的文件。

第 4 个参数：为一个函数，代表获取文件或创建文件失败时执行的回调函数，参数值为一个 FileError 对象，其中存放了获取文件或创建文件失败时的各种错误信息。

FileEntry 对象表示受到沙箱保护的文件系统中每一个文件。该对象包含如下属性。

- ☑ isFile：区分对象是否为文件。属性值为 true，表示对象为文件；属性值为 false 表示该对象为目录。
- ☑ isDirectory：区分对象是否为目录。属性值为 true，表示对象为目录；属性值为 false，表示该对象为文件。
- ☑ name：表示该文件的文件名，包括文件的扩展名。
- ☑ fullPath：表示该文件的完整路径。
- ☑ filesystem：表示该文件所在的文件系统对象。

另外，FileEntry 对象包括 remove()（删除）、moveTo()（移动）、copyTo()（拷贝）等方法。

【示例】下面示例演示了创建文件的基本方法。在页面中设计两个文本框和一个“创建文件”按钮，其中一个文本框控件用于输入文件名，另一个文本框控件用于输入文件大小，单位为 byte，用户输入文件名及文件大小后，单击“创建文件”按钮，JavaScript 会在文件系统中的根目录下创建文件，并将创建的文件信息显示在页面中，如图 18.13 所示。

```
<script>
window.requestFileSystem = window.requestFileSystem || window.webkitRequestFileSystem;
function createFile() {                              // 创建文件
    var size = document.getElementById("FileSize").value;
    window.requestFileSystem(PERSISTENT,  size,
        function(fs) {                               // 请求文件系统成功时所执行的回调函数
            var filename = document.getElementById("FileName").value;
            fs.root.getFile(                         // 创建文件
                filename,
                {create: true},
                function(fileEntry) {                // 创建文件成功时所执行的回调函数
                    var text = "完整路径："+fileEntry.fullPath+"<br>";
                    text += "文 件 名："+fileEntry.name+"<br>";
                    document.getElementById("result").innerHTML = text;
                },
                errorHandler                         // 创建文件失败时所执行的回调函数
            );
        },
        errorHandler                                 // 请求文件系统失败时所执行的回调函数
    );
}
function errorHandler(e) {                           // 省略代码}
</script>
<h1>创建文件</h1>
文 件 名：<input type="text" id="FileName" value="test.txt"><br/><br/>
文件大小：<input type="text" id="FileSize" value="1024"/>Bytes<br/><br/>
<input type="button" value="创建文件" onclick="createFile()"><br/><br/>
<output id="result" ></output>
```

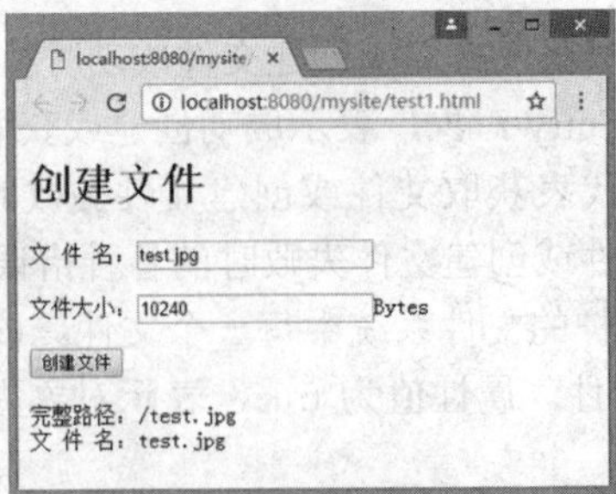

图 18.13　创建文件

注意：如果启动系统，初次测试本例，在测试本节示例之前，应先运行 18.5.2 节示例代码，以便请求访问受浏览器沙箱保护的本地文件系统，然后再运行 18.5.3 节示例代码，以便申请磁盘配额。

18.5.5　写入数据

视频讲解

HTML5 使用 FileWriter 和 FileWriterSync 对象执行文件写入操作，其中 FileWriterSync 对象用于在后台线程中进行文件的写操作，FileWriter 对象用于除后台线程之外任何场合进行写操作。

在 FileSystem API 中，当使用 DirectoryEntry 对象的 getFile()方法成功获取一个文件对象之后，可以在获取文件对象成功时所执行的回调函数中，利用文件对象的 createWriter()方法创建 FileWriter 对象。

createWriter()方法包含两个参数，分别为创建 FileWriter 对象成功时执行的回调函数和失败时执行的回调函数。在创建 FileWriter 对象成功时执行的回调函数中，包含一个参数，它表示 FileWriter 对象。

使用 FileWrier 对象的 write()方法在获取到的文件中写入二进制数据，用法如下。

```
fileWriter.write(data);
```

线上阅读

参数 data 为一个 Blob 对象，表示要写入的二进制数据。

使用 FileWrier 对象的 writeend 和 error 事件可以进行监听，在事件回调函数中可以使用一个对象，它表示被触发的事件对象。

示例演示和详细代码请扫码阅读。

18.5.6　添加数据

向文件添加数据与创建文件并写入数据操作类似，区别在于在获取文件之后，首先需要使用 FileWriter 对象的 seek()方法将文件读写位置设置到文件底部，用法如下。

```
fileWriter.seek(fileWriter.length);
```

线上阅读

参数值为长整型数值。当值为正值时，表示文件读写位置与文件开头处之间的距离，单位为 byte（字节数）；当值为负值时，表示文件读写位置与文件结尾处之间的距离。

示例演示和详细代码请扫码阅读。

18.5.7　读取数据

在 FileSystem API 中，使用 FileReader 对象可以读取文件，详细介绍可以参考 18.3 节内容。

在文件对象（FileEntry）的 file()方法中包含两个参数，分别表示获取文件成功和失败时执行的回调函数，在获取文件成功时执行的回调函数中，可以使用一个参数，代表成功获取的文件。

示例演示和详细代码请扫码阅读。

线上阅读

Note

视频讲解

18.5.8 复制文件

在 FileSystem API 中，可以使用 File 对象引用磁盘文件，然后将其写入文件系统，用法如下。

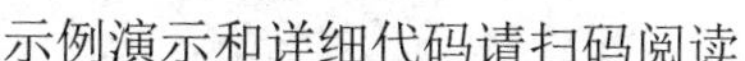

```
fileWriter.write(file);
```

参数 file 表示用户磁盘上的一个文件对象。也可以为一个 Blob 对象，表示需要写入的二进制数据。在 HTML5 中，File 对象继承 Blob 对象，所以在 write()方法中可以使用 File 对象作为参数，表示使用某个文件中的原始数据进行写文件操作。

示例演示和详细代码请扫码阅读。

线上阅读

18.5.9 删除文件

在 FileSystem API 中，使用 FileEntry 对象的 remove()方法可以删除该文件。remove()方法包含两个参数，分别为删除文件成功和失败时执行的回调函数。

示例演示和详细代码请扫码阅读。

线上阅读

18.5.10 创建目录

在 FileSystem API 中，DirectoryEntry 对象表示一个目录，该对象包括如下属性。

☑ isFile：区分对象是否为文件。属性值为 true，表示对象为文件；属性值为 false，表示该对象为目录。

☑ isDirectory：区分对象是否为目录。属性值为 true，表示对象为目录；属性值为 false，表示该对象为文件。

☑ name：表示该目录的目录名。

☑ fullPath：表示该目录的完整路径。

☑ filesystem：表示该目录所在的文件系统对象。

DirectoryEntry 对象还包括一些可以创建、复制或删除目录的方法。

使用 DirectoryEntry 对象的 getDirectory()方法可以在一个目录中创建或获取子目录，该方法包含 4 个参数，简单说明如下。

第 1 个参数：为一个字符串，表示需要创建或获取的子目录名。

第 2 个参数：为一个自定义对象。当创建目录时，必须将该对象的 create 属性值设定为 true；当获取目录时，必须将该对象的 create 属性值设定为 false。

第 3 个参数：为一个函数，表示获取子目录或创建子目录成功时执行的回调函数，在回调函数中可以使用一个参数，参数为一个 DirectoryEntry 对象，代表创建或获取成功的子目录。

第 4 个参数：为一个函数，表示获取子目录或创建子目录失败时执行的回调函数，参数值为一个 FileError 对象，其中存放了获取子目录或创建子目录失败时的各种错误信息。

示例演示和详细代码请扫码阅读。

线上阅读

视频讲解

Note

18.5.11 读取目录

在 FileSystem API 中，读取目录的操作步骤如下。

（1）使用 DirectoryEntry 对象的 createReader()方法创建 DirectoryReader 对象，用法如下。

```
var dirReader=fs.root.createReader();
```

createReader()方法不包含任何参数，返回值为创建的 DirectoryEntry 对象。

（2）在创建 DirectoryEntry 对象之后，使用该对象的 readEntries()方法读取目录。该方法包含两个参数，简单说明如下。

第 1 个参数：为读取目录成功时执行的回调函数。回调函数包含一个参数，代表被读取的该目录中目录及文件的集合。

第 2 个参数：为读取目录失败时执行的回调函数。

线上阅读

（3）在异步 FileSystem API 中，不能保证一次就能读取出该目录中的所有目录及文件，应该多次使用 readEntries()方法，直到回调函数的参数集合的长度为 0 为止，表示不再读出目录或文件。

示例演示和详细代码请扫码阅读。

18.5.12 删除目录

线上阅读

在 FileSystem API 中，使用 DirectoryEntry 对象的 remove()方法可以删除该目录。该方法包含两个参数，分别为删除目录成功时执行的回调函数和删除目录失败时执行的回调函数。当删除目录时，如果该目录中含有文件或子目录，则将抛出错误。

示例演示和详细代码请扫码阅读。

18.5.13 复制目录

在 FileSystem API 中，使用 FileEntry 对象或 DirectoryEntry 对象的 copyTo()方法可以将一个目录中的文件或子目录复制到另一个目录中。该方法包含 4 个参数。

第 1 个参数：为一个 DirectoryEntry 对象，指定将文件或目录复制到哪个目标目录中。

线上阅读

第 2 个参数：可选参数，为一个字符串值，用于指定复制后的文件名或目录名。

第 3 个参数：可选参数，为一个函数，代表复制成功后执行的回调函数。

第 4 个参数：可选参数，为一个函数，代表复制失败后执行的回调函数。

示例演示和详细代码请扫码阅读。

18.5.14 重命名目录

在 FileSystem API 中，使用 FileEntry 对象或 DirectoryEntry 对象的 moveTo()方法将一个目录中的文件或子目录复制到另一个目录中。该方法所用参数及其说明与 copyTo()方法完全相同。

两个方法的不同点：仅在于使用 copyTo()方法时，将把指定文件或目录从复制源目录复制到目标目录中，复制后复制源目录中该文件或目录依然存在，而使用 moveTo()方法时，将把指定文件或目录从移动源目录移动到目标目录中，移动后移动源目录中该文件或目录被删除。

线上阅读

提示：用户可以在 18.5.13 节示例基础，把 copyTo()方法换为 moveTo()方法进行测试练习。

示例演示和详细代码请扫码阅读。

视频讲解

Note

18.5.15　使用 filesystem:URL

在 FileSystem API 中，可以使用带有“filesystem:”前缀的 URL，这种 URL 通常用在页面上元素的 href 属性值或 src 属性值中。

用户可以通过 window 对象的 resolveLocalFileSystemURL()方法根据一个带有“filesystem:”前缀的 URL 获取 FileEntry 对象。该方法包含 3 个参数，简单说明如下。

第 1 个参数：为一个带有“filesystem:”前缀的 URL。

第 2 个参数：为一个函数，表示获取文件对象成功时执行的回调函数，该函数使用一个参数，表示获取到的文件对象。

第 3 个参数：为一个函数，表示获取文件对象失败时执行的回调函数，该回调函数使用一个参数，参数值为一个 FileError 对象，其中存放获取文件对象失败时的各种错误信息。

示例演示和详细代码请扫码阅读。

线上阅读

18.6　案例：设计资源管理器

本例设计在页面中显示一个文件控件、3 个按钮。当页面打开时显示文件系统根目录下的所有文件与目录，通过文件控件可以将磁盘上一些文件复制到文件系统的根目录下，复制完成后用户可以通过单击“保存”按钮来重新显示文件系统根目录下的所有文件与目录，单击“清空”按钮可以删除文件系统根目录下的所有文件与目录。

具体代码解析请扫码学习。

线上阅读

第19章 案例实战

本章将结合多个实战案例，进行 JavaScript 强化训练，为日后的开发实习积累经验。案例有大有小，读者可以根据实际情况和学习兴趣有选择地阅读和上机练习。考虑到篇幅限制，我们把本章内容全部放在线上，供扫码阅读。

【学习重点】

- 使用 JavaScript 开发 Web 应用程序。
- 使用 HTML5+JavaScript 开发 Web 游戏。

19.1　设计折叠面板

本节案例将设计一个可折叠的面板，折叠面板默认显示为展开效果，当使用鼠标单击标题栏时，则折叠面板以动画形式逐步收起内容框，再次单击标题栏，内容框又会以动画形式缓慢展开。详细内容请扫码阅读。

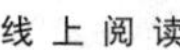

线上阅读

19.2　设计计算器

本节设计一个简单的计算器，该计算器能够进行加、减、乘、除四则运算，以及连续运算、求余运算。如果发生被除数为零的错误，会给出错误提示。详细内容请扫码阅读。

线上阅读

19.3　设计日历

本例设计一个既可以查看公历，又可以查看农历的万年历，并且在日期的下面显示了公历与农历的各个节日及农历的节气。详细内容请扫码阅读。

线上阅读

19.4　设计验证插件

本节通过一个综合实例演示如何使用正则表达式设计一个表单验证工具 Validator。Validator 是基于 JavaScript 的伪静态类和对象的自定义属性，可以对网页中的表单项输入进行相应的验证，允许同一页面中同时验证多个表单，熟悉接口代码之后也可以对特定的表单项，甚至仅仅是某个字符串进行验证。详细内容请扫码阅读。

线上阅读

19.5　设计俄罗斯方块

俄罗斯方块的游戏界面比较简单，游戏的实现逻辑也不太复杂，非常适合作为 JavaScript 初学者作为进阶训练项目。本例采用 HTML5 的 canvas 来绘制游戏界面，用 Local Storage 来记录游戏状态。详细内容请扫码阅读。

线上阅读

附　录

附录 A　ECMAScript 6

ECMAScript 6 是继 ECMAScript 5 之后的一次主要改进，语言规范由 ECMAScript 5.1 时代的 245 页扩充至 600 页。ECMAScript 6 增添了许多必要的特性，如模块和类，以及一些实用特性，如 Maps、Sets、Promises、生成器（Generators）等。尽管 ECMAScript 6 做了大量的更新，但是它依旧完全向后兼容以前的版本，标准化委员会决定避免由不兼容版本语言导致的 Web 体验破碎。因此所有老代码都可以正常运行，整个过渡也显得更为平滑。详细内容请扫码阅读。

线上阅读

附录 B　使用 SVG

SVG（Scalable Vector Graphics，即可缩放矢量图形）是一种 XML 应用，简约而不简单，可以以一种简洁、可移植的形式表示图形信息，具有强大的矢量图形绘制及动态交互功能，并提供丰富的视觉效果。目前，在网页设计中出现越来越多的 SVG 图形，大多数现代浏览器都能显示 SVG 图形，并且大多数矢量绘图软件都能导出 SVG 图形。详细内容请扫码阅读。

线上阅读

附录 C　CORS 通信

CORS 是一个 W3C 标准，全称是“跨域资源共享”（Cross-origin Resource Sharing）。它允许浏览器向跨源服务器发出 XMLHttpRequest 请求，从而克服了 AJAX 只能同源使用的限制。详细内容请扫码阅读。

线上阅读

附录D 同源策略

线上阅读

浏览器安全的基石是“同源策略”（Same-origin Policy）。很多开发者都知道这一点，但了解得不全面。本附录详细介绍“同源策略”的各个方面，以及如何规避它。详细内容请扫码阅读。

附录E Mutation Observer API

线上阅读

Mutation Observer API用来监视DOM变动。DOM的任何变动，如节点的增减、属性的变动、文本内容的变动，这个API都可以得到通知。详细内容请扫码阅读。

附录F JavaScript 编程风格

线上阅读

编程风格（Programming Style）指的是编写代码的样式规则。不同的程序员，往往有不同的编程风格。编译器的规范叫作语法规则（Grammar），这是程序员必须遵守的；而编译器忽略的部分，就叫编程风格，这是程序员可以自由选择的。但是好的编程风格有助于写出质量更高、错误更少、更易于维护的程序。详细内容请扫码阅读。